대한민국

과학자의 탄생

대한민국 과학자의 탄생

1판 1쇄 인쇄 2024년 4월 3일 **1판 1쇄 펴냄** 2024년 4월 19일

편저자 김근배·이은경·선유정
펴낸이 이희주 **편집** 이희주 **교정** 김란영 **디자인** 전수련
종이 세종페이퍼 **인쇄·제본** 두성P&L
펴낸곳 세로북스 **출판등록** 제2019-000108호(2019. 8. 28.)
주소 서울시 송파구 백제고분로 7길 7-9, 1204호
https://serobooks.tistory.com/ **전자우편** serobooks95@gmail.com
전화 02-6339-5260 **팩스** 0504-133-6503

ⓒ 김근배·이은경·선유정, 2024
ISBN 979-11-979094-7-4 93400

→ 오른쪽 사진은 1919년 베커 교수의 물리학 실습 수업(연세대학교 기록관)

한국 과학기술
인 물 열 전
자 연 과 학 편

대한민국 과학자의 탄생

김근배·이은경·선유정 편저

세로
SEROBOOKS

••• 일제강점기와 해방 후 우리나라 과학의 토대를 닦은 분들의 삶과
업적을 정성껏 담아낸 이 책은 한국 과학자의 뿌리와 계보를 확인할
수 있는 귀중한 자료입니다. 과학기술유공자 제도를 시행하고 있는
기관의 원장으로서, 과학자의 한 사람으로서, 책의 출간이 반갑고
감사한 이유입니다. 선배 과학자들 한 분 한 분을 기억 속에 새겨 봅니다.
원로 과학자인 제가 이 책을 음미하는 방법이겠지요. 혹자는 책을
읽으며 과학자의 꿈을 꾸게 될 것입니다. 매우 기쁜 일입니다. 위대한
과학자들의 열정과 감동적인 이야기가 세대와 분야를 뛰어넘어 많은
이들에게 전달되기를 바랍니다.

_ **유욱준** 한국과학기술한림원 원장, KAIST 명예교수

••• 과학이라는 개념조차 제대로 없던 나라에서 과학자라는 자신을
창출해 낸 선구자들은 과연 어떤 사람들이었을까? 『대한민국 과학자의
탄생』은 잊혀졌던 우리나라 첫 과학자 30명의 이야기를 흥미진진하고
감동적으로 전하고 있다. 편저자들의 면밀하고 철저한 연구에 기반하여
학문적으로도 더없이 탄탄하다. 과학자 개인의 열정적인 삶을 넘어
우리나라 근현대사를 새로운 각도에서 바라볼 수 있는 책이다.

_ **장하석** 케임브리지대학교 과학사·과학철학과 석좌교수

••• 과학기술 분야는 현대 한국의 역사적 진화를 이해하는 한 축이다. 근현대 한국 과학자를 촘촘히 조명하고 종합한 이 책은 한국 근대 과학의 기원을 찾는 출발점이자, 현대 한국의 압축적 성장을 규명하는 퍼즐을 완성할 수 있는 길을 제시해 줄 것이다.

_ **박태균** 서울대학교 국제대학원 교수, 『박태균의 이슈 한국사』 저자

••• 아인슈타인, 뉴턴 같은 과학의 거장 이야기가 익숙한 여러분은 100년 전 대한민국 과학의 불꽃을 지핀 숨은 과학 영웅들에 대해 들어 본 적 있는가? 『대한민국 과학자의 탄생』은 우리가 진심으로 자랑스러워해야 할 과학자들의 뜨거운 열정과 눈부신 도전, 그리고 놀라운 성취를 담은 보물 같은 책이다. 저자들은 인물의 단순한 이력을 넘어 당시의 과학적·사회적 배경을 함께 풀어내며 우리 과학의 소중한 유산을 새로운 시각으로 조명하고 있다. 과거의 교훈을 미래 세대의 꿈으로 연결시키고 우리 과학의 숨겨진 면모와 잠재력을 드러내는 이 책과 대한민국 과학의 위대함을 발견하는 여정을 꼭 함께하길 바란다.

_ **강성주** 천체물리학 박사, 유튜브 '안될과학' 크리에이터

한국 과학기술의 서사시

한두 과학자의 기록은 단순한 에피소드일 수 있으나 많은 과학자의 기록은 그 자체가 흥미진진한 역사적 서사가 된다.

한국에도 감동을 주는 탁월한 과학자들이 있었다. 어려운 시대 상황에서도 새로운 과학 분야에 도전하고 그 길을 개척해 나간 남다른 과학자들이 있었기에 우리의 과학기술은 놀라운 반전의 기회를 맞았다. 이들이 행한 열정적인 과학 활동과 국제 과학계로의 진출, 나아가 세계적인 연구 성과 창출은 '거인의 어깨'로서 오늘날 과학한국의 초석이 되었다. 하지만 안타깝게도 한국의 과학자들은 그 누구도 관심을 기울이지 않는 역사에서 잊힌 존재가 되어 가고 있다.

거의 모든 사람이 과학자 하면 으레 외국의 과학자만을 조건반사처럼 떠올린다. 뉴턴부터 왓슨까지 과학 교과서를 채운 이들의 업적을 하나라도 놓칠세라 외우며 자라 왔기 때문이다. 반면에 한국 과학자의 이름을 알고 있는 사람은 드물다. 기껏해야 우장춘과 이휘소 정도를 어렴풋이 떠올릴 뿐이다. 조금 안다고 할지라도 잘못 알려진 활동과 업적에 기대고 있는 경우가 많다. 필자들은 한국 과학자들이 잊혀 가고 있는 현실에 문제의식을 느끼며 이 책을 구상하기 시작했다.

『한국 과학기술 인물열전』은 과학자 개개인들에 대한 흥미로운 스토리로서뿐만 아니라 과학의 역사를 관통하는 핵심 지점으로서도 의미를 지닌다. 개별 과학자의 인생과 학문을 낱낱이 들여다볼 수 있고, 또한 과학기술의 시대상과 사회상에 대한 중요한 통찰도 얻을 수 있다. 한국 현대사는 산업화, 민주화와 함께 치열한 과학화의 역사이기도 하기 때문이다. 『인물열전』을 '과학기술의 대서사시'라고 부를 수 있는 이유도 바로 여기에 있다. 그래서 책의 편집도 과학자들의 출생 순으로 하여 과학의 역동적 서사를 자연스럽게 느낄 수 있게 했다.

이 『인물열전』 시리즈는 모든 과학기술 분야를 총괄하여 총 6권으로 기획되었다. '자연과학 편'을 필두로 '공학기술 편', '정책문화 편', '의약학 편', '농림축수산학 편', '북한 편'을 계획하고 있으며, 각 편별로 30명 정도를 다루려고 한다. 이로써 『인물열전』은 한국 과학기술의 역사를 선도한 약 200명의 과학자를 망라하게 된다.

『인물열전』 편찬 사업에서는 과학자를 선정하는 기준을 합리적으로 마련하는 것이 중요하다. 먼저, 그 출생연도가 1945년 이전인 과학자들로 제한했다. 시간이 지날수록 기억에서 망각될 우려가 큰, 오래전에 활동한 인물을 우선 다루고자 했다. 다음으로는 과학계 동료평가 peer review를 통해 그 업적을 이미 인정받은 과학자를 대상으로 삼았다. 과학기술인 명예의전당과 대한민국 과학기술유공자를 비롯하여 국내외 주요 과학기술상 수상, 역사적인 과학 성취로 인정 등이 고려되었다. 끝으로 이에 못지않은 활동을 했으나 잘 알려지지 않은 과학자도 적극 발굴하여 추가하고자 했다.

과학자의 업적으로는 연구 성과를 중요하게 고려하되 그것에 한정하지는 않았다. 과학자를 평가할 때 흔히 현재의 시각으로, 혹은 서양의 과학자들에 빗대 오로지 연구의 우수성에만 초점을 맞추곤 한다. 그러나 한국의 과학기술이 계통발생의 경로를 밟으며 시대별로 가파르게 변모해 왔다는 점에 주목해야 한다. 때로는 과학 분야의 개척과 인력 양성, 고등교육 및 연구 기반의 구축, 그리고 국제적 연구 성과와 연구학파의 창출이 저마다 다르게 중요했다. 과학자의 성취를 역사적 배경과 맥락에서 충실히 이해함으로써 현재의 관점으로 그들을 편향되게 바라보는 휘그주의Whiggism의 한계를 해소하고자 했다.

『인물열전』 시리즈의 첫 권은 자연과학 편이다. 공학, 의학, 농학에 비해 과학에 대한 관심은 역사적으로 앞서서 나타났다. 근대 과학이 물질적인 측면과 더불어 사상적 측면에서도 엄청난 충격으로 와닿았기 때문이다. 그러나 과학을 향한 여정은 순탄하지 않았다. 과학을 공부하기 위해 낯설고 먼 해외로 나가야 했고, 학업을 마쳤더라도 전문직으로 진출하고 연구 기회를 얻기까지는 많은 걸림돌이 있었다. 그럴지라도 놀라운 과학 열정으로 길을 만들고 선명한 발자국을 남긴 인물들이 속속 출현했다. 그 가운데에는 새로이 발굴된 리용규, 정태현, 정두현, 이춘호, 김량하, 박달조, 국채표, 김삼순, 박정기, 최삼권 같은 인물도 있다.

사연과학 편에서 소개하는 과학자는 총 30명이다. 뛰어난 과학적 성취에도 불구하고 자료의 절대 부족, 분야나 활동 무대의 유사성, 그리고 교육·연구보다 정책문화에서의 두각 등으로 제외된 과학자가 여럿 있다. 최초의 여성 수학자 홍임식, 해외에서 활동한 김순경(화학)과 김성호(생물학), 국내에서 활동한 전무식(화학)과 기우항(수학), 그리고 과학 행정에서 돋보인 최규남(물리학)과 박철재(물리학), 조완규(생물학) 등이 그런 인물이다. 이들에 대한 연구는 아쉽게도 이후 과제로 미룰 수밖에 없겠다.

과학자의 생애와 업적은 사실에 기반해서 서술하려고 노력했다. 작은 사실이라도 그것을 정확히 밝히고자 반복적인 검증 절차를 거쳤다. 또한 과학자의 삶을 그가 살았던 시대, 그리고 세계의 과학 흐름과 연결 지으며 폭넓게 조망하고자 했다. 과학자들은 학업 및 연구 과정에서 광범위한 네트워크를 이루며 학문적 계보를 형성해 나가기 때문이다. 과학자의 과학 활동에도 주목하여 인물의 생애만이 아니라 이들의 학문에 대해서도 깊이 있게 들여다보려고 했다. 과학자다움은 학문적 활동을 통해 잘 드러날 수 있기 때문이다. 아울러 인물의 공과를 사실 그대로 적시하고자 했다. 뛰어난 과학자일수록 대부분의 자료가 공로만 주목하고, 그마저 과장하여 서술하는 경향이 존재한다. 이러한 점을 염두에 두고 과학자들을 공정하고 엄정하게 다루려고 했다.

『한국 과학기술 인물열전』은 하루아침에 태어난 것이 아니다. 한국 과학자에 대한 연구가 워낙 미진하다 보니 많은 연구자들의 노력이 필요했다. 그 본격적인 시작은 지금으로부터 15년 전으로 거슬러 올라간다. 2010년 필자는 연구책임자로서 한국연구재단의 지원을 받아 3년 동안의 정책 연구과제로 '한국학술 100년과 미래–과학기술분야 연구사 및 우수 과학자의 조사연구'를 수행했다. 뒤이어 후속 성격으로 2016년부터 한국연구재단의 토대연구지원사업으로 5년에 걸쳐 '한국 과학기술인물 아카이브 구축과 집단전기적 연구'도 추진했다. 매년 적게는 10명에서 많게는 20여 명의 연구진이 참여했고, 소요되는 연구비는 한국연구재단이 지원했다. 그에 힘입어 전북대에는 국내에서 유일하게 〈한국 과학기술인물 아카이브〉가 구축되어 있다.

드디어 2021년 말에는 과학기술 전반에 걸쳐 약 170명의 인물에 대한 연구가 일단락되었다. 한국 과학자들에 대한 체계적인 연구가 처음으로 이루어진 것이다. 이 과정에서 새로이 확보된 문헌, 사진, 영상 등의 자료는 소중한 자산이 되었다. 인물별로 특색 있고 두드러진 점들이 밝혀진 것도 이때 거둔 성과였다. 연구 결과에는 그간 활용한 참고문헌을 비교적 자세히 소개하여 후속 연구에도 이용할 수 있게 했다. 한국 과학자를 이해하고 천착할 중요한 발걸음을 내디딘 것이다.

이 연구 작업에는 많은 연구자들이 수고를 아끼지 않았다. 자연과학 편의 기초가 된 글 작업에는 공동 편저자인 이은경, 선유정 외에 문만용(전북대), 이정(이화여대) 교수를 비롯하여 10여 명의 전문 연구자가 참여했다. 한국 과학사 학계에서 근현대 시기를 전공하는 연구자들이 함께 뜻을 모으고 힘을 보탰다. 이들의 열정이 없었다면 이 책은 세상에 나올 수 없었을 것이다. 또한 연구보조원으로 전북대 과학학과의 김화선과 김희숙, 김혜인, 민세라, 심우진, 김태원, 양규현, 조영호, 이찬호, 천경서, 배유정, 서울대의 강기천과 박세홍, 부산대의 박정연과 손은혜 선생이 크게 도움을 주었다. 특별히 전북대 과학학과 박사과정생 황지나 선생은 자료 관리와 사진 작업을 도맡아 주었다. 그 밖에 갖은 도움을 준 조교 김윤희 선생의 숨은 노고도 잊을 수 없다.

연구 성과가 쌓임에 따라 연구과제를 시작할 때부터 염두에 두었던 책 출간 작업에 돌입했다. 드디어 세 명의 편저자는 무모할 수 있는 큰 도전을 감행하게 된 것이다. 책의 원고를 만드는 작업은 예상보다도 훨씬 더 어렵고 고단했다. 완성도 높은 『인물열전』을 만들려다 보니 애초의 글을 대대적으로 수정 보완해야 했다. 모든 글의 분량이 두 배 이상 늘었고 내용이 크게 바뀌었으며 사진도 새로이 추가되었다. 다시 말해, 글을 모두 새로 쓰다시피 했다. 우리는 편자의 역할을 넘어 저자로서도 중요한 일익을 맡았다. 주요 집필자는 인물별로 맨 끝에 그 이름을 밝혔다.

추가로 필요한 많은 자료와 정보는 후손과 제자들로부터 얻기도 했다. 그 모두를 밝히기는 어렵고, 대표적으로 유족 원영선(원홍구), 이희철(이춘호), 국광련·국백련(국채표), 김승영(김삼순), 조권국(조순탁), 후학 배연재(고려대), 김익수(전북대), 홍양기(국립중앙과학관), 봉필훈(전주대), 최길영(화학연), 최영주(포스텍) 같은 분들의 도움이 컸다. 한국과학기술한림원 과학기술유공자지원센터와 국가기록원, 국립중앙도서관, 국립중앙과학관, 대한민국역사박물관, 연세대 기록관, 경북대 대학기록관, 숭실대 한국기독교박물관, 대한수학회, 포스텍 수학과로부터는 귀중한 사진 자료를 제공받았다. 전북대 중앙도서관의 양정은 팀장과 김정주 선생은 끝없이 이어진 상호대차 요청을 친절하게 처리해 주었을 뿐만 아니라 새로운 자료까지 찾아서 제공해 주었다.

이 『인물열전』은 세로북스 이희주 대표와 함께 만든 책이기도 하다. 그는 책의 출간 기획부터 내용 검토, 편집 교열에 이르기까지 고락을 나누었다. 최고의 편집인으로서 그가 보여 준 치밀함과 예리함 덕분에 책의 완성도는 크게 높아졌다. 책의 디자인을 맡은 전수련 선생과 교정을 책임진 김란영 선생도 수고를 아끼지 않았다. 이분들의 마법 같은 손 덕분에 번잡한 원고가 마침내 멋진 책으로 변신했다.

물론, 이 책이 출간되더라도『한국 과학기술 인물열전』을 완성하는 작업은 여전히 진행형이다. 책의 내용이 계속 보완되어야 하고 여기에 포함되지 못한 더 많은 과학자들로 그 지평이 넓혀져야 한다. 과학기술의 다른 영역으로도 더 확장되어 과학자들이 분투한 여정과 그 궤적이 촘촘하게 드러나도록 해야 한다. 과학자의 후손과 제자들은 저마다 하고 싶은 말이 많을 수도 있다. 이 책의 출간을 계기로 한국 과학자에 대한 관심이 높아지고, 과학기술계는 물론 일반 대중들 사이에서도 이들의 이야기가 널리 오가면 좋겠다. 무엇보다, 한국 과학자들이 많은 이들에게 알려지고 한층 더 가까워지기를 기대한다.

편저자 대표 김근배

차례

〈일러두기〉

1. 인명, 지명, 기관명 등은 국립국어원의 외래어 표기법에 따랐습니다.
   단, 관례로 굳어진 경우 관례를 따랐습니다.
2. 인용문의 경우 현재의 맞춤법 표기에 맞지 않는 표기도 원문을 그대로 살려 적었습니다.
3. 일본어 논문 제목의 한글 번역은 편저자의 뜻에 따라 당시의 번역을 따랐습니다. 예를 들어
   '니켈동촉매의 존재에서'와 같은 번역투 표현도 교열하지 않고 그대로 썼습니다.
4. 책 제목은 『 』, 단편과 논문 제목은 「 」, 잡지명과 신문은 《 》, 영화와 예술작품 제목,
   방송 프로그램과 행사 명칭은 〈 〉로 표기하였습니다.
5. 인용문과 참고문헌에서 [ ] 안의 내용은 편저자가 추가한 것입니다.

대한민국
과학자의 탄생

리용규 (리봉구)

李容圭 Yong Kiu Lee

생몰년: 1881년 5월 1일~미상
출생지: 함경남도 함흥부 서호리 259
학력: 네브래스카대학 이학사 및 이학석사
경력: 시카고공업연구소 연구원, 숭실전문학교 교수, 숙명여자전문학교 교수,
　　　　흥남공업대학 교수
업적: 최초 화학석사, 모란잉크 개발
분야: 화학-분석화학, 응용화학

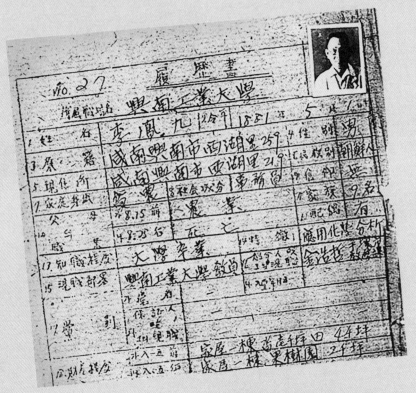

1948년 흥남공업대학에 제출한 이력서
미국 NARA 소장 리봉구의 「리력서」(1949)에서

리용규*는 한국인 최초의 화학자로 불릴 만한 인물이다. 하와이 사탕수수농장의 노동자로 일하다 힘들게 미국 대학에 진학하여 이학사 및 이학석사를 받았고, 졸업 후에는 관련 연구소 연구원으로 활동했다. 한국으로 돌아와서도 전문학교 교수, 화학 공장 설립, 대학 교수 등 자신의 전공을 끈질기게 이어 나갔다. 비록 그는 탁월한 과학적 업적을 남기지는 못했으나 극히 어려운 환경에서도 과학자로서의 삶을 위해 분투한 한국 과학계의 선구자였다.

1904년 하와이 사탕수수농장 노동 이민

리용규는 1881년 함경남도 함흥에서 빈농의 장남으로 태어났다. 그의 부모나 가족에 대해서는 더 이상 알려진 바가 없다. 늦은 나이에 결혼을 한 것으로 보이나 배우자에 대한 기록도 남아 있지 않다. 훗날 쓴 자서전에 따르면, 리용규는 7세부터 12년간 근처의 서당에서 교육을 받았고, 한문 실력이 높아진 20세 무렵에는 전통 의서醫書를 2년가량 공부했다. 성인이 될 때까지 그의 삶은 근대 문명이나 근대 교육과는 거리가 멀었다.

이런 그에게 인생을 근본적으로 바꿀 전환점이 찾아왔다. 1903년

---

* 일제강점기에 그는 자신의 이름을 리용규(리봉구)로 썼고, 해방 후에 잠시 남한에 머무르다가 1947년 초에 북한으로 가서도 역시 같은 식으로 표기했기에 이를 따라 이용규(이봉구)가 아닌 리용규(리봉구)로 쓰고자 한다.

부터 대규모로 시행된 하와이 사탕수수 플랜테이션 노동 이민이 그것이다. 당시 미국은 중국인과 일본인에 이어 그들을 견제하고 대체할 값싼 노임의 조선인 노동자를 원했고, 대한제국 정부는 주한미국공사 호러스 알렌Horace N. Allen의 요구를 받아들여 이민 사업을 추진했다. 이민 업무를 관장했던 동서개발회사East-West Development Company는 좋은 기후, 교육 기회, 높은 임금 등을 내세워 이민자를 모집했다. 배움과 부유한 삶을 갈망하던 조선 젊은이들에게 하와이는 기회의 땅이자 지상 낙원처럼 보였다. 이에 따라, 일본의 압력으로 이민 사업이 금지되는

리용규가 타고 간 증기선 '코리아호'(1907년 제작된 석판화) 대한민국역사박물관

1905년 중반까지 무려 7000여 명의 조선인이 하와이 이민 행렬에 합류했다.

리용규는 1904년에 자신의 고향과 가까운 개항지 원산에서 배에 올랐다. 다른 젊은이들처럼 그도 미국에 가면 신학문을 배우고 식견을 넓힐 수 있을 것이라는 기대를 잔뜩 했다. 그는 간단한 신체검사와 단발斷髮을 하고 부산을 거쳐 일본 고베로 갔으며, 그곳에서 2차 신체검사와 예방접종을 받고 하와이로 향했다. 그가 탄 배는 24번째 이민선 '코리아호'로 승객 107명을 태우고 3월 30일 호놀룰루항에 도착했다. 다시 신체검사와 검역을 받았고, 그렇게 하와이 땅을 밟았다.

그러나 하와이에서의 삶은 기대와 달랐다. 열악한 노동조건과 저임금에 시달릴 뿐 공부할 기회는 좀처럼 얻을 수 없었다. 리용규는 동서개발회사에서 빌린 선박비와 숙박비를 갚는 최소 의무 노동 기간 1년을 채운 뒤, 몇몇 동료들과 함께 미국 본토 캘리포니아로 무작정 떠났다. 당시 캘리포니아에서는 하와이에 비해 두 배가량의 임금을 받을 수 있었기 때문에 많은 사람들이 그곳으로 건너갔다. 하지만 캘리포니아의 농장에서도 사정은 크게 나아지지 않았다.

1906년 리용규는 다시 미국 중서부에 위치한 콜로라도주 덴버로 옮겨 갔다. 그곳에는 박용만朴容萬이 미국 유학 경험이 있는 그의 삼촌 박희병(박장현)과 함께 노동 주선소 겸 숙소를 운영하고 있었다. 박용만은 일본 유학 후 미국으로 건너온 개화파 청년이었다. 미국에서 독립운동을 하던 그는 조선인 젊은이들에게 민족의식을 불어넣는 동시에 근대 교육을 받을 것을 적극 권유했다. 덴버에는 평북 운산금광에서 일하다 온 조선인 광부들이 있었는데, 박희병은 한때 조선에서 통역 업무를 하며 이들을 미국으로 보내는 일을 했었다. 박용만과 박희병이 나서서 배움의 기회를 제공한다는 소식이 미국 서부 지역에 알려지면서 향학열에 불타는 조선인 젊은이들이 각지에서 모여들었다.

당시 미국의 중서부 지역은 대륙을 횡단하는 철도 공사가 대대적으로 벌어지고 있어서 광산과 농장에서 일할 노동력이 필요했다. 또한 동양 사람이 드물어 이들에 대한 인종차별이 별로 없었고, 이교도인들에게 기독교를 전도할 생각에 외려 우호적인 편이었다. 무엇보다 한창 번창하는 지역으로, 중등학교는 등록금이 면제되었고 주립대학도 적은 등록금만을 받았다. 조선인들로서는 미국인들의 호의 속에서 일하며 공부할 기회도 얻을 수 있는 매력적인 곳이었다. 이 때문에 1913년 미국에서 유학하고 있던 조선인 학생 150명 중 덴버와 인접한 네브래스카주에 거주하는 자가 무려 60명 이상에 달할 정도였다.

리용규는 박용만의 주선으로 미국인 예배당 지하실에서 지내면서 청소와 정원 일을 하며 학교를 다니게 되었다. 이 무렵부터 그는 미국에서의 생활과 교육 기회를 얻기 위해 기독교 신자가 되었을 것으로 보인다. 만 25세이던 그가 들어간 학교는 와이머초등학교Wymer Primary School 2학년 과정이었다. 박용만이 교장을 만나 간곡히 요청한 끝에 리용규는 곧 4학년으로 올라갈 수 있었지만, 여전히 많이 늦은 나이였다. 조선에서 서당을 다니며 공부했지만 근대 교육을 받은 경험이 전혀 없었던 터라 학력을 인정받기 어려웠고, 배우는 내용도 낯설어 학업은 더디기만 했다. 훗날《신한민보》에 실린 회고의 글에서 보듯 그의 학교생활은 매우 험난했다.

… 거름^{발걸음}이 쎈버에 닐으니 씨는 1906년인디 당년이 이십육세요 키가 육(六)척^{180cm} 이샹이오 즁량은 1빅 육십(六十)여근^{90kg 이샹}이니 한 건쟝한 농부라. 그 친구의 권함을 닙어 영어를 공부하기로 결심하고 … 호믜보다 가벼운 붓을 한번 쥐여보기로 결심한 이샹에는 그져 도라갈 슈 업다 하야 「와이머」라 하난 쇼학교를 차져 갓다. 이 학교 교댱은 동양을 유람한 사람이라 동양 사람을 그리 모시하지^{무시하지} 안이하야 쇼학 뎨이(二)반에 붓쳐 쥬난 지라. 독본 뎨 일(一)권을 씨고 교슈실^{교실}로 들어가니 병아리 틈에 타됴(오스튜리취)가 셕긴 듯하다. … 글자마다 쳐음 보난 터이라 밋쳐 밧아쓸 수가 업고 교사의 셜명하난 말은 한 마듸도 귀에 들어오지 안으니 쳐음에는 등에셔 쌈이 흘으더니 나죵에는 니마에셔도 쌈이 흘은다. 겻헤^곁에 안젓던 적은 학싱이 민망히 녁여 자셰히 닐너쥬며 쏘 긔록하여 쥬니 뎌가 오날에 비로소 마음이 즐거운 것은 항샹 붓그럽든 싯자리를 면한 것이로다.

_ 량화츄션, 「자랑할 청년 이용규」, 《신한민보》 1917. 9. 13.

리용규는 1년간 열심히 공부하고 나자 한층 자신감이 생겼다. 그는 기독교계 사립 덴버대학University of Denver 예비과(중등 과정) 교장을 찾아가 대학에 진학할 의사를 밝히고 상의했다. 공립과 달리 사립 학교는 외국인 학생들의 유치에 적극적이었다. 그러나 이 학교 교장은 초등 4학년인 학생이 대학을 가려면 8년을 더 공부해야 한다며 불가능하다고 고개를 저었다. 다만, 덴버대학 총장 헨리 부흐텔Henry A. Buchtel을 소개하여 만날 수 있게 해 주었다.

당시 조선인들 가운데는 나이가 많다는 이유로 자신의 학력은 고려하지 않고 무턱대고 상급학교로의 진학을 요구하는 예가 더러 있었다. 덴버대학 총장과 면담한 결과 리용규는 영어는 잘 못하나 글을 쓸 줄 알고 산술을 안다는 평가를 받았다. 덕분에 그는 1908년에 중등 과정인 덴버대학 예비과에 정식으로 들어갈 수 있었다. 이곳에서 중등 과정의 교과목과 일부 대학 교과목을 수강했는데, 영어, 라틴어, 대수, 생리학, 물리학, 화학 등이 그가 이수한 주요 교과목이다. 이 중 과학과 수학 과목은 아주 우수한 90점 이상을 받았으나 영어, 라틴어, 역사 등은 간신히 70점을 받았다. 그는 이수 기간을 단축하여 4년 만에 중등 과정을 마치고 31세에 대학에 들어갈 수 있었다. 조선인들이 미국에서 고등교육을 받으려면 모든 경비를 스스로 벌면서 초등 과정부터 시작해야 하는 경우가 많아 오랜 인내와 노력이 필요했다. 따라서 늦은 나이에 대학에 들어가는 경우가 많았지만, 리용규는 그중에서도 보기 드문 만학도였다.

조선인 최초의 화학 전공 석사 학위

리용규는 1912년 네브래스카주 링컨에 위치한 주립 네브래스카대학 University of Nebraska에 진학했다. 이 대학은 박용만이 공부한 곳이었다. 박용만은 근처에 집 한 채를 빌려 조선인 학생기숙사를 운영하고 있었는데, 비용도 저렴했다. 리용규도 이 기숙사에 거주하며 학교를 다

넜다. 리용규는 대다수 조선인 학생들이 문과 분야를 선호했던 것과는 달리 그가 잘하는 이과, 그중에서도 화학을 전공으로 선택했다. 이과 분야로 진학한 사람들의 경우 다수가 화학을 전공하기도 했지만, 그가 화학을 선택한 것은 다음과 같은 이유에서였다.

이러케 분투의 싱활을 하며 차차 공부의 자미를 붓치난디 붙이는데 뎌는 말하기를 「화학에 뎨일 자미를 들엿노라」 한다. 뎌는 본디 고향에 잇슬 씨에 의셔를 공부하야 잘하나 못하나 약화제를 닌든 사람이엿다. … 이 젼 우리나라 의가의 약쓰난 법도도 다 화학상 원리에 의지하지 안음이 업셧다. 그러나 연구실험이 업셔셔 이 리치를 몰으고 다만 션진자의 경험방이라고만 하얏다. 화학샹에 심득이 잇난 뎌는 OOOOOOO 증거하야 갈아디 가라사대 「셔방 화학의 진보는 연구쟈가 션진의 론리를 가지고 그 원질과 변화를 일일(一一)히 실험하야 노아셔 그 론리와 실험이 들어 마져야 비로소 밋음으로 화학의 진보가 싱긴 것이라. 화학은 의학샹에만 필요할 쑨만 안이오 농·공 실업에 더욱 긴요하니 우리가 물질을 발달식히랴면 밧고아 바꾸어 말하면 이 이십(二十)새긔 경징시디에 싱존하랴면 그 인민이 화학의 뎐문뎍 지식이 잇셔야 하리로다」 하더라.

_ 량화츄션, 「자랑할 청년 이용규 4-5」, 《신한민보》 1917. 10. 18.-24.

다시 말해, 그는 미국으로 건너오기 전에 고향에서 전통 의학을 공부하며 약제를 짓곤 했는데 그것의 원리나 이치가 경험방에서 나오는 것이 아니라 화학에 있다는 점을 알게 되었다는 것이다. 나아가 화학은 의학뿐만 아니라 농공업 등의 실업 분야에도 널리 이용되고 있어 장차 산업을 발달시켜 생존하려면 없어서는 안 될 중요한 분야라고 그는 생각했다. 당시 미국에서 화학의 시대가 펼쳐지고 있는 것을 목도하고 화학에 더욱 관심을 가지게 되었던 것이다.

대학에 다니는 동안 리용규는 조선인으로 구성된 학생회의 부회장을 맡아 학생들의 생활과 학업을 도왔다. 주중에는 학과 수업 외에도 아침과 저녁 시간 내내 갖가지 일들을 해야 해서 공부는 주로 주말을 이용해야 했다. 생활이 너무 빈곤해 그는 항상 돈 버는 일에 유혹을 느꼈으나 공부에 대한 강한 열정으로 그 어려움을 이겨 냈다. 이러한 노력 덕분에 그는 졸업을 앞두고 우등생으로서 기회를 얻어 미국 정부의 석유분석소에서 조수로 일하며 경험을 넓힐 수 있었다. 졸업 직후에는 잠깐 동안 네브래스카알칼리실업회사에서 화학 분석사로 일하기도 했다.

한편 방학 기간에는 '한인소년병학교Young Korean Military School'에서 젊은 후배들을 가르치는 교사로도 활동했다. 박용만은 네브래스카주에 있는 사립 헤이스팅스대학Hastings College과의 교섭을 통해 1908년부터 대학 시설과 농장을 빌려 매년 여름방학에 소년병학교를 개설했다. 조선인 대상의 하기군사학교였던 이곳에서는 오전에는 근로, 오후에는 학과 공부와 군사훈련이 이루어졌다. 교과목은 상급학교 진학에 필요한 영어, 수학, 과학, 역사, 지리 등을 포괄했다. 학생들은 이곳에서 이수한 교과목을 자신들의 학교에서 수강 과목으로 인정받을 수 있었다. 1914년까지 이어진 이 소년병학교에서 리용규는 조선인 대학생으로는 보기 드문 과학 전공자로서 학생들에게 물리학, 화학, 식물학, 동물학을 가르쳤다.

1916년 그는 네브래스카대학 화학과를 우수한 성적으로 졸업하고, 대학원에 진학했다. 당시 석사과정은 3학기로 된 1년이었는데, 리용규는 석사과정 동안 화학실험 조교assistant로 교육 연구에도 참여했다. 화학 분야 중에서도 분석화학을 세부전공으로 삼았던 그는 미국화학회 네 번째 여성 회원인 메리 포슬러Mary L. Fossler 교수의 지도 아래 1917년 석사 학위를 받았다. 석사논문인 「콩 연구A Study of the Soy Bean」에서는 콩을 이용한 식품, 콩 성분 분석, 콩나물 배양, 콩 분해효소 등

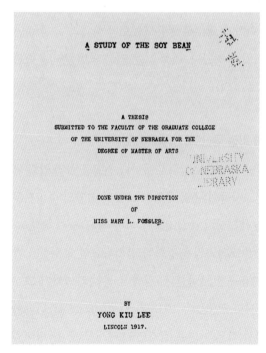

리용규의 네브래스카대학
석사 학위 논문(1917)
University of Nebraska
Library

을 전반적으로 다루었다. 대학원을 졸업한 후에는 네브래스카에 있는 의학전문학교 강사, 일리노이주의 시카고공업연구소 연구원으로 활동했다. 이렇게 그는 조선인 중에서 화학으로 학사 및 석사 학위를 받고 전문적인 연구 경력까지 쌓은 최초의 인물이 되었다.

사실은 리용규에 앞서 이노익李魯翊이 1914년 네브래스카웨슬리언대학Nebraska Wesleyan University에서 조선인으로는 처음으로 화학을 전공했다. 그는 배재학당을 다니다가 하와이로 이민을 갔고, 미국 본토 캘리포니아를 거쳐 박용만의 주선으로 네브래스카웨슬리언대학 예비과에 들어갔다. 그리고 8년의 학업 끝에 화학 전공으로 이학사 학위를 받았다. 조선인 최초의 화학 전공 학위였다. 그는 1915년에 연희전문학교가 세워질 때 응용화학과 교수로 임용되었으나 학과가 공식 승인을 받지 못함에 따라 그도 물러났다. 이후 그는 평북 영변 숭덕중학교 교사 등을 역임한 것으로 알려져 있다.

숭실전문에 재직하며 조선 특산 '모란잉크' 개발

리용규는 1919년 38세의 나이에 조선으로 돌아와 전공을 살려 일할 기회를 얻었다. 외국인 선교사들이 세워 운영하고 있던 평양의 숭실전문학교 교수로 채용된 것이다. 당시 숭실전문은 이학과Department of Science 개설을 목표로 과학 관련 교과과정을 강화하고 기독교인 교수진을 확보하고자 했다. 이때 리용규를 포함한 세 명의 조선인 과학자가 교수로 임명되었다. 리용규보다 2년 늦은 1918년에 미국 노스웨스턴대학에서 화학 전공으로 학사 학위를 받은 김호연金浩然도 그중 한 명이었다. 김호연도 같은 함경남도 출신으로 리용규처럼 하와이를 거쳐 네브래스카대학을 다니다 노스웨스턴대학으로 옮겨 학위를 받았다. 일제 강점기에 미국 유학 출신자들이 전문 직업을 갖기란 거의 불가능했는데, 이들은 마침 기독교계 전문학교에서 과학 분야 교수를 채용함에 따라 기회를 잡을 수 있었다.

숭실전문은 두 개의 중심 학과로 문학과와 이학과를 설치해 운영할 계획이었다. 이학과는 설치 규정이 까다롭고 소요 경비가 많이 들지만 근대 학문 강화와 과학 교원 양성을 위해 개설을 결정했다. 특히 응용화학 중심의 이학과를 염두에 두었기 때문에 리용규를 비롯한 화학 전공자들이 채용될 수 있었다. 그러나 일제는 설비가 불충분하다는 이유로 숭실전문의 이학과 개설을 불허했다. 숭실전문은 절치부심했으나 1927년 학교 운영 방침을 바꾸어 이학과 대신에 농학과를 개설하기로 결정했고, 이에 따라 리용규는 학교를 떠나야 했다.

리용규는 숭실전문에 재직하던 1923년 평양에 공제제작소共濟製作所를 세우고 조선물산장려운동의 일환으로 만년필용 조선 특산 '모란 잉크'를 개발했다. 그는 경제적으로 어려운 고학생들을 구제하기 위해 잉크 제조에 그들을 참여시켰다. 《동아일보》에 실린 광고를 보면, "화학적으로 충분히 정제한 최신식의 원료를 사용한 것, 색채가 극히 선명하며 영구히 퇴색치 아니하며 사자寫字 후에 물에 침沈되여도 소허少許도 쎈치지[번지지] 아니함으로 중요한 기록에 안심하고 사용하는 것, 재滓가 불류不溜하며 극히 활滑하야 철필鐵筆펜에 선善히 운유運流하는 것"을 제품의 차별성으로 들고 있다. 우리 손으로 만든 우수한 품질

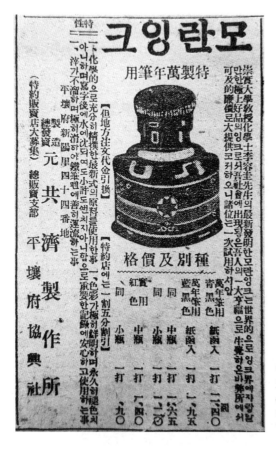

리용규가 개발한
모란잉크의 광고
《동아일보》 1923. 5. 8.
(연세대학교
학술문화처 도서관)

모란잉크 특제만년필용

모란잉크는 세계적으로 잉크계에 자랑할 만한 극상호품(極上好品)의
잉크로서 우리 사회에 출현됨은 우리들의 일대 향복(享福)으로 생각하온
바 폐소(弊所)에서 가급적 염가로 대제공코저 하오니 제위(諸位)는
일차 시용(試用)하시압.

종별 급(及) 가격	청흑색 지함입(紙函入) 1타	2원 40전
	남흑색 지함입(紙函入) 1타	1원 95전

의 잉크로 관심을 끈 모란잉크는 큰 성공을 거두어 각지에서 주문이 쇄도했고 짧은 기간에 수만 병이 판매되었다.

1925년에는 함남 함흥에 또 다른 공제제작소가 설치되었다. 설립자는 다른 이들이었지만 아마도 리용규와 연계했을 것으로 보인다. 이곳에서는 잉크, 비누, 치약 등 각종 화학제품의 생산을 준비하는 중에 먼저 리용규가 개발한 모란잉크를 제조했는데, 그 품질이 우수하다는 평가를 받았다고 한다.

북한 흥남공대 교수로 활동

1928년에 조선물산장려회와 연계하여 조선인의 과학적 발명을 장려하고 그 권리를 옹호하기 위한 목적으로 고려발명협회가 세워졌다. 리용규는 이 단체의 이사로 참여했다. 이사장은 동양물산의 사장 장두현이었고, 사회 저명인사들과 과학기술자들이 협회의 주축을 이루었다. 리용규는 발명에 관심이 많은 유력 과학기술자의 한 명이었다. 고려발명협회에 참여했던 김용관과 박길룡 등은 1932년에 발명학회를 재건하고 과학데이를 제정해 행사를 개최하는 등 과학대중화운동을 이끌게 된다.

숭실전문을 퇴직한 이후로 금광업과 함께 고무 공장, 비누 공장 등을 운영했던 리용규는 50세인 1930년대 중반부터는 응용화학의 일선에서 물러나 과수원을 운영했다. 이 무렵 그는 자신의 이름을 리봉구李鳳九로 개명했으며, 언론에 '응용화학계의 대가'로 소개되기도 했다.

해방이 되자 리용규는 교육 및 연구 기관이 몰려 있는 서울로 내려와 새로운 일자리를 찾고자 했다. 그 무렵 미국 유학 출신자들은 미군 정청에서 좋은 자리를 얻을 수 있었다. 그러나 1946년 당시 이미 65세였던 그는 연구 기관이나 행정부에서 자신의 이력에 걸맞은 자리를 찾지 못하고 숙명여자전문학교 교수가 되었다. 하지만 서울은 정치적으로 혼란스러웠고, 좌우 갈등과 국립서울대학교 설립안(국대안)에 대한 격한 찬반 논쟁으로 수업조차 제대로 이루어지지 못했다.

그러던 중 그의 고향 근처에 흥남공업대학이 세워지자 1947년 초에 그는 다시 북한으로 올라가 화학공학부 교수가 되었다. 월북한 여경구(와세다대), 오동욱(교토제대), 이계수(교토제대), 송법섭(교토제대) 등이 화학공학부 교수로 함께했다. 흥남공대는 북한 최초의 공과대학으로 월북 과학기술자들이 주축을 이루었다. 현재까지 알려진 바로, 그는 미국 유학 출신 과학자 중에서 유일하게 북한으로 간 사람이었다. 이후 그의 행적은 알려진 바가 없다.

한국의 선구적 과학자들은 대학 진학은 물론 졸업 후 전공을 살릴 기회를 얻는 것조차 쉽지 않았다. 하지만 리용규는 화학 분야의 첫 전공자였음에도 화학 관련 활동을 비교적 장기간 이어 나갈 수 있었다. 마침 선교사들이 운영하고 있던 숭실전문에서 과학 교육을 강화하려는 움직임이 일어난 덕분이었다. 또한 해방 후 대학 설립이 활기를 띠면서 과학자를 위한 기회가 다소 넓어지기도 했다. 그럴지라도, 과학자로서 그가 남긴 성취는 그리 두드러지지 못했다. 척박했던 시대 환경을 홀로 고군분투하여 기어이 학위를 받고, 조선인 최초의 화학자로 살았다는 것만으로도 큰 성취였다. 그가 배출한 강영환(도호쿠제대 물리학), 박병곤(교토제대 수학) 등과 같은 몇몇 후학이 과학을 이어 나갔고, 그가 남긴 한국인 첫 화학 석사 논문이 네브래스카대학 도서관에 소장되어 있다.

참고문헌

일차자료

량화츄션[홍언], 「자랑할 청년 리용규(1-6)」, 《신한민보》 1917. 9. 13.-11. 1.
「모란잉크 신발명」, 《조선일보》 1923. 8. 29.
리봉구[리용규], 1949, 「리력서」, 「자서전」, 홍남공업대학, 『리력서』, 미국 National Archives and Records Administration(NARA) 소장.
Lee, Yong Kiu, 1917, "A Study of the Soy Bean," Master's Thesis: University of Nebraska.
Murabayashi, Duk Hee Lee, 2004, *Korean Passengers Arriving at Honolulu, 1903-1905*, Center for Korean Studies University of Hawaii.

이차자료

김근배, 「한국 최초의 화학자」, 《KRICT Magazine》 2022년 7월호
안형주, 2007, 『박용만과 한인소년병학교』, 지식산업사, 334-345쪽.
박성래 외, 1998, 「한국 과학기술자의 형성 연구 2: 미국유학 편」, 한국과학재단, 45-48쪽.

김근배

해방 이후 식물채집에 나선 정태현
『하은생물학상: 25주년』(1994)에서

정태현

鄭 台 鉉 Tai Hyun Chung / Tyai-hyon Chung

생몰년: 1882년 9월 21일~1971년 11월 21일

출생지: 경기도 용인군 외사면 용천리

학력: 수원농림학교 임학속성과

경력: 임업시험장 기수, 조선생물학회 회장, 성균관대학교 교수

업적: 댕강나무 등 식물 신종 발견, 『한국식물도감』 출간, 하은생물학상 제정

분야: 생물학-식물분류학

정태현이 50여 년에 걸쳐 식물채집을 다닌 곳은 백두산, 금강산, 제주도를 비롯하여 적어도 170곳에 달한다. 비록 체계적인 생물교육을 받지는 못했지만, 그는 부단한 현지 채집 및 관찰을 통해 근대적 식물분류학의 기법을 익혔다. 정태현은 한국 식물분류학의 길을 앞장서서 열었으며, 이 과정에서 다수의 식물 신종을 발견하고 식물도감을 출간하는 등 중요한 업적을 남겼다. 후학들은 그를 한국 생물학의 개척자이자 '산 표본'으로 부른다.

수원농림학교를 거쳐 식물 연구에 입문

정태현은 1882년 경기도 용인에서 정재철鄭在哲과 정연선鄭延善의 장남으로 태어났다. 지주 출신으로 농업에 종사했던 아버지는 정태현이 8세가 되자 서당에 보내 교육시켰다. 정태현은 『천자문』에서 시작하여 『자치통감』, 『중용』, 『맹자』, 『시전詩傳』 등 한학을 배웠으며, 한시를 지어 시회詩會에서 장원을 차지하기도 했다. 그러나 13세 때 아버지가 세상을 떠나자 그는 가장으로서 10년간 농사를 지었다. 그러다가 평생 농사를 지으며 살 수 없다는 생각에 1905년 한성으로 올라갔다. 양잠학교에 진학해 1년 동안 제사製絲 기술을 익힌 그는 고향에 내려가 뽕나무를 심고 누에를 쳤다.

그러나 얼마 후 그는 다시 한성으로 가서 일본어 강습소에 다니기 시작했는데, 그것을 계기로 25세이던 1907년에 수원농림학교(수원고등농림학교 전신) 임학속성과에 입학했다. 수원농림학교는 관립상공학교가 1904년에 농과를 증설하면서 농상공학교로 되었다가, 1906년 농과가 독립해 2년제(1909년 3년제로 개편)로 새롭게 출발한 신식 교육기관이었다. 이 학교에 농상공부의 모범조림사업을 위한 기술 인력을 양성하기 위해 1년 과정의 임학속성과가 병설되었다. 임학 교육은 주로 일본인 교사들이 맡았는데, 정태현과 인연을 이어 간 우에키植木秀幹도 그중 한 명이었다. 농림학교 학생에게는 제복에서부터 기숙사비, 학용품까지 모든 비용을 국가가 지원했다. 대신 졸업생은 관비 지급 일수의 두 배를 국가기관에서 근무해야 했다. 정태현은 임학속성과 2회 입학생이었는데, 임학속성과는 이를 끝으로 19명을 배출하고 폐과되었다. 대부분의 졸업생은 각도의 모범양묘장養苗場에 취업했다. 정태현은 졸업과 동시에 농상공부 수원임업사무소 기수技手(하급기술자)로 발령을 받아 한성 근교의 조림사업에 참여했다.

1910년 일제강점 이후 정태현은 농상공부 기수에서 조선총독부 식산국 산림과의 최하위직인 고원雇員으로 신분이 강등되나, 그곳에서 이시토야 쓰토무石戶谷勉를 만나 함께 식물채집을 하면서 연구를 위한 첫걸음을 내디뎠다. 그는 이시토야와 1911년 평북 동림산과 평남 묘향산에서 채집을 했는데, 이것은 조선인이 근대 과학에 기반하여 식물을 연구한 최초의 기록으로 여겨진다. 한편 같은 해에 그는 당시로서는 늦은 나이인 29세에, 배화학당을 나온 장을봉張乙鳳(세례명 張敬恩)을 만나 결혼했다.

1913년 정태현은 삶에 또 한 번의 큰 전기를 맞았다. 조선식물 조사를 위해 방한한 도쿄제국대학 나카이 다케노신中井猛之進 교수의 통역 겸 안내역을 맡게 된 것이다. 이전까지는 산림과 관련된 업무로 출장을 갈 때마다 조금씩 채집을 했다면, 이때부터 그는 나카이가 방문하는 방학 때마다 본격적으로 식물채집에 나섰다. 정태현은 자신의 식물학 연구가 호기심에서 시작해 취미로 변했다고 밝힌 바 있는데, 그의 취미는 조선식물 연구의 권위자였던 나카이를 만나면서 학문적 차원으로 올라서게 된다.

나카이는 도쿄제대 식물학과를 졸업하고 그곳 부설 식물원에 근무하면서 1909년과 1911년 두 번에 걸쳐 방대한 분량의 『조선식물Flora Koreana 1·2』를 출간하여 조선식물 연구자로서 상당한 권위를 인정받은 소장 학자였다. 그는 조선총독부로부터 조선식물조사사업을 위탁받고 1913년부터 1942년까지 17차례에 걸친 답사와 채집을 통해 조선의 식물을 체계적으로 연구했다. 나카이는 국내외 학자들에게 조선식물상植物相을 학술적으로 제시하는 것을 목표로 삼았던 터라 전문가들이 사용하는 학술적인 린네 분류체계를 따랐다. 그는 정태현과 함께 채집한 표본에 의거하여 1915~1939년에 『조선삼림식물편朝鮮森林植物編』 1-22집을 발행함으로써 조선식물분류학의 학문적 토대를 구축했다.

여름방학을 이용해 함께 채집 여행을 다녔던 나카이와 정태현은 같은 종 표본을 두 개 만들어 하나는 조선에 보관하고 하나는 도쿄제대로 가져갔다. 정태현이 이때부터 수집한 약 8만 점의 표본은 해방 후 중앙임업시험장에 소장되어 있었지만 1950년 한국전쟁 와중에 폭격으로 전부 소실되었고, 일본으로 가져간 표본은 현재까지 도쿄대학에 잘 보존되어 있다. 다행히 정태현이 『한국식물도감 초본편』을 작성하기 위해 초본 약 2000점을 별도로 보관해 두었는데, 이는 성균관대 생명과학과 하은식물표본관에 소장되어 있다.

조선식물의 학명에 이름을 남긴 연구자

정태현은 나카이의 연구를 도우면서 그에게 식물학의 이론과 실제를 배웠다. 나카이는 일방적이고 위계적인 관계를 고수하며 초기부터 상당 기간 정태현을 통역사로 지칭했다. 그가 정태현을 채집자로 여기기 시작한 것은 고원에서 기수로 진급한 1921년 이후부터였다. 1921년에 나카이는 정태현이 충북 단양에서 채집한 줄댕강나무(*Abelia tyaihyoni* Nakai) 학명에 '태현tyaihyoni'이라는 이름을 붙여 그의 공을 인정하기도 했다. 『조선삼림식물편』 11집(1921)에서 나카이는 "[정태현] 씨는 내가 총독부 촉탁이 된 다음 해, 즉 1914년부터 통역 겸 조수로서 나를 수행했다. 1919년인 지금까지 나와 같이 조선의 산야 중 가장 험한 곳을 답사한 것이 일천수백 리, 생사의 지역을 출입한 것도 수회였다. 어떤 때에는 백두산 지방에서 폭도의 습격에서 도망치고, 어떤 때는 마적의 독수毒手로부터 빠져나왔고, 금강산중에서는 내가 전인미답의 대장봉 정상에서 현애로 떨어지는 것을 구해 주었다. 몽매한 인부들을 가르치어 수집 식물의 건조, 물자의 운반, 급양품의 구매 등에 힘썼고, 아직까지 한 번도 권태로워하지 않았다. 조선식물 조사의 진행에 그의 공이 많아서, 1905년 유납부維納府[벨기에 브뤼셀]에서 열린 만국

식물학회에서는 「식물에 인명人名을 붙일 때는 식물학자의 이름, 또는 수집가의 이름을 사용해야 한다」고 의결하였어도, 많은 채집을 도와준 충실한 정태현 씨의 공을 영구히 기념하기 위해 상기의 학명을 붙인다"고 밝혔다. 이 밖에 1926년 댕강나무(*Abelia mosanensis* Chung) 명명자로 정태현의 이름을 붙였는데, 이는 정태현이 평남 맹산에서 채집한 것을 임업시험장에서 재배하고 관찰하여 신종임을 확신하고 나카이에게 자신을 명명자로 해 달라고 당부한 결과였다.

나아가 정태현은 1922년 조선총독부 산림과 임업시험소가 임업시험장으로 승격되자 조선식물에 대한 체계적인 조사연구를 실시했고, 이듬해에 이시도야와 공저로 휴대용 『조선삼림수목감요朝鮮森林樹木鑑要』를 펴냈다. 산림과 소속의 자신처럼 현장 실무자를 대상으로 한 이 책은 분류와 같은 학술적 탐구보다는 식물자원의 실질적인 이용 증진을 목표로 삼았다. 따라서 학문적 분류보다는 육안에 의한 형태를, 학명과 일본명과 더불어 조선명을, 학술적 가치보다는 지역적 용도를 주되게 다루었다. 둘의 작업은 상호 의존적이고 대등하게 이루어졌다. 이 책은 정태현 개인에게는 독립적인 연구자로서 자신의 이름을 알리는 출발점이 되었다.

이후 정태현은 이시도야와 함께 수목의 조림 적지적수適地適樹를 위한 광범위한 조사를 실시했다. 조선과 일본의 기후와 풍토가 비슷한데도 그간 조림사업을 하면서 비싼 일본산 묘목을 들여오곤 했다. 황폐한 산림을 조선산 토종 수목으로 복원하려는 목적에서 추진된 이 조사는 정태현과 이시도야가 중심이 되어 1923~1926년에 이루어졌다.

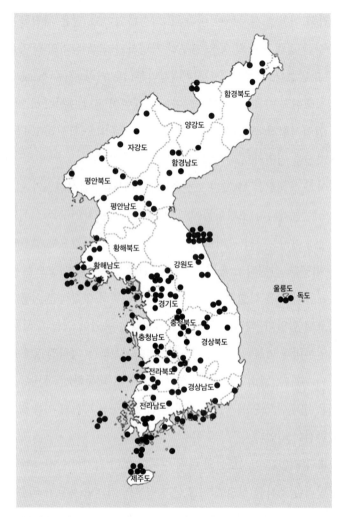

정태현의 한반도 식물채집 지역

정태현의 「식물채집 일평생」(1968)과 정영호의 「한국 관속식물분류학의
성장과 전개」(1984)를 참고하여 지도에 표시(김근배 작성)

조사자들은 전국 각지에 걸쳐 선정한 해발 1000미터 이상의 산 50여 곳에 분포된 수목을 흉고직경胸高直徑과 함께 기록했다. 채집한 식물의 표본은 고도별로뿐만 아니라 수평별로도 그 분포를 체계적으로 정리했다. 이를 통해 24과 77종의 조선산 대표 수종의 지리적 분포와 재질, 용도 등을 종합적으로 살폈다. 이 연구는 정태현의 오랜 체험이 녹아든 대표적인 성취라고 할 수 있다. 이 조사 결과의 일부가 1925년 《임업시험장시보林業試驗場時報》에 「조선산 주요 수목의 분포 및 적지朝鮮産主要樹木ノ分布及適地」라는 제목으로 실렸으며, 이후 1943년에 펴낸 『조선삼림식물도설朝鮮森林植物圖說』등의 책과 보고서에도 쓰였다. 아쉽게도 이 조사 자료는 한국전쟁 중에 대부분 소실되었으나, 수목의 '수직 및 수평 분포도'만은 보존되어 후학의 연구에 활용되었다.

정태현은 남쪽의 한라산에서 북쪽의 백두산에 이르기까지 한반도 곳곳을 다니며 식물을 채집했다. 식물채집을 할 때는 동양胴嚢(채집통), 노트, 카메라, 지도, 나침반, 권총 등을 휴대하고 안내인 및 인부들과 함께 다녔다. 1912년과 1917년에는 제주도에 조사를 갔고, 1914년에는 나카이와 함께 5개월에 걸쳐 신의주로부터 압록강을 끼고 백두산을 넘어 두만강을 따라 웅기에 이르는 약 2000킬로미터의 국경 횡단 여행을 했다. 가장 많이 갔던 금강산은 1916년을 시작으로 열두 차례나 찾았는데, 여기에는 식물채집 외에도 정부 요인이나 임업과 관련된 외빈 안내를 위한 방문이 포함되어 있다. 이 밖에도 부전고원, 낭림산, 구월산, 설악산, 지리산, 울릉도, 흑산도, 거문도, 백령도 등 한반도 구석구석을 누비며 식물을 채집했다. 정태현이 1911년부터 1965년 사이에 채집을 위해 찾았던 지역은 제주도 다섯 번, 백두산 세 번, 울릉도 세 번을 포함하여 주요 지역만 해도 최소한 약 170곳에 이른다.

이처럼 여러 지역을 답사하고, 갔던 곳을 다시 찾으며 채집을 한 까닭은 무엇일까? 《성대신문》에 실린 제주도 답사를 회고하며 쓴 글을 통해 그의 생각을 엿볼 수 있다.

필자는 제주도의 식물을 1912년, 1917년, 1954년 3차에 걸쳐 조사를 갔던 일이 있습니다. … 나는 어느 친구에게서 "어째서 가까운 곳에도 많은 식물이 있는데 막대한 경비를 써가며 제주도까지 갈 필요가 무엇인가?" 하는 질문을 받은 일이 있습니다. 물론 이 질문에는 식물이 다르기 때문이라고 답할 것입니다. … 이곳의 특수한 식물로는 제주조리대, 암매, 섬쥐똥나무, 상동나무, 녹나무, 구상나무, 문주화, 담팔수, 종가시나무, 사구라나무, 파초일엽, 비자나무, 풍란 등의 많은 것이 있습니다.

… 필자가 1912년에 갔을 때는 제주읍에 녹나무의 대목(大木)이 있었는데 그 후에 가보니 베어 없어지고 삼성혈 부근에 자그만 묘목을 심는 것을 보았는데 1953년에 가보니 직경 약 5촌(寸) 정도로 자란 것을 보았습니다. 이 나무는 장뇌* 제조에 중요한 식물입니다.

또 1917년에 갔을 때의 일입니다. 그때 동행했던 윌슨(Wilson) 박사가 분비나무 과실의 인편(鱗片)이 뒤로 제껴진 것을 발견하고 새로이 Aibes[Abies] Koreana Wilson(구상나무)이라고 하는 신식물(新植物)

---

* 樟腦. 녹나무를 증류하여 얻는 화합물로 방부제와 강심제로 사용

로서 발표하게 되었는데 당시 한국 식물에 조예가 깊었던 나카이(中井)
박사가 선취권을 뺏기고 발을 구르며 억울해하던 생각이 납니다.

　이 기회에 또 하나 이야기하지 않을 수 없는 것은 사구라나무(왕벗나
무)의 문제입니다. 이 식물의 원산지 문제로 많은 학자들이 오랫동안 논
의해 왔습니다. 일본의 국화(國花)인 사구라나무는 일찍이 고이즈미(小
泉) 박사가 본도(本島)제주도에서 자생품(自生品)을 발견함으로써 우리
나라 제주도가 그 원산지로 확정되었던 것인데, 기후(基後)에 고이즈미
박사가 발견한 절벽 위에 있던 두 것은 베어졌고, 재차 발견되지 않았던
관계로 부인하게 되었던 것입니다.

_ 정태현, 「야책(野冊)을 메고 50년」, 《성대신문》 1964.

　왕벗나무 제주도 기원설은 도쿄제대 연구생 고이즈미小泉源一가
1912년 일본 《식물학잡지植物學雜誌》에 발표함으로써 처음 제시되었
다. 그러나 나카이는 신혼여행 겸 채집 여행으로 제주도를 방문하여
왕벗나무를 확인했음에도 불구하고 "왕벗나무의 원산지는 불명이다"
라는 조심스러운 입장을 취했다. 제주도 원산에 대해 확답을 내리지
못한 이유는 발견된 나무가 한 그루였고 일본으로의 전파 과정도 확인
되지 않았기 때문이라고 그는 적고 있다. 고이즈미는 1932년 제주도
에서 추가로 야생 왕벗나무를 발견하여 제주도 기원설에 더 힘을 실었
다. 하지만 해방 이후 일본의 연구자들은 일본 왕벗나무는 잡종 기원
이라며 제주도 기원을 부정했고, 1960년대 이후 제주도 자생 왕벗나
무를 다수 발견한 한국 연구자들은 왕벗나무의 제주도 기원설을 꾸준

히 주장했다. 이 논쟁은 두 나무가 서로 다른 종임이 밝혀지면서 2018년 무렵 일단락되었다.

조선박물연구회 활동과 『조선삼림식물도설』 출간

우호적이었던 이시토야가 1933년 조선총독부 식산국 산림과를 떠나 경성제대로 가면서 정태현은 신분이 불안해졌다. 그는 적지 않은 감봉과 불안정한 촉탁직으로의 변화를 받아들여야 했다. 이 무렵 경성에 있는 중등학교 박물교원을 중심으로 조선인 연구자들만의 조선박물연구회가 결성되었다. 일부 일본인 연구자의 반대를 무릅쓰고 연구회를 결성한 이들은 정태현에게 조선식물 연구를 이끌어 줄 것을 간곡히 요청했다. 이들 젊은 연구자들은 정태현의 앞선 활동에 자극을 받은, 말하자면 '정태현 키즈'라 불릴 만한 사람들이다. 박물 연구 조사와 함께 일반 대중에게 과학 지식을 보급하고자 했던 연구회는 첫 번째 사업으로 지방마다 다른 동식물 명칭 통일 작업과 동식물의 조선명 제정을 추진했다. 당시 대부분의 학술 활동이 일본어로 이루어졌기 때문에 흔한 일부 종을 제외하고는 생물의 우리말 이름이 없거나 통일되지 않아 혼란스러운 경우가 많았다. 정태현은 조선박물연구회에 참여하여 연구사업을 추진하고 1937년에는 회장을 맡기도 했다.

조선박물연구회가 추진한 우리나라 생물의 조선명 정리 사업에는 많은 학자들이 동참했는데, 식물부에는 정태현, 도봉섭都逢涉, 이덕봉, 윤병섭, 이휘재, 이경수, 한창우, 유석준, 심학진 등이 참여했다. 1937년 첫 번째 성과로 『조선식물향명집朝鮮植物鄕名集』이 출간되었을 때 정태현은 도봉섭, 이덕봉, 이휘재와 함께 이 책의 공편자로 이름을 올렸다. 이들은 식물의 우리 이름을 찾기 위해『향약본초鄕藥本草』,『동의보감』,『산림경제山林經濟』등 고전의 기록을 우선적으로 참고했는데, 정태현은 어렸을 때 한학을 수학했기에 이러한 일에 매우 적격이었다. 편자들은 고전에서 찾은 결과와 자신들이 직접 조사한 결과를 종합하여 2000여 종에 달하는 식물명을 확정했다. 3년에 걸쳐 100여 회의 모임을 통해 식물의 우리 이름이 처음으로 정리 통일된 것으로 그 의미가 자못 크다. 민들레, 쑥, 엉경퀴, 개망초, 고들빼기, 곰취, 머위, 개미취, 여우오줌, 도깨비바늘, 구절초, 국화, 과꽃, 백일홍 등 지금 우리가 부르는 많은 이름이 이때 확정된 것이다. 비슷한 시기에 동물명집도 원고가 거의 완성되었으나 경비 문제로 출간하지 못했다.

정태현의 연구는 조선 식물상 규명을 기본으로 하되 약용, 섬유용, 식용 등 야생식물의 실용적 연구로까지 뻗어 나갔다. 이는 1930년대 경성제대와 위생시험소의 주도로 조선 한약재를 비롯한 유용한 식물의 조사연구가 장려되고 있었던 상황과 관련이 있다. 그는 새로이 부임한 상관 하야시 야스하루林泰治와 공저로『조선산 야생 약용식물朝鮮産野生藥用植物』(1936),『선만 실용 임업편람鮮滿實用林業便覽』(1940),『조선산 야생 식용식물朝鮮産野生食用植物』(1942)을 펴냈다. 공저라고는 하나 사실은 정태현의 주도로 이루어진 것이었다.『조선산 야생 약용식물』은 우리나라에 야생하는 약용식물을 총망라하여 상세한 기록과 사진을 실은 우리나라 최초의 약용식물도감이었다.『선만 실용 임업편람』은 조선과 만주산 수목의 총목록을 정리한 책으로 임업 관계

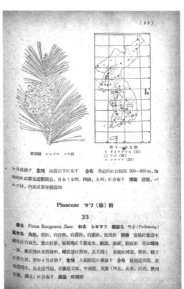

정태현의 『조선삼림식물도설』(1943) 국립한글박물관

자들이 쉽게 휴대하여 참고할 수 있게 만들었다. 『조선산 야생 식용 식물』은 우리나라에 야생하는 식용 가능한 732종 식물의 식용 방법, 채집 시기, 분포 지역 등을 상세히 기록한 구황식물서로, 중요한 식물 307종의 사진이 수록되어 있다. 이 책들을 쓰면서 정태현은 조선의 전 래 지식과 고문헌을 적극 활용하고 그 가치를 부각시키고자 했다.

1943년에는 정태현 단독 저자로 조선박물연구회에서 『조선삼림 식물도설朝鮮森林植物圖說』을 출간했다. 이 책은 정태현이 임업시험장 에서 20여 년간 조사 연구한 결과를 바탕으로 조선의 삼림식물(목본식 물) 84과 269속, 1098종류(473변종, 66품종 포함)를 집대성한 역작이자,

우리나라 사람이 저술한 최초의 식물도감이다. 우호적인 서문은 조선인들의 존경을 받았던 수원농림학교 시절 은사 우에키가 썼다. 반면에 그와 오랜 기간 함께했던 나카이는 서문 쓰는 것을 주저했고 우에키의 서문도 탐탁지 않게 여겼다. 실은 이 책에 나카이가 신종으로 발표한 것으로 기재된 많은 식물 중 상당수는 정태현이 발견한 것이었다. 『조선삼림식물도설』에는 1023개의 실물도와 341개의 분포도가 수록되어 있으며, 7종 33변종의 새로운 식물이 기재되었다. 이 중 2종 1변종(왕곰버들, 강화산닥나무, 보은대추나무)은 정태현이 새로 발견한 것이며, 5종 32변종은 도쿄제대 표본실에서 분양받은 식물표본 중에 나카이가 새로 명명하여 기록만 해 놓고 정식으로 발표하지 않은 것들이었다. 나카이는 1952년 한국식물 연구를 총결산하여 요약한 「조선식물지경개朝鮮植物誌梗概」에서 정태현이 『조선삼림식물도설』에 새로 기재한 5종 32변종의 학명에 'Nakai ex Kawamoto'라는 명명자 이름을 붙여 그의 공을 인정했다. 가와모토河本台鉉는 정태현의 창씨였다.

한국식물분류학을 선도하며 대한민국학술원상 수상

해방 이후 정태현은 미군정청 임업시험장의 조림부장이 되어 일본인들이 빠져나간 임업시험장의 정상화에 앞장섰으며 대한민국 정부수립 이후에는 중앙임업시험장 장장을 맡아 임업 행정 및 연구의 기틀을 세우는 데 기여했다. 1945년 10월에는 서무, 동물, 식물, 자원 4개의 부서를 둔 조선생물연구소 설립에 다른 생물학자들과 함께 참여했다. 부속시설로는 동물원, 식물원, 약초원, 생물도서관, 교육기관 등을 갖추려는 원대한 구상을 했으나 실현하지는 못했다. 같은 해 12월에는 정태현을 비롯한 여러 생물학자들이 힘을 합해 조선생물학회(한국생물과학협회 전신)를 창설했다. 정태현은 초대 회장이었던 도봉섭의 뒤를 이어 1946년 2대 회장으로 선출되었고, 1949년까지 회장을 역임했다. 조선생물학회는 학회지를 내지는 못했지만 1947년 『조선생물학 용어집 I』을 펴냈고, 1949년 정태현, 도봉섭, 심학진 공저로 『조선식물 명집 I 초본편』과 『조선식물명집 II 목본편』을 간행했다. 이 책은 1937년에 펴냈던 『조선식물향명집』의 잘못된 점을 보완하고 새로운 식물명을 포함시킨 것이었다. 초본편에는 2200여 종, 목본편에는 1350여 종의 식물명을 담았다.

이 무렵 정태현은 계농생약연구소桂農生藥研究所의 지원을 받아 도봉섭과 공저로 한국식물도감의 출간을 준비하고 있었다. 계농생약연구소는 당시 대표적인 약업체였던 천일약방의 조인섭이 세운 연구소로, 서울대 약대 학장이었던 도봉섭이 연구소 소장을 맡고 있었다. 정태현과 도봉섭은 5년 동안 작업하여 원고와 그림을 완성하는 단계에 이르렀다. 그러나 1950년 한국전쟁으로 계농생약연구소가 문을 닫고 도봉섭이 납북됨에 따라 출간 사업은 중단되었다. 게다가 정태현이 평생 공들여 만든 7만여 점의 식물표본마저 모두 잿더미가 되고 말았다. 다행히 일부 실물도를 그리는 일을 맡았던 도봉섭의 부인 정찬영이 그림과 원고를 보관해 두고 있었다. 조선미술전람회 동양화부 최초의 여성 특선 작가로 자리매김한 정찬영은 나혜석과 함께 일제강점기에 활동한 대표적인 여성 화가였다. 1952년에 정태현이 전남대 농대 임학과

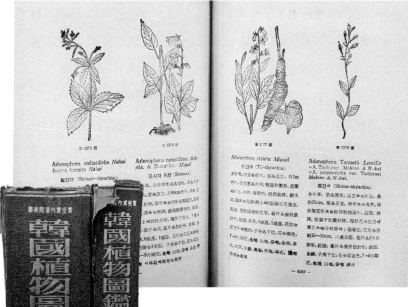

정태현의 『한국식물도감 상·하』
고려대학교 도서관(편집자 촬영)

에 부임하고 이듬해 명예박사 학위 1호를 수여하며 400만 원의 경비를 특별 지원받게 되면서 한국식물도감의 출판이 다시 추진되었다.

한편 성균관대 생물학과를 한국 분류학의 본산으로 만들려는 조복성 학과장의 뜻에 따라 정태현은 1954년 성균관대로 초빙되었다. 그는 정찬영으로부터 넘겨받은 원고를 마무리하여 초본을 다룬 『한국식물도감 하』(1956)를 먼저 출간하고, 목본을 다룬 『한국식물도감 상』(1957)도 이어서 펴냈다. 납북된 도봉섭은 저자로 포함하지 않고 정태현 단독 저서로 출간하였으며, 다만 책의 머리말에 정찬영에게 특별한 감사를 표하는 것으로 그쳤다. 상권은 앞서 펴낸 『조선삼림식물도설』을 기본으로 하여 분포도를 빼는 등 일부를 수정한 것으로, 95과 324속 1097종 1013편의 그림을 싣고 있다. 하권은 2050종의 그림을 담고 있으며, 여기에는 그가 새로 발견한 11종 2변종이 포함되어 있다. 이로써 해방 후 우리나라 최고의 식물도감이 탄생하게 되었다.

정태현은 『한국식물도감』으로 1956년 학술계 최고의 영예인 대한민국학술원상 본상(저작상) 제2회 수상자가 되었다. 1965년에는 『한국식물도감』 상하권을 통합하고, 글도 쉽게 수정 보완하여 『한국동식물도감 식물편(목·초본류)』을 펴냈다. 이후 출간한 『한국동식물도감 식물편 증보판』(1970)은 정태현의 마지막 학술 저작으로, 계농생약연구소에서 서울대 표본실로 넘어와 소장 중인 표본을 비롯한 예전의 식물 표본을 조사하여 112과 355종을 포함시킨 것이다. 단, 마지막 저작에 포함된 상당 부분은 문헌 조사가 불충분하여 재검토되어야 할 것이 많다는 평가를 받고 있다.

1956년 경남 남해 채집 여행(가운데 앉아 있는 이가 정태현)
『하은생물학상: 25주년』(1994)에서

정태현은 1954년에 대한민국학술원 회원이 되었고, 1959년에는 종신회원으로 추대되었다. 1954년 대한생물학회(조선생물학회에서 명칭 변경) 명예회장, 1967년 한국과학기술단체총연합회 고문을 역임했으며, 1969년 성균관대에서 정년퇴직하기까지 식물분류학의 후학 양성에 힘썼다. 박정희 정부가 들어서면서 대학교수 60세 정년제가 실시됨에 따라 정태현은 1961년 79세로 1차 정년퇴직을 하고 강사로 재직하다 이듬해 우대강사가 되었다. 1963년 대학교수 정년제 환원으로 다시 교수로 복직되었으나 건강 악화로 1969년 2차 정년퇴직을 했다. 이 무렵 성균관대 생명과학과 표본관은 정태현과 후학들의 노력으로 3만여 점의 식물표본을 소장하게 되었다.

정태현은 1968년 과학기술후원회에 의해 제1회 유공과학기술자로 선정되어 과학기술연금을 받았다. 같은 해에는 5.16민족상 학예부문 본상을 수상했으며, 그 상금의 일부로 자신의 아호인 하은霞隱을 딴 하은생물학상재단을 창립했다. 1969년 제1회 하은생물학상 수상자로 식물학자 박만규가 선정되었으며, 2회 수상자로 곤충학자 조복성이 선정되는 등 하은생물학상은 동식물학을 망라하여 우리나라 생물학계에서 큰 권위를 인정받는 상이 되었다. 이 상은 1996년까지는 매년 시상되었고, 이후 현재까지 격년으로 시상되고 있다. 성균관대 생명과학과가 주관하는 이 상의 수상자는 하은생물학상 이사회가 동물과 식물에서 교대로 선발하며, 정태현이 세상을 뜬 11월 21일 전후로 시상식이 열린다. 한편 정태현은 1962년 문화포장, 1970년 국민훈장 모란장 등을 수상했다.

20세기 전반 한국 생물학의 두드러진 특성 하나는 대학을 나오지 않은 사람들에 의해 분류학 연구가 활발히 이루어졌다는 점이다. 그 대표적인 인물이 바로 정태현이다. 한국인들 사이에서 근대 생물학이 체계적으로 자리잡기 이전에 일본인 연구자를 도우며 식물분류학의 길로 나섰던 정태현은 일찍이 방대한 식물분류 연구를 수행함으로써 어느 누구도 쉽게 범접할 수 없는 과학적 이정표를 세웠다. 그가 발견한 식물만 해도 30여 종에 이르며, 그에게는 '살아 있는 한국식물사전'이라는 애칭이 붙었다. 이런 그를 우리는 한국 근대 식물분류학의 태두라고 부를 수 있을 것이다.

참고문헌

일차자료

논문

鄭台鉉, 1925, 「朝鮮産主要樹木ノ分布及適地」,《林業試驗場時報》5,
    pp. 1-48.

鄭台鉉, 1932, 「江華島所産森林植物に就て」,《朝鮮山林會報》99,
    pp. 40-45.

鄭台鉉, 1933, 「金剛山産森林植物に就て」,《朝鮮山林會報》102,
    pp. 19-27.

정태현, 1956, 「미선나무에 대하여」,《생물학회보》1-1, 71-75쪽.

정태현, 1956, 「한국산 야생 약용식물에 대하여」,《(성균관대)論文集》7,
    49-52쪽.

정태현, 1958, 「자료: 한국산 야생 섬유식물에 대하여」,《식물학회지》1-1,
    21-26쪽.

정태현, 1959, 「자료: 한국산 제비꽃과의 종 검색표」,《식물학회지》2-2,
    25-26쪽.

정태현·이우철, 1961, 「충북식물조사연구」,《(성균관대)論文集》6,
    229-289쪽.

정태현·이우철, 1962, 「북한산의 식물자원조사연구」,《(성균관대)論文集》
    7, 373-396쪽.

정태현·이우철, 1962, 「의성산(義城産) 개나리에 대하여」,《식물학회지》
    5-3, 81-82쪽.

정태현·이우철, 1965, 「韓國森林植物帶 및 適地適樹論」,
    《(성균관대)論文集》10, 329-435쪽.

저서

石戶谷勉·鄭台鉉, 1923, 『朝鮮森林樹木鑑要』, 朝鮮總督府林業試驗場.
林泰治·鄭台鉉, 1936, 『朝鮮産野生藥用植物』, 朝鮮印刷株式合社.

鄭台鉉·都逢涉·李德鳳·李徽載, 1937,『朝鮮植物鄕名集』,
　　朝鮮博物硏究會.

林泰治·河本台鉉, 1940,『鮮滿實用林業便覽』, 朝鮮總督府林業試驗場.

林泰治·河本台鉉, 1942,『朝鮮産野生食用植物』, 朝鮮總督府林業試驗場.

河本台鉉, 1943,『朝鮮森林植物圖說』, 朝鮮博物硏究會.

정태현, 1956/1957,『한국식물도감 상·하』, 신지사.

정태현, 1958,『약용식물재배법』, 약사시보사.

정태현, 1965,『한국동식물도감 식물편(목·초본류)』, 문교부.

기고

정태현, 「야책(野冊)을 메고 50년」,《성대신문》1964(《숲과 문화》11-3,
　　2002에 다시 게재).

정태현, 1965, 「식물채집 60년」,《신동아》6-2, 272-279쪽.

정태현, 1968, 정태현, 「식물채집 일평생」,《세대》8, 246-250쪽.

이차자료

조민제·이웅·최성호, 2018, 「『조선식물향명집』 "사정 요지"를 통해 본
　　식물명의 유래」,《한국과학사학회지》40-3, 551-608쪽.

이정, 2013, 「식민지 조선의 식물 연구(1910-1945): 조일 연구자의
　　상호 작용을 통한 상이한 근대 식물학의 형성」, 서울대학교
　　박사 학위 논문, 155-179쪽.

김훈수, 2004, 「정태현 회원」, 대한민국학술원,『앞서 가신 회원의 발자취』,
　　460-464쪽.

이우철, 1994, 「霞隱 鄭台鉉 博士 傳記」, 하은생물학상이사회 편,
　　『霞隱生物學賞 : 二十五周年』, 하은생물학상이사회.

오수영, 1984, 「한국의 유관속식물분류학에 관한 사적연구(1)」,《경북대
　　논문집》38, 171-197쪽.

정영호, 1984, 「한국 관속식물분류학의 성장과 전개」, 예초정영호박사
　　화갑기념사업회,『예초정영호박사 화갑기념논문집: 분류학의 돌담불』,
　　35-73쪽.

이우철, 1982, 「정태현박사의 신종 및 미기록종 식물에 대한 고찰」,
《식물분류학회지》 12-2, 79-91쪽.

이재두, 1977, 「成均館大學校 所藏 故 鄭台鉉 植物腊葉 標本 目錄」,
《(성균관대)論文集》 24, 83-175쪽.

박만규, 1974, 「하은정태현론」, 《새교육》 26-4, 147-154쪽.

이재두, 1971, 「故 霞隱 鄭台鉉博士의 足赤」, 《식물학회지》 14-4, 3-4쪽.

이덕봉, 1961, 「최근세 한국식물학 연구사」, 《아세아연구》 8, 135-139쪽.

김근배 · 문만용

정두현

鄭 斗 鉉

생몰년: 1887년 12월 11일~미상
출생지: 평안남도 평양부 죽전리 192
학력: 도쿄제국대학 농학실과, 도호쿠제국대학 생물학과, 다이호쿠제국대학 의학부
경력: 숭실전문학교 교수, 인정도서관 관장, 김일성종합대학 의학부장
업적: 한국 유일의 과학·의학·농학 고등교육 이수자
분야: 생물학, 의학, 농학

1946년 후반 김일성종합대학 의학부장 시절 정두현
미국 NARA 소장 사진첩 『북조선의 가을 1946년』에서
(국사편찬위원회, 백창민 기자 발굴)

20세기 전반기에 여러 과학 분야를 섭렵한 유일한 과학자가 나타났으니 바로 정두현이다. 그는 놀랍게도 과학, 의학, 농학, 세 분야에서 고등교육을 받고 연구 경력도 각각 쌓았다. 조선과 자신의 앞날을 과학으로 밝히려고 했으며 어려움을 맞닥뜨릴 때마다 새로운 과학으로 그 돌파구를 마련하고자 했다. 이에 힘입어 그는 숭실전문 교수로서 생물학을 가르쳤고, 인정도서관 관장을 역임했으며, 해방 후에는 김일성종합대학 의학부장을 맡았다. 하지만 그는 추모되고 기려지기는커녕 남북 모두에서 완전히 잊힌 인물이 되었다.

외국어에 능통한 농학 전공의 백과전서 지성인

정두현은 1887년 평안남도 평양에서 정재명鄭在命과 전주 이씨 사이의 장남으로 태어났다. 남동생이 둘 있었으며 누이에 대해서는 알려진 바가 없다. 그의 집안은 전통 명문가는 아니었지만 평양에서 잘 알려진 지역 유지였다. 아버지는 일찍 개명하여 기독교를 받아들이고 대한독립협회 평양지회장, 서북학회 평양지회장, 평양부 지방위원, 평양금융조합장 등을 역임했으며 시내에 사범강습소를 세워 운영했다. 훗날 정두현은 아버지로부터 "정신상 영향"을 많이 받았다고 회고했다. 아버지가 여러 사회단체에 참여하여 교육 진흥과 실력 양성을 위해 힘썼던 것처럼 정두현 자신도 자강운동에 깊은 관심을 가졌다. 또한 아버지처럼 그 역시 기독교를 받아들였고, 이 점은 학교 진학을 비롯하여 졸업 후 진로, 인간관계, 사회 활동 등 생애 전반에 지대한 영향을 끼쳤다. 실제로 정두현은 중등학교를 다닐 때 방학이면 아버지가 운영하는 강습소에 나가 학생들을 가르쳤고 그러던 중 "실력 양성에 교육이 급무라는 것을 늦기게 되어 장래 그 방면에 종사하기로 결심"(「자서전」, 1948) 했다고 밝혔다.

정두현은 7세인 1894년부터 한학 교육을 받다가, 1898년 평양에 사립 사숭학교四崇學校가 문을 열자 입학하여 초등 과정을 마쳤다. 이때만 해도 국내에는 중등학교가 변변치 않아 그는 1903년 사립 평양 일어학교(중등 과정)에 들어가 3년 동안 공부했다. 당시는 열강의 침탈 속에 일본어를 비롯해 영어, 러시아어 등 외국어의 인기가 높아지고 있었고, 한성, 인천, 평양에 일어학교가 운영되고 있었다. 그는 일어학교를 졸업하고 1906년에 평양 유일의 중등 일반학교인 숭실중학교로 편입했다. 그러나 이때만 해도 학교는 건물과 시설이 부족하고 교사도 전도 활동에 종사하던 겸업 선교사들에 의존하고 있어 학생들의 불만이 컸다. 결국 그는 1년 만에 학교를 그만두고 일본 유학길에 올랐다. 한편 그는 유학을 가기 전 이미 어린 나이에 결혼을 한 것으로 보인다. 신부는 두 살 연상의 김인현이었는데, 이름 외에는 알려진 것이 없다.

일본 유학생은 1905년부터 부쩍 늘어 이때부터 매년 100명 이상의 조선인이 일본으로 공부를 하러 떠났다. 통감부 설치로 일본의 영향력이 사회 전반에 걸쳐 커졌고, 그에 따라 일본에서 신식 학문을 배우려는 사람들이 증가했던 것이다. 대다수는 정치학, 법률학, 경제학 등과 같이 개인의 출세에 직접 도움이 될 만한 학문 분야를 전공으로 선택했다. 유학생 대부분이 상층 집안 출신이라 이러한 경향은 더 두드러지게 나타났다.

1907년 일본 도쿄로 간 정두현은 먼저 일종의 학원이라 할 사설 도쿄수학원數學院과 세이소쿠正則학교를 다니며 상급학교 진학에 필요한 수학과 영어를 집중적으로 공부했다. 그리고 1908년에 입학시험을 거쳐 기독교계 사립 메이지明治학원 보통학부 4학년으로 편입했다. 이 학교는 조선의 교회들과 유대 관계가 있어서 조선에서 중등 과정을 제대로 이수하지 못한 조선인 유학생들이 많이 진학한 학교의 하나였다. 첫 조선인 학생은 1900년에 입학한 한민제韓民濟(의사)였으며, 문인 이광수와 사학자 문일평은 정두현보다 한 해 앞선 1906년에 입학해서 정두현과 함께 다녔다. 조선인 학생들은 대개 20세 전후로, 평균 10대 중반이었던 일본인 학생들보다 나이가 훨씬 더 많았다. 학교는 5년제 중등 과정으로, 고등교육기관 진학에 필요한 교과목을 집중적으로 가르쳤다. 당시의 학교 일람을 보면, 국어한문과 영어, 수학에 많은 시간이 할애되고 수신修身, 역사, 지리, 박물 물리 및 화학, 습자習字, 도화, 체조 등은 시간이 적게 배정되었다. 정두현은 대한흥학회와 같은 조선인 유학생 단체에 참여하기도 했다. 이 학교를 졸업한 학생들은 메이지학원 고등학부나 사립 대학에 많이 진학했으나 정두현의 선택은 달랐다.

그는 1910년 4월 통감부에서 선발하는 관비 유학생 보결시험에 지원하여 합격했다. 당시 《황성신문》 등의 보도에 따르면, 총 60명의 지원자가 한문, 이과, 수학, 역사, 지리 등에 관한 시험을 치러 8명이 선정

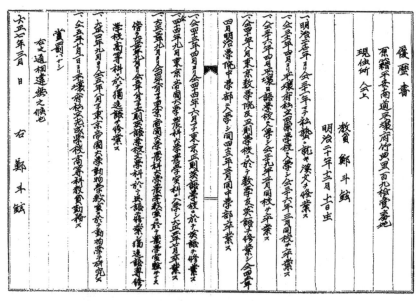

1918년 광성고등보통학교 재직 시기에 작성한 정두현의 이력서
국가기록원 소장 사립광성고등보통학교의 설치허가 서류(1918)에서

되었다. 합격자는 모두가 조선 혹은 일본에서 중등학교를 졸업한 사람
들이었다. 정두현은 관비 유학생으로 선발된 후 사설 세이소쿠영어학
교를 6개월간 다녔다. 상급학교 학업에 필요한 영어를 더 공부하기 위
해서였다. 1911년에 그가 입학한 학교는 도쿄제국대학東京帝国大學 농
과대학 농학실과였다. 통감부가 관비 지원을 받는 학생들에게 농상공
과 같은 실업계 전문학교의 진학을 장려했기에 이러한 선택을 했던 것
으로 보인다.

　도쿄제대 농학실과는 대학 농과대학에 설치되어 있기는 하나 사실
은 전문학교 과정이었다. 원래 1886년 도쿄농림학교로 출발하여 일

시적으로 도쿄제대 농과대학(1919년 농학부로 개편)에 소속되어 있었던 것이다. 당시 도쿄제대 일람을 보면, 그가 입학할 때 조선인 학생은 2학년에 유태로劉泰魯, 3학년에 윤태중尹泰重이 있었다. 교과과정은 1학년은 물리학 및 기상학, 화학, 식물학, 동물학, 지질학, 해충, 작물, 영어, 농장실습, 2학년은 화학, 토양학, 비료, 작물, 식물병리학, 원예학, 양잠론, 축산학, 가축사양론家畜飼養論, 경제학, 법률대의法律大意, 영어, 동물학실험, 농장실습, 3학년은 작물, 원예학, 축산학, 농산제조학, 농업경제, 농정학農政學, 수의학대의, 임학대의, 화학실험, 농학실험, 농장실습, 농학연습으로 편성되어 있었다. 농학실과를 졸업한 후 그는 1914년부터 1년간 농과대학 농학교실에서, 이듬해부터 1년간은 농과대학 동물학교실에서 연구 활동을 했다. 이 무렵 선진 학문에 필요한 외국어를 배우기 위해 도쿄독일어전수학교東京獨逸語專修學校 2년 과정을 마치기도 했다.

정두현이 학교를 떠난 1916년에는 우장춘이 농학실과 신입생으로 들어왔다. 두 사람은 재학 시기가 겹치지 않으나 5년 선후배 사이로 나중에는 서로를 알게 되었을 것이다. 도쿄제대 농학실과는 이후 1935년에 도쿄고등농림학교로 분리되었고, 1949년에는 도쿄농공대학으로 승격되었다.

정두현은 1916년 조선으로 돌아왔다. 평양에서는 기독교 장로회 주최로 농업에 관한 그의 강연회가 성대하게 열렸다. 그러나 연구 경력까지 쌓았음에도 그는 농업 교육연구기관이 아닌 사립 중등학교에 취직했다. 당시 권업모범장에서는 조선인을 채용하지 않았고, 수원농림학교에는 선배 윤태중을 포함하여 두 명의 조선인이 이미 재직 중이었다. 주요 기관별로 기껏해야 조선인을 한두 명만 채용하던 때여서 수원농림학교로는 진출이 막혔다. 이에 따라 정두현은 광성학교 고등과(중등 과정) 교사로 근무하며 식물 인체 생리 및 위생, 동물, 농업 등 이과 및 실업 과목을 가르쳤다. 당시 이 학교는 고등보통학교 설립 인가를 준비 중이었는데 1918년에 승인이 났다. 1919년에 정두현은 기독교계 사립 숭덕학교(교장 윌리엄 M. 베어드)로 옮겨 교감을 맡았다.

3.1 운동 때 평양에서는 운동의 시작을 알린 숭덕학교에 1000여 명이 모여 독립선언식을 거행하고 숭덕학교 교사와 학생들이 나눠 준 태극기를 흔들며 시내로 행진했다. 학생들에게 독립선언식 참여를 독려하기도 했던 정두현은 시국 사건에 관여한 죄목으로 평양형무소에서 3개월 동안 고초를 겪었다. 형무소에 가게 된 건 "당시 [조선인] 책임자로 시무하든 숭덕학교 교정에서 봉화를 들게 된 관계 이외에 해외 독립운동 기관과도 약간의 련락이 있든 사실"(「자서전」, 1948) 때문이었다고 그는 회고했다. 비밀 출판, 독립운동비 모금, 독립시위운동 주창 등을 목표로 기독교계 학교의 교사 및 졸업자들이 중심이 되어 만든 대한독립청년단(일명 결사대)에서 내무부장으로 활동한 사실이 드러났던 것이다.

정두현은 이후에도 청년들의 애국 사상 고취와 교양 함양을 목적으로 세워진 평양청년회의 회장을 맡는 등 사회적 활동을 이어 갔다. 평양청년회는 문예부, 강론부, 체육부, 오락부, 인제부引濟部를 두고 대중들이 참여하는 강연회, 영어강습회, 음악회, 운동회, 웅변대회, 빙상대회 등 다양한 활동을 펼쳤다. 그중에 정두현이 관심을 기울인 대중 강연회는 시류 및 인생 등을 주제로 했는데, 수백 명에서 1000여 명이 운집할 정도로 인기를 끌었다. 그는 평양교육협회, 조선물산장려회, 고학생구제회가 조직될 때도 발기인으로 참여했으며, 평양청년기독청년회 교육부의 핵심 인사로 활동했다.

1921년에 정두현은 숭덕학교 교장으로 승진했고, 1923년부터는 숭인학교 교장도 겸임했다. 그는 대규모 재원을 학보하여 이들 학교를 고등보통학교로 승격시키고자 노력했으나 일이 잘 진척되지는 못했다. 이 시기에 《조선일보》는 평양의 교육계 공로자를 소개하면서 그를 여러 외국어에 능통하고 박식한 군자로 묘사했다.

교육계 공로자(敎育界功勞者): 정두현 씨

현 평양 숭인학교장으로 근자에는 동교승격(同校昇格)에 숨은 정열을 만히 고조하는 모양이다. 그 온용정아(溫容靜雅)하며 하검(下瞼)하야 원려과묵(遠慮寡黙)한 품이 아모래도 여성이라 함이 적합하겟스며 아니 그보다도 고어(古語)를 빌려 군자(君子)라 함이 근사하리라. 씨는 일즉 숭실중학 3년을 수업하고 도동(渡東)하야 일본 제대 농과[농학실과]를 졸업하엿스며 2년간 외국어를 준비하엿다. 씨는 박학독실(博學篤實)하야 평양의 백과전서로 명칭(名稱)을 듯는 학자로서 어학에 니르러는 일, 독, 영, 불어를 비롯하야 로어, 희어(希語), 랍전어(拉典語), 중화어, 에쓰어 등 실로 모국어까지 십여어에 긍(亘)하야 조예가 쏘한 깁다. 동교를 위하야는 실로 과분의 비(備)인 교장인데 기미년 운동 시에 해교(該校)

를 임(任)케 되었다. 38세 청년 교육가로 명망이 고(高)하다.

_《조선일보》 1926. 1. 1.

숭실전문 생물학 교수로, 인정도서관 관장으로

정두현은 40세가 되는 1927년에 돌연 일본으로 다시 유학을 떠났다. 사회적으로 명망 있는 학교 교장직을 그만두고 뒤늦게 대학에 진학한 것이다. 학교 책임자로서 학교의 승격에 곤란을 겪은 데다가 학문 탐구에 대한 열망을 떨치지 못해 큰 결단을 내렸던 것으로 보인다. 게다가 이때는 평양의 대표적인 고등교육기관인 숭실전문학교가 이학과 설립 인가를 추진 중이었다. 숭실전문 교장은 숭덕학교 교장을 겸임하고 있던 베어드였다. 1925년 문학과는 조선총독부로부터 인가를 받았지만 이학과는 설비와 교수진의 부족으로 반려된 상태였다. 이에 1926년에는 많은 예산을 들여 과학관을 새로이 건립했으며, 미인가 상태이기는 하나 이학과 학생 모집도 계속하고 있었다. 하지만 교수진은 여전히 부족했고, 그 가운데서도 생물학을 전공한 사람은 거의 없었다. 이러한 시기에 정두현은 다시 유학을 결심하고 도호쿠제국대학東北帝國大學 이학부 생물학교실로 진학했다.

도호쿠제대는 이학과 공학에 강점을 지닌 곳이었다. 조선인들도 1924년 경성고등공업학교 출신의 최삼열(화학)을 필두로 이학부에 많이 진학했다. 특히 1926년부터는 전문학교를 졸업한 조선인 학생들을 여럿 받아 준 터라 그 숫자가 더 많아졌다. 1927년에는 정두현을 비롯하여 최종환(수학, 경성고공 졸업), 이구화(화학, 숭실전문), 김호직(생물학,

수원고농), 박동길(암석광물광상학, 오사카고공)까지, 무려 5명의 조선인이 한꺼번에 입학했다. 이들은 선대유학생회仙臺留學生會를 조직했고, 정두현은 집행위원으로 선출되었다. 생물학과에는 동물학통론, 동물조직학, 동물발생학, 동물비교해부학, 동물생리학, 실험동물학, 식물분류학, 식물형태학, 식물생리학, 식물지리학, 세포학, 유전학, 미생물학, 생화학, 응용생물학, 생물학특별문제연구 등의 교과목이 개설되어 있었다. 정두현은 이미 도쿄제대에서 연구한 적이 있는 동물학을 전공하여 1930년에 졸업하고, 생물학교실에 남아 1년간 연구 경험을 쌓았다.

도호쿠제대를 마치고 조선으로 돌아오자 《동아일보》는 정두현의 졸업 소식을 크게 보도하며, 그의 배움을 향한 열정과 앞으로의 활동에 대한 기대를 아낌없이 드러냈다.

노 학사의 환향(還鄉)

거금(距今) 15년 전(1916년)에 동경제대 [농학실과]를 필업하고 향리에 귀(歸)하야 평양 숭인학교장으로 재직하야 극도의 경영난에 신음하는 동교의 운명과 공히 악전고투하기 수년, 교육계에 헌신하든 농학사 정두현 씨는 우흐로 노부(老父)를 모시고 알에로 손자를 거늘린 40 고개를 넘은 중년으로서 빈약한 조선 학계, 특히 생물학계에 학구(學究)가 적음을 걱정하야 이미 제대의 농과를 맞친 몸으로 다시금 선대(仙臺) 제국대학 생물학과에 학적을 부치고 형설의 학구생활 3년에 45세의 학생으로 이학사의 학위를 엇고 최근에 금의(錦衣)로써 환향한 것은 신추(新秋)를 맞는 평양으로서 쏘한 깃거운 일의 하나이라 아니할 수 업다. 마음은 아즉 젊은 학생이리라. 마은^{마흔}의 얼굴은 3년 전에 비기어 좀더 노성(老城)하는가 십다. 오히려 씨의 손에서 서책(書冊)이 멀어지지 아니하고 그의 머리에 연구가 거듭되니 불원(不遠)하야 우리는 씨의 새로운 발표를 볼 날이 오려니와 압흐로 다시 교육계에 공헌하리라 하니 뫼마른 우리 교육계에 새로운 활천(活泉)을 엇은 감(感)을 자아낸다.

_《동아일보》 1930. 9. 28.

1931년에 조선으로 돌아온 정두현은 이화여자전문학교 교수로 채용될 기회가 있었다. 그러나 서북西北 출신을 차별했던 기호畿湖 주류 인사들의 거센 반대로 무산되었다. 대신에 그는 평양의 기독교계 숭실전문학교 교수로 발령받았다. 1931년 숭실전문이 이학과 대신에 농학과 설립 인가를 받음으로써 그 전후로 신임 교수를 다수 채용하게 되었던 것이다. 미국 위스콘신대학에서 농경제학으로 박사 학위를 받은 이훈구도 이때 정두현과 같이 임용되었다.

도쿄제대 법학부를 나온 정두현의 막냇동생 정광현鄭光鉉도 졸업 직후인 1928년에 숭실전문 문학과 교수로 재직한 적이 있었다. 정광현은 이듬해 윤치호의 셋째 딸 문희와 결혼한 후 1930년 연희전문학교로 옮겼기 때문에 형과 같이 근무할 기회는 없었다. 윤치호는 자신의 일기에 사돈 집안의 장남인 정두현을 언급하며 "군은 학자다. 동물학이 전공이고 생활 면에서 굉장히 정확해서 사람들은 그를 기준으로 시계를 맞춘다"라고 평하기도 했다. 숭실전문 교수 중에서 생물학 전공자는 정두현 한 명뿐이었으므로 그는 기초과목으로 생물학과 관련된 식물학 및 식물병리학, 동물학, 유전학, 생리화학, 세균학 등을 가르쳤을 것이다.

정두현이 숭실전문 교수가 된 1931년 말에 평양에는 사립 인정도서관이 세워졌다. 설립자 김인정金仁貞은 일찍 부모를 여의고 기생으로 일하며 막대한 재산을 모은 사람이다. 김인정은 많은 선행을 했는데, 인정도서관 건립도 그중 하나였다. 평양의 저명인사였던 조만식에

1934년 숭실전문학교 교수 및 재학생(둘째 줄 앉은 자리 왼쪽에서 네 번째 정두현)
숭실대학교 한국기독교박물관

게 사회사업 방안을 상의하자 그가 도서관 건립을 제안했던 것이다. 김인정은 자신의 재산 절반에 가까운 10만 원을 기부하여 5000여 권의 책을 소장한 연건평 215평의 2층 도서관을 지었다. 당시 10만 원은 경성에서 집을 100채나 살 수 있는 거액이었다. 일반열람실, 신문열람실, 부인열람실, 아동열람실, 특별열람실에 연구실까지 갖춘 인정도서관은 그때까지 조선인이 세워 운영한 도서관 중 가장 규모가 컸다. 이 도서관의 초대 관장으로 정두현이 임명되었다. 평양 일대에서 최고의 지성인 중 한 사람으로 명성을 얻고 있었기 때문이다. 훗날 작성한 정두현의 이력서에는 취미가 독서라고 기록되어 있다. 인정도서관은 매일 수많은 학생이 몰릴 정도로 큰 인기를 끌었다. 그러나 때로는 사찰 대상이 되었으며 일부 도서는 불온서적으로 판정받아 압수당하기도 했다.

정두현은 1935년 경성제국대학에서 열린 제29회 전국도서관대회 준비위원으로도 활동했다. 일본제국의 많은 도서관 관계자들이 참여하는 2박 3일 일정의 대회에 조선인으로서는 드물게 중책을 맡은 것이다. 이때 행사에 내빈으로 참여한 우가키 가즈시게宇垣一成 조선총독을 만나기도 했다. 이 때문인지 해방 이후 북한에서 활동할 때 그는 인정도서관 관장 경력을 전혀 내세우지 않았다. 한편 그는 남문교회 장로를 지낸 독실한 기독교 신자로서 기독면려청년대회基督勉勵靑年大會에서 강연자로 나섰고, 유학생들을 지원하는 해외학우협회海外學友協會 회장과 해외유학생친목회 집행위원으로도 활동했다. 대중들의 생활 개선을 목적으로 한 잡지《신흥생활新興生活》의 발간인으로 나섰다가

1935년 조선총독부도서관 앞에서 정두현 일행(왼쪽 첫 번째 정두현, 세 번째 김인정)《文獻報國》1-2, 1935. 12. (국립중앙도서관, 백창민 기자 발굴)

창간호가 당국에 의해 불허되는 일을 겪기도 했다.

정두현은 지역에서 펼치는 과학 관련 활동에도 적극 참여했다. 1930년대 들어 조선인들이 주도하는 사회 활동이 각 분야에서 활발히 일어났다. 평양에서도 1931년 과학자들이 자연과학동호회自然科學同好會를 조직했는데, 그도 핵심 회원으로 참여했다. 이 단체는 정기적으로 과학 강연회를 개최했다. 일례로, 1931년 11월에는 1000여 명의 청중이 참석한 가운데 미국 이학사 김학수가 '화학과 인생'을, 광성고보 교사 박승옥이 '지구 표면의 자연현상'을, 곤충학의 권위자 김병하가 '곤충의 단결력과 무단결력'을 발표했다.

1934년에는 김용관이 주도하는 과학데이 행사의 일환으로 평양에서도 자연과학동호회가 중심이 되어 대중적 과학 행사를 개최했다. 낮에는 자동차 기旗행렬, 밤에는 강연회를 했는데, 특히 자동차 기행렬은 관악대를 앞세우고 30여 대의 자동차와 기행렬이 뒤를 따르며 시내를 행진함으로써 뜨거운 호응을 얻었다. 자동차 선두에는 미국 인디애나 대학에서 전자공학 전공으로 박사 학위를 받은 조응천이 개발한 라디오가 장착되어 행진곡이 울려 퍼졌고, "과학의 승리자는 모든 것의 승리자이다", "한 개의 시험관이 전 세계를 뒤집는다" 등 과학데이 구호가 적힌 깃발을 내건 자동차가 줄지어 달리는 이색적인 장관이 연출되었다. 저녁에는 평양의 커다란 자랑인 두 명의 박사가 나서서 강연을 했다. 조응천의 라디오 실험을 겸한 '물질과학과 상식'과 이훈구의 '과학의 힘으로 조선을 개척하자'가 그것이었다.

한편 정두현은 1934년 김용관이 주도한 과학지식보급회가 경성을 넘어 전국적으로 조직되자 발기인 및 재정위원으로 참여했으며, 이어서 지역 조직으로 평양과학지식보급회가 세워질 때는 이사이자 연구부원으로 활동했다. 평양에서 시작된 자동차 기행렬은 경성에서도 채택되어 과학데이 행사를 거족적으로 펼치며 성공적으로 이끄는 강력한 추진력이 되었다.

삼숭의 폐교, 그리고 의학 공부를 위한 대만 유학

1935년 무렵, 숭실전문은 신사참배 문제로 격랑에 휩쓸렸다. 일제는 황국신민화의 일환으로 신사神社 건립을 조선 전역으로 확대하고 신사참배를 대대적으로 강요했다. 그러자 기독교계 학교들은 이를 우상숭배로 여겨 신사참배를 완강히 거부하거나 학교를 닫는 움직임까지 벌였다. 평양에 있는 미국 북장로회 소속의 대표적 학교로 '삼숭三崇'으로 불린 숭실중학*, 숭의여학교, 숭실전문의 교장은 신사참배를 거부함으로써 모두 파면당하고 말았다. 이에 따라 1936년 학교 측은 후임자를 물색했고, 숭실중학 교장으로는 많은 사람의 존경을 받던 정두현이 임명되었다.

숭실중학은 전국적으로 명성이 있는, 학생 규모가 가장 큰 기독교계 학교의 하나였다. 숭실교우회 주최로 각계의 인사들이 참여한 신임교장 취임 환영회도 성대하게 열렸다. 교장이 된 정두현은《동아일보》(1936. 6. 3.)와의 인터뷰에서 평양 지역에 중등학교 증설과 함께 실업학교와 공업전문학교도 필요하다는 주장을 폈다. 그러나 미국 북장로회 조선선교부는 학생들과 평양 지역민들의 반대에도 불구하고 이듬해에 폐교라는 강경한 결정을 내렸다. 이에 정두현을 포함한 평양 기독교계 지도자들은 인계위원회를 조직해 삼숭의 인계를 위한 운동을 벌였으나 학교를 존속시키지는 못했다. 그나마 광업가 이종만이 나서서 대동공업전문학교를 세움으로써 숭실전문의 시설을 이어받았다.

---

* 숭실중학교는 1928년 조선총독부의 승인(고등보통학교)을 받지 않고 지정 학교로 남아 예전 이름 그대로 중학교로 불렸다.

1929년 숭실중학 뒤편 운동장에서 바라본 숭실전문학교(오른쪽이 대학본관, 가운데가 과학관)
숭실대학교 한국기독교박물관

결국 1938년 숭실전문과 함께 숭실중학도 폐교되면서 정두현은 직장을 잃고 말았다.

이때 정두현의 나이 51세였으나, 그는 새로운 배움을 위해 또다시 해외로 발길을 돌렸다. 그가 진학한 곳은 1938년 대만에 있는 다이호 쿠제국대학臺北帝國大學(현재의 국립타이완대학) 의학부였다. 이 대학을 선택한 이유는 조선에서 멀기는 하나 의학계 대학 중 입학이 상대적으로 수월했기 때문일 것이다. 그가 들어갈 때 37명의 의학부 지원자 중에서 탈락자는 한 명뿐이었다. 애초 문정학부와 이농학부로 구성되어 있던 다이호쿠제대에 1936년 의학부가 증설되었으며, 일제의 남방 진출에 유용한 열대의학을 강조했다. 정두현은 의학부에 3회로 입학했는데, 처음이자 유일한 조선인이었다. 다만, 이농학부에는 1940년 마형옥이 농예화학과에, 1942년 김봉균(金田吉永)이 지질학과에 진학한 사례가 있었다.

의학부에서는 저학년에서 기초과목, 3학년에 올라가서는 임상교육을 주로 받았다. 개설된 주요 교과목으로는 해부학, 생리학, 생화학, 병리학, 약리학, 세균학, 위생학 및 열대전염병학, 법의학, 기생충학, 진단학, 내과학 및 열대전염병학, 전염병학, 소아과학, 외과학, 산과학 및 부인과학, 안과학, 피부과학 및 비뇨기과학, 이비인후과학, 치과학 및 구강외과학, 방사선치료학, 의사법제醫事法制와 함께 각종 실험실습, 임상강의, 외래환자임상강의 등이 있었다. 정두현은 전시 상황으로 교육 과정이 6개월이나 단축되면서 1941년 12월에 졸업했는데, 이듬해 발간한 대학 일람의 졸업생 명단에 사다무라定村榮哲로 창씨개명한 것으로 기재되어 있다. 그의 동생도 같은 창씨를 썼던 것으로 보아 이는 집안에서 결정했을 가능성이 크다.

정두현은 다이호쿠제대 의학부를 졸업하고 산과학부인과학교실에서 2개월 근무하다가 조선으로 돌아왔다. 1942년 4월부터는 경성제국대학 의학부에서 본격적으로 연구 경험을 쌓았다. 53세에 의학 연구자로서 첫걸음을 내디딘 그는 내과학교실에 3년여, 그리고 같은 시기에 생리학교실에도 2년여 체류하며 연구했다. 이력서로 보자면, 생리학 분야에서 신경세포를 연구하며 논문을 썼던 것 같다. 이는 장차 의학박사 학위 논문을 준비하기 위해서였을 것이다. 당시 조선인으로는 내과에 金田光治(박사), 이돈희, 한심석, 생리학교실에 남기용이 근무하고 있었다. 그러나 전시 상황의 급격한 악화로 연구를 계속하기가 어려워지자 정두현은 1945년 7월에 고향 평양으로 가서 머물렀다.

북한 김일성종합대학 의학부장 임명과 사상 논란

해방이 되고 1945년 10월, 정두현은 일약 평양의학전문학교 교장으로 임명되었다. 혼란 속에서 저마다 주도권 다툼을 벌일 뿐 학교를 이끌어 갈 책임자가 마땅치 않았다. 이때 평양의전 교수와 동문들이 논의 끝에 정두현을 낙점한 것이다. 평양에서 그는 인품이 훌륭한 교육계의 유명 인사였으며, 의학 경력까지 쌓은 것이 알려지면서 최고의 적임자로 여겨졌다. 당시 북한 전역에는 최고의 교육기관으로 두 개의 전문학교가 있었다. 하나는 정두현이 이끄는 평양의학전문학교이고, 다른 하나는 대동공전이 개편된 평양공업전문학교(교장 신건희, 교토제대 물리학)였다. 당연히 두 전문학교의 교장은 북한 지식계를 상징하는 최고 명망가였다.

남한에서 국립서울대학교 설립안(국대안)이 제기되던 시기에 북한에서도 종합대학 설립안(종대안)이 본격적으로 추진되었다. 종대안은 평양의전과 평양공전을 대학으로 승격시킨 다음 이것을 모체로 종합대학을 세우는 것이었다. 1946년 5월 종합대학창립준비위원회 위원장 장종식(교육국장)을 중심으로 정두현을 비롯한 학계의 저명인사들이 위원으로 위촉되었다. 이들은 대학 조직안을 비롯하여 학부 구성, 교과과정, 교수 채용, 대학 예산안 등을 전반적으로 마련하는 임무를 맡았다. 말하자면, 정두현은 종합대학 의학부 설립의 책임을 실질적으로 맡고 그 전반을 관장하게 되었던 것이다.

1946년 10월에 출범한 김일성종합대학은 공학부와 의학부를 포함하여 7개의 학부로 구성되었다. 의학부는 학부장 정두현을 위시하여 28명의 교수진을 확보했다. 그 다수는 평양의전 교수들이었고 다른 일부는 새로 충원된 사람들이었다. 부副학부장 겸 병원장은 월북한 도쿄제대 출신 최응석이 임명되었다. 이후 한동안은 상당수의 의학부 교수들이 월남함에 따라 교수진의 교체가 자주 일어났다. 1947년 의학부 상황을 보면, 교실별 책임자로 내과학 최응석(도쿄제대 박사), 외과학 장기려(나고야제대 박사), 안·이비인후과학 이호림(오사카제대 박사), 피부비뇨과학 이성숙(교토제대 박사), 세균학 안진영(나가사키의대), 위생학 배영기(규슈제대 박사) 등이 임명되었다. 전반적인 주도권을 사상적 색채가 강한 월북 인사들이 차지해 갔던 것을 볼 수 있다.

1948년 9월에는 과학기술계 학부를 독립적인 대학으로 확장하는 조치가 취해졌다. 공학부, 의학부, 농학부가 각각 평양공업대학, 평양의학대학, 원산농업대학으로 분리된 것이다. 이때도 정두현은 평양의학대학 학장을 맡았고, 아울러 생물학을 담당했다. 그뿐만 아니라 전국 제1차 의과학대회 준비위원, 나아가 북조선로동당 중앙위원, 조선임시헌법 제정위원으로도 임명되며 높은 서열에 올랐다.

한편 그의 동생 정광현은 연희전문 교수로 있던 1938년, 이승만의 해외 단체와 연계하여 민족운동을 벌인 흥업구락부 사건에 연루되어 학교를 떠났다. 사상 전향을 강요받은 정광현은 조선총독부 중추원 촉탁직으로 일하기도 했다. 해방 후에는 남한에서 미군정청 법무관과 중앙관재처 차장으로 활동했으며, 1949년 서울대 법과대학에서 강사로, 이듬해에는 전임교원으로 발령받아 1962년 퇴직 때까지 근무했다. 정광현은 주로 가족법을 연구했으며, 1952년부터 10년 동안 서울대 도서관장을 역임했다. 퇴직 후 1966년에는 그간의 학문적 업적을 인정받아 대한민국학술원 회원으로 선출되었다. 한국 최초의 여성 변호사 이태영은 그의 제자로, 이태영이 가정법률사무소를 설립 운영할 때 정광현은 많은 지지와 자문을 해 주었다. 이렇게 정두현과 정광현은 형제임에도 북과 남으로 갈라져 각자의 삶을 살아갔다.

그런데 1951년부터는 북한에서 정두현의 행적이 더 이상 드러나지 않는다. 보건의료 잡지나 《로동신문》에서도 그에 관한 기사를 찾을 수 없다. 당시 평양의학대학 교수로 있다가 월남한 배만규가 《평의》 12집(1981)에 쓴 기록에 따르면, 정두현은 소련에서 열풍처럼 유입된, 고유의 유전자를 부정하고 환경적 변이를 강조한 미추린Ivan Michurin과 리센코Trofim Lysenko의 학설을 분연히 반대하다가 학장에서 물러났고, 교직은 유지한 채 생물학만을 담당했다. 이때 정두현이 옹호한 과학적인 멘델·모르간의 유전학을 "세계 조류에 역행하는 반동적 학문"이라며 전면에 나서서 비판한 사람은, 다름 아닌 그와 가장 가까이에 있던 최응석이었다고 한다. 북한에서는 1949년 10월 무렵 유전학에 대한 대대적인 지도 검열이 있었다. 그 결과 유전학 강의가 폐지되었고, 교재와 강의록 및 연구물이 압수되었으며, 관련자들이 주요 자리에서 쫓겨났다. 비슷한 시기에 누에 유전학자 계응상도 대학과 연구소의 책임자 자리에서 물러났다.

배만규의 증언에 의하면 정두현과의 마지막은 1951년 1.4 후퇴 때 황해도 평산에서 하룻밤을 같이 보내고 헤어진 것이었다고 한다. 1952년 과학원이 창립될 때 북한의 주요 과학기술자들이 여러 지역에서 모여들었다. 의학 분야의 경우 원사로 최명학, 후보원사로 최응석, 리호림, 도봉섭이 추대되었다. 하지만 정두현은 그 어디에도 없었다. 1986년 조성된 애국렬사릉에 적어도 18명의 의학자가 안치되어 있지만, 정두현은 역시 포함되어 있지 않다. 그 이유는 정확히 알려져 있지 않으나 그는 북한에서 완전히 잊힌 인물이 되고 말았던 것이다.

정두현은 위기의 순간마다 새로운 배움을 향해 해외로 유학을 떠났다. 그리고 그때마다 기존에 공부했던 전공이 아닌, 농학에서 생물학으로 다시 의학으로 전공을 바꾸며 학문 분야를 넓혀 갔다. 그 결과 20세기 초 고등교육기관에서 농학, 과학, 의학을 공부하고 각각의 분야에서 연구 경력까지 쌓은 처음이자 유일한 과학자가 되었다. 이처럼 백과전서 지성인이었던 그는 과학을 통해 자신은 물론 민족의 역량을 증진시키고자 힘쓰며, 우리나라 과학계 곳곳에 발자취를 남겼다.

참고문헌

일차자료

金起田·車相瓚, 1924, 「朝鮮文化基本調査(其八) 平南道號」, 《개벽》 51, 67-75쪽.

「(평양의 신흥사업) 교육공로자」, 《조선일보》 1926. 1. 1.

평양의학전문학교, 1946, 「직원이력서급훈육방침 제출의 건」, 미국 National Archives and Records Administration(NARA) 소장.

정두현, 1948, 「리력서」, 「자서전」, 평양의학대학, 『리력서』, 미국 NARA 소장.

배만규, 1981, 「미츄린 학설과 정 학장」, 《평의》 12, 16-26쪽.

「정재명」, 〈한국근현대인물자료〉, 국사편찬위원회 한국사데이터베이스.

私立光成高等普通學校, 1918, 「私立高等普通學校設置認可ノ件」, 국가기록원 소장.

朝鮮總督府 警務局 高等警察課, 1919, 「秘密結社 大韓國民會及大韓獨立青年團檢擧ニ關スル件」, 국사편찬위원회 제공.

이차자료

정종현, 2021, 「식민과 분단으로 서로를 지운 '평양'의 형제: 정두현과 정광현」, 『특별한 형제들』, 휴머니스트출판그룹.

백창민, 「세상과 도서관이 잊은 사람들―평양 인정도서관장 정두현 ①-②」, 《오마이뉴스》 2021. 5. 29.

이경숙, 2021, 「일제강점기 숭실전문학교 교수진의 구성과 네트워크」, 《사회와 역사》 130, 81-132쪽.

김근배, 2020, 「숭실전문의 과학기술자들: 이학과와 농학과의 개설, 졸업생들의 대학 진학」, 《한국근현대사연구》 94, 99-129쪽.

정긍식, 2016, 「설송 정광현 선생의 생애와 학문의 여정」, 《법사학연구》 54, 165-215쪽.

이현일, 2012, 「대북제국대학으로 본 식민지 의학교육」, 《아세아연구》 55-4, 259-284쪽.

이계형, 2008, 「1904~1910년 대한제국 관비 일본유학생의 성격 변화」, 《한국독립운동사연구》 31, 189-240쪽.

박형우, 2002, 「해방 직후 북한의 의학교육에 관한 연구-평양의학대학을 중심으로-」, 《남북한 보건의료》 3, 63-95쪽.

岡村淑美, 2022, 「1900年前後明治学院普通学部教育事情の一考察—訓令12号ショックを超えて」, 《明治学院大学キリスト教研究所紀要》 54, pp. 45-82.

김근배

원홍구

元 洪 九 Hong-Koo Won

생몰년: 1888년 4월 8일~1970년 10월 3일

출생지: 평안북도 삭주군 양산면 장토동

학력: 수원농림학교 농학과, 가고시마고등농림학교 농학과

경력: 송도고등보통학교 교원, 영생고등여학교 교장, 김일성종합대학 교수, 북한과학원 원사

업적: 조선조류목록 발표, 조선박물전람회 개최, 새 신종 발견, 『조선조류지』 발간

분야: 생물학-조류학

원홍구는 한국 조류 연구의 개척자이다. 그는 중등학교 교원으로 재직하며 누구도 관심을 두지 않았던 조류 연구에 열정을 기울였다. 조선과 일본을 통틀어 당시 최고 수준을 자랑하는 동물 표본실을 만들었으며 일본 학술지에 많은 논문을 발표하기도 했다. 해방 후에 그는 북한에서, 아들 원병오는 남한에서 각각 조류 연구의 권위자가 되었다. 새를 통한 이들 부자의 극적인 간접 상봉은 소설로 쓰이고 영화로 제작되어 많은 사람의 심금을 울렸다.

송도고보 박물 교원으로 시작한 연구

원홍구는 1888년 평안북도 삭주에서 태어났다. 아버지는 농업에 종사한 중농으로 한학에 조예가 있었으며 기독교 신자였다. 원홍구 아버지가 언제부터 기독교를 받아들였는지는 모르나, 원홍구를 비롯해서 자녀들 모두 기독교의 영향을 많이 받았다. 아버지의 동네 친구로는 후에 조선의 금광왕으로 세상을 떠들썩하게 한 최창학이 있다.

어린 시절부터 자연을 좋아했던 원홍구는 서당에서 한학을 공부하다가 1907년 수원농림학교에 진학해 1910년에 졸업했다. 이 무렵 그는 평범한 집안의 최원숙崔元淑과 만나 결혼했다. 졸업 후 권업모범장 목포지장 기수와 수원농림학교 조교수로 근무하던 원홍구는 조선총독부 관비 유학생으로 선발되어 1912년 일본의 남단에 위치한 가고시마고등농림학교鹿兒島高等農林學校로 유학을 떠난다. 이때는 관비생으로 농학을 전공할 학생들이 가장 많이 뽑혔다. 그는 식민지 출신인데다 수학 연한도 부족했기 때문에 교과과정을 이수해도 정규 졸업 자격을 얻지 못하는 선과생選科生 신분으로 입학했다. 가고시마고농에 조선인은 그가 유일했고 중국 학생은 10여 명이 있었다. 농학과에는 기초과목으로 물리학 및 기상학, 화학, 동물학 및 곤충학, 식물학 및 식물병리학, 지질학 및 토양학, 전공과목으로 작물학, 원예학, 비료학, 농업공학, 축산학, 양잠학, 농업경제학 및 농정학, 식민정책 등이 개설되어 있었다. 가고시마고농 일람에 따르면 그는 3년을 수학한 뒤 1915년 농학과를 선과생으로 수료했다.

수료 후 그는 아열대 및 열대 식물 표본 2000종을 가지고 곧바로 귀국했다. 그리고 수원농림학교에 연구생으로 있으면서 가지고 온 식물 표본을 정리했다. 이때 그는 우리나라 식물의 채집과 정리가 제대로 되어 있지 않다는 사실을 깨닫고, 그 종류와 특징을 새롭게 밝히겠다는 결심을 하게 되었다고 한다. 원홍구는 수원농림학교 연구생으로 1년이 좀 안 되게 있다가, 평북 구성군청 서기로 3년 남짓 일했다. 일본의 전문학교를 수료했지만, 선과 출신이라는 점은 그의 진로를 불투명하게 만들었다. 그러던 중 기독교 신자라는 것이 인연이 되어 1919년 기독교계 송도고등보통학교의 박물 교원으로 자리를 잡았다.

송도고보는 미국 에머리대학Emory University에서 과학을 공부하고 돌아온 윤치호尹致昊가 미국 남감리교 선교부의 지원을 받아 세운 사립학교였다. 중등학교 중에서는 보기 드물게 과학에 중점을 두어 이화학실과 함께 박물실博物室을 갖추고 있었다. 박물실에는 동식물 표본이

다량으로 확보되어 있었고, 학생마다 현미경을 한 대씩 차지하고 관찰할 수 있었다. 생물 연구에 관심이 많던 원홍구에게는 최고의 직장이었다. 그는 1학년 식물학, 2학년 동물학, 3학년 위생생리학, 4학년 박물통론을 가르쳤다. 강의하는 틈틈이 국내는 물론 대만까지 원정을 가서 식물을 채집하기도 했다. 그러다가 송도고보 교장인 스나이더Lloyd H. Snyder의 권유와 도움으로 연구 주제를 조류로 바꾸게 된다. 스나이더의 주선으로 미국 스미소니언연구소로부터 연구비를 지원받아 연구할 수 있게 되었기 때문이다. 연구용 새는 자전거(나중에는 오토바이)를 타고 사냥개를 대동하여 수렵용 엽총으로 직접 잡았다.

그가 새를 채집하기 시작한 시점에 대해서는 두 가지 다른 언급이 있다. 원홍구의 회고에 따르면 그는 송도고보에 부임한 1920년부터 새를 비롯한 박물을 수집했다고 한다. 그러나 다른 글에서는 송도고보로 오고 나서 몇 년 지난 1926년부터 새를 채집했다고 말한 적이 있다. 스나이더가 1926년부터 교장을 맡았던 점을 고려하면 후자의 진술이 더 믿을 만하다고 판단된다. 어느 쪽이든 원홍구가 새를 연구하기 시작한 것은 송도고보에 재직한 때로, 전문학교를 졸업한 지 여러 해가 지난 뒤였다.

원홍구는 송도고보에 있으면서 다방면으로 활발하게 활동했다. 1920년에 개성에서 노동자를 위한 모임인 고려청년회가 창립될 때 참여해 간사를 맡았고, 이듬해에는 송도고보 신축 건물에 필요한 표본과 설비를 확보하는 일로 일본을 방문했다. 당시 송도고보 교정에는 개성의 특산으로 유명한 임금林檎나무(능금나무의 일종) 수백 주가 장관을 이루고 있었는데, 이 또한 모두 원홍구가 심고 가꾼 것이었다. 한편 1926년에 학생들이 학교 측에 목소리를 내며 동맹휴학을 했을 때 원홍구도 논란의 대상이 되었다. 학생들은 일차적으로 학교의 종교 교육에 대해 반발했지만, 여러 교사들의 교육도 문제 삼았다. 원홍구의 경우에는 전공과 다소 거리가 있는 생리 과목을 담당하고 있다는 점이 불만을 낳았다.

그는 약 10년간 송도고보에 재직했는데, 이때 가르친 제자 중 많은 이들은 남북한을 대표하는 과학기술자로 성장했다. 한국 최초의 물리학 박사인 최규남을 비롯해 김병하(생물학), 김준민(생물학), 장기려(의학), 최제창(의학) 등이 남한에서 활약했고, 북한에는 정준택(공학) 등이 있었다. 그의 뒤를 이어 송도고보 박물교사가 된 석주명(생물학)도 그의 제자였다. 석주명은 송도고보를 마치고 원홍구의 영향으로 그가 다녔던 가고시마고농으로 유학을 떠났고, 돌아와서 나비 연구자로 이름을 떨쳤다. 그의 제자 김병하는 잡지《조광》에서 송도고보 재학 시절의 원홍구를 다음과 같이 인상 깊게 회고했다.

… 과거에 스승으로 모신 이 중에 일생을 통하야 잊을 수 없는 한 분이 생각됩니다. 그 분은 현재 안주농업학교 박물 교유敎諭, 중등학교 교원 원홍구 씨입니다만은 제가 송도고보 재학 시대에는 송고 박물교원으로 계시게 되여 지금 제가 동물학 방면으로 진출하야 곤충학부를 전문으로 연구하게 된 것은 이 분의 지도가 많었을 뿐아니라 선생은 조류학 방면에 있어 조선산(朝鮮産) 조류를 세밀히 조사 연구하야 일본 학계는 물론 전

세계적으로 고명(高名)하신 선생입니다. …

어느 날은 선생을 찾어가 제가 이 방면에 취미를 두어 채집 연구할가 하였드니 도모지 집에서 이해치 못하시어 도저히 할 수 없으니 어찌하면 좋겠읍니까 말삼을 하엿읍니다. 선생은 말삼하시기를 『아즉 부모님께서 학술에 대하야는 잘 모르시는 것이니 채집한 것을 학교 박물실에 두고 연구를 하게 하자』는 것입니다. 그 다음날부터 하학(下學) 후는 박물실에 가서 선생과 가치 연구하는 중에 가끔 선생은 나의 아버지를 찾어보시고 장래가 유망할 듯하니 그대로 내버려두어 보시라고 권고하여 주시사 …

현 송도고보의 박물실(博物室)이 전선(全鮮)에 유명하게 된 것도 그 분이 15년간 열심으로 채집하여 놓은 공이 많다고 하겠읍니다. 그 분은 지금도 쉬지 않으시고 연구하시고 계실뿐더러 가끔 제게 편지로써 늘 쉬지 말고 독서와 연구를 권하고 계십니다. 내가 이만큼 되어짐이 선생의 지도가 많았음을 생각할 때 그 분은 죽어도 잊을 수 없습니다.

_ 김병하, 「박물연구가 원홍구선생」, 《조광》 1936.

조선산 조류 연구의 권위자로 발돋움

송도고보는 선교회의 경비 지원 축소로 1920년대 후반부터 경영에 어려움을 겪었다. 원홍구는 대책연구위원으로 문제 해결을 위해 앞장서다가 1931년 평남 안주농업학교로 이직했다. 송도고보 박물 교원 자리는 그의 제자 석주명이 이어서 맡았다. 원홍구는 안주농업학교에 근무하면서부터 조류 채집과 연구에 매진했다. 연구 성과를 학술지에 본격적으로 발표하기 시작한 것도 이때부터였다. 1931년에 일본

1930년대 안주농업학교 교사 시절 원홍구 일가(왼쪽부터 원홍구, 사냥개
엘로, 첫째 병휘, 넷째 병일, 부인 최원숙, 둘째 병수, 다섯째 병오, 셋째 혜경)
손자 원창덕 제공

의《동물학잡지動物學雜誌》에 논문을 발표한 것을 시작으로 1932년에는 수원고등농림학교《창립 25주년 기념논문집創立二十五週年記念論文集》에 논문을 실었으며, 그 후에도《동물학잡지》,《조선농회보朝鮮農會報》등에 꾸준히 논문을 발표했다. 안주농업학교에 근무하는 10년 동안 그는 오로지 조류 연구에만 전념했다.

원홍구는 앞서 언급한《창립 25주년 기념논문집》에 실린 「내가 수집한 조선산 조류 목록余の蒐集したる朝鮮産鳥類目錄」을 통해 자신이 채집한 조선의 조류 목록을 발표했다. 이는 우리말 명칭으로 조선산 조류를 기록한 최초의 목록으로, 45과 245종의 조류가 수록되어 있다. 그는 같은 논문집에 실린 「조선산 조류 목록에 추가할 2종의 조류에 대하여朝鮮産鳥類目錄に追加する二種の鳥類に就きて」에서 그동안 조선산 조류는 모두 398종으로 보고되었는데 자신이 안주에서 2종을 새로 발견하여 400종에 달한다고 밝혔다. 이후 원홍구는 또 하나의 신종을 자신의 조류 목록에 추가했고, 일본인 학자의 조사 결과를 포함하여 56과 416종을 기재한 「조선조류목록朝鮮鳥類目錄」을 1934년 『가고시마고등농림학교 25주년 기념논문집鹿兒島高等農林學校開校二十五週年記念論文集』에 발표했다.

원홍구가 발견하여 추가한 신종은 '금눈쇠올빼미'와 '제비도요', '제비물떼새'였다. 당시 안주의 거리에는 밤이면 "워~워~" 하고 우는 정체불명의 동물이 있었다. 그는 이것이 갯과 동물이리라 생각하고 엽총을 들고 쫓아갔는데, 잡고 보니 올빼미를 닮은 새였다. 조선에서 그동안 확인된 6종의 올빼미와는 달랐기 때문에 그는 일본의 구로다

금눈쇠올빼미
©Arturo Nikolai, CC BY-SA 2.0

나가미치黒田長禮 박사에게 감정을 의뢰했다. 그 결과 유럽에서부터 중국 북부에 걸쳐 서식하는, 금색 눈동자를 지닌 금눈쇠올빼미라는 사실을 확인했다. 금눈쇠올빼미라는 우리말 이름은 원홍구가 직접 붙인 것이다. 그는 이 결과를 1932년 「조선에서 처음 포획한 금눈쇠올빼미에 대하여朝鮮に於て初めて捕獲したるコキンメフクロフに就て」라는 논문으로 발표했다. 원홍구에게 도움을 준 구로다는 도쿄제대 출신으로 새 연구로 처음 박사 학위를 받은 '일본 조류학의 아버지'라 불리는 인물이다. 구로다는 1917년에 조선을 방문했다가 부산의 작은 박제품점에서 새로운 오리 박제를 발견하고는 연구 끝에, 그것이 그동안 멸종된 것으로 여겨지던 '원앙사촌鴛鴦四寸(Tadorna cristata)' 신종임을 밝혀 발표한 바 있다. 조선을 자주 방문했던 그는 조선의 조류를 전문적으로 연구하던 원홍구와도 친밀한 관계를 유지했다.

농업학교 근무 경험이 있는 원홍구는 조류를 농업과 관련지어 연구하기도 했다. 1934년에 일본 동물학회 제10회 학술대회가 조선의 경성제국대학 의학부에서 열렸는데, 이때 그는 「농업상으로 본 반도 조류 보호의 급무農業上より見たる半島鳥類保護の急務」를 발표했다. 당시 논문을 발표한 연구자 여섯 명 중 조선인은 그가 유일했다. 그는 이따금 라

디오 방송에 출연해 대중들에게 이야기를 들려주기도 했는데, 주요 주제는 '조류와 농업'이었다. 이러한 활동은 1940년 그가 함남 영생고등여학교 교장으로 부임한 뒤에도 이어졌다.

함남 영생고등여학교는 원래 기독교계 학교였으나 선교사들이 쫓겨나면서 1943년에 조선총독부가 관리하는 히노데고등여학교日出高等女學校로 바뀌었다. 원홍구는 조선인으로서는 드물게 공립 중등학교 책임자가 되었으며, 이 무렵 다니모토谷元洪九로 창씨를 했다. 교장 업무를 수행하면서도 그는 조류의 생태를 관찰한 결과를 학술지에 발표하는 등 연구 활동을 계속했고, 신설된 함흥의학전문학교에서 생물학 강의를 맡기도 했다. 북쪽 백두산에서, 동쪽 울릉도, 남쪽 제주도에 이르기까지 전국으로 채집 여행을 다니면서 표본을 수집하여 조선산 미기록 조류를 포함하는 논문을 발표했는데, 1941년 발표한 「북방쇠찌르레기의 새로운 번식지에서 번식 상황 관찰シベリアムクドリ(Sturnia sturnina (Pallas))の新蕃殖地に於ける蕃殖状況觀察」도 그중 하나였다. 조류는 채집의 어려움 때문에 연구가 매우 힘든데도 1929~1941년에 발표한 논문이 지금까지 확인한 바로 16편에 이른다.

한편 당시는 사냥이 돈과 시간이 있는 여유로운 상류 계층의 취미 활동으로 떠오르던 때였다. 원홍구는 주변의 부탁을 받고 이들과 사냥을 함께 나가는 경우가 있었다. 그가 데리고 있는 사냥개는 사냥 실력이 뛰어난 명견으로 많은 사람들의 부러움을 샀다. 그는 사냥개를 이용해 특히 꿩을 많이 잡았는데, 잡은 것들을 주변 사람들에게 나누어 주거나 성당에 가져다주곤 했다. 이런 일만으로도 원홍구는 주변 사람들로부터 많은 관심을 끌고 인기도 얻었다.

원홍구는 1933년에 결성된 조선박물연구회에도 참여했다. 연구회는 동물부와 식물부로 이루어져 있었는데, 그는 동물부의 핵심 인사였다. 동물부 회원으로는 원홍구, 조복성, 이덕상, 맹원영, 이헌구, 김교신, 송재준, 이근진, 정문기, 윤정호, 손정순 등이 참여했다. 이들의 공통 관심사는 조선의 동물을 체계적으로 연구하고 그 이름을 우리말로 통일하는 것이었다. 이들은 정기적으로 모임을 하며 서로의 연구를 돕고 때때로 공동 채집회를 갖거나 전시회를 열기도 했다. 일례로 1934년에 조선일보사와 공동으로 조선박물전람회를 개최했는데, 동물의 경우는 엄선한 표본 약 600종을 전시했다. 그중 학을 비롯한 약 40여종의 조류 전시는 원홍구가 주도한 것이었다. 박물전람회 소식을 전한 《조선일보》는 당시 주요 진열 품목을 다음과 같이 흥미롭게 묘사하고 있다.

금수곤충육백여종, 진화보계(進化譜系)차저 진열
이번 전람회에서는 그동안 반세긔 동안 연구하야 정돈된 동물 중에도 가장 특색잇고 기이한 그리고 또 세계 동물학계의 자랑인 진품만 근 륙백종을 진렬하는데 내용을 갈르면 곤충류 사백여종, 어류 사십여종, 포유류 이십여종, 조류 사십여종, 파충류 이십여종인데 진렬방식에 잇서서는 하등동물에서 고등동물에 이르는 진화계통을 따라서 순서잇게 버려놀[별려놓을] 터로 표본에는 간단하고 명료하게 설명을 너허 일반으로써 그 진화계통을 일목료연하게 짐작할 수 잇게 하고 또는 거는 그림을 크게 그리면서 사람과 동물의 진화관[계]를 분명하게 표현할 터로 더욱이 동물의 골격과 두골 가튼 것과 산 물고기와 물에 사는 곤충들도 회장의 이곳 저곳에 류리동이^{유리통}에 담아두기로 할 터이다. 그 진렬품의 몃 가지 특색잇는 놈을 쓰면 양정고보 소장인 대륙계통으로 중국에서 분포되여온 『아장』이란 놈을 비롯하야 누구나 다른 나라에도 잇는 줄 알엇스나 실상은 조선만이 가진 즘생^{짐승}으로 동부 시베리아계통인 『고슴도치』와 대만에만 잇는 줄 알엇든 것으로 조선에도 만히 잇는 『대만흰나뷔』등 각 지방에 분포되여 잇는 동물들로 전람회 동물부 회장에 자리를 가티 하야 모히는 것은 이번이 안이면 볼 수 업슬 것이다.

[사진 설명] 우로부터 『학』은 전 송도고보 동물선생 원홍구 씨가 동교에 두엇든 것인데 개성산이고 다음 『표범』은 산양군^{사냥꾼}이 총으로 쏘은 것을 휘문고보에서 표본으로 맨들엇든 것을 출품한 것이고 셋재는 『관모산주홍나뷔』로서 함북 관모산에서 일천구백삼십이년 칠월 대학예과의 조복성 씨가 그 학교 학생들과 가티 가서 채집한 것이고 넷재는 『한울소』라고 하야 … 조선에서는 일천구백삼십년 시내 제일고보 학생의 채집품 중에서 발견하얏스나 일흠과 그타가 불명하야 의아하든 중에 작년에 북한산성에서 발견되고 경기 광릉이나 강원도 춘천에서도 나는데 이 사진의 것은 길이 십일밀리[11센티미터의 오자]로 이야말로 세계 제일의 기록이다. _《조선일보》 1934. 11. 22.

1935년에는 스웨덴 자연사박물관에서 활동하는 동물학자 스텐 베리만Sten Bergman(당시에는 '삐룩만'으로 표기)이 조선을 방문했다. 그는 세계 각국을 돌아다니며 동물을 수집했는데, 일본을 중심으로 캄차카반도, 쿠릴열도, 그리고 조선 등을 순차적으로 탐방했다. 조선에서 호랑이를 잡아 보겠다는 의지를 밝히기도 했던 그는 송도고보 박물실을 방문하여 조류 연구자 원홍구와도 만났다. 그가 1938년 발간한 『조선의 야생과 마을에서In Korean Wilds and Villages』는 조선 북부에서 발견한 새들을 연구하는 여정을 다루었다.

북한에 남아 한반도 조류 연구 집대성

원홍구는 평남 덕천농업학교 교장으로 옮겨 재직하던 중 해방을 맞이했다. 이후 그는 강서농업학교 교장을 거쳐 1946년 10월 김일성종합대학으로 초빙되어 생물학부 부교수로 재직했다. 원홍구는 우리말 명칭을 기입한 조류 표본 300점을 포함한 귀중한 박물 표본을 대학에 모두 기증했는데, 이것을 토대로 김일성종합대학에 생물과학관이 설립되었다.

그는 일제강점기에 총독부 소속의 중등학교 교장까지 지낸 경력이 문제가 되어 한때 교재 작성에만 관여하고 강의에서는 배제되기도 했으나, 송도고보 제자이자 후에 국가계획위원장과 부수상까지 지낸 정준택의 도움으로 강의를 할 수 있었다. 정준택은 경성고등공업학교와 여순공과대학을 졸업한 후 해방 직전까지 만년광산의 선광기사로 일하다가 해방 이후 북한 전역에 산재돼 있는 광산의 실태와 개선 방안을 모색했는데, 이러한 활동을 인정받아 1945년 북조선행정국(이후 북조선임시인민위원회로 개편) 산업국장이 되었다. 그는 대학 담당자에게 원홍구가 자신의 은사이며, 해방 전에 자신을 포함한 진보적인 학생들을 적극적으로 변호하여 구제한 애국자였다고 대변했다.

1947년 7월 7일 북조선인민위원회는 원홍구에게 생물학 학사 수여를 결정했다. 학사는 우리의 대학원 석사에 해당하며, 현재는 준박사라 부른다. 원홍구는 1952년 과학원 설립 때 후보원사가 되었다. 원사와 후보원사는 북한에서 수여되는 학계 최고 권위의 명예 직위이다. 그는 1947년 북조선민주당 평양시당 시당위원, 이듬해부터는 최고인민회의 대의원으로 선출되었다. 또한 『조선 조류의 분포와 그 경제적 의의』, 『조선 조류의 검색표』를 비롯한 일련의 연구로 1961년 국가학위수여위원회에서 수여하는 생물학 박사 학위를 받았고 생물학 교수가 되었다.

이 중 『조선 조류의 분포와 그 경제적 의의』는 남북 조류 전체를 망라한 57과 423종을 포함하고 있다. 이 책에서는 예컨대 황새목을 크게 6개 과로 구분하고 그 가운데 황샛과의 특징을 기술했는데, 그 내용을 요약하면 다음과 같다. '이 종은 소형 섭금류로서 백색, 금속 록흑색 등으로 되어 있다. 나는 것은 웅장하며 날개 소리는 없으나 빠르고, 부리는 큰 소리를 내며 … 우리나라에서 이를 학이라고 부르고 있으나 잘못된 것이다(학은 두루미를 지칭). 저자가 조사한 번식지는 황해도 평산군 고지면, 평남 덕천군 성양면 금성산, 경기도 안성 읍내와 해주이다.' 그는 황새를 황해도 평산, 평남 강동, 함북 길주, 경기도 양주, 기타 개성에서도 채집했으며, 황새는 귀한 종으로 자연기념물로 보호해야 할 것이라고 밝혔다.

원홍구는 북한 지역의 조류와 포유동물 조사 및 보호와 관리 분야
에서 기틀을 닦았으며, 야생동물 보호와 자연 보호 관련해서도 큰 역
할을 했다. 그는 북한의 여러 곳이 국가적 자연 보호 지역으로 지정·
선포되도록 힘을 보탰고, 너화(두루미목 느싯과, 느시의 북한어)와 따오
기, 노랑부리백로를 비롯해 보호가 필요한 종들을 천연기념물로 지
정했다. 이후 남은 생애 동안에도 교육과 연구에 몰두하며 후학 양성
에 진력했다. 분단 후 생전에 간행한 저서로는 『조선조류원색도설』
(1958), 『조선조류지 1-3』(1963~1965), 『조선짐승류지』(1968) 등이 있
다. 원홍구는 무려 300여 종, 7000여 점의 조류 표본을 만들었고, 『조
선조류지 1-3』에서는 23목 58과 187속 440여 종의 조류를 소개했
다. 1954~1963년에 남긴 30여 편의 학술논문도 괄목할 만한 업적으

1992년 북한에서 발행한 기념우표 〈조선의 조류〉

로 꼽힌다. 그는 한국전쟁 이후 사라진 크낙새를 찾아내기도 했다. 말년에 원홍구는 북한 과학원 생물학연구소장으로 재직하다가 1970년에 82세로 사망해 애국렬사릉에 안장되었다. 사후인 1992년에는 그를 기념하는 8종으로 된 우표가 〈조선의 조류〉라는 제목으로 발행되었다.

원홍구의 집안은 남과 북에서 생물학계의 중심인물로 활약했다. 장남 원병휘는 만주와 조선 쥐 연구의 대가였고, 어릴 때부터 아버지를 따라다니며 새에 관심을 보였던 막내 원병오는 원산농업대학을 졸업하고 아버지의 뒤를 이을 참이었다. 그런데 한국전쟁으로 부모와 아들들은 남과 북으로 헤어지게 되었다. 원홍구의 가족이 평양 외곽에 머무르고 있던 1950년, 중국군의 참전으로 치열한 교전이 벌어지자 젊은 이들은 생명에 위협을 느꼈다. 원홍구의 아들 삼형제는 안전을 위해 피난을 결정했고, 이것이 부자간의 마지막이 되고 말았다. 세 아들은 모두 월남하여 원병휘는 동국대 교수가, 원병오는 경희대 교수가 되었다.

조류학자가 된 원병오는 1963년 철새의 이동 경로를 파악하기 위해 북방쇠찌르레기에 알루미늄 표지 가락지를 끼워 날려 보냈다. 국내에서는 그 가락지가 생산되지 않아 '農林省 JAPAN C7655'라는 일본 농림성 마크가 찍힌 가락지를 이용했다. 2년 뒤 그 새 중 한 마리가 평양 만수대에서 발견되었다. 북한 생물학연구소장이었던 원홍구는 일본에는 북방쇠찌르레기가 서식하지 않는다고 알려져 있었기에 이상하게 여겨 일본 도쿄 소재 국제조류보호회의 아세아지부에 이에 대해 편지로 문의했다. 그 결과 남한의 조류학자가 이 표지 가락지를 이용했으며, 그 학자가 자신의 막내아들인 원병오인 것을 알게 되었다. 이산가족이 된 지 16년 만에 새를 통해 아들의 생사를 확인한 것이다.

아버지와 아들은 해외의 조류학자들을 통해 간접적으로 안부를 확인하고 서신도 교환했다. 그러나 1970년 10월 원홍구가 세상을 떠남에 따라 기대하던 공동연구나 상봉은 이루어지지 못했다. 아들 원병오는 2002년에야 방북 승인을 받아 아버지의 묘소를 참배하고 자신의 고향인 개성을 둘러보았다. 이들 부자의 사연은 러시아, 일본, 북한의 언론에 대서특필되었고, 일본과 북한에서는 책과 영화로도 소개되었다. 한국에서는 소설가 오영수가 이들의 이야기를 담은 단편소설 「새」(1971)를 발표했고, 아들 원병오는 『새들이 사는 세상은 아름답다: 새와 더불어 60년』(2002)에서 아버지와의 일화를 소개했다. 소설가 김연수도 『원더보이』(2012)에 부자의 일화를 각색하여 썼다. 일본에서 출간된 엔도 키미오의 책은 『아리랑의 파랑새: 조류학자 원홍구·원병오 부자 이야기』(2017)로 국내에서도 번역 출판되었다.

원홍구는 조류 연구자로서 외길을 걸었다. 그는 일제강점기에 조선산 조류 연구의 대명사로 여겨질 만큼 주목을 끌었고, 수많은 동물 표본과 더불어 전국적인 박물전람회 개최 및 일본 학술지에 논문 발표 등 남다른 업적을 남겼다. 이산가족이 된 그의 막내아들 또한 아버지를 따라 뛰어난 조류 연구자가 되었다. 비록 남북 분단으로 부자가 서로 교류를 할 수는 없었으나 아버지와 아들은 각자 북한과 남한에서 조류 연구의 기틀을 마련했다.

참고문헌

일차자료

원홍구, 1949, 「[원홍구] 간부리력서」(임정혁 교수 제공).

논문

元洪九, 1929, 「白頭山高地帶に於ける朝鮮黑雷鳥及朝鮮蝦夷雷鳥
　　の習性の一端に就て」,《文敎の朝鮮》11, pp. 148-151.

元洪九, 1931, 「濟州道に於けるヤイロテウの習性に就いて」,
　　《動物學雜誌》43, pp. 666-668.

元洪九, 1932, 「余の蒐集したろ朝鮮産鳥類目錄」,『創立二十五週年
　　記念論文集』(朝鮮總督府水原高等農林學校 創立二十五週年
　　記念祝賀會), pp. 27-48.

元洪九, 1932, 「朝鮮産鳥類目錄に追加する二種の鳥類に就きて」,
　　『創立二十五週年記念論文集』(朝鮮總督府水原高等農林學校
　　創立二十五週年記念祝賀會), pp. 49-52.

元洪九, 1932, 「漢拏山高地帶に於ける蕃殖する鳥類及びヤイロチフ
　　の習性に就いて」,《文敎の朝鮮》14, pp. 79-83.

元洪九, 1932, 「カウモリの習性に就いて」,《動物學雜誌》44, p. 447.

元洪九, 1932, 「朝鮮に於いて初あて捕獲したるツバメチドリに就いて」,
　　《動物學雜誌》44, pp. 242-243.

元洪九, 1932, 「朝鮮に於て初めて捕獲したるコキンメフクロフに就て」,
　　《鳥》7, pp. 278-280.

元洪九, 1932, 「朝鮮半島に於けるヤイロテウの渡來徑路」,
　　《動物學雜誌》44, p. 397.

元洪九, 1934, 「農業上より見たる鳥類保護の急務」,《朝鮮農會報》
　　8-11, pp. 21-26.

元洪九, 1934, 「朝鮮鳥類目錄」,『鹿兒島高等農林學校開校
　　二十五週年記念論文集』, pp. 77-118.

元洪九, 1934,「朝鮮鳥類目録に新たに追加すべき二種の鳥類」,
　　《動物學雜誌》46, p. 17.

元洪九, 1934,「初等教育を通じ野生鳥類の愛護方を望む」,
　　《文教の朝鮮》16.

元洪九, 1935,「農業上半島藻類保護の急務」,《動物學雜誌》47.

元洪九, 1936,「朝鮮鳥類目録に追加する一種の鳥類」,《動物學雜誌》48,
　　p. 312.

元洪九, 1941,「シベリアムクドリ Sturnia sturnina (Pallas)の
　　新蕃殖地に於ける蕃殖状況觀察」,《鳥》11, pp. 90-99.

저서

원홍구, 1955,『조선포유류도설』, 평양: 과학원.

원홍구·주동률, 1955,『조선의 동물』, 평양: 국립출판사.

원홍구, 1956,『숲속의 비밀』, 평양: 민주청년사.

원홍구, 1956,『조선 조류의 분포와 그 경제적 의의』, 평양: 과학원.

원홍구, 1958,『리로운 새, 짐승과 해로운 새, 짐승: 통속과학문고』, 평양:
　　국립출판사.

원홍구, 1958/1964,『조선조류원색도설 상·하』, 평양: 과학원출판사.

원홍구, 1961,『조선조류검색표』, 평양: 과학원출판사.

원홍구, 1963-1965,『조선조류지 1-3』, 평양: 과학원출판사.

원홍구·최여구, 1967,『척추동물 명집』, 평양: 과학원출판사.

원홍구, 1968,『조선짐승류지』, 평양: 과학원출판사.

원홍구, 1971,『조선량서파충류지』, 평양: 과학원출판사.

이차자료

전경수, 2018,「조류학자 원홍구 선생에 대한 편상」,《근대서지》
　　18, 733-751쪽.

엔도 키미오 지음, 정유진·이은옥 옮김, 2017,『아리랑의 파랑새:
　　조류학자 원홍구·원병오 부자 이야기』, 컵앤캡.

임정혁 편저, 김향미 옮김, 2003, 『현대 조선의 과학자들』,
    교육과학사, 199-203쪽.
원병오, 2002, 『새들이 사는 세상은 아름답다: 새와 더불어 60년』,
    다움, 15-163쪽.
림창범, 1992, 〈버드(새)〉, 북일합작영화.
림종상, 1990, 「쇠찌르러기」, 《조선문학》 3, 평양: 문학예술출판사.
오영수, 1971, 「새」, 《현대문학》, 현대문학사.
최여구, 「우리나라 동물학 연구에서 달성한 커다란 성과
    원홍구 박사의 저서 〈조선 조류의 분포와 그 경제적 의의〉
    〈조선 조류 검색표〉 등에 대하여」, 《로동신문》 1961. 5. 5.
김병하, 1936, 「박물연구가 원홍구선생」, 《조광》 2-1, 55-57쪽.

김근배·문만용

이춘호

李春昊 Choon Ho Lee

생몰년: 1893년 4월 21일~1950년 10월 9일
출생지: 경기도 개성부 고려정 252
학력: 오하이오웨슬리언대학 수학과, 오하이오주립대학 이학석사
경력: 연희전문학교 수물과장 및 학감, 서울대학교 총장
업적: 최초 수학석사, 1세대 수학자 집단 양성, 과학지식보급회 참여
분야: 수학-수학교육, 수학사

1927년 연희전문학교 수물과 과장 시절 이춘호
연세대학교 기록관

한국의 첫 수학자라 할 이춘호는 선구적인 근대 과학자들이 걸었던 극적인 여정을 잘 보여 준다. 그는 조선인으로는 처음으로 미국에서 수학 전공으로 석사 학위를 받고 박사과정을 수료했다. 연희전문 수물과의 첫 조선인 교수로서 과학 진흥에 힘쓰는 한편, 과학계와 사회의 주요 문제에 대해서도 적극적으로 목소리를 냈다. 해방 후 서울대 총장을 역임한 뒤로는 국가 현안에 참여하며 정치적인 행보를 보이기도 했다. 과학계의 대표 주자에서 국가의 저명인사로 사회적 위상이 달라졌던 것이다.

미국에서 취득한 조선인 첫 수학 석사

이춘호는 1893년 경기도 개성에서 이득면李得勉과 임식희의 4남 1녀 중 막내로 태어났다. 호적에는 이동순李東淳으로 등재되었으나 실제로는 이춘호라는 이름으로 불렸다. 후손의 증언에 따르면, 이춘호의 아버지는 고향인 경기 장단에 토지를 가지고 있었고, 한편으로 개성에서 인삼을 재배하며 홍삼 상점을 운영하여 제법 부유했다. 그런데 달구지 떼라는 도적단의 습격을 받아 막대한 피해를 입었고, 이후 얼마 지나지 않아 이른 나이에 세상을 떴다고 한다.

이춘호는 19세까지 서당에서 한학을 배웠다. 그러다가 선교사의 '하우스 보이'로 일하면서 교회 주일학교에 다녔는데, 이것이 신식 교육에 발을 들이는 계기가 되었다. 이 무렵 주요 도시에 기독교계 학교들이 세워져, 그곳으로 진학할 수 있는 기회가 열린 것이었다. 그는 1912년 자신의 지역에 있는, 윤치호가 세워 운영하던 감리교계 한영서원韓英書院(송도고등보통학교 전신) 고등과에 1회로 입학해서 2년 후에 수석 졸업했다. 1912년에 신설된 고등과는 초등 과정인 소학과 4년을 마친 후 다니는 2년제 상급 과정이었다. 이때부터 그는 신학문에 대한 열망을 품고 미국 유학을 꿈꾸었다. 한영서원은 당시 대다수 조선인 학교들과는 달리 과학과 기술 교육을 특별히 강조했는데 교장 윤치호의 생각이 반영된 것이었다. 한영서원(송도고보)과 인연이 있는 과학자들로는 이춘호를 비롯하여 윤영선(농학), 원홍구(생물학), 이만규(의학), 최규남(물리학), 고중명(공학), 장기려(의학), 최제창(의학), 석주명(생물학), 김준민(생물학) 등을 들 수 있다.

윤치호 교장과 미국 유학을 의논한 이춘호는 자신보다 세 살 어린 윤치호의 아들 윤영선과 함께 1914년 유학길에 오른다. 미국으로 떠나기 직전, 그는 경기도 장단 출신의 한정원韓貞瑗과 결혼했다. 개성 탈루야학당(호수돈여자고등보통학교 전신) 고등과를 1회로 졸업하고 모교에서 교사로 일하고 있었던 한정원은 결혼하자마자 남편을 타지로 떠나보내야 했다. 이춘호는 중국인으로 변장하고 북경과 상해를 거쳐 하와이를 통해 미국 본토로 들어갔다. 그는 우선 네브래스카주로 가서 박용만이 이끄는 한인소년병학교를 다녔다. 그곳에서는 민족의식과 근대 교육을 강조하던 학교 방침에 따라 군사훈련을 받으며 영어를 비롯한 주요 교과목을 공부했다. 고국에서 중등 과정을 이수한 경력이 있었던 그는 곧이어 매사추세츠주의 사립 마운틴허몬학교Mountain

Hermon School에 편입하여 2년 후 졸업했다.

1916년에는 오하이오웨슬리언대학Ohio Wesleyan University에 진학했다. 이춘호가 선택한 전공은 수학이었다. 애초에는 공학을 전공하려 했으나 광산 실습 때 갱도의 벽이 무너지는 사고로 광부들이 사망하는 것을 보고 전공을 바꾸었다고 한다. 당시 이곳에는 훗날 신소재 분야의 엔지니어로 뛰어난 능력을 발휘하게 되는 이병두가 재학하고 있었다. 이 밖에도 많은 조선인이 이 무렵 오하이오웨슬리언대학으로 몰렸다. 1905~1916년까지 총장을 역임한 허버트 웰치Herbert Welch는 재임 중에 코스모폴리탄 클럽Cosmopolitan Club을 만들어 국제적 우호 관계를 추구했고, 퇴직 후에는 새로 생긴 조선 감리교구의 첫 주교로 부임했다. 그는 이춘호의 미국 유학을 주선한 윤치호와도 각별한 사이였다.

이춘호는 1920년 대학을 졸업하고 오하이오주립대학Ohio State University 대학원에 진학했다. 주전공은 수학이고, 부전공은 천문학과 정치학이었다. 석사과정 중에는 조교graduate assistant로도 활동했다. 그는 겨울학기를 포함하여 3학기 만인 1921년 6월에 석사 학위를 받았는데, 석사논문은 「유한체의 대수 및 해석기하Algebra and Analytical Geometry of Finite Fields」였다. 오하이오주립대학 도서관이 제공한 정보에 따르면, 그의 지도교수는 코넬대학에서 박사 학위를 받은 해리 쿤Harry W. Kuhn 으로 박사 학위를 보유한 오하이오주립대학의 첫 수학 교수였다. 쿤은 오하이오주립대 수학과의 대학원 과정을 강화하고 연구 전통을 확립하기 위해 분투했을 뿐만 아니라 미국수학회(AMS) 창립 멤버이기도 했다. 이춘호는 석사과정을 마친 직후에 윤영선과 함께 오하이오주를 대표하는 15명의 일원으로 선발되어 미국 북중부 연례대학생회의 Annual Lake Geneva Student Conclave에 참석했고, 이후 곧바로 대학원 박사과정에 진학했다. 박사과정을 밟으며 수학과 강사instructor로서 학부 강의를 맡기도 했다.

유학하는 동안 이춘호는 대학에서 주는 장학금을 꾸준히 받았으나 그것만으로는 생활할 수 없어 경비의 많은 부분을 스스로 벌어서 충당했다. 그래도 생활이 어려워 학교 근처에서 여러 사람들과 한집에서 기거했고 대학원에 올라가서는 연구실에서 침식을 해결했다. 이처럼 빠듯한 생활 속에서도 그는 조선인 학생들의 활동에 적극적이었다. 1918년에는 오하이오주 조선인 학생들과 함께 북미대한인학생회를 결성하고 임시회장을 맡아 영문 월간잡지를 발간했다. 이듬해 이 조직은 워싱턴 DC에 본부를 둔 재미대한인유학생연맹으로 확대되었고, 이춘호는 초대 회장으로 추대되었다. 1921년에는 이승만이 주도하는 대한인동지회大韓人同志會에도 참여해 학생부장을 맡았다. 하와이에 세워졌던 이 단체는 상해임시정부를 옹호하고 이승만의 외교 활동을 지원하는 사업을 벌였다.

이때는 대학에서 과학을 전공한 조선인들이 적지만 지속적으로 배출되기 시작한 시점이다. 이춘호에 앞서 수학을 전공한 사람도 있었다. 박처후朴處厚는 네브래스카 커니사범학교(2년제)를 마친 후 네브래스카대학에 진학하여 1915년 수학으로 학사 학위를 받았다. 그는 소년병학교 교장으로 있으면서 학생이던 이춘호와 만난 적도 있다. 박처후는 이후 허버트 웰치가 조선 감리교구 주교로 부임할 때 통역 겸 조수로 동행했으며 한때 연희전문에서 수학을 가르치기도 했으나 3.1 운동 이후 러시아 블라디보스토크로 건너가 독립운동에 참여했다. 그러므로 조선인으로서 대학에서 처음 수학을 전공한 사람은 이춘호가 아니지만, 수학과 박사과정을 수료하고 전공을 살려 계속 활동한 이춘호를 조선의 첫 수학자라 부를 수 있을 것이다.

연희전문 수물과의 첫 조선인 교수

이춘호는 오하이오주립대학 수학과 박사과정을 수료한 후 (그간 1924 년으로 알려진 것과 달리) 1922년에 귀국했다. 함께 있던 윤영선이 석사과정(축산학)을 마쳤고, 마침 연희전문학교(영문이름 Chosun Christian College)에서 강의할 기회를 얻었기 때문이다. 그는 돌아오자마자 일제에 의해 해외에서 지내다 온 '요주의 조선인'으로 지목되어 감시를 받는 한편, 미국에서 학위를 받고 온 수재로 언론의 주목을 받았다. 《동아일보》는 윤영선과 이춘호를 소개하면서 이춘호와의 인터뷰 내용을 다음과 같이 실었다.

미국에서 귀래한 2인의 수재_농학의 윤씨, 수학의 리씨
… 조선청년으로는 실로 풍부한 수학상 수양이 잇스며 장차 연희전문학교에서 교편을 잡겠다고 그이는 말하며 지금부터 조선의 고유한 수학을 연구하야 세계에 소개하는 동시에 그 론문으로 박사의 학위를 어드려 한다 하며 그동안 동양 각국 학싱이 미국에 류학하야 자긔 나라의 수학사 (數學史) 등을 론문의 데목으로 하야써 박사의 학위를 바덧지마는 조선

학싱은 아즉 그런 론문을 쓴 일이 업슴으로 자긔는 조선수학사로 론문의 뎨목을 삼겟노라 하더라. _《동아일보》 1922. 8. 2.

이 기사를 보면, 이춘호는 오하이오주립대학 박사과정을 수료한 후 조선으로 건너온 다음 박사논문을 추후 써서 제출할 계획이었다. 학위 논문의 주제는 어느 누구도 연구한 적이 없는 조선 수학사를 염두에 두었다. 우리나라의 고유한 수학사를 연구하여 세계에 널리 알리고 싶은 열망이 있었던 것이다. 하지만 그는 자신의 바람과는 달리 연구를 진척시키지 못하고 박사 학위도 취득하지 못했다.

당시 미국에서 유학하고 돌아온 조선인 과학자들이 전문직업인으로 자리를 잡을 수 있는 곳은 기독교계 고등교육기관이 유일했다. 연희전문 수리과數學及物理科는 1915년에 시작되었는데, 초기 교수진은 모두 외국인 선교사들이었다. 그러다 3.1 운동 이후 조선교육령 개정으로 교원 임용의 자유가 커지자 교원 부족 문제도 해결할 겸 점차 조선인 교원을 채용하게 되었다. 1924년에는 두 번째 건물로 이학관(아펜젤러홀Appenzeller Hall)이 완공되는 등 교육 여건이 한층 개선되면서 조선총독부로부터 정식 인가를 받고, 학과명도 수물과로 바꾸었다. 이러한 흐름 속에서 이춘호는 1922년부터 연희전문에서 학생들을 가르치다가 1925년 전임교수로 발령을 받았다. 그는 수물과의 유일한 수학 전담 교수로서 연희전문의 수학교육을 실질적으로 이끌었다. 그가 가르친 장기원(도호쿠제대), 신영묵(교토제대), 국채표(교토제대), 박정기(도호쿠제대) 등은 한국 수학을 선도하는 인물로 성장했다.

연희전문 수물과에서는 적어도 1927년부터 수리연구회를 조직하여 운영했다. 수리연구회는 이춘호를 비롯한 교수들의 지원 속에 학생들 중심으로 꾸려졌는데, 1929년에는 잡지 《과학》 창간호를 발간했으며, 1931년에는 이학연구회로 명칭을 바꾸었다. "이학을 연구하여 세간世間에 보급 장려"한다는 목적을 표방했던 연구회는 과학 토의와 연구, 강연회, 도서 발간 등의 사업을 추진했다. 집행위원회에는 총무부, 연구부, 사교부 등을 두었으며, 학술 목적의 연구회를 수시로 개최하는 등 상당히 긴 기간 활동했던 것으로 보인다. 그러나 아쉽게도 《과학》 후속 권호가 남아 있지 않아 그 내용을 자세히 알 수는 없다.

이춘호는 이 밖에도 교내외 활동에 활발히 참여했다. 1923년부터 시작된 연희전문 주최 동아일보사 후원의 〈전조선중등학교 육상경기대회〉에서는 대회위원이자 심판부원으로 활동했다. 이 대회가 다양한 종목으로 확대되자 1930년대부터는 유도부와 검도부 책임교수가 되었다. 1925년에는 조선의 사회 사정을 과학적으로 밝혀 보자는 취지의 조선사정조사연구회가 발족했는데, 이춘호는 과학기술계 인사로는 유일하게 참여했다. 1929년에는 조선일보사가 제창한 생활개선운동에 과학계 인사인 유전(화학공학), 이강현(방직기술)과 함께 소비절약부의 일원으로 참여해 활동했다. 1926년에는 북미대한인유학생총회와 연계하여 조선인들의 외국 유학 지원을 목적으로 구미학우구락부가 조직되었는데, 이춘호는 부원으로 이름을 올렸다.

1930년에는 안식년을 맞아 1년간 미국을 방문했다. 미국 남감리교 총회에 조선 대표로 참가했으며, 연희전문 과학교육을 위한 기부금 모

1926년 연희전문학교에서 강의 중인 이춘호 연세대학교 기록관

1933년 연희전문학교 유도부 학생들과 함께(앞줄 왼쪽 두 번째가 이춘호)
연세대학교 기록관

금에도 열정을 쏟았다. 그는 미국 기독교교육재단Board for Christian Education을 통해 호소문을 보내 모금의 취지를 널리 알렸다. 과학 분야의 설비와 도서 확보, 새로운 공학관 설립을 위해 10만 달러를 모금하고 있다는 내용이었다. 이춘호의 노력으로 각처에서 연희전문에 기부금을 전한 것으로 알려져 있다. 미국에 체류하는 동안 그는 제너럴일렉트릭을 비롯하여 많은 연구 시설을 직접 방문하여 둘러보기도 했다.

1931년부터는 연희전문 이학연구회가 주최한 〈전조선중등학생 이학현상모집〉을 이끌었다. 한 해 전부터 조선 과학계의 진흥을 도모하고자 국내외를 막론하고 조선의 모든 중등 학생을 대상으로 실시된 이 대회는, 이춘호와 아서 베커Arthur L. Becker, 이원철 교수가 제시한 다양한 과학 문제를 풀어서 제출하는 방식이었다. 우수한 성적을 낸 학생들에게는 상장과 함께 부상으로 1등 회중시계, 2등 초자시계, 3등 자명종, 4등 이학연구회 발간 잡지《과학》을 증정했다.

1933년에는 식물연구자인 장형두가 10년 동안 거액을 들여 모은 식물표본 7000여 종을 연희전문에 기부했으며, 수물과장이었던 이춘호가 이를 접수했다. 장형두는 연희전문에 "동양 제일의 식물표본실"을 만들고 싶다는 의사를 밝혔다. 전남 광주의 5000석지기 집안 출신으로 1928년 일본 도쿄고등조원학교東京高等造園學校(후에 도쿄농업대학으로 통합)에서 공부한 장형두는 정태현 등과 함께 조선박물연구회 활동을 하며 식물에 우리말 이름을 붙이는 작업에도 참여했다. 해방 직후에는 서울대 사범대 생물학과 교수로 재직했으나 1949년 좌익으로 오인되어 조사를 받다가 경찰 고문으로 안타깝게 사망했다. 1937년에는 송도고보의 석주명이 자신이 만든 조선산 나비 표본을 기증했다.
표본은 202종, 437개체로 그때까지 알려진 모든 조선산 나비가 포함
된 완전한 한 세트였다.

한편 1933년부터는 조선인 발명 장려 취지로 김용관이 세운 발명
학회에도 참여했다. 이춘호는 발명학회에서 발간하는 월간지《과학조
선》의 편집 고문으로 이름을 올렸다. 발명학회는 이듬해인 1934년부
터 전국적인 과학주간 행사를 본격적으로 추진했는데, 이춘호는 과학
주간실행위원회 위원으로 참여했다. 사회 각계의 저명인사들과 함께
과학계의 대표 인사로 이춘호가 추대된 것이었다. 그는 연배로 보나

1936년 연희전문학교 이학연구회 회원(앞줄 가운데 학과장 이춘호, 이춘호의 오른쪽은
최초의 공학박사 최황, 왼쪽 한복 차림은 최초의 물리학 박사 최규남) 연세대학교 기록관

지위로 보나 당시 과학계 인사 중 가장 두드러진 대표 주자였다. 1934년 발명학회 주축으로 과학지식보급회가 결성될 때는 발기인이자 연구위원으로 참여했다. 이때 열린 〈자연과학 보급과 발명을 위한 좌담회〉에서 그는 가정과 학교, 언론 등 다방면에 과학을 보급하고, 한편으로 이화학연구기관을 설립해 이태규 박사 같은 분들을 초빙하여 연구를 장려하자고 주장했다. 1935년에는 과학지식보급회가 추진한 과학독본科學讀本 편찬위원으로 활동했으며, 이듬해에는 과학데이(4월 19일)를 기해 열린 발명가 표창식에 심사위원으로 참여했다. 이처럼 발명학회 및 과학지식보급회에서 다양한 활동을 했던 그는 수물과 제자가 송충이 유아등誘蛾燈(빛으로 유인해 벌레를 잡는 등)을 발명할 때 적극 지원해 주기도 했다.

특히 그는 《동아일보》에 게재한 글에서 조선에 이화학연구소 설립이 절실히 필요함을 역설하고 다음과 같이 그 나아갈 방향을 상세히 제시했다.

내가 마련하는 이화학연구소(理化學硏究所)는 그 조직 급(及) 그리고 연구의 원리적인 점에 잇어서 무엇보다도 현실적인 응용의 방법을 중시한다. 즉, 내가 이상(理想)하는 연구소는 언제나 조선인의 현재 급 장래의 생활에 적응하는 상품의 생산 급 그것의 저렴한 가격에 의한 보급을 주안으로 하야 연구를 진행해야 한다고 생각한다. …

나는 이러한 기관을 위하야 적이도 백만원이라는 자금이 필요하다고 생각한다. 그 중 30만원은 설비비로 70만원은 기본 재산으로 하야 재단법인을 조직할 것이고 연 7분(分)의 금리를 계산한다면 연 약 5만원의 경상비를 얻을 수가 잇을 것이다. 그 경영에 당하야는 사회유지도 끼인 6-7인의 이사회가 잇고 그 밑에 총지배인이 잇어 가지고 서무를 총섭(總攝)하며 통속과학잡지(정가 10전 가량)의 발행 급 전문보고서의 출판을 관리한다.

… 이화학의 전문적인 연구와 그 실용을 위한 부서로는 (1) 화학부 (2) 물리공학부가 잇다. 각부에 주임 1인과 그 밑에 3-4인의 연구원(혹 조수)를 두는데 모두 각기 전문학자임을 요한다.

이와 같은 조직하에 연구와 응용방면을 겸행(兼行)하는데 특히 공학방면에 잇어서는 제외국의 조흔 기계와 기구를 참고하야 우리의 생활에 적합하도록 연구제조하야 보급시킬 것이다. 여하간 연구의 상품화를 주안으로 하지 안허서는 안된다.

_ 이춘호, 「실지응용(實地應用), 상품화! 이화학연구소」,《동아일보》1936. 1. 1.

이화학연구소 설립 추진은 당시 과학기술계의 가장 뜨거운 현안으로, 김용관을 비롯한 많은 인사들이 이화학연구소 설립의 필요성을 제기했다. 그중에 이춘호의 제안은 현실적이고 구체적인 방안이었다. 하지만 일제의 억압으로 추진 세력이 약화되고 막대한 경비를 확보하는 것도 어려워 결국 성사되지 못하고 해방 이후의 과제로 넘겨졌다.

바쁜 와중에도 이춘호는 조선수학사를 주제로 박사 학위 논문을 작성하여 오하이오주립대학에 제출할 생각을 계속 품고 있었다. 조선시대의 수학자이자 천문학자인 이경창李慶昌(1554~1627)은 그의 16대 조상이었다. 서촌西村 이경창은 선기옥형璿璣玉衡이라는 천문관측기구를 제작했다고 전하며, 『원리기설原理氣說』, 『천인설天人說』, 『주천도설周天圖說』을 집필했다. 이춘호는 그의 유품인 천문도와 수학서를 가지고 있었다. 그러나 박사 학위 논문을 제대로 진척시키지는 못했던 것으로 보인다. 학교에서 중책을 맡아 개인적 시간을 내기가 어려웠던 데다가 얼마 지나지 않아서는 시국 사건에 연루되어 학교에서 쫓겨났기 때문이다. 대신 그가 계획했던 수학사 연구는 1940년에 수물과 교수로 임용된 제자 장기원에 의해서 이어졌다.

흥업구락부興業俱樂部 사건이 터진 것은 1938년으로, 이춘호가 연희전문 수물과 과장이자 학감으로 일할 때였다. 흥업구락부는 YMCA를 중심으로 서울, 경기, 충청을 아우르는 기호 지역의 지식인, 종교인, 자산가 등이 1925년에 조직한 비밀 단체였다. 산업적 실력 양성을 추구하며 만들어진 이 단체는 이승만이 미국 하와이에서 조직한 동지회의 자매단체 성격을 지녔다. 윤치호를 비롯하여 이상재, 신흥우, 유억겸 등이 주요 인물이었으며, 유길준의 차남으로 연희전문 교수였던 유억겸의 주도로 연희전문 교수들이 다수 참여했다. 민립대학설립운동과 조선물산장려운동, YMCA농촌사업 등은 흥업구락부가 관여하여 일어난 민족운동이었다. 하지만 탄압의 강도를 높인 일제가 1938년 5월 이들을 체포해 혹독하게 고문하면서 흥업구락부는 해산되고 말았다. 일제는 이들을 감금한 지 4개월이 지나 사상 전향서를 받은 뒤 기소유예로 풀어 주었으나, 하지만 이춘호를 비롯한 연희전문 교수들에겐 사직서를 제출하게 함으로써 결국은 학교에서 쫓아냈다.

이후 이춘호는 일제의 강요로 기독교의 내선일체內鮮一體와 황국신민화를 내세운 경성기독교연합회(일본 기독교와 통합된 단체)에 참여했고, 매달 20~50엔을 국방헌금으로 내야만 했다. 1941년에는 친일 인사들이 대거 참석한 임전대책협의회臨戰對策協議會 토론회에도 자리했다. 그는 이동순이라는 이름을 사용했으며, 과학에 능했던 조상(서촌 이경창)의 호를 본떠서 니시무라西村東淳로 창씨를 했다. 한편 그는 이재理財에 밝다는 세평을 들었으며, 실제로 신촌에 수만 평의 토지를 마련해 소유했다. 연희전문에서 물러난 후에는 이곳에서 농업에 종사하며 생활한 것으로 알려져 있다.

서울대 총장 역임과 사회 활동

해방 후 이춘호는 1945년 보수적인 우익 및 민족주의 인사들이 주축이 된 한국민주당(한민당) 발기인이자 선전부원으로 정치에 관여했다. 이승만을 비롯한 임시정부 수반들을 맞이하기 위한 한국지사영접위원회에도 참여했다.

무엇보다 그는 1947년에 서울대 2대 총장으로 임명되었다. 미국인 해리 앤스테드Harry B. Ansted의 뒤를 이은 첫 한국인 총장이었다. 이춘호의 총장 임명은 뜻밖의 조치로 보였다. 그는 서울대 전신에 해당하는 학교들과 인연이 없었을 뿐 아니라, 교육기관 경력이 그것을 상쇄할 만큼 두드러졌다고 보기도 어렵기 때문이다. 1947년 당시 이춘호는 연희대학 후원회 이사이자 제일토건 회장 및 경기도 재산관리처 고문으로 있다가 미군정청의 추천을 받아 서울대 문리과대학을 대표하는 이사로 발령받았다. 곧이어 이사회에서 총장 선출을 위한 투표가 이루어졌다. 이사장은 최규동(중동중 교장)으로 수학을 전공한 인물이었다. 투표 결과는 1위 이춘호, 2위 이갑수(의과대 학장), 3위 장리욱(사범대 학장)이었다. 그러나 입법의원 자격심사위원회에서 덕망과 관록이 부족해 총장으로서 부적절하다며 이춘호의 임명을 부결 처리했다. 이때 미군정청의 문교부장이었던 유억겸은 그를 적격자로 내세우며 다시 심의하여 인준해 줄 것을 요청했고, 결국 이춘호는 자격심위를 통과하여 1947년 10월에 서울대 총장으로 임명되었다. 유억겸과 이춘호는 한때 연희전문의 문과와 수물과를 이끌었던 동료 교수이자 흥업구락부에도 함께 참여했던 동지였다. 이춘호는 "새로운 시대의 민주주의적 교육을 확충 강화하기 위하야 내용 설비와 교수진을 새롭게 하고 나아가 미국으로부터 교수를 초빙하야 참신한 교육을 추진"(《동아일보》 1947. 11. 2.)하겠다는 포부를 밝혔다. 교무처장으로는 그의 연희전문 수물과 제자이자 당시 물리학과 교수인 최규남을 임명했다.

그러나 이 무렵 서울대는 국대안 반대 운동으로 정상적으로 운영되지 못하고 있었다. 미군정청은 1946년 7월 경성대학을 주축으로 여러 전문학교를 통합하여 하나의 국립종합대학을 설립하는 안, 이른바 '국대안'을 추진했다. 주요 건물과 인력, 시설을 한곳으로 운집하여 국가 예산을 효율적으로 사용함으로써 질 좋은 고등교육을 하겠다는 것이 명분이었다. 이에 대해 많은 교수, 학생, 각계의 인사들은 반대 운동을 벌였다. 미군정 주도로 추진되는 국대안이 대학 자치를 침해하고, 친일 교수를 온존시키며, 고등교육의 축소와 이공계 교육 경시 등을 가져올 것이라는 우려 때문이었다. 급기야는 좌우 대립까지 혼재되어 상황이 매우 격렬하게 전개되면서 국대안 파동으로까지 치달았다. 그 여파로 과학기술계의 많은 교수와 학생이 대학을 떠났고, 그중 일부는 월북을 택하기도 했다.

이런 와중에 이춘호 총장은 학생들의 불법 집회를 방관하고 학생과 교수들의 출강률이 저조하다는 등의 이유를 들어 문리과대학 학장 이태규를 권고사직하게 했다. 설상가상으로 문리대와 법과대학 간에 연구실 분쟁 사건이 일어나면서 대학본부와 문리대의 관계는 더욱 악화되었다. 그러자 대학 이사회는 거세진 불만을 무마하기 위해 총장의 사표를 수리하기에 이르렀다.

이춘호는 1948년 5월 서울대 총장에 오른 지 7개월 만에 자리에서 물러나고 말았다. 그러나 그는 곧바로 문교부 차장으로 임명되었다. 비록 이춘호가 서울대 총장으로 재임한 기간은 짧았으나 그의 사회적 위상은 크게 높아졌다. 1948년 그는 국회 반민족행위특별조사위원회 (반민특위)의 특별재판관으로 선임되었다. 친일파의 반민족행위를 조사하고 처벌하기 위해 설치한 이 반민특위는 국회의원과 법조계 인사들과 함께 명망 있는 사회 인사 중에서도 재판관을 선발했다. 그는 특별재판부 제3부 재판관을 맡아 기소된 반민족행위자에 대한 재판을 이끌었다. 1949년에는 한반도의 통일과 독립 지원을 목적으로 내한한 유엔한국위원회United Nations Commission on Korea의 한국 측 연락위원으로 선임되어 위원단의 사무 절차, 방문 일정, 회의 개최 등을 전반적으로 관리했다. 이때 그는 위원단이 사심 없이 총의를 모아 남북의 통일과 독립에 진정으로 기여하기를 바란다는 의견을 밝혔다. 1950년에는 정치계 진출을 꿈꾸며 제2대 국회의원 선거에 나섰다. 독자 세력화를 추진한 이승만 대통령과는 결별하고, 서울 용산 을구에 무소속 후보로 출마했으나 14대 1의 치열한 경쟁을 넘어서지는 못했다. 농지개혁 때 자신의 땅을 내놓은지라 소요 경비 마련에도 어려움을 겪었다.

이춘호가 지은 『신제중등수학 3』(1949)
국립중앙도서관(김근배 촬영)

사회적 활동으로 바쁜 와중에도 그는 중등학교 수학 교과서인 『신제중등수학 1-3』(1949)을 출간했다. 총 420쪽에 달하는 이 책의 서문에서 그는 "1. 산 재료를 모으기에 힘쓴 것, 2. 실제 생활과의 연관에 주의한 것, 3. 그림을 많이 넣어 직관적인 이해를 도운 것, 4. 셈 실력을 붙이기 위한 문제도 많이 넣은 것, 5. 학생들의 예습 복습에 편리하도록 또한 혼자서 공부하는 분의 벗도 될 수 있도록 〈보기〉와 설명을 넣어서 이해를 도운 것"을 책의 주요 특징으로 들었다.

1950년에 한국전쟁이 일어났을 때 이춘호는 국회의원 선거로 과로한 탓에 병이 든 상태였다. 미처 피난하지 못하고 있다가 정치보위부에 의해 잡혀 북한으로 끌려간 그는 얼마 지나지 않아 평양 감옥에서 질환으로 사망했다고 알려져 있다. 죽은 뒤에는 평양 신미리 재북평화

통일촉진협의회 특설묘지에 안치되었다. 당시 이춘호처럼 납북된 과학기술계 인사로는 최규동(수학), 김량하(화학), 김응건(화학), 백인제(의학) 도봉섭(약학), 유한상(공학) 등이 있다.

이춘호는 연희전문 수물과에서 수학교육을 담당하고 발명학회와 과학지식보급회에 참여하여 과학의 대중화에도 힘쓴 과학교육자였다. 고등교육기관에서 다년간 경력을 쌓으며 연희전문 학감과 서울대 총장을 역임한 대학 행정가이기도 했다. 나아가 그는 사회의 주요 문제에 관심을 갖고 그 해결을 위해 열의를 기울인 사회 활동가의 모습도 지녔다. 시대의 현안에 민감하게 반응한 지식인으로서의 면모를 부단히 발휘했다고 할 수 있을 것이다.

참고문헌

일차자료

「미국에서 귀래한 2인의 수재」,《동아일보》1922. 8. 2.

이춘호, 「실지응용 상품화 이화학연구소」,《동아일보》1936. 1. 1.

이춘호, 1948, 「UN위원단의 기대」, 중앙청공보부(https://www.nl.go.kr/).

이춘호, 1949, 『신제중등수학 1-3』, 연학사.

Lee, Choon Ho, 1921, "Algebra and Analytical Geometry of Finite Fields," Master's Thesis: Ohio State University.

Ohio State University, 1921, *Record of Proceedings of the Board of Trustees of the Ohio State University*.

Ohio State University, *The Lantern*, 13 June 1921.

이차자료

이상구, 2019, 「이춘호 (李春昊, LEE Choon Ho, 1893-1950): 한국인
　　최초의 수학석사(1921년), 한국인 최초의 서울대 총장(1947년)」,
　　《한국수학교육학회 뉴스레터》 35-3, 7-10쪽.

장건수, 2016, 「이춘호─근대 수학교육과 활동」, 연세대학교 국학연구원,
　　『근현대 한국의 지성과 연세』, 혜안, 373-400쪽.

연세 과학기술 100년사 편찬위원회, 2015, 『연세 과학기술 100년사 제1권
　　통사편』, 연세대학교 대학출판문화원.

이상구, 2013, 『한국 근대 수학의 개척자들』, 사람의무늬, 119-124쪽.

나일성 편저, 2004, 『서양과학의 도입과 연희전문학교』, 연세대학교 출판부,
　　257-263쪽.

이희철, 1999, 「나의 아버지, 이춘호 선생을 기리며」, 《(계간) 진리·자유》
　　35, 6-24쪽

박성래 외, 1998, 「한국 과학기술자의 형성 연구 2: 미국유학 편」,
　　한국과학재단, 53-55쪽.

한정원, 1992, 『사랑의 발자취─고 한정원권사 유고집』.

김근배

이원철

李源喆 David Wonchul Lee / Won Chul Lee

생몰년: 1896년 8월 19일~1963년 3월 14일
출생지: 한성부 남서 광통방 다동계(서울시 중구 다동)
학력: 연희전문학교 수리과, 미시간대학 이학석사 및 이학박사
경력: 연희전문학교 교수, 국립관상대 초대 대장, 인하공과대학 초대 학장
업적: 첫 이학박사, 맥동변광성 연구, 국립관상대 재건, 한국 표준시 제정
분야: 천문학, 기상학

1934년 연희전문학교 재직 시절 이원철
연세대학교 기록관

이원철은 한국인 최초의 이학박사이다. 천문학을 전공한 그는 과학 분야의 첫 박사 학위자이자 별 연구자로서 언론과 대중의 뜨거운 관심을 받은 스타 과학자였다. 연희전문 수리과 1회 졸업을 필두로 국제학회에서 첫 과학 논문 발표, 국내에 천체망원경 첫 설치, 연희대 초대 이학원장, 관상대 초대 대장, 기상학회 초대 회장, 인하공대 초대 학장 등 그는 곳곳에 '최초'라는 자취를 남겼고, 그것은 고스란히 한국 과학사의 일부가 되었다.

1926년 조선인 최초로 이학박사 취득

이원철은 1896년 한성에서 이중억李重億과 경주 김씨의 4남 3녀 중 4남으로 태어났다. 아버지는 무과에 급제하여 사헌부 감찰을 지냈으나 이원철이 6세 되던 해에 세상을 떴다. 언어에 재능이 있었던 형 이원창李源昌과 이원상李源祥은 사설 황성기독교청년회(YMCA)학관의 영어 교사와 미국영사관 통역관을 지냈다. 이원창은 1921년 영어 독학자를 위한 『신안영어독학新案英語獨學』이라는 책을 출간하기도 했다. 이원철은 이러한 형들의 영향을 크게 받은 듯 일찍부터 기독교 신자가 되었고 신학문에 관심을 가졌다.

어린 시절 이원철은 탁월한 기억력과 빠른 숫자 계산으로 주위 사람들에게 신동으로 불렸나. 그는 훗닐 中앙관상대장으료 재지할 때도 필요한 전화번호는 모두 암기해서 일상 업무를 수행할 때 전화번호부를 찾는 일이 거의 없었고, 원주율 π를 소수점 아래 수십 자리까지 외울 정도였다고 한다. 또한 7세인 1903년부터 5년 동안 한학을 배우고 이후에도 틈나는 대로 한서를 탐독해 한학에도 조예가 깊었다.

하지만 이원철의 학업이 순탄하지만은 않았다. 그는 초등 수준의 YMCA학관을 거쳐 1908년 9월부터 사립 보성중학교에서 3년간 공부했고, 1911년 사립 오성학교로 옮겨 이듬해 졸업했다. 1913년에는 일본인이 운영하는 선린상업학교에 진학했으나 졸업은 하지 못했다. 이 학교는 동화同化교육의 시범학교로서 조선인 학생과 일본인 학생들이 함께 다녔는데, 이원철이 입학한 이듬해 이들 사이에 충돌이 벌어졌다. 이때 학교 당국이 편파적인 조치를 내려 조선인 학생들 전원이 동맹휴교를 하고 자퇴서를 제출하기에 이른다.

이 일로 1914년 11월에 선린상업학교를 자퇴한 이원철은 1915년에 새로 생긴 기독교계 연희전문학교의 수리과數學及物理科에 1회로 입학했다. 상업학교를 다니며 수와 관련이 있는 공부를 하다가, 수 그 자체를 탐구하는 전문학교 수리과로 진학한 것이다. 당시에는 과학에 대한 관심이 낮아 수리과 입학률은 매우 저조했다. 수리과 1회 입학생은 네 명이었는데, 이원철을 제외한 나머지 세 명은 평양의 숭실대학(당시 명칭이나 전문학교 수준) 교수였던 선교사들이 연희전문 교수로 오면서 함께 데리고 온 학생들이었다. 이들은 졸업 후 모두 미국으로 유학을 가 각각 미시간대학(이원철), 노스웨스턴대학(김술근), 마르케대학(임용필), 시카고대학(장세운)에서 과학 및 공학을 공부했다.

연희전문 수리과의 초기 교수진은 선교사 아서 베커Arthur L. Becker,

윌 루퍼스Will C. Rufus, 에드워드 밀러Edward H. Miller, 그리고 조선인 김득수金得洙로 이루어져 있었다. 베커는 미국 앨비언대학Albion College을 졸업하고 같은 대학에서 화학으로 이학석사 학위를 받은 인물로, 평양의 숭실대학에서 근무하다가 연희전문으로 옮겨 와서 수리과를 이끌었다. 루퍼스는 앨비언대학에서 학사와 석사 학위를 받고 베커의 영향을 받아 조선으로 왔다. 그 역시 숭실대학에서 근무하다가 연희전문으로 왔는데, 1917년에는 미국으로 돌아갔다. 미국 옥시덴털대학Occidental College을 마치고 샌프란시스코신학교를 다니던 중 조선으로 온 밀러는 화학을 담당했으며 오랫동안 연희전문에 근무했다. 김득수는 1914년 네브래스카웨슬리언대학Nebraska Wesleyan University에서 학사 학위를 받고 콜롬비아대학에서 신학을 공부하다가 귀국해서 잠깐 동안 연희전문에서 가르쳤다. 그러나 그는 얼마 후 이직하여 선교부와 특히 중등학교에서 책임자로 근무했다. 이렇듯 연희전문 수리과는 최소한의 교수 인력으로 운영되었다.

이원철은 연희전문에서 영어와 함께 수학·물리학·공학 관련 교과목을 이수했다. 천문학은 4학년 때 수강한 것이 전부였다. 그는 수학교수인 선교사가 풀지 못하는 난제를 10분 만에 해결하는 등 여러 차례 교수가 풀지 못하는 문제를 풀어냈다. 수학에 뛰어난 재능을 인정받은 그는 재학 중에 학생강사라는 신분으로 2년간 강의했다. 또한 학교를 다니지 못하는 학생들을 위해 설립된 오성강습소에 나가 수학과 과학을 가르치기도 했다. 그는 1919년 연희전문 수리과를 1회로 졸업하고 2년간 수학 강사로 재직하다 그의 재능을 높이 산 베커 교수의 주선으로 미국 유학길에 올랐다.

1922년에 미국으로 건너간 이원철은 앨비언대학에 편입하여 한 학기 만에 학부과정을 마쳤다. 앨비언대학은 스승인 베커와 루퍼스 교수가 졸업한 학교였다. 미시간대학University of Michigan의 교수이자 연희전문 교수를 지낸 루퍼스는 이원철의 미국 유학 생활을 물심양면으로 도와주었다. 이원철은 루퍼스가 교수로 있는 미시간대학으로 진학해 수학과 천문학을 공부하고, 천문학 연구로 1923년에 이학석사 학위를 받았다. 1926년에는 조선인 최초로 이학박사 학위를 취득했다. 그의 박사 학위 논문은 「독수리자리 에타별의 대기 운동Motions in the Atmosphere of η Aquilae」으로, 정교한 분광학적 관측과 분석을 통해 독수리자리 에타별이 팽창과 수축을 되풀이하면서 밝기가 변하는 맥동변광성脈動變光星임을 밝힌 것이었다.

이원철이 이 주제를 연구하게 된 것은 인연이 깊은 지도교수 루퍼스가 몇 해 전부터 연구해 온 주제였기 때문이다. 이 점에 대해 이원철은 그의 박사논문에서 감사를 표했다. 1924년에 루퍼스는《파퓰러 어스트라너미Popular Astronomy》에 「독수리자리 에타별의 대기 맥동Atmospheric Pulsation of η Aquilae」을 발표했다. 전통적으로 변광성은 쌍성계를 이루는 두 별이 서로의 주변을 공전하다가 식蝕을 일으켜 가림으로써 밝기가 변하는 식쌍성蝕雙星(또는 식변광성이라고도 함)이라고 알려져 있었다. 그런데 미국 하버드대학의 천문학자 할로 섀플리Harlow Shapley가 세페이드 변광성Cepheid variable은 식쌍성이 아니라, 별 스스로 수축과 팽창을 하며 밝기가 주기적으로 변화한다는 맥동설pulsation theory을

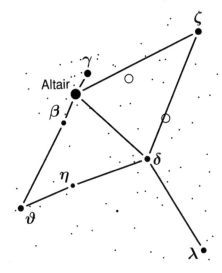

이원철이 박사 학위 논문에서 다룬
독수리자리 에타(η)별
©Torsten Bronger, CC BY-SA 3.0

MOTIONS IN THE ATMOSPHERE OF η AQUILAE

David F. Leo

A dissertation submitted in partial fulfilment of
the requirements for the degree of Doctor of Philosophy,
in the University of Michigan.

CONTENTS

Motions in the Atmosphere of η Aquilae

이원철의 미시간대학 박사 학위 논문(1926)
University of Michigan Library

1914년에 정립했다. 새플리는 세페이드 변광성을 이용해 우리은하에서 태양의 위치를 추정하고 이를 통해 우리은하의 크기를 실제에 가깝게 결정한, 이름난 천문학자였다. 새플리의 맥동설은 하버드대학을 진원으로 하여 프린스턴대학, 미시간대학 등으로 퍼져나갔고, 이 학설을 확인하려는 연구가 앞다투어 수행되었다. 루퍼스는 미시간대학의 선두주자였다.

이원철은 1924년 12월 미국천문학회(AAS) 33회 학술회의에서 「사자자리 로별의 시선속도 변화Changes in the Velocity of ρ Leonis」라는 논문을 발표했다. 이 발표문의 초록은 《파퓰러 어스트라너미》(1925)에 수록되었는데, 이원철은 영문 이름을 David W. Lee로 표기했다. 이 논문에서 그는 1923년 미시간대학 천문대에서 관측한 분광사진을 분석해 사자자리 로별의 시선속도가 그동안 알려진 평균값보다 초속 16킬로미터 이상 큰 초속 50.5~63.3킬로미터에 달하며, 이는 그 별의 시선속도가 실제로 변하고 있음을 나타낸다고 밝혔다. 시선속도란 어떤 물체의 시선 방향으로의 속도, 즉 관측자 쪽으로 일직선으로 다가오거나 멀어지는 속도를 뜻하며, 이를 통해 별의 질량과 궤도요소 등을 추정할 수 있다.

1926년 9월에 열린 미국천문학회 36회 학술회의에서는 박사 학위 논문에 있는 연구 결과의 일부를 발표했는데, 이 논문의 초록은 《파퓰러 어스트라너미》(1926)에 수록되었다. 박사 학위 논문 전체는 약간의 수정을 거쳐, 당시 손꼽히는 몇몇 유명 대학에서 유행한 자체 발간 학술지 중 하나인 《미시간대학 천문대 회보Publications of the Observatory of the

University of Michigan》4권(1932)에 수록되었다. 이원철은 미시간대학 천문대에 있는 세계 최고급 37.5인치 카세그레인 반사망원경과 프리즘 분광기를 이용해 71회의 분광학적 관측 결과를 얻었고, 이를 세밀하게 분석·계산하여 시선속도 및 대기의 운동 등 독수리자리 에타별에 대한 다양한 데이터를 얻었다. 그 결과 독수리자리 에타별과 같은 세페이드 변광성의 밝기 변화가 항성 대기의 운동으로 인한 맥동현상 때문이라는 점을 뒷받침했다.

'원철성'의 발견자, 스타 교수 이원철

박사 학위를 마친 이원철은 바로 귀국하여 1926년에 모교인 연희전문 수물과의 교수가 되었다. 하지만 미국에서 진행했던 천문학 연구를 할 수 있는 여건이 갖추어져 있지 못했기에, 이원철은 연구 대신 교육에 자신의 학문적 열정과 재능을 쏟아부었다. 그는 1928년 연희전문 건물 옥상에 마련한 임시 천문대에 6인치 굴절망원경을 설치했고, 그것을 이용해 실제적인 천문학 강의를 할 수 있었다. 그의 강의는 국내에서 행해지는 거의 유일한 고등 수준의 천문학 교육으로 연희전문의 자랑거리였다. 그는 학생들 사이에서 수학을 빨리 풀어 정신이 없다고 해서 '비행기', 단 음식을 좋아한다고 해서 '사탕버러지' 등의 별명으로 불렸다.

이원철이 부임할 당시 수물과에는 조선인 수학자 이춘호가 재직하고 있었다. 이원철은 이춘호와 함께 연희전문 수물과의 수리연구회(1931년 이학연구회로 명칭을 바꿈) 조직과 운영에 힘을 보탰으며, 〈전조

연희전문학교 언더우드관 옥상에 국내 최초로 설치된 천체망원경(가운데 모자 쓴 이가 이원철)

연세대학교 기록관

선중등학생 이학현상모집〉을 비롯해 이학연구회가 주최하는 각종 행사에도 적극적으로 참여했다. 1935년에는 연희전문 과학관장을 겸임했으며, 1938년에는 이춘호의 뒤를 이어 수물과장의 책임을 맡았다.

그런데 1929년 대중잡지 《삼천리》 3호에서 이원철이 독수리자리 에타별을 처음 발견한 것으로 다음과 같이 보도하면서 그는 원철성源喆星의 발견자로 잘못 알려지게 되었다. 이때부터 1960년대는 물론이고 1990년대 언론 보도에서도 그의 대표 업적을 원철성(독수리자리 에타별) 발견으로 소개한 글을 볼 수 있다. 당연히 《삼천리》의 보도 내용은 실제 사실과 크게 다른, 잘못된 것이었지만 이는 식민지 상황에서 조선인들의 민족적 자긍심을 고취하는 데 일조했다.

『원철』星까지 발견한 세계적 천문학자 이원철박사

천문학계의 거성: 미국 「미시칸」대학의 학창에 파뭇첫을^{파뭍혔을} 때에도 쉬어난 그의 재분(才分)은 수리 문제를 향함애 석연(釋然)히 플니지 아니하는 것이 업고 쏘 천재(天才)라 하리만치 독창력에 부(富)하야 씃끗내 천문(天文)을 연구함에 잇서서 수십년 [이]래(來)로 정예(精銳)의 과학을 가지고도 수백의 세계 천문학도가 찾지 못하든 유명한 별 한 개를 역학(力學)의 힘을 통하야 발견하엿슴으로 천문학자들은 놀내기를^{놀라} ^{기를} 말지 안어서 그 별 일홈을 씨의 일홈을 짜서 「원철(源喆)」성(星)이라고 공칭(公稱)한다고 합니다. 일즉 미시칸대학 총장은 「이원철 군은 형금짜지 농낭각국의 미국 유학생 중 쳐음 보는 수재일 쑨더러 구미에도 드문 놀라운 학자라」고 절탄(絶歎)하엿다는 말이 잇거니와 씨의 명석한

두뇌는 실로 인류문화에 위대한 공헌을 하는 보배로운 것일 뿐더러 조선의 크나큰 자랑거리라 아니할 수 업습니다. …

32세의 소장 교수: 박사는 아직 32[세]로 실로 춘추가 부(富)합니다. 압날에 더욱 더욱 세계적으로 영명(英名)을 날닐^{날릴} 것을 예기(豫期)하는 바이니와 조선으로 말하면 먼 상고(上古)에는 백제의 왕인(王仁) 박사를 위시하야 각 방면에 놀라운 학자 천재가 나서서 세계에 그 빗을 자랑한 바가 커섯든^{컸었던} 것은 사실(史實)에 초연함으로 여기에 언급치 안커니와 근래에 이르러 천문학을 통하야 이와 가치 이원철 박사를 우리가 가젓다 함은 「위대한 자랑거리」가 아니라 할 수 업는 줄 압니다.

_《삼천리》 3, 1929.

미국에 유학해서 뛰어난 재능을 발휘하며 박사 학위를 취득하고 30세에 연희전문의 교수가 된 '천재' 이원철은 식민 지배를 받고 있던 민중들에게 우리 민족의 우수함을 보여 주는 자랑스러운 존재였다. 원철성의 발견자로서 유명해진 그는 서울 YMCA에서, 때로는 멀리 지방에서 일반인을 위한 천문학 강연을 하며 과학을 널리 알리는 데 앞장섰다. 연희전문 수리연구회가 조선일보사와 공동으로 개최한 대중 과학강연회에도 강연자로 나섰다. 원철성의 발견자가 진행하는 〈통속 대학 목요강좌〉에는 많은 사람이 참석했다. 이 강연은 과학의 대중적 확산에 상당한 공헌을 했다.

한편 이원철은 늦은 나이까지 미혼이었는데, 이 점이 대중의 호기심을 자극해 언론에까지 구설이 오르내렸다. 그러다 36세인 1932년에 경성치과의학전문학교 병원에 근무하던 김화순金和順과 결혼했다. 김화순은 네 살 연하로 그해에 경성치과의학전문학교 별과別科를 마치고 치과의사 면허를 취득했다. 이원철과는 의사와 환자로 만나 결혼에 이르게 되었다고 알려졌고, 이원철이 어려웠던 시절에 가정 경제를 책임지며 큰 힘이 되었다.

1933년에는 한글날을 바로잡기 위해 훈민정음 반포일의 양력 산정 논의에 참여했다. 그동안은 세종 당시 서양에서 사용하던 율리우스력을 환산의 방법으로 삼아 음력 9월 29일(양력 10월 29일)을 한글날로 기념했다. 이원철을 포함한 논의자들은 이것을 세계적으로 통용되고 있는 그레고리력을 기준으로 하여 양력 10월 28일로 바꾸었다. 이후 1940년『훈민정음 해례본』이 발견되면서 더 정확한 날짜가 알려졌고, 1949년부터는 그 날짜를 그레고리력으로 계산한 10월 9일을 한글날로 삼게 되었다. 이 일을 계기로 조선어학회와 관계를 맺은 이원철은 많은 한글학자들과 함께 조선어학회 표준어 사정위원회의 위원으로도 참여했다. 그 결과 1936년에 1만 어휘에 가까운 표준어를 담은『조선어 표준말 모음』이 간행되었다. 그는 에스페란토에도 관심이 많아 학교에서 이를 주제로 강연을 했으며, 해방 직후에는 조선에스페란토학회 부위원장을 맡았다.

1935년에는 스승이었던 루퍼스가 안식년을 맞아 조선에 돌아와 1년간 머물면서 천문학에 관한 우리의 옛 문헌과 유적을 조사하는 작업을 했다. 이원철은 이 기간 내내 새토운 자료의 출처와 답사지 방문을 안내하며 스승의 연구를 도왔다. 어릴 때 한학을 배우고 틈틈이 한서를 읽어 한학 실력이 상당한 수준이었던 그는 루퍼스의 연구를 잘 뒷받침할 수 있었다. 루퍼스는 1년간의 연구 결과를 1936년《왕립아시아학회 조선지회 회보Transactions of the Korea Branch of the Royal Asiatic Society》에 「조선 천문학Astronomy in Korea」이라는 제목으로 발표했다. 글 말미에 루퍼스는 이원철과 함께 백낙준, 정인보, 신제린 등에 감사를 표했다. 연희전문 문과 과장이었던 백낙준은 연구실 제공, 교수 정인보는 참고문헌 수집과 자료 해석, 실험조수 신제린은 사진 촬영에 도움을 주었다. 이 논문은 고대에서부터 조선시대까지 우리나라의 전통 천문학을 살핀 것으로 34장의 관련 유물 사진도 담겨 있다. 1936년에 루퍼스는 이원철과 공저로《파퓰러 어스트라너미》에 「조선의 시간 표시Marking Time in Korea」라는 글을 게재했다. 앞서의 연구를 개관한 이 글에서 그는 조선의 천문이 중국의 영향을 받으면서도 독자적인 발전을 이루어 나갔음을 강조하고 있다.

이원철은 1938년에 흥업구락부 사건에 연루되어 12년간 몸담았던 연희전문을 떠나게 된다. 흥업구락부가 YMCA를 중심으로 조직된 만큼 YMCA와 긴밀한 관계를 맺고 있던 이원철도 이 단체의 일원이었다. 이원철은 1938년 5월 부원들과 함께 체포되어 혹독한 고문을 받고 감금되었다가 4개월 후에 사상 전향서를 제출하고 풀려났다. 하지만 이춘호와 마찬가지로 연희전문에 사직서를 제출해야 했고, 결과적으로 교수직을 박탈당했다.

그는 교수의 신분은 아니지만 1941년 연희전문으로 돌아와 강의를 맡았다. 하지만 그동안 관여해 온 조선어학회 사건으로 말미암아

1943년부터는 이 자리마저 잃고 만다. 오랫동안 해 왔던 YMCA 강의나 라디오 과학 강연은 한동안 이어졌다. 한편 그가 설치하여 운영했던 굴절망원경은 1942년 언더우드 동상과 함께 일제의 전시 물자 징발로 사라지고 말았다. 이후 해방을 맞이할 때까지 이원철의 행적은 알려진 바가 없다.

관상대 재건과 한국 표준시 제정

해방 후 이원철은 연희전문 선배 교수였던 이춘호와 함께 1945년 한국민주당(한민당) 창립에 발기인이자 조사부원, 곧이어 후생부원으로 관여했다. 한민당은 보수적인 우익 및 민족주의 계열의 정당으로 초기에는 친이승만 성향을 표방했고, 김성수, 송진우, 장덕수, 원세훈, 조병옥, 김병로, 윤보선 등이 주도적 인물이었다. 이원철은 임시정부와 연합군을 맞이하기 위한 임시정부 및 연합군 환영준비회 집행위원이자 정보부원으로도 참여했다. 그러나 1946년 그는 한민당을 탈당했고, 이후 정당에는 직접적으로 참여하지 않았던 것으로 보인다.

대신에 1946년 연희전문이 연희대학으로 새롭게 출발하자 이원철은 최규남과 함께 이학원理學院과 기상학과를 만들고 책임자 자리에 올랐다. 1945년 말에 조선화학기술협회(회장 안동혁)가 3일에 걸쳐 경성공업전문학교에서 주최한 〈과학보급강습회〉에도 참여하여 '조선 기상학 건설에 대하여'라는 주제로 강연했다. 과학기술 명망가들이 당대의 주요 현안을 다루는 가운데 그는 기상학 분야를 대표하여 참여했다. 이 밖에 그는 적산敵産 관리에도 관심을 가져 1946년 한양공업학교를 맡아 운영했다. 이 학교는 일본인이 운영하던 소화공과학교였다. 이후에는 한양공대 설립자 김연준이 인수해 한양학원 소유가 되었다.

이원철은 관상감觀象監을 부활시키는 데도 많은 힘을 쏟았다. 관상감은 조선시대 천문, 지리, 기상과 관련한 사무를 담당하고 역서曆書를 펴내던 관청이었다. 그가 관상감에 관심을 가지게 된 것은 1935년 루퍼스의 전통 천문학 연구를 도왔던 일이 계기가 되었을 것으로 보인다. 관상감을 비롯한 천문·기상 관련 유물 및 문헌을 접하면서 그 가치와 의미를 이해하게 된 그는 미군정청 관계자와 만나 관상감 부활 문제를 논의했다. 군정청은 이원철이 기상 관련 업무를 책임져 줄 것을 부탁했다. 이에 따라 그는 1945년 9월 군정청 학무국 기상과 과장이 되었으며, 10월 조선총독부 기상대를 관상대로 재조직하고 직접 대장을 맡았다. 그는 관상대의 부족한 인력을 확충하기 위해 관상대 실습학교를 개설하고, 중학 졸업자 35명을 선발하여 교육하고 훈련시켰다. 이처럼 빠른 시간에 관상대 복구 사업이 추진될 수 있었던 것은 이원철의 적극적인 노력과 그에 대한 군정청 관계자들의 신뢰 그리고 기상 자료의 필요성 등이 결합된 결과였다.

관상대 부대장으로는 연희전문 수물과 제자이자 교토제대 수학과 출신인 국채표를 임명했는데, 국채표는 1946년 〈고층권 기상 연구〉의 책임자로 일하며 일제가 5킬로미터 상공까지만 올렸던 기상관측 기구를 23킬로미터 상공까지 올리는 데 성공했다. 이원철은 그를 기상학 전문가로 육성하기 위해 미국 유학을 권유하고 지원했다. 국채표는 미국 국무부가 시행하는 풀브라이트 장학금을 받고 시카고대학 기상학과에 입학하여 기상학을 전문적으로 공부했다. 이후 그는 한국으로 돌아와 이원철의 뒤를 이어 2대 관상대 대장으로 활동했다.

1947년 3월에는 관상대 직원을 중심으로 조선기상학회를 조직했다. 현재의 한국기상학회는 1963년 12월 창립되었으니 이원철이 조직한 조선기상학회가 그 전신이라고 할 수 있다. 1958년 당시의 기록에 따르면, 기상학회는 중앙관상대에 자리 잡고 있었으며 회장은 이원철, 부회장은 서상문과 김진면이 맡았다. 회원수는 170명에 달했고, "기상연구를 돕고 그 진보를 기도하며 국내외 관계 학회와 협력하여 학술문화의 발전에 기여함"을 목적으로 했다. 강연회 개최, 학술 회합 주선, 기관지 발간 및 도서 자료 출판, 그리고 연구 장려를 위한 상장·상금 수여, 연구비 보조 등을 구체적인 활동으로 내세웠으나 여건상 학회지 출간을 비롯한 본격적인 학술 활동을 벌이지는 못했던 것으로 보인다.

1948년 대한민국 정부 수립 이후, 관상대는 문교부 산하 국립중앙관상대로 개칭되었고 이원철은 관상대 초대 대장이 되었다. 관상대에는 관측과·예보과·통계과 등의 기상 관련 부서와 역서 편찬을 담당한 천문과, 행정 사무를 담당한 총무과가 있었다. 이후 지방측후소(14개소)와 출장소(2개소)를 세워 기상 행정조직의 틀을 갖추었고, 기상기술원양성소를 통해 필요한 기상 인력을 양성했다. 미국으로부터 다양한 기상관측 서적과 기기를 지원받기도 했는데, 고층기상관측용 전파탐지기 2대(2000만 원)를 비롯해 기상관측 기구와 물자(2000만 원) 그리고 110상자 분량의 서적 4000권(2000만 원)이 그것이다.

이원철은 직접 역曆계산에 나서서 1948년 천문과장과 함께 역서를 편찬하여 배포했다. 역서는 음력 날짜, 월령, 일월식, 조석, 24절기의 시각, 매일의 일월 출몰 시각 등을 계산한 결과를 담고 있는 책으로 국민들의 실생활과 밀접한 관계가 있다. 그뿐 아니라 역서 편찬은 조선시대의 관상감이 담당한 가장 중요한 임무를 잇는, 자주적인 독립국가임을 나타내는 상징적인 의미도 지녔다. 이원철은 역서의 머리말에서 부정확하고 미신적 행위와 많은 관련을 맺고 있는 음력을 버리고 단일한 양력을 사용할 것을 강조했다. 실제로 그는 방송, 신문 기고, 강연 등 기회 있을 때마다 음력 대신 양력 사용을 주장했다. 근대적 과학을 알리던 계몽가로서의 그의 모습은 해방 후에도 계속되었던 것이다.

1950년 한국전쟁 때 그는 피난을 가지 못했다. 북한군이 서울을 점령했을 때 다행히 몸은 피할 수 있었으나 그가 가진 모든 서적과 자료를 빼앗기고 말았다. 당시 중앙관상대는 북한에서 내려온 이낙복李樂馥이 접수했다고 하는데, 이낙복은 1944년에 도쿄제국대학 성학과星學科를 나온 인물이었다. 남북 모두 천문학자가 기상 업무를 총괄하고 있었던 것이다. 이낙복도 짧은 기간이나마 역서 발간에 관심을 가지고 추진했으나 당시의 열악한 사정으로 성사시키지는 못했다고 한다. 이후 이낙복은 북한에서 김일성종합대학 교수, 평양천문대 대장 등을 역임한 것으로 알려져 있다.

한국전쟁 이후, 이원철은 관상대 개선을 위해 유엔한국재건단(UNKRA)으로부터 3만 5000달러를 지원받아 시급한 설비 구입과 지방 측후소 복구 등을 추진했다. 그러나 시설 개선과 인력 확충은 예산 부족으로 여전히 어려움을 겪었다. 그런 가운데서도 그는 선진국들과의 교류를 위해 기상 관련 국제회의에 적극적으로 참석했다. 1954년 일본 도쿄의 동남아시아 태풍회의, 1955년 스위스 제네바의 2회 국제기상회의, 1956년 독일 함부르크의 1차 세계해양기상회의, 1957년 프랑스 파리의 2회 세계기상기구 도서출판위원회의, 1958년 파키스탄 카라치의 2회 세계기상기구 아세아지역총회, 1959년 스위스 제네바의 3회 세계기상기구총회 등이 그것이다. 1956년에는 우리나라가 세계기상기구(WMO)에 가입했고, 유엔의 확대기술지원 프로그램을 통해 두 명의 한국인 기상학자가 선진국에서 공부할 수 있게 되었다. 1957년에는 세계기상기구의 지원을 받아 선진국과의 기상 네트워크를 구축할 기회를 얻었다.

1954년에 이원철은 한국 표준시간의 문제를 본격적으로 지적했다. 당시 우리나라는 여전히 일본의 도쿄 표준시를 쓰고 있었다. 그는 이것을 한반도 중앙을 통과하는 자오선에 맞추어 바꿔야 한다고 주장했다. 한국의 표준시는 도쿄 표준시와 30분의 차이가 나므로 교정해야 한다는 것이었다. 그의 제의를 정부가 받아들여 3월 21일 춘분부터 30분 늦추어 한국의 표준시간을 되찾게 되었다. 이에 대해 그는 "일본과의 감정이라는 소승적인 입장에서 나온 것이 아니며, 태양의 운행을 기준으로 하는 합리적인 시간으로 복구한 것"《동아일보》 1954. 3. 14.) 이라고 말했다. 하지만 1961년 5.16 군사정변 3개월 후 한국 표준시는 나시 일본 표준시로 환원되었다. 이후에도 표준시를 고치자는 의견이 제기되었으나 대부분 국가의 표준시가 1시간 단위의 시차를 두고 있기 때문에 현재까지 일본 표준시와 동일한 시간을 사용하고 있다.

한편 인하공과대학 설립 과정에 참여했던 이원철은 1954년 3월 인하공대 초대 학장으로 임명되었다. 인하공대는 하와이 이민 50주년을 맞아 하와이 교민들이 보낸 성금에 정부 보조금을 더해 세워진 대학으로, 인천과 하와이의 앞 글자를 따서 '인하'로 명명되었다. 그 초대 학장으로 미국 유학 출신의 대표적인 과학자였던 이원철이 선임된 것이었다.

같은 해인 1954년 11월에는 자유당이 이승만 대통령의 종신 집권을 보장하는 헌법 개정안을 국회에서 통과시킨 사사오입 사건에 연루되었다. 이 안건은 원래 국회 표결에서 정족수(재적 의원 203명 중 2/3인 135.33명 이상 찬성 시 가결)에 미달되는 135명으로 부결되었으나 자유당은 사사오입(0.5 미만을 버림)을 내세워 다시 통과시켰다. 자유당 소속의 국회의원 윤성순은 찬성 발언에서 "특히 신문 발표에 본다면 수학계의 태두인 인하공과대학장 이원철 박사 또는 서울대학교 문리과대학에서 다년 수학을 담당하시든 최윤식 교수의 입증에 의해서도"(국회 회의록) 확증되었다고 주장했다. 이 한마디로 이원철은 이승만의 영구 집권을 정당화한 인물로 인식되어 정치적 사건에 휘말리게 되었고, 1956년에 학생들의 동맹휴학과 이를 부추긴 이사장이자 부통령 이기붕의 개입으로 인하공대 학장에서 물러나고 말았다. 1960년 정권이 바뀌자 사사오입 개헌에 관여한 구시대의 인사로 간주되며 공금 횡령죄가 덧씌워지기도 했다.

1961년 5월까지 무려 15년 이상 관상대 대장으로 재직한 이원철은

1959년 서울 관측소에서 처음 도입된 은반직달일사계로 일사량을 측정 중인 이원철 기상청

1961년 제1회 세계기상일 기념식에서 연설하는 이원철 기상청

우리나라 기상 및 천문과 관련된 인력을 키우고 제도를 확립하여 기상 업무의 정착에 기여했다. 한마디로 그는 우리나라 기상학과 천문학 분야의 선구자였다. 이러한 업적을 인정받아 1960년에 대한민국학술원 회원이 되었다. 1961~1963년에는 연세대 재단 이사장을 역임했다. 이와 함께 그는 YMCA 재단 이사와 이사장을 지냈는데, 자신의 전 재산(서울 갈월동 가옥과 대지 및 남양주 금곡리 임야 3만 6000여 평)을 YMCA에 기부했다. 1986년 서울 논현동에 개관한 YMCA 강남지회 건물의 강당은 우남羽南 이원철 박사를 기념하기 위해 우남홀로 명명되었다. 이후 이 건물이 매각됨에 따라 '우남 이원철홀'은 2018년 서울YMCA 회관에 새로이 마련되었다.

그는 1963년 국제회의에 참석하려고 준비하던 중에 67세의 나이로 갑자기 세상을 떴고, 선대의 고향인 경기도 남양주시 진접면 금곡리에 안장되었다. 「표본실의 청개구리」로 유명한 소설가 염상섭도 같은 날에 유명을 달리했다. 2003년 〈과학기술인 명예의 전당〉 초대 헌정자로 이원철이 올랐고, 2017년에 첫 과학기술유공자로도 선정되었다. 2006년에는 한국천문연구원에서 그간 발견한 소행성(2002DB1)에 이원철의 이름(Leewonchul)을 붙여 헌정했다. 현재 연세대 과학관 앞에는 그의 흉상이 세워져 있으며, 국제캠퍼스에는 그의 이름을 붙인 이원철 하우스가 있다.

이원철은 한국인 최초의 이학박사로서 '원철성'으로 널리 알려진 자신의 연구를 통해 민족적 자긍심을 높여 주었고, 12년간 연희전문에서 교수로 재직하면서 수학과 천문학 교육에 힘썼다. 해방 이후에는 관상대 초대 대장으로 15년 이상 일하면서 기상 전문 인력을 키우고 관련 법과 제도를 완비하여 기상학 발전의 기틀을 닦았다. 열악한 연구 여건 때문에 과학자로서의 연구는 박사 학위 논문 이후로 계속되지 못했지만, 교육을 통해 후학을 키우고 천문학과 기상학의 토대를 쌓은 일은 주요한 업적이다. 동시에 한글날 날짜 제시, 에스페란토 보급, 역서 발간, 양력 사용 권장, 한국 표준시 제시 등은 대중들의 사고와 생활의 과학화를 위해 그가 고안한 해법이기도 했다.

참고문헌

일차자료

「『원철』토까지 발견한 세계적 천문학자 이원철박사」, 《삼천리》 1929년 3호, 18-19쪽.

R기자, 「연전의 『비행기』 이원철박사」, 《동아일보》 1930. 9. 27.

「우문현답 상아탑 방문기－이원철씨를 찾아서」, 《동아일보》 1936. 1. 5.

이원철, 1954, 「우리의 표준시간: 왜 우리의 표준시간은 종래보다 30분 늦어졌나?」, 《신천지》 63, 60-65쪽.

이원철, 1958, 「인공위성과 천문」, 《사상계》 6-6, 72-80쪽.

Lee, David W., 1925, "Changes in the Velocity of ρ Leonis," *Popular Astronomy* 33-5, pp. 292-293.

Lee, David W., 1926, "Motions in the Atmosphere of η Aquilae," Doctoral Dissertation: University of Michigan.

Lee, David W., 1932, "Motions in the Atmosphere of η Aquilae," *Publications of the Observatory of the University of Michigan* 4-8, pp. 109-128.

Rufus, W. Carl and Won-Chul Lee, 1936, "Marking Time in Korea," *Popular Astronomy* 44, pp. 252-257.

Lee, Won Chul, 1960, "Astronomy," The Korean National Committee for UNESCO, *UNESCO Korean Survey*.

Lee, Won Chul, 1960, "Meteorology," The Korean National Committee for UNESCO, *UNESCO Korean Survey*.

이차자료

나일성, 2023, 「우남 이원철 60주기 기념강연」, 서울YMCA, 〈우남 이원철 박사 제60주기 추모기념식〉.

연세대학교 홍보팀, 2016, 「우남 이원철 박사, 되찾은 하늘에서 별을 노래하다」, 《연세소식》 599.

나일성, 2005, 「사막에서 홀로 몸부림친 천문학자, 이원철」, 김근배 외, 『한국 과학기술인물 12인』, 해나무, 249-276쪽.

나일성, 2005, 「암담하던 시대에 홀로 빛난 별, 이원철」, 한국천문학회 편, 『한국천문학회 창립 40주년 기념 회고록』, 161-181쪽.

나일성, 2005, 「이원철 박사의 독립운동 사료가 드디어 나타났다」, 한국천문학회 편, 『한국천문학회 창립 40주년 기념 회고록』, 183-188쪽.

안세희, 2004, 「이원철 선생의 생애」, 대한민국학술원, 『앞서 가신 회원의 발자취』, 389-392쪽.

나일성 편저, 2004, 『서양과학의 도입과 연희전문학교』, 연세대학교 출판부, 280-287쪽.

나일성, 「연세인물열전: 이원철 선생(1)-(6)」, 《연세동문회보》 2000년 1-6월호.

박성래 외, 1998, 「한국 과학기술자의 형성 연구 2: 미국유학 편」, 한국과학재단, 77-80쪽.

나일성, 1990, 「이원철론」, 『(연세)진리·자유』 4, 96-101쪽.

나일성, 1982, 「한국 천문학의 새벽별: 이원철(1896-1963)」, 연세대학교 출판위원회 편, 『진리와 자유의 기수들』, 연세대학교출판부.

나일성, 1976, 「이원철박사와 η Aquilae」, 《천문학회보》 1, 8-12쪽.
김진면·김성삼, 1970, 「한국기상학 개척기의 향도들」, 《한국기상학회지》
    6-1, 39-40쪽.
손형진, 1958, 「이원철박사론」, 《사조》 1-3, 81-85쪽.

김근배·문만용

1930년대 경성고등공업학교 교수 시절 박동길
한국과학기술한림원 과학기술유공자지원센터

박동길

朴東吉 Dong-Gil Park

생몰년: 1897년 8월 5일~1983년 2월 20일
출생지: 청남도 연기군 전동면 신대리(가재골)
학력: 오사카고등공업학교 응용화학과, 도호쿠제국대학 암석광물광상학교실
경력: 서울대학교 교수, 지질광산연구소 초대 소장, 대한지질학회 초대 회장, 원자력위원
업적: 안데신석·다이아몬드원석 발견, 코발트광 감정법·형석광 선광법·아연광 처리법 등 개발
분야: 지질학, 광물학

박동길은 당시 남들이 하지 않는 과학을 공부하고자 했는데, 그것이 지질광물학이었다. 그는 동아시아 지역에서 처음으로 천연 다이아몬드를 발견해 학계는 물론 대중적으로도 널리 알려졌다. 또한 응용화학과 암석광물학을 연계한 연구로 새로운 광물 분석 및 처리 방법을 개발하고 여러 건의 특허를 받기도 했다. 해방 후에는 지질광산연구소의 초대 소장으로 일하고 대한지질학회를 조직하여 초대 회장을 지내는 등 한국 지질광물 연구를 개척하고, 그 제도적 기반을 마련하는 데 기여했다.

소년공 신분에서 제국대학 진학까지

박동길은 1897년 충청남도 연기군에서 중추원 의관을 지낸 박용순朴容淳과 전주 이씨의 2남 2녀 중 차남으로 태어났다. 아버지는 일제의 침탈로 인해 관직을 잃자 고향 산골 마을로 내려왔다. 한편 박동길이 열한 살 되던 해에 어머니가 세상을 떠나 그는 형수의 보살핌을 받으며 자랐다. 서당에서 『천자문』, 『동몽선습』, 『중용』 등 한학을 배우다가 17세인 1914년이 되어서야 뒤늦게 학교에 들어간 그는, 이미 나이가 많았던지라 시험을 거쳐 천안보통학교(4년제) 2학년에 편입했고, 3년 만에 졸업했다.

상급학교에 진학할 형편이 아니었던 박동길은 만학도 동기 둘과 함께 도일渡日을 도모했다. 학교에서 '동양의 맨체스터'라고 배운 공업도

시 오사카大阪를 염두에 두었다. 농사를 짓는 것보다 그곳에 가서 기술을 배워 온다면 쓸모가 있으리라 생각했다. 그는 보통학교 일본인 교장에게 여러 차례 간청한 끝에 일본행 허가와 취직 알선을 받았다. 아버지는 일본에 가는 것을 허락하지 않아, 여비 15원을 큰누나에게 빌려서 떠났다고 한다. 1917년에 편도 여비만 들고 떠난 그는 1930년에 도호쿠제국대학東北帝國大學을 졸업한 엘리트가 되어 돌아온다.

식민지 시기에 조선인이 이공학 분야를 공부하는 과정은 힘겨웠다. 박동길도 떠날 때는 셋이었지만 돌아올 때는 혼자였다. 나머지 두 친구는 1년을 못 버텼다. 홀로 남은 박동길의 장기간에 걸친 일본 수학기는 극심한 어려움, 끝없는 노력, 뜻밖의 행운이 어우러진 성공담의 전형이다.

1917년 조선을 떠나던 날, 박동길은 보통학교 때 쓰던 모자를 쓰고 때 묻은 한복 차림에 짚신을 신고, 주먹밥 다섯 덩어리를 싼 보자기를 둘러멨다. 동네 사람들은 화령선(기차)을 타면 일본 사람들이 조선인의 간을 꺼내 약으로 사용할 터인데 큰일 났다며 야단법석을 떨기도 했다. 그는 조치원역에서 경부선을 타고 부산을 간 다음, 그곳에서 연락선을 타고 시모노세키下關에 도착했다. 오사카로는 다시 기차를 이용해 이동했다.

오사카시청 상공과를 통해 이들이 소개받은 일자리는 주야 2교대의 12시간 노동에, 기숙사비와 빈약한 식사비를 빼면 남는 것이 없는 도요방적東洋紡績회사 소년공 자리였다. 박동길은 서투른 일본말로 소통하며 방적기계를 기름걸레로 닦고 수리를 보조하는 일을 하면서, 이

대로라면 잘돼야 직공밖에 될 수 없다고 생각했다. 그는 공부를 하기로 결심하고, 1918년 간사이상공학교関西商工學校 야간부에 등록한다. 문제는 조선인 주제에 공부를 하는 것이 건방지다며 공장 동료들도, 야간학교 동기들도 모두 그를 괴롭히기 시작한 것이다. 박동길은 취업을 알선해 줬던 오사카시청 상공과 직원에게 도움을 요청했고, 이듬해에 오사카시립공업연구소의 잡역부 일자리를 구하게 되었다. 야간학교도 오사카고등공업학교 교사들이 강의하던 오사카공업전수학교 중등부 응용화학과로 옮겼다. 하지만 끼니를 제대로 이을 수 없는 생활고와 잠잘 시간이 부족한 주경야독의 고달픔은 그대로였다. 그를 시기하고 괴롭히는 일본인도 사라지지 않았다. 더 큰 일은 폐결핵에 걸린 것이었다. 그는 다른 방도가 없어 기도를 하며 마음을 다잡고 버텼다고 한다.

박동길은 기적처럼 병마를 이겨 냈고, 이후 그에게 행운이 찾아왔다. 학교의 교사 중에 그의 재능을 아낀 이들이 오사카고공의 입학시험을 권유했고, 1922년 그가 합격하자 조선총독부 관비 유학생으로 주선해 주었다. 공부에만 몰두할 수 있게 된 그는 1925년 3년 과정의 응용화학과를 10등 안으로 졸업해 조선인임에도 일본인 학생과 같은 졸업장을 받고, 오사카의 고에이제약廣榮製藥 회사 연구실에 취직했다. 박동길은 비행기의 연료로 사용한 후 버려지는 피마자 폐유의 정제를 연구했는데, 1927년에는 폐유를 재활용해 의약품용 피마자유로 만드는 「설폰화 유지의 제조법スルフォン化油脂ノ製造法」으로 특허까지 받았다 (일본특허 제70930호). 이 특허로 그는 동아일보사에서 주는 조선인 발명가상을 받기도 했다.

박동길은 제약회사에서 일하면서, 오사카고공의 은사들이 권유한 대로 대학 진학을 준비했다. 그는 각 제국대학 일람과 졸업생 및 재학생 명단을 모두 조사한 다음, 조선인이 손대지 않은 지질광물학 분야를 택해 도호쿠제국대학에 응시했다. 조선인이 없는 학문 분야를 앞서서 전공하는 것이 장차 취업에 유리할 것으로 판단했기 때문이다. 이미 수학에서는 최윤식(도쿄제대)과 신영묵(교토제대), 물리학에서는 강영환(도호쿠제대), 화학에서는 이태규(교토제대)와 김량하(도쿄제대)가 그에 앞서서 제국대학을 졸업했거나 다니고 있었다. 박동길은 서른 살이되던 1927년에 5 대 1의 경쟁률을 뚫고 도호쿠제대 이학부 암석광물광상학교실에 일곱 명 가운데 한 명으로 합격했다. 병마와 싸우던 시절부터 다니던 성공회 교단의 독지가로부터 장학금을 지원받는 행운도 얻었다. 소년공 출신의 야간학교를 졸업한 조선인이 일본인도 들어가기 힘든 제국대학에 합격하자 주변에서는 '모범 인간'이라며 칭찬했다. 10여 년에 걸친 힘겨운 과정이었다.

그는 대학에서 암석광물학, 암석학통론, 광물학통론, 물리암석학, 화학암석학, 화산학, 결정학, 금속광상학, 석유광상학, 응용지질학 등의 과목을 수강했다. 2학년으로 진급해서는 졸업논문으로 「함경북도 길주, 명천 지대의 알칼리 암석」이라는 연구 주제를 받았다. 박동길은 여름방학 중의 답사에서 세계적으로 희귀한 광물인 셀라도나이트 안데신andesine을 발견했고, 해당 지역의 알칼리 암석에 대한 기초연구를 수행해 1930년에 학부과정을 마쳤다. 대학 시절 또 다른 중요한 일은

도후쿠제국대학 재학 시절 조선인 학생들과 함께
(앞줄 왼쪽에서 세 번째 신의경, 네 번째 박동길, 다섯 번째는 생물학과 정두현)
『하늘과 땅 사이에서: 순원 신의경 권사 전기』(2001)에서

1931년 박동길과 신의경의
결혼 사진
『교수생활 50년: 운암 박동길
박사전』(1981)에서

조선인 유학생들과의 교류였다. 1927년의 특허로 동아일보사에서 발명가상까지 받은 그는 조선인 유학생들 사이에 유명 인사가 되었고, 도호쿠제대 수학과의 장기원·이진문, 물리학과의 강영환, 생물학과의 김호직·정두현, 화학과의 이구화, 의학부의 하두영, 법문학부의 인태식·신의경·신봉조·손경수 등과 널리 교류했다. 이 중 유일한 여학생이었던 신의경은 1931년에 그와 부부가 된다.

신의경은 박동길보다 한 살 아래로, 그와 같은 해에 사학과에 입학했다. 그녀의 어머니는 정신여학교 교감이자 연동교회 최초의 집사를 지냈던 신마리아(본명 김마리아)였다. 신의경은 1919년 정신여학교를 졸업한 후 어머니와 함께 대한애국부인회를 결성해 독립운동 자금을 모금하다가 검거되어 2년의 옥살이를 했다. 출옥 후 조선여자기독교청년회(YWCA) 창설을 돕던 신의경은 이화여자전문학교에 입학해 영문학을 공부했다. 그리고 1927년 졸업하자마자 곧바로 일본으로 건너가 도호쿠제대에 진학했던 것이다. 신의경은 제국대학을 졸업한 첫 조선인 여성이었다. 그녀는 1946년 미군정에서 구성한 남조선 과도입법위원 90명 중 한 명이 된다. 한국 최초의 여성 국회의원이라고 할 여성위원은 모두 넷이었는데, 그중 한 명이 바로 신의경이었다. 그런가 하면, 한국 최초의 여성 의사였던 김점동(박에스더)은 신의경의 큰이모, 세브란스병원 간호원양성학교 1회 졸업생인 김배세는 작은이모이다. 교토제대를 나온 후 연희전문 강사로 있던 수학자 신영묵은 그녀의 오빠이다.

광물분석 분야 개척과 다이아몬드 원석 발견

제국대학을 졸업한 박동길은 1930년 조선총독부 학무국에 찾아가 취업을 요청해 임시직으로 은사기념과학관 촉탁과 경성고등공업학교 (서울대 공과대학 전신) 강사 자리를 얻었고, 그해 12월에는 경성고공 광산학과 조교수가 되었다. 그는 훗날 자서전에서 광산회사의 좋은 대우를 물리치고 이공계 학교에 자리를 잡은 것은 자신의 과학 지식을 조선의 청년들에게 전하겠다는 생각에서였다고 썼다. 그러나 경성고공에서 그의 지위는 제국대학을 졸업한 다른 일본인에 비해 낮았다. 항의를 했지만 처우는 달라지지 않았다. 박동길이 교수로 승진한 것은 1939년 경성광산전문학교가 경성고공 광산과를 흡수해 새로 개교하면서였다. 일제가 전쟁을 위해 일본 전역에 이공계 고등교육기관을 신설하며 이공계 교육을 강화하던 시점이었다. 그는 경성고공과 경성광전에 있으면서도 보성전문, 연희전문, 수원고농, 발파연구소 부설 광

1934년 경성고등공업학교
학생들과 함께
『교수생활 50년: 운암 박동길
박사전』(1981)에서

산기술원양성소 등으로 강의를 나갔다. 조선인 학생들을 가르치고 싶어서였다. 금광 붐으로 인기가 좋았음에도 전문학교 광산과는 조선인 학생 수가 여전히 적었다. 일례로 경성고공 광산과의 경우 1931년 졸업생은 일본인 6명에 조선인 1명, 1932년에는 졸업생 10명 모두 일본인이었다.

박동길은 많은 강의 시간에도 불구하고 쏟아지는 광물 감정 의뢰를 마다하지 않았으며, 방학마다 실습 답사를 다니며 연구를 지속했다. 이 시기에 박동길에게 뜻밖의 행운이 찾아왔다. 1935년 어느 일본인으로부터 두만강 유역에서 채취한 모래를 건네받았는데, 그 속에서 3밀리미터 크기의 금강석diamond을 발견한 것이다. 그는 굴절 현미경과 약품 분석을 통해 결정 구조와 강도 등을 조사한 결과 그것이 천연 금강석이라는 사실을 밝혀냈다. 이는 극동에는 다이아몬드가 없다는 도쿄제대 지질학과 교수의 주장을 뒤집은 발견이었기에 학계와 언론의 주목을 크게 끌었다.《동아일보》(1935. 2. 2.)는 「두만강 연안에서 천연 금광석 발견–동양에서 최초의 일」이라는 제목으로 이러한 소식을 전했다.《조선일보》는 금광석 발견 소식을 보도하면서 박동길의 인터뷰도 함께 실었다. 이 인터뷰에서 박동길은 금강석 발견 과정을 다음과 같이 풀어놓았다.

광업조선(礦業朝鮮)의 일대약진(一大躍進) 천연금강석을 발견

하여턴 『다이야먼드』의 원광(原鑛)을 보지 못하엿슴으로 처음엔 큰 호

기심을 가지고 조사하엿습니다. 학교에는 긔계기계와 약품이 구비치 못

함으로 총독부 목긔(木崎) 기사의 원조하에 연구한 결과 비로소 『다이야
먼드』로 단정한 것입니다. 좌우간 조선에서 『다이야먼드』가 발견된 것
은 동양광업사상의 큰 이채임으로 이것을 각 대학에 통지할 작정입니다.

_《조선일보》 1935. 2. 3.

　　박동길은 이후에도 활발하게 연구하여 크고 작은 성과를 냈다.
1938년에는 코발트광을 화학적으로 검정하는 방법을 개발했고, 알칼
리암 연구도 지속하여 일찍이 황해도 은율에서 발견한 특수 암석인 알
칼리암 연구의 기초를 마련했다. 1940년에는 황해도에서 알칼리 장석
광상을 발견했으며, 남는 전력을 이용해 알루미늄을 가공하고자 하는
일본 기업의 의뢰를 받아 연구를 수행하기도 했다. 알루미늄 규산염이
포함된 하석霞石 광산을 발굴하고 하석에서 알루미늄을 추출하는 방
법 또한 개발했는데, 전시 상황이라 산업화되지는 못했다.

　　1938년에 그는 일본지질학회 특별회원이 되었고, 1942년에는 문
부성 일본학술진흥회 연구원으로 발탁되었다. 1944년에는 도타쿠광
업東拓鑛業 북선흑연광업소장 고토 아키라後藤誠(경성고공 출신 윤성순의
창씨개명)가 전쟁 수요에 부응하여 『조선특수광물朝鮮特殊鑛物』을 발간
했는데, 박동길은 이 책의 교열자로 이름을 올렸다. 그의 이름은 1940
년에 창씨개명한 아라카와 겐지新川源二로 표기되어 있다. 1945년에는
특수 광물 탐광 방법을 연구해서 현장에서 바로 쓸 수 있는 「코발트광
을 신속 감정할 시약의 제조법コバルト鑛ヲ迅速ニ鑑定スル試藥ノ製造法」으로
특허를 얻었다(일본특허 제169534호).

박동길이 광물 발견과 분석에서 남다른 업적을 낼 수 있었던 것은 그가 고공에서 공부한 응용화학과 대학에서 전공한 암석광물학을 긴밀히 연계할 수 있었기 때문이다. 당시로서는 드물게 지질학과 화학을 결합하여 광물을 화학적으로 분석하고 처리하는 새로운 전문 영역을 개척했던 그는, 동시대의 선도적인 일본인 연구자들과 비교해도 우수한 경쟁력을 보유했고 실제로도 돋보이는 여러 성과를 거두었다.

한국 지질광물학계의 대부

1945년 해방이 되자 박동길은 지질광물 분야의 중심 연구 기관인 지질조사소와 연료선광연구소의 책임자로 임명되었고, 두 연구 기관이 곧 지질광산연구소(한국지질자원연구원 전신)로 통합되자 초대 소장이 되었다. 그는 지질광물 분야를 대표하는 과학자로서 조선화학기술협회가 12월 19일부터 3일에 걸쳐 경성공업전문학교에서 주최한 〈과학보급강습회〉에 참여하여 '조선의 지질과 특수 광물'이라는 주제로 강연했다. 이 강연회에는 그와 함께 최윤식(수학), 이태규(이론화학), 이원철(천문학·기상학), 김동일(섬유공학), 이승기(화학공학), 안동혁(과학기술진흥) 등 과학기술 저명인사들이 강연자로 나서 당대의 주요 과학기술 현안을 다루었다.

그는 1947년 1월 《동아일보》에서 기획한 '조국재건의 과학설계' 시리즈에도 참여했다. 과학조선 건설을 위한 각계 권위자들의 주장을 펼친 이 시리즈에는 1차 류한상(화학), 이훈구(농업), 박희욱(통신), 2차 박동길(지하자원), 최경렬(토목), 3차 이동근(해운), 최용덕(항공), 4차 이

송학(의학), 5차 류용대(수산) 등이 필진으로 나섰다. 박동길은 이 글에서 과학 시책의 중요성을 강조하면서 지하자원의 개발과 관리, 그리고 과학교육에 대해 전문가로서의 의견을 피력했다.

힘차게 자주독립을 전취하려는 신년을 맞이하야 지상 지하의 수만혼 자랑과 보배를 갈망한 이 땅의 천연자원을 어떠케 개발할 것인가? 이에 대한 과학적 설계를 말하려 하매 우선 세계 여러 나라와 어깨를 나란히 하야 거러갈 수 있는 강력한 정치체제와 주도면밀한 과학적 시책이 있어야 할 것을 절실히 늣기는 바이다. …

수만혼 보배 중에서도 우선 개발하여야 할 것은 두말할 것 없이 금이다. 금은 금본위제를 유지하는 한 물까를 안정시키는 점으로 절대로 필요하기 때문에 적절한 계획으로 왜놈들이 파먹다 남긴 맥(脈) 줄기를 더듬어야 할 것이다. 그리고 무진장으로 매장되여 있는 흑연, 중석을 비롯하야 형석 규사(硅砂) 『막네사이트』 충정석(○晶石) 인광(燐鑛) 등을 개발하야 국내 산업공업의 발전을 촉하고 나아가 그 제품을 외국에 수출하고 그 대신 우리 산업공업에 필요한 『안지모니』안티모니, [주]석(錫), 붕사(硼砂), 동(銅), 연(鉛), 석고(石膏), 유연탄, 붕소 자료재료, 『소-다』 공업원료 등을 수입하여야 할 것이다. …

과학기술의 확충강화와 그 향상발전은 오늘 조선이 당면한 모든 부면의 사업을 원만히 해결할 수 잇는 큰 힘으로 시급한 조처가 잇어야 할 것이 요망되여 잇거니와 우선 이공학 방면 교육시설을 확충하며 특히 단기양성기관을 증설하고 현재의 기술자들을 해외에 파견하야 남의 과학시

설과 문물을 시찰연구케 하는 한편 유학생을 파견하야 실제의 과학교육
을 받게 하고 또 해외의 과학서적을 풍부히 수입하야 과학의 상식화를
꾀하여야 할 것이다.

_ 박동길, 「"금" 개발 적극 추진-기술진의 강화가 끽긴(喫緊)」,《동아일보》1947. 1. 4.

그는 산업 면에서 낙후되어 있는 한국의 경우 지하자원 개발이 중
요하다고 판단했다. 그중에서도 금이 가장 중요하고 다음으로는 우리
나라에 풍부하게 매장되어 있는 흑연, 중석 등의 개발을 우선순위로
꼽았다. 이를 통해 국내 산업 발전을 촉진하고 그로부터 생산한 제품
을 해외로 수출하는 한편, 우리에게 부족한 광물을 수입할 필요가 있
다고 보았다. 나아가 당시 한국의 처지에서는 과학기술의 발전이 중요
하다면서 단기 양성기관을 비롯한 교육 시설을 확충하고, 유학생을 파
견하여 수준 높은 교육을 시키는 동시에, 과학 서적을 널리 보급하여
과학의 상식화를 꾀해야 한다고 역설했다.

1950년에는 상공부장관 자문 상공위원회의 위원으로 활동했다. 공
업분과, 전기분과, 수산분과, 광무분과 등이 설치되었는데 그는 광무
분과 위원이었다. 또한 일본 도쿄대학에서 열린 아세아지질학자총회
에 한국 측 대표로 삼성광업 지배인 김한태와 함께 참석했다. 전쟁이
일어나자 부산으로 피난 간 박동길은 1952년 서울대학교 공과대학
채광학과 교수진에 합류했다. 1954년 인하공과대학이 설립되면서는
초대 학장 이원철의 부탁으로 인하공대 교수를 겸직했다. 서울대 교수
직은 1959년 원자력원(1967년 원자력청으로 개편) 발족과 함께 원자력

위원에 위촉되면서 사임했다. 인하공대에서는 1969년 정년퇴임했지만, 이후로도 상당 기간 명예교수로 있으며 강의를 계속했다.

그는 연구에서도 꾸준한 성과를 보였다. 1952년에는 「형석광을 선광하는 방법」으로 한국 발명특허 36호를 냈고, 이듬해에는 『한국의 광물자원』을 출간했다. 대한지질학회에 한국지질도편찬위원회를 만들어 후학들이 한국 광물에 대한 기초 조사를 진행하는 일을 후원하기도 했다. 그에 따르면, 한국의 광물 조사는 19세기 말 독일과 영국 학자들에 의해 시작되어 일제강점기에도 지속되었지만, 5만 분의 1 지형도를 바탕으로 지질도를 작성할 수 있는 기본 조사를 마친 것은 전 국토의 10%에도 미치지 못한 상태였다. 한편 원자력위원으로 있던 1961년에는 방사성 광물인 우라늄과 토륨에 관한 책을 펴냈다. 1963년에는 그동안 버려지던 철분이 많은 아연광을 제련할 수 있는 방법을 찾아 「아연광의 처리 방법」으로 한국 발명특허 제1254호를 얻었고, 1964년에는 이를 제련하는 방법으로 한국 발명특허 제1437호를 취득했다. 1967년에는 한국의 희유원소稀有元素 광물을 다룬 논문을 발표했다. 이처럼 그는 광물 및 원소를 감정하는 시약을 개발하고 희귀 광물을 발견했으며 찾아낸 광물을 분석하고 처리하는 방법을 연구하는 등 광물 분석 분야에서 많은 업적을 남겼다.

학술단체 활동에도 활발하게 참여했다. 일본 제국대학에서 지질학을 전공하고 서울대 및 기업체 등지에서 활동하던 김한태, 최유구, 손치무, 김옥준, 홍만섭, 정창희 등과 함께 그는 1947년에 조선지질학회를 창립하고 초대 회장을 맡았다.

그의 업적과 기여는 여러 기회를 통해 기념되고 기려졌다. 1952년 설립된 대한민국학술원은 2년 후 초대 회원 50명을 선출했는데, 박동길도 그중 한 명이었다. 1959년에는 대한민국학술원상 공로상을 받았고, 1960년에는 종신회원으로 선출되었다. 그는 1961년부터 학술원 자연과학부장을, 1974년부터는 부회장을 맡아 학술원을 위해 봉사했고, 1981년까지 재임했다. 정부로부터 청조소성훈장(1962)과 국민훈장 무궁화장(1963)을 받았으며, 1963년에 한국 화학공업 발전에 기여한 안동혁과 함께 한양대학교에서 명예박사 학위를 받았다. 1968년에는 과학기술후원회에 의해 제1회 유공과학기술자로 선정되어 과학기

1963년 국민훈장
무궁화장을 수상한 박동길
한국과학기술한림원
과학기술유공자지원센터

술연금을 받았다. 1981년에는 경방육영회에서 수여하는 수당과학상을 받았는데, 그는 상금 300만 원을 부부가 다니던 연동교회 장학회에 기부했다.

평생 교육에 헌신했던 박동길은 제자들로부터도 영예로운 대우를 받았다. 1974년에는 대한지질학회가 삼창광업 김종호 사장(보성전문 시절 그의 제자) 등의 후원을 받아 박동길의 호를 딴 운암雲巖지질학상을 제정했고, 1979년에는 제자인 김수진 서울대 지질학과 교수가 새로 발견한 광석을 그의 이름을 따서 동길라이트Tonggilite라 명명했다. 1981년에는 제자들이 그의 회고를 기록하고, 집필자를 구해 박동길 전기를 펴냈다. "소탈하고 강직하며 교육에 헌신했던 삶"에 대한 감사였다. 그는 1983년 86세의 나이에 사고로 세상을 떴으며 경기도 남양주시 연동교회가족묘지(연동동산)에 안장되었다. 2019년에는 대한민국을 대표하는 과학기술유공자로 선정되는 영예를 안았다.

이처럼 박동길은 한국 최초의 지질광물학자로서 선구적인 역할을 했다. 경성고공 및 경성광전의 교수로서 초창기 지질광물학의 교육과 연구를 주도했고, 지질광산연구소, 대한지질학회, 서울대와 인하대 광산학과의 중심인물로서 그 제도적 기반을 갖추는 데 큰 기여를 했다. 또한 광물 분석 분야의 전문가로서 꾸준히 연구하여 광물 및 원소 감정, 희귀 광물 발견 등 뛰어난 업적을 남겼다. 그는 제자들에게 한 우물을 계속 파야 '인간문화재'와 같은 빛나는 존재가 될 수 있다고 강조했는데, 60년 동안 지질광물 관련 교육 및 연구의 외길을 꿋꿋하게 걸어온 그 자신이 본보기였다.

참고문헌

일차자료

논문

朴東吉, 1929, 「咸北 지역에서 Andesine」, 《岩石礦物礦床會誌》.

朴東吉, 1930, 「함북지역에서 알칼리 Hornblende 발견」,
　　《岩石礦物礦床會誌》.

朴東吉, 1935, 「朝鮮の所謂磊緑に就いて」, 《地質學雜誌》 42(501).

박동길, 1938, 「화학적 방법에 의한 광물의 감정과 유용 성분의 검출법
　　1-2」, 《朝鮮鑛業會誌》 21.

박동길, 1967, 「「코발트」鑛의 迅速鑑定法(發明特許)」, 《지질학회지》 3-1,
　　71-74쪽.

박동길, 1967, 「국내산 금강석(Diamond) 원석에 대하여」, 《지질학회지》
　　3-1, 75쪽.

박동길, 1968, 「한국의 희유원소 광물」, 《광업회보》 5, 2-6쪽.

박동길, 1971, 「化學的方法에 依한 鑛物의 鑑定과 有用成分의
　　檢出法」, 《광산지질》 4-4.

저서

後藤誠(新川源二 監修), 1944, 『朝鮮特殊鑛物』, 博文書館.

박동길 편, 1949, 『韓國地質及鑛物文獻目録: 檀紀4282年3月(1949년)』,
　　중앙지질광물연구소.

박동길, 1953, 『韓國 鑛物資源, 第1輯』, 대한광업회.

박동길, 1961, 『放射性 鑛物의 探鑛: 우라늄 및 토륨鑛』, 원자력원.

박동길·윤일중·박익수, 1969, 『발명·발견 이야기』, 과학기술후원회.

특허

朴東吉, 1927, 「スルフオン化油脂ノ製造法」(일본특허 제70930호).

新川源二, 1945, 「コバルト鑛ヲ迅速ニ鑑定スル試藥ノ製造法」
　　(일본특허 제169534호).

박동길, 1952, 「형석광을 선광하는 방법」(한국특허 제36호).

박동길, 1963, 「아연광의 처리방법」(한국특허 제1254호).

박동길, 1964, 「아연광의 제련방법」(한국특허 제1437호).

기고/기사

「두만강 연안에서 천연금광석 발견-동양에서 최초의 일」, 《동아일보》
　　1935. 2. 2.

「광업조선의 일대 약진-천연 금강석을 발견」, 《조선일보》 1935. 2. 3.

박동길, 「학문의 국적」, 《현대과학》 1946년 8월호, 15쪽.

박동길, 「조국 재건의 과학 설계(2) "금" 개발 적극 추진」, 《동아일보》 1947.
　　1. 4.

「수당과학상 박동길씨-과학도는 한우물 파야」, 《동아일보》 1981. 3. 24.

이차자료

과학기술정보통신부·한국과학기술한림원, 2020, 「고 박동길-한국
　　지질광물학의 보석」, 『대한민국과학기술유공자 공훈록』 3, 14-25쪽.

정창희, 2004, 「운암 박동길 회원」, 대한민국학술원, 『앞서 가신 회원의
　　발자취』, 468-472쪽.

고춘섭, 2001, 『하늘과 땅 사이에서: 순원 신의경 권사 전기』, 금영문화사.

이정환, 1983, 「韓國地質學界의 先驅者 雲巖 朴東吉 博士(1897年 8月-
　　1983年 2月)」, 《지질학회지》 19-2, 112-113쪽.

운암지질학상 운영위원회 편, 1981, 『교수생활 50년: 운암 박동길 박사전』,
　　정우사.

박동길, 1979, 「원로과학기술자의 증언: 박동길 박사전 1-3」, 《과학과 기술》
　　12-3·4·5.

김근배·이정

1941년 경성광산전문학교
교수 시절 최윤식
연세대학교 기록관

최윤식

崔允植 Yun-Shick Choi / Yoon Sik Choi

생몰년: 1899년 11월 28일~1960년 8월 3일

출생지: 평안북도 선천군 신부면 안상동 709

학력: 도쿄제국대학 수학과, 서울대학교 이학박사

경력: 경성고등공업학교 교수, 경성광산전문학교 교장, 서울대학교 교수, 대한수학회 회장

업적: 국내에 아인슈타인 소개, 수학 교재 발간, 차세대 수학자 양성

분야: 수학-해석학, 수학교육

최윤식은 평생을 오로지 수학 분야에 종사한 선구적인 수학자였다. 수학을 대중들에게 널리 알리는 일에 앞장섰던 그는 아인슈타인의 상대성 이론을 우리나라에 본격적으로 소개한 주인공이기도 하다. 해방 후에는 서울대 수학과를 이끌며 차세대 수학자 양성에 결정적으로 기여했고, 수학교육을 위한 교재 개발과 수학 학술단체 결성에도 열정을 기울였다. 그는 한국 수학이 본격적으로 발전해 나갈 초석을 다졌다.

조선인 최초로 도쿄제대 이학부 진학

최윤식은 1899년 평안북도 선천에서 최제호崔齊灝의 6남매 가운데 다섯째로 태어났다. 아버지는 농업에 종사한 한학자였던 것으로 알려져 있으며, 어머니에 대한 정보는 남아 있지 않다. 아호는 동림東林인데, 이는 고향 마을 지명에서 따온 것이다. 그는 어릴 때부터 남달리 영특하여 신동으로 불렸으며, 언제부터인지 모르나 기독교 신자가 되었고 이후 결혼식도 교회에서 올렸다.

　최윤식은 고향에서 선천보통학교를 마치고, 상급학교에 진학하기 위해 삼촌을 따라 경성으로 갔다. 1913년에 경성고등보통학교에 들어가 1917년 우수한 성적으로 4년 과정을 마친 그는 일본의 상급학교로 진학하고자 사범과에서 1년 더 공부했다. 일본의 고등학교나 전문학교에 지원하려면 5년의 중학 과정을 이수해야 했기 때문이다. 사범과 졸업 후에는 조선총독부 관비 유학생으로 선발되어 1918년 일본 히로시마고등사범학교廣島高等師範學校 이과에 진학해 4년의 과정을 이수했다. 그가 걸은 길은 일제강점기에 조선인 엘리트들이 밟은 전형적인 경로 중 하나였다. 화학자인 이태규 역시 최윤식과 같은 길을 걸었는데, 그는 최윤식의 히로시마고사 2년 후배였다.

당시 최윤식은 관비 유학생이었기 때문에 히로시마고사를 마친 다음 의무상 총독부가 지정하는 학교에서 교사로 복무해야 했다. 하지만 그는 졸업 후 교사로 근무하지 않고 바로 대학에 진학했다. 구체적인 사유는 알 수 없으나, 조선인이라는 이유로 교사 발령이 나지 않아 졸업 후 대학 진학을 선택한 이태규의 사례에 비추어 봤을 때 최윤식도 같은 이유에서였을 것이다.

최윤식은 1922년 방계傍系로 도쿄제국대학東京帝國大學 이학부 수학과에 진학한다. 당시 일본의 제국대학에 진학하는 방법으로는 고등학교 졸업자 대상의 정규 과정과 고등사범학교 및 전문학교 출신 대상의 방계 과정 입학이 있었다. 방계 입학생은 비록 정식 졸업장을 받을 수 없는 선과생 신분이었지만 도쿄제대에서는 이조차 쉽지 않았다. 무엇보다 매우 적은 인원만 뽑아 명문 대학일수록 입학 경쟁이 아주 치열했기 때문이다. 도쿄제대 이공계의 경우 일찍이 상호尙灝가 일본 제1고등학교를 거쳐 1906년 공과대학 조선학과를 졸업한 적이 있었다. 그는 농상공부를 거쳐 행정직으로 나가 군수, 도 참여관, 중추원 참의 등 고위 관료를 지냈고 이 과정에서 여러 친일 행적을 보였다. 그 이후에는 조선인의 진학이 철저히 막혀 있었는데 최윤식이 이공계 전공자로는 두 번째로, 이학부로는 처음으로 도쿄제대에 진학한 것이다.

도쿄제대 수학과는 5개의 강좌에 7명의 교수가 포진해 있었다. 강좌제講座制는 독일의 대학 학제를 본뜬 것으로 학과 내에 세부 전공에 해당하는 강좌를 여럿 두고 강좌별로 교수, 조교수, 조수 등의 직위를 가진 사람들이 도제적 관계를 맺으며 운영되는 교육제도이다. 수학과의 주요 교과목으로는 필수과목인 미분적분학, 대수학, 기하학, 함수론, 미분방정식론, 역학(질점 및 강체), 선택과목인 대수 및 정수론, 종합기하학 및 표창기하학, 확률 및 통계, 구면천문학, 천체역학, 일반물리학 등이 개설되어 있었다. 최윤식은 수론數論 연구의 권위자인 다카기 데이지高木貞治 교수의 영향을 받아 대수학에 흥미를 가졌다. 다카기는 현대 수학의 아버지로 불리는 다비트 힐베르트David Hilbert가 1900년에 제시한 23개의 수학 문제 중 9번째에 해당하는 유체론類體論을 해결하여 국제적 명성을 얻은 수학자였다.

몇 년 후 최윤식은 도쿄제대 수학과를 마치고 조선으로 돌아왔다. 그런데 최윤식이 3년 과정의 도쿄제대 수학과를 졸업하고 귀국했다는 당시 《동아일보》와 《조선일보》 보도와는 달리 『도쿄제국대학일람』의 수학과 졸업생 명부에는 그의 이름이 없었다. 그러다 이후 『도쿄제국대학졸업생씨명록』에 추가되었는데, 최윤식이 정규 학생들보다 1년 더 걸려 1926년에 일본인 15명과 함께 수학과를 졸업한 것으로 기재되어 있다. 방계 입학한 선과생에게는 정식 졸업장을 수여하지 않는 것이 원칙이었지만, 수학과의 교육과정을 충실히 이수한 선과 출신들에게는 추후에 졸업 자격을 부여했던 것으로 보인다.

아인슈타인의 강연을 듣고, 조선에서 상대성 이론 대중 강연

1919년 3.1 운동 이후 일본에 유학 중이던 조선인 학생들은 방학을 이용해 조선에서 지역 순회 강연회를 열기로 의기투합했다. 동경유학생 학우회는 동아일보사를 비롯한 지역 유지 및 청년회의 지원을 받으면서 문화운동의 일환으로 1920년부터 전국을 돌아다니며 강연했다. 첫해에는 유학생 18명이 팀을 짜서 전국 각지를 나누어 맡았으며, 7월 10일부터 8월 4일까지 32개 도시에서 강연회를 열었다. 그 구성원은 김준연(도쿄제대), 김연수(교토제대), 이익상(니혼대학) 등과 같이 대학이나 전문학교에서 고등교육을 받고 있는 최고 엘리트로서 생활 개조, 문화 발전, 신시대의 급무急務, 청년의 사명 같은 주제를 다루었다. 최윤식도 1921년부터 순회 강연단에 참여했다. 그는 호서湖西 제2단에 소속되어 충북 충주·음성, 그리고 경북 안동 등을 방문하여 '사회를 위하는 교육'이라는 강연을 통해 교육의 시대적 가치를 역설했다. 이들 강연단이 가는 곳마다 수많은 청중이 몰려 성황을 이루었다. 동경유학생학우회의 순회 강연회는 1923년까지 활발히 이어졌다. 그러나 이후 일제의 중지 조치로 위축되다가 이내 중단되고 말았다.

최윤식이 도쿄제대 수학과에 재학하던 1922년은 알베르트 아인슈타인Albert Einstein이 일본을 방문한 일대 사건이 일어난 해였다. 1915년에 발표한 일반 상대성 이론이 1919년에 에딩턴의 일식 관측으로 근거를 지니게 됨에 따라 아인슈타인은 과학계의 신성으로 떠올랐다. 여기에 그가 일본으로 오는 도중에 광전효과로 노벨물리학상을 수상하게 되었다는 소식이 알려지면서 과학계는 물론 언론과 대중의 폭발적인 관심이 집중됐다. 최윤식은 도쿄에서 열린 아인슈타인의 강연회에 참석해 그의 강연을 직접 들었을 뿐 아니라, 이후 아인슈타인의 상대성 이론을 소개하는 대가들의 강연도 찾아다니며 들었다. 그는 히로시마고사 재학 시절에 물리학 과목을 수강했기 때문에 상대성 이론의 의미와 중요성을 제대로 인식하고 있었고, 강연 내용도 이해할 수 있었다. 한편 조선에서도 조선교육협회가 나서서 일본을 방문 중인 아인슈타인을 초청하려 교섭을 벌였으나 성공하지는 못했다.

1923년에 최윤식은 동경유학생학우회 순회 강연단 제1대로서 조선의 동남과 중부, 서북 지역을 돌아다니며 강연했는데, 주제는 바로 아인슈타인의 상대성 이론이었다. 강연 제목은 '뉴톤으로부터 아인스타인까지', '아인스타인 상대성원리에 대하야', '절대와 상대' 등으로 지역마다 조금씩 달랐지만, 그 중심에는 상대성 이론이 있었다. 이것은 조선에서 전문가가 대중들에게 아인슈타인의 상대성 이론을 본격적으로 소개한 첫 사례였다. 최윤식은 이러한 강연을 통해 조선인들에게 과학사상을 널리 보급하고자 했다. 《동아일보》는 도쿄제대 이학부에 재학 중인 최윤식이 경성에서 아인슈타인의 상대성원리에 대해 특별 강연을 할 것이라며 다음처럼 강연 소식을 상세히 알렸다.

아인스타인 상대성원리의 특별강연은 금일(今日)
─오후 팔시 반 텬도교회당에서

동경학우회의 뎨삼회 하긔강연은 루루히^{누누이} 보도한 바와 가치 예뎡대로 경운동 텬도교당^{천도교당}에서 개최하엿는데 동단의 연사 최윤식 씨는

다시 『아인스타인』의 상대성원리에 대하야 금일 오후 네 시부터 역시 텬
도교당에서 특별강연을 할 터인대 일반이 임의 아는 바와 가치 이 상대
성의 원리라는 것은 원래 전문가의 두뢰^{두뇌}로도 잘 리해하기 어려운 것
임으로 아즉 과학이 유치한 조선에서는 특별한 실익이 업스리라 하야 일
반강연에는 그만두기로 하고 싸로히^{따로이} 특별강연회를 열게 되엿는대
강연은 뎐문뎍^{전문적} 식채^{색채}는 일톄로^{일체로} 버리고 통속으로 하야 일반
에게 잘 알아듯도록 로력할 터이라 하며 동씨는 현재 동경뎨국대학 리과
부[이학부]에 재학중이며 특히 이 상대성원리에 대하야는 『아인스타인』
씨를 비롯하야 기타 여러 대가의 강연을 륙칠번이나 들어 이에 대하야는
매우 조예가 깁다한다. (입장료는 역시 [일반] 삼십전 [학생] 이십전)

_《동아일보》 1923. 7. 17.

이 '특별 강연회'에는 약 200명이 참석했다. 중등학교와 전문학교
학생들이 대부분이고 교사들도 일부 함께 했다. 기사에서는 "전문적
색채는 일체 버리고 통속으로 하여 일반인이 잘 알아듣도록 노력할
것"이라고 했지만, 3시간 동안 진행된 그의 강연은 처음부터 끝까지
수학 공식으로 펼쳐졌다. 따라서 대부분은 알아듣지 못했다고 하며,
그럴지라도 학생들은 열심히 필기하는 모습을 보였다고 한다.

아인슈타인의 상대성 이론 강연은 1931년에도 있었는데, 이때는
도상록都相祿이 홍남 학술 강연회에서 '상대성원리에 관하야'라는 제
목으로 강연했다. 1930년에 도쿄제대 물리학과를 졸업하고 양자역학
에도 관심이 깊었던 도상록은 당시 상대성 이론에 관한 조선 최고의

전문가였다. 도상록은 송도고보 교사를 거쳐 만주의 신징新京공업대학 교수로 일했고, 해방 후에는 경성대학 교수를 역임했으며, 이후 국대안 파동 와중에 월북하여 김일성종합대학 교수로 재직했다.

한편 최윤식은 1925년에 경성의 정신여학교를 졸업하고 보통학교 교사로 있던 박진성朴眞誠과 신식 결혼식을 올렸다. 《동아일보》(1925. 9. 1.-2.)는 선천의 북예배당에 신랑과 신부 그리고 친구들이 탄 몇 대의 꽃자동차가 노래와 함께 나타났고, 두 사람은 소녀가 꽃을 뿌리는 길을 밟으며 목사 앞으로 나아가 아름다운 화혼식을 거행했다며 결혼식 장면을 소상히 전했다. 당일 이 낯선 장면을 보기 위해 수천 명의 사람이 몰렸는데, 이때 한 청년이 대성통곡을 하는 촌극이 빚어지기도 했다. 선천에서 인기가 많았던 미모의 신부와 한때 사귀었던 남자가 자신의 감정을 추스르지 못하고 울음을 터트린 것이었다. 연애와 결혼의 새로운 풍속을 보여 준 최윤식의 결혼식은 이틀에 걸쳐 신문에 기사화될 만큼 많은 이들의 이목을 끌었다.

수학 교사로 출발해 수학계의 대표 리더로

최윤식은 대학 졸업 후 휘문고등보통학교 교사로 자리를 잡았다. 도쿄제대 출신임에도 불구하고 사립 학교, 그것도 중등학교에서 시작한 그는 전주고보와 경성공업학교를 거쳐 1931년에야 경성고등공업학교 조교수가 된다. 교수로 승진한 것은 1936년이었다.

1939년에는 새토 실립된 경성광산전문학교로 옮겼다. 당시 경성고공 및 경성광전 교수가 된 조선인은 안동혁(화학공학), 박동길(지질학),

최윤식(수학) 셋뿐이었는데, 모두 제국대학 출신이었다. 전문학교 교수는 고등관高等官에 해당했기에, 이때부터 그는 조선인임에도 고위 관리 대우를 받았다. 한편 1940년에는 야마가와 요시히사山川善久로 창씨개명을 했다. 그런데 실업계 전문학교이다 보니 그는 자신의 원래 관심과는 달리 함수의 연속성을 다루는 해석학을 주로 가르쳐야 했고, 그 기초가 되는 미적분학 및 함수론을 강의했다. 대신 그는 일본 수학 물리학회에 가입해 새로운 분야의 수학책이 나오면 구입해서 공부했는데, 특히 집합론과 군론group theory을 토대로 한 현대 수학의 발전에 큰 자극을 받았다.

최윤식은 학교에 근무하는 동안에도 대중 강연에 자주 나섰다. 1926년에는 일본에서 공업기술을 공부하는 유학생들이 조직한 고려공업회가 방학을 이용해 순회 강연을 할 때 함께 참여해 '뉴톤으로[부터] 아인슈타인까지'를 강연했다. 1927년에는 라디오에 몇 차례 출연하여 이전과는 다른 주제라 할 '태양의 흑점에 대하야'를 이야기했고, 1929년 조선학생과학연구회가 개최한 강연회에서는 '수리학적 자연관'을 강연했다. 그런가 하면 1934년에 김용관이 주도하는 과학지식보급회가 만들어질 때는 발기인으로 참여했다. 이때 그는 라디오에 출연하여 '수학교육의 필요 1-4'와 과학 상식을 강연했고, 1938년 이후에는 수학의 발달과 문화, 어린이 과학, 과학과 여성, 과학과 도덕, 과학자와 발명가 등의 제목으로 강연했다. 자신의 전문 분야에서 과학과 사회, 과학계의 경향 등으로 강연 주제를 확장해 갔음을 알 수 있다.

1940년에는 《조선일보》(1940. 1. 3.)의 〈학술조선에 전진령前進令—

학계 진흥 묘책을 듣는다〉에 사회 명사로 참여해 여러 의견을 제시했다. 예를 들어 경성제대의 경우 전문학교 출신의 박사 학위 수여가 불공정하여 너무 오래 걸린다고 지적하는가 하면, 민립대학 설립 관련해서는 공과대학이 세워져야 하고 그 경비는 약 500만 원이 필요하다는 견해를 밝혔다. 연구소 설치 운동과 관련해서는 기술자를 양성할 필요 때문이라도 사설 연구소가 반드시 필요하다고 주장했고, 사립 전문학교는 우수한 학력을 가진 교수들이 많으니 경제적인 보조를 통해 개선해 나갈 수 있다고 전망했다. 또한 학계 진흥을 위해서는 학자를 부단히 자극해야 한다면서, 이를 위해 해마다 공헌한 학자들을 표창하고, 자연과학의 경우는 학자들 간의 소통과 교류를 위해 협회를 만들면 좋겠다는 의견을 피력했다.

1945년 해방이 되자 최윤식은 경성광산전문학교 교장이 되었다. 그는 현재의 서울 새문안교회 자리에 위치한, 일본인이 두고 간 큰 규모의 적산가옥을 인수해 살았다. 1946년에는 독립된 국가의 교육을 논의하고 그 방안을 제시할 전국교육자대회의 준비위원으로 내로라 하는 각계의 명사들과 함께 이름을 올렸다. 뒤이어 서울대학교가 새로이 발족함에 따라 그는 수학과의 초대 주임교수가 되었고, 1948년에는 이태규 후임으로 문리과대학 2대 학장으로 활동했다. 국대안 파동으로 몇 명 있던 수학과 교수들마저 대부분 월북함에 따라 그는 수학과 운영에 필요한 여러 일들을 도맡아서 했다. 서울대 학보인《대학신문》(1952. 10. 27.)에서는 그를 "위대한 못난이로 엄격하면서 다정한" 사람이라고 소개했다.

대한민국 수학 진흥 선도

최윤식은 수학계의 중진이자 리더로서 학교교육에서 수학이 중요한 이유를 적극적으로 피력했다. 훗날 그의 기념집(1959)에 실린 「수학교육의 가치론」을 보면, 그는 수학을 "서양의 학문 전통 속에 위치시키며 공리주의적 수학·과학 정신의 함양 목표, 학습자 중심의 교육" 등으로 개혁할 것을 제창했다. 실질적 측면에서 수학은 "일상생활의 방편, 수학적 교양의 함양, 자연의 이해와 이용의 도구, 지식으로서의 가치"를 지니며, 형식적 측면에서는 "사고력의 도야陶冶, 독창적 발견의 방법, 진리의 위력 인정, 확실성 주도, 기호 사용의 익숙"이라는 가치가 있다고 강조했으며, 이 중에서 형식적 측면이 실질적 측면의 가치보다 더 중요하다고 보았다.

이러한 생각을 바탕으로 그는 수학교육을 위해 많은 노력을 기울였는데, 초기에는 특히 수학 교재 발간에 주력했다. 1947년부터 1960년까지 수학의 전 분야를 망라해 집필하고, 일부는 외국 서적을 번역하기도 했다. 예를 들어 1947~1948년에는 중학용 『중등수학 1-3』과 고교용 『중등수학 4-6』을 집필했다. 이 수학 교재는 학제의 변동에 따라 제목을 바꿔 가며 1950년대까지 지속적으로 개정 출판되었다. 이 밖에 전문 서적인 『고등대수학』(1947)과 『고등미분학』(1948), 『입체해석기하학』(1950)도 저술하여 발간했다. 1950년대에는 수학 교재를 번역 출간했는데, 『고등해석학』(1954)은 우즈Frederick S. Woods, 『미적분학』은 켈스Lyman M. Kells의 책을 번역한 것이었다.

한국전쟁 중 부산 피난 시에는 전시연합대학 수학과 운영에 참여했

『중등수학 3』(1950)
서울 수학도서관

『입체해석기하학』(1950)
국립중앙도서관(김근배 촬영)

고, 유엔한국재건단(UNKRA)에 요청해 미국의 주요 수학저널 10년 치를 확보했다. 최윤식은 이 자료들을 바탕으로 푸리에 급수Fourier series 를 연구할 수 있었고, 1955년에 영어 논문 「다중 푸리에 급수의 총합 법A Method of Summation of Multiple Fourier Series」을 발표했다. 한 해 전에는 논문 「Bernoulli(베르누이) 수와 함수에 관한 연구」를 교내 학술지에 게 재했었다. 그는 이 두 논문에 『미분방정식 해법과 논論』(1953)을 추가 한 세 개의 저작을 서울대학교에 박사 학위 논문으로 제출했다. 다중 푸리에 급수에 관한 영어 논문을 주논문으로 하고 두 편의 방대한 저 작을 부논문으로 한 이 학위 논문이 통과되면서 그는 1956년에 이학 박사 학위를 받았다. 심사위원은 이원철, 장기원, 최규남, 박경찬, 정봉

협이 맡았다. 이후 1960년《학술원회보》에 연구논문 한 편을 더 발표했다. 최윤식은 1955년《사상계》에 기고한 「회상」이라는 글에서 자신의 연구 생활을 회고하며 "연구를 위한 연구라기보다 오히려 가르치기 위한 준비라는 것이 타당"하다고 자평했다.

1955년에는 미국의 원조를 받은 서울대학교 재건 계획, 일명 '미네소타 프로젝트'의 일환으로 미국 시카고대학을 방문해 연구하고, 구미를 시찰했다. 주요 탐방 지역은 미국 동부 도시와 유럽으로, 각각 한 달씩 둘러보았다. 최윤식이 이때 가지고 들어온 수학 서적 및 강의록은 대학에서 수학교육을 개선하는 데 유용하게 활용되었다. 말년에는 동양 수학의 역사를 소개하기 위해 수학사도 연구했으나 결실을 맺지는 못했다.

1958년 그는《수학교육》3집에 발표한 「회상과 요망」이라는 글에서 특기할 만한 제안을 했다. 세계 각국의 수학 발전 추세에 발맞추어 한국에 '수리과학연구소數理科學研究所'를 세우자는 것이었다. 일본수학회의 제안으로 일본수리과학연구소가 추진되고 있다면서 한국에서도 연구소를 설립하자고 제안했다. 그가 구상한 연구소는 전국에서 공동으로 이용할 수 있는 곳으로 순수 및 응용 분야가 망라된 연구부(7부문 23강좌)와 계산기를 다양하게 적용할 수치계산부(4과)를 두고 수학을 폭넓게 연구하고 교육하는 기관이었다. 특히 그 안에 각종 계산기를 설치하여 계산기 제작 연구는 물론 통계 조사를 광범위하게 추진할 것을 주문했다. 그는 약 25억 환을 투자하여 해외에서 활동하는 수학자를 포함한 300명의 인력을 갖춘 대학 부설 또는 국립의 형태를 생각했다. 그러나 이 국가적 연구소는 제안으로 끝났고, 세월이 한참 흐른 뒤인 2005년이 돼서야 국가수리과학연구소가 세워졌다.

한편 최윤식은 1954년 11월에 이원철과 함께 일명 사사오입 개헌 사건에 휘말렸다. 경성고공을 나온 자유당 소속 국회의원 윤성순이 "특히 신문 발표에 본다면 수학계의 태두인 인하공과대학장 이원철 박사 또는 서울대학교 문리과대학에서 다년 수학을 담당하시던 최윤식 교수의 입증에 의해서도"(국회 회의록) 법안 통과가 확증되었다고 발언하면서, 이승만의 종신 집권을 위한 사사오입 개헌을 정당화시킨 인물이라는 오명을 얻게 된 것이다. 그러나 훗날 그의 제자 박세희는 스승 최윤식에게 들었다며 《대한수학회소식》에 당시의 상황과 오고 간 이야기를 다음과 같이 구체적으로 전하며 억울함을 항변했다.

그날(개헌안이 부결된 1954년 11월 27일) 저녁, [자유당 소속] 이익흥과 손도심 군이 찾아왔어요. 이익흥은 내가 경성고등공업학교에서 조교수를 할 때 경성고등공업학교의 부속학교 같은 경성공업학교에서의 제자이고, 손도심 군은 내가 문리대 학장이었을 때 학생회장이어서 잘 알지요. 수인사가 끝나고 난 뒤에 그자들이 지나가는 말로 203의 2/3가 얼마냐는 산술문제를 물어서 계산을 해보니 135.333…이라고 답했지요. 그랬더니 사사오입을 하면 얼마냐 물어서, 근삿값으로 135가 된다고 해준 것이 전부예요.

_박세희, 「최윤식 회장과 사사오입 개헌」, 《대한수학회소식》 177, 2018.

1960년 서울대 수학과 3학년 태릉 야유회(가운데 최윤식 교수, 맨 왼쪽 김치호, 오른쪽 두 번째 김하진) 김하진 아주대 소프트웨어공학과 명예교수 제공

위의 사진은 1960년 최윤식이 수학과 3학년 야유회에 참여하여 학생들과 함께 찍은 것이다. 왼쪽 첫 번째 인물은 21세의 김치호(당시 3학년)로 이 사진을 찍고 이틀 후, 자유당의 독재와 부정선거에 맞서 일어난 4.19 혁명에 참여했다가 경무대 앞에서 경찰이 쏜 총탄에 맞아 희생되었다. 그는 그날 새벽 일기장에 "오늘도 나는 정의를 위하여 죽음을 두려워하지 않으련다"라는 글귀를 남겼다. 이 글은 현재 서울대 관악캠퍼스에 서 있는 4.19 기념탑 뒷면에 새겨져 있다. 최윤식도 이로부터 3개월 보름 만에 뇌출혈로 갑작스럽게 세상을 떴다. 그의 나이 61세였다.

최윤식은 1946년 조선수물학회와 1952년 대한수학회를 만드는

데 앞장섰고, 대한수학회 초대 회장을 맡아 1960년까지 이끌었다. 1954년에는 새로이 출범한 유네스코한국위원회의 자연과학분과위원으로 참여했으며, 대한민국학술원 초대 회원으로 선출되었다. 그가 회장으로 재임 중이던 1955년에 대학수학회는 첫 학술지《수학교육》을 발간하기 시작했다. 그는 대한수학회가 학술지를 발간하지 못하고 해외 학계와 교류하지 못하는 점을 크게 안타까워했었다. 1956년에는 장기원과 함께 중등교사 검정고시 수학 출제위원으로 활동했으며, 교육주간을 맞아 서울시교육회로부터 교육 공로자로 선정되어 표창을 받았다. 1960년에 한국과학사학회(회장 김두종)가 창립될 때는 평의원으로 참여했다. 그는 또 서울대 대학원장도 역임했는데, 그의 제자 중 국내외에서 박사 학위를 받은 사람이 30여 명에 이른다.《동아일보》

1981년《과학과 기술》
표지 인물로 실린 최윤식

(1969. 12. 18.)는 1960년대에 그 시대의 주역 100인의 한 명으로 '수학계 공로자' 최윤식을 선정했다.

이렇게 최윤식은 한국 근현대 수학의 역사에서 선구적인 역할을 했던 인물이다. 초기 수학자로 쌍벽을 이루는 사람으로 이춘호가 있었으나 그는 해방 후 행정가로 활동했기 때문에 수학계를 앞장서서 이끄는 일은 최윤식의 몫이 되었다. 최윤식은 고전적 해석학에 관한 연구 성과도 냈으나, 무엇보다 수학교육에 열성을 기울여 그 학문적 정착에 커다란 기여를 했다. 이후 수학계에서 왕성한 활동을 한 사람들 대부분은 그에게 배운 제자들이었다.

참고문헌

일차자료

최윤식박사화갑기념사업위원회, 1959, 『東林崔允植博士頌壽記念集』, 최윤식박사화갑기념사업위원회.

최윤식, 연도불명, 〈최윤식 교수 육필원고〉, 서울대학교 기록관 소장.

東京帝國大學理學部, 1922, 「崔允植」, 〈理學部在學證書〉, 東京大學 소장.

논문

최윤식, 1954, 「Bernoulli 수와 함수에 관한 연구」, 《(서울대학교)논문집》 1, 41-62쪽.

Choi, Yun-Shick, 1955, "A Method of Summation of Multiple Fourier Series," 《(서울대학교)논문집》 2, 1-9쪽.

최윤식, 1956, 「Bernoulli 數와 函數에 關한 研究; 微分方程式 解法과 論: [附記]全微分方程式·偏微分方程式 grassmann代數的研究; A Method of summation of multiple fourier series」, 서울대학교 박사 학위 논문.

최윤식, 1960, 「全微分 及 偏微分方程式의 Grassmann 代數로서의 E. Cartan의 微分式論的 研究」, 《학술원회보》 3, 17-27쪽.

[저역서]

최윤식, 1947, 『고등대수학』, 탐구당서점.

최윤식, 1947/1948, 『중등수학』 1-6, 정음사.

최윤식, 1948, 『고등 평면삼각법 대수학 평면해석기하 미적분』, 정음사.

최윤식, 1948, 『고등미분학』, 정음사.

최윤식, 1948, 『고등적분학 입체기하학』, 을유문화사.

최윤식, 1950, 『입체해석기하학』, 이우사.

최윤식, 1953, 『고등수학』, 일광출판사.

최윤식, 1953, 『미분방정식 해법과 논』, 대한출판문화사.

최윤식 역(우-드 저), 1954, 『고등해석학』, 일한도서출판사.

최윤식 역(켈 저), 1954, 『미적분학』, 정양사.

최윤식, 1956, 『표준기하: 고등학교수학과』, 을유문화사.

최윤식, 1956, 『표준일반수학: 고등학교수학과』, 을유문화사.

최윤식, 1956, 『표준중등수학: 중학교수학과 1-3』, 을유문화사.

최윤식, 1956, 『표준해석: 고등학교수학과 전·후』, 을유문화사.

최윤식 외, 1957/1959, 『대학과정 수학통론 상·하』, 문운당.

최윤식·이용두·김병희, 1960, 『대수학 및 기하학』, 샛별출판사.

[기고]

최윤식, 1946, 「수학교육의 개혁 I-II」, 《현대과학》 1-2.

최윤식, 1947, 「수학의 동향」, 《현대과학》 6, 22-26쪽.

최윤식, 1947, 「집합론의 일단」, 《조선교육》 1-3, 67-74쪽.

東民, 「교수 프로필 최윤식 교수, 위대한 못난이」, 《(서울대)대학신문》 1952. 10. 27.

최윤식, 「고등학교 수학교육의 반성」, 《(서울대)대학신문》 1952. 11. 24.

최윤식, 1955, 「회상」, 《사상계》 3-6, 56-58쪽.

최윤식, 「구미 수학계의 최근 동향－수리통계학의 발전은 괄목」, 《(서울대)대학신문》 1956. 9. 24.

최윤식, 「세계를 일주하고」, 《조선일보》 1956. 11. 6.

최윤식, 1957, 「최근 수학의 동향」, 《수학교육》 2.

최윤식, 1958, 「수학과 자연과학」, 《(서울대학교)문리대학보》 6-2, 78-82쪽.

최윤식, 1958, 「수학자로서 밟아 온 길: 석학의 자서전」, 《사조》 1-4, 136-141쪽.

최윤식, 1958, 「회상과 요망」, 《수학교육》 3, 1-8쪽.

최윤식, 1958, 「학문연구의 방법과 과학적 사상－발명의 어머니론」, 《사조》 1-2, 45-51쪽.

최윤식, 1958, 「자연과학도·사회과학도－지금은 무장평화 시대이다」, 《사조》 1-7, 107-109쪽.

최윤식, 「숫자가 의미하는 것」, 《조선일보》 1959. 3. 22.

최윤식, 「모든 과학의 빽·그라운드」, 《조선일보》 1960. 3. 30.

이차자료

김재영, 2021, 「일제강점기 조선과 아인슈타인의 조우」, 《철학·사상·문화》 35, 260-288쪽.

박교식, 2019, 「수학자 최윤식과 수학교육」, 《한국수학사학회지》 32-2, 79-93쪽.

이상구, 2019, 「최윤식(崔允植, 1899-1960) 국내에서 배출한 첫 번째 수학박사(1956년)」, 《한국수학교육학회 뉴스레터》 35, 17-21쪽.

노상호, 2018, 「해방 전후 수학 지식의 보급과 탈식민지 수학자의 역할: 최윤식(崔允植)과 이임학(李林學)의 사례를 중심으로」, 《한국과학사학회지》 40-3, 359-388쪽.

박세희, 2018, 「최윤식 회장과 사사오입 개헌」, 《대한수학회소식》 177, 14-21쪽.

박세희 엮음, 2018, 『동림 최윤식 선생과 우리 수학계』, 대한수학회 70년사편찬위원회.

이상구, 2013, 『한국 근대 수학의 개척자들』, 사람의무늬, 125-129쪽.

김성연, 2012, 「1920년대 초 식민지 조선의 아인슈타인 전기와 상대성이론 수용 양상」, 《역사문제연구》 16-1, 33-62쪽.

박세희, 2004, 「최윤식 박사와 우리 수학계」, 대한민국학술원, 『앞서 가신 회원의 발자취』, 383-388쪽.

박세희, 1981, 「최윤식(1899-1960): 최초로 체계적인 수학을 도입」, 《과학과 기술》 14-6, 6쪽.

박세희, 1970, 「최윤식 박사를 추모함」, 《대한수학회회보》 7, 4-5쪽.

김근배·신향숙

김량하 (김양하)

金良瑕 Ryang-ha Kimm / Riang-Ha Kimm

생몰년: 1901년 1월 21일~미상
출생지: 함경남도 정평군 부내면 풍천리 22
학력: 도쿄제국대학 화학과, 도쿄제국대학 농학박사
경력: 이화학연구소 연구원, 조선학술원 서기장, 부산수산전문학교 초대 교장
업적: 쌀 배아 성분 연구, 비타민E 결정체 추출(Kimm's method), 알긴 제조법 개발
분야: 화학~생화학, 농화학

해방 직후 부산수산전문학교
교장 김량하
『부산수산대학교오십년사』(1991)에서

김량하[*]는 일제강점기에 일본 최고의 연구 기관인 이화학연구소에서 쌀 배아 성분과 비타민E 연구를 수행했다. 특히 비타민E 연구는 세계적인 관심을 끈 주제로서 김량하가 가장 앞서서 연구법을 개발하고 결정체를 추출하는 데 성공했다. 이후 한국인으로는 처음으로 노벨상 후보로까지 거론되며 언론과 대중의 뜨거운 주목을 받았다. 해방 후 그는 한국의 학술 연구 진흥에 앞장서고자 했으나 높아진 명성은 그를 학계에만 머무르게 하지 않았다. 여러 정치적·사회적 단체에서 활동하며 시대의 격랑에 휩쓸렸던 김량하는 결국 남북 어디에서도 기억되지 못하는 '잊힌 과학자'가 되고 말았다.

조선인 최초의 일본 이화학연구소 연구원

김량하는 1901년 함경남도 정평의 유수한 가정에서 장남으로 태어났다. 그는 1916년에 정평보통학교를 마치고, 가까운 함흥고등보통학교로 진학해 4년 과정을 밟은 뒤 1920년에 졸업했다. 아버지가 일찍 세상을 떠나는 불운을 겪었으나 경제적으로 여유가 있었던 듯 졸업 후에는 일본 유학길에 올랐다.

현해탄을 건널 때 조선인을 상징하는 무명 두루마기를 입고 짚신을 신고 갔다는 이야기는 유명한 일화로 전해진다. 그는 일본의 중학

---

[*] 그는 일제강점기에 김량하, 때로는 김양하로 불렸고, 북한에 가서도 김량하로 썼기에 여기서는 그가 주로 사용한 김량하로 표기하고자 한다.

과정 이수자들에 비해 수업 연한이 1년 부족했기 때문에 그 기간을 채우고 입시 준비를 더 한 다음 1921년 오카야마岡山에 있는 제6고등학교(오카야마대학 전신)에 들어갔다. 일본의 고등학교는 제국대학 진학이 보장되는 관문으로서 극소수의 조선인만이 일본인 학생들과의 치열한 경쟁을 뚫고 입학할 수 있었다. 고등학교 진학자는 같은 연령대 인구의 0.2~0.3%에 불과했고, 이들 모두는 제국대학에 무난하게 들어갔다. 고교 성적이 아주 뛰어났던 김량하는 3년의 과정을 마친 후 1924년에 일본 최고의 학부인 도쿄제국대학東京帝國大學 이학부 화학과에 합격했다.

당시 화학과는 제국대학 이학부의 핵심 학과 중 하나로, 이학부에서는 물리학과와 함께 규모가 가장 컸다. 도쿄제대 화학과에는 5개 강좌(세부 분야)에 10명의 교수가 있었으며, 필수과목으로 화학통론, 무기화학, 유기화학, 물리화학, 분석화학, 응용화학, 선택 및 참고 과목으로 생물화학, 분광화학, 교질colloid화학, 전기화학 등이 개설되어 있었다. 김량하는 1927년에 화학으로 이학사 학위를 받았고, 이후 대학원에 진학해 2년 동안 공부하며 연구했다. 일본에서 유학하는 동안에는 조선총독부가 지원하는 관비 유학생으로 선발되어 경제적 어려움을 덜 수 있었다.

1929년에는 일본 최고의 연구 기관으로 명성이 높았던 이화학연구소에 취직했다. 조선인으로는 처음이었다. 이후 김량하 외에 최삼열(도호쿠제대 화학), 조광하(도호쿠제대 화학), 박화영(도쿄제대 전기공학) 등 조선인 연구자가 몇 명 더 이화학연구소에 입사했지만 이들의 재직 기간은 대체로 짧았다. 이 중 박화영은 장래가 촉망되는 젊은 연구자였는데 고등학교 때부터 참여해 온 항일 활동이 발각되어 치안유지법 위반으로 일본 검찰의 조사를 받던 중 4일 만에 목숨을 잃고 만다.

연구소에 취업한 김량하는 같은 해에 결혼해 도쿄 도심지에서 떨어진 오기쿠보荻窪라는 곳에 신혼살림을 차렸다. 그는 도량이 넓고 사람을 좋아해 집에 끊임없이 조선인들이 드나들었으며, 신혼집은 마치 조선인 학생 구락부 혹은 만남의 광장과도 같았다고 한다. 여학생들도 찾아오곤 했는데, 이들 부부는 젊은이들을 서로 소개하는 일에도 발 벗고 나섰다. 홋카이도제대 식물학과의 선후배인 이민재와 김삼순이 서로를 처음 알게 된 것도 김량하를 통해서였다. 김량하는 유학생 단체나 모임에도 적극적으로 참여했다. 유학생들이 조직한 재일본조선교육연구회의 총무부에서 일했고, 도쿄에 있던 13도道의 유력 인사 13인으로 구성된 13구락부라는 모임의 일원이기도 했다. 13구락부에서 김량하와 함께 활동했던 강세형姜世馨(와세다대학 정치경제학부)은 후에 여성 과학자 김삼순과 결혼한다. 김량하는 제국대학에 진학한 초기의 조선인으로서 유학생 후배들의 대부代父 역할을 자임했다. 특히 그는 후배들에게 실력을 키우기 위해 이공학을 공부할 것을 적극 권유했다고 한다.

이화학연구소에서 김량하가 들어간 곳은 식량 연구를 이끌고 있던 스즈키 우메타로鈴木梅太郎 연구실이었다. 스즈키는 도쿄제대 농예화학과 출신으로 독일 등지에서 유학한 후 노교제대 교수와 이화학연구소 주임 연구원으로 활동했다. 그는 비타민 연구의 선구자로 1910년

'오리자닌Orizanin'이라는 비타민 복합체를 세계 최초로 추출했으나 논문이 독일어로 번역되는 과정에서 오류가 발생해 성과가 제대로 알려지지 못했고, 그 바람에 국제 학계의 인정을 받지 못했다.

김량하는 한동안 말단 연구원으로서 연구책임자 스즈키를 보조하는 역할을 수행했다. 이 무렵 스즈키가 가장 관심을 기울인 주제가 비타민A에 관한 것이어서 김량하의 첫 연구논문도 이와 관련이 있었다. 김량하는 1930년에 연구소에서 발간하는 영문 저널에 「카로틴과 그 화합물의 생리학적 역할에 대하여On the Physiological Role of Carotin and Allied Substances」를 발표했다. 식물의 녹색 부분에서 많이 발견되는 비타민A와 카로틴 및 그 화합물 간의 상관관계를 밝히는 연구였는데, 그는 당시 의견이 분분했던 카로틴의 특성과 관련해 그것이 비타민A와 같은 효능을 지녔다는 사실을 입증했다.

1930년대 초반부터 김량하는 다소 독립적인 과제를 맡아 보다 주도적으로 연구를 추진했다. 일차적인 목표는 쌀 배아胚芽의 성분을 분석해 그것의 영양학적 가치를 규명하는 것이었다. 이 연구는 다른 일본인 연구자가 맡아 수행해 오던 것이었으나 그가 불행히도 세상을 뜨는 바람에 김량하가 이어받게 되었다. 그는 선임자가 확보해 놓은 실험 재료와 데이터를 물려받아 연구했다. 그동안 주곡으로 소비해 온 쌀의 영양에 관한 연구는 많았지만, 배아 연구는 초보적인 단계였다. 서구에서 밀의 배아 연구가 활기를 띠면서 쌀 배아에 대한 관심이 커지던 시기였다. 쌀 배아에는 쌀의 몸체와는 다른 유용한 성분이 들어 있을 것이라는 기대감이 있었던 것이다.

일본 이화학연구소 이학사 김량하의
『영양백미(榮養白米)』 시험보고서(1935)
일본 国立国会図書館(선유정 수집)

쌀 배아 연구는 비타민E 연구로 발전했다. 연구실 책임자인 스즈키가 일찍부터 비타민을 연구해 왔을 뿐만 아니라, 비타민은 당시 국제 과학계에서 우선권 경쟁이 뜨겁게 펼쳐지는 연구의 최전선이었다. 비타민A를 필두로 B, C, D가 발견되면서 그에 따른 연구가 활발했는데, 이 무렵에는 여전히 베일에 싸여 있던 미지의 비타민E로 경쟁이 옮겨가던 상황이었다. 1920년대 말부터 1960년대까지 비타민 연구자 6명이 노벨화학상을, 10명이 노벨생리의학상을 탔을 정도로 이 시기는 비타민 연구의 전성기였다. 이를테면 비타민을 발견하여 비타민 연구의 문을 연 홉킨스Frederick G. Hopkins와 에이크만Christiaan Eijkman이 1929년에, 비타민C를 연구한 센트죄르지Albert Szent-Györgyi와 하스Norman Haworth가 1937년에 노벨상을 받았다.

"비타민E 결정 발견, 노벨상 후보 김량하 씨"

국내 언론이 김량하를 주목하기 시작한 것은 1935년부터였다. 일본농예화학회에서 발표한 연구논문이 과학계의 커다란 관심을 끌었다. 그는 쌀 배아로부터 세계에서 처음으로 비타민E의 순수 결정을 얻어 냈고, 비타민E의 분자식을 제시했다. 그 효능도 연구해 비타민E가 생명체를 젊게 하고 불임 해결에도 효과가 있다는 사실을 실험적으로 입증했다. 이러한 세계적 발견은 일본 비타민 연구의 최고 권위자 스즈키를 비롯한 많은 과학자들의 칭송을 받았다. 《조선일보》(1935. 10. 10.)는 '조선 신진학자 세계적 대발견'이라는 제하로 이를 대서특필했다.

국내 언론에서 김량하를 노벨상과 관련지어 보도한 것은 1937년 《동아일보》(1937. 4. 23.)가 처음이었다. 김량하가 십여 년 만에 조선을 방문하면서 언론과 인터뷰를 했는데, 이때 동아일보는 그를 "금후『노벨』상 후보로 추천될 수 잇스리라는 평판까지 들은 우리의 리화학사"로 소개했다. 하지만 그는 아직 해결해야 할 과제가 남아 있으며 특히 "그[비타민E] 구성 [분석]까지에는 아직도 십여만 원의 자금이 잇서야 할 것이나 우리 조선 학자로서 거기까지 연구가 필요할는지는 의문"이라고 말했다. 1939년 《동아일보》에는 아예 "노벨상 후보 김량하 씨"라는 헤드라인의 기사가 실렸다. 이는 조선의 과학자가 노벨상과 관련해서 크게 주목을 받은 최초의 사례라고 할 수 있다. 신문 기사의 요지는 일본 이화학연구소에서 활동하고 있는 김량하가 1935년에 비타민E 결정체를 발견했고, 일본 학계에서 노벨상 후보자를 추천한다면 단연 그가 꼽힐 것이라는 내용이다.

김량하의 비타민E 결정 발견 보도 《동아일보》 1939. 1. 10.

비타민E 결정 발견, 세계 학계에 대충동
─ 노벨상 후보 김량하 씨

우리는 십수년 동안 노력의 결정으로 세계에서 서로 다투는 크다란 문제를 해결지은 과학자 김량하 씨를 들지 안흘 수 없다.··· 비타민E의 결정체를 발견 그에 대한 학설을 발표케 되어 아연 전일본뿐이 아니라 세계 학계에 일시 대충동을 일으켰던 것이다.··· 일본학계에서 『노벨상』의 후보자로 추천한다면 단연 우리의 김씨를 꼽지 안흘 수 없다.··· 우리로서 이만한 학자를 가졌다는데 은근히 자긍도 없을 수 없는 바이다.

세계적으로 비타민E에 관한 중요한 연구 성과는 1920년대부터 조금씩 나오기 시작했다. 미국의 생물학자 허버트 에번스Herbert M. Evans는 실험용 쥐의 불임에 관여하는 물질이 있음을 밝히고, 그것을 일단 비타민X로 불렀다. 바넷 슈어Barnett Sure는 그것이 비타민A, B와는 다르다는 것을 확인하고 비타민E로 명명했다. 몇몇 연구자들이 밀 배아나 야채로부터 비타민E로 여겨지는 추출물을 얻긴 했으나 1930년대 들어서도 그 물질을 명확하게 규명해 내지 못하고 있었다. 일부에서는 비타민E의 존재를 아예 부정하는 연구 결과를 내놓기도 해 그것을 둘러싼 논란은 다소 혼란스러웠다. 이 무렵 일본에서도 쌀 배아를 이용한 비타민E 연구에 관심을 가졌는데, 김량하가 속한 이화학연구소의 스즈키 연구실이 그 대표 주자였다.

하지만 스즈키는 비타민E에 대해 아주 초보적인 연구만 했을 뿐, 그 후속 연구를 본격적으로 추진하고 수행한 사람은 김량하였다. 몇 년의 노력 끝에 김량하는 쌀 배아를 재료로 삼아 자신이 개발한 추출법을 이용해 비타민E 결정체로 추정되는 물질을 얻었다. 이 물질은 아주 미량(3mg)으로도 비타민E의 일반적 특성으로 여겨진 실험용 쥐의 불임을 치유하는 효과를 보였고, 분광광도계로 측정한 흡수스펙트럼도 기존 연구 성과와 유사한 분포를 나타냈다. 이 연구 성과는 1935년 일본농예화학회에서 발표되었고, 《이화학연구소휘보理化學研究所彙報》에 「쌀 배아의 성분 연구(제2보) 쌀 배아 중의 비타민E에 대하여米胚子の成分研究(第二報) 米胚子中のヴィタミンEに就て」로 실렸다.

이처럼 김량하는 비타민E 연구에서 세계적 과학자들과 각축을 벌

였다. 언론에서는 그의 연구 성과를 크게 보도하며 조만간 박사 학위를 받게 될 것이라고 전망했다. 'Kimm's Method(김의 방법)'로 불린 추출법과 비타민E 결정체 발견이 뛰어난 과학적 성취로 인정받았기 때문이다. 하지만 가장 중요한 과제였던 비타민E의 물질 구성, 그중에서도 핵심 물질이 알파-토코페롤이라는 사실은 1936년 에번스 등에 의해 처음 밝혀졌다. 에번스는 노벨상 수상을 아깝게 놓친 대표적인 과학자로 꼽힌다. 김량하는 1938년《이화학연구소휘보》에 발표한 「쌀 배아의 성분 연구(제5보) 액체 불염화물에 대하여 米胚子の成分研究(第五報) 液體不鹽化物に就て」에서 비타민E의 성질을 나타내는 물질에는 알파-토코페롤만이 아니라 베타-토코페롤과 다른 화합물도 존재한다는 것을 정확히 밝혔지만 우선권 경쟁에서 밀리고 말았다.

1930년대 중반 조선에서는 김용관이 세운 과학지식보급회 주도로 과학운동이 활발하게 펼쳐졌다. 경성공업전문학교 1회 졸업생인 김용관은 '과학조선 건설'을 표방하며 과학 보급에 앞장섰다. 이때 가장 역점을 둔 사업의 하나가 이화학연구기관 설립 추진이었다. 따라서 일본의 이화학연구소에 근무하고 있던 김량하가 주목을 받았다. 김량하는 이에 응답하며, 우리가 문명한 민족으로 살려면 자연과학의 발달이 필요하다면서 그 방안으로 이화학연구기관 설립을 제안했다. 그는 일본 이화학연구소를 본보기로 삼되 그것을 조선 현실에 맞게 변형하는 것이 중요하다고 보았다. 김량하는《동아일보》에 두 번에 걸쳐 자신의 견해를 밝히면서 조선에 이화학연구기관을 설립하기 위한 구체적인 방법을 다음과 같이 제시했다.

이화학연구기관을 설치하려면 어찌하여야 될가. … 우리는 카-네기- 럭펠러-같이 자본도 없고 독일같이 설치하야 줄 호의잇는 국가도 없고 불국^{프랑스} 파스틸^{파스퇴르}처럼 일약에 다수한 자본을 얻을 수도 없다. 또한 사소(些少)한 기부금을 모아서 수백만 원의 대금(大金)을 만드러 설치하기도 불가능한 사실이요. 요컨대 직언하면 우리 조선의 자본가들이 호의를 가지고 수인(數人)이 상론(相論)하야 자금을 내어서 설치하고 유치한 우리 조선 산업을 개량하며 또한 지금 경영해 가는 우리 조선인 공장의 개선을 도모하야 그에서 나는 이익의 일부분을 연구기관에 보조하여주면 되리라고 생각한다. …

지금 나의 생각으로는 백만 원이 있으면 될 것이요. 또한 20년 후에는 보조 없이도 경영하여 갈 수도 잇겠다. … 우리 동포 중에는 대학 전문학교를 졸업하면 당당한 기술자라고 자칭하는 사람이 대부분이나 기실은 대학 전문학교를 졸업한 수재라도 실제 방면에 들어서는 일 숙련직공만 못하니 연구하야 이론 실제 양방면을 상세히 통한 후에야 비롯오 기술자가 될 자격이 잇는 것이다. … 해내 동포 제씨여 우리는 원료도 상당히 잇고 자본도 없지 아니하고 인재도 잇다. 우리의 원료를 우리 두뇌로 연구하야 우리의 의식주에 필요한 일용품은 물론이요 전 사용품을 제출(製出)하면 유쾌한 일이 아닐가. 다행히 나의 포부에 찬동하야 이런 설비를 하는 이가 잇다면 나도 견마(犬馬)의 노(勞)를 다하리라.

_김량하, 「나의 연구실 생활과 포부—이화학연구소 설립」상·하,
《동아일보》 1936. 1. 8.-9.

재단이나 국가의 지원을 기대할 수 없는 조선의 현실에서 막대한 자본을 모으기는 어려우니 대신에 여러 자본가들로부터 적으나마 지원을 받아 연구소를 설립하고, 연구소의 성과가 산업이나 공장 개선에 도움이 되도록 하자며 현실적인 대안을 제시한 것이다.

한편 김량하는 1943년 6월 도쿄제대에서 농학박사 학위를 받았다. 당시 일본의 박사 학위는 그간 발표한 대표 논문(주논문)을 포함한 여러 논문들(부논문)을 제출하고 이를 대학에서 심사해 학위를 주는 논문박사였다. 김량하는 비타민E 연구를 포함한 시리즈 발표 논문 「쌀 배

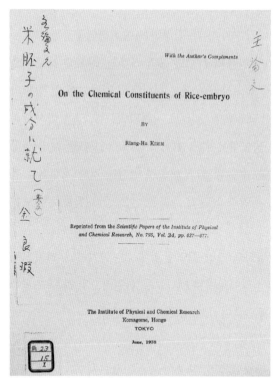

김량하의 박사 학위
주논문 표지(1943)
일본 国会図書館
関西館(선유정 수집)

아의 성분에 대하여米胚子の成分に就て」를 제출해 심사를 통과했다. 양영회養英會로부터 연구비를 지원받은 것도 이 무렵이었다. 양영회는 대지주 집안 출신으로 교토제대 경제학부를 나와 삼양사와 경성방직을 경영하던 김연수가 100만 원의 기금으로 세운 장학재단이었다. 김량하는 교토 3인방이라 할 이태규, 이승기, 박철재와 함께 우수한 조선인 과학자로 선정되어 적어도 1941년부터 월 50원씩 3년간 특별연구비를 받았다.

해방 후 정치적 격랑에 휩쓸린 스타 과학자

전쟁이 격화되던 일제강점기 말엽, 김량하는 이화학연구소를 그만두고 조선으로 돌아왔다. 일본의 진주만 공격 직후인 1942년 세브란스의학전문학교가 미국 선교사들이 세운 적산으로 간주되어 일제에 의해 아사히의학전문학교旭醫學專門學校로 개편되었는데, 그는 아사히의전 교수로 임용되어 생화학을 가르쳤다. 그러다가 1945년 해방을 맞으면서 그의 운명은 크게 달라졌다. 대중적 명성을 지닌 세계적인 과학자로서 여러 정치 세력과 집단의 주목을 받는 중요 인물로 떠오른 것이다.

하지만 여전히 김량하의 가장 중요한 정체성은 학자였다. 연희전문교수를 역임한 진보적 경제사학자 백남운을 위원장으로 하는 조선학술원이 1945년 9월에 만들어질 때, 김량하는 서기장이라는 중책을 맡았다. 이 단체는 신국가 건설을 학술 연구로 뒷받침하기 위한 학술총본부로서의 역할을 자임했으며, 그래서 과학기술부터 인문사회까지

각 분야의 권위자들이 두루 참여했다. 이학부와 공학부, 농림학부, 수산학부, 의학부, 약학부, 기술총본부와 함께 경제법률학부, 역사철학부, 문학언어학부로 이루어진 조직 구성만 보아도 얼마나 포괄적인 성격을 지녔는지 짐작할 수 있다. 김량하는 오랫동안 일본 이화학연구소에서 활동했으므로 이 일을 총괄하는 데 적격의 인물로 여겨졌다.

곧이어 그는 여러 정당 및 단체에 참여했다. 각 단체의 주요 인물과 친분이 있었고, 그의 참여를 요청하는 목소리가 컸기 때문이다. 그는 경성방직 사장을 역임한 김성수 등이 주도하는 우익 계열의 한국민주당 발기인으로, 또한 이들의 일부가 추진한 국민대회 상임위원으로 이름을 올렸다. 우파 문인들이 주축을 이룬 전조선문필가대회의 주요 회원으로도 추천받았는데, 이들의 상당수는 도쿄 유학생 모임에서 활발히 교류하며 친분을 쌓은 사람들이었다.

그러나 한편으로 김량하는 중도좌파 계열 정치인 여운형과 매우 가까웠고, 그의 정치 노선에 우호적이었다. 그는 여운형이 이끄는 건국준비위원회 위원이었으며, 그것을 모태로 만들어진 조선인민당 중앙정치위원으로도 참여했다. 1946년에 인민당이 공산당·신민당과 합당을 추진할 때는 이에 반대하며, 새로 생긴 남조선로동당에 맞서 창립한 사회노동당에 합류하기도 했다. 그러다 1947년에 다시 여운형이 주도하는 근로인민당이 만들어지면서 그는 인민당에 합류했다. 아울러 조선학술원이나 인민당 소속의 자격으로, 좌익 계열이 주축이 된 연합 성격의 조소朝蘇문화협회 부회장과 민주주의민족전선(좌익계 정당 및 사회단체의 총결집체), 조선문화단체총연맹, 과학동맹의 위원으로도 활동했다. 김량하가 여운형과 인연을 맺게 된 것은 그의 5촌 조카인 여경구와의 친분이 계기가 되었을 가능성이 크다. 여경구는 와세다대학 응용화학과를 졸업한 뒤 후루카와전기古河電氣공업회사의 이화연구소에 근무했다. 1930년대 후반 여운형이 도쿄를 몇 차례 방문했는데, 그때마다 여경구가 거처를 제공해 주었다고 한다.

김량하는 1946년 1월 1일 《자유신문》에서 개최한 〈과학자좌담회〉에 참석하여 교육을 포함한 과학기술계 현안에 대해 견해를 밝히기도 했다. 먼저, 미군정이 추진하는 교육제도 개편과 관련해서는 각 전문학교를 대학으로 승격시키되 경성대학을 중심으로 학자들을 집중해 주요 인재 양성의 근원지로 만들어야 한다고 보았다. 새로운 학제로 제시된 소학6-중학3-고등중학3-대학4는 세계 대세에 맞추어 소학6-중학6-대학4로 하고, 구체적인 운영 방안은 한국의 현실을 고려하여 마련할 것을 주문했다. 그는 여성을 비롯한 대중의 과학 수준을 높이는 것이 중요하다면서, 그 방안의 하나로 여자약학전문학교 설치를 제안했다. 또한 한국의 공업을 발전시키기 위해서는 지하자원 개발이 중요한데, 그중에서도 텅스텐은 주목해야 할 광물이라고 강조했다. 이처럼 그는 이상적인 방향보다는 당시 한국의 상황을 고려한 현실적인 해결 방안을 찾는 데 주력했다.

1945년 10월에는 주요 고등교육기관의 하나인 부산수산전문학교(부경대학교 전신) 교장으로 임명되었다. 도쿄제대 동기로 농학부 수산학과 출신의 미군정청 수산고문 정문기가 추천한 것이었다. 김량하는 일제로부터 학교를 접수하고, 특히 학교의 주요 자산이었던 실습용 배

船 '경양환耕洋丸'을 되찾았다. 또한 교수진과 학생을 새로 선발하는 한편, 미군이 징발한 학교 건물을 돌려받고자 힘썼다. 학교를 무사히 이전하고 교가를 제정하는 등 개교를 서둘렀으며, 학생들을 중심으로 수산과학연구회를 조직하고 월간 기관지《수산》을 발간할 계획도 세웠다. 『부산수산대학교 오십년사』에 따르면, 김량하는 부임 인사차 부산 지역의 민주중보사民主衆報社를 방문하여 다음과 같이 포부를 밝혔다.

교장이라는 중책을 지고 있습니다만은 부임하여 접수를 시작하고 보니 중요한 서적과 기구는 도적맞았고 설비도 건설 도중에서 중단되어 있을 뿐 아니라 직원들의 사택도 되어 있지 않아서 금후 지방 여러분의 원조를 많이 힘입어야 될 사정에 있습니다. 그리고 다행히도 여러 선생들이 개인의 영달을 떠나서 열을 가지고 모여 주셔서 교수진만은 어느 학교에도 지지 않을 줄 믿습니다. 학생 모집은 방금 개시중에 있는데 종전의 예를 깨뜨리고 우리 수산계 기술자가 모자라고 있는 실정에 비추어 어로(漁撈), 제조(製造), 양식(養殖)의 각 과를 통하여 40명씩을 모집하는 외에 일본에서 귀국하는 학생도 전입을 받아 우리 땅을 찾는 기쁨과 정열로 세계의 수산계를 압도할 만한 우수한 기술자를 길러낼 작정입니다.

_『부산수산대학교 오십년사』, 1991.

그런데 김량하가 이렇게 의욕적으로 학교 개교를 추진하던 1946년 4월에 경상남도는 미군정청이 지지를 얻어 부산 지역에 새로운 국립 종합대학을 설립하고자 행동에 나섰다. 서울대 국대안에 빗대어 '부산

국대안'으로 불리는 이 사안의 골자는, 수산전문을 수산학부로 개편하고 이에 인문학부를 증설하여 대학으로 승격시키는 것이었다. 당시 부산수산전문학교는 전문성을 지닌 독자적인 대학으로의 확장 발전을 모색하고 있었던 터라 부산 국대안에 반대 입장을 취했다. 주요 부지와 건물을 소유하고 있던 수산전문이, 신설되는 국립 부산대에 하나의 학부로 흡수되는 방식이었기 때문이다. 이런 상황에서 부산 국대안이 강압적으로 추진되자 수산전문의 교수, 학생, 동문이 들고일어나 반대 운동이 격렬하게 전개되었다. 교장이었던 김량하는 고발을 당해 유치장에 갇혀 있다가 1946년 4월에 파면되어 수산전문에서 물러났다. 1947년에 수산전문은 부산수산대학으로 개편되었고, 김량하의 후임으로 정문기가 임명되었다. 결국 부산대는 수산전문과 통합되지 못하고 여러 곳을 전전하다 독자적인 발전을 모색하게 된다.

정치적으로 김량하는 강성 좌익과 우익을 모두 비판하는 입장이었다. 이 때문에 양쪽으로부터 거센 비난을 받으며 때로는 우익으로, 때로는 좌익으로 몰리곤 했다. 남북 분단이 현실로 다가오자 1948년 그는 중도 인사들과 함께, 극우와 극좌의 정치 노선을 배제하고 단독정부 수립을 반대하며 남북협상을 성원하는 문화인 108명이 서명한 〈남북협상 지지 성명〉에 참여했다. 남한 단독의 5.10 총선거를 관리할 목적으로 서울에서 조직된 우익단체 향보단鄕保團에 참가하지 않는다는 이유로 청년 단체로부터 구타를 당하기도 했다. 그렇다고 다른 좌익 계열의 사람들처럼 재빨리 북한으로 올라갈 만큼 이념적 경사가 크게 기울어져 있지도 않았다.

결국 1948년 8월 한국 단독정부가 수립되었고, 남북은 분단되었다. 이후 그는 정치적·사회적 활동을 더 이상 하지 않았다. 진보적인 활동에 참여한 이력이 있는 그가 정치적으로 활약할 공간이 남한에는 거의 남아 있지 않았기 때문이다. 대신에 그는 다른 과학자들과 함께 과학 연구와 학술 활동에 치중했다. 어찌 보면 그가 오랫동안 열정을 쏟았던 본연의 자리로 돌아가고자 했던 것이다.

어려운 상황에서도 김량하는 조선학술원을 맡아 운영했다. 갈수록 좌우 대립이 격화되면서 학술원도 제대로 운영되기는 어려웠다. 그는 갈라진 두 진영을 서로 화합하려고 무던히 애썼으나 무위로 돌아갔다. 1947년에 백남운이 월북함에 따라 학술원은 전적으로 김량하가 맡게 되었다. 그는 학계는 물론이고 일반 독자들도 이용할 수 있도록, 국보급 도서를 포함한 약 4만 권의 장서를 관리하는 일에 무엇보다 힘을 쏟았다. 이를 위해 그는 해방 당시 분실이 우려되던 각 대학 소속 일본인 교수들의 서적을 구입하여 확보했다. 그런데 1949년 법제처와 경찰이 학술원을 좌익 기관으로 몰고, 장서의 대부분을 적산으로 간주해 몰수하려 했다. 이에 학술원이 크게 반발하여 논란이 일기도 했다.

한편 김량하는 과학자들과 공동연구를 하여 1950년 3월에 해초에서 알긴algin을 제조하는 새로운 방법을 개발했다. 당시 자료에 따르면, 그의 지도 아래 중앙공업연구소 양영호 식품과장, 서울대 농대의 한상준 교수, 대구농대의 이중희 전 교수가 해초로부터 우수한 알긴산 소다Sodium Alginate를 제조하는 데 성공했다. 이미 수출용 대량생산에 착수하여 외화 획득이 크게 기대된다고도 전하고 있다. 이 알긴은 무연탄

연결제, 보일러 석회 성분 제거제, 재봉실 제조 등으로 그 쓰임새가 다양하고 클 것으로 전망되었다. 탄수화물의 일종인 알긴은 현재 화장품 및 건강식품의 재료로 사용되고 있다. 1949년에는 "농학박사 김량하 선생 추천"을 내세운, 후생임업연구소가 개발한 한국 유일의 농약 광고가 여러 신문에 대대적으로 실리기도 했다. 사회적 활동은 거의 없었지만 일반인들에게 그의 명성은 여전했던 것이다.

1950년 한국전쟁이 일어났을 때 김량하는 남쪽으로 피난했다. 그런데 일이 있어 서울로 올라갔다가 그 길로 부인과 아들을 남겨 둔 채 북으로 가 버렸다. 그의 북한행에 대해서는 자진 월북이라는 주장과 강제 납북이라는 주장이 서로 엇갈린다. 전쟁 발발 때까지 북으로 가지 않았을뿐더러 가족과도 동행하지 않았던 점 등에 비춰 볼 때 월북보다는 납북의 가능성이 더 커 보인다.

북한에서 김량하는 한동안 활발하게 연구했다. 전공 관련 연구논문을 다수 발표했으며 책도 몇 권 집필했다. 1952년에 북한 최고의 학술 기구인 과학원이 창립되자 그는 농학 분야의 후보원사로 뽑혀 과학계의 중심인물로 떠올랐다. 하지만 그의 과학 연구는 길게 이어지지 못했다. 1950년대 후반에 전후복구사업이 일단락되자 권력 강화를 위해 사회 전반에 걸쳐 사상 검열이 이루어졌다. 과학 부문에서도 사상 실태와 사업작풍 등을 문제 삼아 구세대 과학자들을 몰아내는 정풍운동이 벌어지면서 상당수의 과학자들이 숙청당했다. 이후 김량하라는 이름은 어디에도 나타나지 않는다.

김량하는 일제강점기에 "과학조선의 4 파이오니어pioneer"(《조선일보》1940. 1. 4.)로 불렸다. 화학의 이태규, 공업화학의 이승기, 식품영양학의 임호식(첫 농학박사)과 함께 조선을 대표하는 과학자로 자리매김했던 것이다. 그는 당시 국제 과학계의 최전선인 비타민 연구에서 새로운 연구법(Kimm's Method)의 개발과 비타민E 결정체의 추출이라는 놀라운 성과를 거두었고, 국내 언론에서 노벨상 후보로까지 거명되며 민족적 자긍심을 드높였다. 하지만 해방 후의 정치적 격랑과 남북 분단으로 그의 운명은 크게 요동쳤다. 사회적 명성과 대중적 인기는 그를 정치 공간으로 이끌었고, 좌우 대립과 분단 속에서 김량하는 결국 불행하게 삶을 마감했다.

참고문헌

일차자료

東京帝國大學理學部, 1924, 「金良瑕」, 〈理學部在學證書〉, 東京大學 소장.

논문

Kawakami, Kozo and Ryang-ha Kimm, 1929, "On the Physiological Action of Carotin," *Proceedings of the Imperial Academy* 5-5, pp. 213-215.

Kawakami, Kozo and Ryang-ha Kimm, 1930, "On the Physiological Role of Carotin and Allied Substances," *Scientific Papers of the Institute of Physical and Chemical Research* 13, pp. 246-253.

川上行藏·金良瑕, 1930, 「Carotinoidの生理的作用について」, 《理化學研究所彙報》9-4, pp. 290-302.

Kimm, Riang-Ha and Taro Noguchi, 1933, "On the Chemical Constituents of Rice-embryo," *Scientific Papers of the Institute of Physical and Chemical Research* 21, pp. 1-14.

金良瑕, 1933, 「米胚芽の研究 (第一報) 脂肪に就て」, 《理化學研究所彙報》 12-2, pp. 271-285,

Kimm, Riang-Ha, 1935, "Crystalline Derivatives of Vitamin E.–Preliminary Report," *Scientific Papers of the Institute of Physical and Chemical Research* 28, pp. 74-76.

金良瑕, 1935, 「米胚子の成分研究 (第三報) 米胚子, 白米及玄米の榮養價値に就て」, 《理化學研究所彙報》 14-3, pp. 424-438.

金良瑕, 1935, 「米胚子の成分研究 (第二報) 米胚子中のヴィタミンEに就て」, 《理化學研究所彙報》 14-2, pp. 115-124.

金良瑕, 1935, 「榮養白米の實驗」, 《糧食研究》 113, pp. 502-505.

金良瑕, 1935, 「胚芽の榮養價値に就て」, 《米の友》 7-10, pp. 2-8.

Kimm, Riang-Ha, 1938, "On the Chemical Constituents of Rice-embryo," *Scientific Papers of the Institute of Physical and Chemical Research* 34, pp. 637-677.

金良瑕, 1938, 「米胚子の成分研究 (第四報) 有機鹽基, 糖類及フィチンに就て」, 《理化學研究所彙報》 17-4, 359-365,

金良瑕, 1938, 「米胚子の成分研究 (第五報) 液體不鹽化物に就て」, 《理化學研究所彙報》 17-5, pp. 366-370,

金良瑕, 1940, 「p-アミノベンゾールズルフォン酸アマイドの脂肪酸誘導體に就て」, 《理化學研究所彙報》 19-10, pp. 1331-1337.

金良瑕, 1940, 「牛肝臟中の水溶性酸性物質に就て(第一報)」, 《理化學研究所彙報》 19-10, pp. 1338-1342.

金良瑕, 1942, 「ズルファミンのヂアゾ反應誘導體」, 《理化學研究所彙報》 21-5, pp. 496-503.

金良瑕, 1943, 「米胚子の成分に就て」, 東京帝国大学 農學博士 論文.

기고/기사

김량하, 「나의 연구실 생활과 포부–이화학연구소 설립」 상·하, 《동아일보》 1936. 1. 8.-9.

김량하, 「과학: 배아미(胚芽米)의 영양 가치에 관한 연구」 상·2·3·4, 《동아일보》 1936. 1. 26., 28.-30.

「비타민E 결정 발견−세계학계에 대충동: 노벨상 후보 김량하 씨」,
　《동아일보》 1939. 1. 10.
「신설계를 제시한 과학자좌담회−과학조선을 창건」, 《자유신문》 1946. 1. 1.

이차자료

박명수, 2020, 「해방 직후 조선학술원의 창립과정과 그 성격」, 『숭실사학』
　45, 195-319쪽

김근배, 2012, 「김양하」, 김근배 외, 『한국 학술연구 100년과 미래−
　과학기술분야 연구사 및 우수 과학자의 조사 연구−제3부 과학기술
　인명사전』, 한국연구재단, 55-61쪽.

부산수산대학교 오십년사 편찬위원회, 1991, 『부산수산대학교 오십년사』,
　90-104쪽.

이민재, 1990, 『제3 창암문집』, 아카데미서적, 281-283쪽.

이인기, 「思友〈32〉−잊을 수 없는 그때 그 친구: 대범한 호인 김양하 씨」,
　《경향신문》 1979. 11. 1.

이인기, 「思友〈33〉−잊을 수 없는 그때 그 친구: 관상의 고수 김양하 씨」,
　《경향신문》 1979. 11. 2.

Carpenter, Kenneth J., 2023, "The Nobel Prize and the Discovery of
　Vitamins." https://www.nobelprize.org/

김근배

한국과학원에서 강연 중인 이태규
한국과학기술한림원 과학기술유공자지원센터

이태규

李泰圭 Taikei Ri / Taikyue Ree

생몰년: 1902년 1월 26일~1992년 10월 26일
출생지: 충청남도 예산군 예산읍 예산리 55
학력: 교토제국대학 화학과, 교토제국대학 이학박사
경력: 교토제국대학 교수, 서울대학교 문리과대학 학장, 조선화학회 회장, 유타대학 연구교수
업적: 촉매반응 기작 연구, 양자화학 도입, 리·아이링 이론
분야: 화학-이론화학, 물리화학, 양자화학

이태규는 일제강점기에 조선인으로는 처음으로 일본에서 이학박사 학위를 받았으며, 불가능하다고 여긴 제국대학 교수까지 올랐다. 일본에 양자화학을 처음 소개한 것도 그였다. 해방 직후에는 서울대 문리과대학 학장을 지냈다. 이후 미국으로 건너가 유타대학에서 연구하며 물리화학의 권위자로 명성을 얻었고, 유변학流變學, Rheology 분야에서 자신의 이름을 딴 '리·아이링 이론'을 남겼다. 노벨상 후보 추천위원으로도 활동했던 그는 나이 들어서도 꾸준히 논문을 발표하며 평생을 과학자로 살았다.

충남 예산에서 경성을 거쳐 일본 교토로

이태규는 1902년 충청남도 예산에서 이용균李容均과 밀양 박씨 사이의 6남 3녀 중 둘째 아들로 태어났다. 그의 집안은 500섬지기의 지주로 부유했으며, 아버지는 개화한 한학자로 세상 물정에 민감했다. 아버지는 "정신을 한곳으로 모으면 무슨 일이든 다 해낼 수 있다(精神一到何事不成)"를 가훈으로 삼아 자녀들을 강하게 키웠고, 어린 시절 아들들에게 한문을 가르치면서도 한편으로는 신학문을 배워야 한다고 강조했다.

1911년 이태규는 형을 따라 새로 생긴 보통학교(4년제)에 갔다. 그러나 형만 정식으로 입학하고, 이태규는 아직 어리다는 이유로 청강생이 되었다. 아홉 살이면 보통학교에 입학하기에 결코 어린 나이가 아니었지만, 당시 지방에서는 열 살 넘어서 신식 교육에 발을 들여놓을 때였다. 다행히 성적이 우수해 2학년부터는 정식 학생으로 다닐 수 있었다. 그는 산술과 과학 과목에 흥미를 느꼈는데, 어쩌다가 실험을 할 때면 필요한 기구가 학교에 없어 일본인 소학교*에서 빌려야 했다.

1915년 보통학교를 수석으로 졸업한 이태규는 도지사의 추천을 받아 무시험으로 경성고등보통학교에 입학한다. 그는 "금테두리 모자에 칼을 차고 다니는 모습"이 부러워서 보통학교 교사가 되고 싶었다고 한다. 1911년에 사범학교가 폐지되었기 때문에, 교사가 되려면 고등보통학교를 졸업하고 이어서 부속으로 설치되어 있는 1년제 사범과를 나와야 했다. 그는 경성고보에서도 학업에 두각을 나타냈다. 일본인 화학자가 쓴 과학소설을 읽고 화학에 관심이 생긴 것도 이 시기였다. 3학년부터는 화학 교사였던 호리 마사오堀正男의 조수로 일하면서 화학과 더 가까워졌다. 한편 졸업반일 때 3.1 운동이 일어나자 그는 친구들과 함께 운동에 참여했는데, 이것이 그가 사회문제에 관여한 처음이자 마지막이었던 것으로 보인다. 이태규는 1919년에 4년 과정의 경성고보를 수석으로 졸업하고, 같은 학교의 1년제 사범과로 진학했다. 사범과 졸업 후에는 실제로 전북 남원보통학교 교사로 발령까지 받았다. 하지만 그의 재능을 아낀 호리 선생님의 권고로 관비유학생 선발 시험에 응시해 합격하면서 일본으로 유학을 가게 된다.

1920년에 이태규는 히로시마고등사범학교広島高等師範學校 이과

---

* 초등 과정이 일본인은 소학교, 조선인은 보통학교로 구분되어 있었을 뿐만 아니라, 1922년까지는 수업 연한도 각각 6년과 4년으로 차이가 났다.

에 진학했다. 히로시마고사 이과에는 수학, 물리화학, 박물학 등 세 개의 전공이 있었는데, 화학에 관심이 많았던 이태규는 물리화학을 전공으로 선택했다. 이때 수학과에는 2년 앞서서 그와 똑같은 과정을 밟아 히로시마고사에 들어간 선배 최윤식이 있었다. 당시 언론에서는 장차 과학을 공부해야 한다고 내세웠지만, 고등교육을 시킬 여력이 있는 집안에서는 법과나 문과와 같이 관리가 되는 데 필요한 공부를 여전히 중시했다. 이태규의 집안도 부유한 편이었지만 아버지는 자식들에게 관리의 길을 강요하지 않았다. 이태규의 형 이재규도 경성에 있던 우리나라 최초의 과학기술 교육기관인 관립공업전습소 응용화학과에서 한때 공부했다. 이태규가 이과로 진학해 화학을 전공하게 된 데에는 이러한 집안 분위기와 형의 영향도 컸을 것이다.

히로시마고사에서 공부를 따라가기 위해 이태규는 무진 애를 써야 했다. 경성고보는 조선 최고의 중등학교였음에도 실업교육에 중점을 두었고, 상급학교 진학에 필수적인 수학과 영어는 무시되었다. 수석 졸업생이라고는 하나 이태규는 경성고보를 졸업할 때까지 2차방정식을 푸는 방법조차 몰랐고, 영어라고는 수학에 나오는 알파벳 ABCDEFGHI와 XYZ 열두 글자만 아는 수준이었다. 그렇지만 이태규는 초인적인 노력 끝에 1924년 히로시마고사를 전체 차석으로 졸업했다. 그러나 그는 교사 발령을 받지 못했다. 관비 유학생은 졸업 후 일정 기간을 교사로 복무해야 한다는 의무가 있었지만, 조선인 차별로 지킬 수 없게 된 것이다. 그러자 그는 취직을 단념하고 교토제국대학京都帝國大學 이학부 화학과에 지원하여 무시험 관비 장학생으로 입학했다.

아직 이원철이 미국에서 이학박사 학위(1926)를 받기 전이라, 그는 조선인 최초의 이학박사가 되겠다는 결심을 했다고 한다.

교토에는 조선인 유학생이 적지 않았다. 이태규는 그중에서도 히로시마고사 선배로 교토제대 문학부에 있던 최현배, 동년배로 도시샤대학同志社大學 학생이자 시인인 정지용과 친분이 두터웠다. 이공계에는 최윤식 외에도 선배 이희준(토목공학), 동기 신영묵(수학), 후배 최경렬(토목공학), 이승기(공업화학), 황영모(기계공학), 박철재(물리학) 등이 있었다. 이들은 조선인 교토 인맥을 형성하며 서로의 학업을 북돋우고 돈독한 우애를 과시했다. 특히 이희준은 이태규가 장래를 비관하며 학업을 소홀히 하자 더 정진할 것을 격려했다. 한편 이태규는 친구 정지용의 권유로 이 무렵 가톨릭 신자가 되었다.

교토제대 최초의 조선인 조교수

교토제대에서 그는 화학과에 설치되어 있는 5개의 강좌 중에서 물리화학 강좌를 선택해 3학년부터 교수 호리바 신키치堀場信吉에게 지도를 받았다. 호리바는 히로시마고사를 거쳐 교토제대에서 박사 학위를 받고 해외 연수를 다녀온 물리화학의 권위자였다. 그는 학문적으로는 물론이고 인격적으로도 훌륭해 많은 사람의 존경을 받았다. 1927년 교토제대를 마친 이태규는 호리바의 권유로 연구실에 남아 연구를 이어 갔다. 호리바는 재능 있는 이태규가 대학 졸업 후에도 연구를 계속할 수 있도록 부수副手*의 자리를 제공했고, 나중에는 조교수로도 임명했다. 피지배민 조선인에게 교수직을 준다는 것은 용납될 수 없는 일

(좌)교토제국대학 연구실에서의 이태규 (우)1930년대 교토제국대학 부수 시절 호리바
교수와 함께(앞줄 가운데 호리바, 둘째 줄 오른쪽 두 번째 이태규)
한국과학기술한림원 과학기술유공자지원센터

이었고 실제로도 이태규의 사례 외에는 거의 없었다. 호리바는 과학에
서 연구자의 국적이나 신분을 가리지 않은 보기 드문 인물이었다.

이태규가 주로 연구한 주제는 니켈의 촉매작용이었다. 당시에는 가
정용 연료로 연탄을 많이 사용했기 때문에 연탄가스의 주성분인 일산
화탄소 중독으로 사망하는 경우가 많았다. 유독한 일산화탄소를 무해
한 이산화탄소로 분해하려면 500도 이상의 고열을 가해야 하지만, 촉
매인 환원니켈을 사용하면 200도 이내에서도 가능해진다. 따라서 그
의 연구는 학문적으로 의미 있는 동시에 사회적 문제도 해결할 수 있
는 일석이조의 가치가 있었다.

* 조수(助手) 아래의 직급. 일본 제국대학의 강좌제는 기본적으로 '교수 1-조교수 1-조수
  1~3인'으로 구성되어 있었으며 이 밖에 강사, 부수를 추가로 두기도 했다. 이 중 조수는
  대학, 학과, 강좌에 따라 그 자격과 위상이 다양했는데 교수와 조교수의 교육 및 연구를
  보조하는 임무를 맡되 때론 장차 조교수로의 승진을 위한 연수 성격을 지니기도 했다.

이태규는 1927년 첫 번째 논문 「니켈동촉매의 존재에서 수소의 임계 전압ニッケル銅觸媒の存在に於ける水素の臨界電壓」을 비롯해 1933년까지 일산화탄소의 분해 과정에서 환원니켈의 촉매작용을 연구한 일련의 성과를 발표했다. 이 연구는 「환원니켈의 존재에서 일산화탄소의 분해還元ニッケルの存在に於ける一酸化炭素の分解」라는 제목의 시리즈 논문으로 주요 학술지에 게재되었다. 이 연구로 이태규는 1931년 9월에 교토제대에서 이학박사 학위를 받았다. 당시 박사 학위 취득에는 일반적으로 10년 가까이 걸렸는데, 그는 겨우 4년 반 만에 박사가 된 것이다. 이는 조선인이 일본에서 취득한 첫 이학박사였기 때문에 크게 화제가 되었다. 《동아일보》(1931. 7. 21.)는 사설에서까지 다루었는데, '학자 배출−학계의 성사盛事'라는 제목으로 이태규의 학위 취득을 치하하는 한편 고등교육 진흥을 촉구했다. 이태규 스스로도 이때를 인생에서 가장 감격스러웠던 순간으로 꼽았다.

그러나 박사 학위를 받았어도 앞길은 순탄하지 않았다. 세계 대공황의 여파로 취직이 어려웠다. 그는 호리바의 주선으로 간신히 교토제대 화학연구소 강사 자리를 얻었고, 한편으로는 사립 중학교 시간제 교원으로도 일했다. 최소한의 생활 여건이 마련되자 그는 가톨릭 대부 정지용의 소개로 이듬해인 1932년 충남 논산 출신의 박인근朴仁根을 만났다. 그녀는 교토의 가톨릭계 헤이안여자학원平安女子學院(현재의 헤이안여학원대학) 문과를 나온 신여성으로 전북 익산의 나바우 성당에서 학생들을 가르치고 있었는데, 두 사람은 이곳에서 결혼식을 올렸다.

결혼식을 치르고 같이 일본으로 돌아온 이태규는 촉매반응의 메커

니즘을 이론적으로 규명하는 연구를 계속하여 20여 편의 논문을 발표했다. 또한 수소 제조법에 관한 두 개의 특허를 취득하기도 했다(일본 특허 103544호와 103545호). 4년 동안 부수 신분으로 있던 그는 1935년 4월 교수회의를 거쳐 드디어 교토제대 화학연구소 조교수로 임용되었다. 당시 호리바 연구실에는 학과 및 연구소 소속으로 50여 명이나 되는 사람들이 일하고 있었고, 이들이 생산하는 매년 30편 이상의 논문을 게재하는 학술지 《물리화학의 진보物理化學の進步》를 따로 발간할 정도였다. 이태규의 조교수 임용은 호리바 연구실은 물론이고 학교 전체로도 파격적인 일대 사건이었다. 학교 안팎의 여러 반대도 있었다. 그러나 호리바가 "학문에 민족이 따로 있느냐"《과학과 기술》1970. 3.)라며 적극적으로 설득해 성사되었다. 조선인으로서는 불가능하다고 여겼던 일본 제국대학의 조교수가 되는 쾌거를 그가 처음으로 이룬 것이다. 다만 그가 임용된 곳은 화학과가 아니라 연구소였다.

이태규는 1938년에 그간의 연구를 종합하여 『접촉 촉매작용의 기작接觸觸媒作用の機構』이라는 책도 출간했다. 그러나 많은 연구 성과를 내도 교수로의 승진 전망은 불투명했다. 그는 새로운 출구를 마련할 필요를 느꼈다. 무엇보다 이 무렵 양자역학이 화학에 접목되면서 이론화학의 조류가 크게 바뀌고 있었는데, 일본에서는 그 변화를 쫓아가는 데 한계가 있었다. 그가 가고 싶은 곳은 촉매학의 권위자 휴 스톳 테일러Hugh Stott Taylor를 비롯하여 세계적인 과학자들이 모여 있는 미국 프린스턴대학이었다. 일본 정부는 그를 시원해 줄 의사가 없었으므로, 문제는 경비를 마련하는 것이었다. 이때 금강제약소 전용순과 경

성방직 김연수가 거액을 후원했다. 당시 전용순은 독학으로 의사 면허를 취득하고 금강제약소라는 제약회사를 운영하고 있었는데, 매독 치료제 개발에 어려움을 겪던 중 이태규의 소개로 만난 교토제대 일본인 교수의 도움으로 살바르산Salvarsan 합성에 성공한 인연이 있었다. 두 기업가의 후원과 가톨릭 신부들의 도움으로 그는 해외 연수를 떠날 수 있었다.

프린스턴대학 연수 후 일본에 최신 양자화학 도입

1938년 12월 이태규는 일본 문부성 재외 연구생 자격으로 미국 연수 길에 올랐다. 프린스턴대학Princeton University에 도착해서 처음 6개월은 촉매 연구자 테일러의 연구실에서 지냈다. 하지만 실험에 치중하는 그와는 성향이 맞지 않았다. 이후 이태규는 이론화학자인 헨리 아이링Henry Eyring과 공동연구를 시작했다. 아이링은 반응속도론에 양자역학을 도입한 주역으로 알려져 있는데, 그와 약 2년간 공동연구를 하면서 이태규도 양자역학을 이용하여 쌍극자 능률dipole moment을 계산하는 등 이론화학의 여러 문제에 양자역학을 응용했다.

1940년 미국에서 낸 첫 번째 논문은 《저널 오브 케미컬 피직스Journal of Chemical Physics》의 표지 논문으로 실렸는데 많은 화학자들의 주목을 받았다. 이태규는 2년간 미국에 머물면서 두 편의 논문을 더 발표하며 연구에 박차를 가했다. 프린스턴에 있는 동안 그는 심포지엄이나 캠퍼스에서 아인슈타인을 만나 인사를 나누곤 했다. 아인슈타인은 1933년부터 프린스턴 고등연구소 교수로 근무하고 있었다. 그러나 태평양전쟁이 임박하면서 일본대사관에서 귀국 명령이 내려졌고, 그는 1941년 7월 일본으로 돌아갈 수밖에 없었다.

일본 귀국 직후 그는 교수로의 승진이 막힌 채 조교수 신분으로는 연구비 조달이 어려워 기업가 김연수에게 도움을 요청했다. 그러자 김연수는 그가 운영하는 장학재단 양영회養英會를 통해 3년에 걸쳐 무려 1만 원(쌀 2000가마니의 가치로 현재 4억 원에 해당)을 지원해 주기로 약속했다. 덕분에 전쟁 중의 어려운 상황에서도 그는 연구를 재개해 쉬지 않고 논문을 발표했다. 이태규의 회고에 따르면, 1941년 경성제국대학에 이공학부가 개설될 때 그는 화학과 교수직에 지원했으나 교토제대가 이를 허락하지 않았고, 대신 1943년에 교토제대 교수로 승진했다고 한다. 하지만 당시 자료를 보면, 이태규가 교토제대 교수(양자화학 강좌)로 승진한 것은 1943년이 아니라 1944년 12월로, 이승기보다 7개월 뒤였다.

이태규는 미국에서 돌아온 뒤 강의와 연구를 통해 양자화학의 최신 성과를 소개하여 일본에 양자화학이 도입되는 계기를 마련했다. 전쟁으로 일본의 물자 사정이 악화되고 마침 양자화학도 등장해서 그의 연구는 이론화학으로 더 기울게 되었다. 그는 교토제대 이론물리학 교수였던 유카와 히데키湯川秀樹하고도 친분이 두터웠는데, 유카와는 중간자의 존재를 예측한 기여로 1949년 노벨물리학상을 받으며 일본에 과학 분야 첫 노벨상을 안긴 인물이다. 이태규는 일본 양자물리학 연구그룹이 1944년 관련 논문들을 모아 『양자물리학의 진보量子物理學の進步』를 출간할 때도 참여했다. 1945년까지 그가 주요 학술지에 발표한 논문은 약 40편에 이른다.

한편 이태규는 교토제대에서 김용호(도호쿠제대 화학)와 김순경(오사카제대 화학) 등 우수한 조선인 학생들을 조수로 받아들여 후속 과학세대로 길러 냈다. 교토제대에 머무르는 동안 이태규는 다른 활동에는 관여하지 않았으나 학교 후배들과는 활발히 교류하며 깊은 유대감을 쌓았다. 조선인 사이에서 그는 존경스러운 대선배이자 우상이었다. 그의 주창으로 교토제대 조선인 학생들은 1933년 교토 지역 유학생 모임에서 탈퇴해 교토제대 조선유학생동창회를 따로 만들었고, 1936년에는《동창회보》를 발간했다. 이 모임에는 그를 비롯한 주요 선배들과 각 학부의 학생들이 열성적으로 참여했다. 과학 연구를 하며 교원으로 학생을 가르치고 있던 이태규(화학)를 비롯해 이승기(공업화학), 박철재(물리학)는 모두 박사로서 모임의 구심점을 이루었다. 이 '교토 3인방'은 모임에 빠지지 않고 참여했으며 회보에도 자주 글을 썼다. 박사 학위 취득과 조교수 임용, 미국 유학 환송, '합성1호'(이승기가 개발한 합성

1940년대 초반
교토에서 우장춘과
이태규(왼쪽부터)
한국과학기술한림원
과학기술유공자지원센터

섬유의 초기 명칭) 발명 등 교토 3인방과 관련한 기념행사도 연이어 열렸다. 이들은 교토의 다키이瀧井 종묘회사 연구농장장으로 있던 우장춘과도 교류했다. 우장춘은 도쿄제대 농학실과를 나온 후 일본 농사시험장에서 '종의 합성 이론'과 '완전 겹꽃 피튜니아' 등의 업적을 거둔 일본 유전학계의 중추적인 인물이다.

하지만 1940년대에 전시 상황이 악화되자 일제는 조선인 과학자들에게도 자신들의 군국주의적 시책을 지지할 것을 요구했다. 일제는 조선인 지원병제를 확대 실시하는 것에 대해 각계의 의견을 모아 《특고월보特高月報》(1941. 12.)에 게재했는데, 이태규는 지원병제를 넘어 "조선인에게도 징병령徵兵令을 희망"한다는 의견을 냈다. 동아일보 출신의 기자들이 발간한 잡지로 점차 친일적 성격을 띤 《춘추春秋》(1942. 5.)에서 주최한 과학기술 좌담회에는 교토 3인방이 참여했는데, 이때 이태규를 제외한 다른 과학자들은 전시에 대비한 일본식日本式 과학의 발전과 그 승리를 주문하기도 했다. 이처럼 이들은 일제 군국주의화의 전면에 나서지는 않았지만, 일제에 동조하는 발언으로 오점을 남겼다.

해방 정국에서 과학교육 및 과학 대중화에 기여

해방이 되자 이태규도 한국으로 돌아왔다. 다른 사람들에 비해 늦은 1945년 11월에 귀국했는데, 아내가 아이를 출산하면서 바로 움직일 수 없었기 때문이다. 그는 귀국 여부를 두고 잠시 고민하기도 했으나, 결국은 이승기, 박철재와 함께 시모노세키에서 부산으로 오는 관부關釜 연락선을 탔다. 교토 3인방이 과학 한국을 위해 의기투합하여 동행한 것이다.

해방 직후 과학계의 화두는 '과학조선 건설'이었다. 그 핵심의 하나는 독립국가에 부응할 과학 체제를 수립하는 것이었고, 다른 하나는 빠른 시일 안에 과학을 세계 수준으로 끌어올리는 것이었다. 과학계 리더들은 국가의 과학 체제를 획기적으로 새롭게 만들면서 각자의 연구 활동을 내실 있게 추진하고자 노력했다. 과학교육의 확충과 개선, 선진 과학 도입, 과학 전담 기구 설치, 과학 단체 조직 등은 이 시기에 관심을 기울인 주요 과제였다.

경성제대는 경성대학으로 개편되었는데, 이태규는 경성대학의 초대 이공학부장으로 임명되었다. 그는 교토제대에서 함께 연구했던 김용호와 김순경, 교토제대 농예화학과를 마치고 부수로 근무했던 김태봉, 교토제대와 도호쿠제대 화학과를 각각 졸업한 최상업과 최규원 등을 주축으로 화학과 교수진을 꾸렸다. 열 명의 교수 중 절반이 이태규 자신의 전공과 같은 물리화학일 정도로, 물리화학이 주축을 이루었다. 이태규를 정점으로 일본 유수의 대학을 졸업한 화학과의 교수진은 경성대학의 학과들 중에서도 이례적으로 수준이 우수해 예과 학생들에게 인기가 높았다. 그러나 이공학부의 건물은 미군이 징발하여 병원으로 사용하고 있었고 실험 설비는 방치되거나 훼손되어 있었다.

한편 1946년 7월 경성대학에 여러 전문학교를 통합하여 종합대학을 만드는 국립서울대학교 설립안(국대안)이 추진되자 그에 대한 반대운동이 거세게 일어났다. 이때 이태규는 서울대 문리과대학 학장으로서 이 문제를 원만히 해결해야만 했다. 이 과정에서 그는 좌익 계열을 포함한 국대안 반대 세력의 비판의 표적이 되기도 했다. 설상가상으로 1948년에는 문리과대학과 법과대학 간에 연구실 분쟁 사건이 일어나 이태규를 더 난처하게 만들었다.

그런 가운데 이태규는 미군정청 조선교육심의회의 고등교육분과 위원으로 참여했다. 그는 독립된 나라에 부응할 과학기술을 대대적으로 진흥하기 위해 과학기술계 주요 인사들의 의견을 모아 과학기술부를 설치할 것을 제안했다. 1946년에 조선교육심의회에서 처음 의견을 개진한 이래로 이태규는 기회 있을 때마다 과학기술부의 필요성을 역설했다. 그 주요 내용은 과학기술자들의 관장하에 과학기술 행정을 총괄하는 전담 기구와 과학기술의 전 분야를 망라하는 종합연구소를 설치하여 운영하는 것이었다. 그는 과학기술의 빠른 발전을 위해서는 정부의 집중적인 지원과 조직화된 연구가 중요하다고 생각했다. 1946년 과학계의 저명인사가 대대적으로 참여하여 발간한 《현대과학》 창간호에서 그가 밝힌 과학기술부 구상안은 다음과 같았다.

우리들이 생각한 조선의 과학교육을 진흥식히는 제1의 방책은 정부기구에 과학기술부 즉 문교부 상무부에 필적하는 1개의 독립한 부를 설치하라는 것이였다. … 둘째로 과학교육을 진흥식히려면 고등교육만을 진흥식혀도 않되고 우선 민중의 과학수준을 높히지 않으면 않된다. … 셋째로 이 과학기술부의 설치로 인하야 각부에 분산하야 있던 기술행정이 1부[하나의 부]에 집중함으로서 과학기술행정의 일원화를 행할 수 있으며 따라서 과학기술 진흥에 능률을 낼 수가 있다는 것이다. …

건국 시초에 우리가 생각하여야 할 바는 우리의 공업을 여하히 건설하여야 할가? 하는 것이다. 이 문제를 토의하기 위하야 과학기술부장이 과학심의위원회를 소집하야 자문하였다고 생각하자. 이 과학심의위원회는 회장으로 과학기술부장, 위원장으로 종합연구소장, 위원으로 각 연구부부장 급 수명의 시험소 주임, 과학기술부 내의 각 국장 급 수명의 과장, 광공(鑛工) 농상(農商) 후생 등 각 관계 부로부터 선출된 대표자, 실업가 계통으로 선출된 대표자로써 구성된다. …

우리가 과학기술부의 설치를 강조하는 타 이유의 하나는 차제에 그 중핵기관인 종합연구소를 창설하려는 데 있다. 미국의 「럭펠러」연구소, 소련의 과학학사원연구소, 독일의 「카이저-윌헬음」연구소, 일본의 이화학연구소와 같은 종합연구소를 우리 조선에도 창설하고 싶다는 것이다.

_ 이태규, 「건국설계의 하나로 과학기술부를 설치하자」, 《현대과학》 1, 1946.

그는 과학 대중화에도 관심을 쏟았다. 해방 이후 조선화학기술협회가 주최한 〈과학기술보급강습회〉와 조선과학여성회가 마련한 〈마리 퀴리 탄생 80주년 기념 건국과학강연회〉, 현대과학사라는 출판사가 개최한 〈에디슨 탄생 1백주년 기념 영화 및 강연회〉에 명망이 있는 과학자의 한 사람으로 참여해, 각각 '최근 이론화학 발달의 동향', '양자역학사론量子力學史論', '「큐-리」부인과 원자과학'이라는 제목으로 강연했다. 또한 우수 학생들의 학비를 지원하기 위한 조선육영회 발기인으로 참여했으며, 과학교육과 과학문화 보급을 내건 조선과학교육동우회를 조직해 회장을 맡기도 했다. 이처럼 이태규는 과학교육 및 과학

대중화를 위해 활발하게 활동했을지언정, 반공주의적인 가치관을 가졌음에도 우익 계열의 정당이나 사회단체에는 참여한 적이 없었다.

이태규는 학회 창설에도 기여하여 1946년 7월 7일 조선화학회(현재의 대한화학회)가 설립될 때 초대 회장을 맡았다. 이를 통해 학술모임을 개최하고 학술지 발간도 추진했다. 도서 출간에도 참여해 교양도서 『재미만흔 과학 예기』(1946), 중등교재 『화학 1-3』(1948)을 펴냈다. 그러나 국대안을 둘러싸고 서로 갈등과 반목이 심해져 1947년 화학과의 젊은 교수 네 명이 사직하자 이태규는 큰 충격을 받았다. 교토제대에서 쌓은 선후배 사이의 매우 돈독했던 인간관계도 하루아침에 갈라지게 된 것이다. 그중 일부는 다시 서울대 화학과로 돌아왔으나 김용호 등 일부 교수진은 한국전쟁 중에 월북했다.

리·아이링 이론을 발견한 "국제 물리화학계의 거성"

이 무렵 그는 원자무기에 대한 당시의 뜨거운 관심을 반영한 듯 자신의 전공 및 연구를 '원자과학' 혹은 '원자화학'이라고 말하며 그 가치를 부각시켰다. 《경향신문》(1948. 6. 6.)에 「원자화학의 현대적 과제」라는 글을 발표하기도 했다. 그러나 해방 이후 1948년까지 그가 국내에 있으면서 발표한 논문은 국내 학술지에 게재한 종설 한 편뿐이었다.

정치적 혼란에 더해 학장으로서의 과중한 업무에 시달리던 이태규는 안정적인 연구 환경을 갈망하게 되었다. 반민족행위자 처벌과 농지개혁 등을 둘러싼 사회적 논란이 격화되던 1948년 9월, 마침내 그는 프린스턴 시절의 동료 아이링이 대학원장으로 재직 중인 미국 유타대학University of Utah으로 떠났다. 애초의 계획은 1년 정도 안정적 환경에서 연구한 뒤 나라 사정이 나아지면 귀국하는 것이었다. 하지만 곧 한국전쟁이 발발하자 그는 당장 귀국하기보다 유타에서 연구를 계속하며 한국 유학생들을 교육하기로 마음먹었다. 이때 한국에 남겨진 그의 가족에게 도움을 준 사람이 우장춘이다. 교토에서 이태규와 친분을 쌓았던 우장춘은 국내의 유치 활동에 힘입어 1950년에 한국으로 왔고, 제자들과 함께 돈을 모아 이태규 가족을 지원했다.

이후 이태규는 유타대학의 연구교수로 반응속도과정론연구소Institute for the Theory of Rate Processes와 화학과에서 25년 동안 연구에 전념했다. 그는 아이링과 함께 많은 논문을 발표했는데, 그중 가장 대표적인 것은 '리·아이링 이론Ree-Eyring Theory'이 담긴 「비뉴턴 유동 이론. 1. 고체 플라스틱계Theory of Non-Newtonian Flow. I. Solid Plastic System」이다. 1955년《저널 오브 어플라이드 피직스Journal of Applied Physics》에 연이어 발표된 이 논문은 물질의 유동 중에서도 비非뉴턴 유동, 즉 외부 작용에 선형적으로 비례하지 않는 점도의 변화를 설명하는 일반 공식(리·아이링 이론)을 제시한 것으로, 물질의 유동을 다루는 유변학 분야에서 매우 중요한 논문이다.

비뉴턴 유동 현상을 이론화할 수 있는 길을 제시한 리·아이링 이론은 과학계의 높은 평가를 받았으며, 이 논문은 2013년까지 578회 인용되었다. 리·아이링 이론은 이론과학 분야에서 한국인의 이름이 들어간 최초의 공식이기도 하다. 이태규는 이 연구를 고분자 용액과 비결정성 고체로까지 확장했고 새로운 연구 성과를 여러 편의 논문으로

유타대학에서 아이링 교수 연구진들과 함께(앞줄 왼쪽이 아이링, 뒷줄 왼쪽 두 번째가 이태규)
『나는 과학자이다』(2008)에서

발표했다.

이 밖에도 이태규는 아이링과 함께 확산 현상을 설명하는 스토크스·아인슈타인 방정식Stokes-Einstein Equation을 보완하는 새로운 공식을 제안했으며, 제자인 한상준과 함께 리·아이링 점도식을 이용하여 요변성搖變性*을 정량적으로 계산하는 방법을 제시했다. 이태규와 아이링은 액체의 '유의 구조 이론Significant Structure Theory'을 제안하여, 흐르는 액체의 열역학적 성질을 예측하는 데도 성공했다. 미국에 있는 25년 동안 이태규는 유변학과 촉매, 표면 반응 등 여러 주제에 걸쳐 90여

---

* thixotrophy. 흔들리면 겔(gel)에서 유동성의 졸(sol) 상태로 변화하지만, 정지하면 다시 겔로 돌아가는 성질

편의 논문을 남겼다.

　이태규는 한국의 과학 진흥에도 중요한 역할을 했다. 그가 유타대학에 재직하는 동안 많은 한국인 유학생이 그곳으로 몰려갔고 그중 20여 명이 그의 문하에서 지도를 받으며 박사 학위를 받았다. 유타대학에서 그를 사사한 양강, 한상준, 장세헌, 김완규, 김각중, 전무식, 백운기 등은 한국 화학계의 지도적 위치에 올랐으며, 물리학에서도 권숙일, 이용태 등이 유타대학에서 공부하며 이태규의 영향을 받았다. 한국에서 과학 분야 중 화학이 가장 먼저 연구 전통을 확립하고 앞서갈 수 있었던 데에는 이태규가 한국인 학위자들을 많이 배출한 점도 일조했다.

1964년 청와대에서 박정희 대통령과 이태규(오른쪽)의 만남 국가기록원

1960년에는 오스트리아 빈에서 열린 국제원자력기구(IAEA) 국제회의에 한국 대표로 참여했고, 1964년에는 대한화학회와 동아일보사의 후원으로 한국을 방문했다. 이태규는 9월 21일부터 10월 20일까지 한 달간 머물면서 박정희 대통령을 비롯한 주요 인사들을 만나 한국 과학의 발전 방향을 제시하는 한편, '과학 하는 백성이라야 산다'는 생각을 내세우며 전국 각지의 대학, 연구소, 공장 등을 찾아 많은 강연을 했다. "한국이 낳은 세계적인 과학자", "국제 물리화학계의 거성巨星"으로 불렸던 이태규는 한국 과학의 희망이자 이정표로 여겨졌다. 당시 한국이 추구하는 선진 과학에 가장 잘 부합하는 인물이 바로 이태규였던 것이다.

1966년 한국과학기술연구소(KIST)가 설립되고 한국 정부는 해외 과학자 유치 사업을 대대적으로 벌였으나 이태규는 이때 돌아오지 않았다. 그는 1970년에 정년퇴임한 후 유타대학에서 교육과 연구를 하며 지냈다. 그러던 중 제자 전무식과 과학기술처 장관 최형섭이 직접 방문하여 권유하고, 한국과학원(KAIS, 나중에 KAIST로 개편)에서 나이와 관계없이 계속 활동할 수 있는 기회가 생기자 결단을 내렸다. 1973년 9월 이태규는 반세기에 걸친 일본과 미국 생활을 접고 영구 귀국했다. 이때 그는 월간잡지《세대》에 다음과 같이 소회를 밝혔다.

나는 이 길고도 먼 여로에서 조국을 등지고 어느 풍요한 선진국의 국적을 얻어 눌러앉겠다는 생각을 단 한 번도 한 적이 없었다. 1962년 나이 60이 되었을 때 나는 침통한 심정을 가누지 못하면서 유타대학과 쉽사리 끊을 수 없는 관계를 맺게 되었다. 고국에서 마땅한 일자리가 나타나지 않았던 때는 그래도 내일을 기다리고 있을 수는 있었다. …

마침 과학원에 있는 제자 전무식(교무처장), 천성순 박사 들의 권고도 있을 뿐만 아니라 이미 칠순의 노구로 조국 발전에 미력이나마 바칠 기회라 믿고 흔쾌히 과학원 명예교수 자리를 받아들였다. …

소위 고희라는 나이를 넘어선 내게 소망이 있다면 내 힘이 다하는 데까지 한국의 우수한 과학도를 가르치고 내가 관심을 갖고 있는 연구를 계속하고 싶다는 것이다. … 나는 이와 같은 걸음걸이로 무덤까지 나아갈 것이다. 내 노력이 조국의 발전에 조금이라도 도움이 된다면 그것은 내게 더없는 보람이요 기쁨이 될 것이다.

_ 이태규, 「다시 조국에 살면서」, 《세대》 11, 1973.

이태규는 귀국 당시 이미 일흔이 넘었지만 유타에서 연구와 강의를 계속하고 있었고, 귀국해서도 한국과학원의 석학교수로서 국내외 연구자들과 함께 60여 편의 논문을 발표하고 대학원생들을 지도했다. 새로 설립된 한국과학원은 일반 대학들과 달리 특별히 이태규가 정년에 관계없이 최고의 대우를 받으며 연구를 계속할 수 있게 배려해 주었다. 이태규는 정부와 기업의 관심이 응용연구에 편중되는 것을 안타깝게 여기고, 기초과학연구 진흥을 위하여 1978년 한국이론물리화학연구회를 창설해 초대 회장을 맡기도 했다.

이태규의 연구 활동은 1992년 10월 26일 타계하기 전까지 꾸준히 이어졌다. 1990년 두 편, 1991년 한 편의 논문을 출판했으며, 사후인

1993년에도 연구를 완성한 공저자들이 세 편의 논문에 그의 이름을 실어 출판했다. 그가 타계했을 때, 과학기술계의 원로인 김동일(화학공학)은 한국과학기술단체총연합회 기관지 《과학과 기술》(25-11)에서 "우리나라 과학기술계의 태두泰斗이고 최고 원로로서 후학들의 영원한 귀감인 이태규 박사님, 박사님은 비단 국내뿐만 아니라 세계적으로 고명한 이론화학자로서 우리나라 과학계를 이끌어 온 정신적 지주"라고 평가했다. 이태규는 과학기술계의 상징적 인물로서 한국 과학기술에 크게 이바지한 공로를 인정받아 국립서울현충원에 안장되었다. 과학자로서는 그가 처음이었다.

이태규는 이론화학에서 세계적인 업적을 남겼으며, 한국 화학계의 형성과 정착에 크게 기여했다. 'Keen Observation(예민한 관찰력)'과 'Everlasting Effort(끝없는 노력)'을 학문의 신조로 삼았던 그는 늘 밤 12시 30분에서 1시 사이에야 연구실을 나섰다. 그는 세상을 떠날 때까지 평생을 과학자로 정진하면서 국제적 학술지에 약 200편의 논문을 발표했고, 국제 과학계의 인정을 받아 1958년 미국화학회(ACS)에서 수여하는 논문상을 받았다. 1965년에는 노벨화학상 수상자 후보 추천위원으로 위촉되었다. 대한민국학술원상(1960)을 필두로 국민훈장 무궁화장(1971), 수당과학상(1973), 서울특별시문화상(과학부문 1976), 5.16민족상(1981), 세종문화상(1982) 등 여러 상을 받았으며, 2003년 〈과학기술인 명예의 전당〉이 만들어졌을 때 초대 헌정자 14명 중의 한 명으로 선정되었다.

참고문헌

일차자료

논문

Korean Chemical Society, 1962, *Collected Works of Taikyue Ree: In Commemoration of His Sixtieth Anniversary*, Seoul: Korean Chemical Society.

Korean Chemical Society, 1972, *Collected Works of Taikyue Ree, Volume II (1962-1972): In Commemoration of His Seventieth Birthday*, Seoul: Korean Chemical Society.

Korea Research Center for Theoretical Physics and Chemistry, 1983, *Collected Works of Taikyue Ree, Volume III (1972-1982): In Commemoration of His Eightieth Anniversary*, Seoul: Korea Research Center for Theoretical Physics and Chemistry.

李泰圭, 1927, 「ニッケル銅觸媒の存在に於ける水素の臨界電壓」, 《物理化學の進步》1-1, pp. 68-109.

李泰圭, 1927, 「Langmuir氏の觸媒理論(其一)」, 《物理化學の進步》1-3, pp. 109-126.

堀場信吉·李泰圭, 1930, 「還元ニッケルの存在に於ける一酸化炭素の分解 第一報」, 《物理化學の進步》4-2, pp. 73-132.

李泰圭, 1931, 「還元ニッケルの存在に於ける一酸化炭素の分解 第二報」, 《物理化學の進步》5-2, pp. 1-190.

Ri, Taikei and Henry Eyring, 1940, "Calculation of Dipole Moments from Rates of Nitration of Substituted Benzenes and Its Significance for Organic Chemistry," *Journal of Chemical Physics* 8-6, pp. 433-443.

Magee, John L. and Taikei Ri, 1941, "The Mechanism of Reactions Involving Excited Electronic States II. Some Reactions of the Alkali Metals with Hydrogen," *Journal of Chemical Physics* 9-8, pp. 638-644.

李泰圭, 1944, 「有機置換基の反應性への影響. 第I篇 置換基の影響に關する 理論的考察」, 《化学研究所講演集》13, pp. 233-243.

李泰圭・室山西夫, 1944, 「結合能率の量子力學的計算」,
《物理化學の進步》18-1, pp. 24-31.

Ree, Taikyue and Henry Eyring, 1955, "Theory of Non-Newtonian Flow. I.
Solid Plastic System," *Journal of Applied Physics* 26-7, pp. 793-800.

Ree, Taikyue and Henry Eyring, 1955, "Theory of Non-Newtonian Flow.
II. Solution System of High Polymers," *Journal of Applied Physics* 26-7,
pp. 800-809.

Eyring, Henry and Taikyue Ree, 1961, "Significant Liquid Structures VI.
The Vacancy Theory of Liquids," *Proceedings of National Academy of
Sciences* 47-4, pp. 526-537.

Yang, Kang and Taikyue Ree, 1961, "Collision and Activated Complex
Theories for Bimolecular Reactions," *Journal of Chemical Physics* 35-2,
pp. 588-592.

Eyring, Henry, Teresa S. Ree and Taikyue Ree, 1965, "Recent developments
in the significant structure theory of liquids," *International Journal of
Engineering Science* 3-3, pp. 285-305.

Chae, Dong Ghie, Francis H. Ree and Taikyue Ree, 1969, "Radial
Distribution Functions and Equation of State of the Hard-Disk Fluid,"
Journal of Chemical Physics 50-4, pp. 1581-1589.

Kang, Hong Seok, Choong Sik Lee, Taikyue Ree and Francis H. Ree, 1985,
"A perturbation theory of classical equilibrium fluids," *Journal of
Chemical Physics* 82-1, pp. 414-423.

저서

李泰圭, 1938, 『接觸觸媒作用の機構』, 東京: 上賢堂.
이태규, 1946, 『재미만흔 과학 예기』, 건국사.
이태규 외, 1948, 『화학 1-3』, 동지사.

특허

李泰圭, 1933, 「水及炭素ヨリ水素製造法」(일본특허 제103544호).
李泰圭, 1933, 「水素製造法」(일본특허 제103545호).

| 기고/기사 |

이태규, 「나의 연구실 생활과 포부: 촉매작용의 연구」 상·하, 《동아일보》
　　1936. 1. 6.-7.

「三博士 座談: 科學世界의 展望－特히 理工化學을 議題로 하야」, 《春秋》
　　1942년 5호, 32-39쪽.

이태규, 1946, 「建國設計의 하나로 科學技術部를 設置하자」, 《현대과학》
　　1, 10-15쪽.

「과학교육 진흥방책과 과학기술부 설치에 대하야」, 《현대과학》 1948년
　　5호, 40-43쪽.

이태규, 1949, 「유기화학의 새로운 동향」, 《조선화학회지》 1-1, 79-91쪽.

이태규, 1964, 「화학계와 경제인들의 유대 강화가 긴요」, 《경협》 12.

장세헌, 1964, 「이태규박사 귀국강연요지집」, 《화학과 공업의 진보》 4-4,
　　369-399쪽.

이태규, 1965, 「과학의 진흥과 국가의 장래」, 《화학과 공업의 진보》 5-3,
　　191-195쪽.

「원로 과학기술자의 증언: 이태규 박사 편」 상·하, 《과학과 기술》 1970년
　　3-4월호, 40-43쪽, 54-56쪽.

이태규, 1973, 「다시 祖國에 살면서」, 《세대》 11, 140-146쪽.

「對談 : 學問할 수 있는 環境부터－「科學韓國」 오늘의 問題點과 내일에의
　　忠言」, 《신동아》 1973년 11월호, 144-151쪽.

이태규, 1974, 「노벨賞 추천委員 지낸 韓國의 頭腦」, 『내가 겪은 20世紀』,
　　경향신문사, 381-386쪽.

「원로인생대담: 과학과 과학화시대 이태규와 조순탁」 《세대》 1976년
　　6월호, 80-91쪽.

이태규, 1983, 「과학이란 복지와 파멸의 두얼굴을 지닌 야누스이다」,
　　『높은산 깊은 골에 : 최고 지성과의 사상 대화』, 일념, 279-298쪽.

「원로 이태규 선생과의 대화: 이태규와 김동일」, 《화학과 공업의 진보》
　　1985년 6월호, 399-405쪽.

「이태규와 김동일: 선진국 되려면 기초과학 육성해야」, 『일요방담: 韓國을
　　움직여 온 元老들의 TV對談』, 한국방송사업단, 1986, 31-46쪽.

김동일, 1992, 「추도사」, 《과학과 기술》 25-11, 46-47쪽.

이차자료

과학기술정보통신부·한국과학기술한림원, 2019, 「고 이태규: 오직 과학에
　　몰두한 완전주의자」, 『대한민국과학기술유공자 공훈록』 1, 46-53쪽
김근배, 2019, 「과학으로 시대의 경계를 횡단하다 – 이태규·리승기·
　　박철재의 행로」, 『대동문화연구』 106, 7-34쪽.
박성래, 2011, 「한국 화학의 선구자 이태규」, 『인물 과학사 ① 한국의
　　과학자들』, 책과함께, 592-598쪽.
김근배, 2008, 「남북의 두 과학자 이태규와 리승기: 세계성과 지역성의
　　공존 모색」, 『역사비평』 82, 16-40쪽.
대한화학회, 2008, 『나는 과학자이다: 우리나라 최초의 화학박사 이태규
　　선생의 삶과 과학』, 양문.
송상용, 2005, 「한국 화학계의 큰 별 이태규」, 김근배 외, 『한국
　　과학기술인물 12인』, 해나무, 307-321쪽.
이태규 박사 전기 편찬위원회, 김용덕 엮음, 1990, 『이태규 박사 전기』,
　　도서출판 동아.
안동혁, 「세계 화학계의 선진 이태규 박사를 맞으며」, 《동아일보》
　　1964. 9. 17.
水渡英二, 1983, 「堀場信吉の業績と経歴」, 《化学史研究》 22, pp. 19-32.
DiMoia, John, 2012, "Transnational Scientific Networks and the Research
　　University: The Making of a South Korean Community of Utah, 1948-
　　1970," *East Asian Science, Technology and Society: An International* 6-1,
　　pp. 17-40.
Kim, Dongwon, 2005, "Two Chemists in Two Koreas," *AMBIX* 52-1,
　　pp. 67-84.

김근배·김태호

1963년 연세대학교
부총장 재직 시절 장기원
연세대학교 기록관

장기원

張起元 Ki Won Chang

생몰년: 1902년 6월 18일(1903년 6월 16일)*~1966년 11월 5일
출생지: 평안북도 용천군 양하면 입암동 726
학력: 연희전문학교 수물과, 도호쿠제국대학 수학과
경력: 이화여자전문학교 교수, 연세대학교 이공대학 학장 및 부총장, 대한민국학술원 회원
업적: 한국 전통 수학사 연구 및 고문서 수집, 연세대학교 이공대학 기반 구축
분야: 수학-기하학, 수학사

한국의 과학자 중 자신이 몸담았던 기관에서 가장 존경받은 인물을 꼽으라면 아마도 장기원일 것이다. 수학자였던 그는 격동의 시기에 연세대 교수로 있으면서 새로운 과학 전통을 세우는 일에 앞장섰다. 이공대학의 기틀을 마련하고 과학관을 세웠으며 차세대 과학자를 양성하는 일에 힘썼다. 또한 열악한 여건에서도 조선수학사 고문서를 발굴해 정리하는가 하면, 수학계의 난제 중 하나였던 4색 문제 증명을 위해 오랫동안 진지한 노력을 기울였다. 그가 세상을 떠난 뒤, 연세대학교와 후학들은 장기원기념관을 세워 그의 기여를 항구적으로 기리고자 했다.

이춘호의 제자로 연희전문 수물과 우등 졸업

장기원은 1903년 평안북도 용천에서 장학섭張鶴燮의 장남으로 태어났다. 어머니나 형제에 관한 정보는 알려져 있지 않다. 할아버지는 경성 사람 소유의 땅을 대신 관리하는 마름으로 400석지기의 부자였고, 할머니는 독실한 기독교 신자였다. 아버지 형제들은 한마을에 모여 살았는데, 모두가 한학에 밝은 편이었다. 교육에 대한 열의가 높아 집안에서 학교를 세워 운영하기도 했다. 빈민을 위한 의료 활동으로 '한국의 슈바이처'로 불리는 장기려張起呂가 그의 사촌 동생이다.

* 장기원의 출생은 1903년 6월 16일로 알려져 있으나 1950년대 자료에 따르면 1902년 6월 18일로 소개되어 있다.

장기원은 집안에서 설립한 초등 과정의 의성학교를 1912년에 들어가 3년 만에 마치고, 선천에 있던 기독교계 신성중학교(현재 안양의 신성중고등학교)로 진학했다. 1920년 신성중학교를 졸업한 그는 1년간 인근 학교에서 학생들을 가르치다가 이듬해에 연희전문학교 수물과에 입학했다. 연희전문은 식민지에서 수준 높은 기초과학을 배울 수 있는 유일한 고등교육기관이었다. 그는 베커Arthur L. Becker와 밀러Edward H. Miller로부터 물리학과 화학을, 그리고 새로이 임용된 이춘호에게서 수학을 배웠다. 이춘호는 수물과의 첫 조선인 교수였다. 1922년 조선교육령 개정으로 교수 인력의 채용이 비교적 자유로워지면서 조선인에게도 기회가 열렸던 것이다. 장기원은 이춘호로부터 많은 영향을 받았는지 이후 수학을 전공했고 당시로서는 드물게 조선수학사에도 관심을 가졌다.

한편 그는 1923년 개최된 제3회 〈전조선정구대회〉에 연희전문 대표선수로 출전했다. 1925년 졸업 때는 연희전문을 빛낸 운동선수의 한 명으로 언론에 소개되기도 했다. 졸업 후에는 연희전문 주최 〈전조선중등학교 육상경기대회〉의 심판부 위원으로 활동했고, 모교의 교수가 된 후에는 정구부 감독을 맡아 이끌었다.

1925년의 연희전문 졸업식은 《조선일보》에 상세히 보도되었다. 이때 장기원은 수물과의 우등 졸업생으로 선정되는 영예를 안았다.

희망의 첫길에―3과에 28명 연희전문 졸업식

시외 연희전문학교 졸업식은 십사일 오후 한시 반부터 동교 강당에서 성대히 거행하얏다. 『피아노』 곡됴를 마쳐 동교생 일동의 착석이 잇슨 후 교장대리 『쩨커』씨의 식사를 비롯하야 교가가 잇섯고 『커』씨의 의미깁고 간절한 권설(勸說)이 긋나자 금년 졸업생 이십팔 명에게 각각 졸업증서 수여식이 잇서 여러 가지 례식을 마치고 동교 조선인 교원으로 조직한 우애회(友愛會)의 상품 수여와 재학생의 긔념품 긔증이 잇섯다. 금년 졸업생은 문과 열네 명, 상과 열한 명, 수물과 세 명으로 그들 중 이십 명은 교육방면에 활동하게 되야 그중 세 명은 교육을 연구코자 미국으로 류학을 갈 터이며 여덜 명은 사회 각 방면에 나아가게 되얏다 한다. 우등 졸업생은 문과에 정인승, 상과에 윤진성, 수물과에 장긔원 삼군이라더라.

_《조선일보》 1925. 3. 15.

식민지 조선의 기하학 고수 '장기하'

모교에 남아 조수로 활동하던 장기원은 이듬해인 1926년에 일본 도호쿠제국대학東北帝國大學 이학부 수학과에 지원했다. 마침 연희전문 수물과 1년 선배인 신영묵이 1924년 교토제국대학 수학과에 진학했는데, 비록 관청 및 공공단체 등이 파견한 위탁생委託生 신분으로 들어간 것이긴 해도 장기원에게는 큰 영향을 미쳤다고 한다.

장기원은 최윤식(도쿄제대), 신영묵(교토제대)에 이어 일본 제국대학 수학과에 입학한 세 번째 조선인이었다. 그가 지원한 도호쿠제대 수학과에는 그때까지만 해도 조선인이 들어간 적이 없었다. 제국대학 입학제도에는 고등학교 출신으로 정원을 채우고 남은 자리를 전문학교 출신이 경쟁을 벌여 진학하는 방계傍系 방식이 있었지만, 그러한 기회를

Also: (7) $f = uk = f'(\lambda + \mu\nu)^2 + \lambda\mu\,(m'k^2 + m^2 k' - 2\nu f').$

Es sei

(8) $k^2 = \alpha k', \quad m^2 = \beta m',$

So daß $\alpha\beta = \nu^2.$

Dann ist: (9) $f = f'(\lambda + \mu\nu)^2 + \lambda\mu f'(\alpha + \beta - 2\nu).$

Nun ist

(10) $\alpha + \beta - 2\nu \geqq 0$

wobei das Gleichheitszeichen nur gilt, wenn $\alpha = \beta = \nu$ ist, weil unter allen Rechtecken gleichen Inhalts das Quadrat den kleinsten Umfang hat. Also:

(11) $\sqrt{f} \geqq \lambda \sqrt{f'} + \mu \sqrt{\mu^2}.$

Satz 1. Für die Querschnitte f eines Trapezkörpers gilt die Beziehung (11), wobei das Gleichheitszeichen nur gilt, wenn

도호쿠제국대학 시절 장기원의 수학노트 일부
『장기원교수 10주기 추념논문집』(1976)에서

조선의 사립 전문학교 졸업자가 얻기란 매우 어려웠다. 그런데 1926년에는 도호쿠제대 수학과에 조선인 세 명이 동시에 합격했다. 그 주인공은 일본 제2고등학교 출신의 이진문李鎭文과 도쿄물리학교 출신의 최종환崔宗煥, 연희전문 출신의 장기원으로, '도호쿠 수학 삼총사'로 불릴 만하다. 이 중 이진문과 최종환은 정규생이었고, 장기원은 자격이 부족한 특별 입학생이었다. 그는 입학 때에는 신입생 명단에 없다가 2학년부터 재학생 명단에 포함되었다.

당시 도호쿠제대 수학과는 미분적분학, 복소변수함수론·미분방정식론, 실변수함수론·대수해석, 좌표기하학·미분기하학, 종합기하학·

화법기하학, 수론·대수론, 실용함수
론·실용수학 등의 교과목을 갖추고 있
었다. 그는 3년의 대학 과정을 우수한
성적으로 마치고 1929년 정식으로 졸
업장을 받았다.

장기원은 대학 졸업 후 1929년에
이화여자전문학교 교수로 부임하여
약 10년간 재직했다. 이화여전에는 과
학을 전공한 교수가 없었기 때문에 그
는 일반수학은 물론이고 물리학, 화학

**1933년 이화여자전문학교 교수 시절
장기원** 연세대학교 기록관

까지 강의했다. 동시에 연희전문 수물과에 수학 강사로도 출강했다.
이화여전 재직 시절, 그는 대수를 잘하기로 이름났던 최규동崔奎東과
더불어 '최대수와 장기하'로 불리며 유명세를 탔다. 기하에 탁월한 젊
은 수학자로서 식민지 조선인들의 기대를 받았던 것이다. 최규동은 광
신상업학교와 정리사精理舍 수학연구과를 마치고 중동학교(현재의 중
동중고등학교) 교장으로 활동했던 인물인데, 해방 후 서울대 총장으로
재직하던 중 납북되었다. 정리사는 일본 도쿄물리학교에서 공부하고
돌아온 유일선柳一宣이 운영한 수리 중심의 출판사 겸 교육기관이었
다. 장기원은 1939년에 10년 근속 직원으로 표창을 받았으나, 문과와
음악과, 가사과만 개설되어 있던 이화여전에서 고등수학을 연구하거
나 수학 인력을 양성하기란 불가능했다.

1940년 그는 자신의 모교인 연희전문 이과(수물과에서 개칭) 교수로

자리를 옮겼다. 수학 분야의 전임교수로 있던 이춘호와 이원철이 미국에서 독립운동을 하던 이승만과 연계된 흥업구락부 사건에 연루되어 학교에서 쫓겨나면서 그 후임으로 가게 된 것이다. 이 무렵 장기원은 하리무라張村起元로 창씨를 했다. 1943~1945년에는 경성고등공업학교 및 경성제국대학 부속 이과교원양성소 수학 강사로도 활동했다.

연세대에 남아 이공대학 발전 견인

해방 이후 연희전문은 1946년에 연희대가 되었고, 1957년 세브란스 의과대학과 통합하면서 연세대로 바뀌었다. 이러한 변화 속에서도 한결같이 자리를 지킨 장기원은 연세대의 간판 교수가 되어 때때로 대외활동에 참여하곤 했다. 예를 들면 그는 1948년 남한 단독정부 수립에 반대하고 김구와 김규식이 추진하는 남북회담을 지지하는 저명한 문화인 108명의 성명에 참여했다. 1949년에는 국제학술원이라는 기관에서 진행한 〈자연과학종합학술강좌〉에 이원철, 석주명, 윤일선 등과 함께 연사로 나서 '수리철학數理哲學'을 강의했다. 그럴지라도 그는 연세대 학내의 현안을 파악하고 개선하는 일에 훨씬 더 치중했다.

당시는 교수 인력이 크게 부족했다. 1946년에 서울대학교가 설립되자 곳곳의 유능한 인력이 대대적으로 서울대 교수로 자리를 옮겼다. 연희전문 출신이나 연희대 교수들도 예외가 아니어서 과학계에서 명성 있던 이춘호(수학), 최규남(물리학), 박철재(물리학), 김봉집(공학)이 서울대로 갔고, 이원철과 국채표는 국립중앙관상대로 옮겼다. 이때는 일본 제국대학 출신이면 그간의 경력이나 성과에 관계없이 서울대 교수가 될 수 있었다. 더구나 수학 분야는 경성대 및 서울대 교수로 있던 제 국대학 출신의 김지정, 유충호, 정순택, 최종환 등이 대거 월북함에 따라 심각한 인력난을 겪고 있었다.

그럼에도 불구하고 장기원은 연세대에 남아 과학계 학과의 증설과 발전을 이끌었다. 그는 1946년 이학원 원장을 시작으로, 1950년에 세워진 이공대학 초대 학장을 포함하여 무려 15년간이나 학장직을 수행했다. 초창기 연세대 이공대학은 그의 주도로 운영되며 지속적으로 확충되고 발전했다. 군사정변으로 새로운 정권이 등장하면서 1961년 총장이 사퇴하자 그가 총장직무대리를 맡았고, 이어서 2년 동안 학장과 부총장을 겸임했다.

장기원이 학장으로 재임하는 동안 연희대 이공대학은 독립적인 단과대학으로 자리 잡았다. 오랜 기간 수물과만 있다가 1946년에 수학과와 물리기상학과와 화학과가, 1949년에 생물학과와 의예과가 이학원에 더해졌다. 1950년대에는 이학원에서 이공대학으로 명칭이 바뀌면서 전기공학과와 공업화학과(후에 화학공학과로 개칭), 건설공학과(후에 토목공학과, 건축공학과, 기계공학과로 분리)가 증설되었다. 과학과 공학 분야를 망라하는 입학 정원 260명의 이공대학으로서 진용이 갖추어졌다. 1957년에는 연희대와 세브란스의대가 통합되어 연세대로 발족했고 다시 학장을 맡은 1962년에는 이공대학에 이학부와 공학부가 분리 설치되었다.

그의 재임 기간에 추진된 가장 중요한 사업의 하나는 과학관 건립이었다. 이공대학이 팽창함에 따라 강의실 및 실험실습실 등 공간 부족 문제가 커졌고, 그 와중에 세브란스의대 의예과까지 연희대 이공대학으로 편입되자 과학관을 신축하기로 한 것이다. 그에 따라 1950년 봄에 과학관 정지整地공사가 시작되었으나 한국전쟁의 발발로 중단되었다. 서울 수복 후 대학에서는 가장 먼저 과학관을 세우기로 결정하고 1954년 설계와 위치를 변경하여 착공했다. 2년여의 공사 기간과 약 2억 2000환의 경비를 들여 1956년 한국 최대 규모와 최고 시설을 자랑하는 석조 6층 건물의 과학관이 완공되었다. 주요 공간은 강의실을 비롯하여 실험실(화학, 물리학, 생물학, 전기공학 등의 실험실), 연구실, 공작실, 준비실, 표본실, 냉동실, 천칭실, 기상관측실, 방송실, 영사실, 변전실, 보일러실 등으로 이루어졌다. 백낙준 총장은 낙성식에서 "특히 연희의 과학 발전을 위하여 헌신하신 분으로 일찌기 베에커[베커] 박사, 미일러[밀러] 박사와 이춘호, 이원철, 최규남, 장기원 씨 등의 노고가 컸었다"라며 감사를 표했다. 유엔한국재건단(UNKRA)의 교육원조와 미국 중국대학위원회China College Board 및 연희대 기금을 받아 실험 기구도 대대적으로 확충했다. 이 과학관은 1957년 연희대와 세브란스의대의 통합으로 사라지게 된 학교 이름을 남기기 위해 '연희관'으로 명명되었다.

과학관 건립을 계기로 연희대에서는 과학기술 관련 활동이 더욱 활발해졌다. 당시 소개된 내용을 보면 수물학회를 비롯하여 화학회, 생물학회, 화공학회, 전기학회 등이 있었고, 각 학회에서는 학술 발표회, 초청 강연, 회지 발간, 견학, 채집 등의 활동을 벌였다. 일례로 화학회는 새로 세워진 과학관에서 이길상 교수의 〈신주기율표 제작 발표회〉

1956년 연세대학교 과학관(현재의 연희관) 준공

연세대학교 기록관

를 개최했다. 연희대 이공대학의 교수 전원과 서울대, 중앙대, 이화여대 학생을 포함하여 300여 명이 운집한 대대적인 행사였다. 《연희춘추》(1956. 11. 12.)에 따르면, 이길상 교수 팀은 종래 사용하던 주기율표에서 원자 내 전자 배치를 나타내는 방법을 개선하고자 다년간 연구하여 세계 최초로 '신전자식 주기율표'를 발명했다. 발표회에서는 참석자들에게 새 주기율표를 인쇄하여 배부했다고 한다. 또한 생물학회는 학술모임 중 가장 활발한 활동을 보였는데, 예를 들면 경인 지역 생물채집회, 여름방학 제주도 생물조사반 파견(20일간), 연희캠퍼스 식물생태 분포 조사, 가축위생연구소 및 중앙방역연구소 견학, 학술연구발표회(4회) 등을 추진했다. 특히 과학관이 세워진 1956년을 "생물학회의 발전이 눈부시게 일어난 특별한 해"로 들고 있다.

장기원이 학교에서 수학을 전문적으로 강의하게 된 것은, 연희전문이 1946년에 연희대로 승격하면서 수물과에서 수학과가 분리된 이후였다. 이때 초기 교수 및 강사진으로 장기원을 비롯하여 박정기(도호쿠제대) 등이 합류하면서 다양한 전공과목을 개설하는 것이 가능해졌다. 2학년에는 고등미적분, 행렬식, 급수론, 3학년에 실변수함수론, 미분기하학, 4학년에 사영기하학, 현대대수학과 함께 수론, 수학특수강의, 수학연구제문제 등이 개설되었다. 그런데 얼마 후 서울대로의 이직 등으로 교수가 부족해졌고, 그 때문에 장기원은 이공대 학장직을 수행하면서도 때로는 주당 20시간씩 강의를 해야 했다. 그는 해석학, 미분기하학, 현대대수학 등을 강의했으며, 다른 교수들의 휴강 시간까지도 채우는 엄격함과 성실함으로 학생들을 지도했다. 1950년대 중반이 되어서야 졸업생들이 교수진으로 본격 합류하면서 수학과의 교과목 운영이 원활해졌다.

장기원은 연희대 입학시험 출제와 채점을 주관하기도 했다. 1954년에 연희대 입학 경쟁률은 6 대 1에 이를 정도로 치열했다. 학교 건물은 수험생의 절반밖에 수용하지 못해 일부는 노천극장에서 시험을 보았고, 아예 부산 지역에서 따로 시험을 치른 경우도 상당수였다. 이공대학의 입학 경쟁률은 220명 모집에 984명이 지원하여 약 4.5 대 1이었다. 장기원은《연희춘추》(1954. 4. 1.)에 기고한 「수학 채점을 마치고」에서 학생들의 수학 과목 성적에 문제가 심각하다고 지적했다. 그에 따르면, 전체 수험생 중 20점 이하의 수험생이 54%이고 40점 이하는 80%에 달하는 데 반해, 80점 이상의 수험생은 고작 4%에 불과했다. 그는 이렇게 학생들의 수학 성적이 저조한 원인을 교과서와 교사에서 찾았다. 오래전의 교과서를 개선 없이 그대로 사용하고 있고, 수학 교사의 양과 질이 부족한 것이 가장 큰 문제라는 것이었다.

장기원은 교장들을 포함한 교육계 인사를 대상으로 주제 발표를 하는가 하면, 서울대 최윤식과 함께 중등교사 자격 검정고시 출제위원을 맡기도 했다. 1956년에는 문교부 교육심의위원회 기술교육분과 위원으로 이원철과 같이 선임되었고, 다음 해에는 서울시 교육위원회 자연과학분과 위원으로도 참여했다. 이처럼 그는 중등학교 수학교육에도 깊은 관심을 기울였다.

미완의 '4색 문제'와 한국수학사 연구

과중한 교육과 행정 업무를 감안하면 그가 연구에 집중할 시간은 턱없이 부족했을 것이다. 하지만 "대학은 학생만이 자라는 곳이 아니다. 그보다도 교수들이 더 성장해야 하는 곳이다"라며 늘 동료 교수들을 독려했던 그는 학자로서도 게으르지 않았다. 장기원이 연구한 주제는 크게 두 가지였는데, 하나는 19세기에 제기된 이후 100년 가까이 미제로 남아 있던 이른바 '4색 문제Four color problem'였고, 나머지 하나는 '조선수학사數學史' 연구였다.

4색 문제란 서로 이웃한 두 나라를 다른 색으로 칠한다고 할 때 아무리 복잡한 지도라도 네 가지 색만 쓰면 가능하다는 경험적 사실을 수학적으로 증명하는 문제이다. 이것은 1852년 영국의 수학자이자 논리학자인 드모르간Augustus De Morgan이 제기한 이래 수학계의 난제로 남아 있었다. 유학 시절부터 이 문제에 골몰한 장기원은 1960년대 초 수학적 귀납법을 이용해 상당히 만족스러운 답을 발견하고, 이를 영어 논문으로 완성했다. 그의 집 서재에는 큰 칠판이 걸려 있었는데, 거기에는 이 문제를 해결하기 위한 방정식과 도형이 빼곡히 적혀 있었다고 한다. 그는 논문을 발표하기 전에 해외 수학자들의 의견을 듣기 위해 원고를 MIT 수학과 교수에게 보냈다. 그리고 동시에 미국에서 귀국한 수학자 정경태에게도 논문을 검토해 줄 것을 요청했다. 정경태는 다섯 나라의 영토가 만나는 5중점의 경우에는 논문에서 제시한 방법이 적용될 수 없음을 발견했다. 하지만 장기원이 도입한 '짝수 쌍even pair'과 '짝수 체인even chain'의 개념 그리고 '환원법method of reduction'이라고 명명한 방법은 매우 신선하고 유용하다고 평가했다. 장기원은 4색 문제를 N색 문제로까지 확장하여 영어 논문으로 써서 1965년《연세논총 Yonsei Nonchong》에 발표하기도 했다. 그러나 그는 자신의 연구를 끝맺지 못한 채, 1966년 갑작스럽게 세상을 떠나고 말았다.

4색 문제는 1976년 8월 미국 일리노이대학의 아펠Kenneth Appel과 하켄Wolfgang Haken이 해결했다. 그들은 지도를 그 특징에 따라 약 1936개의 경우로 분류하고, 각각의 경우를 4색으로 칠하여 구분할 수 있다는 것을 1200시간 동안 컴퓨터를 가동해 수학적 귀납법으로 증명했다. 하지만 복잡한 컴퓨터 계산을 동원한 이 증명은 수학자들의 확신을 얻지 못했고, 1997년에야 계산 시간과 복잡성을 대폭 줄인 새로운 증명법이 오하이오주립대학의 로버트슨Neil Robertson, 조지아공과대학의 샌더스Daniel P. Sanders, 토머스Robin Thomas와 프린스턴대학의 시모어Paul Seymour에 의해 제시되었다. 장기원은 1940년에 간단한 주판 계산기를 고안해 특허까지 받았다고 하는데, 컴퓨터를 쓰지 않는 계산으로 증명이 가능한 귀납적 방법과 개념을 도출했다는 점만으로도 놀랍다고 하겠다.

장기원이 조선수학사를 연구하고자 마음먹은 건 유학 시절부터였다. 도호쿠제대는 일본수학사 연구의 본산이었고, 일본수학사는 이미 1914년 그 성과가 영문으로 번역 발간되어 국제적 관심을 끌고 있었다. 스승인 후지하라 마쓰사부로藤原松三郞는 일본수학사와 중국수학사에 관한 논문을 여럿 발표하고 국제적 명성을 얻은 학자였다. 장기원은 후지하라가 찾지 못한 중국 전통 수학책을 조선에서 구해다 주기도 하면서 수학사에 발을 들였고, 일본수학사 못지않은 조선수학사의 영문판을 완성하리라 결심했다. 그는 조선의 수학 고문서 수집에 나서 해방 후까지 전국의 고서점, 도서관, 개인과 사찰의 서가 등을 돌아다니며 155종의 귀한 수학책을 확보하고 이를 탐독했다. 1946년에는 연희대 개교 기념행사로 열린 학술 강연회에서 '조선수학의 일고찰'이라는 주제로 발표했다.

그가 수집한 대표적인 자료로는 『묵사집默思集』, 『구수략九數略』(1700), 『중간산학계몽重刊算學啓蒙』, 『양휘산법楊輝算法』, 『산학원본算學原本』(1700), 『산학입문算學入門』, 『산법전서算法全書』, 『습산진벌習算津筏』(1850), 『산학정의算學正義』(1867) 등이 있다. 『묵사집』은 17세기 조선시대의 수학자 경선징慶善徵이 쓴 것인데, 후지하라를 통해 중국에서 찾아냈다 하고, 『구수략』은 조선 후기의 문신 최석정崔錫鼎이, 『산학정의』는 관상감 제조를 지낸 남병길南秉吉이 썼다. 『양휘산법』은 남송南宋의 수학자 양휘楊輝가 지은 책인데, 조선에서는 잡과 시험에 사용되어 여러 번 간행되었지만, 중국에서는 원대를 거치며 그 원본이 전해지지 않던 책이다. 『양휘산법』 경주판이라고 불리는 1433년의 조선본은 일본에 전해져 유명한 일본 수학자 세키 고와關孝和에 의해 연구되고 필사되어 일본에서 가장 대중적인 수학서가 되기도 했다.

조선수학사에 대한 연구 성과는 1957년부터 연세대《학우회보》등을 통해 조금씩 발표되기 시작했는데, 그의 때 이른 죽음으로 영문 단행본을 완성하고자 했던 꿈은 이루어지지 못했다. 장기원은 특별히 조선시대 형제 과학자인 남병철南秉哲과 남병길의 수학책을 탐독했던 것으로 알려져 있다. 또한 장기원은 이상혁李尙爀의 『산술관견算術管見』의 해제 연구를 1959년에 발표했는데, 이는 조선수학의 독창적이고 독자적인 발전을 연 저작을 일찍이 주목했다는 의미를 지닌다. 1960년 대한수학회 회장인 최윤식은 언론에 기고한 글에서 한국인 수학자들의 활발한 활동을 소개하면서 "한국수학사 연구의 태두이신 장기원 교수는 매년 그 연구를 발표하여 우리의 존재를 알리고 있는 것은 기쁜 일"(《조선일보》 1960. 3. 30.)이라고 말했다. 한국수학사를 가장 앞서서 처음으로 연구한 사람이 바로 장기원이었던 것이다.

그가 남긴 자료들은 1972년 연세대에 설립된 장기원기념관에 보관되다가, 2008년 기념관이 있던 자리에 중앙도서관이 새로 지어지면서 그곳에 보관되고 있다. 기념관은 도서관 6층의 장기원기념실과 7층의 장기원국제회의실로 바뀌었다. 일본수학사의 본산인 도호쿠대학에는 일본수학의 대표적 업적인 화산和算 분야 책이 1만 점 이상 있다고 한다. 155여 점의 조선수학사 자료는 그에 비할 수는 없다. 하지만 교육과 수학 대중화 등의 여러 임무를 수행하면서도 수학 연구와 전통 수학사 연구에 힘쓴 장기원의 노력과 애정 덕분에 하마터면 사라질 수도 있었던 소중한 자료가 다음 세대의 수학자와 수학사학자들의 자산으로 남게 되었다.

후학들이 세운 전무후무한 '장기원기념관'

장기원은 1946년의 조선수물학회와 뒤이은 1952년의 대한수학회 창립에도 주도적으로 참여했다. 대한수학회에서는 초대 회장인 최윤식

1966년 고 장기원 박사 학교장 장례식 연세대학교 기록관

1972년 장기원기념관 개관(왼쪽부터 아들, 안세희 교수, 부인, 딸) 연세대학교 기록관

을 도와 부회장을 맡았는데, 최윤식이 1960년 갑자기 사망하면서 장기원이 회장이 되었고, 2대 회장에도 선출되어 1966년까지 직을 맡았다. 1958년에는 서울시 교육공로자로 선정되어 표창장을 받았으며, 1962년에는 생물학의 조복성과 함께 경북대학교에서 명예 이학박사학위를 받았다. 연희전문 제자이자 장기원의 추천으로 도호쿠제대에서 유학한 경북대 교수 박정기가 이를 주선했다. 1966년에는 대한민국학술원 회원과 한국과학기술단체총연합회 이사에 선출되었으며, 정부의 과학기술 장기발전계획 수립과 과학기술 진흥정책을 심의하는 과학기술연구조정위원회 위원으로 참여했다.

1966년, 장기원은 이사한 자택의 집들이 준비를 위해 천장을 수리하려고 올라갔다가 사다리에서 떨어져 급작스럽게 세상을 떠났다. 장례식은 5000여 명의 조문객이 참여한 가운데 학교장으로 노천극장에서 치러졌다. '고 장기원 교수 특집'으로 꾸며진 《연세춘추》(1966. 11. 14.)에 따르면, 장례식이 거행되는 오전 11시부터는 일체의 강의가 휴강되었고, 12시에 식이 끝나자 장례 행렬은 고인이 근무했던 이공대학을 필두로 캠퍼스를 순회한 후에 음악 합창대의 조가가 울려 퍼지는 가운데 학생들이 줄지어 선 백양로를 지나 장지로 향했다. 그의 묘소는 경기도 고양군 원당면 원릉역 앞 가족묘지에 마련되었다.

백낙준 명예총장은 조사에서 고인의 생애와 업적을 다음과 같이 돌아보면서 '전형적 연세인'으로 '연세 과학의 전통'을 세운 독보적인 인물이었던 장기원에게 감사를 표하며 그를 추모했다.

조사(弔辭)

장 선생은 … 연세에서 자라고 연세에서 일하고 연세 과학의 전통을 세우고 연세인을 길러내고 연세를 빛내었읍니다. …

　해방 직후 혼란기에는 남아있는 약간의 실험시설이라도 애끼고 보전하려고 실험실에서 주야 숙직에 당하였고 문생과 후배를 독려하여 해방 후 국내에서 과학교육의 선봉으로 나섰읍니다. 본래 연희전문학교 수물과를 오늘 연세대학교의 최대 대학으로 발전시킨 것은 모두 장 선생의 정력과 노고와 신념의 결과입니다.

　자연과학 과목 교수진이 미비되어 있던 우리나라 과학계에서 교수진을 자작자급(自作自給)할 계획을 세우고 다수한 과학도를 배양하였읍니다. 연세 과학도들이 외국에 유학하여 그 실력을 과시할 수 있는 것은 장 선생의 교육방침하에 지도를 받았기 때문입니다. 오늘 연세가 국내에서 기초과학교육의 우이(牛耳)를 잡고 있음도 그의 교육방침에 의하여 이루어진 것입니다.

　우리가 과학관을 교내 최대의 건물로 조성할 때 장 선생은 세밀한 계획과 꾸준한 감독을 이바지하였고 그 건물이 낙성됨에 미쳐 그의 돌보시고 애끼는 심정은 건물 출입인의 신발 바닥을 검사하시기도 하였읍니다. 어느 모퉁이에 그의 성과 열이 깃들지 않은 곳이 없을 것입니다.

＿《연세춘추》 1966. 11. 14.

그에 대한 추모는 이후에도 이어졌다. 1972년에는 제자들의 모금을 기반으로 연세대 교정에 '장기원기념관'이 건립되었으며, '장기원

박사 기념사업회'가 발족했다. 1976년에는 10주기 기념논문집이 발간되었다. 기념사업회에는 연세대 이공대학 출신 4000여 명이 회원으로 참여했고 국내외에서 2700만 원이 모금되었다. 당시 박대선 총장은 "이런 경사는 개교 87년 역사에 일찍이 없었다며 「한국 교육의 성장」"(《조선일보》 1972. 1. 21.)이라고 그 의미를 특별히 부여했다. 그렇게 세워진 장기원기념관에서는 한국물리학회 학술대회, 대한화학회 학술대회, 한국통계학회 학술대회, 대한건축학회 학술대회 등을 비롯한 다양한 과학기술 행사가 연이어 열렸다.

장기원은 무엇보다 두 가지 과학 활동에 치중했다. 하나는 연세대 이공대학을 반석 위에 올려놓는 것이었고, 다른 하나는 오랫동안 관심을 기울인 연구를 수행하는 것이다. 그는 한국수학사와 4색 문제 연구에 관심을 기울였으나 갑작스러운 죽음으로 큰 성과를 거두지는 못했다. 하지만 이공대학 확충, 과학관 건립, 실험 설비 구비, 과학 활동 장려 등을 통해 단기간에 연세대의 과학 전통을 세우는 데 결정적으로 공헌했다.

참고문헌

일차자료

논문

장기원, 1957, 「南秉吉 著 算學正義에 나타난 大衍術의 解說」,
　　《학우회보(연세대)》1, 3-5쪽.

장기원, 1958, 「慶善徵의 默思集」,《학우회보(연세대)》2, 39쪽.

장기원, 1959, 「李尙爀志叟 著 算術管見」,《학우회보(연세대)》3.

장기원, 1964, 「한국수학사료 수종」,《수학》1-1, 30쪽.

장기원, 1965, 「한국수학 사료」,《수학》2-1, 23쪽.

Chang, Ki Won, 1965, "On the Chromatic Numbers," *Yonsei Nonchong*,
　　The 80th Anniversary Thesis Collections, Natural Sciences, pp. 275-285.

장기원 교수 추념 논문집 간행위원회, 1976, 『장기원교수 10주기
　　추념논문집』, 장기원 교수 추념 논문집 간행위원회.

Chang, Ki Won, 1998, "A Proof of the Four Color Problem(장기원 교수
　　遺稿),"《大韓數學會뉴스레터》, pp. 10-12.

기고/기사

장기원, 「수학 채점을 마치고」,《연희춘추》1954. 4. 1.

「연희대학교 과학관 개관 특집」,《연희춘추》1956. 10. 22.

「고 장기원 박사」,《조선일보》1966. 11. 10.

「고 장기원 교수 추모 특집」,《연세춘추》1966. 11. 14.

「장기원 기념관 개관 특집」,《연세춘추》1966. 11. 14.

「제자들이 쌓은 『스승의 얼』 – 연세대 「장기원기념관」 준공」,《조선일보》
　　1972. 1. 21.

이차자료

연세대학교 홍보팀, 「[역사 속 연세] 연세 과학의 초석, 장기원 교수」,
　　《연세소식》2016. 11. 1.

손영종, 2015, 「해방 이후 연희대학교 과학기술 학풍의 성장」, 김도형 외, 『해방 후 연세학풍의 전개와 신학문 개척』, 혜민, 237-254쪽.

이상구·이재화, 2012, 「최초의 한국수학사 전문가 張起元」, 《數學敎育論文集》 26-1, 1-13쪽.

이상구·설한국·함윤미, 2009, 「미국과 한국의 초기 고등수학 발전과정 비교연구」, 《수학교육논문집》 23-4, 977-998쪽.

연세대학교 학술정보원, 2008, 『한국 과학의 전통과 연세』, 연세·삼성학술정보원 개관기념 고문헌 전시회.

박성래, 2007, 「식민지 시기 수학 대중화에 큰 공을 남긴 장기원」, 《과학과 기술》 40-8, 110-111쪽.

이상구·양정모·함윤미, 2006, 「근대 계몽기·일제 강점기 수학교육과 해방 이후 한국수학계」, 《대한수학사학회지》 19-3, 71-84쪽.

나일성, 2004, 『서양과학의 도입과 연희전문학교』, 연세대학교 출판부, 292-297쪽.

문만용·김영식, 2004, 『한국 근대과학 형성과정 자료』, 서울대학교출판부.

곽진호, 1998, 「故張起元先生任과 四色問題」, 《大韓數學會뉴스레터》 57, 9쪽.

전유봉, 「연세인물열전 40-44: 장기원 선생」, 《연세동문회보》 1997년 7월호, 9월호, 10월호, 11월호, 12월호.

정경태, 1966, 「故장기원 선생님을 추모하며」, 《數學敎育》 5-2, 2, 7쪽.

김근배·이정

조복성

趙福成 Fukusei Cho/Pok-Sung Cho

생몰년: 1905년 12월 3일~1971년 3월 19일

출생지: 평안남도 평양부 경창리(景昌里)

학력: 평양고등보통학교 사범과

경력: 경성제국대학 예과 생물학교실 조수, 중국 난징박물관·시후박물관 연구원,
국립과학박물관 관장, 고려대학교 교수, 한국곤충연구소 소장

업적: 다수의 곤충 신종 발견, 곤충기 및 곤충도감 발간

분야: 생물학-동물학, 곤충분류학

고려대학교 교수 시절 조복성
『조복성 곤충채집 여행기』(1975)에서

20세기 전반에, 그저 벌레로 여겨지던 곤충을 학문의 대상으로 삼아 우리나라 곤충학 정립에 앞장선 과학자가 조복성이다. 그는 중등학교 졸업 학력에 불과했으나 일본 생물학자를 보조하며 쌓은 오랜 현장 연구 경험을 바탕으로 많은 연구논문을 발표했다. 일제가 대륙으로 뻗어 나감에 따라 그의 연구 지역은 조선은 물론 만주, 중국, 내몽골, 대만 등으로까지 확장되었다. 해방 이후에는 곤충 연구를 지역별·대상별로 종합했으며, 그 성과를 곤충기와 곤충도감으로 출간했다. 그는 특히 곤충의 생태를 인간의 삶에 빗대어 아름답고 재미있게 묘사하여 '한국의 파브르'로 불렸다.

현장 채집 경험을 쌓으며 곤충 연구의 길로

조복성은 1905년 평안남도 평양에서 조동필趙東弼과 김도현金道鉉의 4녀 1남 중 막내 외아들로 태어났다. 그의 집안은 부유했으나 아버지가 세상을 떠나면서 어려움을 겪었다. 외가는 사슴, 꿩 등을 키우고 가끔 매사냥도 다닐 정도로 부호였다. 이를 보고 자란 조복성은 동물에 관심이 많았다. 어린 시절부터 곤충채집에 열의를 보였는데, 나비, 딱정벌레, 매미, 메뚜기 등 온갖 곤충을 잡아 집으로 가져오는 바람에 주위 사람들이 걱정할 정도였다고 한다.

그는 열 살 되던 1915년에 상수보통학교上需普通學校에 들어갔고, 1919년 졸업하자 평양고등보통학교에 입학했다. 당시는 학생들 사이에 박물 채집이 유행하던 시기였다. 그는 1학년으로는 유일하게 여름 방학 때 상급생들의 채집 여행에 따라나섰다. 그들은 27일 동안 평남 북부 지역을 훑고, 함남 정평을 지나 경성을 거쳐서 돌아왔다. 이후 곤충을 더 체계적으로 배우고 싶었던 조복성은 학교의 젊은 박물 교사인 도이 히로노부土居寬暢에게 지도를 받고자 했다. 하지만 도이는 카이저 수염을 기른 깐깐해 보이는 외모에다가 무서운 선생님으로 알려져 있어 말을 붙이기조차 어려웠다. 조복성은 꾀를 내어 채집한 나비 상자를 들고 가서 그 이름을 하나하나 물어보는 방식으로 접근했다. 이를 계기로 조복성을 알게 된 도이 선생님은 채집 여행을 갈 때마다 그를 데리고 다녔다. 주말에는 가까운 곳들을 다녔고, 여름방학 때는 금강산과 묘향산을 다녀오는가 하면 남한 일주를 하기도 했다.

이 과정에서 조복성은 곤충채집과 표본 제작 방법을 익혔다. 곤충 채집을 위해서는 몇몇 채집 기구가 필요하다. 우선 포충망이라고 하는, 곤충을 잡는 그물망이 있어야 한다. 잡은 곤충은 가슴을 두 손가락으로 눌러 질식시킨 후 핀셋을 이용하여 청산가리를 넣은 독병에 담는다. 나비는 날개 가루가 날리므로 종이로 만든 삼각포지三角包紙에 잡아 넣는다. 이렇게 채집한 곤충은 연구실로 돌아와 표본으로 제작하는데, 먼저 전용 바늘을 이용해 전시판에 곤충을 고정시킨다. 곤충 표본이 다 마르면 표본 상자에 넣고 채집 지명과 연월일, 채집자 성명을 기입한 표와 학명을 쓴 표를 꽂아 둔다. 끝으로 해충의 침입을 막기 위해 나프탈렌이나 DDT를 넣는다. 이 밖에도 조복성은 곤충의 분류를 비롯해 많은 것을 배웠다. 다른 박물 분야에 비해 연구가 거의 되어 있지 않은 곤충이 학문의 영역이 될 수 있다는 것을 알고, 앞으로 이 분야에 정진해야겠다는 생각을 한 것도 이 무렵이었다.

1923년에 4년제 평양고보를 마친 조복성은 같은 학교에 개설되어 있는 사범과에 진학하여 이듬해에 졸업했다. 사범과를 다닌 것은 일본의 중학교(5년 과정)에 비해 1년 부족한 수학 연한을 채워 추후 관비로 유학할 수 있는 자격을 얻기 위해서였다. 이 시기에 그는 학업과 연구에 더욱 정진하여 최고의 과학자가 되겠다는 열망으로 가득했다. 졸업 후에는 일단 사범과 출신의 의무 규정을 채우기 위해 해주 제2보통학교의 훈도訓導로 부임했다. 그런데 이곳에서 뜻밖에 중요한 인연을 만나게 된다. 1924년 황해도 학무과는 여름방학을 이용해 보통학교 이과 교사 150명을 대상으로 새로 생긴 해주사범학교에서 생물학 강습회를 개최했는데, 이때 연사로 초빙된 모리 다메조森爲三와 조우한 것이다. 모리는 담수어류 전공자로 도쿄제국대학 부설 제1임시교원양성소 박물과를 마치고 한반도로 건너와 경성고등보통학교 교사를 하다가 경성제대 예과 교수로 임명된 인물이다. 그는 조복성이 박물실에 진열해 놓은 희귀 나비를 비롯한 50여 개의 곤충 표본을 보고 깊은 관심을 보이며, 자신을 따라 경성으로 갈 것을 권유했다. 그러나 조복성은 생각할 시간을 달라는 말로 사양했다.

조복성은 일본 유학을 가기로 이미 마음을 굳힌 상태였다. 당시 우수한 조선인 졸업생들은 일본의 고등사범학교로 진학하곤 했다. 과학 분야에서는 최윤식, 이태규 등이 이미 앞서서 고등보통학교 사범과에서 일본 고등사범학교로 이어지는 과정을 밟았다. 만에 하나 교사를 계속한다 해도, 박물 연구를 하려면 모든 교과목을 맡는 보통학교보다는 과학 분야만 전담하는 중등학교 교사가 훨씬 더 유리했다. 그러나 그를 관비 유학생으로 추천하겠다고 언질을 주었던 평양고보 교장이 다른 곳으로 전근을 가는 바람에 일본 유학이 불발되고 말았다. 몇 년 전에 아버지가 세상을 떠났기 때문에 사비 유학을 하기에는 집안 사정이 여의치 않았다.

1925년 모리는 여름방학을 이용해 함경남도 고원지대로 채집 여행을 떠나면서 함께 가자고 제의했다. 조복성은 그 제안을 받아들여 3주일 동안 모리를 지원하는 역할을 하게 되었다. 모리는 식물을, 조복성은 곤충을 채집하는 식으로 역할 분담을 했다. 그러나 당시 조복성의 신분은 일꾼이자 통역원이었기에 연구 과정에 참여한다 해도 자신의 이름을 논문에 올리거나 할 수 없었다. 이듬해 모리가 조선총독부 학무국에 특별 요청하여 조복성은 경성 수하동水下洞보통학교(현재의 청계초등학교) 훈도로 자리를 옮겼다. 지방의 교사로서는 보기 드문 특전이었다.

1926년 7월에는 조선교육회가 주도하고 중등학교 박물 교사 57명이 참여한 3주일간의 백두산 탐험대 채집 여행에 동참했다. 보통학교 교사인 데다가 학교에 부임한 지도 얼마 되지 않은 점을 들어 학교장이 반대했지만, 조복성은 모리의 도움으로 일본 군대 30여 명의 호위를 받으며 채집 일정에 합류할 수 있었다. 새를 연구하던 원홍구도 탐험대의 일원이었다. 이때 조복성은 대원 중에서 가장 많은 600여 종 6000여 마리의 곤충을 수집했다. 수집된 곤충 표본은 그해 말 경성공

1928년 개성 북부 예배당에서 열린 조복성 부부 결혼식(앞줄 왼쪽 첫 번째 원홍구, 둘째 줄 오른쪽 세 번째 어머니) 『조복성 곤충채집 여행기』(1975)에서

립중학교에 전시되었고, 다음해에는 모리를 저자로 하여 「백두산 및 부근 고지대의 호랑나비류와 그 분포白頭山及附近高地帶ノ胡蝶類ト其ノ分布」라는 논문으로 발표되었다. 한편 조복성은 호수돈여자고등보통학교를 졸업하고 교사로 일하던 김난이金蘭伊를 만나 1928년 개성의 한 예배당에서 결혼식을 올렸다.

이 무렵 조복성은 일본인이 주축을 이룬 조선박물학회에 가입했다. 1928년 7월에는 모리로부터 경비를 지원받아 울릉도로 10일간 단독 채집 여행을 가서 나비 25종 200개체와 하늘소 7종 100여 개체를 수집했다. 하늘소 중에는 20~30밀리미터 크기의 회흑색으로 촉각觸角이 유난히 길고 몸체 여러 부위에 황백색의 무늬가 있는, 울릉도에서만 서식하는 고유종도 있었다. 조복성은 이 종을 '울릉도하늘소'라고 이름 붙였다. 그는 이때 수집한 곤충 중에서 나비에 관한 내용만을 모아 1929년 《조선박물학회잡지朝鮮博物學會雜誌》에 「울릉도산 인시목鬱陵島産鱗翅目」으로 발표했다. 전문 연구 경력이 없는 조복성이 조수 자격을 갖추어 자신의 연구실로 합류해서 보다 적극적으로 자신을 도울 수 있도록 모리가 이러한 기회를 주었던 것으로 보인다. 이 논문에 대해 조복성은 "울릉도 곤충에 관한 한 세계 최초의 논문이고 나의 처녀 논문이었다. … 내가 스물다섯 살이었던 1929년은 일생을 두고 기념할 만한 해였다"(《신동아》 45)라고 회고했다.

경성제대 조수로 일본인과 박물 연구 본격화

1930년 4월 조복성은 6년간의 보통학교 훈도 생활을 끝내고 모리가 교수로 있던 경성제대 예과 생물학교실에 조수로 들어갔다. 재정과 시간에 구애받지 않고 마음껏 박물 조사연구를 할 수 있는 발판이 마련된 것이었다. 더 중요하게는 연구 과정에 일원으로 참여하는 것뿐만 아니라 논문에 공동 저자로 이름을 올릴 수 있는 자격도 얻었다. 당시 경성제대의 각 과 예산은 연간 600엔(2024년 한화 약 2억 원 가치)으로 넉넉해서 필요한 물품을 어려움 없이 구입할 수 있었다. 그는 모리에게서 박물학 전반에 관해 도제식 교육을 받으며 일본인 박물학자들과 협력하여 연구를 추진해 나갔다. 모리를 잘 보좌하기 위해서는 곤충은 물론 동물분류학 전반으로 학습 범위를 넓혀야 했다. 이처럼 조복성은 우수한 교수 밑에서 많은 전문 서적과 충분한 재정이 뒷받침되는 환경에서 박물 연구를 할 수 있었다.

한편 조복성은 연구 초기부터 탁월한 그림 솜씨로 박물학계의 주목을 받았다. 1934년 그는 경성제대 예과와 은사기념과학관恩賜記念科學館이 소장하고 있는 나비 표본을 조사하여 모리, 도이와 함께 『원색 조선 접류原色朝鮮の蝶類』라는 조선산 나비 211종을 다룬 도감을 펴냈다. 평양고보 시절의 스승이었던 도이는 마침 1929년부터 경성의 은사기념과학관으로 옮겨 와 촉탁 연구원으로 활동하고 있었다. 이 책에서 도이는 나비 분류 목록을 작성했고, 모리는 나비의 지리적 분포에 대한 해제를 썼다. 무엇보다 책을 돋보이게 한 것은 경탄을 자아내게 하는 284개체의 나비 그림이었는데, 그 모두를 조복성이 그렸다. 책의 서문에 따르면, 조선인쇄주식회사의 일본인 지배인이 나비 표본을 그린 조복성의 착색도를 보고 감탄하여 출간을 결정했다고 한다. 그만큼 조복성은 빼어난 그림 솜씨로 곤충의 형태학적 특징을 사실적이고 생생하게 묘사했다.

뛰어난 그림 솜씨는 그의 박물 연구 경력에서 중요한 장점으로 작용했다. 당시는 사진기가 대중적으로 보급되기 이전이라 연구할 때마다 생물 개체를 일일이 다 그려야 했다. 또한 이때의 박물학은 형태학적 연구를 일차적으로 중요시했기에 그 특징을 잘 드러낼 우수한 그림 솜씨를 필요로 했다. 말하자면 이 시기 박물학자는 자연을 사실처럼 묘사하는 과학연구자 겸 세밀화가였던 셈이다. 따라서 그림 실력이 남달랐던 조복성은 연구 경력이 일천함에도 일찍이 생물도감의 공저자로 이름을 올릴 수 있었다. 훗날 그의 후배 교수 김창환은 자신의 회고

第一圖版 （Plate I）

조복성이 직접 그린 『원색 조선 접류』의 그림

『原色朝鮮の蝶類』(1934)에서

집에서 "조 박사는 그림에 반해서 나비 원색 그림을 밤마다 그렸고, 그 그림으로 인하여 일인들과 합작으로 한국나비도감을 엮어 낼 수 있어서 학계에 알려졌다"고 술회했다. 모리가 자신의 논문에 조복성을 공동 저자로 등재한 것도 1934년 『원색 조선 접류』 출간에 조복성이 결정적 기여를 한 이후부터였다.

1930년부터 1941년 사이에 조복성은 52편의 논문을 발표했다. 이 중 28편이 모리 다메조, 도이 히로노부 등과 공저라는 사실로도 알 수 있듯이 그의 박물 연구는 일본인 연구자들과의 긴밀한 연계 속에서 이루어졌다. 논문은 대개 서술description이나 목록list 형식으로 동물을 분류 정리하여 보고한 것인데, 딱정벌레목 39편, 나비목 6편, 나비 및 딱정벌레목 1편, 메뚜기목 2편, 매미목 1편, 기타 동물 3편이었다. 그중 하늘솟과와 관련한 논문이 10여 편을 차지했다. 이렇듯 딱정벌레, 사슴벌레, 풍뎅이, 무당벌레, 반딧불이 등을 포함하는 딱정벌레목, 특히 하늘소가 그의 주요 연구 대상이었다. 나비 연구는 양적으로는 적지만 만주국 전역의 나비를 종합하여 정리한 「만주국 접류滿洲國の蝶類」와 같은 의미 있는 성과를 남겼다.

조복성은 야외에서 다양한 곤충을 채집하여 그 분류를 탐구하는 현장 연구fieldwork 위주의 활동을 하는 박물학자로 성장했다. 경성제대 예과에 조수로 있으면서 모리와 함께 조선, 만주, 내몽골, 화북 등지로 채집 여행을 간 횟수만 해도 30여 회에 이른다. 그는 이 과정에서 많은 미기록종 곤충들을 발견했으며, 여섯 종의 곤충 학명에 이름을 붙이기도 했다. 예로서 개마암고운부전나비(*Zephyrus etulae gaimana* Doi et Cho,

1931), 관모산지옥나비(*Erebia kwanbozana* Doi et Cho, 1934), 개야길앞잡이(*Cicindela kaiyaensis* Kano et Cho, 1933), 서울범하늘소(*Demonax seoulensis* Mitono et Cho, 1942) 등을 들 수 있다.

연구 대상 지역이 확대된 1930년대 중반부터는 곤충의 분류 연구를 다룬 논문을 다수 발표했다. 1935년 8월 만주 간도間島 채집 여행의 자료를 바탕으로 이듬해에 모리와 공저로 일본 학술 잡지 《제피로스 Zephyrus》에 발표한 「만주국 간도성의 호접류滿洲國間島省の胡蝶類」는 만주·내몽골·화북 지역의 곤충을 연구한 최초의 성과물이었다. 이를 시작으로 조복성은 1936년부터 1940년까지 만주·화북·내몽골 지역의 곤충에 대해 23편, 조선을 비롯해 그 밖의 지역과 관련하여 13편의 논문을 발표했다. 그의 박물 연구 인생에 비춰 볼 때 전체 논문의 43%가 발표된, 연구 생산성이 매우 높은 시기였다.

이 과정에서 조복성은 만주국 대륙과학원大陸科學院 등 일본의 식민지 연구 기관의 후원과 도움을 받았다. 대륙과학원은 1935년 만주국이 일본의 지원을 받아 세운 과학기술 연구 기관으로 자원 개발 이용, 연구 기술자 양성, 과학 지식 보급 등을 목적으로 삼았다. 1937년에는 비타민B를 발견한 이화학연구소의 저명한 과학자 스즈키 우메타로鈴木梅太郎가 원장을 역임하기도 했다. 이 대륙과학원의 후원으로 조복성과 모리가 수행한 대표적인 연구 성과로는 1938년 《대륙과학원연구보고大陸科學院研究報告》에 발표한 「만주국 접류滿洲國の蝶類」를 들 수 있다. 이 논문은 만주 전역에 서식하는 6과 61속 217여 종 나비들의 학명과 생김새, 채집지, 분포 상황 등을 집대성했다. 다른 연구에서도 조복성과 모리는 대륙과학원 산하 박물관이 소장하고 있는 표본이나 도서 열람의 편의를 제공받았고, 곤충 채집에 관해 조언을 들었으며, 대륙과학원 연구자들과 공동연구를 수행하기도 했다. 이 과정에서 조복성은 국내 광릉에 있는 장수하늘소(13cm)보다 훨씬 더 큰 장수하늘소를 발견하기도 했다.

1938년에는 모리를 따라 내몽골과 화북 지역을 연구하는 20여 명으로 구성된 경성제대 몽강학술탐험대蒙疆學術探險隊의 학술 여행에 참가했다. 7월부터 8월까지 60일간 진행된 이 학술 여행은 일본군의 전쟁 수행을 학술적으로 지원하기 위해 이루어진 대규모 연구조사사업이었다. 중국 점령지 주둔 일본군과 찰남자치정부察南自治政府, 몽고연맹자치정부蒙古聯盟自治政府 등 일본의 점령지 통치기관, 일본 외무성과 조선총독 미나미 지로南次郎, 그리고 오사카 마이니치신문每日新聞 등 일본 군관민이 9000엔이라는 거액을 후원했을 뿐만 아니라, 일본 정규군 50명이 이들을 호위했다. 하지만 조사 지역이 사막지대로 물이 귀하다 보니 세수를 못해 서로 얼굴을 알아볼 수 없을 정도로 힘든 여정이었다. 이 사업에 참여하면서 조복성은 곤충 연구의 지역 범위를 조선과 만주만이 아니라, 내몽골과 화북으로까지 크게 확장했다. 그는 이때 딱정벌레류를 비롯하여 100여 종을 채집했는데, 모두가 희귀한 것들이었다.

조복성과 모리는 1939년부터 1941년까지 세 차례에 걸쳐 몽강학술탐험의 성과를 논문으로 발표했다. 1939년 「북지몽강지방 동물채집품 목록北支蒙疆地方動物採集品目錄」과 「몽고 곤충류(1)蒙古の昆蟲類(其

一)」, 1941년 「몽고 곤충류(2)蒙古の昆蟲類(其二)」가 그것이다. 또한 남만주철도주식회사 조사부의 위탁을 받은 모리는 8년 동안 만주 지역의 담수어를 연구한 결과를 토대로 1939년에 『원색 만주 유용 담수어류 도설原色滿洲有用淡水魚類圖說』을 발간했다. 이때도 조복성은 채집 여행에 동행하고 책에 실린 도판을 그려 주는 등 여러모로 기여했다. 몽강학술탐험대 참가에 대해 그는 『조복성 곤충채집 여행기』(1975)에서 "이 탐험 보고 이후 [이를 주도한] 경성제국대학 대륙문화연구소는 모든 학계에 활달한 [일본의 중국 점령지] 연구와 발전의 근원이 되었음은 말할 것도 없다. 또 이와 더불어 나의 연구는 확고한 위치를 세울 수 있는 큰 계기를 이룩"하였다고 회고했다.

1941년 11월 조복성은 경성제대 의학부 조수로 자리를 옮기며 독

1938년 경성제국대학 몽강학술탐험대에 참여한 조복성(왼쪽)과 모리
『조복성 곤충채집 여행기』(1975)에서

립적인 연구자로 발돋움했다. 1942년 2월부터는 모리의 추천으로 일본의 중국 점령지 괴뢰정부인 왕징웨이汪精衛 국민정부의 문물보존위원회 연구부 특파연구원 자격으로 난징南京박물관에서 근무했다. 일본의 지배 지역이 중국 내륙과 몽골 지역으로까지 급속히 확대됨에 따라 과학기술 관련 기관에 파견할 전문 인력의 수요가 늘어났고, 일부 신뢰할 만한 조선인들에게도 기회가 주어졌다. 난징박물관에서 1년 반 정도 근무한 조복성은 1943년 9월에는 항저우 시후西湖박물관 특파연구원으로 자리를 옮겼다. 1942~1945년까지 중국에서 활동하는 동안 조복성은 만주, 조선 일대의 곤충에 대해 모두 6편의 논문을 발표했다.

한편 조복성이 연구자로 성장함에 따라 조선 사회에서 그의 인지도가 급속히 높아졌다. 그는 조선인 박물 연구자들과의 교류 협력을 위해 노력했고, 대중들에게 과학 지식을 보급하는 활동에도 적극 참여했다. 일본인과 밀접한 연관을 맺고 있던 그로서는 조선인 사회로 자신의 활동 반경을 넓히는 것이 어렵고 주저되는 점도 있었을 것이다. 일본인 상관이 이것을 탐탁하지 않게 여기거나 그의 경력에 치명적인 피해를 줄 수도 있었기 때문이다. 그러나 그는 주저하지 않고 조선인 주도의 과학 활동에도 열심히 참여했다. 비록 신분은 낮았으나 조선 최고의 학술기관이라 할 경성제대에 소속되어 있었던 점이 오히려 운신의 폭을 넓힐 수 있는 요인이 되었던 것 같다. 그렇다고 해서 그의 활동이 학술적 차원을 벗어날 수 있는 것은 아니었다.

예를 들어 1931년 동아일보사 주최로 〈조선곤충전람회〉가 경성에서 열렸을 때 그는 송도고보 출신의 독학 곤충학자 김병하와 함께 소장 중인 표본 6690점을 출품했다. 그뿐 아니라 《동아일보》(1931. 5. 19.~23.)에 「조선곤충전람회에 출품하면서」라는 글을 다섯 차례에 걸쳐 연재하기도 했다. 그는 "조선은 농업국인만치 곤충에 대한 상식이 필요한대 이와 반대로 곤충에 대한 상식이 발달되지 안흔 것을 무엇보다도 유감"이라며 안타까워했다. 1933년에는 일부 일본인 연구자의 반대에도 불구하고 조선인 생물학자만으로 구성된 조선박물연구회朝鮮博物硏究會가 조직되자 그는 동물부 회원으로 참가했다. 동물부는 곤충의 조복성을 비롯하여 조류의 원홍구, 어류의 정문기 등이 주축을 이루었다. 이들은 공동 채집회를 갖거나 전시회를 열었으며 동물도감 편찬을 위해 노력했다. 이 밖에 조복성은 스페인 에스페란토협회가 전 세계에 보낸 호소문을 받고, 화재로 소실된 스페인의 발렌시아대학 박물관에 딱정벌레류 표본을 제공하기도 했다.

1934년에 김용관 주도로 과학운동이 펼쳐지자 조복성은 과학 대중화를 이끌 과학지식보급회의 발기인이자 연구위원으로 참여했으며, 대중 과학 지식 보급서인 『과학독본』 편찬위원으로도 활동했다. 그는 자신의 전문 분야인 박물 및 곤충이 조선인들의 과학적 흥미와 이해를 높이는 데 효과적일 것이라고 생각했다. 1934년 조선박물연구회와 조선일보사가 조선박물전람회를 주최했을 때도 조복성은 자신이 채집한 곤충 표본을 출품하는 등 적극적으로 참여했다. 그가 함경북도 관모산에서 채집한 관모산지옥나비는 신종으로 알려져 많은 사람의 눈길을 끌었다. 조선박물연구회는 학술 연구의 일환으로 조선산 동물과

식물의 조선어 명칭을 조사하여 서적으로 발행하는 사업을 주도했는데, 그는 이 사업에도 참여했다. 그를 포함한 동물부는 우리말로 동물 용어를 통일하는 작업을 상당히 진척시켰으나 재정 부족으로 독립적인 도서로 발간하지는 못했다. 하지만 1936년에 조선어학회에서 『우리말 큰사전』 편찬 사업을 할 때 조복성이 곤충 관련 전문어 풀이를 자문하는 전문가로 위촉되어 다소나마 뜻을 펼칠 수 있었다.

조복성은 이 시기에 가장 활발하게 활동한 조선인 과학자의 한 명이었다. 1941년에는 약 20일 동안 압록강 연안 지역으로 석주명과 함께 채집 여행을 다녀오기도 했다. 경성고등공업학교 교수이자 중앙시험소 화학공업부장 안동혁은 《조선일보》(1938. 1. 6.)에서 "조선 내에 과학인으로서 기 공적이 괄목되는 것은 전술한 바와 가티 우선 박물학 관계의 조복성, 도봉섭, 석주명, 정태현 제씨의 꾸준한 노력에 탄복歎服지 안을 수 업다. 필자는 차방면에 문외한이나 조선박물학회지[에 발표하는 조선인 논문 대다수]가 거의 전기 제씨의 고심한 결정結晶인 것과 근자 조선 박물학계의 대저大著가 다 제씨의 소산임을 볼 때에 비상한 감흥을 늣기는 바이다"라고 평가했다. 이 네 명에 원홍구를 포함하여 '조선 박물학계의 5인방'이라고 부를 수 있을 것이다.

저술과 곤충분류 연구 종합화에 힘쓴 '한국의 파브르'

1945년 8월 3주간의 출장 휴가를 얻어 중국에서 조선으로 온 조복성은 귀국한 지 3일 만에 해방을 맞이했다. 중국 각지에서 수집한 중요 표본, 문헌 등은 가지고 나오지 못했다. 몇 달 뒤 열린 조선생물학회 창립총회에서 그는 부회장으로 선출되었다. 회장은 일본 도쿄제대 약학과를 나온, 식물 및 생약 연구자이자 경성약학전문학교 교장이었던 도봉섭이 맡았다. 조선생물학회는 일본어로 된 동식물의 명칭을 조선어로 바꾸기 위한 조선어 생물술어제정위원회를 발족했는데, 조복성은 위원으로 참여해 동물의 명칭과 해부학적 용어를 우리말로 바꾸어 정리하는 데 크게 기여했다. 그는 정태현 등과 함께 서무庶務, 동물, 식물, 자원의 4개 부서를 갖춘 조선생물연구소의 설립 추진에도 관여했으나 뜻을 이루지는 못했다.

1946년 과학교육과 과학문화 보급을 위한 조선과학교육동우회가 회장 이태규, 부회장 박철재를 중심으로 만들어질 때 조복성은 간사로 참여했다. 또한 이범식(광업가)과 함께 어린이 과학교육 증진을 위한 조선소년과학협회를 조직하고, 청소년들이 제작한 모형, 표본, 설계 등을 전시하는 학생공작품전람회를 개최하기도 했다. 이듬해에는 민속학자 송석하가 회장, 도봉섭이 부회장으로 있는 조선산악회 이사로 참여했다. 조선산악회는 1947년 제1회 시민식목등산회를 개최했으며, 4월 6일과 13일을 식목등산일로 정하고 국민들이 참여하는 나무심기와 함께 애림사상을 고취하는 행사를 열었다. 이때 조복성은 언론 기고를 통해 생물을 사랑하는 사람의 입장에서 전국적으로 나무를 심고 잘 가꾸고 산림을 애호愛護할 것을 제안했다. 이 행사는 매년 이어졌고 1949년부터는 정부에 의해 법령으로 4월 5일을 식목일로 제정하는 조치가 이루어졌다. 한편 1946년 2월 좌익 계열의 정당과 사회단체가 중심이 되어 민주주의민족전선(민전)이 결성되었을 때 조선

생물학회도 참가했는데, 이때 조복성은 학회를 대표하여 민전 중앙위
원과 교육문화대책 연구위원으로 선임되었다.

중국에서 박물관 특파연구원으로 활동했던 조복성은 1945년 11월
에 국립과학박물관 관장으로 임명되어 1951년 3월까지 재직했다. 그
는 해방 이후 휴관 상태였던 과학관을 1946년 2월 다시 개장했다. 또
한 1946년부터 1947년까지 과학박물관 동물학연구부에서 발간한
『국립과학박물관 동물학연구보고』에 하늘솟과 곤충의 조선어 명칭을
정리한 성과를 비롯한 네 편의 논문을 발표하는 등 과학박물관의 학
술 활동을 지원했다. 『곤충이야기』(1948), 『곤충기』(1948), 『조선동물
그림책』(1948), 『일반과학(동물계)』(1948), 『동물표본제작법과 채집법』
(1950) 등의 저서도 출간했다. 그는 『곤충기』(1948) 서문에서 이 책을
쓰는 이유와 그 집필 방향을 다음과 같이 밝혔다.

… 대자연의 총아(寵兒) 곤충들도, 역시 산야 하천에서, 날개와 손 다리
를 뻗고, 각자가 독특한 연기(演技)를 마음껏 자랑시키고 있으니, 그 어
이 귀엽지 않은가!

이른 아침부터 날이 저물 때까지, 부르는 매미 노래, 그것은 매미의 수
컷이 암컷에게 보내는 자기 선전의 연가(戀歌)인 동시에, 우수한 자연의
독창(獨唱)일 것이다. 무더운 여름날 석양에, 강면(江面)에서 연출되는
난무(亂舞), 이것은 「수중에서 공중으로」 해방된 기쁨을 이기지 못하여,
춤추는 「하루사리」의 사랑의 무용이다. 우리들이 더위에 쫓겨, 부채나
선풍기, 또는 얼음물로 이것을 이기려고 애를 쓸 즈음에 내려쬐는 볕 가

운데서 힘에 넘치는 큰 물건을 끌고, 집에 있는 동포들에게 봉사하려고 수고하는 개미의 무리, 이 진실한 노동자야말로, 그 옛날의 사회학자나 심리학자를 감탄시킨 이상(理想)의 사회생활의 실행자이다. …

나는 이곳에, 가장 재미있다고 생각하는 곤충을 선택하여 특히 곤충 생활에 관한 일 소책을 편성하여, 「곤충기」라는 제목 하에 조선 학도들에게 보내고자 한다. 그리고 처음부터 박물관식 내용과 같이 될 것을 회피하여 기재(記載)의 요점은 곤충 생활과 인생에 두고, 될 수 있는 대로 동적 취급에 노력하였다. … 평생(平生)에 경시 모멸(侮蔑)의 눈으로 내려다보던 한 개의 벌레에도 상당한 의지가 있고, 생물계의 엄연한 존재라는 것을 이해하여 주신다면, 범례나 필자의 입장으로 보아 이 이상의 행복이 없다고 믿는다. _조복성, 『곤충기』, 1948.

그는 책에서 곤충의 생태를 생생히 소개하면서 곤충의 다양한 모습이 인간의 삶과 닮았다는 점을 부각했는데, 현대인은 물론 고대인, 한국인은 물론 유럽인의 삶까지 예시로 들었다. 마치 프랑스 곤충학자 장 앙리 파브르Jean Henri Fabre처럼 곤충을 인간 사회를 비추는 메타포로 삼아 아름답고 재미있게 서술한 이 책은, 을유문화사가 내세우는 대표적인 도서로 독자들로부터 호평받았다.

석주명은 《경향신문》(1948. 11. 11.)에 조복성의 『조선동물그림책』에 관한 진심 어린 서평을 실었다. 그는 먼저 조복성을 "조선 동물학계에 최고의 권위자"라고 칭하며 이 책은 "조선에 있는 [동물] 224종을 선택하여 새로 제정된 조선 이름"으로 소개하고 있다고 책의 특징을

해방 직후 그려진 곤충채집하는
조복성의 캐리커처
《중앙신문》 1947. 4. 19.

조복성이 지은 『곤충이야기』(1948)
국립중앙도서관

밝혔다. 이어서, 어린이들은 이 책을 한 권씩 구해 "색연필이나 물감으로 그 자연대로의 빛을 칠하면" "동물학의 취미와 소양이 생겨서" "장래 생물학이나 과학 방면으로 나가게 되는" 수도 있을 것이며, 이 책을 구해 보는 어린이나 구해 주는 부모들은 "행복[할 것]이라고" 극찬하며 책을 추천했다.

그런데 1950년 한국전쟁의 발발로 과학박물관이 불타 사라지면서, 조복성은 하루아침에 주요 자료와 원고는 물론이고 직장까지 잃고 말았다. 전쟁 이후 조복성은 후학 양성과 교육에 매진했다. 사립 대학을 중심으로 많은 대학이 새로 세워졌고 그중에는 과학 분야의 학과를 갖춘 대학도 많았다. 1953년에 성균관대학교 생물학과가 생기자 그는 교수로 부임했다. 이듬해에 그는 대학 학부용 생물학 교재 『일반생물학』을 출간했으며, 몇 년 후에는 『동물학개론』을 공저로 출간했다. 1955년에는 고려대학교 생물학과로 자리를 옮겼다. 당시 고려대 생물학과에는 동물의 조복성, 식물의 이덕봉과 함께 신예 김창환과 박상윤 교수까지 포진해 있었다. 조복성은 곤충학, 동물분류학, 일반동물학실험, 농림곤충학, 진화론, 야외실습, 임해실습 등의 교과목을 맡아 가르쳤다. 학과에는 표본실이 마련되었고, 학과 학술지 《연구보고》가 발간되었다. 1963년에는 고려대 부설 한국곤충연구소를 세우고, 초대 소장을 맡았다.

1955년에는 초중고 생물 교사를 대상으로 제주도 채집강습회가 열렸는데, 조복성은 육상동물반을 이끌었다. 식물반은 박만규(문교부), 수중동물반은 최기철(서울대)이 맡았다. 1956년 독도에서 학도 해양훈련이 실시될 때는, 식물반은 이민재(서울대)와 이덕봉, 동물반은 조복성이 이끌었다. 독도 식물은 이전에도 조사된 적이 있었으나 곤충 조사는 이때가 처음이었다. 1957년에는 대한생물학회 주최로 광릉 일대에서 열린 춘계 동식물채집회에 참석했다. 동물반은 조복성, 최기철, 김헌규(이화여대), 이덕상(임업시험장), 김창환, 원병휘(경희대)가 책임을 맡았다. 1958년 '창경원'에 생물과학관이 개관할 때 조복성은 생물 표본 수집에 기여한 공로를 인정받아 감사장을 받았다.

1957년 한국동물학회가 발족되자 조복성은 초대 회장으로 취임했다. 1959년에는 『동물분류학』, 『한국동물도감(나비류)』 등을 공저로 출간했다. 이듬해에는 대한민국학술원 정회원이 되었고, 한국생물과학협회 부회장이 되었다. 1961년에는 경북대학교에서 명예 이학박사 학위를 받았으며, 『일반곤충학』을 공저로 출간했다. 1963년에는 미국 생태학자들의 국내 자연환경 조사를 계기로 결성된 한국자연및자연자원보존학술위원회 초대 회장을 맡아 비무장지대 학술조사단을 이끌었다. 1970년 한국곤충학회가 발족하자 초대 회장은 김창환, 그는 명예회장으로 추대받았다. 조복성은 1971년 고려대 교수를 정년퇴임했으며, 안타깝게도 그 직후 66세의 나이로 세상을 떠났다. 그의 묘소는 천안공원묘원에 자리하고 있다.

조복성은 평생에 걸쳐 83편의 논문과 25권 이상의 저서를 남겼다. 논문은 대부분 곤충분류학과 곤충상insect fauna을 다루거나 한반도 곤충에 대한 선행 연구를 분석한 성과들이다. 현재까지 파악된 25권의 저서는 곤충도감과 일반생물학, 동물학, 동물분류학, 곤충학에 대한 대학 학부용 교재, 그리고 신문과 잡지 등에 연재한 곤충 관련 칼럼을 엮은 대중용 과학 서적들이다.

1929년에 논문을 발표하기 시작한 그는 세상을 뜨는 1971년까지 연구 인생 44년 동안 거의 매년 쉬지 않고 정열적으로 성과를 발표했다. 논문이나 책을 발간하지 않은 해는 입문의 시기인 1930년, 2차 세계대전과 해방 직후인 1944~1945년, 한국전쟁 시기인 1951~1953년, 4.19 혁명이 일어난 1960년, 고령기에 접어든 1964년과 1966~1967년뿐이다. 다시 말해 불가피한 상황을 제외하고는 논문이나 책 발간을 한시도 멈추지 않은 것이다.

해방 이후 그의 과학 연구는 '곤충 연구의 종합화'로 특징지을 수 있다. 논문도 세부 연구 주제를 다루기보다 지역별, 대상별로 종합 정리하는 작업에 치중했다. 지역별로는 금강산, 울릉도, 제주도, 한반도, 대상별로는 하늘소, 잠자리, 메뚜기, 잎벌레 등에 관한 연구를 체계화했다. 이 때문에 논문 편수는 크게 줄어들었으나 한 편당 분량은 많아졌다. 또한 곤충을 포함한 동물, 생물에 관한 책을 출간하는 일에도 역점을 두었다. 그가 출간한 거의 모든 책은 1948년 이후에 집중적으로 쓴 것이다. 일반 대중을 대상으로 한 『곤충기』(1948), 대학 교재인 『일반곤충학』(1959)은 그의 전문 지식과 연륜이 유감없이 발휘된 저작들이다. 무엇보다 나비와 나방을 다룬 『한국곤충도감 1·2』(1956), 대한민국학술원 저작상을 받은 『한국동물도감 제1권 나비류』(1959), 딱정벌레목을 다룬 『한국동식물도감 제10권: 곤충류 2』(1969)는 그의 역저라고 할 수 있다.

새로이 발견된 동물에 그의 이름이 붙은 경우도 4건 있다. 조복성박쥐(*Myotis formosus chofukusei* Mori, 1928), 복성뭉툭맵시벌(*Metopius pocksungi* Kim, 1958), 제주각씨초파리(*Scaptomyza choi* Kang, Lee and Bahng, 1965), 복풀거미(*Agelena choi* Paik, 1965)가 그것이다. 곤충학자 조복성의 업적을 영구히 기리기 위해 후학들에 의해 헌정된 이름이다.

조복성은 생전에 서울특별시 교육공로상(1959), 대한민국학술원상(1960), 국민훈장 동백장(1970), 하은생물학상(1970) 등을 수상했다. 하은생물학상은 식물학자 하은 정태현이 제정한, 생물학 분야의 뛰어난 연구자에게 수여하는 학술상이다. 세상을 떠난 후 조복성의 도서와 곤충 표본은 그의 뜻에 따라 고려대 도서관과 한국곤충연구소에 기증되었으며, 1975년에는 관정觀庭 조복성 박사 기념사업회에서 유고를

사후에 출간된 『조복성 곤충채집 여행기』(1975)

엮어 『조복성 곤충채집 여행기』를 출간했다. 유족들은 곤충학계 후학 육성을 지원하기 위해 그의 호를 딴 관정동물학상을 제정했다. 2011년에는 작가 황의웅이 『곤충기』(1948)와 『조복성 곤충채집 여행기』(1975)를 묶어 『조복성 곤충기』를 출간했다.

한국의 생물학자 중에서 가장 많은 지역에서, 가장 다양한 생물을 채집하여 조사 연구한 사람이 바로 조복성이었다. 그는 국내의 온갖 지역은 물론이고 멀리 드넓은 만주, 중국, 내몽골, 대만까지 다니며 곤충채집을 했다. 실크로드의 관문이라 할 티베트의 곤충도 반드시 채집해 보고 싶다는 소망을 밝히기도 했던 그는, 시베리아를 횡단하여 유럽 대륙까지 채집 여행을 다녀오지 못한 것을 못내 아쉬워했다.

연도별 조복성의 논저 추세

연도	논문 편수 (저서 수)	지역	종류
1929 (24세)	1	조선 (울릉도)	나비
1931	2	조선	사슴벌레 나비
1932	1	조선	길앞잡이
1933	2	조선	장수풍뎅이 길앞잡이
1934	3(1)	조선	나비 하늘소 딱정벌레
1935	2	조선	목대장 나비
1936	6	조선	딱정벌레 송장벌레 가뢰
		만주간도	갑충류 나비
1937	3	조선	매미 하늘소 딱정벌레
1938	9	만주	길앞잡이 사슴벌레 하늘소붙이 가뢰 목대장 송장벌레 수시렁이 개미붙이 나비

연도	논문 편수 (저서 수)	지역	종류
1939	8	만주	하늘소 거저리
		북지몽강	동물
		몽고	곤충
		조선	하늘소 메뚜기
1940	10	만주	풍뎅이붙이 딱정벌레 하늘소 곤충
		북지몽강	여치
		중국북경	하늘소
		중국천진	하늘소
		조선	동물 하늘소
1941	5	조선	소똥구리 비단벌레
1942	5	조선 (울릉도)	하늘소
		만주	하늘소
		일본	잎벌레
1943	1	만주	하늘소
1946	3	한국	하늘소 매미 장구애비

에서 주는 '콜로라도의 연례 지역상Annual Section Award of the Colorado Section'도 수상했다. 1975년에는 유기불소화학 분야에 기여한 공적으로 미국화학회 불소분과에서 수여하는 '미국화학회 플루오린상ACS Award for Creative Work in Fluorine Chemistry'을 받았다. 한편 독성이 높은 화학물질을 다루곤 했던 그의 연구실에서 실험 중에 학생 두 명이 사망하는 사고가 일어나기도 했다.

자체 기술로 프레온 국내 생산의 길을 열다

박달조는 미국에서 사는 동안 한국을 방문할 기회를 거의 갖지 못했다. 처음 내한한 것은 하와이 세인트루이스학교에 다니던 1923년이었다. 그는 한국어조차 할 줄 몰랐지만 나이가 들수록 한국에 대한 그리움이 커졌다고 한다. 그러던 중 세계적인 과학자가 된 이후인 1964년에 대한화학회의 초청을 받아 한국을 방문하게 되었다. 이 해는 한국인 제자 최삼권이 콜로라도대학으로 유학을 가서 그를 처음 알게 된 때였다.

박달조는 7월 29일부터 8월 8일까지 10일간 머무르며 주요 대학과 산업을 시찰하고 강연했다. 서울대, 한양대, 경북대, 부산대와 공장들을 방문했으며, 강연에서는 한국에 많이 매장되어 있는 형석을 이용하여 프레온 생산 공장을 세우면 어떻겠느냐는 의견을 밝히기도 했다. 부산대에서 명예박사 학위도 받았는데, 그는 이것을 주요 경력의 하나로 여길 만큼 한국에서의 인정을 중요하게 여겼다고 한다. 박달조가 다녀간 뒤, 그의 뒤를 이어 유타대학 화학과 교수로 있던 이태규가 한

연도	논문 편수 (저서 수)	지역	종류	연도	논문 편수 (저서 수)	지역	종류
1947	1	한국 (금강산)	동물	1961	1(1)	한국	하늘소 동물
1948	(5)	한국	동물 곤충	1962	1(1)	한국	하늘소 동물
1949	(2)	한국	동물	1963	3	한국 (제주도)	곤충 풍뎅이 하늘소
1950	(1)	한국	동물
1954	2(1)	한국	목대장 톡토기 생물	1965	2	한국 (울릉도)	곤충 잎벌레
1955	2	한국 (울릉도)	동물 곤충	1968	1(1)	한국 (한라산)	동물 곤충
1956	1(3)	한국	곤충 하늘소	1969	(1)	한국	곤충
1957	3	한국 (제주도)	곤충 동물 생물	1971 (66세)	(2)	한국	곤충
1958	2(1)	한국	곤충 잠자리
1959	3(3)	한국	하늘소 메뚜기 곤충 동물

* 「조복성박사 논저목록」(1965)과 『조복성 곤충채집 여행기』(1975),
「한국 곤충학의 서구자 관정 조복성 박사의 생애와 업적」(2010)을
보완하여 재정리(김근배 작성)

조복성이 채집 제작한 딱정벌레 표본
고려대학교 한국곤충연구소(김근배 촬영)

일차자료

조복성, 1965, 「조복성박사 논저목록」, 《동물학회지》 8-2, 37-39쪽.

관정조복성박사기념사업회, 1975, 『조복성 곤충채집 여행기』,
　　고려대학교출판부.

논문

趙福成, 1929, 「鬱陵島産鱗翅目」, 《朝鮮博物學會雜誌》 8, p. 8.

趙福成, 1931, 「朝鮮産鍬形蟲科ニ就テ」, 《朝鮮博物學會雜誌》 12.
　　pp. 56-60.

土居寬暢·趙福成, 1931, 「めすあかしじみノ一新亞種ニ就テ」,
　　《朝鮮博物學會雜誌》 12, p. 50.

趙福成, 1932, 「朝鮮産斑蝥科ニ就テ」, 《朝鮮博物學會雜誌》 14,
　　pp. 54-61.

趙福成, 1933, 「朝鮮産「カブトムシ」ノ變異ニ就テ」, 〈朝鮮博物學會雜誌〉
　　15, pp. 81-84.

Kano, T. and P. S. Cho, 1933, "Description of a New Cicindela from
　　Korea," 《朝鮮博物學會雜誌》 16, pp. 11-13.

土居寬暢·趙福成, 1934, 「朝鮮産蝶ノ一新種及ひろすちこへうもん
　　もどきノ一新型ニ就テ」, 《朝鮮博物學會雜誌》 17, p. 34.

森爲三·趙福成, 1935, 「朝鮮産蝶類の一新種の記載並に珍蝶に就て」,
　　Zephyrus 6, pp. 11-14.

Cho, P. S. 1936, "On the Longicorn Beetles from Korea," *Trans. Nat. Hist.*
　　Soc. Formosa 26, p. 93.

森爲三·趙福成, 1936, 「滿洲國間島省所産甲蟲小目錄」, 《昆蟲界》 4-23,
　　pp. 14-21.

森爲三·趙福成, 1938, 「滿洲國の蝶類」, 《大陸科學院研究報告》 2-1,
　　pp. 1-109.

森爲三·趙福成, 1939, 「北支蒙疆地方動物採集品目錄」,
　　『蒙疆の自然と文化－京城帝國大學蒙疆學術探險隊 報告書』, 東京:
　　古今書院, pp. 1-27.

森爲三·趙福成, 1939, 「朝鮮金剛山の天牛類」, 《植物及動物》7-10,
　　pp. 33-38.

森爲三·趙福成, 1939, 「蒙古ノ昆蟲類(其一)」, 《朝鮮博物學會雜誌》27,
　　pp. 26-39.

森爲三·趙福成, 1940, 「朝鮮金剛山所産動物採集品目錄」, pp. 1-20.

趙福成, 1940, 「北京靜生生物調査所所長天牛科甲蟲目錄」, 《昆蟲界》
　　8-79, pp. 11-21.

趙福成, 1941, 「Sisyphus schaefferi Linnéに就いて」, *MUSHI* 13-2,
　　pp. 131-132.

水戶野武夫·趙福成, 1942, "Monography of Clytini in the Japanese
　　Empire," *Bull. School. Agr. For. Taihoku Imp. Univ.* 3, pp. 105-107.

조복성, 1946, 「朝鮮産 하늘소(天牛)科 甲蟲」, 《國立科學館 動物學部
　　研究報告》1-3, 27-61쪽.

조복성, 1947, 「金剛山動物誌」, 《國立科學館 動物學部 研究報告》2-3,
　　43-100쪽.

조복성, 1955, 「昆蟲相으로 본 韓國」, 《高大文理論集》1, 145-196쪽.

조복성, 1955, 「鬱陵島動物誌」, 《成均館大學報》2, 179-266쪽.

조복성, 1956, 「性的 二型의 昆蟲 1」, 《生物學會報》1-1, 76-78쪽.

조복성, 1957, 「한국산 초시목곤충 분류목록」, 《(고려대학교)문리논총》2,
　　173-338쪽.

조복성, 1961, 「韓國産 하늘소(天牛)科 甲蟲에 關한 分類學的 研究」,
　　《학술원논문집: 자연과학편》3, 1-171쪽.

조복성, 1962, 「濟州島의 昆蟲」, 《(고려대학교)문리논총》6, 159-242쪽.

조복성, 1963, 「韓國産 Carabus 屬에 관한 연구」, 《學術院論文集》4,
　　80-88쪽.

조복성, 1965, 「鬱陵島의 昆蟲相」, 『高大60週年記念論文集』, 157-205쪽.

조복성, 1968, 「漢拏山의 動物, 無脊椎動物相」, 『漢拏山學術調査報告書』, 221-295쪽.

저서

森爲三·土居寬暢·趙福成, 1934, 『原色朝鮮の蝶類』, 大阪屋號書店.

조복성, 1948, 『곤충기』, 을유문화사.

조복성, 1948, 『곤충이야기』, 조선아동문화협회.

조복성, 1948, 『일반과학(동물계)』, 정음사.

조복성, 1948, 『조선동물그림책』, 금룡도서.

조복성, 1948, 『중등동물』, 정음사.

조복성 외, 1949, 『조선 동물명 1 척추동물』, 동지사.

조복성, 1949, 『동물계: 문교부 교수 요목에 따른 일반과학』, 정음사.

조복성, 1949, 『동물표본제작법과 채집법』, 도서출판사.

조복성·김창환, 1954, 『일반생물학』, 장왕사.

조복성, 1956, 『표준 생물 상·하』, 정음사.

조복성·김창환, 1956, 『한국곤충도감 1·2』, 장왕사.

조복성·김창환·박상윤, 1956, 『동물학개론』, 장왕사.

조복성, 1958, 『韓國産 잠자리(蜻蛉)目昆蟲』, 고려대학교 문리과대학.

조복성, 1959, 『동물분류학』, 홍지사.

조복성, 1959, 『일반곤충학』, 홍지사.

조복성, 1959, 『한국동물도감 제1권 나비류』, 문교부.

조복성, 1961, 『최신동물도감』, 문리사.

조복성, 1962, 『동물의 생활』, 정음사.

조복성, 1968, 『한국동식물도감: 곤충류』, 삼화출판사.

조복성, 1969, 『한국동식물도감 제10권: 곤충류 2』, 문교부.

조복성, 1971, 『곤충의 생활』, 정음사.

조복성 외, 1971, 『한국동식물도감 제12권: 곤충류 4』, 문교부.

김진일, 2003, 『관정 조복성 박사 유고집』, 정행사.

조복성 지음, 황의웅 엮음, 2011, 『조복성 곤충기』, 뜨인돌.

기고/기사

조복성, 「조선곤충전람회에 출품하면서 [제1-5회]」, 《동아일보》 1931. 5.
    19.-23.

조복성, 1932, 「錦繡江山三千里에 날고기는 친고들: 朝鮮의 動物點考」,
    《동광》 32, 49-53쪽.

「곤충세계에 도취된 조복성씨 연구실」, 《조광》 1939년 4월호, 291-295쪽.

조복성, 1947, 「朝鮮動物界概觀」, 《현대과학》 7, 21-23쪽.

「숨은 노력에 빛나는 곤충왕 조복성씨」, 《중앙신문》 1947. 4. 19.

조복성, 1956, 「古代·昆蟲·人間」, 《사상계》 4-8, 165-169쪽.

조복성, 1958, 「昆蟲採集의 방법: 學術調査·探集·踏査의 方法」, 《사조》
    1-3, 35-39쪽.

조복성, 1959, 「古代人과 昆蟲」, 《사상계》 7-3, 310-311쪽.

조복성, 1968, 「벌레 찾아 저문 오십년」, 《신동아》 45, 302-309쪽.

조복성·김창환·노용태, 1969, 「한라산의 무척추동물상」, 《제주도》 41,
    137-140쪽.

이차자료

남상호, 2021, 「관정 조복성 박사님을 회상하며」, 한국곤충학회,
    『한국곤충학회 50년사 1970-2020』, 188-196쪽.

진나영, 2019, 「1948년에 출간된 조복성의 곤충 관련 저작에 관한 연구-
    『곤충이야기』와 『곤충기』를 중심으로-」, 《한국문헌정보학회지》 53-2,
    267-294쪽.

김성연, 2016, 「과학서사의 번역과 그 영향: 파브르 『곤충기』의 한국 근현대
    수용사」, 《코기토》 79, 84-114쪽.

김진일, 2010, 「한국 곤충학의 선구자 관정 조복성 박사의 생애와 업적」,
    《곤충연구지》 26, 3-14쪽.

김성원, 2008, 「식민지시기 조선인 박물학자 성장의 맥락: 곤충학자
    조복성의 사례」, 《한국과학사학회지》 30-2, 353-381쪽.

김창환, 2004, 「조복성 회원을 추모하면서」, 대한민국학술원, 『앞서 가신
    회원의 발자취』, 457-460쪽.

김창환, 1989, 「한국 곤충학의 선구자 곤충학자 조복성 박사」,

『고희기념규산문집』, 고려대학교 부설 한국곤충연구소, 589-593쪽.

고려대학교 중앙도서관 편, 1986, 『고려대학교 중앙도서관 조복성박사

기증도서목록』, 고려대학교 출판부.

김훈수, 1971, 「고 관정 조복성 박사를 추모함」, 《동물학회지》 14-1, 1-6쪽.

김성원·김근배

박달조

朴達祚 Joseph Dal Park

생몰년: 1906년 10월 13일~1988년 12월 7일
출생지: 미국 하와이주 호놀룰루 카운티 와이파후
학력: 데이턴대학 화학공학과, 오하이오주립대학 이학박사
경력: 제너럴 모터스 연구원, 듀폰 잭슨연구소 연구감독관, 콜로라도대학 교수, 한국과학원 원장
업적: 프레온과 테플론 개발, '박의 카바니온 이론', 코프론-12 공업화
분야: 화학-유기화학, 불소화학

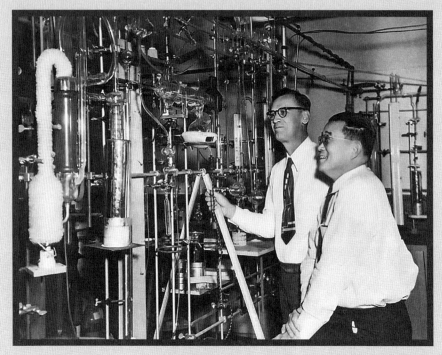

1955년 콜로라도대학 교수 시절의 박달조와 동료 교수 존 라처
University of Colorado Boulder Publicity Offices Collection, COU:3331, Box 87, Item 4191

박달조는 20세기 중반 미국에서 활동한 불소화학의 권위자이다. 그는 제너럴 모터스, 듀폰 잭슨연구소, 콜로라도대학에서 근무하며 프레온과 테플론을 개발하는 등 유기화학과 불소화학 분야의 최전선에서 활약했으며, 미국화학회 불소분과 위원장과 국제학술지의 편집위원을 역임했다. 1960년대 중반 이후에는 낙후한 한국을 찾아와 한국과학원 출범, 프레온 공업화, 공업소유권 제도화 등에 기여했다. 그렇지만 오늘날 한국에서, 박달조가 과학자로서 쌓았던 화려한 경력과 명성을 알고 있는 사람은 거의 없다.

하와이 이민자의 아들로 태어나 미국 산업 연구의 최전선으로

박달조는 1906년 하와이주 호놀룰루 카운티 와이파후Waipahu에서 출생했다. 아버지 박윤옥朴允玉, Youn Ok Park은 대구에서 위탁판매업을 하다가 하와이 사탕수수 농장으로 떠난 이민 노동자였다. 하와이 노동이민은 1903년부터 대규모로 시행되었는데, 박윤옥은 1904년 7월에 부산에서 도릭Doric호를 타고 하와이로 향했다. 박윤옥이 하와이에서 이바바라Barbara Lee와 결혼하여 낳은 첫아들이 박달조였으며, 적어도 딸이 하나 더 있었다. 하와이에서 일어난 애국 활동에 참여하기도 했던 박윤옥은 아들을 박달조朴達祚라는 이름으로 한국에 출생 신고를 하고 호적에도 올렸다. 박달조는 나중에 조셉 박Joseph Dal Park이라는 영문 이름을 사용했다.

하와이 이민자들이 으레 그러하듯 박달조의 집안도 형편이 어려웠다. 박달조는 하와이 호놀룰루의, 학비가 저렴한 가톨릭계 세인트루이스학교Saint Louis School를 1925년에 졸업하고, 미국 본토로 건너가 오하이오주 데이턴대학 University of Dayton에 진학했다. 이 대학도 마리아수도회Society of Mary에서 운영하는 가톨릭 계열의 사립 학교로 학비가 싸고 무엇보다 장학금을 지원받을 수 있었기 때문에 선택했을 것이다. 이곳에서 그는 새로운 첨단 분야로 떠오르고 있던 화학공학을 전공했다.

박달조는 대학 재학 동안 줄곧 최상위 성적을 받아 1928년 빅터 에마누엘Victor Emanuel 주니어 화학공학상, 1929년 빅터 에마누엘 시니어 화학공학상을 수상했다. 에마누엘은 데이턴대학 동문 기업가로 모교에 많은 돈을 기부하여 화학공학과의 최우수 학생들에게도 장학금을 주었던 것이다. 박달조는 대학 시절에는 복싱으로 체력을 다지는가 하면, 2학년 때는 〈전미국학생웅변대회〉에서 일등을 차지해 미국 30대 대통령 캘빈 쿨리지John Calvin Coolidge Jr. 상패를 받기도 했다.

1929년 대학을 졸업한 박달조는 프리지데어사Frigidaire Corp.에 연구원research engineer으로 들어갔다. 이 회사는 오하이오주 데이턴에 있는 냉장고 제작 전문 업체로 1918년 제너럴 모터스General Motors의 창업주가 인수했다. 박달조는 코넬대학 출신 토머스 미즐리Thomas Midgley Jr.의 지휘 아래 초기에는 단출하게 5명의 연구자와 함께 활동했다. 이들이 관심을 기울인 핵심 연구과제는 당시 널리 보급되고 있던 냉장고의 새로운 냉매를 개발하는 것이었다. 이 시기 냉장고의 냉매로는 에틸렌, 암모니아, 염화메탄, 프로판, 이산화황 등이 사용되고 있었다. 그러나

이 물질들은 독성이 있고 인화성이 강해 그 누출로 인한 인명 피해 사고가 빈번하게 발생했다.

　1920년대 후반부터 제너럴 모터스의 프리지데어 사업부는 냉장고용 대체 냉매를 찾아 나섰다. 그 책임자로 미즐리가 발탁되었는데, 그는 제너럴 모터스의 데이턴연구소 소속으로 소장 찰스 케터링Charles F. Kettering과 함께 자동차 엔진의 노킹 방지제를 개발한 유능한 엔지니어였다. 연구팀은 1928년에 무독성과 불연소성의 특성을 지닌 저렴한 염화불화탄소ChloroFluoroCarbon(CFC)를 처음으로 개발했다. 염화불화탄소는 우리가 흔히 '프레온가스freon gas'라고 부르는 물질이다. 1930년 미즐리는 미국화학회에서 〈프레온의 물리적 특성 시연회〉를 열었다. 이때 그는 이 신기한 가스를 폐에 가득 채운 다음 촛불에 내뿜어 꺼뜨리는 방식으로 그 무독성 및 불연성의 특성을 보여 주기도 했다. 그리고 같은 해, 《인더스트리얼 앤드 엔지니어링 케미스트리Industrial and Engineering Chemistry》에 「냉매로서의 유기불소Organic Fluorides as Refrigerants」 논문을 게재해 과학계와 산업계의 주목을 받았다. 그동안 과학계에서는 불화수소산이 부식성이 아주 강하고 고유의 위험성도 있다고 알려져 있었기 때문에 이와 관련한 연구를 기피해 왔었다.

　1930년대 들어 프레온은 기적의 물질로 불리며 선풍적인 인기를 끌었다. 전기압축식 냉장고에 뒤이어 프레온 같은 냉매를 이용하는 냉장고가 개발되면서 가정용 냉장고가 대대적으로 보급되었고, 냉동 분야에 혁명이 일어났다. 1935년까지 미국에서 팔린, 프레온을 이용하는 최신식 냉장고는 800만 대에 달했다. 프레온은 냉장고 냉매를 비롯하여 거품 발포제, 에어로졸 추진제 등으로 사용이 확대되었으며, 이후에는 원자탄과 우주기술 개발에도 중요하게 쓰였다. 물론 10년 뒤부터는 프레온이 지구 대기의 오존층을 파괴한다는 사실이 점차 드러나면서 급기야 1989년 '오존층 파괴 물질에 관한 몬트리올 의정서'가 체결되고, 이에 따라 그 생산과 판매가 전면 금지되기에 이르렀으나 당시는 전혀 그렇지 않았다.

미즐리 연구팀에 박달조가 참여하게 된 시점은 프레온을 다양하게 개발하고 그것을 생산에 적용하기 위한 노력을 본격적으로 기울일 때였다. 1930년 제너럴 모터스와 듀폰DuPont은 합작으로 프레온을 전담할 키네틱케미컬스사Kinetic Chemicals Inc.를 델라웨어주에 세웠다. 박달조도 신설된 이곳에 소속되어 프레온 연구를 이어 나갔다. 그 결과 1931년에 프레온-12를, 이듬해에는 프레온-11을 상업적으로 생산하기 시작했다. 이들은 뒤이어 물리화학적 구성과 특성 및 주요 용도가 저마다 다른 일련의 프레온-13, 21, 22, 23, 112, 113, 114 등을 개발했다. 예컨대 프레온-11, 12는 냉장고와 에어컨 냉매, 프레온-21, 22는 원심 냉장고와 아이스크림 제조기, 프레온-112는 에어로졸 면도 크림용이다. 박달조는 프레온의 초기 공동 개발자의 한 사람으로 혁신적인 연구팀에 참여한 것이다. 그러나 아쉽게도 이들이 낸 특허에 박달조는 이름을 올리지 못했다. 특허의 개발자가 세 명 이내로 기재되어 있는 것으로 보아 핵심 연구자만 이름을 올렸던 것으로 보인다. 개발자로 명시된 미즐리, 헨Albert L. Henne, 맥너리Robert R. McNary는 박사 학위가 있거나 오랜 연구 경력을 지닌 베테랑 연구자들이었다.

불소화학의 세계적 권위자로 우뚝 서다

박달조는 제너럴 모터스 소속 연구팀에서 4년을 근무하며 프레온 연구 경험을 충분히 쌓았다. 그는 미즐리와 헨을 "항상 자신을 격려하고 도와준 스승이자 친구"《화학과 공업의 진보》10-4)로 회고했다. 한 가지 아쉬운 점은, 연구팀에 참여하여 많은 성과를 거두었으나 그 어디에도 자신의 이름을 올릴 수 없었다는 것이다.

1933년 박달조는 오하이오주립대학Ohio State University 화학과 박사 과정에 진학했다. 장차 승진을 하거나 연구팀을 이끌기 위해서도 박사학위가 필요하다고 판단했다. 그는 탄수화물 화학의 권위자인 윌리엄 에번스William L. Evans의 지도를 받았다. 오하이오주립대학 화학과 학과장을 맡은 에번스는 대학원 연구를 대대적으로 강화하며 학과의 발전을 견인했고, 현재 그의 업적을 기념하는 에번스연구소, 에번스상, 에번스강연 등이 제정되어 운영되고 있다. 박달조는 1933~1934년 미즐리재단Midgley Foundation의 연구원fellow으로 선정되어 파트타임으로 연구에 참여했다. 1934~1935년에는 다시 프리지데어사에서도 일했다. 1937년 박달조는 마침내 「아라비노스 아세테이트의 광학 회전과 이성질체의 상관관계 연구A study in the correlation of optical rotation and isomerism of the acetates of arabinose」를 학위 논문으로 제출하고, 이태규에 이어 조선인으로는 두 번째로 화학박사 학위를 받았다. 이 시기에 그는 강사로서 학부 학생들을 가르치기도 했다.

당시 하와이에서 흰인들이 발행히던 신문 《국민보》는 하와이를 방문한 박달조의 소식을 전하면서 다음과 같이 아낌없는 찬사를 보냈다.

박달조 박사를 소개

박달조 박사는 월전(月前)에 근친(近親) 차로 호항호놀룰루에 돌아왓는디 겸양이 만코 소탈로 위쥬ᄒᆞ는 까닭으로 그 공부의 죠예를 일반이 알지 못ᄒᆞ엿고 얼마 사람이 차차 알게 된 후에도 씨는 학위의 칭호를 원티 안코 다만 셩명을 불으는 것이 죠타고^{좋다고} 쥬쟝ᄒᆞ여 왓다. …

박사가 이가치 공부에 젼력ᄒᆞ여 오는 동안에도 그 모친의게 넉넉ᄒᆞᆫ 생활비를 쏙 실슈 업시 미삭에^{달마다} 보니여 오던 터이라 ᄒᆞᆷ은 일반이 대찬셩ᄒᆞᆫ는 바이니, 그 효셩과 그 학업의 죠예로 다 우리 쳥년계에 쳐음 되고 데1^{제1} 되는 모범뎍 인물이라 ᄒᆞᆷ이 공즁(公衆)의 탄복ᄒᆞ는 말이더라.

_《국민보》 1937. 7. 14.

이렇게 박달조는 자신이 태어난 곳이자 어머니가 살고 있는 하와이를 때때로 방문하곤 했다. 하와이 한인 사회에서는 그를 "효성과 학업이 지극한 처음이자 제일의 모범적 인물"이라고 칭송을 아끼지 않았다. 언론이 그를 주목한 까닭은 무엇보다 그가 과학 박사 학위자이자 선도적인 연구소에서 뛰어난 과학자로 활동했기 때문이다. 한인 사회에서 그런 인물이 많이 나오기를 바랐던 것이다.

박사 학위 취득 후 그는 델라웨어주에 있는 듀폰의 잭슨연구소Jackson Laboratory에 연구원research chemist으로 합류했다. 1802년에 설립된 듀폰은 20세기 들어와 화약이나 폭탄을 생산하면서 세계 최고의 화학회사로 성장했다. 그리고 제1차 세계대전으로 인해 독일로부터 염료 및 유기화학물질 수입에 어려움을 겪자 의욕적으로 세운 곳이 잭슨연구소였다. 잭슨연구소는 최초의 프레온을 비롯하여 테플론Teflon(Polytetra-fluoroethylene), 비닐 플로라이드 등을 개발하고 생산하며 세계적인 연구소로 발돋움해 나갔다. 첫 테플론은 박달조의 오하이오주립대학 동창이자 연구소 동료인 로이 플런켓Roy J. Plunkett이 1938년에 개발했다. 냉매로 쓰려던 물질이 너무 가격이 비싸 실험을 중단하고 냉장고에 오랜 기간 넣어 두었는데, 방치 중에 화학반응이 일어나 테플론이 되었다고 한다.

박달조는 잭슨연구소의 첫 소수민족 출신 연구원이었다. 그는 이곳에서 10년간 근무하면서 에어로졸 추진제를 개발하는가 하면, 주방용품에 사용되는 기적의 인조 중합체인 테플론을 개선하고 개발하는 성과를 거두었다. 다양한 재료의 코팅제로 쓰이는 테플론은 비점착성, 내열성, 절연성, 내마모성 등의 독특한 물리적·화학적 특성을 갖고 있다. 일례로 프라이팬 표면에 테플론을 발라 가압하여 열처리하면 기름을 칠하지 않아도 음식물이 달라붙지 않는다. 입사 후 몇 년이 지나서야 박달조는 연구소에서 특허를 출원할 때 자신의 이름을 올릴 수 있게 되었다. 그의 이름이 들어간 첫 특허는 1941년 출원한 특정 불소화합물 제조 방법에 관한 「불소화합물Fluorine compound」(미국특허 2336921)이었다. 그는 동료 연구자 앤서니 베닝Anthony F. Benning과 함께 많은 특허를 냈다. 1944년부터는 그간의 연구 성과를 인정받아 연구감독관 research supervisor으로 승진했다.

15년간 산업계에서 연구 경력을 쌓은 박달조는 1947년 콜로라도 대학University of Colorado 화학과 교수로 이직했다. 연구 활동을 활발히

UNITED STATES PATENT OFFICE

2,336,921

FLUORINE COMPOUND

Anthony F. Benning, Woodstown, N. J., and Joseph D. Park, Wilmington, Del., assignors to Kinetic Chemicals, Inc., Wilmington, Del., a corporation of Delaware

No Drawing. Application December 13, 1941, Serial No. 422,871

6 Claims. (Cl. 260—614)

A. This invention relates to 2,2,2-tri-fluoro-hyl-ethyl ether and to fluoro-alkyl-alkyl ethers ontaining the group CF₃, and to a method of reparing them.

B. It has heretofore been proposed by Swarts, entr. (1901) II 804 and (1911) II 848 to make chers from fluoro brom ethanes. The reaction f the chlor compounds does not proceed according to the conditions prescribed by Swarts.

C. It is an object of the invention to prepare he fluoro ethers from fluoro-chlor aliphatic hyrocarbons. Another object of the invention is o prepare ethers having the group CF₃, and articularly 2,2,2-tri-fluoro-ethyl-ethyl ether.

D. The objects of the invention are accomplished, generally speaking, by reacting a fluorochloro-alkane with an alkali metal alkoxide at a emperature between about 100° C. and about 175° C. under pressure.

E. In carrying out the preferred form of the reaction one of the reagents is a tri-fluoro-alkyl chloride having the group CF₃ and one or more groups CH₂. The number of CH₂ groups may range up to eleven, but above five there is some tendency for side reactions to occur. Among the compounds of this type are tri-fluoro-ethyl chloride, tri-fluoro-propyl chloride and tri-fluorobutyl chloride. The other reactant is an alkali metal alkoxide, in which the alkyl group may have from one to twelve carbon atoms but has preferably from one to six. The alkali metal is preferably sodium but may be any of the others, although the substitution of others should be attended by modifications in the reaction conditions designed to produce optimum results. Among the more useful of these groups are sodium propoxide and sodium butoxide. Sodium thioalkoxides may also be used where thio ethers containing fluorine are desired.

F. The following example is illustrative of the reaction:

Example

About 10 parts by weight of C₂H₅ONa in 90 parts by weight of absolute alcohol were reacted with 40 parts by weight of CF₃CH₂Cl at 130° C. for 55 hours in a steel bomb. The reaction products were poured into water ice mixture, washed and dried. A yield of about 25% of CF₃CH₂OC₂H₅ was obtained. This material had a boiling point

of 78.7° to 79.5° C. The molecular weight of this material determined cryoscopically was found to be 130 as compared to a calculated value of 128.

G. In general it is desirable to carry out the reaction in liquid phase and in the absence of water. Consequently, non-aqueous solvents, such as absolute alcohol and anhydrous saturated hydrocarbons may be used as reaction media.

H. Economically this invention is better than the method of producing ethers of this type by the use of fluoro-brom derivatives. Another advantage is the production of new and useful compounds such as CF₃CH₂OC₂H₅, CF₃CH₂CH₂OC₂H₅, and CF₃CH₂OC₃H₇. These new compounds have a variety of commercial uses. Some of them are excellent refrigerants and solvents.

I. As many apparently widely different embodiments of this invention may be made without departing from the spirit and scope thereof, it is to be understood that we do not limit ourselves to the specific embodiments thereof except as defined in the appended claims.

We claim:

1. The compound represented by the formula CF₃CH₂OC₂H₅.

2. The compounds represented by the formula CF₃(CH₂)ₙOC₂H₅, in which n is a digit from 1 to 5.

3. The process of preparing 2,2,2-trifluoro-ethyl-ethyl ether which comprises reacting 2,2,2-trifluoro-1-chlor-ethane with an alkali metal ethoxide at elevated temperature under pressure.

4. The process of preparing CF₃CH₂OC₂H₅ which comprises reacting 10 parts by weight of C₂H₅ONa in alcohol solution with about 40 parts by weight of CF₃CH₂Cl at about 130° C. under pressure, drowning the products of the reaction in cold water, washing and drying them.

5. A trifluoroalkyl-alkyl-ether having a boiling point of 78.7° to 79.5° C. and a molecular weight, determined cryoscopically, of 130.

6. The process of preparing trifluoro-alkyl-alkyl ethers which comprises reacting an alkali metal alkoxide with CF₃(CH₂)ₙCl, in which n is an integer from the group consisting of 1 to 5, under pressure and at a temperature between about 100° C. and 175° C.

ANTHONY F. BENNING.
JOSEPH D. PARK.

박달조(Joseph D. Park)의 첫 미국특허(1943)

Google Patents (https://patents.google.com/)

해 오면서도 한편으로는 학문적인 과학 연구에 대한 아쉬움이 있었기 때문으로 보인다. 때마침 제2차 세계대전이 끝나면서 콜로라도대학의 학생 규모가 두 배로 급증했고, 이에 따라 특히 과학 분야의 우수 교수 인력에 대한 수요가 크게 늘면서 소수민족 출신도 교수로 임용될 수 있는 기회가 생겼다. 박달조는 같은 대학의 존 라처John R. Lacher 교수와 긴밀한 관계 속에 공동연구를 추진하는 한편, 유기불소화학훈련센터 Organic Fluorine Chemistry Training Center를 세우고 120만 달러 이상의 연방 정부 연구비를 지원받아 미국 최대 규모로 발전시켰다. 콜로라도대학 은 코넬대학, 퍼듀대학과 함께 불소화학을 주요 과목으로 가르치고 대 학원생도 훈련시키는 거점대학이었다.

박달조는 대학에 적을 두고 있으면서도 듀폰 등 세계 여러 나라 20 여 개 업체의 연구 고문으로 활동했다. 콜로라도에 있는 화학품 제조 공장의 부사장을 겸하기도 했다. 그는 25년간 콜로라도대학에 근무 하다 1972년에 정년퇴직했으나, 잠시 한국에서 활동하다가 1975년 다시 돌아와 1988년 세상을 뜰 때까지 명예교수로 재직했다. 한편 그 는 콜로라도대학으로 옮긴 1947년에 평안도 출신의 교포 2세 김봉희 Bernice Kim와 만나 결혼했다.

박달조는 유기불소화학 분야에서 115명의 박사, 24명의 석사 제자 를 배출했으며, 130편 이상의 논문을 발표했다. 불소화학의 최고 권 위자로서 1967~1968년에는 미국화학회 불소분과Fluorine Division 위원 장을 지냈고,《저널 오브 플루오린 케미스트리Journal of Fluorine Chemistry》 등 불소화학 관련 학술지의 편집위원을 역임했다. 또한 프레온을 비롯하여 불소화합물, 나일론4, 합성수지 테플론의 제조 공정 등에 관한 약 35건의 미국특허를 출원했다. 많은 연구비를 지원한 듀폰은 그의 특허를 이용해 1970년 당시 연간 5억 달러(한화 1500억 원)를 벌어들였고, 그는 매년 보너스를 받았다고 한다.

박달조는 유기불소화합물인 프레온, 테플론 외에 시클로부텐과 시클로부탄 화학에서도 선구적인 연구를 수행했다. 극한의 온도와 엄격한 화학 조건에서도 견딜 수 있는 불소화 니트로소fluorinated nitroso 고무 연구에도 도전했다. 이 고무는 군용 또는 초음속 비행기나 우주탐사에도 사용 가능하다. 예를 들어 달에 사람을 보내려면 섭씨 500도에서도 견디는 고무가 필요하다. 한편 대학에서 유기불소화학과 함께 친핵체의 작용*을 연구했던 박달조는 자신의 이름을 붙인 '박의 카바니온(카바니온 안정화) 이론Park's carbanionic(carbanion stablization) theory'을 발견했다. 이는 친핵체nucleophiles의 탄소 음이온을 안정화시키는 메커니즘을 밝힌 것으로, 유기화학의 기본적인 반응을 설명하는 중요한 이론이다.

그는 이러한 뛰어난 업적을 인정받아 콜로라도대학에서 교육 및 연구 관련 상을 다수 수상했다. 이뿐 아니라 1958년에는 대학원생들이 박달조와 라처 교수를 기리기 위해 물리유기화학기금Physical Organic Chemistry Fund을 마련했다. 1969년에는 데이턴대학에서 "저명한 업적을 남겼거나 탁월한 공익 활동"을 한 졸업생에게 수여하는 '저명 동문상Distinguished Alumnus Award'의 네 번째 주인공이 되었으며, 미국화학회

---

* OH^-, CN^-, NH_3, H_2O 등과 같이 전자를 주기 쉬운 물질이 상대 물질의 전자밀도가 낮은 부분을 공격하는 반응

1965년 서울대
문리대에서
강연 중인 박달조
《화학과 공업의 진보》
5-2(1965)에서

국을 방문하여 1개월간 체류하며 마찬가지로 주요 기관을 시찰하고 강연했다. 이들은 한국 과학계를 대표하는 가장 유명한 두 화학자로서 국내 과학계는 이들의 한국 방문을 과학기술 진흥의 새로운 기회로 삼고자 했다.

박달조는 이듬해에도 잠시 한국을 방문하여 서울대 문리대에서 '불소화학의 근황'을 강연하고, 한국경제인협회(전경련을 거쳐 한국경제인협회로 개칭)가 '미국의 공업 실정'을 주제로 연 간담회에도 참석했다. 1967년에는 콜로라도대학에 재학 중인 한국인 대학원생 김영봉이 《동아일보》(1967. 3. 25.)를 통해 그의 소식을 알렸다. 박달조는 15만 달러의 투자비로 한국에 세울 프레온 공장 설립안을 마련했으며, "가능하면 여생을 고국을 위해 바치고 싶다"는 뜻도 밝혔다는 것이다. 글쓴이는 박달조가 콜로라도대학을 정년퇴직하는 2년 뒤 한국 정부가 그를 초빙하면 좋겠다는 의견을 피력했다. 다시 말해, 그가 대학에서 퇴직하는 1969년 이후에 한국으로 와서 프레온 공업화를 추진할 의

사가 있다는 점을 밝힌 것이다.

우리나라는 한국과학기술연구소(KIST) 설립을 계기로 1969년부터 해외 한국인 과학기술자 유치에 적극 나섰다. 그 방식은 영구 유치와 일시 유치로 나뉘었다. 주요 대상에는 유타대학 이태규(화학), 콜로라도대학 박달조(화학), 펜실베이니아대학 임덕상(수학), 모토롤라 강기동(전자공학) 등이 포함되었다. 실제로 박달조는 한국 정부의 일시 유치 과학기술자로 선정되어 내한했다. 이때의 목적은 국내 불소공업계에 무료로 자문을 하기 위해서였다. 그는 한국 불소공업이 싼 노동력과 수공 재능 등의 이점으로 수년 안에 태평양 지역에서 일본과 쌍벽을 이루고 장차 앞지를 수도 있을 것이라고 전망했다. 전경련에서 열린 간담회에 참석해서는 한국은 모든 입지 조건으로 보아 공업입국工業立國의 잠재력이 충분하다고 주장했다. 언론에서는 그를 프레온과 테플론을 발명한 세계적으로 내세울 "한국의 두뇌", "[세계적] 코리안"이라며 찬사를 쏟아 냈다.

박달조는 미국 국제최고경영인봉사단International Executive Service Corp(IESC)의 일원이기도 했다. IESC는 미국의 일급 경영자들로 구성된 단체로, 개발도상국의 민간 상공업체에 기술 및 경영 지원을 목적으로 하는 민간 비영리기구였다. 마침 KIST에는 듀폰에서 활동했던 안영옥이 책임연구원으로 유치되어 고분자연구실을 이끌고 있었다. 안영옥이 존경해 오던 박달조가 내한하자 KIST는 1969년 3월 IESC와 기술 지원을 위한 협정을 맺었다. KIST가 연구 성과를 산업계에 적용하는 과정에서 IESC에 소속된 생산제조업계 전문가들의 기술 지원을 받기로 했는데, 박달조가 그 첫 번째 전문가로 선정되었다.

1969년 8월 KIST를 방문한 박달조는 '불소 유기금속화합물의 최근 동향'을 주제로 강연했다. 당시 우리나라는 프레온을 전량 수입하여 사용하고 있던 처지였다. 하지만 그 주원료라 할 형석광은 비록 그 품질이 우수하지는 않으나 국내에 풍부하게 매장되어 있었다. 그리고 박달조는 프레온의 공동개발자로서 최신 공정에 대한 특허 및 노

1969년 김기형 과학기술처 장관을 방문한 박달조(왼쪽) 국가기록원

하우가 있었다. 이에 KIST 소장 최형섭은 박달조와 협의하여 그의 프레온 생산 노하우를 전수받아 프레온의 국내 생산을 추진하기로 했다. 이 과제를 위한 연구개발비 지원 요청을 받아들인 과학기술처와의 계약으로 프레온 개발연구가 시작되었다. 연구비는 다른 연구과제보다 5~10배 많은 665만 원이었다. KIST는 1969년 12월 박달조를 기술고문으로 위촉했다. 연구원으로는 안영옥 실장과 함께 이윤용, 박건유, 손현명, 민경완 등이 참여했다.

프레온의 국내 생산 연구 추진은 국내 자원을 활용하여 수입대체 및 수출산업의 기반을 닦는다는 본보기로서 의미가 있었다. KIST 고분자연구실장 안영옥이 책임을 맡은 프레온 연구팀은 박달조와 계약을 체결하고 제공받은 기초자료를 토대로 프레온 생산을 위한 공장 설계에 착수했다. 당시 우리나라 연구개발비로는 이례적으로 큰 규모였던 5000만 원의 예산이 투입되었다. 그 결과 2년 6개월 만인 1972년 10월에 월산 5톤 규모의 완전한 연속운전이 가능한 최신의 시험공장이 KIST에 세워졌다. 연구개발에서 시제품 생산까지 전 과정의 연구개발을 내세운 KIST에서 시험공장을 설립한 것은 이것이 처음이었다. 호남비료의 알콜 공장에 이어 한국에서 두 번째로 순수한 한국 기술진에 의해 세워진 공장이었다.

당시 한국의 산업 및 기술 사정은 매우 열악했으므로 신기술을 확보하고 그것을 적용하여 최신의 공장을 세우는 것은 결코 쉽지 않았다. 그 과정에서 부딪혔던 많은 어려움을 어떻게 헤쳐 나갔는지를 안영옥은《화학과 공업의 진보》에서 다음과 같이 생생히 회고했다.

우리의 KORFRON 개발은 시작되었다. 뭐 DuPont이 그 옛날 만들어 낸 물건을 제조하는데 무슨 연구며 무슨 개발이냐고 할지 몰라도 우리에게는 여간 힘든 것이 아니었다. 박[달조] 박사께서 우리에게 주신 Know-How Package는 사실 간단한 Block Diagram, 간단한 장치의 Dimension, 2-3 page밖에 안되는 Process 설명, 그리고 오래전에 기한이 만료된 특허들이었다. 그래도 우리는 이것으로 일을 시작하였고 Pilot Plant의 설계를 시작하였다. 냉동장치라고는 대형 에어콘 정도밖에 보지 못한 경험으로 -50℃ 정도 내려가는 냉동장치를 설치하여야 했고 다루기가 몹시 위험한 무수불화수소의 수송과 펌핑, 특수재질을 쓴 반응기의 설계 등 이런 것들이 우리에겐 정말 힘들었다. 믿어지지 않은 이야기지만 그때 우리나라는 아직도 간단한 밸브도 제작을 못하고 있을 때였으니까 우리는 청계천 가게에 가서 수원 미군 비행장에서 나오는 스테인레스 밸브와 Flexible Hose를 거의 도맡아 사오다시피 하였다. 이렇게 우리가 고생하는 데도 박 박사님은 그것을 모르는 체하시는 것 같았다. 설계를 다하여 보여드리면 그저 그만하면 되겠다고 확인만 하여 주시는 것이었다. 그러나 이것이 우리에겐 큰 힘이 되었고 확실한 보험이었다.

_ 안영옥, 「박달조 박사님을 추모하면서」, 《화학과 공업의 진보》 29-8, 1989.

시범공장에서 생산된 프레온에는 한국의 프레온이라는 뜻을 지닌 '코프론Korfron'라는 이름이 붙었다. 연구팀은 처음에는 중간원료인 사염화탄소와 무수불화수소에서 프레온을 제조하는 방식을 설계했고, 이것이 완료되자 원료에서 최종 제품 생산까지 전체 공정을 포괄하는 방향으로 확대하여 형석에서 무수불화수소를 제조하는 연구도 추진해 나갔다. 아울러 무수불화수소의 원료인 형석의 순도를 97%까지 올리는 연구도 KIST에서 수행했다. 당시까지 고품위 형석정광은 외국에서 수입해야 했을 정도로 국내 매장된 형석은 대부분이 저품위였다. 따라서 프레온 생산이나 알루미늄 제련 등에 적합한 고품위 형석정광을 생산하기 위한 선광방법의 규명이 필요했던 것이다.

KIST가 확보한 코프론-12의 공업소유권은 1975년 한국불화공업(현재의 울산화학)에 1억 4000만 원에 판매되었다. 1977년 11월 울산공업단지에 공장이 완공되어 코프론-12의 생산이 시작되었으며, 한국불화공업은 개발도상국에서 유일하게 자립 기술로 프레온을 생산하는 기업이 되었다. 이후 코프론-11과 코프론-22를 새로 증설하여 연산 1만 4000톤 규모가 되었다.

KIST에서는 프레온만이 아니라 테플론 원료, 프레온을 대체하는 새로운 냉매 등의 개발이 이어졌다. 이 연구를 이끈 안영옥의 회고에 의하면 이 모두가 박달조가 "뿌려 놓은 씨앗"에서 비롯되었다. 해외에서 생산되던 제품이지만 우리의 기술로 생산하기 위해 노력한 결과 기존 제법과는 다른 방식으로 만들어 낼 수 있게 되었고, 뒤이어 새로운 물질까지 생산하는 단계로 나아갈 수 있었다. 말하자면, 박달조의 과학 연구가 한국에서 새롭게 자리 잡으며 또 하나의 연구 전통으로 발전한 것이다.

한국과학원 이끌며 "세계 일류의 공업한국" 소망

박달조는 한국 과학기술의 진흥을 위해서도 진심 어린 조언을 아끼지 않았다. 한국인은 우수한 두뇌와 소질을 지녔다면서, 앞으로 최소 10년간은 기초과학보다 효과가 빨리 날 수 있는 응용과학에 치중할 것을 주문했다. 공업 잠재력이 크고 교육 수준도 높아 기술 향상이 기대된다는 것이었다. 다만 결정적인 문제로, 기술 자체보다도 기술을 활용할 엔지니어링 수준이 크게 떨어진다는 점을 지적하면서 응용과학을 주도할 엔지니어의 양성이 시급하다는 의견을 제시했다. 기초과학은 한국 공업이 발전한 후에 추진해도 늦지 않는다고 그는 생각했다. 향후 세계적으로 기술 경쟁이 심해질 것이므로 그 경쟁에서 이기려면 연구개발을 강화해야 한다고 주장했다.

그는 《매일경제》(1970. 8. 1.)의 칼럼을 통해 "과학기술은 기업의 시작이자 마지막이다", "경제발전은 테크니컬 이노베이션의 연속이다"라고 강조했다. 과학기술계는 연배나 정실情實에 치우치기보다 능력 위주로 운영되어야 하고, 원로 과학자들이 길을 터 주어 유능한 젊은 과학자가 자신의 능력을 발휘할 기회가 많아야 한다고 일침을 가하기도 했다. 또한 암기에 치중할 것이 아니라 원리를 익히도록 해서 학생들을 창의적으로 키울 것도 주문했다. 한국 민족은 프라이드가 강해 창조물을 완성하는 데서 만족감을 갖도록 한다면 이것이 '과학하는 정신'이 될 것이라고 내다보았다. 이렇게 우수한 과학기술 인력을 양성하고 더 열심히 노력해서 세계 일류의 '공업한국'을 이루어 나가기를 기대했다.

박달조는 한국에서 공업소유권의 가치를 널리 알리는 전도사 역할도 수행했다.《화학과 공업의 진보》(1973. 6.)에서 그는 "특허법은 응용연구의 시녀侍女이자 고색창연古色蒼然하기가 이를 데 없다"고 주장했다. 그는 국내에 머무르는 동안 기회 있을 때마다 공업소유권에 대한 관심과 인식을 높이고자 힘썼다. 과학계와 산업계를 대상으로 한 특강, 신문이나 잡지의 기고를 통해 공업소유권의 중요성을 강조했다.

당시 한국 특허법은 본질적으로 제한적인 일본 특허법의 복사판이었다. 일본처럼 한국도 화합물 특허와 물질사용 특허를 제외시켜 선진국의 특허 공세로부터 벗어나고 있었다. 특허권자가 특허를 받은 후 3년 이상 정당한 이유 없이 국내에서 발명을 실시하지 않을 경우 실시권을 타인에게 줄 수 있다고도 규정했다. 또한 국내에서 반포된 간행물에 게재된 발명에 대해서만 선행기술의 지위를 부여했다. 이러한 규정은 기본적으로 국내 산업을 보호하려는 의도였다. 박달조도 한국이 산업 경쟁력을 확보하여 유리한 여건을 갖춘 이후에야 외국의 특허 권리를 행사할 수 있도록 허용해야 한다는 현실적인 입장을 지녔다. 그렇지 않으면 한국의 산업기술과 연구개발은 침체 상태를 벗어나기 어려울 것이라고 전망했다. 그는 마치 발명의 과정이 단계적으로 진전되어 나가듯이 단계적인 발전과정을 거치고 난 연후에야 한국은 비로소 일어설 수 있다면서, 특허법은 10년 내 한국 산업의 위치를 결정하는 요인이 될 것이므로 반드시 유념해야 한다고 강조했다.

향후 개선 방안으로는 특허국을 독립적인 특허청으로 승격할 것, 이와 동시에 전문 인력을 충원하고 전자계산 시설 구축과 같은 특허국

체제를 개혁할 것, 그 밖에 특허정책 수립과 결정을 지원할 특허자문위원회를 설치할 것 등을 중요하게 제시했다. 1974년에 주요한(해운공사 사장)을 회장으로 하는 한국특허협회가 설립될 때 그는 고문으로 참여했다. 이 협회의 활동에 힘입어 1977년에 특허국이 승격되어 특허청이 탄생하게 되었다.

KIST 초대 소장이었던 최형섭이 1971년 2대 과학기술처 장관으로 임명되면서 박달조는 1972년 1월 이공계 특수대학원인 한국과학원(KAIS, 현재의 한국과학기술원)의 초빙교수이자 대학자문위원의 자격으로 KIST 이사로 선임되었다. 곧이어 1972년 3월에는 한국과학원 2대 원장으로 임명되었으며 1974년 5월까지 재직했다. 한국어도 서툰 그를 한국과학원 원장으로 임명한 것은, 당시 한국에는 드물었던 연구개발의 산업화 경험이 풍부했고, 산업기술 연구를 통해 경제발전에 기여한다는 최형섭의 철학에 잘 들어맞았기 때문이다. 박달조도 최형섭의 철학에 적극 동의하여 한국에 부족한 응용과학을 위한 과학기술자 육성을 최우선시했으며, KAIS의 교수진 선발에도 이 같은 원칙을 고수했다. 박달조는 교수 후보자의 연구 분야나 경력이 한국의 상황에 적절한가를 가장 중요시했으며, 일부에게는 탁월한 연구자이지만 전공 분야가 당시 한국에는 너무 이르다는 평가를 내리기도 했다.

《동아일보》(1972. 3. 24.)와 《경향신문》(1972. 4. 13.)과의 잇따른 인터뷰에서 그는 과학원의 단기적 방향으로는 정부·대학·산업의 협력 속에 "당장에 쓸 수 있는 인재부터 양성", "지식 자체만을 위한 교육은 지양"을 내세웠다. 즉 그의 지론이라 할 응용과학에 중점을 둔 유능한 엔지니어의 양성에 중점을 두고자 했다. 그는 과학교육은 전문적인 공부를 시키는 것도 중요하나 문제 해결의 방법을 가르치는 데 역점을 두어야 한다고 보았다. 같은 맥락에서 그는 학생들에게 "꼭 청계천에 가 보라"고 권유했다. 이것은 과학기술자가 되려는 사람은 누구나 산업기술 발전의 현장을 느끼고 이해해야 한다는 그의 철학에서 나온 조언이었다. 사실 이러한 그의 태도는 한국과학원 설립의 중요한 지침이 되었던 '터먼 보고서'(스탠포드대학 공대 학장인 터먼이 주도해서 만든 한국과학원 설립안)에도 포함된 지향이었다.

이와 함께 그는 외국의 저명한 과학자들을 초빙하여 과학원을 "태평양의 과학센터"로 만들겠다는 포부를 밝혔다. 실제로 1973년에만 도 국제적으로 명성이 있던 이론화학의 이태규(유타대학 교수)를 석좌교수로 영구 유치하여 과학 연구의 활력을 불어넣고, 고체물리학의 김영배(벨연구소)를 일시 유치하여 1년 동안 강의하게 했다. 개강 기념식에는 특별히 트랜지스터 발명으로 1956년 노벨물리학상을 받은 월터 브래튼Walter H. Brattain을 초청하여 '반도체의 기원'이라는 제목으로 강연회를 성대하게 개최했다.

이처럼 한국 과학기술 진흥을 향한 그의 열정은 뜨거웠다. 그러나 다른 한편으로 민주주의 정치체제에 대해서는 둔감했다. 외국에서 오래 생활한 그로서는 한국 실정을 파악하거나 한국어를 이해하는 데 어려움을 겪었다. 한국과학원 원장으로 재직하던 시기, 《과학과 기술》(5-11)에 실린 한국과학원의 전망을 논한 글에서 그는 "10월 유신의 특기할 사항으로는 의회 구성이 한국 실정에 맞춘 특수성을 들 수 있고 대통령 임기를 6년으로 한 점은 상당히 합리적인 것"이라고 썼다. 그러면서 "한국이 세계에서 최초로 시도한 과학자들의 요람[홍릉 과학단지]을 박 대통령의 영단으로 가지게 된 점은 모든 과학인들이 감사해야 할 줄 안다"고 소회를 밝혔다. 결과적으로 국회를 해산하고 통일주체국민회의를 통해 간접선거로 대통령을 선출하며 장기 집권을 위해 그 임기를 4년에서 6년으로 늘린, 독재적인 유신체제를 옹호한 것이다.

박달조는 1975년 KIST 이사직에서 물러나며 미국으로 돌아갔다. 하지만 그 뒤에도 한국과학원 화학과 교수로 있던 제자 최삼권과 함께 불소화학에 대한 논문을 국내외 저널에 기고하는 등 한국과의 학문적 교류를 이어 갔다. 또한 프레온 생산 및 연구 관련 자문을 위해 1980년대 초까지 매년 KIST를 방문했다. 그는 자신이 간직해 오던 책, 연

박달조 부부의 묘비
미국 하와이 Nuuanu Memorial Park (https://www.findagrave.com/)

구노트, 각종 문헌 등을 KIST에 기증했다.

1970년 박달조는 과학기술처 장관 표창을 받았다. 1971년에는 미국의 한인 과학기술자들이 재미한인과학기술자협회(KSEA)를 조직할 때 명예회원으로 참여했다. 1972년에는 불소화학공업을 개척한 공로를 인정받아 제13회 3.1문화상 기술상을 수상했다. 3.1문화상은 원칙적으로 한국인에게만 수여되는 상이었기에 미국에서 태어나 미국 국적을 지니고 있는 박달조의 수상 자격에 다소 논란이 있었다. 그러나 그가 하와이에서 태어났을 때 아버지가 국내에 출생신고를 했고, 호적에 그의 이름이 올라 있다는 사실이 확인되면서 논란은 마무리되었다. 같은 해 광복절에는 과학기술 발전에 공이 크다는 점을 인정받아 국민훈장 모란장을 받았다. 그는 미국으로 돌아가 콜로라도대학 명예교수로 활동하다가 1988년 82세의 나이로 하와이에서 세상을 떴다.

이렇게 하와이에서 태어난 한국인 2세 박달조는 모천母川 회귀성 연어를 닮은 삶을 산 과학자였다. 그는 '인류를 위해서 무엇을 했나?'라는 자문을 자신의 신조로 삼았다. 프레온과 테플론 초기 개발자의 한 사람인 그는 불소화학 분야를 개척하고 확립하여 세계적인 권위자 반열에 올랐다. 그는 자신의 풍요로운 현실에 안주하지 않고 부모의 나라 한국을 찾아 낙후한 과학기술을 개선하기 위해 적극 나섰다. 그리하여 한국과학원 원장으로, 한국 프레온 공업화의 산파로, 공업소유권 전도사로 한국 과학기술이 놀라운 발전을 일구어 나가는 데 힘을 보탰다.

참고문헌

일차자료

Park, Joseph D., "Curriculum Vitae—Joseph D. Park."(안영옥, 1989,
「박달조 박사님을 추모하면서」,《화학과 공업의 진보》 29-8,
552-553쪽에 첨부).

University of Dayton eCommons, "Dr. Joseph D. Park Honored with
Distinguished Alumnus Award," News Releases 3523, 1969. 10. 6.
https://ecommons.udayton.edu/news_rls/3523

논문

Park, Joseph Dal, 1937, "A study in the correlation of optical rotation and
isomerism of the acetates of arabinose," Doctoral Dissertation: Ohio State
University.

Lacher, J. R., J. J. McKinley, and J. D. Park, 1948, "Heats of Mixing of Some
Fluorinated Ethers with Chloroform," *Journal of the American Chemical
Society* 70-7, pp. 2598-2600.

Lacher, J. R., J. W. Pollock, W. E. Johnson, and J. D. Park, 1951, "The
Magnetic Susceptibilities of Some Methyl Derivatives of Methane and
Ethylene1," *Journal of the American Chemical Society* 73-6,
pp. 2838-2840.

Park, J. D., H. A. Brown, and J. R. Lacher, 1951, "Directed Halogenation
in Fluorinated Aromatic Compounds1," *Journal of the American
Chemical Society* 73-2, pp. 709-711.

Park, Joseph D., Robert D. Englert, and John S. Meek, 1952, "Some
Reactions of the Sodium Salts of Certain Amides," *Journal of the
American Chemical Society* 74-4, pp. 1010-1012.

Park, Joseph D., Clarence D. Bertino, and Bruce T. Nakata, 1969,
"Chemistry of 1-lithio-2-chloroperfluorocycloalkenes," *The Journal of
Organic Chemistry* 34-5, pp. 1490-1492.

Park, Joseph Dal, Sam Kwon Choi, and H. Ernest Romine, 1969,
"Bicyclobutyl derivatives. V. Syntheses of Conjugated Perhalogenated
Diolefins," *The Journal of Organic Chemistry* 34-9, pp. 2521-2524.

Park, J. D., Robert L. Soulen, and Sam-Kwon Choi, 1972, "The Coupling
Reactions of Alicyclic 1,2-Dihalopolyfluoroolefins with Copper,"
《대한화학회지》16-3, 166-177쪽.

박달조·최삼권, 1973, 「Alicyclic 1,2-디할로폴리플루오르올레핀으로부터
비닐리튬 화합물과 Perfluorinated 유기금속화합물의 합성」,
《대한화학회지》17-4, 286-297쪽.

| 특허 |

Benning, Anthony F. and Joseph D. Park, 1943, "Fluorine Compound,"
US Patent 2336921.

Benning, Anthony F. and Joseph D. Park, 1943, "Separating Fluorine
Compounds," US Patent 2384449.

Benning, Anthony F., F. B. Downing, and Joseph D. Park, 1946, "Pyrolysis
of Tetrafluoroethylene Polymer," US Patent 2394581.

Benning, Anthony F. and Joseph D. Park, 1946, "Process of Halogenation,"
US Patent 2407129.

Park, Joseph D. and William W. Rhodes, 1946, "Wax-free Pyrethrin
Solutions," US Patent 2410101.

Benning, Anthony F. and Joseph D. Park, 1947, "Method of Preparing
Fluoro-Chloro Compounds," US Patent 2420222.

Gottlieb, Hans B. and Joseph D. Park, 1954, "Fluorination of
Trifluorotrichloro-propene," US Patent 2670387.

Park, Joseph D., 1964, "Process for Preparing Polyfluorinated
Nitrosoalkanes," US Patent 3162590.

박달조 외, 1974, 「디클로로 디홀로로 메테인의 제조방법」, 한국특허
10-0004370.

기고/기사

「박달조 박사를 소개」,《국민보》1937. 7. 14.

「박달조 박사 큰 회사 부사장으로 피선」,《국민보》1957. 2. 20.

박달조, 1964, 「한국경제와 과학기술진흥」,《경협》11, 46-47쪽.

박달조, 1965, 「플루오르화학의 연구근황」,《화학과 공업의 진보》5-2, 103-106쪽.

「국제최고경영인봉사단과 기술지원협정 체결」,《과기연 소식》6, 1969.

대한화학회, 1969, 「박달조 교수 내한 강연요지집」,《화학과 공업의 진보》4-3, 252-261쪽.

배병휴, 「한국의 두뇌–박달조 박사」,《매일경제》1969. 8. 21.

Park, J. D., 1970, "특별강연: The Interrelation and Interdependence of Chemistry and Chemical Engineering,"《화학공학》8-3, pp. 113-115.

박달조, 1970, "Review: Fluorine Containing Polymers,"《원자력학회지》2-3.

박달조, 1970, 「불소화학에 대한 기초와 40년 동안의 재미」,《화학과 공업의 진보》10-4, 282-287쪽.

박달조, 1970, 「한국경제에 있어서 연구개발투자의 역할」,《경협》75, 34-35쪽.

「세계적 불소화학자 박달조박사가 말하는 한국의 공업」,《경향신문》1970. 6. 18.

「코리언–박달조 박사」,《매일경제》1970. 7. 25.

"Korea forms graduate institute in science," *C&EN* July 31, 1972, p. 9.

박달조, 1972, 「조국의 꿈을 키우는 한국과학원」,《과학과 기술》5-11, 12쪽, 35쪽.

박달조, 1972, 「한·일 공업소유권 협정이 한국산업에 미치는 영향」,《재경춘추》4-10, 34-36쪽.

박달조, 1973, 「강연초록: 외국의 특허권 상륙에 대한 우리의 자세–공업소유권과 경제개발」,《기계산업》9, 55-57쪽.

박달조, 1973, 「과학연구의 우연성과 호기심」,《신동아》109, 240-245쪽.

박달조, 1973, 「후레온 냉매의 개발과정」, 『대한설비공학회 강연회 및 기타간행물』.

박달조, 1973, 「공업소유권과 경제개발: 특히 각국의 특허법의 비교분석을 중심으로」, 《화학과 공업의 진보》 13-3, 139-144쪽.

안영옥, 1989, 「박달조 박사님을 추모하면서」, 《화학과 공업의 진보》 29-8, 550-553쪽.

이차자료

Hays, David M., 2023, "Minority Faculty at the University of Colorado 1877-1956," Unpublished Article.

Mclinden, Mark O. and Marcia L. Huber, 2020, "(R)Evolution of Refrigerants," *Journal of Chemical and Engineering Data* 65, pp. 4176-4193.

Okazoe, Takashi, 2009, "Overview on the History of Organofluorine Chemistry from the Viewpoint of Material Industry," *Proceedings of the Japan Academy, Series B* 85, pp. 276-289.

Plunkett, Roy J., 1986, "The History of Polytetrafluoroethylene: Discovery and Development," R. B. Seymour and G. S. Kirshenbaum eds., *High Performance Polymers: Their Origin and Development*, Dordrecht: Springer, pp. 261-262.

김근배·문만용

국채표

鞫埰表 Chaepyo Cook

생몰년: 1906년 10월 25일~1969년 2월 5일
출생지: 전라남도 담양군 담양면 천변리
학력: 연희전문학교 수물과, 교토제국대학 수학과, 시카고대학 기상학과 석사,
　　　교토대학 이학박사
경력: 이화여자고등보통학교 교사, 중앙관상대 대장, 한국기상학회 초대 회장
업적: 태풍예보법 '국의 방법(Cook's Method)' 창안, 한국 기상시스템의 현대화,
　　　한국기상학회 설립
분야: 기상학

1960년대 중앙관상대 재직 시절 국채표
아들 국광련 제공

국채표는 한국인 최초로 기상학 전공으로 학위를 받은 과학자이다. 그는 자신이 개발한 '국의 방법Cook's Method'을 이용하여 세계 최초로 허리케인의 72시간 장기예보에 성공했으며 태풍의 진로를 예보하는 방법을 제시했다. 1960년대 초 한국에 가뭄이 심각하자 그 해결 방안으로 인공강우를 제안했으며, 이는 사회적으로 기상학에 대한 인식을 높이는 계기가 되었다. 이러한 분위기를 타고 기상업무 현대화를 위한 재원과 설비가 대대적으로 확충되었다. 새로운 고층기상관측소와 농업기상관측소가 설립되었으며, 자동일기예보기와 해외 기상도를 실시간으로 전달받을 기상 팩시밀리도 설치되었다. 1960년대 중반에 한국 기상학이 이처럼 현대적인 기반을 갖추게 된 것은 국채표의 노력에 힘입은 바 크다.

연희전문 거쳐 교토제대 수학과 진학

국채표는 1906년 전라남도 담양에서 국수열鞠壽烈과 이씨 사이의 4남 2녀 중 차남으로 태어났다. 아버지 국수열은 1926년부터 1937년까지 담양 인근에 있는 옥과玉果의 동아일보 지국장을 역임하며 당대의 지식인들과 교류했다. 국수열은 만해萬海 한용운 장례식에 주요 인사로 참여하기도 했다. 국채표는 1918년 담양보통학교를 졸업하고 이후 한학 교육을 받았다. 그러나 당시 담양은 창흥의숙昌興義塾을 필두로 근대 교육이 활발히 일어나고 있었고, 국채표 역시 신학문에 관심을 갖게 되었다. 이러한 교육의 영향 때문인지, 담양은 경성에서 멀리 떨어진 곳이었음에도 국채표를 비롯해 이승기(화학공학), 김삼순(균학) 등 선구적인 과학기술자를 여럿 배출했다.

경제적으로 넉넉했던 국채표의 가족은 1920년 경성으로 이주했다. 고향의 토지를 팔아 그것으로 도시에서 자녀들을 교육시키기 위해서였던 것으로 보인다. 결과적으로 국채표의 형제(4남2녀) 가운데 국채표를 포함한 세 명이 제국대학을 졸업한다. 그중 다섯째 국정효(여)는 경성제국대학 법문학부(문학과)를 나와 서울대 영어영문학과 교수를, 여섯째 국채호는 도쿄제국대학 약학부를 마치고 서울대 약대 학장을 역임했다.

국채표는 경성에서 중앙고등보통학교(중앙고등학교 전신)에 들어가 공부했다. 이곳은 호남 출신으로 경성방직과 동아일보의 사주였던 김성수金性洙 일가가 운영하는 학교였다. 중앙고보를 졸업한 1925년에는 기독교 신자만이 지원할 수 있는 연희전문학교의 수물과에 진학했다. 연희전문은 1915년 선교사들이 세운 4년제 고등교육기관으로 당시 조선에서 유일하게 수학과 과학을 전문으로 배울 수 있는 학교였다. 이곳이 매력적인 이유 중 하나는 졸업 후 중등학교 교사가 될 수 있다는 점이었다. 교사는 일제강점기에 조선인이 비교적 좋은 대우를 받으며 근무할 수 있는 흔치 않은 직종의 하나였다. 더구나 조선에는 기독교계 중등학교가 많아 연희전문 졸업생은 어렵지 않게 교사가 될 수 있었다. 말하자면 연희전문 수물과는 조선인들이 비교적 수월하게 수학이나 과학 교사로 진출할 수 있는 유망한 관문이었던 셈이다.

연희전문 수물과는 초기에 수리과로 시작했으나 국채표가 입학하기 1년 전인 1924년에 이학관을 갖추어 조선총독부로부터 정식 인가를 받고, 학과 명칭도 수물과로 바꾸었다. 이곳에서 국채표는 인생의 멘토라 할 스승 이원철 교수를 만났다. 이원철은 1926년 미국 미시간 대학에서 천문학을 전공하여 조선인으로는 최초로 이학박사 학위를 받고, 모교인 연희전문으로 돌아왔다. 따라서 국채표가 2학년 때부터 새로이 부임한 이원철과 사제의 인연이 시작되었다. 국채표는 이원철에게 수학과 천문학 관련 교과목을 배웠다.

연희전문 수물과를 수석으로 졸업한 국채표는, 1929년부터 이화여자고등보통학교 교사로 근무했다. 그는 이곳에 있는 동안, 숙명여자고등보통학교와 경성사범학교 여자연습과를 졸업하고 보통학교 교사로 있던 이경희를 만나 1935년에 결혼했다. 그런데 약 10년 가까이 이화여고보에서 근무하던 그는 뒤늦게 일본 유학을 결심하고, 1939년 늦은 나이인 32세에 교토제국대학京都帝國大學 이학부 수학과에 입학하게 된다.

원래 교토제대는 규정상 남는 자리가 있을 때만 관립 전문학교 출신을 시험으로 선발했고, 연희전문 같은 사립 전문학교 출신은 입학 자격 자체가 없었다. 연희전문 졸업생으로 1932년 교토제대에 입학한 박철재朴哲在의 경우에도 위탁생으로 들어갔다가 그나마 지도교수의 도움으로 본과생(정규 학생)이 아닌 선과생으로 수료할 수 있었다. 그 후 간헐적으로 연희전문 졸업생이 교토제대 이학부에 선과생으로 입학하곤 했다. 그러다 1939년 2차 세계대전으로 우수한 학생들의 충원이 어려워지자 교토제대는 연희전문 졸업생도 정식 학생으로 받아 주었다. 대학의 학생 정원은 늘어난 반면에 군 입대 등으로 진학하려는 학생 수가 크게 줄어들었던 것이다. 이러한 상황 변화로 국채표는 교토제대에 본과생으로 들어갈 수 있었다. 그는 1941년 교토제대 수학과를 졸업하고 조선으로 돌아와 다시 이화고등여학교(이화여고보의 후신)에 가서 교감이 되었다. 제국대학을 졸업했지만, 그것만으로 신분이 특별히 달라지진 않았던 것이다.

그는 학생들을 가르치면서 한편으로는 신문과 잡지에 과학 기사를 쓰고 라디오 방송에 출연해 과학을 소개하는 등 대중의 과학 계몽에 열의를 보였다. 「가을 하늘은 어째서 푸른가」, 「춘분과 백양궁*」, 「여름의 밤하늘은 별꽃 바다」 같은 글의 제목에서도 알 수 있듯이 그는 일상생활과 밀접한 관련이 있는 절기節氣와 자연변화, 대기, 기상 등의 주제를 주로 다루었다. 라디오의 〈취미강연〉이라는 프로그램에 출연해 '납량천문', '유성이야기', '우주의 신비'라는 제목으로 이야기를 들려주기도 했다.

미국 유학 통해 선구적 기상학자로 대변신

해방 직후 국채표의 인생 항로는 급작스레 바뀌었다. 일제강점기의 기상대가 1945년 관상대로 개편되면서, 그 책임자로 이원철이 임명되었다. 국채표는 연희전문 스승인 이원철의 권유로 학교를 떠나 관상대로

---

* 백양궁(白羊宮)은 황도대의 첫 번째 별자리인 양의 자리로 태양이 이 구간을 지나는 시기는 매년 3월 21일부터 4월 19일 사이이다.

이직해 부대장 직책을 맡았다. 당시 한국에는 기상학을 전문으로 배운 사람이 사실상 없었다.

국채표는 한국의 기상관측 수준을 높이고자 노력했다. 1946년에는 고층권의 기상 연구를 증진하기 위해 기상관측기를 기존 5킬로미터에서 23킬로미터로 한층 높이 띄워 올리는 데 성공했다. 이는 세계적으로도 우수한 성과였다. 이에 대해 이원철은 《자유신문》(1946. 4. 4.)에서 "고층권의 기상을 완전히 관측할 수 잇는 것은 우리 과학게에 귀한 기록이라 할 것이다. 수소의 보전과 또 무전을 지상에서 밧도록 장치를 하는 데에 기술을 요하니까 이 점에 만흔 연구가 필요한 것이다. 압흐로는 세계 기상학게에 억개를 겨누도록 노력할 것이며 이 방면에 우수한 기술자를 양성하도록 미주[美洲]로 학도를 파견도 할 게획이다"라고 말했다. 이듬해에 국채표는 대원들을 이끌고 지리산에서 1개월을 머물며 처음으로 고산 기상관측을 조직적으로 실시하기도 했다.

하지만 국채표는 수학 전공자로서 기상학에 대한 전문 지식이 부족했다. 이런 그는 이원철 대장의 계획에 따라 해외 유학자로 선정되어 1949년에 미국으로 유학을 떠났다. 이미 제국대학을 졸업한 43세의 중년이었지만 기상학에 대한 전문교육을 받은 적이 없었으므로 학부 과정부터 밟아야 했다. 그야말로 늦은 나이에 고생길을 걷게 되었다. 그나마 외국인 선교사들이 운영한 연희전문을 다녀서 영어로 기본적인 의사소통이 가능했기에 미국 유학이 불가능한 도전은 아니었다. 그는 기상학으로 유명한 시카고대학University of Chicago에 입학해 4년에 걸쳐 학부과정을 마치고, 이어서 1953년에 석사과정에 진학했다.

석사과정을 수료한 뒤에는 캘리포니아주에 위치한 미군 제6군단에서 기상학 강사로 2년을 근무했다. 그 후 다시 대학으로 돌아온 그는 미 해군으로부터 연구비를 지원받아 「3일간의 허리케인 이동 예측에 관하여On the prediction of three-day hurricane motion」라는 논문을 발표했고, 이것으로 1958년 석사 학위를 받았다. 그때까지만 해도 미국에서 허리케인 기상관측은 24시간이라는 단기예보에 그쳐 매번 큰 피해가 발생했다. 《동아일보》(1961. 3. 24.)에 따르면, 국채표는 일기도의 데이터를 활용한 수리적 방법을 독창적으로 고안하고, 이를 이용해 예보 시간을 3일로 대폭 늘렸다. 예보 시간이 늘었음에도 그 정확도는 뛰어난 편이었다고 한다. 대학에서 수학을 전공한 것이 수리적 방법에 기반한

THE UNIVERSITY OF CHICAGO

4005

DATE___April 7,_____19 58

Cook, Chaepyo   September 13, 1912
        Author   Birth Date

On the Prediction of Three-Day Hurricane Motion
                    Title of Dissertation

Meteorology   A.M.   June, 1958
    Department or School   Degree   Convocation

Permission is herewith granted to the University of Chicago to make copies of the above title, at its discretion, upon the request of individuals or institutions and at their expense.

April 21, 1958   Chaepyo Cook
        Date filmed   Number of pages   Signature of writer

국채표의 시카고대학 석사 논문 표지(1958) University of Chicago Library

허리케인의 장기예보 개발에 결정적인 도움이 되었다. 1958년 미연방 기상국 보고서는 "허리케인 이동의 72시간 예보는 국채표Chaepyo Cook 가 고안한 기법으로 이루어질 수 있었다"라며 그의 공을 높이 샀다. 이 연구는 당대 기상 연구의 주요 성과의 하나로 꼽히며 그 우수성을 널리 인정받았다.

국채표는 석사 학위를 받고 곧바로 위스콘신대학University of Wisconsin 대학원 박사과정에 진학하여 연구를 이어 갔다. 그러나 3년 만에 귀국하는 바람에 박사 학위를 받지는 못했다. 그는 학위 과정을 통해 농업 기상과 군사기상 관련한 태풍 예보와 인공강우 등을 주로 공부했다고 스스로 밝혔다.

1961년 3월 국채표는 한국으로 돌아왔다. 박사과정을 밟고 있던 그가 갑자기 귀국한 이유는 정확히 알 수 없으나 당시 국내 유일의 기상학과인 서울대 천문기상학과에서 전임교수를 선발했기 때문이었던 것으로 보인다. 그는 비록 전임교수가 아닌 강사 신분으로 서울대에서 강의하게 되었지만, 기상학이 국가적 관심과 지원을 받도록 힘썼다. 그는 《조선일보》(1962. 1. 14.)를 통해 "해외에서 귀국하는 동포는 … 조국 국토와 민족 번영을 위하여 이바지하겠다는 꿈을 가슴 가득히 안고 입국한다"며 자신도 그중의 한 과학자라고 밝혔다.

실제로 그는 기상 전문가로서 국가의 난제인 가뭄을 해결할 방안을 제시하기도 했는데, 가장 첨단적인 방안으로 언급한 것은 인공강우였다. 인공강우는 일제강점기부터 알려져 있었고 일찍이 실제 시험도 했다고 신문에 보도된 적이 있었다. 당연히 오래전의 시험은 실패로 끝

낳고 이후 국채표가 다시 거론하기 전까지 국내에서는 가십거리 그 이상도 이하도 아니었다. 이런 상황에서 국채표가 해마다 불거지는 가뭄 문제를 해소하기 위한 과학기술로 인공강우 카드를 다시 꺼내 든 것이다. 그는 언론을 통해 인공강우가 농업국가로서 직면하고 있는 최악의 가뭄 문제를 해결할 최신의 방안이라는 주장을 대대적으로 펼쳤다. "오늘날 인공강우는 이미 꿈이 아니고 실질적으로 인류가 이용할 수 있는 단계에 이르렀고 미국이나 일본 같은 나라에선 상업적 회사로서 인공강우가 훌륭히 기업화되고 있다"(《조선일보》 1961. 3. 6.)며 인공강우가 실효성 있는 방안이 될 수 있다고 주장했다.

'인공강우' 도전과 한국 기상시스템 현대화

1961년 5월 군사정변으로 정권을 잡은 군인들이 관상대를 접수하면서 구정권에서 임명된 이원철 대장은 사퇴했다. 몇 달 후인 9월에 공석이던 관상대 대장으로 국채표가 임명되었다. 이원철에 이어 2대 대장이 된 그는 취임하자마자 언론과의 인터뷰에서 단도직입적으로 '한국은 인공강우에 최적인 나라'라는 의견을 피력했다. 그는 또한 기상관측과 인공적인 기상 조절은 국가의 지원으로 이루어질 수 있으며, "오늘 세종대왕께서 생존해 계시다면 이러한 현대 기상과학 장족의 발달에 가장 깊이 흥미를 가지시고 우리 한국을 세계 기상과학 선진국으로 만드셨을 것임에 틀림없다"(《동아일보》 1961. 4. 8.)면서 그에 대한 사업 추진 의지를 적극적으로 내비쳤다.

국채표는 인공강우를 추진할 사업 계획을 세웠다. 우선 인공강우

인공강우 연구 시작을 알리는 기사 《경향신문》 1962. 1. 24.

65년도부터 우리나라에도 인공비

우리나라에서 인공강우(人工降雨)를 실현시키기 위한 첫단계의
움직임으로 새해예산 6천만 환이 인공강우 연구를 위해 책정되었다.
23일 하오 중앙관상대 국채표(鞠埰表)대장은 이 사실을 밝히고 늦어도
65년부터는 인공강우가 우리네 농사에 도움이 될 것이라고 다짐했다.
… 국(鞠)대장은 올해부터 본격적인 연구를 벌리기 위해 관상대 안에
'인공강우 연구실'을 따로 둘 것이라고 말하고 있다.

선진국인 일본을 방문하여 그 현황을 알아보고, 늦어도 이듬해 여름 안으로 인공강우에 필요한 제너레이터(약품증기발생기)와 스프레이어(약품분무기)를 구입하여 국내 최초로 인공강우를 시도한다는 것이었다. 그는 "인공강우란 결코 허황된 얘기가 아니"라고 강조하면서 적어도 사업 시행 2년 차에는 인공강우를 부분적으로 실용화할 수 있을 것이라고 포부를 밝히고, 이를 위해 곧바로 1961년 추가경정예산에 인공강우 사업비를 요청하여 반영하고자 했다. 이어서 그는 콜롬보 계획 Colombo Plan(개도국 개발원조 계획)의 지원을 받아 직원을 호주로 1년간 파견하여 인공강우에 대한 기술훈련을 받도록 했다. 이런 일들이 알려지면서 그에게는 '비를 만드는 사나이'라는 애칭이 붙기도 했다.

인공강우 계획은 그의 바람대로 국가재건최고회의 의장 박정희의 관심을 끌었다. 관상대는 인공강우에 필요한 기계 구입을 비롯하여 각종 재료비, 비행기 전세비, 기초조사연구비 등의 명목으로 5500만 환을 확보했다. 1962년 1월 박정희는 문교부를 연두순시하면서 장관을 대동하고 관상대를 방문했다. 《경향신문》(1962. 1. 23.)에 따르면, 이 자리에서 박정희는 "1965년까지의 목표 연도를 [앞]당겨 인공강우 계획을 완성시키라"고 지시했다. 인공강우가 더 빨리 활용될 수 있게 이 사업에 총력을 기울이라는 것이었다. 그에 따라 국채표는 기술 인력을 모아 관상대에 인공강우 연구실을 새로이 마련하고 관련 연구를 촉진하기로 했으며, 1965년을 '인공강우 완성의 해'로 정하고 인공강우를 관상대의 주력 업무로 내걸었다.

1962년 봄은 전해 겨울부터 이어진 가뭄이 유난히 심해 비에 대한 갈망이 컸다. 이에 박정희는 5월 22일 국가재건최고회의를 긴급 소집하여 가뭄 대책을 세울 것을 지시했다. 이 회의에는 문교부 장관, 농림부 차관, 공군 참모차장, 그리고 가뭄에 대한 기상 예측과 인공강우의 추진 현황을 파악하기 위해 관상대장인 국채표가 참석했다. 「국가재건최고회의 상임위원회 회의록」에 따르면 국채표는 이 자리에서 다음과 같이 말했다.

한국으로서의 [가뭄] 대책은 인공강우법이 있으며 구름의 방울을 키워서 땅에 떨어뜨리는 방법이며 미국의 경우에는 구름의 1%밖에 비로 되지 않고 있음. 큰 구름이 있어야 하며 미국의 사설회사가 몇 개소 있으며 그 중 83%가 계약액을 받고 성공하고 있으며 13%는 성공치 못하고 있음. 일본은 전업회사 등이 인공강우협회를 만들어서 10년간 꾸준히 계속하고 있으며 전력 20%를 증가시키고 있음. 또한 농사용으로 인공강우를 위한 예산이 나오고 작년 가을에 성공을 봤음. 금년 8월 3,700만 엔의 예산으로 준비하고 있음.

소요한 기초조사의 결과로서 [인공강우] possibility를 산정하여 효율적인 강우를 보게 하려면 3년의 시일이 소요되나, 시기적으로 급한 것이므로 금년도에 실시하려면 가장 적기는 7·8월임. 따라서 8월에 일본에 가서 그 기계를 사오려고 함. 이 기계의 부속품만 구입한다면 국내에서 만들 수도 있음. 현재 예산은 4,000만 환이 있으나 일본 등에 갈 출장비로 그중에서 전용하려 신청하였으니 각하되었음.

_「국가재건최고회의상임위원회회의록」 제39호, 1962. 5. 22.

국채표는 국가재건최고회의에서 가뭄 대책으로 인공강우를 강하게 주장했다. 미국과 일본은 인공강우를 위한 회사가 있으며 실제로 성공하고 있다고 전했다. 국내에서 인공강우를 하려면 3년의 기간이 소요되나, 시급한 사안인 만큼 적기인 7~8월에 실시하기 위해 늦어도 8월에는 일본에 가서 인공강우 기계를 사 오려고 한다고 했다.

이런 그의 주장에 당시 공군 참모차장은 반대 의견을 피력했다. 그는 앞서의 자료에 따르면, "비행기에서 약품이나 기타를 뿌린다는 것은 실지 가능한지 알 수 없으며 운중[雲中] 비행을 통하여 구름에 shock를 주면서 비를 오게 한다는 것은 아직 연구 단계의 것으로 알고 있음. 인공강우에 사용할 돈으로 양수기를 구입하는 것이 용이"하다고 주장

1962년 중앙관상대에서 박정희 대통령과 국채표 국가기록원

했다. 불확실한 인공강우가 당장의 가뭄을 해결할 수 없다고 판단한 것이다. 하지만 국회 외무국방위원장이었던 유양수는 "혁명정부로서 한발[旱魃]에 대한 적극적인 과감한 정책 세워야 함. 성과가 있건 없건 관상대장과 공군 당국자를 일본에 파견해서 기계 도입할 것"을 지시했다. 인공강우는 가뭄 해결을 위해서만이 아니라, 이전 정부와는 다른 혁명정부의 이벤트가 될 아주 획기적인 방법이라는 점에서 그 자체로 매력적이었던 것이다.

인공강우 시험에 대한 정부의 정책적 판단은 최고 권력자 박정희에 의해 확실히 정리되었다. 5월 25일 다시 가뭄 대책을 위한 국가재건최고회의가 재소집됐는데, 그 자리에는 박정희도 참석했다. 이 회의에서 박정희는 학생까지 동원해서라도 우물을 파고, 양수기를 대량으로 제작하여 농가에 보급할 것을 지시했고, 인공강우의 진척 상황에 대해서도 물었다. 직전 회의에서 국채표는 7~8월이 적기여서 8월에 기계를 사 온다고 했으나 「국가재건최고회의 상임위원회 회의록」(1962. 5. 25.)에 의하면 이 회의에서는 "시기적으로 긴박하기 때문에 5~6월에 [인공강우 준비를] 실현하려고 하고 있음"이라고 입장을 바꾸었다. 그러므로 "금년에는 최단 시일 내에 일본에 가서 필요한 자료를 수집하여 7, 8월에 실험을 실시하겠음"이라고 밝히며, 애초에 생각한 8월보다 더 서둘러서 일본에 가겠다고 말했다. 이에 정부는 인공강우 시험을 위한 예산을 가뭄 대책 예산에 긴급 편성하고, 언론들은 다가오는 7~8월이면 인공강우를 볼 수 있을 것이라고 기대했다.

그러나 인공강우 사업계획은 제대로 진척되지 못했다. 우선, 눈여겨보고 있던 일본에서 대규모로 추진하기로 한 인공강우 실험이 일본 대학 교수들의 참여 거부로 난관에 부딪혔다. 《조선일보》(1962. 6. 6.)에 따르면, 일본의 많은 교수들이 "드라이아이스를 살포하여 비가 내리게 하려는 실험계획이 성공할지 의심스럽다"고 생각했다. "실험 실패로 웃음거리가 되지 않기 위해 실험에 참가하고 싶지 않다"라는 속내를 밝히기도 했다. 이러한 상황에서 국채표가 6월에 일본을 급히 방문했으니 기대하는 성과를 거둘 수 없었다. 무엇보다 재빠른 실용화에 요구되는 사업 경험과 실험 기자재 등을 충분히 확보하는 것이 어려웠다. 게다가 얼마 지나지 않아 고대하던 비가 내림으로써 인공강우 시도에 대한 국가적 절박함도 사라졌다. 이로써 인공강우 사업계획은 수면 아래로 가라앉게 되었다.

한편 국채표는 기상관측에 필요한 현대적 시설을 정부에 요청했고, 미국에서 배운 기상학에 바탕하여 새로운 방법을 국내 기상예보 시스템에 적용하려고 했다. 무엇보다 미국의 원조와 정부의 지원, 대일청구권 자금으로 기상 관련 재정 지원을 막대하게 받을 수 있었다. 이 자금으로 전화를 통해 일기예보를 자동응답으로 전달받는 자동일기예보기를 설치하고, 고층대기권의 기상현상을 관측할 고층기상관측소와 농업기상업무를 수행할 농업기상관측소를 설립했으며, 모스 부호를 전환해 주는 라디오·텔레타이프 통신과 해외 기상도를 실시간으로 전달받을 기상 팩시밀리를 마련하는 등 한국 기상시스템을 현대화했다. 예보업무규정 제정을 비롯하여 기상예보체제가 전반적으로 구축된 것도 이때부터였다. 일일예보만이 아니라 주간예보, 월간예보, 계절예보와 같은 장기예보도 이루어지기 시작했다. 국채표는 한국이 세계기상기구World Meteorological Organization(WMO)의 지원을 받고 다른 나라들과 기상 교류를 활발히 하는 데도 앞장섰다.

태풍 장기예보를 위한 '국의 방법' 제시와 한국기상학회 창립

그는 바쁜 와중에도 연구를 계속하여 1963년 뉴질랜드에서 열린 〈세계기상기구 열대기상학 심포지엄WMO Symposium of Tropical Meteorology〉에서 태풍의 예보법에 관해 발표했다. 그리고 1964년에 이 심포지엄의 발표집에 게재된 논문「한국 및 그 인근에 내습할 가능성이 있는 태풍 중심의 이동과 지상 기압의 예보Statistical Prediction of Movements and Surface Pressure of Typhoon Centers Which Might Hit Korea and Her Neighbourhood」를 일본 교토대학에 제출하여 기상학 분야에서 한국인 최초로 박사 학위를 받았다. 당시 일본에서는 연구논문을 제출하면 그것을 심사하여 학위를 수여하는 이른바 논문 박사 제도가 있었다. 그의 학위 논문은 미국 시카고대학 시절부터 추진해 온 연구를 발전시켜 한국에 적용한 것으로 태풍 진로 예보법을 제안한 획기적인 연구였다. 태풍 관련 주요 데이터는 1958~1962년 사이에 축적한 태풍의 일기도를 통해 확보했다. 이 논문에서 제시한 국의 방법Cook's Method은 국제적으로 알려졌고, 이후 기상예보에도 널리 활용되었다. 그가 학위를 받았을 때 한국기상학회는 신문회관에서 국채표 박사 학위 논문 발표회 및 축하회를 성대하게 개최했다.

국채표는 한국에서 기상학이 제도적으로 자리 잡는 데도 앞장섰다.

그는 1963년 중앙관상대의 기술연구원들과 기상학 관련 대학 교수들과 함께 한국기상학회를 창립하고 초대 회장으로 선출되었다. 정기총회 때 '한국기상학회의 사명'을 주제로 한 강연에서 그는 낙후된 한국의 기상학 발전을 위해서는 기상학을 연구하는 학자 간의 교류 및 후진 양성이 중요하다고 당부했다. 이어서 1965년에는 학술지《한국기상학회지》도 창간했다. 그는 창간호에서 "비록 우리 학회는 역사가 짧고 남달리 어려운 처지에 놓여 있긴 하나 기상학과 기상 사업이 인류 생활에서 가지는 중요성을 깨닫고 한 걸음 한 걸음 새로운 연륜을 알차게 새겨 나갈 때 위대한 발전을 위해 우리들의 의무를 다하는 것"이라고 역설했다. 회장 재임 기간에 그는 학술 발표회를 활발히 개최하여 기상학 연구 증진에 힘썼다.

1967년 7월 국채표는 정년퇴직을 하며 관상대에서 물러났다. 퇴직 이후 그는 기상학 분야의 가장 시급한 문제는 후진 양성에 있다며 이를 위해 힘껏 일해 보겠다는 포부를 밝혔다. 이듬해에는 '대기의 상태와 운동'을 포함하는 고등학교 『지학』 교과서를 다른 과학자들과 공저로 출간했다. 그는 연구 생활도 열심히 이어가겠다는 뜻을 내비쳤으나 1969년 겨울, 폭설이 내린 날 눈길에

韓國氣象學會誌

第 1 卷 · 第 1 號

1965年2月15日

○研究論文
1. 1964年8月13日 서울附近을 通過한 Tornado에 關하여 ·······物仏茨 · 金雲三 · 尹順正-（ 1 ）
2. 人工降雨에 關한 數值的 取扱 및 檢討에의 基礎理論 ·······················成 冀 秀-（ 6 ）
3. 우리나라에서의 일定한 降水에 關한 研究에 關하여 ·····························金 允 植-（14）
4. 春季 韓山附近의 서山氣團에 關하여 ·····································尹 石 亦-（17）
5. 韓國 및 그 周邊에 分布되어 있는 政臨中心의 移動 및 地上氣壓의
關係 ··楊 泰 洙-（22）
○報 道
1. 大氣의 大循環 ···張 守 一-（33）
○研究ノート
1. 輻合地帯의 形成과 降雨의 狀態에關하여 ·························開 威 達-（36）
2. 서沿地（Ceiling）變化의 原理 小考 ·······························孫 泰 亦-（39）
會誌의 發刊經過 ···（45）
會則及會員現狀

韓國氣象學會

《한국기상학회지》창간호(1965) 선유정 촬영

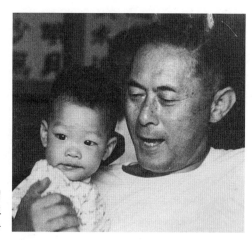

1965년 무렵
손자를 안고 있는 국채표
아들 국광련 제공

넘어져 갑자기 세상을 뜨고 말았다. 예기치 않은 기상 악화로 말미암아 생을 마감한 것이다. 그의 묘소는 서울 중랑구의 망우리공원에 위치해 있다.

"세종대왕 이후 최초의 기상학자"로 불린 국채표, 그는 최신의 첨단 기법으로 여긴 인공강우를 전략적으로 이용하여 기상학 및 기상 활동의 국가적 위상을 획기적으로 높이고자 했다. 무엇보다 그는 한국의 현대적 기상예보 기술과 기상학의 제도적 발전을 선도한 과학자였다. 낙후한 한국의 국립중앙관상대를 첨단 시설을 갖춘 현대적 기관으로 재정비하고, 한국기상학회를 창립하여 기상학의 학문적 기틀을 닦았다. 뿐만 아니라 그는 독창적인 '국의 방법'을 창안하여 허리케인과 태풍의 장기예보를 위한 학술적 기초를 제공했다. 국제적으로 허리케인이나 태풍에 관한 장기예보는 그의 연구에서 비롯되었다. 그만큼 국채표는 세계 기상학 연구에서도 한 획을 그은 과학자였다.

참고문헌

일차자료

국채표, 1962, 「(국채표)이력서」, 기상청 소장.

논문

Cook, Chaepyo, 1958, "On the Prediction of Three-day Hurricane Motion,"
    Master's Thesis: University of Chicago.

Cook, Chaepyo, 1964, "Statistical Prediction of Movements and
    Surface Pressure of Typhoon Centers Which Might Hit Korea and Her
    Neighbourhood," Doctoral Dissertation: Kyoto University. (요약문이
    《한국기상학회지》 1-1, 1965, 23-27쪽에 게재)

국채표·김성삼·이종경, 1965, 「1964년 9월 13일 서울 근교를 통과한
    Tornado에 관하여」, 《한국기상학회지》 1-1, 1-8쪽.

저서

국채표·김옥준·윤동석, 1968, 『지학』, 동아출판사.

회의록

국가재건최고회의, 「국가재건최고회의상임위원회회의록」 제39호,
    1962. 5. 22.

국가재건최고회의, 「국가재건최고회의상임위원회회의록」 제41호,
    1962. 5. 25.

기고/기사

菊垛表, 1941, 「지구에서 우주로」, 《半島の光》鮮文版 48, 18-21쪽.

국채표, 「수력발전과 인공강우」, 《조선일보》 1961. 3. 6.

국채표, 「태풍장기예보에 대하여」, 《동아일보》 1961. 3. 24.

국채표, 「태풍예보－장기예보법에 관해서」, 《경향신문》 1961. 3. 27.

국채표, 「국토와 사현군」, 《동아일보》 1961. 4. 8.

국채표, 「부국과 응용기상학－인공강우 실용화 할 수 있다」, 《동아일보》
    1961. 7. 2.

국채표, 「한국은 인공강우에 최적」, 《조선일보》 1961. 10. 15.

국채표, 「쌀과 인공강우」, 《조선일보》 1962. 1. 14.

「교육계서 파벌 없애라 – 빨리 인공강우계획 완성토록」, 《경향신문》
    1962. 1. 23.

「65년도부터 우리나라에도 인공비」, 《경향신문》 1962. 1. 24.

「일, 인공강우 실험에 난관 – 대학교수들은 참여 거부」, 《조선일보》 1962. 6. 6.

국채표, 1962, 「기상업무의 현황과 전망」, 《교통월보》 8-9, 1-7쪽.

국채표, 1967, 「전천후농업은 가능한가: 기상학적으로 본 한국의 경우」,
    《신동아》 38, 92-96쪽.

「기상학에 반평생 – 중앙관상대장 국채표씨 정년퇴직」, 《경향신문》 1967. 7. 19.

「하늘의 희로에 가려 22년: 중복날 퇴직한 관상대장 국채표씨」, 《조선일보》
    1967. 7. 26.

American Meteorological Society, 1970, "Chaepyo Cook 1909-1969,"
    American Meteorological Society 51-2, pp. 182.

이차자료

선유정, 2023, 「물의 정치화: 1960년대 한국의 인공강우 이야기」,
    《과학기술학연구》 23-1, 141-164쪽.

과학기술정보통신부·한국과학기술한림원, 2021, 「고 국채표 – 한국 기상학과
    기상예보의 개척자」, 『대한민국과학기술유공자 공훈록』 4, 14-31쪽.

김근배, 2021, 「한국 기상학의 대부 국채표 박사」, 한국기상학회 학술대회
    발표문.

기상청 편, 2004, 『근대 기상 100년사』.

나일성 편, 2004, 『서양과학의 도입과 연희전문학교』, 연세대학교출판부,
    300-301쪽.

홍성길, 1997, 『인공강우 실험연구 1·2』, 과학기술처.

조희구, 1993, 「한국에서의 대기과학 교육」, 《한국기상학회보》 3-2, 15-21쪽.

村上正隆, 2015, 「人工降雨とは」, *Earozoru Kenkyu* 30-1.

栗原浩, 1965, 「人工降雨の歩み」, 《水利科学》 42.

선유정·김근배

1970년 국제해양물리학
심포지엄에 참석한 권영대
『성봉 권영대 박사: 물리학계와
더불어 반세기』(1986)에서

권영대

權寧大 Nyong D. Kwon

생몰년: 1908년 6월 28일~1985년 12월 23일

출생지: 경기도 개풍군 향교골

학력: 홋카이도제국대학 물리학과, 서울대학교 이학박사

경력: 서울대학교 교수, 한국물리학회 회장, 대한민국학술원 회원

업적: 선구적인 우주선 측정과 입자가속기 제작, 물리학 후속세대 양성, 한국물리학회 정착

분야: 물리학-실험물리학, 광학, 우주선물리학

학계의 계보를 따라 올라가다 보면 한국 물리학자의 상당수는 권영대와 끈이 닿아 있다. 그는 해방 이후 서울대 물리학과를 이끌면서 수많은 후학을 길러 냈다. 열악한 여건에서도 사이클로트론과 같은 실험 기구를 제작하고 우주선 연구를 통해 학생들이 연구 경험을 쌓을 수 있게 했으며, 한국물리학회의 학술 발표회와 학술지를 활성화하여 발표 공간을 마련했다. 또한 한국 과학계의 리더로서 대학의 기초과학 진흥에 국가가 관심을 기울이도록 애썼다. 과학에 대한 대중의 이해를 증진시키는 데도 열정을 쏟았던 그는 몇 권의 과학 교양서와 200여 편의 글을 남겼다.

신문물에 관심 많던 소년, 홋카이도제대 물리학과 수석 입학

권영대는 1908년 경기도 개풍의 유력가 집안에서 권태원權泰源과 이문숙李文淑의 장남으로 태어났다. 할아버지 권중구權重求는 개성 정화학교의 한문 교사를 지냈다. 아버지 권태원은 관립 한성사범학교를 나와 개성 인근의 여러 보통학교 교사와 교장으로 일했고, 정화학교 운영을 돕다가 자신이 소유한 넓은 과수원 옆에 유치원과 4년제 장단보통학교를 세워 운영했다. 어머니 이문숙은 이때 싱거Singer 재봉틀을 장만하여 여학생들의 재봉 실습에 사용했다고 한다. 일제강점기에 재봉틀은 자전거, 축음기와 같은 신문물로 부유층이나 가질 수 있는 귀한 물건이었다. 재봉틀을 이용한 재봉 기술은 여성들이 돈을 벌 수 있는 매우 쓸모 있는 기술이기도 했다.

　권영대는 어린 시절 할아버지에게 한문을 배우다가 1917년에 아버지가 운영하던 장단보통학교에 입학했다. 4년의 과정을 마친 그는 1921년에 상급학교 진학을 위해 경성으로 갔다. 3.1 운동에 따른 1922년 조선교육령 개정으로 보통학교(초등 과정)는 4년에서 6년으로, 고등보통학교(중등 과정)는 4년에서 5년으로 바뀌던 시기였다. 학교당 한 명씩 상급학교에 추천하는 제도가 있어, 그는 학교장의 추천을 받아 5년제 경성제일고등보통학교(경기고등학교 전신)에 무시험 합격했다. 경성제일고보의 학생들은 조선인이었으나 교원 상당수는 일본인이었다.

　경성제일고보 시절 권영대는 재미있게 가르치는 물리 교사 덕분에 물리학에 관심을 가지게 되었다. 또한 학교 공부 못지않게 새로운 문물에도 관심이 많았다. 그는 당시 매우 귀한 물건이었던 소형 '베스트 코닥 카메라'를 구해서 파고다공원에 나가 사진을 찍는가 하면, 집에 암실을 만들어 놓고 직접 현상까지 했다. 라디오를 조립하거나 고가품이었던 텔레풍켄 리시버Telefunken receiver(독일제 스테레오 앰프)를 사서 듣기도 했는데, 학교 월사금이 1원이던 시절 텔레풍켄 리시버는 28원이나 해서 고민 끝에 14원을 주고 한쪽만 사서 들었다고 한다. 경성방송국 개국(1927년 2월)을 앞두고 시험 방송 중이던 방송국에 찾아가 부탁한 끝에 허락을 받아 자주 방문하여 구경하기도 했다.

　1926년 3월 경성제일고보를 졸업한 권영대는 일본 유학을 선택했다. 이때는 조선에서 고등보통학교를 졸업하면 그 일부가 전문학교나

1922년 경성제일고등보통학교 시절에 가족과 함께(앞줄에 조부모, 뒷줄 왼쪽 두 번째부터 아버지, 권영대, 어머니) 『성봉 권영대 박사: 물리학계와 더불어 반세기』(1986)에서

경성제국대학 예과로 진학했다. 일본의 제국대학에 들어가려면 고등학교를 졸업해야 했는데, 엄격히 선발된 소수의 학생들을 교육시켜 제국대학 진학을 보장하는 엘리트 학교였던 고등학교는 일본에만 있었다. 권영대는 전문학교가 아닌 대학에 진학하기를 원했다. 1926년에 조선 유일의 대학인 경성제대가 설립되었지만, 그곳에는 법문학부와 의학부밖에 없었고 두 분야 모두 그의 관심사가 아니었다. 그래서 그는 일본으로 건너가 1년 동안 부족한 수학 연한을 채우고 입학시험을 준비해서 1927년에 도쿄의 사립 세이조고등학교成城高等學校 이과 갑류(이공계)로 진학했다. 장차 물리학을 전공할 생각이었다.

세이조고는 자유주의와 전인교육으로 이름난 학교였다. 재학 시절 권영대는 시간만 나면 학교 도서관에 가서 온갖 책들을 읽었다. 수백 권을 읽어서 웬만한 책은 모두 그의 손을 거쳤다고 한다. 그는 전공하려는 과학 분야보다 오히려 철학, 문학, 예술 등의 책을 많이 읽었다. 괴테의 『파우스트』와 니체의 『차라투스트라는 이렇게 말했다』부터 『주역周易』에 이르기까지, 동서양의 유명한 고전과 문학 작품은 빼놓지 않고 다 읽었다. 이처럼 독서를 통해 과학 외에도 다양한 방면의 지식을 쌓았다. 종교에도 관심이 많았던 그는 교회에 다니며 유명 성직자들의 설교를 찾아 들었다. 교사들의 권유로 한때 동물학이나 심리학에 관심을 갖기도 했다. 특히 동물학에 흥미가 생겨 담당 교사를 열심히 따라다니기도 했지만, 당시 생물학을 하려면 그림을 잘 그려야 한다는 것을 알고 포기했다.

결국 그는 애초에 생각했던 물리학을 전공하기로 마음먹고, 멀리 떨어진 홋카이도제국대학北海道帝國大學에 지원했다. 홋카이도제대는 막 개교한 학교로 새로운 교수진과 시설을 갖추고 1930년에 1회 입학생을 모집했다. 권영대는 물리학과에 지원하여 5 대 1의 경쟁을 뚫고 수석 입학했다. 그는 틀에 박힌 익숙한 환경보다는 인간적으로 성숙할 수 있는 기회를 찾고자 그곳을 선택했다고 한다.

3학년이 되면서 권영대는 나카무라 기사부로中村儀三郎를 지도교수로 하여 분광학을 전공으로 선택했다. 1930년대 초에 급성장하던 원자물리학 분야에서 이론은 양자론이, 실험은 분광학이 각광받고 있었다. 다양한 분야에 관심을 쏟았던 고등학교 때와 달리, 이 시기에 그는 전공 공부와 실험에 집중했다. "실험실에서 분광기의 공기를 빼는 진공펌프의 모터 돌아가는 똑똑똑 소리를 들어 가며 방전관의 노르스름한 불빛을 지켜보고"(《경향신문》 1973. 9. 21.) 있으면 심한 치통을 잊을 수 있었다. 그런데 졸업논문을 준비하던 중 이발을 잘못하여 단독丹毒(피부감염병의 일종)에 걸렸고, 위독한 지경에 이르는 바람에 미완성인 채로 논문을 제출하고 급히 귀국하고 말았다. 다행히 지도교수가 그동안 연구했던 것을 근거로 졸업논문을 인정해 주어 1933년 졸업할 수 있었다.

1933년 귀국하여 1945년 서울로 거처를 옮길 때까지, 그는 고향 개성에서 교사 생활을 하면서 독자적인 연구를 시도했던 것으로 보인다. 권영대가 귀국한 후 얼마 지나지 않아 나카무라 교수가 사망했기 때문에 홋카이도 대학원 진학은 포기했다. 대신 고향에서 '구원久遠광학연구소'를 차린 것으로 알려져 있으나, 이 시기의 활동은 전해지지 않는다. 1938년 3월부터는 나비 연구자 석주명이 있던 송도중학교(기독교계 송도고등보통학교 후신)에서 1년간 함께 근무했고, 이듬해에는 신설된 개성중학교로 옮겼다. 개성중은 개성의 중등학교 부족 문제를 해소하기 위해 실업가 고한봉高漢鳳이 기부한 거액 20만 원을 자산으로 세워진 조선인과 일본인 공학 공립학교였는데, 조선인 교사는 권영대가 유일했다. 한편 그는 1937년 개성 출신의 김세암金世岩과 만나 결혼했다. 김세암은 호수돈여자고등보통학교를 마치고 경성고등여학교를 다니던 중 중퇴하고 권영대 집안에서 운영하던 유치원에서 근무하다 권영대와 인연을 맺었다.

중등 교사에서 서울대학교 물리학과 수장으로

1945년 해방이 되자 여러 곳에서 제국대학 출신인 권영대를 불렀다. 일본인이 물러간 고등교육기관의 빈자리를 채울 전문 인력이 크게 부족했기 때문이다. 물리학의 경우 대학 출신은 10여 명에 불과했다. 이 중 다수는 중등학교 교원으로 근무해서 고등교육 및 연구 경력이 없었지만, 그것이 채용에 걸림돌이 되지는 않았다. 평양공업전문학교(대동공업전문학교 후신)의 물리학자 신건희도 권영대를 초빙하려고 찾아왔고, 경성대학(경성제국대학 후신)에서도 그를 불렀다. 경성대학은 당시 최고의 대학이었지만, 이공학부를 주도하고 있던 진보적인 물리학자 도상록과 정치적 입장이 달라 가지 않았다. 대신에 그는 안동혁이 이끌고 있던 경성공업전문학교로 이직하여 1945년 12월부터 일반물리학을 강의했다.

1946년의 한국 사회는 매우 혼란스러웠다. 사회 전체로는 신탁통치에 대한 찬반으로 의견이 나뉘어 이념 갈등을 빚었고, 대학가는 미군정청이 7월에 발표한 '국립서울대학교 설립안(국대안)'에 대한 반대 움직임으로 술렁였다. 교수와 학생의 반대 성명, 시위, 동맹휴학 등 이른바 '국대안 파동'이 1946년 가을 내내 계속되었다. 이공학부를 이끌던 도상록은 표면적으로는 공금을 사용했다는 이유로, 실제로는 신탁통치 찬성과 국대안 반대 등 정치적인 입장 때문에 6월에 파면되었다. 그 후 도상록은 그와 뜻을 같이 하는 물리학과의 정근, 전평수, 한인석과 함께 월북했다. 권영대는 이 무렵 안동혁 교장을 위시하여 수학의 신영묵 등 경성공전 교수들과 "풀밭에 둘러앉아 마늘쪽 아니면 오이를 안주로 배갈을 마시며 건국 준비위원이라도 된 듯이 우국담론으로 시간 가는 줄 모르는 일이 잦았었다"(《경향신문》 1973. 9. 25.)고 훗날 회고했다.

결국 1946년 8월 '국립서울대학교 설립에 관한 법령'의 통과로 서울대 설립이 확정되었을 때, 물리학과 교수는 교토제대에서 이학박사를 받은 박철재와 경성제대 출신의 김종철 두 사람뿐이었다. 경성공전에 있던 권영대는 10월에 서울대 물리학과에 합류했다. 1947년에는 미시간대학에서 박사 학위를 받고 연희대학교(현재의 연세대학교) 교수로 있던 최규남이 옮겨 왔다. 이들에게서 배운 물리학자 김정흠은 박철재, 권영대, 최규남, 이 셋을 해방 후 한국에 남은 '물리학계 3거두'라 부르기도 했다. 그런데 선임 교수였던 최규남과 박철재가 1948년 정부 수립과 함께 문교부 과학교육국 관료로 옮겨 가면서 서울대 물리학과의 교육과 연구에서 권영대의 역할이 갑자기 커졌다. 시대의 격랑으로 말미암아 중등학교 교사에서 갑자기 한국 최고 대학의 물리학과 수장이 된 것이다. 그는 1948년에 물리학과 학부를 마친 1회 졸업생 조순탁, 윤세원 등과 함께 물리학과를 새로이 이끌어 가게 되었다.

한국전쟁이 일어나기 전까지, 권영대는 부족한 환경에서도 학생들과 연구를 해 보려고 무던히 애썼다. 설립 직후 서울대 물리학과는 경성제대 물리학과에서 쓰던 실험 기구와 예과 및 경성공전의 실험 시설을 물려받아 활용할 수 있었다. 당시 물리학과에서 연구 기본 설비를 갖춘 곳은 광학실험실, 음극선실험실, 방사선실험실이었다. 권영대가 이끄는 광학실험실은 일본인 교수들이 쓰던 실험 기구들, 예를 들어

초점거리 1미터인 수정분광기, 광전미소광도계Micro-Densitometer, 초점거리 30센티미터인 아베분광기Abbe Spectrometer, 저변이 약 10센티미터나 되는 아인슈타인 프리즘Einstein Prism 등을 갖추고 있었다. 다른 분야에 비해 기본 설비는 잘 갖추어진 편이었다. 하지만 소모품에 해당하는 사진건판을 구하기가 어려웠다. 할 수 없이 권영대는 제자 김현창과 함께 여러 노력을 기울여 감도 높은 건판을 직접 만들었다. 그러나 어렵게 시작한 자외선 스펙트럼 연구는 김현창의 졸업과 함께 끝나고 말았다.

그렇다고 성과가 없었던 건 아니다. 이러한 경험은 권영대가 우주선宇宙線, cosmic rays 연구에 발을 디디는 계기가 되었다. 당시 국제 물리학계에서는 우주선을 이용한 방사선 연구가 한창이었다. 우주선은 우주에서 지구로 쏟아지는 높은 에너지를 지닌 각종 입자와 방사선 등을 가리킨다. 발견 초기에 과학자들은 이러한 방사선이 지구의 암석 등 땅에서 기인한 것으로 생각했다. 그러나 오스트리아의 빅토르 헤스Victor F. Hess는 방사선이 우주에서 온다는 것을 밝혀 1936년에 노벨물리학상을 받았다. 그 뒤 우주에서 지구 대기로 들어오는 1차 우주선은 대부분 양성자이고, 1차 우주선이 대기를 통과할 때 생성되는 2차 우주선은 주로 전자, 광자 및 뮤온이라는 것이 밝혀졌다. 이미 대형 가속기를 이용한 입자물리학 연구를 하던 시기에, 우주선 연구는 상대적으로 단순한 장비로 연구할 수 있는 최신 주제였다.

권영대는 제자 김준명과 방사성 입자의 수를 세는 '가이거 계수기'를 만들어 우주선 연구에 사용했다. 가이거 계수기는 유리관에 불활성

기체를 채우고 가느다란 전극이 가운데로 지나가도록 만든 장치이다. 우주선이 가이거 계수기에 입사되면 불활성 기체를 이온화시켜 일시적으로 전류 펄스pulse가 만들어지는데, 이 펄스를 감지해 우주선 입자를 세고 특성을 분석할 수 있다. 권영대와 김준명은 둘 다 가이거 계수기 실물을 본 적도 없는 상태에서 억척스럽게 시도를 거듭한 끝에 마침내 가이거 계수기를 만들수 있었고 우주선의 검출을 확인하는 기쁨을 누렸다.

이처럼 열악한 환경에서 최선을 다해 연구를 시작했으나 1950년 한국전쟁이 일어나면서 연구는 중단되었다. 권영대는 전쟁 시기 전시연합대학에서 강의하다가 1951년부터 생계를 위해 진해의 해군사관학교 교관이 되었다. 1951년 전시연합대학이 부산에 설치되자 일주일에 두 번, 군복을 입은 채 진해에서 부산까지 가서 물리학을 가르쳤다. 1953년 정부가 서울로 돌아간 뒤 그는 대령으로 제대하고 10월 서울대 물리학과 교수로 복귀했다.

고군분투 우주선 연구하며 연구 인력 양성

그나마 보유하고 있던 서울대 물리학과의 연구 설비는 전쟁을 겪으면서 거의 파괴되었다. 권영대는 가능한 모든 자원을 모아 우주선 연구를 다시 시작했다. 권영대와 제자들은 우주선을 검출하기 위해 전하 입자가 지나간 흔적을 기록할 수 있는 특수한 사진건판(핵건판)과 가이거 계수기를 이용하는 두 가지 방법을 모두 시도했다. 새로 시도하는 핵건판核乾板 사용 방법을 익히기 위해 미국에서 여러 종류의 핵건판을 들여오고, 사관학교 교관 시절의 인연을 동원하여 공군의 도움을 얻어 실험을 실시했다. 비행 훈련 때 핵건판을 싣고 올라가 1500미터 부근에서 가능한 한 오래 우주선에 노출되도록 한 것이다. 하지만 사용한 핵건판의 두께가 얇고 공군기 체공 시간이 40~50분으로 충분하지 못해 우주선 입자가 투과할 확률이 낮았다. 그래서 우주선을 검출하기는 했으나 기대했던 측정 결과를 얻지는 못했다. 다만 이 연구에 주도적으로 참여했던 제자 김종오가 핵건판의 형상처리법을 익힌 덕분에 다음 연구에 도움이 되었다.

권영대의 우주선 연구에서 가장 도전적인 시도는 1956년 7월의 한라산 우주선 관측이었다. 그때까지 고도별 우주선의 강도 변화 측정은 많이 시도되었으나 모두 고위도 지역에서 이루어진 연구였다. 권영대는 우리나라처럼 상대적으로 저위도 지역에서 이루어진 연구가 별로 없다는 점에 착안했다. 그는 해발 0미터와 한라산 정상 1950미터 높이에서 우주선 강도 변화를 측정하기로 하고, 가이거 계수기와 핵건판 검출을 위한 장비를 모두 챙겼다. 권영대 자신을 포함하여 강사 강동권과 7명의 학생들, 즉 김영기, 김유승, 김효근, 박병소, 이근팔, 이문종, 정근모가 참여했다. 이들은 가이거 계수기 2대를 포함, 여러 계측기와 장비를 직접 짊어지고 한라산에 올랐다. 폭풍우에 길을 잃고 나침반에 의지하여 하산하는 등 고생을 많이 했지만 결국 관측에 성공했다. 조사 결과 양성자, 중간자, 전자 등 모든 성분을 합한 우주선의 강도는 1950미터 한라산 정상이 해발 0미터 삼양국민학교보다 약 60% 강한 것을 발견했다. 관측 결과는 서울대 《문리대학보》 5(1957)의 자

1956년 한라산 우주선 관측대 일행(왼쪽 끝이 권영대)
『성봉 권영대 박사: 물리학계와 더불어 반세기』(1986)에서

연과학 특집호에 수록되었다. 이때 직면했던 어려움을 그는 《경향신문》에서 다음과 같이 회고했다.

경비원이나 인부들은 밤에도 한라산에 눈감고 올라갈 수 있다는 베테랑들뿐인데 이게 웬일이람, 해가 다 지도록 탐라계곡조차 찾지를 못하고 헤매기를 무려 7시 반이나 지나서야 겨우 개미목에 올라섰지만 대원들 모두가 기진맥진이었다. 개미목 캠프로 들어가서는 밥 먹을 기운도 없이 쓰러져버리고 말았다.

그래도 이튿날 아침에 일어나서는 언제 그랬더냐는 듯이 모두들 원기왕성해서 단숨에 정상까지 올라가서 캠프를 치고 곧 관측을 시작하였다. … 자동기록장치가 아닌 까닭에 매일 밤낮으로 30분씩 7회 측정하였으

며 원래는 주위의 공기로부터 들어오는 입자들을 막기 위해서 두께가
10cm 되는 연판(鉛版)으로 계수관 둘레를 막아놓아야 하는데 그 무거운
납덩어리들까지 짊어지고 1,900m 높이나 올라갈 수는 없어서 하는 수
없이 포기하고 후에 수정을 하기로 하였다. 그랬는데도 장비가 2천 파운
드나 될 정도였다.

_ 권영대, 「아찔한 한라산 관측」, 《경향신문》 1973. 9. 29.

한라산 관측을 계기로 권영대는 영국 브리스톨대학University of Bristol
에서 연구할 기회를 얻었다. 그는 1957년에 유네스코의 지원을 받아
브리스톨대학 윌스물리학연구소로 가서 9개월간 머물렀다. 윌스물리
학연구소장인 세실 파월Cecil F. Powell은 우주선 연구에서 핵건판 사용
법을 개발하고 일본의 유카와 히데키湯川秀樹가 예언한 중간자를 발견
해 1950년에 노벨물리학상을 받은 대표적인 우주선 연구자였다. 파
월 덕분에 브리스톨대학은 우주선 연구의 중심으로 떠올랐다. 당시 윌
스물리학연구소에서는 건판을 실은 기구를 3만 미터 높이에 띄워 놓
고 우주선을 찍은 뒤 이를 특수현미경으로 세심하게 관찰하여 우주선
입자 궤적을 찾는 연구를 하고 있었다. 이곳에는 '스캐너scanner'라 불리
는, 사진건판에서 입자 궤적을 찾아 과학자들에게 전해 주는 여성 연
구원들이 있었다. 권영대는 이들과 함께 직접 현미경을 들여다보면
서 입자 궤적을 찾았다. 하루 8시간씩 들여다보면 "눈이 아물아물, 머
리가 핑" 돌 때가 있을 정도로 힘들었지만 시간이 지나면서 익숙해져
서 들여다보기만 해도 "단번에 무슨 입자인지, 입사 에너지가 얼마인

지"(《경향신문》 1973. 10. 1.) 궤적을 보고 짐작할 수준이 되었다.

그는 우주선 연구 외에 가속기를 이용한 물질 연구도 병행했다. 원형 입자가속기인 사이클로트론에서 발생하는 양성자 빔proton beam을 구리 표적에 충돌시켰을 때 방출되는 헬륨3과 헬륨4의 비율을 규명하여 자연 상태에서의 비율과 비교하는 연구였다. 그는 귀국한 뒤 이 연구 결과를 발표하고 그것을 학위 논문으로 제출하여 1961년 서울대에서 박사 학위를 받았다. 이때까지만 해도 대학원 과정 이수 없이 논문만으로 학위를 수여하는 논문 박사 제도가 운영되고 있었다. 학위 논문은 영문으로 쓴 「6.2 BeV의 양자선으로 때린 구리 표적에서 나온 이차입자의 조성Composition of the secondary particles from Cu target bombarded by 6.2 BeV proton beam」과 「비산란比散亂에 대한 연구On the relative scattering」로 각각 서울대학교의 《논문집》 9(1959)와 《학술원논문집》 2(1960)에 실린 것들이었다.

귀국 후에도 우주선 연구는 계속되었지만 여전히 실험에 필요한 기구들을 직접 만들어서 연구해야 하는 상황이었다. 영국에 가기 전에 권영대는 사진건판을 쓰는 검출 방식이 값비싼 가속기 없이도 우주선을 연구할 수 있는 방법이라고 생각했었다. 그러나 브리스톨대학에 있으면서, 사진건판을 실은 기구를 띄워서 데이터를 얻는 방식이 사진건판을 회수하기 위해 비행기와 군함까지 동원되는 등 결코 비용이 적게 드는 것이 아님을 알고 실망했다. 하지만 권영대와 그의 제자들은 자신들이 구할 수 있고 만늘 수 있는 실험 장치를 이용해 힐 수 있는 범위에서 꾸준히 우주선 연구를 계속했다. 제자 김종오는 서울대 물리학과에서 간신히 마련한 원자핵현미경 1대와 사진건판 방법을 써서 연구했다. 한라산 관측에도 참여했던 박병소는 직접 만들거나 외부에서 구해 온 가이거 계수관을 이용해 우주선 연구를 이어 갔다. 그는 이후 스웨덴 웁살라대학으로 가 우주선 연구를 계속하여 박사 학위를 받았고 훗날 서강대학교 교수가 되었다.

영국에서 사이클로트론을 이용한 연구 경험을 쌓은 권영대는 1959년에 강사 이주천과 학생 권숙일, 조성호, 이문종과 함께 직접 사이클로트론 제작에 들어갔다. 이 역시 부족한 실험 기구를 직접 만들어서라도 연구하려던 그 시절의 열정 가득한 시도였다. 사이클로트론은 전하를 띤 입자가 자기장 속에서 회전운동을 하면서 가속을 얻도록 하는 입자 가속 장치인데, 1932년 미국의 어니스트 로런스Ernest Lawrence가 개발한 뒤 핵물리학 연구에서 널리 쓰였다. 권영대가 주도하여 만든 사이클로트론은 용량이 작아서 당시 진행되던 수준의 물리학 실험 연구에 사용할 수는 없었다. 그러나 논문에서나 보던 첨단 물리학의 실험 도구를 직접 성공적으로 제작해 본 경험은 그와 제자들의 연구 일생에서 중요한 자산이 되었다. 그는 1959년 12월 23일 밤 11시 잠결에 받은 전화에서 "[양성자] 빔이 나왔습니다"라던 제자들의 목소리를 오랫동안 생생히 기억했다.

권영대는 서울대에 재직하는 동안 문리대 이학부장(1949), 대학원 교무과장(1954), 대학원장 직무대리(1961), 문리대 학장(1964) 등 여러 보직을 거치며 학교 행정에 참여했고, 많은 제자를 키워 냈다. 비록 물리학 공부나 연구를 제대로 하기에는 모든 것이 턱없이 부족한 시

1959년 권영대와 제자들이
자체 제작한 사이클로트론
『성봉 권영대 박사: 물리학계와
더불어 반세기』(1986)에서

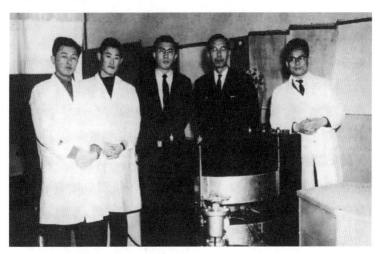

사이클로트론을 제작한 제자들과 함께(왼쪽부터 조성호, 이문종, 이주천, 권영대, 권숙일)
『성봉 권영대 박사: 물리학계와 더불어 반세기』(1986)에서

절이었지만 교수와 함께 도전하고 실패하고 성취하는 과정을 통해 학생들은 성장했다. "물리학자 대부분이 내 제자라 해도 과언이 아닐 만큼"(《과학과 기술》 13-9)이라는 그의 말에는 자부심이 흠뻑 묻어난다. 실제로 1973년 정년퇴직할 때까지 그의 물리학 전공 제자는 1000여 명, 그중에 박사가 150명에 달했다.

한국 과학의 기반 구축과 저변 확대

권영대는 주위의 유혹에도 불구하고 학계를 떠나지 않았다. 그는 교육과 연구에 힘쓰는 한편으로 학술단체로서 한국물리학회가 성장할 수 있는 주춧돌을 놓았다. 한국물리학회는 피난지 부산의 서울대에서 1952년 12월에 창립되었다. 최규남이 초대 회장, 박철재가 부회장을 맡았다. 권영대는 준비 모임부터 참여한 창립회원이자 초대 운영위원 21명 중 한 명이었다. 1955년에는 부회장 2인 체제가 되면서 권영대가 박철재와 함께 부회장이 되었다.

한국물리학회는 1959년 평의원회와 간사 체제를 도입하면서 활기를 띠기 시작했다. 전국 각 대학의 물리학과와 연구소를 대표하는 평의원은 단체회비를 납입하여 재정에 도움을 주었고 연구자 교류에도 기여했다. 각각 총무, 편집, 재무, 사업을 담당하는 4명의 간사는 학회 업무를 적극 주도했다. 이런 변화 속에서 1960년 제6회 총회에서 권영대가 회장으로 선출되었다. 그는 1970년 4월까지 10년간 회장직을 수행했는데, 그의 재임 기간 중에 한국물리학회는 양적·질적으로 성장했다. 회원 수는 1961년에 100명을 넘었고, 1968년에는 820명으로 크게 늘었다. 이는 여러 대학에 물리학과 신설, 전국에 걸친 물리학회 지부 창립, 분과회의 설치에 힘입은 바 크다. 또한 1961년에 학술지《새물리》, 1968년에 영문 학술지《한국물리학회지Journal of the Korean Physical Society》(JKPS)가 창간되어 국내 물리학 연구의 공동 학술 기반이 갖추어졌다. 한국물리학회의 이러한 성장이 모두 권영대의 업적이라고 할 수는 없을 것이다. 그러나 그는 한국의 물리학 교육과 연구가 성장하는 시기에 회장직을 맡아 한국물리학회가 학술단체로서 내실 있게 제도화해 나가는 과정을 잘 이끌었다.

물리학에 대한 그의 애정은 성봉물리학상 제정으로 이어졌다. 권영대 사후에 가족들은 그의 유지를 따라 한국물리학회에 기부금을 냈다. 한국물리학회는 이 기금으로 물리학에 뛰어난 연구 업적이 있는 학회 회원에게 수여하는 상을 제정하고, 그의 호를 따서 성봉물리학상으로 이름 지었다. 성봉물리학상은 물리학 분야에서 처음 제정된 학술상이었다. 상이 제정된 1993년 기준, 국내 최고 수준인 1000만 원의 상금을 수여했다. 1회 이상수를 필두로 박봉열, 이주천, 이동녕, 김정흠, 김정구, 신성철, 이영희 등이 이 상을 수상했으며 현재까지 시상이 이어지고 있다.

이 밖에도 권영대는 1962년 4월 유네스코 한국위원회 산하에 창설된 한국과학기술정보센터(KORSTIC)의 전문위원장을 역임했고, 1964년 사단법인으로 확장되었을 때 회장직을 맡아 국내외 과학기술 정보 교류의 핵심적 역할을 남낭했나. 1964년에는 갑지기 세상을 떠난 중앙관상대장 이원철의 뒤를 이어 국제극소태양년International Quiet

Sun Year(IQSY) 한국위원회를 조직하여 2년간 관측 활동을 이끌었다. 복사에너지, 흑점의 수 등 태양의 활동은 11년 주기로 증가하고 감소한다. IQSY는 태양활동이 감소하는 기간인 1964~1965년에 조용한 태양quiet sun의 대기 구조와 역학, 지구와의 상호작용 등을 연구하는 국제협력 프로젝트였다. 그러나 예산 부족으로 몇몇 대학과 국립지질조사소만이 참가했다. 이를 계기로 권영대는 1969년 12월에 국제측지학 및 지구물리학연맹(IUGG) 한국위원회를 조직하고 초대 위원장을 맡았다.

집필에도 힘을 기울여, 논문 이외에 고등학교 교과서, 대학 교재, 과학 관련 저서와 번역서 등 다양한 책을 출간했다. 전공 서적 및 교과서로 『자연과학개론』(1948), 『원자의 과학』(1959), 『대학물리학』(1959), 대학 교재 『일반물리학실험법』(1960), 『고등학교 과학과 표준 물리 상·하』(1966) 등이 있다. 과학 교양서로는 『우주·물질·생명』(1973), 『과학하는 심상』(1976)을 썼고, O. 하이드의 『우리들의 원자력』(1956)과 제롬 라베츠의 『과학과 도덕』(1979) 등을 번역하여 출간했다. 특히 『우주·물질·생명』은 한국의 과학자들이 직접 저술한 책으로, "교양과학대학으로서 충실한 역할을 수행했다"는 평가를 받는 전파과학사의 '현대과학신서' 시리즈 제1권으로 출판되었다.

각종 지면에 발표한 글도 200여 편이 되는데, 주제는 물리학, 원자력, 과학정책, 과학교육, 과학자, 생활의 과학화, 과학역사, 과학사상 등 광범위하다. 예로서 「이론과 실험이 조화를 이룬 교과과정」, 「실험시설의 보완」, 「과학교사의 재교육과 성인 대상의 과학교육 확대」 등을 통해 과학교육 개선 방안을 제안하는가 하면, 과학기술계의 주요 현안으로 대두된 과학기술단체, 종합과학기술연구소, 과학기술 전담 부처, 한국과학원, 한국과학재단 등의 설치에 대해서도 적극적으로 의견을 개진했다. 한국과학원의 경우 애초에는 공학계 학과로만 구성되었는데 그가 기초과학 관련 수물학과와 생물학과 설치를 적극 주장하여 성사되었다고 한다. 권영대는 과학계의 리더로서 세상을 보는 안목과 글 쓰는 능력을 잘 발휘하여 다작을 남긴 대표적 인물이었다. 그의 글은 『과학하는 심상』(1976), 『벼룩의 노래』(1979) 등 책으로 묶여 출간되기도 했다.

권영대는 물리학자로서 국가가 기초과학에 관심을 기울이지 않는 것을 늘 아쉬워했다. 《과학과 기술》에서 그는 다음과 같이 소회를 밝히며 순수과학에 대한 국가정책 추진, 대학원 교육 강화, 연구비 투자 확대, 국내 학위 경시 탈피 등을 주문했다.

경제 위주의 정책을 집행하다 보니 우리나라의 과학기술 특히 순수과학은 뒷전에 밀려 버리고 말았다. 경제를 발전시키자니 산업을 일으켜야겠고 산업 부흥에 노력하다 보니 기술이 필요했다. 그러나 기술을 뒷받침하는 과학에의 투자에 아직도 인색한 것을 보면 기술과학과의 관계가 뚜렷하게 인식되어 있지 않다. 한마디로 과학정책의 빈곤이라고나 할까. … 또 아직도 외국을 앞세우는 경향이 있다. 공부도 학위도 모두 외국 것이면 우리보다 훌륭하다고 생각하는데 이는 사대주의 사상에서 나온 편견이라 하겠다.

그 밖에도 대학원 교육의 강화, 연구비에의 과감한 투자도 시급하다. 아직도 연구는 연구소에서만 하는 것으로 되어 있으나 연구의 중심은 대학이어야 한다. 이런 점에서는 출발부터가 잘못된 느낌이다.

_ 권영대, 「원로과학기술자의 증언 (14)」, 《과학과 기술》 13-9, 1980.

그는 1957년에 대한민국학술원 회원으로 추대되었으며, 1964년 원자력위원회 위원과 한국과학기술진흥협회 부회장, 인하학원 이사장, 1966년 한국과학기술단체총연합회 부회장과 자연과학협회 회장, 1967년 유네스코 한국위원회 자연과학분과위원장, 1971년 한국과학원 이사, 1975년 한국과학사학회 회장 등을 역임했다. 또한 고등교육과 학술 연구에 기여한 공로를 인정받아 문화포장(1963)을 비롯해, 과학기술상 본상(1967), 국민훈장 동백장(1971), 3.1문화상(1973), 국민훈장 무궁화장(1982), 대한민국학술원상 공로상(1984) 등을 받았다. 한편 그는 해방 직후 대한스키협회 초대 회장을 지내기도 했다. 원앙새 사육에도 관심이 깊어 한국원앙회 회장을 지내기도 했는데, 금성사 초창기 컬러TV '하이테크'의 화려한 심벌마크와 선명한 자연색을 강조한 광고는 그가 기르던 원앙새 모양과 색상을 본뜬 것이었다고 한다. 보훈 과학자로 지정된 1985년에 77세의 나이로 세상을 뜬 그는 고향에서 가까운 경기도 파주군 교하면 동패1리 선영에 안장되었다.

격동의 시대 상황 때문에 권영대는 자신의 연구를 제대로 하기 힘들었다. 그러나 물리학에 열정을 가진 젊은이들이 서울대로 몰려들었고, 마침 이 시기에 물리학과를 이끈 권영대는 다수의 우수한 제자를 길러낼 수 있었다. 그는 열악한 여건에 발목 잡혔던 자신과는 달리 다음 세대는 수준 높은 과학 연구를 하고, 과학이 사회 속에 탄탄히 자리 잡은 시대를 살아가기를 염원했다. 학생들과의 공동연구, 물리학회 학술 활동 강화, 성봉물리학상 제정, 유력한 과학정책 제언, 과학 관련 수많은 기고 등은 그가 기울인 노력의 흔적이다.

참고문헌

일차자료

성봉 권영대 박사 추모집 발행위원회, 1986, 『성봉 권영대 박사: 물리학계와 더불어 반세기』, 성봉 권영대 박사 추모집 발행위원회.

논문

Kwon, Nyong D., 1959, "Composition of the secondary particles from Cu target bombarded by 6.2 BeV proton beam," 《(서울대학교)논문집》 9, pp. 1-6.

Kwon, Nyong D., 1960, "On the relative scattering," 《학술원논문집》 2, pp. 73-80.

박병소·한종우·권영대, 1962, 「Semi-Cubic Meson Monitor에 대하여」, 《새물리》 2-1, 26-31쪽.

권영대 외, 1963, 「宇宙線 日變化의 極大時間 分布」, 《(서울대학교)논문집》 13, 1-6쪽.

권영대·김숙현, 1963, 「샤와 粒子의 角度分布」, 《새물리》 3-1, 26-29쪽.

권영대·이동녕·장준성, 1964, 「1Mev 싸이클로트론의 이온 집속에 관하여」, 《새물리》 4-1, 34-36쪽.

Kwon, Nyong D., Wan-Sang Chung and Sang Soo Lee, 1964, "The Comparative Investigation of the Interference Filters Consisted of three layers of Metal and Dielectric Thin Solid Films," 《학술원논문집》 5, pp. 24-34.

Kwon, Nyong D. et al., 1966, *IQSY Reports in Korea*, Korean National Committee.

권영대, 1966, 「서울과 濟州道에서의 地磁氣 및 宇宙線 强度의 日變化」, 《학술원논문집》 6, 1-8쪽.

박행덕·권영대, 1968, 「동서평면내에서 일차우주선의 방향성 강도변칙」, 《새물리》 8-2, 83-87쪽.

한국물리학회, 1969, 『성봉 권영대 박사 송수기념논문집』, 한국물리학회.

권영대·하옥현, 1970, 「一次宇宙線의 非等方分布」, 《학술원논문집》 9, 1-10쪽.

권영대·권숙일, 1970, 「强誘電體의 相轉移에 關한 硏究」, 《학술원논문집》 9, 11-23쪽.

권영대·정기형, 1971, 「高純度 Silicon의 精裝에 關하여」, 《원자력연구논문집》 7-1, 71-75쪽.

권영대, 1976, 「LIS硏究에 대한 考察」, 《새물리》 16-3, 185-191쪽.

권영대, 1981, 「成化譜고」, 《학술원논문집》 20, 307-336쪽.

저역서

권영대, 1948, 『자연과학개론』, 정문관.

권영대, 1948, 『(표준)물리 1·2』, 동지사.

권영대, 1953, 『(수험·자습)완전 물상』, 장왕사.

권영대 역(O. 하이드 저), 1956, 『우리들의 원자력』, 원기사.

권영대, 1959, 『원자의 과학』, 대동당.

권영대, 1959, 『대학물리학』, 탐구당.

권영대 외, 1959, 『영한과학사전』, 동명사.

권영대, 1960, 『일반물리학실험법』, 문운당.

권영대 역(H. E. 화이트 저), 1960, 『원자 스펙트럼』, 한국번역도서.

권영대, 1962, 『(대학입시준비용)선택식 물리』, 집현사.

권영대 외 역(James A. Richards 저), 1962, 『(현대)물리학』, 집현사.

권영대 외 역(Francis A. Jenkins·Harvey E. White James 저), 1963, 『광학』, 문운당.

권영대, 1966, 『고등학교 과학과 표준 물리 上下』, 을유문화사.

권영대·이길상· 이민재·정창희·송상용 외, 1973, 『우주·물질·생명－자연과 인간, 그 본질의 탐구』, 전파과학사.

권영대, 1976, 『과학하는 심상: 권영대 과학에세이집』, 전파과학사.

권영대 외 역(Borowitz·Beiser 저), 1976, 『일반물리학』, 광림사.

권영대, 1979, 『벼룩의 노래』(수필집), 중앙출판.

권영대 역(J. R. 라베츠 저), 1979, 『과학과 도덕』, 삼성미술문화재단.

권영대 외 역(Paul A. Tipler 저), 1980, 『물리학』, 광림사.

권영대 외 역(필립 H. 스웨인, 셜리 M. 데이비스 저), 1980, 『원격탐사: 정량적 접근법』, 대한민국학술원.

보기 기고

권영대, 1955, 「과학하는 심상」, 《사상계》 3-6, 74-77쪽.

권영대, 1955, 「전국민이 알아야 할 원자력의 이론」, 《새벽》 2-6, 42-49쪽.

권영대, 「자연과학계의 십년 우리는 걷고 과학은 줄달음친다 (상)」, 《조선일보》 1955. 8. 17.

권영대, 「자연과학계의 십년 우리는 걷고 과학은 줄달음친다 (하)」, 《조선일보》 1955. 8. 18.

권영대, 1956, 「아인슈타인 박사의 생애와 사상」, 《신태양》 5-6, 138-145쪽.

권영대, 「우주선관측기－제주기행」, 《조선일보》 1956. 9. 8.

권영대, 「우주선관측기－제주기행 (2)」, 《조선일보》 1956. 9. 10.

권영대, 1957, 「과학의 세기」, 《사상계》 5-3, 181-192쪽.

권영대, 1957, 「원자력시대」, 《사상계》 5-5, 104-111쪽.

권영대, 1960, 「우주선과 신입자」, 《학술원회보》 3, 11-16쪽.

권영대, 1963, 「진통하는 과학사조와 인간성의 위기: 과학의 발달과
    인간성의 퇴폐」, 《사상계》 11-4, 89-95쪽.

권영대, 1965, 「내일의 과학교육: 교육의 좌표를 찾아서 〈좌담〉」, 《신동아》
    18, 94-101쪽.

권영대, 1965, 「실험 「노트」」, 《신동아》 9, 110-111쪽.

권영대, 「우주시대의 한랭지대 자연과학」, 《조선일보》 1965. 8. 26.

권영대 외, 1966, 「우주선과 신입자」, 《학술원회보》 3, 11-16쪽.

권영대, 1967, 「개선방향으로서의 과학교육: 세계의 교육경향과
    한국교육의 개선방향」, 《과학교육과 시청각교육》 4-5, 25-27, 66쪽.

권영대, 1967, 「한국의 과학개발정책」, 《신동아》 30, 72-77쪽.

권영대, 1972, 「판문리에서 설향까지: 나의 교우록」, 《월간중앙》 53,
    212-223쪽.

권영대, 1973, 「국민 과학화 운동: 과학교육의 방향」, 《과학과 기술》 6-7,
    14쪽.

권영대, 1973, 「노교수와 캠퍼스와 학생 17-33, 권영대」, 《경향신문》
    1973. 9. 20.-10. 12.

권영대, 1976, 「현대과학의 인류사적 위치: 현대과학과 인간생활 〈특집〉」,
    《아주》 1, 8-14쪽.

권영대, 1976, 「소립자론은 어디로 갈 것인가?」, 《과학과 기술》 9-2, 25쪽.

권영대, 1977, 「과학의 윤리성, 《새물리》 17-2, 89-90쪽.

권영대, 1980, 「원로과학기술자의 증언(13) 우여곡절 끝에 물리학 전공」,
    《과학과 기술》 13-8, 46-49쪽.

권영대, 1980, 「원로과학기술자의 증언(14) 주위 유혹뿌리치고 학계를
    고수」, 《과학과 기술》 13-9, 48-52쪽.

이차자료

한국광학회, 2021, 『한국광학회 30년사』, 한국광학회.

박성래, 2015, 「한국 물리학계의 원조 권영대」, 『인물과학사 1』, 책과함께,
    619-624쪽.

임정혁, 2005, 「식민지시기 물리학자 도상록의 연구활동에 대하여」, 《한국과학사학회지》 27-1, 109-126쪽.

김동광, 「전파과학사와 "현대과학신서"」, *The Science Times* 2004. 1. 20.

이상수, 2004, 「성봉 권영대 교수 회고록」, 대한민국학술원, 『앞서가신 회원의 발자취』, 406-408쪽.

한국물리학회, 2002, 『한국물리학회 50년사』, 한국물리학회.

김종철, 2001, 「경성제국대와 경성대학, 서울대학교 물리학과의 변천을 회고함」, 《한국과학사학회지》 23-2, 180-204쪽.

권숙일·김정흠, 2000, 「한국의 물리학자(4) 권영대」, 《물리학과 첨단기술》 9-4, 44-47쪽.

Pomernatz, Martin A., 1963, "International Years of the Quiet Sun, 1964-65: The program is designed to take the greatest possible advantage of the years of minimum solar activity," *Science* Vol 142 Issue 3596, pp. 1136-1143.

이은경·이관수

석주명

石宙明 D. M. Seok

생몰년: 1908년 10월 17일~1950년 10월 6일

출생지: 평안남도 평양부 용덕면 이문리

학력: 가고시마고등농림학교 농학과

경력: 송도고등보통학교 교사, 경성제국대학 부설 생약연구소 촉탁연구원,
국립과학박물관 동물학 연구부장

업적: 한국 나비분류학 정립, 『A Synonymic List of Butterflies of Korea』 발간,
한국 나비 분포도 제시, 제주학 창시

분야: 생물학-나비분류학, 학문 융복합 연구

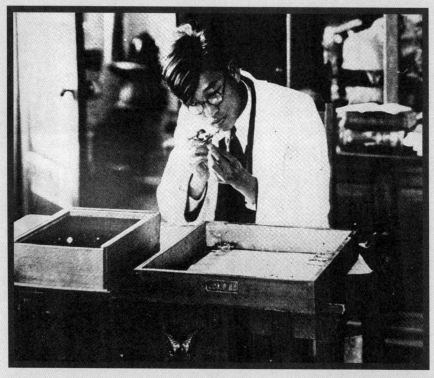

1932년 송도고등보통학교 박물실에서 연구 중인 석주명
『나비채집 20년의 회고록』(1992)에서

'나비 박사'로 알려진 석주명은 실제로 박사 학위를 받은 적은 없지만 평생을 나비에 몰두한 나비 연구자이자 지역학의 선구자였다. 그는 여느 곤충학자와는 달리, 연구 대상을 조선산 나비로 한정하는 대신에 분류학을 넘어 지리 분포, 인문 전통, 지역 문화 등 새로운 융복합 영역으로까지 학문적 관심 분야를 확장했다. 비록 42세의 나이로 요절했으나 짧은 생애 동안 한국 과학 역사상 최초의 국제적 영문 학술서 출간을 비롯하여 한국 나비분류학 정립, 한국 나비 분포도 제시, 나아가 제주학 창시라는 굵직한 업적을 남겼다.

부잣집 '도련님'으로 태어나 나비 연구

석주명은 1908년 평안남도 평양에서 석승서石承瑞와 김의식金毅植의 3남 1녀 중 2남으로 태어났다. 석주명은 나중에 자신의 영문 이름을 J. M. Seok이 아닌 D. M. Seok으로 표기했는데, 이것은 주명의 평양식 발음 '듀명'을 따른 것이었다. 그의 아버지는 평양에서 가장 큰 요릿집인 우춘관又春館을 운영했다. 우춘관은 일본식 3층 건물로 방이 50여 간이나 되었고, 노래를 부르거나 춤을 추는 기녀妓女가 수십 명 있었다. 석주명은 이렇게 부유한 환경에서 부잣집 도련님으로 자랐다. 신체적으로 시력이 좋지 않았던 것만 빼면 부족할 것이 없었다.

여섯 살 때부터는 서당에 들어가 한문을 배웠고, 아홉 살이 되던 1917년에는 평양의 종로보통학교에 들어갔다. 동물을 좋아했던 그는 개와 고양이는 물론이고 비둘기, 개구리, 도마뱀 등을 집에서 기르기도 했다고 한다. 1921년 보통학교를 졸업한 석주명은 3.1 운동에 자극을 받아 민족의식이 강한 기독교계 숭실중학교에 입학했다. 그리고 3년 선배였던 안익태 등과 함께 음악을 곁들인 신극新劇 활동에 참여했다. 이들은 지역 순회공연에도 나섰는데 가장 어렸던 석주명은 여자 역할을 하거나 만돌린 연주를 하곤 했다. 연주에 재능을 보였던 석주명은 나중에는 기타에 열성을 쏟아 조선 제일의 기타리스트라는 칭송을 받기도 했다.

그러나 1922년 그는 숭실중에서 일어난 동맹휴학에 가담했다가 학교를 그만두게 된다. 이때 동맹휴학을 주도한 24명의 학생은 퇴학 처분을 받았고, 나머지 가담 학생 중 일부는 학교를 그만두거나 다른 학교로 옮겨 갔다. 당시 학생들의 요구사항은 '각종학교'로 분류되었던 숭실중학교를 학력 인정 고등보통학교로 전환할 것, 전문성 있는 교사들을 채용할 것, 학교 건물을 증축하여 2부제를 폐지할 것, 이화학실험실과 박물표본을 설치할 것 등이었다. 숭실중은 이때부터 노력을 기울여 결국 1928년에 주요 건물과 설비를 증설하고 성경 과목과 종교의식은 폐지하는 조건으로 조선총독부의 인가를 받아 숭실고등보통학교로 승격된다.

숭실중을 중퇴한 석주명은 학력이 인정되는 개성의 다른 기독교계 학교인 송도고등보통학교로 전학을 갔다. 우수한 과학 시설과 교사진을 갖추고 있다는 점에 마음이 끌렸던 것으로 보인다. 그러나 처음에 그는 학업에는 관심을 두지 않고 친구들과 놀러 다니느라 바빴다. 그러다 꼴찌에 가까운 성적표에 충격을 받고는 학업에 열중하게 되었다. 이때부터 그의 어머니는 가정에 소홀한 남편보다 아들 뒷바라지에 전념하며 세상에 둘도 없는 열렬한 후원자를 자처했다. 송도고보에는 오하이오주립대학에서 축산학을 전공한 윤영선과 조류 연구자 원홍구가 교사로 있었는데, 석주명은 이들의 영향을 많이 받았다.

1926년 송도고보를 졸업한 석주명은 일본의 남단에 위치한 가고시마고등농림학교鹿兒島高等農林學校로 사비 유학을 갔다. 조선인이 잘 가지 않는 학교였지만 스승이었던 원홍구가 나온 학교라 그에게는 낯설지 않았다. 그는 원홍구에 이어 조선인으로는 두 번째 입학생이었고, 동기생으로 김병윤金秉允과 김국한金國翰이 있었다. 가고시마고농에는 농학과와 임학과, 양잠학과, 농예화학과가 있었는데, 석주명은 이 중에서 농학과를 선택했다. 하지만 선과생 신분이었다. 식민지와 일본 본토의 차별적 학제 때문에 일본의 전문학교에 진학하기에는 수학 연한이 부족했기 때문이다.

농학과에는 작물학·원예학·축산학 중심의 1부(농학일반)와 동물학·식물학·곤충학 중심의 2부(농예생물학)가 있었다. 석주명은 송도고보 시절 덴마크의 낙농업에 감명을 받아 애초에 축산학을 염두에 두었다. 그러나 곧 동물 및 곤충 등 박물학에 흥미를 느껴 2부를 선택했고, 일본곤충학회 회장을 지낸 오카지마 긴지岡島銀次에게 지도를 받았다. 오카지마 교수는 졸업을 앞둔 석주명에게 나비 연구가 흥미로울 수 있다고 넌지시 권유했다. 재학 시절 석주명은 교내의 에스페란토 연구회에 가입하여 에스페란토를 공부하기도 했다. 국제 공용어로서 만인 평등과 세계 평화를 지향하는 에스페란토는 1차 세계대전 이후 급속히 확산되었고, 이상주의적 성향이 있었던 석주명은 자연스럽게 에스페란토에 끌렸다. 이때 배운 에스페란토는 훗날 다른 나라의 연구자들과 교류하는 데 요긴하게 쓰였다. 1929년, 석주명은 농학과 2부를, 동기생 김병윤은 농학과 1부를, 김국한은 양잠학과를 나란히 졸업했다.

졸업 후 조선으로 돌아온 석주명은 1929년 함흥 영생고등보통학교 박물교사가 되었다. 그런데 이듬해에 유수한 가문 출신이지만 배움이 없었던 그의 아내 최성녀崔姓女가 대동강에 투신하여 자살하는 사건이 일어났다. 이를 보도한 《중외일보》(1930. 3. 30.)에 따르면, 4년 전에 결혼한 석주명은 아내를 혼자 두고 일본으로 유학을 갔고, 돌아와서는 미국으로 다시 유학을 갈 터이니 15년을 더 기다리라며 냉대를 했다는 것이다. 이 사건으로 석주명은 미국 유학을 단념하고 교직 생활을 계속했다.

영생고보에서 2년을 근무한 그는 모교인 송도고보로 옮겼다. 스승이었던 원홍구가 다른 학교로 가게 되면서 스승의 후임으로 박물교사가 된 것이다. 『나비채집 20년의 회고록』에 따르면, 석주명이 나비를 채집하기 시작한 것은 이때부터였다. 그는 "[박물교사] 재직 중에 전공과목에 관계 있는 일을 하나 해 보기로 하였"고, "안력眼力에 자신이 없으니 곤충을 택하야겠고 곤충이라면 누구나 밟는 첫 단계인 나비를 채집"하기 시작했다고 한다. 이후 그는 어느 곳보다 시설이 잘 갖춰진 송도고보 박물실에서 오로지 나비 연구에 몰두했다.

당시 송도고보는 해외의 대학 및 박물관과 동식물 표본을 교류해 오고 있었다. 송도고보를 찾은 모리스 F. K. Morris가 원홍구가 갖추어 놓은 박물실의 표본을 둘러보고 미국 박물관들과의 교류를 제안한 것이 계기가 되었다. 모리스가 교류를 제안한 시기는 이를 증언한 로이드 스나이더Lloyd H. Snyder가 송도고보 교장으로 부임하여 박물교사 원홍구에게 조류 연구를 권유한 1926년 무렵이었을 것으로 추정된다. 모리스는 몽골에서 공룡 화석을 조사하던 미국 자연사박물관 소속 앤드루스Roy C. Andrews 탐험대의 일원으로 참여했다가 조선에 들른 참이었다. 중국을 거쳐 기차로 경성(게이조)을 가던 길이었는데 개성(가이조)에 잘못 내리는 바람에 송도고보를 방문하게 된 것이었다. 이후 송도고보에서는 미국의 대학 및 박물관에 조선의 동물 표본

1931년 송도고등보통학교에 갓 부임한 석주명 『나비채집 20년의 회고록』(1992)에서

을 보내기 시작했고 그들로부터 동식물 채집에 소요되는 재정 지원을 받게 되었다.

1935년 무렵 석주명이 이끄는 송도고보 박물실은 '조선 제일'을 자랑했다. 1924년 본관과 분리되어 별도의 2층 석조건물로 세워진 박물

실은 현미경과 표본 등을 충실히 구비하고 있었다. 원홍구가 갖춘 조류 표본은 경성의 은사기념과학관에 있는 경성제일고등보통학교의 것과 더불어 조선의 2대 컬렉션이었다. 나비류는 석주명이 채집한 것으로 세계 어느 곳과 비교해도 손색이 없는 수만 점의 표본이 있었고, 세계 최초로 명명한 표본도 적지 않았다. 파충류와 양서류 표본도 다른 박물관에서는 보기 어려운 방대한 컬렉션이었다. 외국에 없는 표본이 적지 않다 보니 구미의 저명한 대학, 박물관 등으로부터 표본 요청이 늘어서 그것들을 수용하기 힘든 상황이었다.

석주명은 1930년대 초부터 전국적으로 채집 여행을 다니며 평생에 걸쳐 무려 75만 개체에 이르는 나비 표본을 수집했다. 개성에서 그는 포충망을 들고 채집통을 메고 아무 쓸모 없는 나비를 쫓아다니는 기인奇人으로 소문이 났다. 여름이면 얼굴이 타서 까맣게 변해 '인도까마귀'라는 별명이 붙기도 했다. 또한 그는 학생들에게 여름방학 동안 나비를 200마리씩 채집해 오라는 숙제를 내 주고 학생들이 제출한 표본도 연구에 활용했다. 전국 각지에서 온 학생들은 저마다 자신의 고향에 서식하는 나비를 채집해 왔다. 일반적으로는 전문 지식이 충분하지 않은 아마추어가 채집한 표본은 분류학자들의 전문적 연구에 큰 도움이 되지 않는다. 하지만 개체변이와 통계분석이 중요한 석주명식 연구방법에는 최대한 많은 표본을 확보하는 것이 중요했기 때문에 학생들의 표본도 연구에 활용할 수 있었다. 송도고보에 있는 11년 동안 석주명은 자기 논문의 3분의 2를 발표할 정도로 나비 연구자로서 화려한 시절을 보냈다.

석주명은 그동안 채집한 지역을 지도에 표시해 가며 다음 채집 여행지를 정하고, 앞으로의 연구 계획을 세워 보곤 했다. 유고집『나비채집 20년의 회고록』에 실린 1949년의 글에서 그는 다음과 같이 나비 연구자로서 자신의 단기적, 장기적 계획과 포부를 밝혔다.

그런데 나만 다닌 곳을 지도 위에 표한 대도 꽤 복잡한 것이 된다. 사실 나는 백만분지일의 조선지도에 나의 다닌 길을 적선(赤線)으로 표시하고 있는데 거의 거미집 모양으로 되어간다. 아직 몇 곳이 파손된 거미집 모양이니 몇 해 후에 숭하지 않은 거미집 모양으로 될 것이다. 이렇게 되고 보니 나의 낙농이니 하든 생각은 일본의 우수한 학자들의 충고도 있어서 그만 버리고『나비공부』에 머무르게 되었다. …

그러니 몇 해 후 앞에 말한 적선의 거미집이 완성된 뒤에는 이 접류 분포도를 보고 채집지를 택하여 채집여행을 떠나게 될 것이다. 처음엔 전국 어디서나 쉽게 잡을 수 있는 종류의 [나비를 채집하기 위해] 지도를 보고 아직 미기입의 지역을 택할 것이고 후에는 현저한 종류들의 분포 경계선을 추궁하여 채집여행을 하게 될 것이니 나의 채집여행은 체력이 계속되는 날까지 할 것이며 설령 체력이 부족해진다 해도 조수(助手)를 써서라도 아마 내가 죽는 날까지 계속할 것이다. 물론 기 도중에 부분적으로 완성되는 것은 임시 발표하겠지마는 내가 죽기 전에 전체적으로도 발표할려고 계획하고 있다.

_ 석주명,『나비채집 20년의 회고록』, 1992.

개체변이를 이용해 나비분류 연구 재정립

석주명의 나비 연구는 세 시기로 나뉜다. 첫 번째 시기는 1929년부터 1933년까지로 단순한 나비 목록의 작성에 중점을 두었다. 자신의 근무지를 중심으로 나비를 채집하는 작업부터 시작해서, 채집한 나비의 표본을 유사한 것들끼리 분류하는 초보적인 분류연구를 했다. 당시는 일본에서도 제대로 된 곤충도감이 나오지 않았고, 주변에 자문을 받을 만한 사람도 없었다. 본격적으로 나비를 연구하기로 마음먹은 그는 1931년 개성에서 김병하와 함께 송경곤충연구회松京昆蟲研究會를 조직하고, 일본인이 주축을 이룬 조선박물학회에도 회원 가입을 했다. 그러던 중 때마침 일본에서 유용한 곤충도감이 연이어 간행되었다. 그는 이를 바탕으로 나비분류학 연구를 본격적으로 추진했다. 이렇게 곤충도감을 참조하여 채집한 나비 표본을 정리하고 목록을 작성해서 1932년에 두 편의 논문을 발표했다. 하나는 석주명 단독 논문인 「개성지방의 접류」이고, 다른 하나는 가고시마고농 선배이자 평북 구장보통학교 교장인 다카쓰카高塚豊次와 공동으로 쓴 「조선 구장지방산 접류 목록朝鮮球場地方産蝶類目錄」이었다.

그런데 채집한 나비 표본과 참고문헌을 대조하며 나비 목록을 작성하던 그는 자신의 조사 결과와 곤충도감 사이에 상당한 차이가 있음을 확인했다. 자신이 같은 종으로 분류한 표본들이 도감에는 다른 종으로 구분되어 있었던 것이다. 이는 해외의 학자들이 소수의 나비 표본으로 연구하면서 기존 종과 차이가 나는 나비 표본에 새로운 학명을 부여하여 학계에 보고했기 때문이다. 특히 일본의 연구자들은 조금만 다른 특징이 보여도 새로운 종으로 분류해서, 나중에 확인된 바로는 조선 나비를 동종이명同種異名, synonym한 사례가 844종에 이르렀다.

이 시기 석주명의 연구 체험은 100년 전인 1831년 그와 비슷한 나이대인 22세에 비글호 항해를 떠났던 찰스 다윈Charles R. Darwin의 사례를 떠올리게 한다. 다윈은 서로 다른 지역을 탐사하면서 생물체의 다양한 변이를 목격했고, 지역에 따라 약간씩 다른 생물 종을 보면서 종의 결정에서 변이에 대한 판단이 매우 중요하다는 사실을 알게 되었다. 석주명도 다윈처럼 많은 나비를 관찰하면서 서로 다른 종과 종 안에서의 다양한 변이를 관찰할 수 있었다. 그는 이러한 경험을 바탕으로 혼란스러운 나비의 종을 과학적으로 판별하기 위한 자신만의 새로운 기준과 방법을 고안하고자 노력했다.

석주명의 나비 연구는 1934년 발표한 「조선산 접류의 연구(제1보) 朝鮮産蝶類の研究(第一報)」를 시작으로 개체변이個體變異를 밝히는 두 번째 시기로 나아갔다. 그는 수많은 나비를 채집하여 조사한 결과 많은 학명이 기존 종의 개체변이에 불과하다는 사실을 파악했다. 그는 채집한 나비의 개체변이를 조사하여 그 범위를 밝히고, 이에 포함된 잘못된 동종이명을 판별하여 학명에서 제거하는 방식을 자신의 차별적인 연구 방법으로 정립해 나갔다.

개체변이를 중시하여 동종이명을 정리하는 연구 방식을 석주명이 처음 만들어 낸 것은 아니었다. 하지만 그는 연구 과정에서 개체변이의 중요성을 실제로 인식하고, 나비의 개체변이를 정량적으로 판별할 수 있는 형질로 앞날개 길이, 뱀눈무늬의 수와 위치를 알아내 측정하는 등 자신만의 연구법을 정립했다. 일례로 배추흰나비의 경우 16만 7847마리를 채집하여 나비의 형태, 무늬나 띠의 색채와 모양, 그리고 앞날개 길이를 일일이 조사했다. 그는 이 과정에서 앞날개 길이는 최소 17밀리미터 최대 34밀리미터로 그 정점이 27밀리미터가 되는 정규분포곡선을 나타낸다는 사실을 밝혔다. 이렇게 개체변이를 수치화하여 객관적으로 보임으로써 동종이명을 설득력 있게 제거할 수 있었다. 통계적 지식을 생물분류학에 본격적으로 적용시킨 논의는 서구 과학계에서도 1930년대 후반부터 나오기 시작했다. 그러므로 그의 연구 방법은 간단했지만 매우 독창적인 것이었다.

석주명은 1937년에 쓴 글에서 자신의 연구 태도를 통합론자lumper라고 불렀다. 세분론자splitter는 조사한 개체가 어느 정도의 차이만 보이면 새로운 종이나 아종으로 분류하는 데 반해 통합론자는 가능한 한 이미 인정된 분류체계에 포함시키려 한다면서, 그동안 대부분의 동식물 분류학자들이 세분론자의 방법론을 차용하고 있었으나 장차 변이의 중요성을 깨닫게 되면 통합론자의 방식이 올바르다는 것을 알게 될 것이라고 그는 일갈했다.

통합론자로서 그의 연구는 1939년 영문으로 쓴 『조선산 접류 총목록A Synonymic List of Butterflies of Korea』의 출간으로 정점을 이루며 완성되었다. 석주명은 송도고보 교장을 역임했던 스나이더의 주선으로 1938년 영국 왕립아시아학회 조선지부로부터 영문으로 된 조선산 나비 총목록을 집필해 줄 것을 요청받았다. 왕립아시아학회 조선지부는 1900년 서양인 외교관과 선교사, 교사들이 주축이 되어 세워졌는데,

석주명의 영문 저서 『조선산 접류 총목록
A Synonymic List of Butterflies of Korea』(1939)
전북대학교 제2도서관, 국립중앙도서관

매년 정기적으로 학술지도 발간했다. 이 학술지에는 주도자들의 요청으로 드물게 조선인이나 일본인도 연구 성과를 발표했다.

석주명은 학교를 쉬면서 넉 달 동안 도쿄제대 동물학회 도서관에 머무르며 그동안의 연구 성과를 바탕으로 집필에 매진했고, 그 결과가 1940년 뉴욕에서 인쇄되어 경성에서 영문 단행본으로 출간되었다. 그것이 바로 『조선산 접류 총목록』이다(책의 판권 연도는 1939년). 어머니는 비싼 신식 영문 타자기를 거액을 들여 마련해 주었고, 석주명은 출간 전에 세상을 떠난 어머니에게 이 책을 바쳤다. 430쪽에 이르는 방대한 분량의 이 책에는 조선산 나비 255종이 체계적으로 정리되어 있으며 각각의 종에 대한 모든 연구 문헌이 제시되었다. 아울러 일부 미기록 종과 함께 212개의 동종이명 목록도 덧붙였다. 가고시마고농 스승인 오카지마는 서문에서 "그동안 나온 이 분야의 저작들 중에서 최초이자 최고의 가치 있는 것으로 이 책을 주저 없이 추천한다"고 썼다. 《조선일보》(1938. 11. 9.)는 책이 나오기 전부터 출간 소식을 전하며 "과학조선의 세계적 진출", "곤충학계[에]의 큰 파문"이라고 평했다. 이 책은 일제강점기에 조선인이 과학 분야에서 영문으로 펴내어 세계적으로 소개된 유일한 연구서였으며, 석주명에게 '나비 박사'라는 별명과 함께 조선의 가장 대표적인 과학자로 명성을 얻게 해 준 역작이었다.

석주명은 《조선일보》(1937. 3. 27.)와의 인터뷰에서 다수의 우수한 연구 성과를 거둘 수 있었던 요인으로 '자유로운 시간', '정진 노력', '윤택한 경비'를 들었다. 실제로 그는 송도고보에서 수업 외의 대부분의 시간을 박물실에서 연구에 몰두했고 집에서도 야박하다는 불평을 들을 정도로 시간 관리에 철저했다. 가까운 친구가 찾아와도 10분 이상 만나지 않을 정도였으며, 수많은 표본의 관찰과 정리를 위해 새벽 두 시 전에는 자 본 적이 없을 만큼 연구에 정진했다고 한다. 한편으로 이러한 생활은 가정불화의 요인이 되기도 했다.

연구 경비는 경제적으로 풍족한 집안의 도움과 월급의 상당 부분을 투여하여 확보했다. 이외에 1933년 하버드대학 비교동물학 박물관의 지원, 1936년 미국 자연사박물관의 지원, 1938년 일본학술진흥회의 장기 연구비, 그리고 스나이더와 개인 독지가들의 후원을 받았다. 언론에서는 일본학술진흥회의 연구비 지원을 '세계적 과학자'의 징표로 여겼다. 이 시기 조선에서 활동하는 과학자 중 이 연구비를 지원받은 사람은 경성제대 의학부 고바야시 하루지로小林晴治郎와 예과 생물학교실 모리 다메조森爲三, 그리고 송도고보의 석주명 3인뿐이었기 때문이다. 이 덕분에 그는 다른 조선인 연구자들은 생각도 할 수 없었던 개인 조수를 일제강점기 통틀어서 적어도 8명, 1942년에는 3명을 채용할 수 있었다. 이들의 이름은 김찬주金贊柱, 김홍우金洪禹, 남정현南晶鉉, 왕호王鎬, 우종인禹鍾仁, 이상호李相虎, 이희태李熙泰, 장재순張在順 등이었다.

석주명은 하버드대학, 미국 자연사박물관을 비롯해 여러 해외 기관과 교류했다. 워싱턴 DC의 스미소니언협회Smithsonian Institution, 다트머스의 윌슨박물관, 클리블랜드 박물관과 조류연구재단Cleveland Bird Research Foundation, 시카고 필드박물관, 프린스턴대학과 캘리포니아대학 박물관 등과도 관계를 맺었다. 그 덕분에 해외의 나비 표본을 받아 비교연구를 할 수 있었다. 가고시마고농 시절 익힌 수준 높은 에스페란토 실력은 외국 기관들과의 교류 범위를 넓히고 그 자신의 연구 성과를 세계에 널리 알리는 데 결정적인 도움이 되었다.

나비 분포와 국학으로서의 조선산 나비 연구

석주명의 나비 연구 세 번째 시기는 1939년부터 세상을 뜰 때까지 이어졌다. 그는 변이 연구에서 축적한 방대한 자료를 바탕으로 나비의 분포와 인문학까지 연구를 확장했다. 1942년에는 송도중학교(1938년 교육령 개정으로 교명 변경)를 사직하고 개성에 있던 경성제대 부설 생약연구소로 자리를 옮겼다. 무엇보다 전시 상황으로 어수선한 학교를 떠나 상대적으로 자유로운 대학에서 나비 연구와 집필에 더 집중하기 위해서였고, 다른 한편으로는 제주도로까지 나비의 분포 연구를 확장하기 위해서였던 것으로 보인다. 마침 1941년에 생약연구소 소속의 제주도시험장이 설치되어 그곳에서 일할 수 있는 기회가 생겼던 것이다. 송도중을 그만두기 직전에 그는 1000원이라는 큰돈을 내놓았고, 그것은 송도중 장학회 창설의 밑거름이 되었다. 또한 그동안 보관해 오던 나비 60만 마리의 방대한 표본을 가져갈 수 없어 불태웠는데, 이 소식이 언론에 대대적으로 보도되기도 했다.

나비 분포 연구는 1939년부터 변이 연구 논문의 뒤에 분포 지도를 덧붙이는 형식으로 발표되기 시작했다. 그는 분포 연구와 변이 연구를 바탕으로 형태에만 치중하는 분류학에서 벗어나 유연관계를 고려하여 계통을 세우고 환경과 분포의 관계까지 밝혀내는 곤충학을 추구하고자 했다. 석주명은 자신의 채집 기록과 문헌을 바탕으로 나비마다 서식지를 살펴 남방한계선과 북방한계선을 파악했다. 나비의 서식 범위에 그 지역의 기온, 강수량 등의 자료를 덧붙인다면 특정 종과 환경의 관계를 이해할 발판을 마련할 수 있기 때문에 분포 연구는 생태학과 생물지리학에서도 상당히 중요하다.

1950년 갑작스러운 죽음으로 목표를 완전히 달성하지는 못했으나 1973년에 유고로 간행된 『한국산 접류 분포도』는 그가 진행한 분포

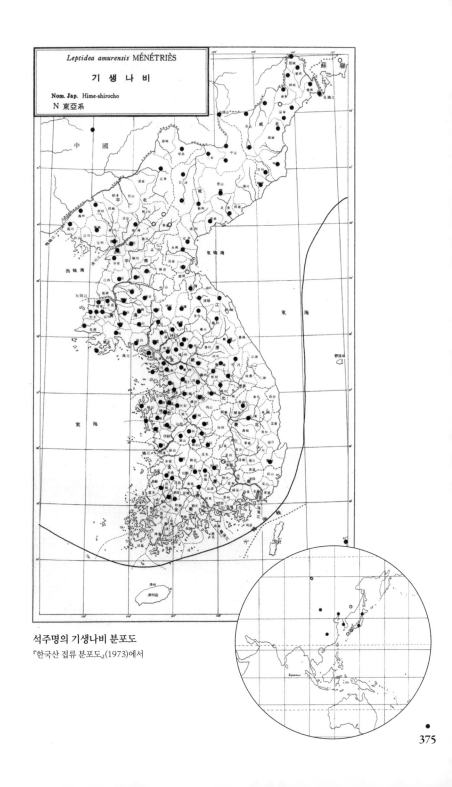

석주명의 기생나비 분포도

『한국산 접류 분포도』(1973)에서

연구의 진가를 잘 보여 준다. 이 책에는 한국산 나비 250종마다 석주명과 그의 제자들이 전국 각지에서 해당 종을 채집한 위치가 하나하나 표시된 한국 지도와 그가 세계 각지의 과학자와 표본, 학술 자료를 교환하여 얻은 지식을 바탕으로 해당 나비가 발견된 지역을 표시한 세계 지도가 한 장씩 수록되어 있다.

자연 속에서 나비를 찾던 석주명은 1930년대 후반부터 역사 속에서도 나비를 찾기 시작했다. 왕조실록이나 개인 문집 등 조선의 고전에서 나비와 관련된 기사나 인물을 발굴하여 소개했으며, 이를 통해 나비 이름의 변화나 조상들의 나비에 대한 인식을 확인할 수 있었다. 특히 조선시대에 나비 그림을 전문적으로 그렸던 남계우南啓宇의 접도蝶圖에 흥미를 느낀 석주명은 여러 편의 글을 써서 그의 그림을 널리 알렸다. 석주명은 남계우의 접도가, 일본에서 국보 대우를 받는 프라이어H. Pryer의 것보다 훨씬 오래되고 뛰어나다고 강조했다. 또한 남계우의 그림이 예술적으로 뛰어날뿐더러 학술적인 가치까지 지니고 있지만 대중에게 널리 알려지지 못한 것은 "조선 사람의 곤충학"이 성립하지 못했기 때문이라고 지적했다. 조선 사람의 곤충학은 자연뿐 아니라 역사 속의 나비까지 탐구해야 한다는 그의 철학을 반영한 주장이었다.

석주명이 역사적 자료에 관심을 갖게 된 것은 일차적으로 나비 연구사를 정리했던 영문 연구서의 연장이었고, 또 한편으로는 나비의 우리말 이름을 짓는 데 필요한 정보를 찾으려는 이유도 있었다. 그는 나비와 관련한 역사적 조사를 통해 자신의 나비 연구를 단순히 자연과학이 아니라 국학國學의 일부로 자리매김시키고자 했다. 1930년대 조선의 지식인들 사이에서 국사·국어 연구를 중심으로 '조선학 운동'이 활발하게 진행되었는데, 석주명은 조선학 운동의 중심인물인 정인보와 교류하며 역사와 국어에 대한 관심과 소양을 키울 수 있었다.

자신의 나비 연구를 국학과 연결 짓고자 했던 태도는 그의 연구 논문에서도 확인된다. 먼저 그는 연구 대상을 철저하게 조선의 나비로 한정했다. 그의 논문 대부분은 '조선산~'이라는 제목으로 시작하며, 해외 나비를 다룬 10여 편의 논문에는 반드시 "조선산 나비에 대한 비교연구용"이라는 설명을 빼놓지 않았다. 이는 생물학은 다른 과학 분야와 달리 향토색이 짙어서 '국학적 생물학'이 가능하다는 그의 독특한 과학관에 따른 결과였다. 석주명은 해방 이후에 이 같은 태도를 '조선적 생물학'이라고 칭한 바 있다.

석주명은 나비 연구 외의 활동에는 전혀 관심을 기울이지 않았다. 다른 조선인 생물학자들과는 달리, 그는 민족적으로 펼쳐진 대중적 과학 보급 활동에도 참여하지 않았다. 1930년대 중반 전후로 펼쳐진 과학운동이나 과학데이 관련해서도 글을 투고하거나 대중 강연을 한 적이 없다. 심지어 조선인으로 구성된 학술 연구 목적의 조선박물연구회에도 참여하지 않았다. 그의 높아진 명성으로 참여를 요구하는 목소리가 거셌을 텐데도 그는 완전히 거리를 두었다. 1940년 즈음 라디오에 나가 '조선 나비 이야기', '조선 접류의 연구와 흥미'를 강연하고 몇몇 글을 쓴 것이 전부였다. 그는 '조선산'에 관심을 둔 민족의식을 지닌 과학자였음에도 두문불출한 채 나비 연구에만 매달렸던 것이다. 《조선일보》(1938. 11. 19.)에서는 "한 달에 한번 머리 깎는 외에 별로 세상

박글[세상밖을] 나서는 일이 업시 오직 동교 박물연구실에 파무처[파묻혀] 조선산 나비" 연구만을 한다고 그의 일상을 소개했다. 석주명이 드물게 교류한 조선인 과학자는 송도고보 스승인 원홍구, 같은 곤충학을 연구한 조복성 정도가 다였다.

비운에 단명한, 나비학과 제주학의 거장

1945년 5월 수원 농사시험장 병리곤충학부장으로 옮긴 석주명은 곧이어 해방을 맞았고, 이듬해 9월부터는 국립과학박물관 동물학 연구부장으로 일했다. 그의 정식 직위는 과학사科學士로서 관장과 함께 가장 높은 기감技監(2급 공무원) 대우를 받았다. 과학박물관은 일제강점기의 은사기념과학관이 해방과 함께 개편된 것으로 곤충 연구자 조복성이 관장을 맡았다. 당시 서울대학교 생물학과 강영선이 석주명을 교수로 초빙하고자 했으나 사의를 표하고 죽을 때까지 과학박물관에 남아 연구에 매달렸다. 그와 가까웠던 정인보의 요청으로, 1947년 세워진 국학대학國學大學(1966년 우석대학교로 병합)에서 자연과학과 에스페란토 강의를 한 적은 있다.

우리말과 역사에 대한 지식과 열의가 있었던 석주명은 나비의 우리말 이름 짓기에 앞장섰다. 그는 한국산 나비 248종의 우리말 이름을 직접 만들거나 정리하여 1947년 조선생물학회에서 통과시켰으며, 나비 이름의 유래를 추적한 책을 펴냈다. 이석하와 권중휘가 1949년 출간한 영한사전의 생물학 관련 450여 항목을 우리말로 옮기는 데 매달리기도 했다. 그가 지은 나비 이름에는 각시멧노랑나비, 수풀알락팔랑

석주명이 지은 『조선 나비 이름의 유래기』(1947)
국립생물자원관 누리집(www.nibr.go.kr)

나비, 긴꼬리제비나비 등 학명이나 지명, 형태, 생태 등을 예리하게 포
착한 감각적이고 아름다운 이름이 많았다. 현재까지도 우리나라 나비
이름의 3분의 2 이상은 그가 지은 이름이 그대로 쓰이고 있다.

그는 나비채집을 위해 전국 각지를 다니면서 각 지역의 방언이나
독특한 문화에도 관심을 가졌는데, 특히 제주도 지역에 남다른 관심을
기울여 방대한 연구 성과를 남겼다. 1943~1945년까지 경성제대 부설
생약연구소 제주도시험장에서 근무했던 그는 1948년에 다시 제주도
를 방문했다. 제주도에 머무는 동안 그는 방언, 인구분포, 곤충상 등을
포괄하는 제주도의 자연과 인문사회를 광범위하게 조사하고, 『제주도
방언집』, 『제주도의 생명조사서』를 비롯하여 여섯 권에 이르는 제주

도 총서를 집필했다. 이 중 세 권은 그의 생전에 간행되었고,『제주도 곤충상』을 포함하여 나머지 세 권은 유고집으로 출간되었다. 그의 여동생이자 의복사衣服史 연구자인 석주선石宙善이 전쟁 상황에서도 원고를 잘 보존하여 뒤늦게 세상에 나올 수 있었다. 총서 중 가장 먼저 간행된『제주도 방언집』은 한국인이 쓴 최초의 방언집으로 국어학자들에게 학문적 자료로서의 가치를 높이 평가받았다. 아직 지역연구라는 개념이 자리 잡기 전이었지만 석주명이 보인 제주도에 대한 다방면의 관심은 이후 그가 '제주학濟州學'이라는 지역학의 선구자로 평가받는 계기가 되었다

1946년에는 조선산악회에 가입하여 이사를 맡았고 나중에는 부회장을 역임했다. 워낙 채집을 많이 다니다 보니 등산에 익숙하고 이미 송도고보 재직 시절부터 산악 모임을 해 오던 터였다. 이 단체에는 도봉섭, 조복성, 심학진, 최기철, 이민재 등 생물학자들이 다수 참여했다. 이들은 여러 해 동안 주요 산과 섬을 다니며 학술조사사업을 활발히 벌였고 그때마다 석주명은 조사단을 이끄는 역할을 맡았다. 한번은 목포 수산시험장의 전용선을 빌려 다도해 지역에 대한 대대적인 학술조사사업을 벌인 뒤, 기록영화 〈다도해〉를 제작하여 극장에서 상영하고 과학박물관에서 보고강연회를 열기도 했다. 이 밖에도 석주명은 조선산악회가 주관한 다양한 행사에 참여하여 자연을 주제로 강연했다.

가고시마고농 시절부터 국제어인 에스페란토를 배워 논문에 에스페란토로 초록을 달았던 석주명은, 해방 이후 에스페란토 교과서 및 소사전을 집필하고 대학에 가서 강의하는 등 에스페란토 운동에도 앞

장섰다. 1948년에는 조선에스페란토학회 서기장을 맡았으며 1949년에는 통합된 대한에스페란토학회 총무부장으로 활동했다. 만국 공통어인 에스페란토는 얼핏 보면 조선적 생물학이라는 그의 국학적 태도와 어울리지 않는 것처럼 보인다. 그러나 몇몇 제국주의 언어를 중심으로 이루어지는 학문 활동 대신 약소 민족에게도 접근성이 있는 중립적이고 민주적인 언어라는 점에서 에스페란토는 그의 주의를 끌었다. 실제로 석주명에게 에스페란토는 해외 여러 나라의 연구자들과 학문적 교류 수단으로 큰 의미가 있었다. 과학자 중 에스페란토에 깊은 관심을 가졌던 대표적인 인물로는 이원철이 있다.

1949년에 석주명은 우리나라를 중심으로 한 세계 박물학 연표를 만들었다. 이 책은 국내 및 세계의 중요한 정치적·사회적 사건과 함께 과학과 문화의 여러 성과들을 담고 있다. 그는 나비 연구를 통해 생물 세계의 질서를 보았고, 그 질서가 민족이나 인류와 무관하지 않다고 생각했다. 또한 자신의 연구로 나비의 세상을 밝혔듯이 과학자의 연구가 세상을 더욱 나은 곳으로 이끌 것이라고 기대했다. 과학이 과학 그 자체의 탐구에 그치지 않고 민족의 문화를 성숙시키고 세상을 밝히는 인문학적 성찰의 중요한 토대가 될 것이라고 믿었던 것이다. 이를 위해 그는 구체적인 것에서 출발하여 더욱 일반적인 것으로, 한국 본위에서 세계의 것으로 나아가는 것을 보고자 했다. 정인보는 서문에서 "무릇 우리나라 안에 있는 것이면 무엇이고 우리와 관계가 있고, 관계가 있는 바에는 그것을 잘 알아야 한다"며 "국학의 영역 안에서 서로 비최는 바 깊은 지 오램"이라며 석주명의 노력에 애정을 드러냈다.

해방 이후 석주명은 이전과 달리 신문이나 잡지에 심심치 않게 글을 실었다. 나비 자체에 대한 연구가 어느 정도 일단락되면서 학문적 사회적 확장을 꾀하고자 했고, 한편으로는 대중 보급을 염두에 두었다. 1947년부터는 과학, 언어, 산림 등을 주제로 매년 20~40편의 글을 열정적으로 써서 기고했다. 한자 사용을 줄인 그의 글은 대학에 자연과학 계통의 학과를 늘리자, 자연을 사랑하자 등 다분히 계몽적인 성격을 띠었다. 중등 생물학 교재 집필에도 참여했는데, 석주명이 쓴 주요 과학 교재로는 『일반과학: 동물계 교과서』, 『중등동물』, 『중등과학 생물: 제 4-5학년용』 등이 있다. 한평생 나비 연구에 집중했던 그는 곤충 및 동물을 두루 연구했던 조복성만큼 과학 교재를 많이 발간하지는 않았다. 1946년부터 과학박물관에서는 〈세계 접류 표본 전시회〉, 〈동식물 탐사 보고회〉 등을 개최했다. 1948년에는 조복성이 지은 『곤충기』와 『조선동물그림책』을 신문에 소개했으며, 대중 강연에 나서는 것도 주저하지 않았다. 당시는 과학자가 해야 할 중요한 사회적 임무의 하나가 대중들에게 과학을 보급하는 것이었다.

반면에 그의 결혼 생활은 순탄치 못했다. 1934년에 평양여자고등보통학교를 나온, 단거리 육상선수이기도 했던 김윤옥金允玉과 중매로 재혼을 했지만 1948년에 이혼했다. 고지식하고 외골수였던 석주명과 달리 김윤옥은 개방적이고 활달한 신여성이었다. 보건사회부에서 발행하던 잡지 《새살림》(1949)에서는 사회적으로 명사였던 석주명과 김윤옥의 이혼 내막을 상세히 소개하기도 했다. 이 기사에 따르면, 김윤옥의 인텔리 친구들이 석주명의 이혼에 대한 풍문을 듣고 그가 근무하는 과학박물관에 찾아가서 사유를 따져 물었다고 한다. 이때 석주명은 이혼 원인으로 "시가媤家와 의합意合치 못한 점, 자기를 찾아오는 손님의 접대에 경중을 가리지 못한 점, 단추 떨어진 와이셔츠를 함부로 내놓는 점" 등을 들었다. 이 말을 들은 부인의 친구들은 경악을 금치 못하고 모든 여성에 대한 모욕이라며 "남성 중심의 전제주의자", "천상천하 유아독존"이라고 비난했다. 그들은 석주명에 대해 "나비학자로서는 성공하였는지 모르나 결혼에 있어서는 완전무결한 락오자"라고 평가했다. 이들 사이에서 태어난 딸은 이후 어머니 김윤옥과 함께 미국에 가서 살았다.

1950년 한국전쟁이 일어났을 때 석주명은 피난을 가지 못하고 서울에 머무르고 있었다. 10여 년 넘게 걸린 『한국산 접류 분포도』의 원고가 완성된 시점이라 자신의 목숨보다 귀한 수많은 나비 표본과 미발표 연구 자료를 가지고 먼 거리를 이동할 수 없었기 때문일 것이다. 북한군 치하에서도 그는 동생의 병원 아래층에서 막을 쳐 놓고 논문 정리에 여념이 없었다. 그러던 중 유엔군의 인천상륙작전에 따른 폭격으로 과학박물관이 불에 탔다. 그는 10월 6일 과학박물관 재건 회의에 참석하기 위해 집을 나섰다. 그런데 가는 길에 충무로 4가 근처의 개울가에서 낮술을 마시던 군복 입은 사람들과 시비가 붙었고, 그중 한 명이 평안도 사투리를 쓰는 석주명에게 인민군이라며 갑자기 총을 겨누었다. 석주명이 자신은 공산당이 아니고 나비학자 석주명이라고 신분을 밝혔으나 이내 그를 향해 총을 쏘고 말았다.

많은 사람이 빨갱이로 내몰려 무참히 폭행을 당하거나 살해를 당하던 시절이었다. 식물 연구자 장형두와 전기공학자 김봉집 역시 좌익으로 몰려 경찰에 의해 혹은 피습을 당해 안타깝게 죽음을 맞았다. 석주명의 사망은 사회적으로 크게 논란이 되었음에도 그 진상이 밝혀지지 않았으며 범인이 군인이 아니라 우익청년단이라는 주장도 제기되었다. 그의 유해는 경기도 광주시 오포읍 능평리 능골마을 묘원에 안치되어 있다.

1955년 석주명의 5주기를 맞아 서울대학교 생물학과 강영선 교수는 《동아일보》에서 나비 연구자로서 그의 삶과 업적을 다음과 같이 기렸다.

이 사람은 "멘델"의 유전법칙보다도 더 귀중한 것은 불우한 환경을 극복하고 위대한 업적을 남겼다는 점이라고 믿고 있으며 이러한 점에서 석주명 씨의 일생을 크게 평가하고 싶은 것이다.

… 그의 업적의 대부분이 송도시대(松都時代)에 이루어졌다는 것이다. 마땅히 많은 업적을 내어야 할 대학 연구실에 있는 사람으로도 훌륭한 업적을 남긴다는 것은 그리 쉬운 일이 아니다. 더구나 우리나라 사람이 자연과학계에 진출하는 것을 극력 억압하던 일제시대에 있어서 일개 중학교 교사로서 백편의 논문을 발표하였고 나비분류에 관하여는 외국인이 쉽게 손을 대지 못하게끔 확고한 토대를 세웠다는 것은 말로는 쉬울지 모르나 씨의 얼마만한 노력과 희생이 있었던가 우리는 새삼스러히 느껴지는 바이다.

… 학교에서 받는 얼마 되지 않는 봉급은 도서 구매와 표본 작성에 거

의 다 소모하였으며 늘 태산 같은 장서가 쌓여있는 서재에서 논문 정리하는 것을 낙(樂)으로 삼았던 것이다. 흔히 학자들에서 볼 수 있는 편벽된 성격의 소유자였기 때문에 일부 인사들에게는 오해를 받은 일도 있었지만 … 씨는 늘 독서 논문정리 생물채집 즉 학문적인 일 외에는 아무도 가까운 사람이 없었고 또 아무 것도 안중에 없었다. …

씨는 학문에 대하여 지극히 겸손하였다. … 필자는 학문적인 우정으로 씨에 대하여 앞으로 새로운 방향을 가미할 것을 충언(忠言)한 일이 있다. … 곤충분류학의 권위를 자부하는 씨로서 조그만치도 주저하는 내색 없이 필자의 충언을 받아들였다. 그 후 이론만이 아니라 실제로 씨는 과거의 분류학의 큰 업적을 토대로 분포, 진화학적인 새로운 방향을 가미하려고 노력하였으며 새롭고도 귀중한 논문을 작성하느라고 이 세상을 떠날 때까지 집필하였다.

_ 강영선, 「생물학과 故석주명-그 5주기에」, 《동아일보》 1955. 10. 6.

석주명은 20여 년의 연구 생활 동안 유고집을 포함한 17권의 저서, 120편의 학술논문, 180여 편의 기고문을 남겼다. 그의 노력으로 한국산 나비는 250여 종으로 정리되었고, 우리나라에서 나비 분류학은 근대적인 과학으로 자리 잡았다. 1964년 한국 정부는 건국공로훈장을 추서했다. 1970년 동아일보사의 한국근대인물 100인에 선정되었으며, 1998년 4월 과학의 달에는 이달의 문화인물로 선정되었다. 2008년에는 한국을 대표하는 과학자로 뽑혀 〈과학기술인 명예의 전당〉에 헌정되었다. 또한 2014년에는 그의 유품이, 2020년에는 제주도 서귀

포의 예전 생약연구소가 국가등록문화재로 등재되었다.

석주명은 자신의 모든 삶을 오로지 나비 연구에 바친 과학자였다. 그의 근무지는 나비 연구에 적합한 송도고보, 경성제대 부설 생약연구소(제주지장), 국립과학박물관으로 이동했다. 연구 주제는 나비의 개체변이 연구, 분포지역 연구, 융복합적 연구로 확대되어 나아갔다. 그는 촌각寸刻까지 나비 연구에 혼신을 쏟은 나머지 의식주를 비롯하여 가정생활, 인간관계, 사회적 지위 등을 하찮게 여겼다. 제자인 이우태는 《신태양》(1955)에서 "한 줄의 논문을 쓰기 위하여 3만 마리의 나비를 만져본 일이 있다. 지금 나는 눈을 감아도 손끝으로 그 나비의 빛갈과 종류를 알아낼 수가 있다"고 했던 석주명의 말을 회고했다. 석주명은 박사 학위를 받은 적이 없지만 나비 박사로 불린다. 그러나 상상을 초월하는 연구 열정과 다방면의 업적에 비춰 보면 그를 단지 나비 박사라 부르는 것이 외려 부족하지 않나 생각된다.

일차자료

논문

高塚豊次·石宙明, 1932,「朝鮮球場地方産蝶類目錄」, *Zephyrus* 4, pp. 1-3.

石宙明, 1933,「開城地方の蝶類」,《朝鮮博物學會雜誌》15, pp. 64-72.

石宙明, 1934,「白頭山地方産蝶類採集記」, *Zephyrus* 5, pp. 259-281.

石宙明, 1934,「朝鮮産蝶類の研究(第一報)」,『鹿兒島高等農林學校開校
　　二十五周年記念論文集』前篇, pp. 631-784.

石宙明, 1934,「朝鮮産畸型の蝶」,『鹿兒島高等農林學校開校二十五周年
　　記念論文集』前篇, pp. 785-788.

石宙明, 1935,「ヒメウラナミジヤノメの變異研究並に其學名に就て」,
　　《動物學雜誌》47, pp. 627-631.

石宙明, 1936,「朝鮮産モンシロテフの變異研究
　　(附)朝鮮産畸型のモンシロテフ」,《動物學雜誌》48, pp. 337-345.

石宙明, 1937,「濟州道産蝶類採集記」, *Zephyrus* 7, pp. 150-174.

石宙明, 1937,「朝鮮産アムールヤマキテフに就て」,《蝶の甲蟲》2-1,
　　pp. 2-4.

石宙明, 1938,「鬱陵島産蝶類」, *Zephyrus* 7, pp. 785-788.

石宙明, 1938,「朝鮮産 Limenitis amphyssa Menetriesに就て」,
　　《植物及動物》6-12, pp. 114-115.

石宙明, 1939,「朝鮮産蝶類ノ研究史」,《朝鮮博物學會雜誌》26,
　　pp. 20-60.

石宙明, 1939,「蝶ニ關スル朝鮮古典ノ解說」,《朝鮮博物學會雜誌》26,
　　pp. 61-65.

石宙明, 1939,「朝鮮産ヒメヒカゲの變異研究」,《關西昆蟲學會報》8,
　　pp. 72-80.

石宙明, 1940,「一濠南啓宇ノ蝶圖ニ就テ(第2報)」,《朝鮮博物學會雜誌》
　　28, pp. 15-19.

石宙明, 1941, 「再び朝鮮産ヒメウラナミジッノメの變異研究」,
　　《動物學雜誌》 53-8, pp. 397-402.

石宙明, 1941, 「朝鮮ニ饒産スル五種ノ蝶ノ變異及ビ分布ノ研究」,
　　《朝鮮博物學會雜誌》 32, pp. 39-52.

石宙明, 1941, 「朝鮮半島の特殊性を現す數種の蝶類に就て」,
　　《日本學術協會報告》 16-1, pp. 73-81.

石宙明, 1942, 「朝鮮産きたてはノ變異研究追報」,《朝鮮博物學會雜誌》
　　35, pp. 94.

石宙明, 1942, 「朝鮮産蝶類の研究(第二報)」,《鹿兒島博物同志會研究
　　報告》 1, pp. 5-95.

石宙明, 1943, 「南啓宇の蝶圖に就て」,《寶塚昆蟲館報》 28, pp. 1-19.

石宙明, 1943, 「北朝鮮蝶類採集記」,《朝鮮博物學會雜誌》 38, pp. 16-28.

석주명, 1947, 「朝鮮産蝶類總目錄(조선 나비의 조선 이름)」,
　　《國立科學博物館 動物學部 研究報告》 2-1, 1-16쪽.

석주명, 1947, 「濟州島의 蝶類」,《國立科學博物館 動物學部 研究報告》 2,
17-33쪽.

석주명, 1947, 「金剛山動物誌」,《國立科學博物館 動物學部 研究報告》
　　2-3, 43-100쪽.

석주명, 1949, 「韓國産 蝶類의 研究(第3報)」,『韓國産 蝶類의 研究』,
　　寶晋齋, 123-230쪽.

|저서|

Seok, D. M., 1939, *A Synonymic List of Butterflies of Korea*, Seoul: Korea
　　Branch of the Royal Asiatic Society.

석주명, 1947,『國際語 에스페란토教科書 附 小辭典』,
　　조선에스페란토학회.

석주명, 1947,『일반과학: 동물계교과서』, 교육연구사.

석주명, 1947,『조선 나비 이름의 유래기』, 백양당.

석주명, 1947,『중등과학 생물: 제 4-5학년용』, 을유문화사.

석주명, 1947,『중등동물』, 교육연구사.

석주명, 1947, 『濟州島方言集』, 서울신문사출판부.

석주명, 1949, 『濟州島關係文獻集』, 서울신문사출판부.

석주명, 1949, 『濟州島의 生命調査書: 濟州島人口論』, 서울신문사출판부.

석주명, 1968, 『濟州島隨筆: 濟州島의 自然과 人文』(유고집), 寶晉齋.

석주명, 1970, 『濟州島昆蟲相』(유고집), 寶晉齋.

석주명, 1971, 『濟州島資料集』(유고집), 寶晉齋.

석주명, 1972, 『韓國産蝶類의 研究』(유고집), 寶晉齋.

석주명, 1973, 『韓國産蝶類分布圖』(유고집), 寶晉齋.

석주명, 1992, 『나비박사 석주명의 과학나라』(유고집), 현암사.

석주명, 1992, 『나비探集 二十年의 回顧錄』(유고집), 新陽社.

석주명, 1992, 『韓國本位 世界博物學年表』(유고집), 新陽社.

기고/기사

石宙明, 1939, 「一濠南啓宇の蝶圖に就て」, 《朝鮮》284, pp. 80-87.

석주명, 1940, 「朝鮮나비 이야기」, 《朝光》6-5, 150-153쪽.

석주명, 1940, 「朝鮮産蝶類研究史」, 《朝光》6-2, 286-289쪽.

석주명, 「조선학계 총동원: 조선접류개론 상·하」, 《조선일보》1940. 7.
21.-22.

석주명, 1945, 「濟州道의 女多現象」, 《朝光》11-4, 39-41쪽.

석주명, 1946, 「생활과학화」, 《현대과학》3, 63쪽.

석주명, 1946, 「兎山堂 由來記」, 《鄕土》1-2, 15-18쪽.

석주명, 1947, 「과학과 협력」, 《新天地》2-3, 116-118쪽.

석주명, 1947, 「耽羅古史」, 《國學》3, 25-28쪽.

석주명, 1948, 「鬱陵島의 人文」, 《新天地》3-2, 200-201쪽.

석주명, 1948, 「國學과 生物學」, 김정환, 『現代文化讀本』, 문영당,
35-65쪽.

박기자, 1949, 「세계적 나비학자 석주명 씨 가정에 회오리바람」, 《새살림》
11, 24-26쪽.

석주명, 1949, 「교사와 학자」, 《새교육》2-2, 85-87쪽.

석주명, 1949, 「에스페란토론」, 《新天地》4-2, 138-141쪽.

석주명, 1949, 「과학과 에스페란토」, 《新天地》 4-6, 104-105쪽.

석주명, 1949, 「천연기념물 보존에 대하여」, 《新天地》 4-6, 177-179, 188쪽.

석주명, 1950, 「나비분포도」, 《아메리카》 2-5, 22-23쪽.

석주명, 1950, 「생물학과 영한사전」, 《新天地》 5-6, 126-128쪽.

강영선, 「생물학과 故 석주명 – 그 5주기에」, 《동아일보》 1955. 10. 6.

조복성, 「나비와 석주명」, 《동아일보》 1955. 10. 6.

이차자료

한국에스페란토협회 편, 2021, 「나비박사 석주명의 학술적 업적과
  에스페란토 활동」, 『제53회 한국에스페란토대회 자료집』, 21-38쪽.

단국대학교 석주선기념박물관 편, 2021, 『나비 박사 석주명의
  아름다운 날: 그의 삶과 발자취를 따라서』, 단국대학교 출판부.

윤용택·강영봉·양정필·정세호·안행순, 2021, 『제주학의 선구자 석주명』,
  한그루.

전경수, 2019, 「석주명(石宙明, 1908~1950)의 野學과
  鹿兒島高等農林學校의 敎育課程」, 《근대서지》 19, 449-497쪽.

과학기술정보통신부·한국과학기술한림원, 2019, 「고 석주명: 가장 한국적인
  세계적 박물학자」, 『대한민국과학기술유공자 공훈록』 1, 140-147쪽.

애산학회 편, 2018, 〈특집: 석주명〉, 《애산학보》 45.

윤용택, 2018, 『한국의 르네상스인 석주명』, 궁리.

윤용택 외, 2012, 『학문 융복합의 선구자 석주명』, 제주대학교
  탐라문화연구소.

이유진, 2005, 「石宙明 「國學과 生物學」의 분석: 1947년 남한에서
  개별과학을 정의한 사례에 관한 연구」, 《철학·사상·문화》 2, 35-60쪽.

전경수, 2001, 「石宙明의 非命橫死와 學界損失 – '육이오'정전협정
  60주년의 회고」, 《근대서지》 7, 353-379쪽.

전경수, 2001, 「石宙明의 學問世界: 나비학과 에스페란토, 그리고 濟州學」,
  《민속학연구》 8, 7-21쪽.

문만용, 1999, 「'조선적 생물학자' 석주명의 나비분류학」,
  《한국과학사학회지》 21-2, 157-193쪽.

이병철, 1989, 『위대한 학문과 짧은 생애』, 아카데미서적(『석주명 평전』, 그물코, 2002).

이우태, 1955, 「나비학자 석주명 씨의 청춘」, 《신태양》 52, 139-143쪽.

柴谷篤弘, 1985, 「石宙明」, 《やどりが》 123; 1987, 「再說 石宙明」, 《やどりが》 128.

Moon, Manyong, 2012, "Becoming a Biologist in Colonial Korea: Cultural Nationalism in a Teacher-cum-Biologist," *East Asian Science, Technology and Society: an International Journal* 6-1, pp. 65-82.

문만용·김근배

김삼순

金三純 Sam Soon Kim

생몰년: 1909년 2월 3일~2001년 12월 11일
출생지: 전라남도 담양군 창평면 창평리 292-1
학력: 도쿄여자고등사범학교 이과, 홋카이도제국대학 식물학과, 규슈대학 농학박사
경력: 서울대학교 사범대학 교수, 서울여자대학 교수, 한국균학회 초대 회장, 대한민국학술원 회원
업적: 느타리 인공재배, 『한국산버섯도감』 출간, 한국균학회 창립
분야: 생물학-균학, 버섯분류학, 식품과학

정년퇴직 후
담양 연구소에서
실험 중인 김삼순
「평생 배워도 끝이
없어요─농학박사 김삼순
가타리나 씨」(1999)에서

김삼순은 느타리버섯의 국내 인공재배에 성공해 느타리버섯을 우리에게 친근한 식재료로 만든 주인공이다. 일제강점기 조선 민족과 여성에 대한 이중 차별을 극복하고 제국대학에 진학해 공부했으며, 세계적인 학술지 《네이처》에 논문을 발표하는 등 주목할 만한 성과를 냈다. 시대적 제약 속에서 57세의 늦은 나이에 박사 학위를 받았지만 학위 취득은 그에게 또 다른 시작일 뿐이었다. 그는 각종 버섯과 발효식품 등 균학 연구에 몰두했고, 한국균학회 설립에 앞장섰으며, 80세가 넘은 나이에 『한국산버섯도감』을 출간하는 등 평생을 과학자로 살았다.

담양에서 경성으로 여성 교육의 길을 찾아

김삼순은 1909년 전라남도 담양에서 김재희金在曦와 오연의吳緣宜 사이의 7남매 중 넷째이자 3녀로 태어났다. 아버지 김재희는 담양 창평 면장을 지내기도 한 지역 유지였다. 또한 만석꾼으로 1000평의 대지 위에 지은 그의 집은 '담양의 창덕궁'으로 불렸다. 김삼순과 형제들은 어릴 때부터 유복한 환경에서 남부러울 것 없이 자라 모두 사회 지도층 인사가 되었다. 남자 형제인 김홍용, 김문용, 김성용은 해방 후 담양 지역에서 국회의원을 역임한다. 여동생인 김사순은 화학자 이태규의 동생과 결혼하는데, 김영삼 정부에서 국무총리를 지낸 법조인이자 대통령 후보였던 이회창이 이들의 아들이다.

담양 창평은 조그마한 시골 마을이지만 웬만한 도시보다도 일찍 근대 교육기관이 세워졌다. 1906년 규장각 책임자였던 고정주高鼎柱가 고향인 창평에 신학문을 배울 수 있는 창흥의숙昌興義塾(창평초등학교 전신)을 설립했던 것이다. 첫 입학생은 네 명이었는데, 김성수金性洙(경성방직·동아일보·고려대 설립), 송진우宋鎭禹(동아일보 사장, 정치인), 김병로金炳魯(초대 대법원장), 고광준高光駿(사업가)으로 모두 유력 가문의 자제였다. 이들은 이곳에서 신식 학문과 외국어를 배우고 일본으로 유학을 다녀와 저명인사로 성장했다.

창흥의숙은 한일 병합 후인 1911년 4년제 창평보통학교로 개칭하고, 1919년 4월부터 여자 입학을 허용해 세 명의 여학생을 받았다. 그 중 한 명이 김삼순으로, 10세에 언니와 함께 입학해 이 학교의 첫 여학생이 되었다. 김삼순의 증언에 따르면, 그의 아버지가 '여자도 교육을 받아야 한다'며 보통학교에 여자부를 설치해 줄 것을 요청하고 자금을 지원했다고 한다.

보통학교를 졸업한 김삼순은 경성에 있는 여자고등보통학교로 진학하기를 희망했다. 하지만 여성의 교육에 부정적이었던 할머니와 여자 혼자 외지로 보낼 수 없다는 아버지의 반대로 한동안 창평에 머물수밖에 없었다. 그러다가 1924년, 경성제일고등보통학교(경기고등학교 전신)를 졸업하고 일본 와세다대학을 다니던 큰오빠 김홍용金洪鏞(제2대 국회의원)이 귀향하면서 김삼순은 경성에 갈 기회를 얻게 됐다. 훗날 김삼순은 보통학교 4학년 졸업 후 일본 유학생이던 오빠가 할머니를 설득해서 16세에 경성여자고등보통학교(경기여자고등학교 전신)로 진학했다고 회고했다.

김삼순은 경성여고보 입학을 위해 자격시험부터 봐야 했다. 1922년 조선총독부는 2차 조선교육령을 공표하면서 보통학교를 4년제에서 6년제로 바꾸고, 여자고등보통학교의 입학 조건을 6년제 보통학교 졸업자로 제한했다. 그런데 김삼순이 다녔던 창평보통학교는 4년제였고, 6년제로 바뀐 건 그가 졸업한 1923년부터였다. 졸업하지 않고 이어서 보통학교 5학년으로 진급할 수도 있었으나 성적이 아주 우수했던 그는 졸업과 함께 상급학교 진학을 선택했다. 이 때문에 김삼순은 6년제와 동등한 학력을 인정받기 위한 자격시험을 먼저 치르고 다시 입학시험을 거친 후에야 경성여고보에 들어갈 수 있었다.

1924년 김삼순이 입학할 당시 경성여고보는 평양여고보와 함께 조선인이 다닐 수 있는 최고의 공립 중등여학교였다. 이 두 곳 외에 사립으로 숙명, 진명, 이화, 호수돈, 정의 여고보가 있었다. 공립과 사립을 합해도 1924년 이전에 총독부의 인가를 받은 조선인 중등여학교는 7곳에 불과했던 것이다. 반면에 조선인 남자 고등보통학교는 24곳, 일본인을 위한 고등여학교는 19곳이었다. 1912년부터 1924년까지 조선의 중등학교 학생 수는 연평균으로 여고보가 620명, 고등보통학교가 3400명, 고등여학교가 2200명이었다. 1920년대 중반까지도 조선인 여성은 조선인 남성이나 일본인 여성에 비해 중등교육의 기회가 현저히 적었음을 알 수 있다.

여고보 수가 적다 보니 '입학난'이라고 할 만큼 조선인 여학생 사이의 입학 경쟁도 치열했다. 1928년 경성에 있는 고등여학교와 여고보를 비교한 『동아일보』(1928. 3. 9.) 기사에 따르면 "수용력을 비교하면 일본인의 고등여학교는 합해서 2천여 명이오, 조선인의 공립 여고보는 3백 70명에 불과하다. 일본인측의 3개 학교에서 오백명을 입학시킬 터인데 약 육백명의 지원이 있었고, 조선인측의 [경성]여고보에서는 백여명을 입학시킬 터인데 삼백육십팔명이 지원했다"고 한다. 따라서 경성여고보에는 우수한 학생들이 몰렸는데, 김삼순은 부족한 수업 연한에도 불구하고 치열한 경쟁을 뚫고 합격했던 것이다.

1928년 김삼순은 경성여고보를 우수한 성적으로 졸업했다. 당시 여고보 졸업생들의 진로는 결혼을 제외하면 크게 세 가지였다. 하나는 경성사범학교에 초등 여교사 양성을 위해 설치한 여자연습과로 진학하는 것으로, 이 경우가 가장 많았다. 두 번째로는 1925년 정식 인가를 받은 기독교계 이화여자전문학교로 진학하는 경우였다. 마지막으로, 극히 일부는 일본 유학을 택했다. 김삼순이 졸업한 해에 경성 지역의 여고보 전체 졸업생은 232명이었고, 그중 31명(경성여고보 출신은 7명)이 일본 유학을 선택했다. 일본 유학생 중에 가장 우수한 여학생만 가는 도쿄여자고등사범학교東京女子高等師範學校 진학도 한 명 있었는데, 그가 바로 김삼순이었다. 회고록에 따르면, 김삼순의 유학에 결정적인 영향을 끼친 사람은 경성여고보의 손정규孫貞圭 교사였다. 손정규는 경성여고보 1회 졸업생으로 도쿄여고사 가사과를 청강생으로 졸업한 후 1922년 경성여고보 교사로 부임한 인물이었다.

고등교육을 받으러 떠난 도쿄 유학

도쿄여고사에 입학한 1928년에 김삼순은 당시로서는 결혼 적령기를 넘긴 20세였다. 하지만 도쿄여고사는 기혼자의 재학을 허용하지 않았기 때문에 혼인은 생각조차 할 수 없었다. 학생 신분으로 남자를 만나는 것을 엄격히 규제하여 '50세 이하의 남성과는 나란히 걷지 말 것'이라는 내부 지침까지 있을 정도였다. 기록을 보면 일본인들도 결혼이 늦어진다는 이유로 부모들이 도쿄여고사 진학을 반대하는 경우가 있었고, 몰래 결혼해서 퇴학당하는 사람도 있었다고 한다. 따라서 김삼순에게 도쿄여고사로의 진학은 조선에서 일본으로 물리적인 삶의 공간이 달라지는 것일 뿐만 아니라, 조혼早婚과 같은 전통사회의 결혼 관습에서도 벗어나는 것을 의미했다.

김삼순이 입학할 때 도쿄여고사에는 본과인 문과, 이과, 가사과, 실습과인 보육실습과가 있었다. 그는 청강생으로 이과를 선택했다. 도쿄여고사는 일본의 여자사범학교나 고등여학교 출신으로 정식 선발된 본과생, 정식 선발 조건에는 맞지 않으나 일부 본과 과목을 이수하면 교사 자격을 부여해 주는 소수의 선과생으로 구성되어 있었다. 청강생은 본과의 학과를 선택하여 4년간 수업을 받을 수 있으나 졸업증이 아닌 수료증이 나오는 외국인이었다. 도쿄여고사는 일제의 식민지였던 조선과 대만에서 유학 온 학생들을 외국인으로 분류했다. 게다가 도쿄여고사에 청강생으로 입학하는 것은 본과만큼이나 까다로웠다. 중등교육에서 조선과 대만의 여고보는 4년제였는데, 일본에 설치된 고등여학교는 5년제였다. 이 때문에 식민지에서 학교를 졸업한 여성은 학력 부족을 이유로 별도의 검정시험을 거쳐야 했다. 더욱이 선발 인원은 한 해에 기껏해야 1~3명이었다. 김삼순은 피지배민 외국인 신분으로 시험을 거쳐 청강생으로 입학했던 것이다. 그는 문과, 이과, 가사과 중 이과를 선택한 이유를 다음과 같이 밝혔다.

경기여자고등학교[경성여자고등보통학교]를 졸업하고 동경 유학을 결정할 때 친구들은 너는 영어, 수학전공 아니면 문학 등일 것이라는 여러 추측들이 있었으나, 나는 처음으로 전등, 전차 그리고 기차를 대하는 순간부터 이 시대를 살려면 자연과학을 해야만 되겠다고 이미 결정되어 있었다. 그래서 나는 동경여자고등사범학교 이과에 입학하게 되었고, 일본의 식민지 백성이라는 민족적 울분과 수치심을 극복하기 위하여 학생들의 눈에 잘 띄는 수영이나 승마 그리고 체조와 같은 과목에서 지지 않으려고 노력하였던 생각이 난다. 그 시절 일본 여성으로서 최초의 이학박사였던 야스이 선생으로부터 세포학을, 쿠로다 선생으로부터 유기화학 강의를 열심히 들었다.

_ 김삼순, 1989, 「성지 김삼순 박사 회고록」, 《균학회소식지》 1-2.

경성에서 학교를 다니면서 전기나 전차 등 근대 문물을 접했던 것이 그의 진로에 영향을 끼쳤던 것으로 보인다. 도쿄여고사에서 그는 당대 일본 최고의 여성 과학자로부터 교육받는 기회를 가졌다. 일본 여성 최초로 이학박사 학위를 취득한 야스이 고노保井コノ와 일본 여성 최초의 제국대학 본과 입학생이었던 구로다 지카黒田チカ가 1927년부터 도쿄여고사에서 교편을 잡고 있었던 것이다. 김삼순은 야스이에게 세포학을, 구로다에게 유기화학을 배우면서 학문뿐 아니라 여성 과학

도쿄여자고등사범학교 시절의 김삼순
「평생 배워도 끝이 없어요-농학박사 김삼순
가타리나 씨」(1999)에서

자로서 스승들의 모습에 깊은 감명을 받았다.

김삼순은 1933년 도쿄여고사를 졸업했다. 건강이 좋지 않아 1년을 휴학하는 바람에 5년 만에 과정을 마쳤다. 그런데 이때 그는 청강생이 아닌 선과 졸업생이었다. '청강생편입규정聽講生編入規程' 덕분이었다. 이 제도는 1910년 외국인특별규정에 따라 입학한 청강생 중 성적이 우수한 학생을 3학년 혹은 4학년 시작할 때 정과생(본과와 선과)으로 졸업할 수 있도록 편입시키는 규정이었다. 이 규정에 따라 청강생이었던 김삼순은 선과생으로 편입하여 졸업할 수 있었다. 이후 김삼순은 조선으로 돌아와 교사 생활을 시작했다. '고등사범학교 졸업생 복무규정'에 따라 여고사 졸업생은 의무적으로 문부성이 지정한 장소에서 교사로 근무해야 했기 때문이다.

김삼순의 의무 복무 기간은 2년이었지만, 사립인 진명여고보에서

2년간 근무한 후 모교인 경성여고보의 요청으로 1935년부터는 경성여고보로 옮겨 교사 생활을 했다. 경성여고보에서는 화학과 수학을 비롯한 이과 과목을 가르쳤다. 당시까지 경성여고보의 이과 과목은 남자 교사가 담당해 왔던 터라 김삼순이 첫 여자 이과 선생님이었다. 김삼순은 도쿄여고사 출신의 젊은 여교사로서 학생들에게 선망의 대상이었다. 그러나 1938년 말 그는 돌연 경성여고보를 사직했다. 대학에 진학하기 위해서였다. 보통학교에서 경성여고보로, 경성여고보에서 도쿄여고사로 진학한 것만으로도 이미 조선 최고의 여성 엘리트였지만 이에 안주하지 않고 더 높은 꿈을 향해 도전하기로 결심했던 것이다.

제국대학을 졸업한 최초의 조선인 여성 과학자

김삼순은 대학 진학을 위해 다시 일본으로 가기로 결정했으나 집안의 극심한 반대에 부딪혔다. 무엇보다 나이 30세로 이미 혼기를 놓친 상태였기 때문이다. 그는 집안의 반대를 극복하기 위해 조선인 최초로 일본 제국대학에서 이학박사 학위를 받은 당대 최고의 과학자 이태규의 도움을 받기로 했다. 이태규는 여동생인 김사순의 큰시숙이었다. 김삼순의 회고에 따르면, 이태규가 어머니를 만나 나중에 꼭 혼인시킬 테니 유학을 보내 주라고 간청했고, 이태규의 설득에 힘입어 다시 일본으로 유학을 갈 수 있게 되었다고 한다.

김삼순이 교사직을 그만두고 갑자기 일본 유학을 결정한 데에는 당시 제국대학의 상황도 관련이 있었다. 원칙적으로 여성은 고등학교에 진학할 수 없어 제국대학에 입학하는 것이 막혀 있었다. 그러던 것이

1938년부터 일본의 중국 침략과 뒤이은 제2차 세계대전 개입으로 젊은 남학생들이 광범위하게 징집되면서 사정이 달라졌다. 일본 본토의 제국대학에 학생이 부족해짐에 따라 여성 입학을 제한적으로나마 공식적으로 허용하기 시작한 것이다.

1939년 김삼순은 도쿄여고사로 다시 돌아가 구로다의 연구과에 입학했다. 그가 연구과로 진학한 이유는 연구 경력을 쌓으면서 입학 정보를 얻어 대학 입시를 준비하기 위해서였다. 실제로 김삼순은 구로다를 비롯한 여러 일본인 스승들에게 자신의 대학 진로를 상담하곤 했고, 구로다는 그에게 제국대학이 아닌 히로시마문리과대학広島文理科大學에 지원해 볼 것을 권했다. 이 학교는 히로시마고등사범학교가 승격되어 만들어진 학교로 제국대학만큼이나 명성이 높았으며, 전신이 고등사범학교였던 만큼 여고사 출신을 높게 평가하고 있었다. 하지만 김삼순은 히로시마문리과대학의 입학시험에 실패했다.

대학 진학이 좌절되었지만 김삼순은 조선으로 돌아가지 않고 일본에 남았다. 구로다의 소개로 1940년에 일본 규슈제국대학 생리화학교실의 조수助手 자리를 얻었기 때문이다. 당시 조수는 학과마다 차이는 있었지만 주로 이학계열 연구실에서는 교수의 연구를 보조하고 실험실의 사무를 담당하는 역할을 했다. 그가 조수로서 규슈제대로 간 이유는 도쿄여고사 연구과 수료로도 부족했던 연구 경험을 쌓으면서, 대학 입시에 재도전하기 위해서였다.

그런데 김삼순에게 뜻하지 않은 기회가 찾아왔다. 홋카이도제국대학北海道帝國大學 이학부에 많은 결원이 생기면서 방계 입학생을 대대적으로 모집한 것이다. 원래 제국대학은 구제고등학교 출신을 선발한 후 남은 여석에 한해 이른바 '방계傍系' 입학생을 받았다. 방계 입학 대상은 학교별로 조금씩 차이가 있으나 보통은 남자 고등사범학교나 전문학교 학생을 1순위, 여고사 본과생을 2순위, 중등학교 교원면허장 소지자(고등사범학교 선과 출신 포함)를 3순위로 선발했다. 그러나 실제로는 대부분이 1순위에서 선발이 끝나 제도적으로 여성의 대학 진입은 가로막혀 있었다. 그러다가 전시체제로 지원 학생이 부족해지면서 몇몇 제국대학이 방계 입학자 수를 대거 늘렸고, 홋카이도제대의 경우 3순위까지 선발 기회가 주어졌다. 김삼순은 중등학교 교원면허장 소지자의 자격으로 입학시험을 볼 수 있게 되었다. 그가 여고사의 청강생이 아닌 선과 졸업생 자격을 얻었기에 생긴 기회였다.

1941년 김삼순은 홋카이도제대 이학부 식물학과에 입학했다. 당시 그는 다케미야 후미에武宮史枝로 창씨개명한 상태였고 32세의 만학도였다. 식물학과에서 그는 사카무라 데쓰坂村撤를 지도교수로 하여 식물생리학교실에 들어갔다. 당시 홋카이도제대에서 생물학을 전공하는 조선인은 세 명이 있었는데 동물학과의 강영선姜永善, 식물학과의 이민재李敏載와 선우기鮮于起였다. 이들은 김삼순보다 여덟 살이나 어렸지만 이민재와 선우기는 1년 선배, 강영선은 동기였다. 김삼순을 포함해 이 네 명은 해방 후 서울대학교 교수가 되었고, 이민재와 강영선은 각각 식물학과 동물학을 대표하는 생물학자로 발돋움했다. 김삼순은 이후에도 이민재, 강영선과 계속 교류하며 동문이자 동료로서 서로의 버팀목이 되어 주었다.

한편 김삼순은 식물학과 조수이자 도쿄여고사의 선배였던 요시무라 후지吉村フジ와 매우 돈독하게 지냈다. 요시무라는 1930년 홋카이도제대 이학부 창립과 함께 최초로 정과생으로 입학한 여성이었다. 그는 1927년 도쿄여고사를 졸업한 후 삿포로고등여학교에서 교사로 근무하다가 1930년 홋카이도제대 이학부 식물학과에 입학했다. 김삼순처럼 사카무라 교수에게 지도를 받았으며, 졸업 후에는 식물생리학 교실의 부수副手로 근무하며 여러 편의 논문을 발표했다. 그리고 1941년 식물학과 조수가 되면서 본격적으로 박사 학위 논문을 준비하기 시작했는데, 이 시기에 김삼순과 만난 것이다.

김삼순은 식물생리학교실에 있으면서 사카무라의 지도 아래 연구했다. 그 결과물로 실험보고 I 「사상균에 의한 초산염 및 색소의 흡수絲狀菌ニ依ル硝酸塩及ビ色素ノ吸収」와 실험보고 II 「아질산염의 흡수에 관하여Nitritノ吸収ニ就イテ」를 작성하여 졸업논문으로 제출했다. 이때 연구의 멘토 역할을 해 준 이가 바로 요시무라였다. 요시무라는 학문적으로 김삼순을 도와줬을 뿐 아니라 개인적으로도 매우 친밀하게 지냈다. 김삼순은 대학을 다니면서 가톨릭 신자가 되었는데 요시무라와 함께 성당을 다니기도 했다. 둘 사이에는 비슷한 연배의 도쿄여고사 선후배이면서 여성 과학자로서 같은 길을 걸어간다는 공감대가 있었다. 김삼순은 박사논문을 준비하고 있던 요시무라로부터 많은 영향을 받았다. 김삼순의 홋카이도제대 시절 모습이 담겨 있는 유일한 자료인 「12기의 추억十二期の思い出」에서 그는 요시무라와의 관계에 대해 "이학부에서 나의 학생 시대의 생활에서 제1기의 요시무라상은 뗄레야 뗄 수 없

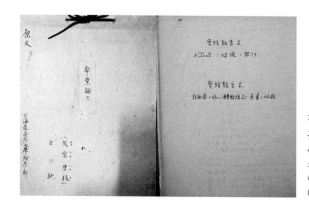

는 소중한 선배였습니다. 나는 선생으로서, 여자로서, 친우로서 경애하고 있는 요시무라상과의 추억을 쓰는 것으로 나의 책임을 완수하겠습니다"라는 글로 친밀감을 드러냈다.

1943년 9월 김삼순은 조선인 여성으로는 최초로 제국대학 이공계를 졸업했다. 당시 전시체제로 학교들이 단축학기제를 시행하여 2년반 만에 졸업한 그는 곧바로 홋카이도제대 대학원에 진학했다. 대학원 전공은 이학부가 아닌 농학부였다. 졸업논문을 쓰던 중 곰팡이에 관심을 갖게 되었고, 농학부의 한자와 준半澤洵 교수의 응용균학 강좌에 감명을 받았기 때문이다. 한자와는 일본 균학 연구의 선구자로 불리며 당대 응용균학의 권위자로 명성을 떨치고 있었다. 김삼순은 농학부 농예화학과의 한자와 응용균학교실에서 박사 학위를 위한 연구를 시작했다. 그런데 1944년 말 휴식을 취할 겸 잠시 귀국했다가 다시 일본으로 돌아가지 못하고 조선에 머물게 된다. 원래는 새 학기에 맞춰 학교로 돌아가려 했으나 전쟁이 악화되자 복귀 시점을 늦추었는데, 그해 해방이 되었던 것이다.

전쟁의 상흔 딛고 57세에 "한국 최초의 여자 농박"

고향인 담양으로 간 김삼순은 부모의 애원을 뿌리치지 못하고 결혼했다. 그는 훗날 "이제껏 부엌일은 모르고 그저 공부만 했다우. 안사랑 할머니 옆에서 그거 책만 들여다보다가 어머니가 몽달귀신 된다고 제발 시집가라고 애원하시는 바람에 버티다 못해 혼인했다"(《경향신문》 1990. 2. 19.)고 털어놓았다. 결혼한 다음 날 이혼하려고 궁리하다 병이 났는데, 남편이 이해해 주어 학문의 길을 걸을 수 있었다고 한다. 남편은 와세다대학을 졸업하고 독일 베를린대학에서 철학을 전공한 강세형姜世馨으로, 1953년 제3대 국회의원을 역임한 정치가였고 둘 사이에 자녀는 없었다. 결혼 후 김삼순은 남편과 함께 서울로 상경하여 당시 경성여자사범학교의 교장이었던 스승 손정규의 연락을 받고 교원으로 부임했다. 그리고 이후 경성여자사범학교가 국립서울대학교 설립안에 따라 경성사범학교와 통합되어 서울대학교 사범대학으로 개편됨에 따라 1946년 서울대 사범대학 생물학과 교수가 된다.

김삼순은 서울대 교수로 임명된 뒤에도 박사 학위 취득을 위해 일본으로 유학 갈 방도를 계속 모색했다. 당시는 박사 학위가 없어도 제국대학 출신의 학력이면 충분히 대학의 교수를 할 수 있었다. 그럼에도 그는 교수라는 직위보다 박사 학위라는 자신의 꿈을 더 중요하게 여겨 다시 일본으로 돌아가 학업을 이어 가려는 의지가 강했다. 그러던 중 김삼순처럼 학업을 마치지 못한 사람들이 외무부의 면접을 보고 일본으로 건너가 학업을 계속할 수 있는 기회가 생겼다. 그는 1948년 9월 서울대 교수직을 그만두고 외무부 면접을 본 후 다시 일본으로 갈 채비를 했다. 그런데 면접을 마치고 기다리던 중 1950년 한국전쟁이 일어나면서 일본행은 좌절되고 말았다.

한국전쟁은 김삼순에게 큰 상처를 남겼다. 그의 학업을 적극적으로 지지해 주고 물심양면으로 도움을 주었던 오빠 김홍용이 북한군에게 피살당한 것이다. 이에 충격을 받은 김삼순은 유학은 생각조차 할 수 없을 만큼 건강이 나빠져 힘든 나날을 보냈다. 여동생 김사순의 아들로 그에게는 조카인 정치인 이회창李會昌은 자신의 자서전에서 "한국전쟁 후 큰외숙은 갑자기 사망하고 큰집이 불타 없어졌다"고 회고했다. 이렇듯 당시 김삼순의 친정 쪽 상황은 매우 좋지 않았다.

그럴지라도 김삼순의 학업에 대한 집념은 무디어지지 않았다. 1960년 정권이 바뀌자 이전 정부에서 발급받은 비자가 무효화되면서 일본행이 어려워졌다. 이 무렵 남편마저 세상을 떠났다. 하지만 그는 몸을 추스르고 다시 유학을 준비했다. 우선적으로 비자를 받을 수 있는 방법을 찾던 그는 문교부의 교과서 편수관으로 취직해 3개월간 근무한 후 장관의 도움으로 비자를 받는 데 성공했다. 그러나 당시 홋카이도대학에는 그를 초청해 줄 교수가 없었다. 다행히 홋카이도제국대학 시절 성당을 다니며 알게 된 수녀원에서 그를 후지여자고등학교藤女子高等學校 교사로 초청해 주었다.

1961년 10월 김삼순은 25년 만에 홋카이도대학으로 돌아갔다. 그는 수녀원의 초청으로 왔기 때문에 후지여고 교사로 근무하면서, 농학부 응용균학교실의 대학원생이 아닌 연구생으로 들어갔다. 제도가 바뀐 지 한참이 지났기 때문에 제국대학 출신인 김삼순이 대학원에 들어가려면 다시 시험을 봐야 했다. 그러나 어차피 그의 목표는 박사 학위를 취득하는 것이었기 때문에 굳이 시험을 봐서 대학원생이 될 필요는 없었다. 김삼순은 광생물학, 특히 미생물 생체고분자에 관심을 갖게 되었고 다카아밀라아제taka-amylase A라는 효소에 흥미를 느꼈다. 하지만 김삼순은 홋카이도대학에서 박사 학위를 취득할 수 없었다. 한자와가 퇴임한 터라 그의 연구를 도와줄 만한 교수가 없었기 때문이다.

1963년 그는 예전에 잠시 머물렀던 규슈대학(전 규슈제국대학) 농학부로 옮겨, 자신의 연구 주제에 관심이 있던 도미타 기이치富田義一 교수의 생물물리연구실 연구생으로 들어갔다. 이곳에서 김삼순은 녹말을 당으로 분해하는 촉매 효소인 아밀라아제amylase의 일종인 다카아밀라아제 A를 주제로 연구했다. 이 효소는 손쉽게 많은 양을 구할 수 있고, 순도가 높은 것을 만들기가 쉬운 편이었다. 연구에 몰두한 김삼순은 1965년에 「다카아밀라아제 A의 광불활성화タカアミラーゼAの光不活性化」를, 1966년에는 「리보플라빈에 의한 다카아밀라아제 A의 광증감 불활성화 반응リボフラビンによるタカアミラーゼAの光増感不活性化反応」과 「자외선에 의한 다카아밀라아제 A의 불활성화 반응紫外線によるタカアミラーゼAの不活性化反応」이라는 논문을 《일본농예화학회지》에 발표했다. 도미타와 공동으로 「다카아밀라아제 A의 열 불활성화에 대한 기질 효과Substrate Effect on Heat Inactivation of Taka-amylase A」와 「할로겐 이온에 의한 다카아밀라아제 A의 광불활성화 억제Inhibition of Photo-Inactivation of

1965년《네이처》에 실린 김삼순의 논문 *Nature* 205(1965)

Taka-amylase A by Halogen Ions」를 세계적인 과학잡지《네이처Nature》에 발표하기도 했다. 김삼순은 이 논문들을 종합하여 1966년 「다카아밀라아제 A의 광불활성 반응Photoinactivation of Taka-amylase A」이라는 제목의 박사학위 논문을 제출했고, 그해 7월 한국인 여성 최초로 농학박사가 되었다. 그의 나이는 무려 57세였다.

김삼순의 박사 학위 취득 소식은 국내뿐 아니라 일본에서까지도 화제가 되었다. 일본의《아사히신문》(1966. 5. 26.)에서는 "한국여성에 농학박사: 재류연장 7번의 맹공부"라는 제목으로 그가 학위를 취득하기까지의 과정을 소개했고, 국내 언론들은 "최초의 여자농박 김삼순여사 귀국"(《조선일보》1966. 6. 1.), "한국 최초의 여자 〈농박〉"(《경향신문》1966. 6. 1.), "농박학위 탄 57세의 할머니 식물학자"(《동아일보》1966. 6. 2.) 등의 기사를 앞다퉈 실으며, 57세에 학위를 취득했다는 사실에 놀

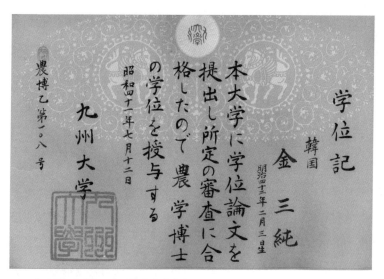

1966년 김삼순이 받은 규슈대학 박사 학위기
전북대학교 한국과학기술인물아카이브(조카 김승영 기증)

라움을 금치 못했다. 양국 언론이 놓치지 않고 공통적으로 보도한 내용은 김삼순이 일제강점기부터 학업을 포기하지 않은 결과가 박사로 이어졌다는 사실이었다.

퇴직 후에도 나이를 잊은 "할머니 과학자"

1966년 김삼순은 한국으로 돌아오자마자 건국대학교 생물학과 교수로 부임했다. 그곳에서 그는 연구보다는 교육에 집중했다. 제대로 된 실험 장비가 없어 연구가 어려웠기 때문이다. 그러던 중 경성여고보 선배였던 서울여자대학 학장인 고황경高凰京이 김삼순에게 찾아와 여성 교육을 위해 함께 힘써 보자며 이직을 권했다. 그는 고황경의 비전과 학교 운영에 참여해 보고 싶다는 생각에 마음을 굳히고, 1968년 서울여대로 옮겨 식품영양학과 창립 교수가 되었다. 곧이어 그는 대학 부설로 응용미생물연구소를 설립하고, 균학 연구를 본격적으로 추진했다. 균학은 곰팡이나 버섯과 같은 균류계를 대상으로 하는 생물학의 한 분과이다. 김삼순은 홋카이도제대 시절부터 균학에 관심이 많아 이학부를 졸업했음에도 굳이 농학부의 응용균학교실의 대학원생으로 진학하기까지 했다. 하지만 균학은 그의 박사논문과는 좀 거리가 있었다. 박사논문은 미생물로 인해 만들어진 성분을 조사하는 기초연구라면, 응용미생물연구소에서 김삼순의 균학 연구는 버섯을 대상으로 성분을 조사하여 분류하고 실용화시킬 수 있게 가공하는 응용연구라 할수 있다. 어떤 면에서 균학 연구는 그에겐 새로운 도전이었다.

그럼에도 균학 연구, 특히 버섯을 대상으로 연구를 시작한 데는 현실적인 이유가 있었다. 한국에서는 그의 박사논문 연구에 관심을 보이지 않아 연구비를 마련하기가 어려웠기 때문이다. 반면 응용성 있는 균학은 정부가 관심을 보일 만한 주제라고 그는 생각했다. 실제로 박정희 정부는 1965년 '양송이 생산 수출 확대 계획'을 세워 전국적으로 그 재배를 장려하고 있었고, 1967년에는 농촌진흥청에 양송이 시험을 전담하는 응용균이과應用菌理科를 설치했다. 양송이는 국가의 소득 증대 사업의 주요 품목으로 선정되어, 표고버섯과 함께 한국에서 가장 많이 재배되는 버섯으로 각광을 받고 있었다.

김삼순은 새로운 유망 버섯으로 생각한 느타리를 연구 대상으로 삼았다. 당시까지만 해도 느타리는 한국인들이 즐겨 먹는 버섯 품종이 아니었다. 하지만 일본에서는 인기가 높아지고 있어 느타리 재배 농가가 늘어나고 있었다. 이에 김삼순은 일본과는 차별화된 한국에 적합한 느타리 재배 시험연구를 목표로 1968~1969년 정부로부터 연구비를 지원받아 연구를 수행했다. 1차 연도는 느타리가 한국에서 재배 가능한지 밝히는 연구였다. 원목 외에 사과상자, 가마니, 병, 흙 등 농가에서 쉽게 구할 수 있는 재료를 대상으로 재배법을 연구했다. 인공배지 역시 흔하게 구할 수 있는 왕겨, 톱밥, 쌀겨를 이용했다. 2차 연도는 1차 연도의 시험을 토대로 전국 각지에서 농가 시험 재배 연구를 실시했다. 그 결과 느타리는 전국 어느 곳이든 재배가 가능하고, 양송이보다 20~25% 수확량이 많다는 점을 확인했다.

김삼순은 연구에만 머물지 않고, 느타리가 대중적으로 보급될 수 있도록 노력했다. 우선 고황경을 통해 영부인 육영수陸英修에게 느타리를 보내고, 청와대에 가서 설명하기까지 했다. 또한 농촌진흥청에 느타리의 종균種菌을 제공하여 시험해 보도록 하여 느타리 재배 방법을 알리고 1970년 농촌진흥청 느타리 연구팀의 보급 연구에 도움을 주었다. 이후 느타리는 대한무역진흥공사에서 개최한 수출 아이디어 공모전에도 선정되어 새로운 유력 수출 품목으로 기대를 모았다. 그의 연구 덕분에 느타리는 양송이와 표고만큼이나 사람들의 주목을 끌기 시작했다.

김삼순은 느타리 인공재배 외에도 다양한 균학 연구를 추진했다. 우선 한국 전통 장류에 관심을 갖고 낫토균納頭菌을 연구했다. 낫토는 홋카이도제대 시절 스승인 한자와의 전매특허와 같은 연구 주제로, 김삼순은 이 낫토균을 한국의 청국장에 결합하여 향미가 풍부하고 맛있으며 위생적인 청국장 개량 방법을 제안했다. 토양에 존재하는 균류, 특히 죽림 토양 속 균류를 연구하기도 했다. 죽림은 그의 고향인 담양을 상징할 정도로 그에겐 친숙한 대상이었다. 그는 죽림 토양에서 식품의 발효에 적합한 균류를 찾아내 발효산업에 도움을 주고자 했다. 그 밖에도 영지버섯과 같이 약용이나 식용 가능한 야생 버섯의 인공재배 연구, 농촌 연료 문제 해결을 위한 메탄가스 연구, 커피 대용으로서의 치커리 연구, 홍차버섯의 상품화 연구 등 균학에서 실용화할 수 있는 다양한 연구를 수행했다.

균학 발전을 위한 김삼순의 노력은 연구를 넘어 한국균학회 설립으로 이어졌다. 그는 한국에서 균학을 발전시키기 위해서는 이를 연구하는 집단이 제도화되어야 한다고 생각했다. 1970년대 한국에서는 과학기술 관련 학회들이 활발히 만들어지고 있었고, 때마침 서울여대 식품영양학과에 균학 전공인 이지열李址烈이 교수로 부임하면서 그의 생각이 구체화됐다. 김삼순은 이지열과 함께 서울대 농과대학의 정후섭鄭厚燮(식물병리학), 약학대학 김병각金炳珏(진균학) 등의 협조를 받아 1972년 12월 한국균학회를 창립했다. 초대 회장으로는 김삼순이 추대되었고 회원은 77명에 일본인 균학자들이 외국인 회원으로 등록했다. 그는 4년간 회장을 역임하면서 《한국균학회지》 창간, 한국말 버섯 통일안 마련, 국내외 학술대회 정기 개최, 버섯공동채집회 같은 사업을 추진했다. 이러한 노력으로 한국균학회는 명실상부 한국 최고의 균학 집단으로 발전해 나갔다.

취원응용미생물연구소가 있던 담양군 삼성농장에서 김삼순

전북대학교 한국과학기술인물아카이브(조카 김승영 기증)

김삼순의 담양 생가에 위치한 취원응용미생물(균학)연구소

전북대학교 한국과학기술인물아카이브(선유정 촬영)

김삼순과 김양섭이 출간한 『한국산버섯도감』(1990)
전북대학교 한국과학기술인물아카이브(선유정 촬영)

1974년 서울여대를 정년퇴임한 김삼순은 고향인 담양으로 내려가, 1978년 취원응용미생물(균학)연구소를 설립했다. 퇴임 후에도 연구 활동을 지속하고 싶었던 그는 이 연구소를 젊은 균학자들이 연구할 수 있는 공간이자 세계적인 균학자들과 교류할 수 있는 허브로 만들고자 했다. 하지만 연구소는 그의 뜻대로 운영되지 못했다. 일단 담양까지 와서 연구를 할 젊은 인력이 없었고, 생각보다 운영 비용이 많이 소요 되어 정부에 연구비 신청을 했으나 번번이 실패하면서 재정적 어려움 이 컸다. 연구소는 설립된 지 10년 만인 1988년에 결국 문을 닫았다.

하지만 김삼순의 노력이 모두 헛수고는 아니었다. 연구소에서 그가 후배 연구자이자 제자와 다름없었던 김양섭金養燮과 함께 꾸준히 추진 했던 버섯 연구 작업이 1990년에 『한국산버섯도감』으로 묶여 출간된 것이다. 그의 나이 81세 때였다. 우리나라에서 자생하는 버섯 중 325종의 버섯을 컬러 사진으로 수록하고, 각 버섯의 형태, 분포, 생태 등을 정리한 이 책은 10년의 연구를 집대성한 것으로 김삼순이 마지막까지 연구 의지를 불태워 완성한 역작이었다. 책 출간 당시 한국균학회 회장이자 국제균학회 아시아위원장이었던 정후섭은 《한국균학회지》 30(2002)에서 "우리나라 버섯 연구에 있어 〈원전原典〉"이라고 평가하며 김삼순의 노력에 감사와 존경을 표했다.

김삼순은 버섯도감을 펴낸 이후에도 꾸준히 연구 활동을 이어 나갔다. 새로운 야생 버섯의 인공재배는 물론이고 각종 장류, 발효식품 연구에도 매진했으며, 『한국산버섯도감』의 후속편 작업도 진행했다. 2001년에는 아픈 몸을 이끌고 대전의 유명 제과점 성심당 대표를 만나 발효빵 개발에 대한 조언을 주기도 했다. 그는 더 많은 일을 하기 위해 "100살까지는 살아야겠다"고 말했지만, 2001년 12월 11일 암이 재발하면서 92세의 나이로 세상을 떴다. 누군가는 분명 천수를 누렸다고 말할 수 있겠지만, 한평생 학문을 탐구하며 자신이 해야 할 일이 많이 남았다고 생각했던 그에게는 아쉬움이 남은 생애였을지 모른다. 죽기 한 해 전인 2000년 한 잡지에 실린 인터뷰 기사는 삶에 대한 그의 생각과 태도를 짐작하게 한다.

한국의 최초 여성 농학박사 김삼순, 버섯에만 30년 고스란히 바쳐

김 박사는 늘 시간이 없다고 한다. 늙었기 때문이 아니라 언제나 시간은 오늘뿐이라는 생각으로 살아왔기 때문이다. 자신에게 주어진 오늘 하루

의 시간이 있을 뿐이다. 오랜 시간이라는 것도 그 하루하루의 이어짐으로 가능한 것이고 보면, 오늘 하루의 시간을 어떻게 쓰느냐의 문제는 자신의 인생 전체를 어떻게 살 것이냐는 문제와 같은 것이다. '이 세상에서 가장 불쌍한 사람은 물질적으로 부족한 사람이 아니다. 아무런 희망이 없는 사람이다'라고 힘주어 말하는 김삼순 박사, 오늘도 그 희망의 목표를 찾아 연구실로 향하는 김 박사의 뒷모습은 아름답기 그지없다.

_《시니어스타임즈》 창간호, 2000.

김삼순은 한국균학회의 창립과 균학 연구를 발전시킨 공을 인정받아 1976년 여성 과학자 최초로 대한민국학술원 회원으로 선정되었고, 1979년에는 대한민국학술원상을 수상했다. 1988년에는 균학 발전을 위해 자신의 호를 딴 성지聲至학술상을 제정하고 사비로 운영했다. 성지학술상은 1회 수상자인 정후섭을 시작으로 2000년까지 다섯 명의 균학자에게 수여되었다. 1990년에는 월남 이상재를 기념하여 제정된 월남상이 김삼순에게 돌아갔으며, 1995년에는 경기여고 동창회에서 수여하는 자랑스러운 경기인으로 선정되었다.

그는 여성이 과학을 공부하는 것이 극히 어려웠던 시대에 한평생을 오로지 과학과 동고동락한 보기 드문 여성 과학자였다. 57세에 취득한 박사 학위와 81세에 발간한 『한국산버섯도감』은 그 징표였다. 2021년 정부는 한국을 대표하는 과학자이자 독보적인 여성 과학자로서의 공적을 인정해 김삼순을 대한민국 과학기술유공자로 지정했다.

참고문헌

일차자료

논문

Tomita, Giiti and Sam Soon Kim, 1965, "Substrate Effect on Heat Inactivation of Taka-amylase A," *Nature* 205, pp. 46-48.

Tomita, Giiti and Sam Soon Kim, 1965, "Inhibition of Photo-Inactivation of Taka-amylase A by Halogen Ions," *Nature* 207, pp. 975-976.

金三純, 1965, 「タカアミラーゼAの光不活性化」, 《日本農藝化學會誌》 39-1, pp. 10-17.

金三純, 1966, 「リボフラビンによるタカアミラーゼAの光増感 不活性化反応」, 《日本農藝化學會誌》 40-2, pp. 73-79.

김삼순, 1971, 「한국산 Natto 제조에 관한 연구」, 《서울여자대학논문집》 1, 177-184쪽.

김삼순·박성오·이지열, 1972, 「죽림 토양생 균류 자원의 연구」, 《서울여자대학논문집》 2, 147-161쪽.

김삼순, 1973, 「일본의 식용버섯 실태조사」, 《한국균학회지》 1-2, 39-43쪽.

박성오·김삼순·김기주·이지열, 1973, 「농산물 폐물을 이용한 농후사료 제조에 관한 연구」, 《한국균학회지》 1-2, 15-23쪽.

김삼순, 1974, 「일본의 식용버섯 실태조사」, 《농촌발전연구총서》 제II집, 서울여자대학 농촌발전연구소, 87-97쪽.

김삼순, 1974, 「송이버섯 발생림의 환경해석에 관한 연구(제1보)」, 《농촌발전연구총서》 제II집, 서울여자대학 농촌발전연구소, 62-85쪽.

김삼순·김정균·김기태, 1974, 「고능력 Methane Gas 생성균에 관한 연구」, 《농촌발전연구총서》 제II집, 서울여자대학 농촌발전연구소, 8-33쪽.

김삼순·김기주, 1975, 「담자균류(擔子菌類)에 의한 섬유질류 분해에 관한 연구」, 《한국균학회지》 3-2, 1-6쪽.

김삼순·안용태, 1975, 「CHICORY의 연화에 관한 연구」, 《농촌발전연구총서》 제III집, 서울여자대학 농촌발전연구소, 36-40쪽.

김삼순 외, 1978, 「한국말 버섯 이름 통일안」, 《한국균학회지》 6-2, 43-55쪽.

Kim, Sam-Soon, Ji-Yul Lee and Duck-Hyun Cho, 1978, "Notes on Korean Higher Fungi (III)," *Journal of Seoul Women's College* 7, pp. 333-347.

Cho, Duck-Hyun, Sam-Soon Kim, Ji Yul Lee and Byong Kag Kim, 1979, "Notes on Korean Higher Fungi (V)," *Korean Journal of Mycology* 7-2, pp. 75-82.

Kim, Sam Soon, Yang Sup Kim and Hwan Chae Chung, 1979, "Floral Investigation of Higher Fungi in Korea," 《학술원논문집》 18, pp. 31-43.

김삼순·김기주, 1981, 「야생 버섯의 인공재배 가능성 검토」, 《한국미생물·생명공학회지》 9-3, 109-116쪽.

Kim, Yang Sup, Hwan Chae Chung, Yeong Hwan Park and Sam Soon Kim, 1981, "Floral Investigation of Higher Fungi in Korea (II)," 《학술원논문집》 20, pp. 105-114.

Kim, Sam Soon and Yang Sup Kim, 1982, "Ultrastructural Observation of Basidiospores-1," 《학술원논문집》 21, pp. 33-137.

보고서

김삼순·상보근·김기주, 1968, 「버섯 재배에 관한 조사연구(Pleurotus Ostreatus FR)」, 과학기술처: 서울여자대학 부설 미생물연구소.

김삼순·김기주·박성오·김병묵, 1969, 「버섯 Pleurotus Ostreatus 재배에 관한 조사연구 제2보 농학계」, 과학기술처: 서울여자대학 부설 미생물연구소.

저서

김삼순·김양섭, 1990, 『한국산버섯도감』, 유풍출판사.

기고/기사

「韓国女性に「農学博士」: 在留延長7度の猛勉強」, 《朝日新聞》 1966. 5. 26.

「韓國 最初의 女子農博」, 《경향신문》 1966. 6. 1.

「農博學位 탄 57歲의 할머니 植物學者」, 《동아일보》 1966. 6. 2.

김삼순, 1975, 「홍차버섯」, 《한국균학회지》 3-2, 35-37쪽.

새가정편집부, 1975, 「농학박사 김삼순씨」, 《새가정》, 66-67쪽.

김삼순, 1975, 「학회와 나-한국균학회 편」, 《과학과 기술》 8-11, 51쪽.

金三純, 1980, 「十二期の思い出」, 『北大理学部五十年史』, p. 337.

오인문, 「女流와의 대담: 학술원회원 김삼순 박사」, 《주간여성》 1982년
　　8월호, 36-38쪽.

김삼순, 1983, 「취원 회고록」, 대한민국학술원, 『나의 걸어온 길』, 495-526쪽.

이은자, 「여성농학박사 1호 김삼순여사」, 《새농민》 1986년 2월호, 15-17쪽.

고광직, 「應用菌學 연구로 세계적 聲價」, 《한국경제신문》 1988. 7. 10.

김삼순, 1989, 「성지 김삼순 박사 회고록」, 《균학회소식지》 1-2, 6쪽.

「팔순에 〈한국산버섯도감〉 펴낸 김삼순 할머니 박사」, 《경향신문》
　　1990. 2. 19.

양영채, 「인터뷰 〈한국산 버섯도감〉 펴낸 김삼순 박사-10년 걸린 작업
　　325종 수록」, 《동아일보》 1990. 2. 20.

이은원, 「이야기 여성사/말로 듣는 여성의 삶과 역사-국내 첫 농학박사
　　김삼순 씨의 삶(끝)」, 《여성신문》 1990. 6. 1.

「나의 靑春시절」, 《매일경제》 1990. 8. 25.

박택규, 1993, 「원로와의 대담: 우리나라 여성농학박사 1호 김삼순 박사」,
　　《과학과 기술》 5, 80-82쪽.

김대겸, 1999, 「신년특별대담: 한국 버섯발전 선구자 김삼순 박사
　　한국버섯연구회장 차동열 박사」, 《월간 버섯》 1, 31-33쪽.

신진숙, 1999, 「평생 배워도 끝이 없어요-농학박사 김삼순 가타리나 씨」,
　　《경향잡지》 1570, 128-133쪽.

이종균, 2000, 「한국의 최초 여성 농학박사 김삼순 버섯에만 30년 고스란히
　　바쳐」, 《시니어스타임즈》 창간호, 7-8쪽.

정후섭, 2002, 「김삼순 명예 회장님을 추모함-김삼순 박사(1909~2001)」,
　　《한국균학회지》 30-1, I쪽.

인터뷰

선유정의 김양섭 인터뷰, 2021. 5. 28.; 2021. 12. 9.

이차자료

과학기술정보통신부·한국과학기술한림원, 2022, 「고 김삼순―과학적
　　버섯연구를 개척한 여성 농학박사 1호」, 『대한민국과학기술유공자
　　공훈록』 4, 134-153쪽.

선유정·김근배, 2022, 「균학자 김삼순 연구활동의 과학사적 접근」,
　　《한국균학회지》 50-2, 75-92쪽.

선유정·김근배, 2022, 「한국에서의 느타리버섯 연구 궤적―재배기술의
　　돌파구를 연 김삼순」, 《한국과학사학회지》 44-1, 35-64쪽.

선유정, 2022, 「1966년 김삼순, 한국 최초의 여성 농학박사 탄생」,
　　《HORIZON》. https://horizon.kias.re.kr/23439/

김희숙, 2022, 「버섯으로 네트워크 형성하기: 1970년대 한국균학회의 학문
　　정체성 형성」, 《과학기술학연구》 22-3, 1-32쪽.

선유정, 2021, 「일제강점기 일본과 조선의 여성과학자―쓰지무라 미치요와
　　김삼순의 비교연구」, 《아시아문화연구》 55, 107-139쪽.

山本美穂子, 2011, 「北海道帝国大学へ進学した東京女子高等師範学校
　　卒業生たち」, 『北海道大学大学文書館年報』 6, pp. 53-70.

山本美穂子, 2006, 「北海道帝国大学理学部における女性の入学」,
　　『北海道大学大学文書館年報』 1, pp. 18-57.

Sun, You-Jeong, 2019, "The Emergence of a Pioneering Female Scientist in
　　Korea: Biographical Research on Sam Soon Kim," *Asian Women* 35,
　　pp. 69-89.

선유정

정년퇴임 후 자택 연구실에서
황복 표본을 들고 있는 **최기철**
국립중앙과학관

최기철

崔基哲 Ki Chul Choi

생몰년: 1910년 4월 25일~2002년 10월 22일

출생지: 충청남도 대전군 외남면 가오리 143(윗새텃말)

학력: 경성사범학교 보통과·연습과, 미국 피바디대학·밴더빌트대학 연수, 서울대학교 이학박사

경력: 청주사범학교 교장, 서울대학교 사범대학 생물학과 교수, 한국담수생물연구소 소장,
한국민물고기보존협회 회장

업적: 최초의 동물지리적 어류 연구, 한국 담수어 생태시리즈 8권 편찬, 한국어류학회 창립,
10년간의 '생활의 과학화' 활동 기록

분야: 생물학-동물생태학, 담수어류학

보통학교 교사로 시작한 최기철은 10년 단위로 새로운 과학 연구에 과감히 도전하며 과학자로 성장했고, '물고기 박사'로 널리 이름을 알렸다. 삼면이 바다로 둘러싸인 한국에서 해양생물 연구의 중요성을 인식하고, 갯벌에 서식하는 패류를 연구했으며 전국의 섬에 서식하는 민물고기를 조사했다. 무엇보다 10년간의 현장 연구를 통해 한국 담수어의 분류와 분포를 지역별로 집대성한 8권의 역저는 중요한 업적으로 평가받는다. 그는 또한 과학교육학의 필요성을 역설하고 생활의 과학화를 위해 노력했으며, 한국민물고기보존협회 활동을 통해 자연보존운동에도 힘썼다.

경성사범학교 졸업 이후 학생 교육을 위한 생물 탐구

최기철은 1910년 충청남도 대전 외남면의 작은 마을에서 최명윤崔明倫과 한정렬韓貞烈의 2남 중 장남으로 태어났다. 최명윤이 16세, 한정렬이 18세 때 혼인하여 꾸린 가난한 가정이었다. 최명윤은 서당에서 한학을 배우며 농사를 지었는데, 최기철이 두 살 되던 해에 세상을 떠나고 말았다. 가난했던 데다 아버지마저 일찍 죽자 최기철은 큰아버지 댁에 양자로 입적되었다. 하지만 실제로는 여전히 친어머니 손에 자랐고, 때때로 큰아버지의 도움을 받았다.

　어린 시절 최기철은 마을 앞을 흐르는 개천에서 물고기를 즐겨 잡아 동네 사람들로부터 '물고기를 잘 잡는 아이'라는 칭찬을 들었다고 한다. 1916년부터는 동네의 서당에서 한학을 배웠고, 11세가 되던 1921년에는 6킬로미터 떨어진 대전보통학교(현재의 대전삼성초등학교)에 들어가 매일 먼 거리를 걸어서 통학했다. 대전의 유지로 한약방을 했던 외가의 외삼촌과 이모들이 학교에 다니는 것을 보고 어머니를 졸랐던 것이다. 약 40호로 이루어진 마을에서 신식 교육을 받은 건 그가 처음이었다. 당시 마을 사람들은 학교에 가면 일본 사람이 된다고 생각해 학교 교육을 내켜 하지 않았다.

최기철은 두 번을 월반하여 6년제 보통학교를 4년 만에 졸업하고, 1925년 외할아버지의 권유에 따라 관비로 공부할 수 있는 경성사범학교에 입학했다. 경성사범은 졸업 후 교사 자리가 보장되는, 입학 정원 100명의 일본인 학생 중심 학교였다. 조선인은 1500명의 지원자 중 12명만이 합격할 정도로 경쟁이 매우 치열했는데, 대전에서는 우수하다는 학생들이 모두 떨어지고 최기철만 혼자 합격했다. 경성사범의 경우 수업료 전액을 조선총독부가 지급했을 뿐만 아니라 성적으로 상위 30%가량의 학생은 관비생으로 선발되어 매월 10원씩 학비 보조금까지 받았다. 최기철은 경성사범 5년제 보통과에 진학해 공부하고, 이후 1년제 연습과까지 마친다. 그가 공부하는 동안, 함께 경성으로 온 어머니는 정미소 등지에서 힘들게 일하며 그를 뒷바라지했다. 그는 어머니와 함께 방을 무료로 쓰는 대가로 주인집 아이들의 공부를 가르쳤다.

최기철은 경성사범을 다닐 때 친구인 손일봉(1906~1985, 화가)이 제국미술전람회에서 입선하는 것을 보고, 자신도 특별한 것을 해 보고 싶다는 생각을 했다고 한다. 처음엔 어렸을 때 배운 한학을 바탕으로 한문 교사가 될 생각도 했으나, 평생토록 남이 저술한 글만 읽다가는 창조적인 일을 할 수 없을 것이라는 생각에 몇 달 만에 그 꿈을 접었다. 대신에 그는 생물에 관심을 가지고 교내 박물연구회에 가입했다. 3학년이던 1928년에는 조선박물학회 학술발표회에 참가했다. 그곳에서 한 노학자가 남산에서 새로운 제비꽃을 발견했다는 이야기를 듣고, 남산에서 제비꽃의 일종이 신종으로 발표될 정도로 조선의 생물 연구가 너무도 안 되어 있구나라고 생각했다. 보통학교 교사로 있던 조복성이 출품한 갑충류 1000여 종의 전시도 매우 인상 깊게 보았다. 이때부터 그는 생물 연구에 의욕을 가졌고, 동물 중에서도 곤충부터 먼저 연구해야겠다고 마음먹었다. 그래서 방과 후에는 박물실험실에서 살다시피 했으며, 다윈의 영문 도서 『비글호 항해기The Voyage of the Beagle』를 푹 빠져서 읽기도 했다.

최기철이 경성사범 연습과를 졸업한 건 21세가 되던 1931년이었다. 졸업 후에는 전남 순천의 순천보통학교(현재의 순천남초등학교)에 부임하여 교사 생활을 시작했다. 그는 상급학교 진학을 준비하는 6학년을 주로 맡아 아침 8시부터 밤 9시까지 학생들과 공부에 매달렸고, 순천보통학교가 전남에서 경성의 유명 고등보통학교 합격자를 가장 많이 배출하는 학교로 발돋움하는 데 일조했다. 또한 자신이 맡은 학급을 청엽반靑葉班이라 이름 붙이고 학급의 노래인 급가를 만들어 학생들과 자주 부르곤 했는데, "동산에 해가 솟아 빛을 내리고 / 남산엔 봄이 와서 꾀꼴새 운다 / 승주를 둘러 쌓은 청엽과 같이 / 우리도 씩씩하게 자라 나가리" 하는 가사에는 학생과 자연을 사랑하고 아끼는 마음이 잘 드러나 있다.

이 무렵 최기철은 순천에서 새로이 알게 된 지인이 여동생을 소개해 만나게 되었다. 그녀는 이복순李福順으로 숙명여자고등보통학교를 졸업한 후 일본 유학을 가서 여자경제전문학교(현재의 니토베문화단기대학新渡戸文化短期大学)를 나온 신여성이었다. 이복순은 명문가 집안 출신이었는데, 아버지의 사망으로 고향에 와 있던 참이었다. 이들은 1934년에 대전의 교회에서 신식 결혼식을 올렸다.

한편 최기철은 보통학교 교원으로 일하면서 문부성 검정시험을 준비했다. 당시 사범학교 졸업생들은 대부분 보통학교 교원이 되었지만, 극히 일부는 일본 문부성에서 시행하는 중등학교 교원 검정시험(문검文檢)을 거쳐 중등학교 교원이 되기도 했다. 그는 밤 9~10시, 새벽 5~7시, 하루 3시간씩은 문검 준비를 위해 꾸준히 동물학을 공부했다. 이러한 생활 방식은 그의 오랜 습관으로 자리 잡았다. 그리고 1935년 그는 문검 동물과에 조선인으로서는 유일하게 합격했다. 동물과를 선택한 것은 재직하고 있던 순천과 그 주변인 여수에 서식하는 해양 동물에 관심을 갖게 되었기 때문이다. 일제강점기에 문검 생물 분야에 합격하고 생물학 연구자로도 활동한 사람은 최기철 외에 동물과 남태경, 식물과 박만규 정도가 있었다.

1937년 최기철은 뜻밖에도 신설되는 전주사범학교 부속보통학교로 전근을 가게 되었다. 초등 교사들 중에서 최고의 교사는 부속학교 교사라고 여기던 시절이었다. 교장이나 교감 승진보다도 더 영예로운 일이라고까지 생각했으니 그 스스로도 놀라지 않을 수 없었다. 그는 속으로 "뼈를 묻을 곳을 찾았다"고 생각했다. 또한 "천하에서 제일가는 과학 교사가 되겠다"(『철부지』, 1970)는 마음으로 공부에 열중했으며, 일본에서 출판된 과학교육 서적은 아예 모조리 읽으려고 애썼다.

전주사범학교 초대 교장은 일본인 고바야시小林致哲로 히로시마고등사범학교를 나온 유명한 과학교육자였다. 고바야시 교장은 최기철에게 두 가지 지시를 내렸다. 하나는 과학실을 설계하여 제출하라는 것이고, 다른 하나는 과학 수업을 공개하라는 것이었다. 최기철은 과학교육을 위한 시설 및 교안 준비를 열심히 했고, 이것은 그가 생물 연구를 하는 데도 도움이 되었다.

2년이 지난 1939년부터는 전주사범학교의 생물 교과목도 일부 맡아 가르치게 되었다. 이때부터 그는 식물채집에 나섰다. 내륙지방인 전주에서는 혼자서 해양 동물을 연구하는 것이 현실적으로 어려워 식물 연구로 방향을 튼 것이다. 그는 지역 신문에 「전주식물채집기」를 투고하기도 했다. 이 글에서 '전주의 7가지 봄나물'을 제안했는데, 냉이, 꽃다지, 쑥, 광대나물, 제비꽃, 민들레, 표주박풀이었다. 그는 전주에서 차나무가 자생한다는 사실도 처음으로 발견하여 알렸다. 당시는 경성제국대학 예과 생물학교실의 모리 다메조森爲三 교수에 의해 조선의 차나무 산지는 모두가 전남 지역에 한정되어 있는 것으로 알려져 있을 때였다. 그는 학생들과 함께 전주 주변은 물론 멀리 지리산, 한라산까지 채집 여행을 다니며 학생들에게 식물학에 대한 관심을 불러일으키기도 했다. 그중에 이영노(후에 이화여대 교수), 이지열(경희대 교수),

1939년 전주사범학교 실험실에서 학생들과 함께(왼쪽 두 번째가 최기철)
국립중앙과학관

송주택(전북대 교수) 등은 훗날 식물학자가 되었다.

최기철은 평소 정치나 사회문제에는 크게 관심을 두거나 관여하지 않았다. 그럼에도 불구하고 1940년 일제가 군국주의화로 치달으면서 그는 조선인 학생들이 많이 찾는다는 이유로 경찰의 감시 대상이 되었다. 그러자 이듬해에 신설된 청주사범학교의 전근 요청을 받아들여 학교를 옮겼다. 감시를 피하기 위한 불가피한 선택이었다. 최기철은 이 무렵 다카야마高山基哲로 창씨를 했다.

청주사범학교에서도 최기철은 충북 식물지를 만들겠다는 생각으로 열심히 식물채집에 나섰다. 1941~1944년에는 식물학자 장형두, 박만규와 교류하면서 충북 지역의 식물을 체계적으로 조사하여 16개 산의 식물 목록과 1200종에 달하는 채집 식물 목록을 작성했다. 이 이야기는 「충북 식물 견문기」로 기록되어, 그가 나중에 펴낸 회고록 『철부지』에 실렸다. 속리산에서 발견한 망개나무는 희귀한 수종으로서 천연기념물로 지정할 가치가 있다고 보았는데, 나중에 실제로 그렇게 되었다. 당시 충북의 식물 중에서 가장 유명한 것은 진천 지역의 미선나무로, 열매가 미선尾扇(자루가 긴 둥근 모양의 부채)처럼 생겼다고 해서 이름 붙여졌다. 이 미선나무는 정태현이 발견하고 나카이中井猛之進가 학계에 보고하여 알려진 세계적으로도 희귀한 식물이다. 최기철은 이러한 식물의 특성 및 분포를 연구하기 위해 식물학자 나카이, 우에키植木秀幹, 모리, 정태현, 박만규 등의 연구 성과를 혼자서 광범위하게 학습했다.

그러던 중 해방을 맞았고, 그는 청주사범학교의 교장이 되었다. 1946년에는 신설된 충주사범학교 교장으로 옮겨 갔다. 충주사범은 처음으로 남녀 공학을 실시한 학교이기도 하다. 최기철은 교장실의 절반을 실험실로 만들어 생물 연구에 대한 열정을 계속 이어 나갔다. 생물반 학생들과 함께한 잡초 연구로 충북 학생과학전람회 최우수상을 받기도 했다.

최기철이 과학 연구자로서의 길을 본격적으로 내디딘 것은 1948년 4월 서울대학교 사범대학 생물학과 교수로 임용되면서부터였다.

이때부터 그는 "가르치려고 하지 말고 배워라"(《과학교육과 시청각교육》 1976년 7월호)를 좌우명으로 삼아 학문에 열중했다. 당시만 해도 중등학교 교사가 서울대 교수가 되는 사례가 드물지 않았다. 대학교수 자격을 갖춘 사람이 워낙 부족해 대학 출신이거나 그렇지 않더라도 연구 경력을 갖춘 경우에 기회가 있었다. 생물학계에 그의 과학교육 및 생물 연구 열정이 인상 깊게 알려지면서 서울대에서도 최기철을 주목하게 되었고, 마침내 전임교수로 임용된 것이었다. 서울대 사범대 생물학과는 김준민(식물, 개성중)을 필두로 최기철(동물, 충주사범), 이기인(유전, 미군정청 잠사과장), 장형두(식물, 서울중)로 교수진이 구성되었다. 함께 교수로 있던 김삼순은 1948년 후반에 교수직을 그만두고 일본 유학을 준비했다.

생물학과에서는 매주 교수와 학생들이 참여하는 해외 최신 연구논문 세미나가 열렸고, 학생들이 자유롭게 활동하는 '세븐서어클'이라는 학생자치모임도 꾸려졌다. 학생들과 함께 《생물교육》이라는 학과 잡지도 발간했다. 최기철은 무척추동물학과 일반동물학을 강의하며 어류분류학에도 손을 댔다. 그러나 대학을 경험하지 않은 사람이 대학 강단에 서는 것은 여간 힘든 일이 아니었다. 무엇보다 대학에서 생물학을 가르치기 위해서는 교재가 갖추어져야 했다. 그는 이 시기에 생물학 관련 중등 및 고등 교재의 집필에 집중했다. 이기인·최기철·김준민 공저의 『고급생물 상』(1948)을 비롯하여 최기철 단독 저서인 『중등교육 일반과학 동물계』(1948), 『(학생)동물도보』(1949), 『식물이름찾기』(1949), 『(종합)고등생물』(1950) 등이 이때 발간되었다.

1950년 한국전쟁이 일어났을 때, 그는 교사 연수의 일환으로 전남 흑산도와 홍도로 채집 여행을 가 있었다. 전시 상황이 악화되자 그는 목포에서 배를 타고 부산으로 이동했다. 부산에서 전시연합대학이 열렸고, 생물학과는 새로운 교수로 이주식과 이덕봉을 맞이했다. 최기철은 무척추동물학, 동물생태학 등의 과목을 맡았고, 해양생물연구회라는 동아리를 운영했다. 이때는 바다를 이용한 교육을 많이 했으며, 우장춘이 이끄는 동래의 연구소를 방문하고 수산시험장과 가축위생연구소에서 실습을 하는 등 지역의 이점을 최대한 활용했다. 판잣집 실험실도 설치했는데, 이곳에서 학생들의 졸업논문이 나오기도 했다. 최기철은 이 무렵 자유당으로부터 정계 진출을 제의받았으나 거절했다고한다. 전시연합대학에서의 궁색한 교육은 1953년 9월까지 이어졌다.

미국 연수 통해 생태학의 최신 동향 습득

최기철의 과학 인생은 1957년에 또 한 번의 변곡점을 맞는다. 전쟁의 상흔이 진정되고 서울로 복귀한 최기철은 1954년부터 새로운 과제로 서해안의 패류 연구에 집중했다. 이 과정에서 그는 해외에서 눈부시게 발전하고 있는 생태학에 흥미를 느껴 그것을 더 공부해 보고 싶었다. 때마침 미국 국제협조처(ICA)의 원조로 미국 피바디대학Peabody College이 한국의 교육을 지원하는 일명 피바디프로젝트가 추진되었다. 이 일환으로 그는 1957년에 미국 피바디대학과 인접한 밴더빌트대학 Vanderbilt University에서 동물생태학을 공부할 수 있게 되었다. 방학 때는 밀포드해양생물연구소와 우즈홀해양생물연구소에서 패류 생태학을 연구했다. 이렇게 미국에서 1년간 머무른 뒤, 귀국길에는 유럽 8개국의 해양생물연구소를 시찰했다. 그는 우즈홀연구소의 현관에 걸려 있던 "책이 아닌 자연을 공부하라 Study nature not books"라는 글귀에 깊은 인상을 받았다고 한다. 이때부터 최기철은 해외에서 열리는 국제학술대회에 적극 참여하며 외국의 과학자들과도 교류했다.

미국 연수를 통해 최기철은 새로운 체험을 했는데, 그중 하나는 생물학 교육에 대한 것이었다. 그는 언어의 어려움에도 무려 11개의 생물학 및 교육학 관련 강좌를 수강했다. 그가 보기에 미국 대학은 한국과 달리 어느 강좌든 실험을 비중 있게 실시하고 있었다. 대부분 강의에서는 기초적인 내용을 집중적으로 다루고, 대신 학생들에게 많은 과제를 내 주는 점도 인상적이었다. 학생 주도적으로 수업이 진행되며 토의가 활발히 벌어지는 점도 새로웠다. 슬라이드나 영상을 이용하는 시청각 교육을 널리 활용해 수업이 효과적이었고, 도서와 문헌을 잘 갖추어 학생들이 학습하는 데 큰 도움을 주고 있었다. 강좌별로 실험을 보조하는 실험조교와 교수별로 연구를 돕는 연구조교 제도가 유용하게 운영되고 있는 점도 특기할 만했다. 학생들의 연구모임인 3B회 Tri-Beta Meeting를 비롯하여 조류동호회, 종자식물동호회, 곤충동호회, 해양생물동호회 등이 운영되고 있었고 세미나에서 그 성과가 활발히 발표되었다.

또 다른 하나는 그가 관심을 가지고 있던 동물생태학 연구에 관한 것이었다. 그는 피바디대학에서 생태학을, 밴더빌트대학에서 육수학陸水學을, 우즈홀연구소에서 해양생태학을 청강하며 생태학의 기본 지식을 접했을 뿐만 아니라, 야외 실습을 통해 기초적인 실험 기구의 사용법과 연구방법을 배웠다. 특히 많은 연구자들과 교류하며 최신 지식을 얻고 실험실습 방법을 익힌 우즈홀연구소에서 학문적으로 가장 큰 소득을 얻었다. 미국생물학회의 학술대회에서는 최신 연구 동향 파악은 물론이고, 발표와 진행 방식, 참석자들의 태도 등도 눈여겨보았다. 아울러 그는 많은 곳으로 연구 여행을 다녀오기도 했는데, 이 과정에서 각계의 연구자를 만나고 연구 자료도 입수할 수 있었다. 그는 패류 유생에 관한 연구를 직접 목격하기도 했다. 미국 연수 중에 수집한 자료가 마이크로필름 1만 5000쪽, 복사물 500편, 사진 및 복사 4000쪽에 달했는데, 그 대부분이 1954~1958년에 발표된 패류 생태에 관한 것들이었다.

귀국 후 최기철은 바지락을 중심으로 패류 생태 연구를 본격적으로 추진했다. 밀물과 썰물이 들고 나는 간석지(갯벌)에 서식하는 조개류의 생태를 연구하기로 한 것이다. 미국에서 패류 연구를 직접 보고 관련 자료를 수집해 온 데다, 삼면이 바다로 둘러싸인 한국의 여건상 해양생물학 연구의 중요성이 크다는 판단도 작용했다. 그는 1960년대 중반까지 간석지의 패류 연구를 계속했다. 유생에서부터 성체까지 바지락조개의 발생과정을 탐구했으며, 특히 바지락 유생의 생태학적 특징을 연구했다. 그 결과 1966년 서울대학교 대학원에서 「*Tapes philippinarum*(바지락)의 유생幼生과 치패稚貝에 관한 생태적 연구」를 주논문으로 하여 박사 학위를 받았다.

한편 최기철은 1960년 4.19 혁명 때 계엄령하에서 전국교수단 258

명의 일원으로 시국선언문 발표에 참여했다. 이들은 대학로에 있던 서울대 교수회관에서 교수회의를 열고 이승만 대통령 하야와 선거 재실시 등을 주장하며 태평로에 있는 국회의사당까지 가두행진을 벌였다. 그는 평생에 걸쳐 정치 및 사회문제에 관여하는 것을 꺼렸지만, 3.15 부정선거에 대해서만은 용기 있게 나섰다. 현재까지 참여 교수들의 일부만이 확인되었는데, 서울대 교수 21명 가운데 과학기술계 인물은 최기철 외에 공과대학 김재극(자원공학), 사범대학 김준민(생물학), 이웅직(생물학), 정연태(물리학) 정도가 있었다. 과학기술계 인사들이 시국사건에 나서서 자신의 의견을 표출하는 경우는 극히 적었던 것을 알 수 있다. 최기철은 사후인 2010년에 이 공로를 인정받아 4.19 혁명 유공자로서 건국포장을 받았다.

간석지 연구가 마무리되어 가던 1963년 즈음부터 그는 담수어 연구를 본격적으로 시작했다. 비행기를 타고 강릉을 가던 중 눈 아래 펼쳐진 태백산맥을 내려다보다가 떠오른 아이디어였다. 최기철은 미국의 로키산맥을 떠올리며 물고기들이 산악으로 나뉜 동쪽과 서쪽을 어떻게 넘나들까라는 생각에서 태백산맥을 중심으로 한 동물지리학적 관점으로 어류를 연구할 생각을 하게 되었다고 한다. 이에 강릉에서 용무를 마치고 바로 설악산으로 들어가 외설악의 물고기를 살피는 일부터 시작했다. 며칠을 보내면서 민물고기의 서식처와 생태 등을 살펴보았는데, 그가 어릴 때 대전에서 보았던 피라미, 갈겨니, 모래무지 등의 물고기는 한 종도 없었다. 그 대신에 산천어, 칠성장어, 버들개, 연어 등의 고유종이 서식하고 있었다. 지역에 따라 생태 차이가 있다는 사실을 처음으로 생생히 확인한 그는 본격적으로 담수어 조사연구에 나섰다.

1965년은 그의 생물 연구에서 중요한 분수령이 되었다. 이때 발족한 '국제생물학연구프로그램(IBP)' 한국위원회(위원장 강영선)의 연간 활동비로 문교부가 40만 원을, 이듬해부터는 100만 원을 지원해 주었다. IBP는 국제과학연맹(ICSU)의 주도로 생물의 생산성과 인류의 복지 향상을 내걸고 추진된 국제적 생물학 연구사업이었다. 이에 따라 1972년까지 8년에 걸쳐 육상생물, 해양생물, 담수생물, 생물자원, 인간 적응성 등을 연구 대상으로 하는 장기적인 조사연구가 이루어졌다. 최기철은 '담수생물군집의 생산성 분과' 위원장을 맡았다. 이와는 별개로 한국자연보존위원회(위원장 조복성)와 미국 스미소니언연구소 간의 협약에 따라 이때부터 비무장지대(DMZ)의 생물상에 대한 조사연구도 추진되었다. 최기철은 담수생물 전문가로서 이 사업에도 적극 참여했다. 연구비가 없던 시절에 이러한 뜻밖의 지원에 힘입어 최기철은 담수어 연구를 활발히 수행할 수 있었다. 이후에 최기철은 생물상이 풍부하고 잘 보존되어 있는 비무장지대를 국립공원으로 만들자고 제안하기도 했다.

담수어를 연구하는 과정에서, 최기철은 의외의 사실과 맞닥뜨렸다. 놀랍게도 대관령 동부 지역인 삼척의 오십천에서 영서지방에만 있어야 할 쉬리, 새미, 새코미꾸리, 미유기 등이 발견된 것이다. 당시로서는 생물학이나 생태학적으로 쉽게 설명되지 않는 현상이었다. 그는 이후 지질학자의 도움으로 지질시대에 자주 일어났던 '하천 쟁탈'로 인해 한강 상류의 일부가 삼척 오십천으로 유로를 바꾸면서 한강에 있던 어류의 일부가 동쪽에서도 살게 되었음을 이해할 수 있었다. 이를 통해 민물고기들이 지질사적인 존재임을 확인한 그는 우리의 서남해에 산재하는 섬들이 예전에는 내륙과 연결되어 있었기 때문에 그곳에는 내륙에 있는 종들과 공통종이 있을 것이라 추정했다. 그는 이를 밝히기 위해 1976~1979년 전국의 섬을 돌며 조사연구를 수행하기도 했다. 학생들은 항상 절도 있고 규칙적인 생활을 하는, 야외 채집으로 단련된 그에게 '독일 병정'이라는 별명을 붙여 주었다.

정년퇴직 후 한국 담수어 분포 연구 집대성

1976년 최기철은 서울대학교를 정년퇴직했다. 퇴직을 하면서 그는 '동물생태학의 현황과 전망'이라는 고별 강연을 통해 자신의 연구 활동을 돌아보았으며, 퇴직금의 일부인 100만 원을 영지장학회에 기탁했다. 그가 책을 냈던 영지문화사의 백만두 사장이 1952년부터 당시까지 매년 학과 수석과 차석 합격자들에게 장학금을 지급해 오던 뜻 깊은 사업을 계승하기 위해서였다. 정년퇴직을 했지만 그는 활발하게 연구 활동을 했다. 자택에 한국담수생물연구소를 설립했으며, 전국 각지의 하천과 저수지에서 담수어류 조사 자료를 모아 이듬해 『한국산 담수어 분포도』를 출판하고 이후 매년 개정판을 펴냈다.

1982년 칠순을 맞은 최기철은 자신의 학문을 반추하며 하나하나의 개체를 넘어 전 지역의 종에 대한 목록이 필요하다는 생각에 이르렀다. 한국의 담수어류상을 파악하기 위해서는 각 시도군은 말할 것도

정년퇴임 후 자택에 마련한 한국담수생물연구소에서
국립중앙과학관

없고 면이나 동 단위까지도 목록을 작성해야겠다고 판단했다. 이때부터 그는 전국 8개 도와 1500여 개의 동과 면 지역을 구석구석 누비며 어디에 어떤 물고기가 살고, 각 물고기의 습성과 특성은 어떤지를 면밀히 조사했다. 지역별로 각각의 물고기를 부르는 각양각색의 방언도 그가 주목한 또 다른 연구 주제였다. 반년은 자연을 돌아다니고 반년은 서재에서 원고를 쓰는 생활이었다. 전국의 담수어 분포 연구는 "자연자원의 보호"와 "교육과정 지역화의 일환"이기도 했다.

그는 일찍이《과학교육과 시청각교육》에 발표한 「향토에 뿌리밖는 과학교육: 과학교육의 향토화」에서 그 의미를 다음과 같이 밝힌 적이 있다.

인류의 이상을 생각할 때, 그리고 문화의 방향을 생각할 때, 인간이 하여야 할 첫째 과업은 지역사회를 안다는 것이고, 자신이 처하고 있는 생태계를 이해한다는 것이다. 이 첫째 과업 달성을 망각하고, 문화건설을 한다고 하더라도 그것은 사상누각밖에는 안될 것이다. 우리의 지역사회와 생태계의 구조와 기능을 이해하지 못하는 사람이 무엇을 어떻게 건설할 수 있겠는가? 이런 입장에서 볼 때, 국민 한 사람 한 사람은, 그리고 학생 한 사람 한 사람은 세계인이나 국제인이기 전에 국가인(國家人)이어야 하고, 국가인이기 전에 지역사회인이어야 한다.

… 단순히 학교장의 교육방침을 감안해서 교과서의 교재 내용을 향토에서 구하는 일람표를 작성하는 데 그쳐서는 안된다. 물리·화학·생물 교재를 향토에서 어떻게 구해서 학생들에게 직접 접할 수 있게 하느냐 하

는 것은 물론 중요하고도 기초가 되는 일이다. 그러나 교사는 차원을 하나 더 높여서 그런 교재들을 왜 지역사회에서 구하여야 되는지를 고려하여야 한다. 그것이 어떤 형태로든지 들어있지 않는 한, 속이 찬 교육과정이라고 할 수는 없다.

_ 최기철, 「향토에 뿌리밖는 과학교육: 과학교육의 향토화」,《과학교육과 시청각교육》5-4, 1968.

최기철과 한국자연보존협회의 명의로 추진된 이 조사사업은 각지의 학교에 근무하는 제자들의 도움을 받아 진행되었다. 첫 조사 지역은 경남으로, 1983년 각 시·군·면의 담수어류 서식 현황과 방언 등을 수록한『경남의 자연: 담수어편』으로 결실을 맺었다. 이후 매년 각 도의 현장을 구석구석 방문하고, 그 연구 결과를 속속 출간했다.『경기의 자연: 담수어편』(1985),『충북의 자연: 담수어편』(1986),『강원의 자연: 담수어편』(1986),『충남의 자연: 담수어편』(1987),『전북의 자연: 담수어편』(1988),『전남의 자연: 담수어편』(1989), 그리고『경북의 자연: 담수어편』(1991)까지, 남한 지역의 담수어를 8권의 역저로 총정리했으며 무려 10년이라는 기간이 걸렸다. 이를 통해 한반도 이남 지역에 민물고기 150종이 서식하고, 그중에는 천연기념물을 포함한 한국 특산종 41종이 있으며, 서호납줄갱이와 종어 등 2종의 특산종은 사멸한 사실도 확인되었다. 모두 3000쪽이 넘는 방대한 분량의 지역별 담수어 시리즈 8권은 우리나라 방방곡곡 어류의 분포와 서식 현황이 상세히 기록된, 담수어류의 미세분포를 보여 주는 매우 귀중한 자료로서 후세

어름치 *Gonokopterus mylodon*(Berg) 잉어아과(Cyprininae)

서호납줄갱이 *Rhodeus hondae*(Jordan et Metz) 납줄개아과(Rhodeinae)

전국 8개 도의 담수어 연구서
전북대학교 한국과학기술인물아카이브(김익수 교수 기증, 선유정 촬영)

에도 길이 남을 업적으로 평가받았다.

최기철은 어릴 때 친숙하게 보았던 물고기의 이름을 대전에서 사용되던 사투리로 기록하는 작업도 했는데, 이 과정에서 그 지역의 농부, 어부, 어린이들로부터 많은 도움을 받았다. 1991년에 출판한 『민물고기를 찾아서』는 이들에 대한 감사 표시로 펴낸 대중서였다. 그런데 이 책이 수만 권 팔리면서 최기철은 이후 자신감을 갖고 여러 대중교양서를 출간했다. 민물고기를 찾아 전국 각지를 다니면서 직접 보고 들었던 에피소드, 민물고기의 속사정 등을 담은 『민물고기 이야기』, 『참붕어의 사랑고백』, 『우리 물고기 기르기』, 『우리가 정말 알아야 할 우리 민물고기 백 가지』 등이 그것이다.

과학교육학 개척과 자연보존에도 앞장

최기철의 생태학 연구는 학술 연구에 그치지 않고 환경보호운동으로까지 이어졌다. 그는 인간의 입장이 아닌 물고기의 입장에서 나라의 산천을 바라보며 증언하고자 했다. 1989년에는 뜻을 같이하는 후학들과 한국어류학회 창립을 주도했으며, 1993년 사라져 가는 민물고기를 보호할 목적으로 한국민물고기보존협회를 만들고 회장으로 선임되었다. 이 협회는 사단법인으로 등록된 후 많은 회원을 모집하여 잡지 《민물고기》와 뉴스레터를 수년간 발행했다. 1994년 멸종 위기에 처한 황복을 보존하기 위해 한국민물고기보존협회 800여 회원은 황복의 모습을 담은 우편엽서 1만 장을 나눠 주며 국민의 참여와 당국의 보존대책을 호소하기도 했다. 1960년대까지만 해도 황복이 4~5월에 한강,

금강, 만경강, 영산강, 섬진강, 낙동강에 거슬러 올라와 강바닥 자갈에 알을 낳고 돌아가는 모습을 쉽게 볼 수 있었으며, 한강에서는 광나루까지 올라와 봄철의 대표적인 미각으로 꼽혔다. 그러나 산업화와 함께 개체수가 급속히 줄면서 생물학자의 연구용 표본 하나를 구하기 힘든 상황이 되었다. 협회는 이 밖에 사라졌거나 사라져 간 서호납줄갱이, 은어, 열목어, 산천어, 어름치, 감돌고기, 종어, 눈불개 등을 살리기 위해서도 많은 애를 썼다.

최기철은 생물학을 포함한 과학교육에도 진지한 관심을 기울였다. 미국 연수 이후부터 과학교육을 학문적 수준으로 발전시켜 추진할 것을 제안했던 그는 과학교육에 대한 창의적 연구에 기반해 과학교육학으로 진전되어야 한다고 강조했다. 그는 1960년대에 선진국을 필두로 과학교육에서 혁명적인 바람이 불고 있다며 그에 관한 수많은 글을 발표했는데, 과학교육의 비전과 방향 제시를 비롯하여 과학교육 방법 및 자료의 개발, 과학 교사의 자질 향상, 과학 교재의 토착화, 과학 기자재 개선, 학생들의 과학 활동 방안 모색 등을 두루 다루었다. 나아가 이러한 내용을 담은 『과학교육』(1963)을 공저로 출간했으며, 1968년에는 한국과학교육회를 창립해 회장으로 활동하는 등 한국의 낙후한 과학교육을 철저한 연구에 바탕하여 개선하고자 했다.

그는 지역 및 대중의 과학 인식을 높이는 일에도 적극 나섰다. 학교가 지역사회의 과학교육에 기여해야 한다고 늘 생각했던 그는, 이를 위해서는 먼저 지역사회의 실태를 올바르게 파악해야 한다고 보았다. 지역사회의 지리, 인구, 산업, 문화, 교통, 생활, 행사 등을 상세히 알고 그에 기반하여 증산, 생활 개선, 미신 타파 등 구체적인 방안을 모색해야 한다는 것이었다. 1973년 전국민 과학화 운동의 일환으로 열린 전국교육자대회에서 그는 '생활 과학화의 길'이라는 주제 발표를 했고, 이후 시범적으로 경기도 가평의 낙후한 조종마을 지역주민을 대상으로 생활의 과학화를 펼쳤다. 지역의 과학 교사들이 참여하는 '조종과학교육봉사단'을 설치해 학교를 구심점으로 삼아 생산 증대와 미신 타파 등을 위한 사업을 벌인 것이다. 그는 애초에 약속한 대로 10년이 되는 1982년까지 매달 한 번씩 마을을 방문하며 활동했고, 그 결과를 담은 「생활의 과학화에 따르는 농촌 진흥에 관한 보고서」를 무려 93회에 걸쳐 연재하는 등 열정을 쏟았다.

우리나라 담수어류 분포 연구에 큰 업적을 남긴 최기철은 1961년 동물학회 회장, 1971년 육수학회 회장, 1976년 한국담수생물연구소 소장, 1989년 한국진도견혈통보존협회 회장, 1993년 한국민물고기보존협회 회장과 한강살리기시민운동연합 총괄 지도위원, 자연보호중앙협의회 위원 등을 지내면서 한평생을 '물고기 박사'로 살았다. 1972년 국민훈장 동백장, 1992년 한국과학기술도서상, 1996년 좋은 한국인대상 장려상(환경부문)을 수상했으며, 1997년 유엔환경계획(UNEP)이 환경보전에 큰 공헌을 한 개인이나 단체에 수여하는 글로벌 500상 등을 받았다.

1984년 김익수와 손영목은 미호천에서 발견한 신종 미호종개의 학명을 *Cobitis choii* 로 명명하여 최기철의 업적을 기렸으며, 루마니아 생물학자 테오도르 날반트 Teodor T. Nalbant 는 1999년 좀수수치의 학명에 최기철의 이름을 넣어 *Kichulchoia brevifasciata*로 공인을 받았다. 이 학명은 현재까지 사용되고 있다. 한국의 민물고기 분류 및 생태 연구를 반석 위에 올려놓은 최기철은 1983년 한국과학기술진흥재단에 의해 원로과학자 보훈대상자로 선정되었다.

최기철은 그의 과학 연구가 일단락되는 1990년, 우리나라에 살고 있는 145종 담수어 모두를 포함한 담수어 표본 12만 점, 학술카드 등 총 37만여 점을 국립중앙과학관에 기증했으며, 개관식 때 특별전시했다. 여기에는 열목어, 황쏘가리, 어름치, 무태장어 등 4종의 천연기념물을 비롯하여 41종의 한국특산종이 포함되었다. 30여 년간 북한을 제외한 전국을 면 단위까지 조사해 우리나라에 서식하는 물고기 145종 12만 점을 4000개의 병에 넣어 보관했던 것을 좀 더 많은 사람들이 활용할 수 있도록 하기 위해서였다. 그는 30년간 이틀에 한 번꼴인, 무려 5000여 회에 걸쳐 담수어를 채집했다. 그렇게 성실하게 채집한 수많은 표본과 자료를 기증하며 그는 이를 토대로 우리나라 고유의 자연사박물관이 건립되기를 희망했다. 전상린(상명여대), 김익수(전북대), 손영목(서원대), 홍영표(중앙과학관) 등 그의 제자는 스승의 뒤를 이어 한국의 어류 연구를 한층 더 확장하고 발전시켜 나갔다. 최기철이 말년까지도 왕성하게 활동을 이어 갈 수 있었던 것은 20여 년 동안 그의 옆에서 가사를 꾸린 것은 물론 협회 사무와 원고 집필까지 도왔던 김금옥이 있었기 때문이다.

최기철은 보통학교 교사에서 시작하여 중등학교를 거쳐 대학교 교수로 성장하면서 뛰어난 성과를 남긴 입지전적인 과학자였다. 그는

**최기철에게 수여된
4.19 혁명 유공자 포장증**
국립중앙과학관

10년 단위로 교육을 위한 생물 탐구, 패류 생태 연구, 동물지리적 어류 연구, 오지 마을 대상 생활의 과학화, 전국 담수어 분포 연구 등으로 자신의 과업을 진전시켜 나갔다. 그 과정에서 한국 담수어 분류 및 분포에 관한 방대한 연구 성과를 거두었을 뿐만 아니라 과학교육, 생활의 과학화, 자연보존을 위해서도 많은 활동을 벌였다. "가장 고통스러울 때가 가장 행복한 때"라는 또 다른 좌우명에 따라 60년간의 올곧은 정진으로 이룬 커다란 성취였다. 그에게 끝내 아쉬움으로 남은 한 가지는 북한의 담수어까지 포함하지 못했다는 점이다. 그는 하천이 죽어가고 물고기들이 사라져 가는 것을 슬퍼하며 2002년에 92세의 나이로 눈을 감았고, 4.19 혁명 때의 활동을 인정받아 국립4.19민주묘지에 안장되었다.

참고문헌

일차자료

최기철, 1970,『철부지』, 영지문화사.

서울대학교 사범대학, 1999,『서울대학교 사범대학 50년 구술사 자료집』,
　서울대학교 사범대학.

논문

최기철, 1962,「*Tapes philippinarum*의 치패에 천공하는 동물에
　관하여(예보)」,《동물학회지》5-2, 9-12쪽.

Choi, Ki Chul, 1964, "Observations on the Snails Drilling Young Bivalves
　of *Tapes Philippinarum*,"《서울대학교 논문집》15, pp. 1-7.

최기철, 1965,「*Tapes philippinarum*의 유생(幼生)과 치패(稚貝)에 관한
　생태적 연구」,《사대학보》70-1, 161-234쪽.

최기철·최신석, 1965,「두드럭조개(Lamprotula coreana)에 관한 생태학적
　연구 1. 임란기와 Glochidia에 관하여」,《동물학회지》8-2, 67-72쪽.

최기철·권오길, 1966,「복합요인이 바지락(Tapes philippinarum)의 생존에
　미치는 영향」,《동물학회지》9-2, 1-6쪽.

최기철, 1966,「성류굴의 동식물에 관하여(예보)」,《문화재》2, 270-284쪽.

최기철·전상린, 1968,「영동지방에 서식하는 담수어의 지리적 분포에 관한
　연구」,《동물학회지》2-3·4, 1-22쪽.

최기철·전상린·최신석, 1968,「광나루 지역산 담수어에 관하여」,
　《한국육수학회지》1-1, 33-38쪽.

최기철·전상린, 1968,「설악산의 담수어」,『설악산학술조사보고서』,
　205-228쪽.

최기철, 1969,「유용 패류 증산을 위한 간석지 생태계의 구조에 관한 연구」,
　《한국육수학회지》2-3·4, 17-24쪽.

서울대학교 사범대학 생물과 동창회, 1970,『최기철박사 회갑기념논문집』,
　서울대학교 사범대학 생물과 동창회.

CHOI, Ki-Chul and SONG Yong-Kyoo, 1971, "Ecological Studies on the *Penaeus orientalis* Kishinoue Cultured in a Pond Filled with Sea Water 1. Growth Rate as Related to the Substrate Materials, Survival Rate, Predator of *P. orientalis*, and Water Conditions of Culturing Pond," 《한국수산학회지》 4-2, pp. 47-54.

최기철, 1973, 「휴전선 이남에서의 담수어의 지리적 분포에 관하여」, 《한국육수학회지》 6-3·4, 29-36쪽.

최기철, 1974, 「동물지리학상으로 본 삼척 오십천의 담수어에 관하여」, 《서울대학교교육대학원논문집》 11, 17-24쪽.

최기철·전상린, 1975, 「비무장지대 인접지역의 어류상에 관하여」, 《한국자연보존협회 조사보고서》 7, 258-285쪽.

최기철·전상린, 1979, 「수질 판정을 위한 지표 담수어에 관한 연구」, 《자연보존연구보고서》 1, 217-229쪽.

최기철, 1980, 「우리나라 도서(島嶼)에 서식하는 담수어의 분포에 관한 연구」, 《자연보존연구보고서》 2, 119-136쪽.

최기철, 1988, 「열목어 서식지의 효과적인 보존관리」, 《문화재》 21, 18-38쪽.

최기철, 1990, 「어류」, 《자연보존연구보고서》 10, 113-143쪽.

최기철·최신석·홍영표, 1990, 「韓國産 淡水漁, 쉬리 coreoleuciscus splendidus의 微細分布에 關하여」, 《한국어류학회지》 2-1, 63-76쪽.

저역서

이기인·최기철·김준민, 1948, 『고급생물 상』, 국제문화관.

최기철, 1948, 『중등교육 일반과학 동물계』, 건국사.

최기철, 1949, 『(학생)동물도보』, 수문관.

최기철, 1949, 『식물이름찾기』, 건국사.

김준민·최기철, 1950, 『고급생물 상·하』, 홍지사.

최기철, 1950, 『(종합)고등생물』, 향문사.

최기철·이영노, 1950, 『(학생)식물도감』, 수문관.

최기철·김준민, 1957/1958, 『(고등)생물 상·하』, 영지문화사.

최기철, 1959, 『동물생태학』, 홍지사.

최기철.강영선, 1960, 『일반생물학』, 홍지사.

강영선·최기철, 1960, 『일반동물학』, 홍지사.

최기철 외, 1963, 『과학교육』, 현대교육실천총서출판사.

최기철, 1964, 『과학실험도해대사전: 생물실험편』, 대한도서과학간행회.

최기철 역(다아윈 저), 1965, 『비글호 항해기』, 교문사.

최기철 외, 1978/1979, 『한국산담수어분포도』, 한국담수생물학연구소.

최기철, 1981, 『기초생태학』, 향문사.

최기철 외, 1983, 『경남의 자연: 담수어편』, 경상남도교육위원회.

최기철 외, 1985, 『경기의 자연: 담수어편』, 경기도교육위원회.

최기철 외, 1986, 『강원의 자연: 담수어편』, 강원도교육위원회.

최기철 외, 1986, 『충북의 자연: 담수어편』, 충청북도교육위원회.

최기철 외, 1987, 『충남의 자연: 담수어편』, 한국과학기술진흥재단.

최기철 외, 1988, 『전북의 자연: 담수어편』, 전라북도교육위원회.

최기철 외, 1989, 『전남의 자연: 담수어편』, 전라남도교육위원회.

최기철·전상린·김익수·손영목, 1990, 『(원색)한국담수어도감』, 향문사.

최기철 역(파브르 저), 1990, 『파브르 곤충기』, 학원출판공사.

최기철 외, 1991, 『경북의 자연: 담수어편』, 경상북도교육위원회.

최기철, 1991, 『민물고기 이야기』, 한길사.

최기철, 1991, 『민물고기를 찾아서』, 한길사.

최기철, 1992, 『참붕어의 사랑고백』, 웅진출판.

최기철, 1994, 『우리가 정말 알아야 할 우리 민물고기 백 가지』, 현암사.

최기철, 2001, 『쉽게 찾는 내 고향 민물고기』, 현암사.

기고/기사

최기철, 1959, 「미국의 자연과학과 교육」, 《교육》 9, 141-155쪽.

최기철, 1961, 「과학전람회를 통해서 본 중등과학 교육」, 《교육》 11,
    139-143쪽.

최기철, 1962, 「과학전람회의 쇄신방책」, 《문교공보》 65, 16-19쪽.

최기철, 1963, 「과학한국의 장래: 과학심의회의 발족과 그 의의」, 《신사조》
    2-4, 150-157쪽.

최기철, 1965, 「생태학자의 봄 - 최기철」, 『한국 저명인사 수상록 1』, 계문각, 69-78쪽.

최기철, 1967, 「과학교육계획의 기본문제」, 《과학교육과 시청각교육》 4-3, 17-20쪽.

최기철, 1967, 「과학전람회의 나아갈 길」, 《과학교육과 시청각교육》 4-7, 16-19쪽.

최기철, 1968, 「향토에 뿌리밖는 과학교육: 과학교육의 향토화」, 《과학교육과 시청각교육》 5-4, 8-11쪽.

최기철, 1968, 「과학교사 재교육론」, 《과학교육과 시청각교육》 5-9, 14-17쪽.

최기철, 1968, 「과학교육진흥과 연구공동체: 과학교육연구공동체」, 《과학교육과 시청각교육》 5-11, 8-11쪽.

최기철, 1968, 「과학기술교육은 아직도 방황하고 있다: 종합특집 새교육 20년」, 《새교육》 165, 95-98쪽.

최기철, 1969, 「경제발전과 과학교육」, 《청량원》 23-2, 19-22쪽.

최기철, 1969, 「과학교육과 국민교육헌장〈특집〉」, 《과학교육과 시청각교육》 6-3, 8-14쪽.

최기철, 「민통선은 자연의 실험실 - 대군락 조사를 마치고」, 《동아일보》 1972. 12. 11.

최기철, 「생활과학화의 길 주제발표」, 《동아일보》 1973. 3. 23.

최기철, 1973, 「생활의 과학화의 길」, 《부산교육》 171, 36-44쪽.

최기철, 1973, 「현장교육방법의 개선: 과학화를 위한 과학교육」, 《새교육》 25-6, 31-37쪽.

최기철, 1973, 「조종보고서(1) 조종마을의 현대화를 위한 청사진」, 《새교육》 25-9, 158-164쪽.

최기철, 1974, 「생활의 과학화에 따르는 농촌진흥에 관한 보고서」, 《과학교육과 시청각교육》 117, 37-40쪽.

최기철, 1974-1982, 「생활의 과학화에 따르는 농촌 진흥에 관한 보고서」, 《과학교육과 시청각교육》 & 《과학과 교육》 각 권호.

임연철, 「정정한 현역 〈17〉 70세의 생물학자 최기철박사」, 《동아일보》 1980. 8. 18.

최기철, 1983, 「송사리가 선생님들에게 인사올립니다 (1) 담수어 교재」, 《과학교육》 228, 69-73쪽.

최기철, 1983, 「그날엔 휴전선을 국립공원으로 만듭시다」, 《마당》 23, 50-57쪽.

성태원, 「원로과학자 〈12〉 최기철박사」, 《매일경제》 1983. 6. 28.

최기철, 「나의 건강 비결-서울대 명예교수 최기철」, 《동아일보》 1983. 11. 24.

최기철, 1985, 「한국 담수어의 뿌리」, 《자연보호》 34, 16-19쪽.

최기철, 1986, 「한강종합개발과 생태계 변화」, 《국토와 건설》 27, 107-109쪽.

최기철, 1986, 「과학자의 어머니」, 《경기장학》 92, 42-50쪽.

최수묵, 「담수어표본 기증 최기철박사-30년 학문 국민과 나눠 기쁘다」, 《동아일보》 1990. 4. 27.

최기철, 1991, 「물고기들의 생존권」, 《환경보전》 13-11, 5-8쪽.

최기철, 1992, 「원로 생물학자의 경고-민물고기가 전멸하는 날」, 《월간중앙》 193, 562-571쪽.

박택규, 1994, 「원로와의 대담: 서울대 명예교수 최기철 박사」, 《과학과 기술》 27-9, 65-67쪽.

「'이승만 하야' 교수선언 명단 일부 확인」, 《한겨레》 2010. 4. 16.

이차자료

홍양기 외, 2023, 『어류학자 최기철 박사 기증 자료 도록』, 국립중앙과학관 자연사과.

최남석, 2018, 『최남석 회고록-비행기에는 백미러가 없다』, 호미, 15-50쪽.

김익수, 2002, 「고 최기철 박사님을 추모하면서(1910-2002)」, 《한국어류학회지》 14-4, 314-315쪽.

이상권, 1999, 『물고기 박사 최기철 이야기』, 우리교육.

조규송, 1976, 「생물 학자로서의 최기철 박사−그 업적과 인간상의 반면」, 《과학교육과 시청각교육》 142, 9-12쪽.

박승재, 1976, 「과학 교육자로서의 최기철 박사」, 《과학교육과 시청각교육》 142, 13-15쪽.

장남기, 1976, 「서울대학교 사범대학 생물과 교수로서의 최기철 박사」, 《과학교육과 시청각교육》 142, 16-19쪽.

편집부, 1976, 「과학교육지와 최기철 박사」, 《과학교육과 시청각교육》 142, 20-21쪽.

김근배·문만용

박정기

朴鼎基 Chung-Ki Pahk

생몰년: 1915년 5월 7일~2000년 10월 8일

출생지: 경상남도 거창군 가북면 몽석리

학력: 연희전문학교 수물과, 도호쿠제국대학 수학과

경력: 경북대학교 수학과 교수, 경북대학교 총장, 대한민국학술원 회원

업적: 영문 수학저널《Kyungpook Mathematical Journal》창간,
경북대학교 수학과의 위상 제고

분야: 수학-해석학, 수학교육

1968년 경북대학교 총장 취임식에서 연설하는 박정기
경북대학교 대학기록관

1958년 한국 최초의 영문 수학 학술지《경북 매스매티컬 저널Kyungpook Mathematical Journal》(KMJ)이 창간되었다. 잡지의 발행처는 경북대학교 수학과였다. 국문도 아닌 영문 학술지를 서울도 아닌 지방에서, 학회도 아닌 학과에서 발행하는 것은 매우 이례적인 일이었다. 이 영문 수학 학술지의 창간을 이끈 인물은 바로 경북대 수학과 교수 박정기였다. 그는 경북대 수학과를 창설하고, 학술모임 정례화와 학술지 발간, 대학원 설립 등 연구 환경을 조성해 경북대 수학과를 한국 수학의 중심부로 올려 놓았다. 현재 KMJ는 한국을 넘어 해외의 학자들도 투고하고 싶어 하는 국제적인 학술지로 인정받고 있다.

연희전문 수물과를 졸업하고 도호쿠제대 수학과로

박정기는 1915년 경상남도 거창에서 박병두朴炳斗와 수원 백씨의 4남 5녀 중 막내로 출생했다. 그는 구한말 성균관 진사를 지낸 증조부의 영향으로 어린 시절 강한 유교적 가풍 속에서 자랐다. 아버지는 자녀들의 교육을 위해 거창군 가조면으로 이주하여 박정기를 포함한 형제들 모두를 가조보통학교에 입학시켰다. 이후 형들이 대구의 중등학교로 진학하자 그 역시 대구 수창보통학교로 전학했다.

그러나 1929년 보통학교를 졸업하던 해에 아버지가 갑작스레 사망하면서 가정 형편이 어려워지자 이듬해에 2년제 대구공입보습학교로 진학했다. 목공과에서 기술을 배워 목수로 일하려고 마음먹었던 것이다. 하지만 직업학교가 적성에 맞지 않았던 그는 학업을 이어 가고자 보습학교를 그만두었다. 대신에 시인 이육사를 배출한 민족학교인 대구교남학교大邱嶠南學校(현재의 대륜중고등학교)로 진학해 1935년에 졸업했다.

박정기는 1936년 연희전문학교 수물과에 입학했다. 일제강점기 연희전문은 조선에서 가장 수준 높은 수학교육을 실시했던 곳이다. 1915년 설립 당시 수리과는 물리학과 수학을 담당했던 아서 베커와 수학과 천문학을 담당했던 윌 루퍼스, 화학을 담당했던 에드워드 밀러까지 세 명의 전임교수로 운영되었다. 몇 해 뒤 미국과 일본의 유수한 대학에서 학위를 받고 돌아온 조선인들이 교수로 가세했다. 박정기가 입학할 무렵에는 이춘호(오하이오주립대 수학석사), 이원철(미시간대 천문학박사), 최규남(미시간대 물리학박사), 김봉집(와세다대 전기공학), 장기원(도호쿠제대 수학)이 가르치고 있었다. 박정기는 이들에게 수준 높은 교육을 받았다. 그는 수학, 그중에서도 대수학에 흥미를 갖고 학업에 열중했다.

1940년 연희전문 수물과를 졸업한 박정기는 일본으로 건너가 도호쿠제국대학東北帝國大學 이학부 수학과에 진학한다. 당시 조선인이 일본의 제국대학에 입학하려면 일본의 고등학교를 거쳐 들어가거나, 조선이나 일본의 전문학교 졸업 후 제국대학에 여석이 생기면 시험을 치르고 방계傍系로 가는 방법이 있었다. 학교와 학부마다 다르긴 했지만, 방계 입학도 그 우선순위가 있었다. 도호쿠제대 이학부의 방계 1순위는 고등사범학교와 여자고등사범학교 본과 이과 졸업생이거나 이와 동등한 이학 관련 전문학교 졸업자, 2순위는 전문학교 졸업자와 중등학교 교원면허증 소지자 중 학교에서 출제하는 검정시험에 합격한 자였다. 전문학교 중에서도 관립 전문학교가 1순위, 사립 전문학교는 차순위였기 때문에 박정기는 순위가 가장 낮았다. 하지만 이 시기 제국대학은 전시상황으로 인한 지원자 부족으로 2순위까지 학생을 모집하는 곳이 있었고, 박정기는 그 기회를 놓치지 않았다. 입학 당시 그는 아라이 후미오新井文雄로 창씨개명을 한 상태였다.

도호쿠제대는 조선인이 상대적으로 많이 진학하는 학교였다. 박정기가 입학하던 해에는 아키다광산전문학교秋田鑛山專門學校를 나온 홍만섭이 암석광상광물학교실에 입학하여 동기가 되었다. 박정기는 경성방직 사장 김연수가 1939년 인재 양성을 위해 설립한 재단인 양영회養英會의 지원을 받았으며, 전쟁 확대로 원래 3년이던 학제가 반년 줄면서 1942년 9월에 도호쿠제대를 졸업했다. 졸업 후에는 한동안 일본에 남아 도호쿠제대 부설 항공계측연구소의 조수로 근무했다.

1944년 7월, 박정기는 방학 기간을 이용해 경북고등여학교慶北高等女學校(경북여자고등학교 전신) 교원으로 근무하던 6년 연하의 강신주姜信珠와 국내에서 결혼식을 올렸다. 강신주는 대구여자고등보통학교(경북고등여학교 전신)를 거쳐 1942년 나라여자고등사범학교奈良女子高等師範學校 가사과를 나온 신여성이었다. 그해 12월 일본의 전시 상황이 악화되자 박정기는 모교인 연희전문으로 돌아왔고, 강신주는 고향 지역에 있는 거창농업학교의 교원으로 부임하면서 부부가 떨어져 지냈다. 강신주는 1952년 대구 효성여자대학(현재의 대구가톨릭대학교) 가정학과 창립 교수로 갔다가, 박정기가 경북대에 자리 잡을 때 경북대 사범대학 가정학과로 옮겨 퇴임할 때까지 부부 교수로 근무했다.

경북대 수학과 창설과 영문 학술지 발간

해방 이후 한국의 수학계는 다른 과학 분야들과 마찬가지로 인적, 물적 부족에 시달렸다. 그럼에도 수학 교수 인력을 갖춘 서울대와 연희대를 중심으로 젊은 수학자들이 양성되기 시작했다. 1946년 박정기는 종합대학으로 승격된 연희대학교 이학원 수학과의 초대 교수로 부임했다. 자질을 갖춘 수학자가 적었던 탓에 그는 동시에 서울대 수학과의 강사로도 활동했다. 강의했던 주요 교과목은 대수학과 미적분학이었다. 1946년 10월에는 조선수물학회(회장 최윤식)도 창립되어 수학계가 서서히 자리를 잡아 가고 있었다.

그러나 1950년 한국전쟁이 일어나면서 수학계도 어려움에 처했다. 북한으로 건너가거나 전쟁으로 유명을 달리한 인물이 수학계에 유달리 많았는데, 이때까지 제국대학 출신의 수학자만도 김지정(도쿄제대), 유충호(도쿄제대), 정순택(도호쿠제대), 최종환(도호쿠제대), 홍성해(규슈제대), 한필하(오사카제대) 등이 월북했다. 고향인 거창과 가까운 대구로 피난 간 박정기는 생계를 위해 대구사범대학 수학과에서 시간강사를 하고 영남고등학교에서도 학생들을 가르쳤다. 이때 그는 대구사범의 우수한 학생들과 함께 수학세미나를 조직하여 정기적으로 연구발표를 했다. 1952년에는 고려대 수물학과와 경북대 수학과의 창설을 주도했다. 이 때문에 두 학교 모두에서 초대 교수로 임용되어 1~2년간

1952년 경북대학교 본관 건물 경북대학교 대학기록관

서울과 대구를 왕래하며 강의했다. 그러다가 1954년부터는 경북대 교수로만 활동하기 시작했다.

경북대 수학과는 1951년 10월 설립 허가를 받고, 1952년 4월 국립 경북대학교의 발족과 함께 개설되었다. 문리과대학은 법정대학과 함께 새로 설립되었기 때문에 기존 학교들을 통합하여 세운 농과대학, 의과대학, 사범대학과는 달리 교수와 학생 충원부터 어려움을 겪었다. 문리대에는 문과인 국문학과, 영문학과, 사학과, 철학과 4과와 이과인 수학과, 물리학과, 화학과 3과가 있었는데, 이 중 이과 3과는 대구농대는 물론이고 대구사범대로부터 전공 교수 인력을 끌어왔다.

수학과는 박정기가 주축을 이룬 가운데 그 발전을 모색했다. 박정기는 대구사범의 수학세미나팀에서 함께했던 제자 서태일徐泰一(대수학)과 엄상섭嚴相燮(기하학)을 경북대 수학과 초기 교수진으로 합류시켰다. 대구사범 수학과가 경북대 사범대학 수학과로 통합되었기 때문에 대구사범의 교원들은 대부분 사범대학으로 간 터였다. 전국적으로 대학교수 인력이 턱없이 부족한 상황이라 서울에서 우수한 교수를 확보할 수 있는 것도 아니었다. 이러한 여건에서 박정기는 제자들에게 강의를 맡기고, 경력이 쌓이면 수학과 교수로 임용하는 방식으로 교수진을 채워 나갔다. 또한 전쟁 때문에 서울의 대학에서 졸업하는 것이 어려워진 인근 지역 출신자들을 편입시켜 학생들의 수준을 높이고 학생 충원 문제도 해결했다. 한편 박정기는 대학 교과서 집필에도 노력을 기울여 박을룡과 『미적분학연습』(1953)을 썼다. 엄상섭과는 『(수험과 학습) 일반수학의 철저연구』(1957)와 『(수험과 학습) 해석의 철저연구』(1959), 『(대학교양) 수학』(1960) 등을 차례로 출간하며 대학 수학교육의 표준화에도 기여했다.

본격적으로 학부생들이 졸업하기 시작한 1956년, 수학과에 대학원을 설치했다. 대학원에는 문리대 수학과 출신뿐만 아니라 사범대 수학과 졸업생도 합류했으며, 학생과 교수 들은 수업 시간 외에 별도로 수학교실을 열어 정기적인 학술모임을 가졌다. 이러한 그의 남다른 시도로 경북대 수학과에는 연구 전통이 뿌리내리게 되었다. 그는 훗날 경북대 총장을 할 때도 이 학술모임에는 참석할 정도로 관심과 애정이 깊었다. 수학교실 구성원들의 연구 능력이 날로 높아지고 성과가 쌓이자 박정기는 자신들의 실력을 대외적으로 알릴 방안을 생각해 냈다.

그 하나는 1957년 대한수학회의 학술대회를 경북대에서 유치하는 것이었다. 당시 열악한 교통 상황이나 재정 여건을 고려하면 지방에서 학술대회를 열기가 얼마나 어려웠을지 짐작할 수 있다. 그럼에도 그는 대한수학회의 임원진과 협의하여 지방대학으로는 처음으로 학술대회를 개최했다. 학술대회에서는 최윤식(서울대), 오용진(경북대), 장기원(연세대)의 특별강연 외에 박정기, 박을룡, 엄상섭, 안재구, 서태일, 최태호, 배미수(여성) 등 많은 경북대 소속 교수, 강사 및 대학원생의 발표가 있었다. 이는 그동안 키워 온 경북대 수학자들의 우수성을 수학계에 널리 알리는 계기가 되었고, 이때부터 경북대 수학과는 지방에 있음에도 한국 수학계를 이끄는 학과로 인식되기 시작했다. 그 결과 1년 뒤인 1958년 서울대 문리대에서 열린 대한수학회 학술대회에서는 "경북대학교 그룹의 연구가 괄목할 만하였으며 그중 한 논문은 미국

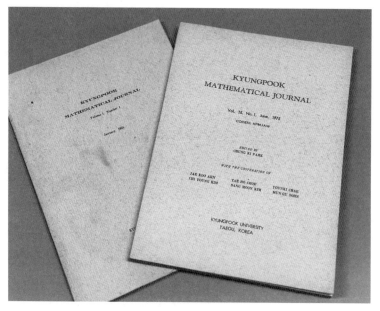

《경북 매스매티컬 저널》 초기 권호의 표지
전북대학교 한국과학기술인물아카이브(선유정 촬영)

수학회의 인정된 바 있어 「매스매티칼 레뷰」에 기재되었다니 일보의 진보라 아니할 수 없다"(《동아일보》1958. 12. 19.)라는 평가를 받았다.

박정기가 경북대 수학과를 알리기 위해 추진한 다른 하나는 바로 수학 학술잡지 발행이었다. 그는 제자들에게 학자로 성장하기 위해서는 논문을 많이 발표해야 하는데, 국내에는 좋은 학술지가 적으니 자체적으로 만들어 보자고 제안했다. 그렇게 해서 만들어진 것이 영문 학술지인 《경북 매스매티컬 저널》(KMJ)이다. 이 영문 학술지를 창간할 때 박정기는 자신이 공부했던 도호쿠제국대학 수학과가 펴냈던 《도호쿠 매스매티컬 저널Tohoku Mathematical Journal》(TMJ)을 염두에 두었다. 1911년에 창간된 TMJ는 당시 일본에서는 드물게 영문으로 제작되었고, 지방대학에서 만들어졌다. 도호쿠제대를 다니며 이를 잘 알고 있었던 박정기는 TMJ를 롤모델로 삼아 KMJ를 창간했다.

창간호는 박정기를 발행인으로 하여 1958년 12월 출간되었다. 소요 경비는 박정기 개인 사비와 수학과의 실험실습비를 사용했고, 제작에는 수학과 교수와 대학원생이 참여했다. 창간호에는 경북대 교수인 박을용, 서태일, 엄상섭, 배미수와 함께 수학과 1기 대학원생이었던 최태호, 조용, 안재구 3인의 논문이 실렸다. 이렇게 한국 최초의 영문 학술지가 탄생했고, 이는 경북대 수학과 연구자들이 국내는 물론 국제 수학계와도 보다 긴밀히 교류할 수 있는 통로가 되었다.

KMJ는 국내뿐 아니라 해외 유수의 대학과 기관으로 송부되었다. 그 일차적 목적은 경북대의 수학 연구를 국내외에 널리 알리는 것이었고, 이차적 목적은 외국의 연구 기관들과 교류를 맺어 그들이 발행하는 세계적인 학술지와 교환하는 것이었다. 1950년대 한국에서 세계적인 학술잡지의 구독은 매우 어려워, 그것을 접하는 것만으로도 학문에 대한 자극과 공부가 될 수 있었다. 그래서 KMJ를 해외에 보낼 때마다 학술지의 상호 교류를 요청했고, 이 사실이 미국수학회에 알려지면서 KMJ에 실린 논문 목차가 미국수학회의《매스매티컬 리뷰Mathematical Reviews》에 소개되기 시작했다. 이를 계기로 KMJ는 해외의 유수 대학들에 알려졌으며, 경북대 수학과는 미국수학회에서 간행하는 논문회보와 논문집을 비롯하여 여러 국제 학술잡지들을 받아 보게 되었다. 이로써 경북대는 서울에 있는 어느 대학보다도 최신의 수학을 더 빨리 접할 수 있었고, 경북대에서 공부한 수학도들은 어디에도 뒤지지 않는 실력을 쌓을 수 있었다.

또한 발간 초기만 해도 경북대 수학과 구성원들의 논문집이었던 KMJ는 시간이 흐르면서 외국인 투고자의 비중이 높아짐에 따라 국제 학술지로서의 면모를 갖추게 되었다. 1970년대 이후에는 외국인과 한국인 연구자의 논문이 약 5 대 1의 비율로 게재될 정도였다. 1973년에는 미국도서관협회의 수학학술고유기호인 KPMJAW를 받았고, 2010년에는 SCOPUS, 2019년에는 ESCI와 같은 글로벌 학술논문 데이터베이스에 등재되어 국제적인 권위도 인정받고 있다.

한국 수학계 경북학파의 탄생

박정기는 1963년 5월 경북대에서 박사 학위를 취득했다. 주논문은 「Skew bebel gears에 관한 수학적 고찰」로, 1960년에 발표한 논문 2편과 1961년의 논문 2편으로 이루어졌다. 부논문은 「추적곡선문제에 관하여」 1편으로 1943년 7월에 발표한 도호쿠제대 학부 졸업논문이었다. 이렇게 그는 그간 발표했던 논문들을 주논문과 부논문으로 구성해서 박사 학위를 받았다.

경북대 수학과가 자리를 잡아 나가고 영문 학술지가 순조롭게 발행되자, 교수들은 해외로 유학을 떠나기 시작했다. 서태일과 배미수는 각각 1961년과 1963년에 미국의 예일대학으로, 최태호는 1964년에 플로리다대학으로 새로운 배움을 위해 떠났다. 이들은 그곳에서 박사 학위를 취득한 후 경북대로 다시 돌아오지 않고 미국과 캐나다에서 교수로 활동했다. 서태일은 귀국 후 잠시 서강대학교에 머물다가 미국

경북대 대학원 졸업 기념사진
『몽석박정기선생회갑기념논문집』(1975)에서

박정기의 박사 학위 논문 속표지(1963)
경북대학교 도서관(이현정 촬영)

의 이스트테네시주립대학으로 옮겼고, 배미수와 최태호는 각각 미국 하와이대학과 캐나다 맥매스터대학에 자리를 잡았다. 이들을 기점으로 문리대 수학과 대학원 졸업생 다수가 학문 선진국인 서구의 대학으로 잇달아 유학을 갔다. 이는 박정기의 교육 방침에 따른 것으로, 그는 『대학수학회사』에서 해외 유학과 관련하여 다음과 같이 회고했다.

> 우리가 지금 미국 등 외국에 가서 공부하는데 한국에서도 선진외국에서 배출되는 수준의 학자들을 양성해야 한다. 대학은 그런 역할을 할 수 있는 학문적 환경과 대학의 구조가 되어야 한다. 미국도 1925년까지는 구라파를 안 갔다 오면 교수로서 행세를 하지 못했다. 일본도 조교수가 되면 3-5년 외국에 갔다 온다. 히틀러 압정 때문에 독일 학자들이 미국으로 많이 갔다. 2차 대전 후에는 학자들이 배고프니 또 미국으로 많이 갔다. 그 후 미국이 수학과 과학에서 세계의 중심이 되었다. 우리나라도 빨리 좋은 수학자를 양성할 수 있어야 하고 외국에서 우리나라에 와서 공부할 수 있을 정도가 되어야 우리의 수학이 선진 궤도에 오르게 될 것이다.
> _박정기, 1997, 「내가 만난 수학자들과 교수생활」, 『대한수학회사 (제1권)』.

박정기는 한국의 수학자들이 해외 선진국으로 가서 배워야 한국 수학의 수준이 높아질 수 있을 것이라는 신념을 가지고 있었다. 그는 제자들에게 취업했더라도 해외 유학은 반드시 다녀올 것을 당부하며, 실제로 장학금 받을 방법을 저구 알아봐 주고 학교의 행정 문제도 직접 해결해 주었다. 이렇게 해서 유학을 떠난 이들은 돌아와서 경북대뿐 아니라 전국 각지 대학에 교수로 자리 잡아 한국 수학의 기틀을 마련하는 데 일조했다. 경북대 수학과 출신으로 대학교수가 된 사람만 해도 2006년까지 100여 명에 달했으며, 현재 수학계에서는 이들을 가리켜 '경북학파'라고 부른다.

박정기는 1968년 경북대 제5대 총장이 되었다. 당시 국립대 총장은 정부가 임명하였기 때문에 그의 의지가 크게 작용하지는 않았다. 그는 총장 임명 후 첫 기자회견에서 "4년짜리 징역살이 가는 기분"이라는 말로 자신의 심경을 표현했으며, 경북대를 그의 생각대로 "더 공부하고 더 연구하는 대학"으로 만들어 나갈 것임을 밝혔다. 그는 총장으로 재직하는 동안 경북대를 확장시키고 내실을 다지는 데 크게 기여했다. 공과대학과 상과대학을 신설했으며, 문교부와 협의하여 총장 재임 기간 동안 연간 신입생 515명을 두 배 이상으로 늘려 1215명을 선발할 수 있도록 했다. 또한 교양과정부를 설치하여 학부별로 담당했던 교양 수업을 일원화해서 운영할 수 있게 법제화했다. 교육대학원도 그의 재임 기간에 설치됐다.

밀려드는 총장 업무를 수행하는 가운데서도 박정기는 매주 수요일 오후 3~5시에 개최되는 수학과의 〈잡지윤강〉에는 꼭 참석하여 학술 활동을 지속했다. 당시 윤강에 참여했던 제자들의 증언에 따르면, 그는 세미나에 꼬박꼬박 참여하고 질의도 항상 했던지라, 빠지는 것이 이상할 정도였다고 한다. 총장 퇴임 후 평교수로 돌아와서도 수학과 세미나만은 빠지지 않고 참석하며 최신의 수학을 배우는 것을 멈추지 않았다. 50대 후반인 1970년대에도 적지 않은 논문을 KMJ와 학술원논문집에 꾸준히 발표하며 학자로서 활동을 이어 갔다. 1971년부터 정년퇴임 후까지 발표한 논문만 해도 14편이 있다.

박정기는 1962년에 한국 수학 발전의 공적을 인정받아 청조근정훈장을 받았다. 1967년에는 KMJ의 발행을 비롯하여 한국 수학계에 기여한 공을 인정받아 경북대 교수 최초로 대한민국학술원 회원으로 선정되었고, 1975년에는 대한민국학술원상을 수상했다. 1982년에는

경북대 5대 총장 재임 시기의 박정기
경북대학교 대학기록관

대한수학회 제1회 공로상을 수상했는데, 이 상을 제정할 때 "그런 것 만들어서 서울대 나온 놈끼리 노나 먹으려는 것 아니냐"(『예끼 이 사람아, 수학한다고 굶지 않아』, 2011)고 하던 수학자들도 박정기의 수상에 대해서는 반대하지 않았다고 한다.

박정기는 1978년 8월 경북대 교수에서 정년퇴임했다. 퇴임 후 계명대 교수, 경북대 명예교수로 활동하면서도 경북대 수학과의 세미나에는 시간만 되면 언제든 참석했다. 수학에 대한 뜨거운 열정을 이어나가던 그는 2000년 85세의 나이로 세상을 떴으며, 경상남도 거창군 가북면 몽석리 선산에 안장되었다. 이러한 그를 보며 성장한 후학들은 박정기를 경북대 수학과가 세계 유수의 학과로 자리 잡도록 반석을 세운 '영원한 스승'이자 '경북학파의 정신적 지주'로 기억하고 있다.

참고문헌

일차자료

논문

몽석박정기선생회갑기념논문집간행위원회, 1975, 『몽석박정기선생
　회갑기념논문집』, 설출판사.

박정기, 1963, 「Skew bebel gears에 관한 수학적 고찰」, 경북대학교 박사
　학위 논문.

Pahk, Chung-Ki, 1971, "Notes on Localcompactification of some
　Topological spaces," *Kyungpook Mathematical Journal* 11-2,
　pp. 151-153.

Pahk, Chung-Ki, 1971, "Remark on Special Type of Mappings," *Kyungpook
　Mathematical Journal* 11-2, pp. 169-172.

Pahk, Chung Ki and Hong Oh Kim, 1974, "On Weak Continuous Functions
　into Hausdorff Spaces," *Kyungpook Mathematical Journal*
　14-2, pp. 239-242.

Pahk, Chung Ki and Hong Oh Kim, 1974, "On urysohn closed spaces and
　urysohn compact spaces," 《(경북대학교 교육대학원)논문집》 5,
　pp. 185-188.

Pahk, Chung Ki, 1974, "On Regular Compact Topological Spaces,"
　《(대한민국학술원)논문집: 자연과학편》 13, pp. 5-8.

Pahk, Chung Ki and Hong-Suh Park, 1976, "Hypersurfaces of a K-Spaces
　with Constant Curvature," 장기원 교수 추념 논문집 간행위원회,
　『장기원 교수 10주기 추념 논문집』, pp. 1-12.

Pahk, Chung Ki and Sung Gak Chang, 1976, "On the Associated Semigroup
　on a Topoligical Space," 《(대한민국학술원)논문집: 자연과학편》 15,
　pp. 1-8.

Pahk, Chung Ki and Suk-Geun Hwang, 1977, "On the Semi-Primary
　Spectrum of a Commutative Ring," 《(대한민국학술원)논문집:
　자연과학편》 16, pp. 1-6.

Pahk, Chung Ki and Chan Young Park, 1978, "The Homology Groups on the Open Pairs of Topological Spaces," 《(대한민국학술원)논문집: 자연과학편》 17, pp. 29-36.

박정기·조용승, 1979, 「Reflective Subcategory에 關한 考察」, 《(대한민국학술원)논문집: 자연과학편》 18, 1-8쪽.

Pahk, Chung Ki and Tae-Hwa Kim, 1980, "A functional calculus and numerical range for pseudo-complete locally convex algebras," 《(대한민국학술원)논문집: 자연과학편》 18, pp. 17-30.

Pahk, Chung Ki and Wee-Tae Park, 1981, "A Note on Common Fixed Point Theorems," 《(대한민국학술원)논문집: 자연과학편》 20, pp. 1-7.

Pahk, Chung Ki and Nak Eun Cho, 1982, "Complemented Annihilator A- algebras," 《(대한민국학술원)논문집: 자연과학편》 21, pp. 1-9.

Pahk, Chung Ki and Hye-Kyung Kim, 1982, "On Representation Semimodules over a Halfring," 《(대한민국학술원)논문집: 자연과학편》 21, pp. 11-18.

Pahk, Chung Ki and Moo Young Sohn, 1984, "A Characterization of Ideals in Near-Rings," 《(대한민국학술원)논문집: 자연과학편》 23, pp. 1-6.

Pahk, Chung Ki and Youn-Ok Kwon, 1984, "A Note on Gamma Rings," 《(대한민국학술원)논문집: 자연과학편》 23, pp. 7-13.

Park, Chung-Ki and Jae-Un Lee, 1989, "Isonorphism Classes of Generalized Cycle Permutation Graphs," 《(대한민국학술원)논문집: 자연과학편》 28, pp. 11-25.

Park, Chung Ki and Yong Seung Cho, 1991, "Yang-Mills Theory on Four Manifolds," 《(대한민국학술원)논문집: 자연과학편》 30, pp. 11-23.

|저서|

박정기·박을룡, 1953, 『미적분학연습』, 명성출판사.

박정기, 1955, 『완벽 중등 대수』, 계몽사.

박정기·엄상섭, 1957, 『(수험과 학습) 일반수학의 철저연구』, 수학사.

박정기·엄상섭, 1959, 『(수험과 학습) 해석의 철저연구』, 수학사.

박정기·엄상섭, 1960, 『대수』, 신흥출판사.

박정기·엄상섭, 1960, 『(대학교양) 수학』, 신흥출판사.

박정기, 1962, 『완벽 중등 기하』, 계몽사.

박정기·박을룡·엄상섭, 1966, 『(중학교) 수학 1-3』, 교학사.

기고/기사

박정기, 1976, 「우리나라 수학교육의 전망」, 《과학교육과 시청각교육》 147,
　　33-35쪽.

박정기, 1997, 「내가 만난 수학자들과 교수생활」, 『대한수학회사 (제1권)』,
　　성지출판, 156-162쪽.

인터뷰

선유정·문만용의 기우항 교수 인터뷰, 2018. 7. 24.

선유정·문만용의 박영수 교수 인터뷰, 2019. 7. 10.

이차자료

문만용·선유정·강형구, 2020, 「한국 수학사와 '경북학파'의 탄생:
　　경북대학교 수학 연구 전통의 형성과 발전」, 《한국수학사학회지》 33-3,
　　135-154쪽.

문만용 외, 2018, 「대구·경북 산업·과학 인적 유산 사업」, 국립대구과학관.

안재구, 2016, 「안재구 선생 회고록 '수학자의 삶' 1-11」, 《민플러스》.
　　www.minplusnews.com

이상구, 2013, 『한국 근대수학의 개척자들』, 사람의무늬.

경북대학교 자연과학대학, 2011, 『경북대학교 자연과학대학 60년사』.

몽석 추모위원회, 2011, 『예끼 이 사람아, 수학한다고 굶지 않아』, 10101.

나일성, 2004, 『서양과학의 도입과 연희전문학교』, 연세대학교출판부.

박세희, 1982, 「대한수학회의 35년」, 《대한수학회 회보》 18-2, 32-42쪽.

경대삼십년사편찬위원회, 1977, 『慶北大學校三十年史』,
　　慶北大學校出版部.

경북대학교, 1972, 『慶北大學校二十年史: 1952-1972』.

선유정·유상운

김옥준

金玉準 Ok Joon Kim

생몰년: 1916년 9월 14일~2004년 3월 29일
출생지: 강원도 강릉군 임정
학력: 도호쿠제국대학 암석광물광상학교실, 콜로라도광산대학 이학석사,
　　　　콜로라도대학 이학박사
경력: 서울대학교 교수, 중앙지질광물연구소 소장, 연세대학교 교수, 대한민국학술원 회원
업적: 아파치호 항공 지질탐사, 태백산지구 지하자원 조사사업, 한국 광산지질학 정립
분야: 지질학, 광산·자원지질학

연세대학교 교수 시절의 김옥준
『지질학 박사 김옥준, 열정적 삶의 기록』(2009)에서

김옥준은 1950년대에 한국인으로는 처음으로 미국에서 지질학 전공으로 박사 학위를 받았다. 귀국 후 그는 중앙지질광물연구소 소장으로서 아파치호 항공 지질탐사와 태백산지구 지하자원 조사사업을 이끌며 한국 지질 및 지하자원 조사의 기초를 닦았다. 또한 연세대학교 지질학과를 설립하고 한국광산지질학회를 창립하는 등 광산 및 자원지질학의 학문적 토대를 마련하고 사회적 인식을 높이고자 노력했다. 특히 원자력 광물과 석유 자원은 그가 역점을 기울인 중요 주제였다.

대관령을 넘어 경성제일고보와 도호쿠제대까지

김옥준은 1916년 강원도 강릉에서 아버지 김종석金鐘碩과 어머니 최금사崔琴史의 2남 2녀 중 장남으로 태어났다. 그의 할아버지는 말을 타고 강릉과 경성을 오가며 상업으로 큰 재산을 모았고, 아버지는 중간 규모의 지주였다. 특히 할아버지가 자손들의 신식 교육에 열의가 있어 손자들은 물론이고 손녀들도 모두 경성으로 보내 교육받도록 했다. 덕분에 누나 둘은 지방 출신으로는 드물게 이화학당을 다녔다. 교통이 불편하고 정보 전달이 원활하지 않았던 당시의 관동 지역 사정에 비추어 볼 때 이러한 조치는 놀랄 만한 일이었다.

1930년 강릉보통학교를 졸업한 김옥준도 경성제일고등보통학교(경성고등보통학교 후신)에 합격하여 누이들과 함께 경성에서 하숙하며 학교를 다녔다. 그는 경성제일고보 시절 조선인을 차별하는 일본인 교사들에게 당당히 맞서기도 했다. 1931년 3학년 학생들이 일본인 교장과 조선인 차별 교사 배척, ○○교육 반대(삭제된 채 신문에 기사화), 언론 집회 자유, 수업료 인하 등을 요구하며 동맹휴학을 했는데, 2학년인 김옥준도 동참했던 것이다. 졸업을 앞두었을 때 일본인 담임교사는 이런 그에게 장차 대학 진학은 불가능할 것이라고 엄포를 놓았다고 한다.

1935년 경성제일고보를 졸업한 그는 일본의 전문학교로 진학했다. 1922년 제2차 조선교육령으로 조선의 보통학교가 4년에서 6년으로, 고등보통학교가 4년에서 5년으로 바뀌면서 형식적으로는 일본과 조선의 학제가 동일해졌고, 이에 따라 1930년 무렵부터는 고등보통학교를 졸업하는 조선인도 일본의 고등학교나 전문학교로 곧바로 진학할 수 있는 자격이 생겼다. 물론 해당 학교에서 조선인 학생들의 선발을 제한하는 조치는 흔하게 일어났지만 김옥준은 전문학교 입학에 성공했다.

본래 김옥준은 문과 계통의 진로를 염두에 두고 와세다대학 문과를 희망했지만, 집안 어른들의 반대로 공과계인 아키다광산전문학교秋田鑛山專門學校에 진학했다. 아키다광전에는 채광학과, 야금학과, 광산기계학과, 연료학과가 있었는데, 그는 당시 금광 열풍으로 인기를 끌고 있던 채광학과를 선택했다. 1914년 첫 졸업생이 배출된 이래 1935년까지 아키다광전을 졸업한 조선인은 단 두 명이었으나 1934년에는 조선인 학생이 한꺼번에 세 명이나 그것도 채광학과에 입학했다. 이어서 김옥준이 입학한 1935년에도 다른 학과에는 조선인 학생이 없었지만 채광학과에는 국순만, 김용관, 백학영, 윤진하, 이재택이 함께 입학해서 유독 조선인이 많았다. 채광학과에는 기초과목으로 수학, 물리학, 화학, 화학분석, 광물학, 지질학 및 암석학, 광상학, 전공과목으로 채광학, 선광학, 측량, 야금학, 기구학, 화약학, 열기관학, 전기공학 등이 개설되어 있었다. 그는 학과 공부 외에 스키 선수로도 활약하여 일본 동부지방 대항 시합을 승리로 이끄는 데 큰 역할을 했다고 한다.

3년 뒤 아키다광전을 졸업한 김옥준은 1938년 후루카와古河광업회사 산하의 아시오동광산足尾銅鑛山에 취직해 채광 기술자로 근무했다. 그러나 큰 회사인데도 근무조건이 매우 열악했다. 지하 깊은 갱내에서 햇빛을 보지 못한 채 오랜 시간 일하며 식사도 그 속에서 해야 했다. 일본인 기술자는 갱내에 들어왔다가 금방 밖으로 나갔지만 그는 그렇지 못했다. 조선인 노동자와 일본인 감독관 사이의 갈등을 지켜보는 것도 힘겨웠다. 도호쿠제국대학 출신의 일본인 직장 상사는 이런 그에게 대학 진학을 권유했고, 그는 결국 대학에 가기 위해 아시오동광산을 그만두었다.

김옥준은 1941년 도호쿠제국대학東北帝國大學 이학부 암석광물광상학교실 입학시험에 합격했다. 1930년에 박동길이 졸업했던 바로 그 학교 그 학과였다. 이때 김옥준은 마츠바라 마사하야시松原正林로 창씨개명 한 상태였다. 대학에서는 암석학통론, 물리암석학, 화학암석학, 화산학, 광물학통론, 결정학, 금속광상학, 광물물리학 및 지리학개론, 응용지질학 등의 교과목을 이수했던 것으로 보인다. 일선 현장기술 중심의 채광학과 달리, 학술적 조사연구에 중점을 두는 지질광물학을 공부한 것이다. 그가 제출한 학부 졸업논문은 「일본 나가마쓰광산의 지

질과 광상日本永松鑛山の地質と鑛床」이었다. 이 무렵 메모에 그는 학문하는 분위기를 깊이 체험했다고 썼다. 김옥준은 전쟁으로 졸업이 반년 앞당겨지면서 1943년 가을에 도호쿠제대를 졸업했다.

졸업 후 바로 귀국한 그는 같은 해에 황해도 해주 출신으로 이화여자전문학교 가사과를 졸업한 이인영李仁英과 경성 정동제일예배당에서 결혼식을 올렸다. 이인영은 상해임시정부 군무총장과 국무총리를 지낸 독립운동가 노백린盧伯麟의 외손녀로, 아버지는 세브란스의학교(4회) 출신의 이원재, 어머니는 정신여학교를 졸업한 노숙경이었다. 이원재와 노숙경은 강릉에서 관동병원을 운영하고 있었는데, 한때는 만주 하얼빈에 고려병원을 개업하고 독립군에 군자금을 지원했던 것으로 알려져 있다.

귀국 후 김옥준의 첫 직장은 니폰제철日本製鐵광업주식회사의 경성 사무소로, 해방 전까지 약 2년간 그는 조선 전역의 광물을 개발하기 위한 지질조사를 담당했다. 회사에서 조선인 고등 기술자는 그가 유일했다. 니폰제철은 1934년 여러 제철소가 합병하여 설립된 철강트러스트였는데, 조선인 노동자 강제 동원으로 문제가 된 기업이다. 조선에서는 니폰제철 산하로 1934년 겸이포제철소가 편입되고, 1937년 선강銑鋼 관련 모든 공정을 갖춘 최대 규모의 일관제철소인 청진제철소 건설이 추진되면서 조선의 자원에 대한 대대적인 조사가 더 필요해졌다. 당시 광산에 취직하면 전쟁터로 끌려가는 징용을 면제받을 수 있었다. 일본에서 공부하느라 8년 만에 고국 땅을 밟은 김옥준은 전쟁 말기 "조선의 비참한 모습에 마음이 아팠다"(『지질학 박사 김옥준, 열정적 삶의 기록』, 2009)고 당시의 심경을 기록하기도 했다.

한국인 최초로 지질학 박사 학위 취득

1945년 해방이 되자 김옥준은 미군정청의 의뢰로 니폰제철의 인수인계를 담당하는 한편, 이듬해부터는 도쿄제대 출신 김종원의 주도 아래 홋카이도제대 출신 손치무 등과 함께 서울대학교에 지질학과를 설치하는 일에 앞장섰다. 김종원은 압록강 지역의 고생대 층서層序 연구에서 중요한 업적을 거두고 해방 직전에 경성제대 대륙과학연구소 교수로 임용된 인물이었다. 그는 해방 이후 큰 활약이 기대되었으나 1947년 47세의 나이로 일찍 세상을 뜨고 말았다. 서울대 지질학과 창립은 문리과대학 학장이 된 이태규의 도움으로 마무리되었고, 김옥준은 지질학과 전임강사로 임용되었다. 그러나 김옥준은 일제 말기 전시 상황으로 인해 대학원에 진학하지 못한 아쉬움을 풀기 위해 1949년 서울대를 떠나 미국 유학길에 오른다.

당시 미국 국제교육협회American Councils for International Education에서는 패전 일본에 대한 원조의 일환으로 피해 지역(한국, 일본, 중국) 국민 각 50명에게 장학금을 주는 제도를 운영했다. 이 선발 시험에 합격하여 2년간 전액 장학금을 받게 된 김옥준은 1949년 10월 콜로라도광산대학Colorado School of Mines 석사과정에 입학했다. 유학 첫해의 마지막 날을 보내면서 그는 다음과 같은 글을 남겼다.

학문적으로 보낸 올해 4개월 간이 고국에 있어서의 3~4년에 해당하는 듯하다. 나도 이곳에 와서 밤마다 기도드리면서 하나님의 도우심을 의지하고 있다. 공부에 매진할 것을 다짐하면서 처에게, 아이들에게, 부모님께, 그리고 장모님께, 또 나를 공부시켜주신 조부모님께 늘 감사드리며, 바른 지도를 빌었고 우리나라와 국민을 위하여 일할 수 있는 사람이 되어, 고국에 돌아가, 나의 사명을 감당하기 위해, 나는 열심히 공부하였다고 믿는다. 나의 역량 안에서 밤 12시. 잘 가거라 1949년이여. 거리에서 폭죽의 소리가 울린다. (1949. 12. 31. 12:00. Golden에서)

_ 이인영, 2009, 『지질학 박사 김옥준, 열정적 삶의 기록』, 충남대학교 출판부.

가족을 두고 이역만리로 떠나왔건만, 곧 한국전쟁이 발발했다. 그는 징병사무소를 찾아가 미군 입대를 자원했지만 연령 제한으로 뜻을 이루지 못하고 학교로 돌아왔다. 김옥준은 1952년 「콜로라도주 커스터 및 푸에블로 카운티, 웨트모어-불라 지역의 지질Geology of the Wetmore -Beulah area, Custer and Pueblo counties, Colorado」을 논문으로 제출하여 석사 학위를 받았다. 이 시기에 그는 비교적 가까운 거리에 있는 유타대학에 근무하고 있던 화학자 이태규를 만나 교류했으며, 자신의 멘토이기도 했던 이태규의 학문에 대한 열정과 지칠 줄 모르는 연구 의욕에 깊은 감명을 받곤 했다.

김옥준은 석사 학위 취득 후 귀국을 준비했지만, 가족의 만류로 미국에 남았다. 그가 공부하는 동안 아내 이인영은 홀로 한국에 남아 고군분투하며 어린아이들을 키웠다. 이인영은 남편이 미국에 더 머물며 연구하고 박사 학위를 취득하는 것을 개인의 영달보다는 나라를 위한

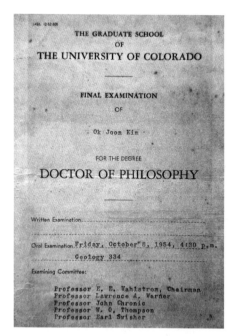

임무로 여겼다고 한다. 김옥준은 미 국무성 장학금을 받고 1952년에
콜로라도대학University of Colorado 박사과정에 진학했으며, 1954년 10월
한국인 최초로 지질학 박사 학위를 받았다. 학위 논문은 「콜로라도주
프런트 레인지에 위치한 홀 밸리 지역의 선캄브리아기 복합체Precambrian
complex of the Hall Valley area, Front Range, Colorado」였다. 선캄브리아기 변성암
류의 생성과정을 화학분석과 변성구조해석도법을 도입하여 야외 지
질현상과 비교연구한 이 논문은 보완되어 1959년《미국지질학회보
Bulletin of the Geological Society of America》에 지도교수와 공저로 실렸다. 그
의 지도교수는 하버드대학에서 박사 학위를 받은 어니스트 월스트롬

Ernest E. Wahlstrom으로 지질구조와 결정학 연구의 권위자였다.

아파치호 항공 지질탐사와 태백산지구 지하자원 조사사업

1954년 12월에 한국으로 돌아온 김옥준은 이듬해에 중앙지질광물연구소(지질광산연구소 후신으로 현재의 한국지질자원연구원) 소장으로 취임했다. 서울대로 돌아가려고 했으나 해외에 머문 기간이 2년 이상 지난지라 후임 교수가 이미 채용되어 있었다. 대신 서울대 대우교수로 출강했는데, 전임 소장인 박동길을 비롯한 지질학계의 지인들이 그에게 연구소 재건을 맡아 줄 것을 요청했던 것이다. 당시 연구소는 전쟁으로 완전히 파괴된 상태였고, 연구 인력은 모두 합해도 5~6명에 불과했다. 간판만 내건 채 명맥만 겨우 유지하고 있던 연구소는 김옥준의 소장 취임을 계기로 제 모습을 갖추기 시작했다. 연구 시설 도입 및 연구원 충원이 본격적으로 추진되었고, 1956년부터는 《지질광상조사연구보고》가 처음 발간된 후 꾸준히 이어졌다.

무엇보다 1958년 미국 지질학계 지인들의 설득과 도움으로 확보하게 된 미국 대외원조기구US Operations Mission의 재정 지원은 연구소 발전에 커다란 계기가 되었다. 200만 달러라는 거액의 지원금으로 두 개의 대형 조사사업을 추진할 수 있었고, 이 과정에서 조사 역량을 갖춘 인력과 조사 장비가 갖추어졌다. 1958년 11월부터 1959년 1월까지는 한미 공동으로 국내 최초의 항공 지질탐사를 수행했다. '아파치Apache호'라는 비행기로 남한의 중부, 동부, 서남부, 동남부의 약 4만 4660제곱킬로미터에 달하는 영역을 1마일 간격으로 탐사하며 자력磁力 및 방사능 이상대異常帶를 탐지하는 작업이었다. 이를 통해 발견된 100여 곳의 이상대에 대해서는 1959년 이후 수년간에 걸쳐 지표 지질조사 및 시추탐사가 실시되었다. 이러한 연구조사에 필요한 현미경, 분광분석, 화학분석, 방사능 측정, 항공사진, 선광, 중력 및 자력 탐사 등의 시설도 갖추어졌다.

《서울신문》에 실린 「나의 창조지대」라는 글은 과학 활동에 대한 그의 전망과 의지를 보여 준다.

> 나는 먼저 여러 사람의 힘을 모으는 데서부터 평범한 것을 시작하여 보려고 애쓰고 있다. 과학계에 있어서 19세기까지는 천재가 존재하였고 또 모든 사람이 인정하였지만 고도로 발달되고 세분화되어 전문화된 20세기의 과학계는 한 사람 한 사람의 종합된 힘만이 모든 것을 창조할 수 있는 것이다. 따라서 각자의 능력을 종합할 수 있도록 지도하는 것이 가장 중요한 일이며 이와 같은 지도는 전문적 지식 없이는 이루어지지 않는다. 나 자신 나의 전문분야인 지질학계에 있어서 이와 같은 능력이 있다고는 자부하지 않지만 우리의 사정으로 본다면 특출한 사람이 별로 없기에 나도 할 수 있다고 자부하는 것이 과연 그릇된 생각일까.
>
> _ 김옥준, 「나의 창조지대」, 《서울신문》 1959. 12.(이인영, 2009, 『지질학 박사 김옥준, 열정적 삶의 기록』에서 재인용).

이처럼 그는 연구소와 지질학을 발전시키기 위해서는 개인의 능력보다 팀워크가 중요하다고 보았고, 지질학 전문가로서 자신이 개개인의 능력을 종합하는 리더십을 발휘해 보리라 의지를 다졌다.

1961년 5.16 군사정변으로 정권을 잡은 박정희는 입법, 행정, 사법을 통괄하는 국가재건최고회의를 만들어 군정을 실시했다. 이들이 수립한 제1차 경제개발 5개년 계획(1962~1967)에 앞서 대한지질학회가 요구한 〈태백산지구 지하자원 조사사업〉이 추진되었다. 당시는 한국의 수출에서 광물이 차지하는 비중이 가장 높아 약 30%에 이를 때였다. 국가재건최고회의 기획위원회 국토건설분과 위원이었던 김옥준은 지하자원을 찾아 수출하는 것이 세계 최저 수준의 국내 총생산을 탈피하는 길이라고 강조했다. 사업비는 석탄, 철광, 석회석 조사비로 각각 3000만 환 내외를 책정하여 총 1억 1000여만 환이라는 큰 액수가 긴급히 배정되었다. 1961년 7월부터 12월까지 태백산 일대의 지질과 광상鑛床을 조사하여 지하자원의 매장량을 측정하고 그 개발 가능성을 종합적으로 타진하는 것이 목표였다. 예비 조사에 참여한 주한미국경제협조처(USOM) 광무국장 조지 하이크스George C. Heikes는 한국 기술진의 개발 의욕과 기술 역량이 우수하다고 평가하고 개발계획이 성공적으로 추진될 것으로 기대했다.

이 조사사업은 중앙지질광물연구소에서 명칭이 바뀐 국립지질조사소가 주관했고 그 책임자는 김옥준이 맡았다. 그는 지하자원의 발달상을 알기 위해서는 주요 광물 조사와 함께 지질조사를 병행하는 것이 필요하다고 판단했다. 조사단은 홋카이도제대 출신의 대한지질학회 회장인 최유구 단장을 필두로 6개의 지구반地區班과 특정광상대반(물리탐사 포함), 지화학반으로 구성되었으며 전체 참여 인력은 53명이

『태백산지구 지하자원 조사보고서 1-5』(1962)
전북대학교 제2도서관(김근배 촬영)

『태백산지구
지질도』(1962)
전북대학교
제2도서관(김근배 촬영)

었다. 이때 추진한 광역 지질조사는 우리나라에서 처음 시도된 것으로 대한지질학회 지질도 편찬위원회의 도폭圖幅 지질도 편찬 사업이 함께 이루어졌다. 이 사업을 통해 태백산지구 영월, 정선, 삼척 등 18개 지역의 도폭 지질도가 완성되었고 석탄, 철광, 석회석 3대 광물자원의 부존 상태가 밝혀졌다. 이 사업의 결과는 1962년에 『태백산지구 지하 자원 조사보고서 1-5』와 주요 광물별 부도附圖, 『태백산지구 지질도』 와 태백산 지역 1:50000 지질 도폭 19매 등으로 출간되었다. 지질학 계가 총동원되었던 이 사업은 언론에도 심심찮게 보도되었고, 지질학 에 대한 사회적 인식을 높이는 계기가 되었다.

'원자력 자원의 과학자'로서 지질학계 발전 선도

1960년대 초반, 김옥준은 국가적으로 이목이 집중되고 있는 원자력 광물 및 석유 탐사 등을 내세워 지질학의 유용성을 깊이 인식시키고 자 했다. 그는 이미 미국에서 돌아온 직후 1955년 서울대학교의 《문리 대학보》에 「Uranium(우라늄) 광상과 국내 산출 가능성」이라는 글을 게 재하며 우라늄 광산을 비롯한 원자력 광물에 관한 관심을 환기시켰다. 또 언론과의 인터뷰를 통해, 선진국들은 이미 원자력 자원 탐사에 힘 을 쏟고 있다면서 국내에서 아직 발견된 적은 없지만 우리나라에 매장 된 원자력 자원 조사에 힘쓰겠다는 각오를 밝히기도 했다. 1958년 대 한지질학회 학술강연회에서는 '원자력 광물 탐사에 관한 전망'이라는 주제로 연설했으며, 이듬해 동아일보사가 주최한 〈원자력사업 전망 좌담회〉(《동아일보》 1959. 1. 28.)에 원자력 전문가로 초청되어 참석하기도 했다. 그는 원자로가 도입되기 2년 전부터 원자력 자원 광물을 조사해 왔다면서, 당시까지 조사한 바로 경제성을 지닌 우라늄은 발견하지 못했지만 다른 방사성 물질인 토륨과 모나자이트의 매장이 확인되었고, 장차 발전용 원자로의 수요도 충당할 수 있을 것이라는 의견을 피력했다. 1959년에는 박동길 등과 함께 정부의 원자력 전문자문위원회 핵연료물자분과 위원으로 임명되었으며, 1962년에는 로버트 니닝거Robert D. Nininger가 쓴 『원자력의 광물Minerals for Atomic Energy』을 번역하여 출간했다. 이런 김옥준을 언론에서는 '원자력 자원의 과학자'라고 부르기도 했다. 한편 1961년에는 라디오에 출연해서 '지질학이 걸어온 길', '지구의 연령', '지구상에 살아온 생물들', '광산은 어떻게 찾는가?' 등을 주제로 대중 강연도 했다.

태백산지구 지하자원 조사사업이 마무리된 1962년 3월, 국가재건최고회의 의장 박정희가 지질조사소를 방문했다. 에너지 자원으로서의 무연탄에 많은 관심을 보인 그는 전폭적인 재정 지원을 약속하고 돌아갔다. 3개월 후 조사사업이 성공리에 끝나자 정부는 연구소 인원을 25명에서 220명으로, 연간 예산을 2000만 원에서 3억 원으로 대대적으로 늘려 주었다. 이는 창립 이래 연구소가 가장 획기적으로 도약하는 결정적 발판이 되었다. 아울러 서울대와 부산대 두 곳에만 있던 지질학과가 1960년대에 경북대(1961), 연세대(1965), 고려대(1969) 등 9개 대학으로 급격히 늘었다.

김옥준은 조사사업이 일단락될 무렵인 1962년 1월 지질조사소 소장에서 물러나야 했다. 소장 김옥준이 그의 친척과 결탁하여 부정하게

공사 입찰을 감행했다는 혐의 때문이었다. 그는 친척이 운영하는 한
국지질공업주식회사와 공모하여 시추탐광공사에 부정 입찰을 해 왔
으며, 삼척 및 강릉 탄전 시추탐광공사 등도 수의계약을 체결하여 국
고금을 손실케 했다는 지적을 받았다. 조사를 맡은 심계원(현재의 감사
원)은 김옥준에게 거금 5000만 환의 변상 판정을 내리고, 직권을 악용
하는 비행이 없기를 촉구했다. 이 일이 있은 지 2개월여 만에 그는 면
직 처리되었다. 하지만 이에 불복해 그는 법정 소송을 청구했다. 법원
과 고등법원에서는 패소했지만 대법원에 상고하여 1966년 최종적으
로 승소 판결을 얻어 냈다. 이로써 막대한 배상금은 물지 않게 되었지
만, 연구소 소장에서 쫓겨난 것은 되돌릴 수 없었다. 당시는 군부세력
이 들어서며 구정권의 위정자 및 고위직 인사들을 대대적으로 강압 조
사하여 부정 축재자로 내몰고 있을 때였다.

연구소에서 쫓겨난 뒤 갈 곳이 마땅치 않았던 그는 1962년 5월에
민간단체인 한국지하자원조사소를 설립하여 대표가 되었다. 국가적
조사사업의 여파로 탐광 열기가 달아오르던 시기이니만큼 광상 조사
와 지하수 탐사 사업에 나선 것이었다. 이때부터 그는 직접 광상 조사
와 지질 연구에 뛰어들어 많은 조사보고서와 연구논문을 발표했다. 경
상북도 봉화 장군의 망간 광상, 강원도 양양의 철 광상, 강원도 영월 상
동의 중석 광상 등을 발굴하고 이들 금속 광상의 생성원인을 규명했
으며, 구례의 규석, 동양과 청풍의 활석, 가평의 석면 등 비금속 광상도
조사 발굴했다. 또한 북평, 영월 및 단양 일대의 석회석 광상을 조사함
으로써 국내 시멘트 공업의 기초를 마련했다. 그 결과 쌍용양회의 영

월 및 동해 공장, 현대시멘트의 단양공장, 성신양회의 단양공장 등이 들어서게 되었다.

김옥준은 지질조사를 통해 이들 지역의 도폭 지질도를 작성했다. 또한 당시 국내 지질학계에서 생소했던 염기성선단basic front 개념을 도입하여 경북 봉화 일대에 분포해 있는 각성암의 성인成因을 밝혔다. 높은 온도에서도 각성암 같은 염기성 광물은 고체로 남아 마그마와 원암의 경계부에 집적된다는 것이다. 1963년 수행된 경북 울진의 평해 도폭 조사에서는 중생대 백악기에 이루어진 지층에 의해서 부정합으로 덮인 야외 화강암을 찾았다. 이는 당시까지 유일한 현생기 화강암으로 생각되었던 백악기 화강암 일부가 중생대 쥐라기 화강암임을 밝히는 배경이 되었다. 이외에도 제주도의 지하수 조사를 비롯하여, 태백선 철도 건설에 필요한 기초 지반 조사, 청평댐 건설을 위한 지반 조사 등을 수행했다.

왕성한 연구로 한국 광산지질학 발전에 기여

김옥준은 1965년 연세대학교 지질학과의 신설을 주도했다. 도호쿠제대 선배인 박동길과 장기원(수학), 이화여고 신봉조 이사장 등의 협조를 얻었다고 한다. 교수진으로는 최유구(홋카이도제대 지질광물학과 졸업), 윤석규(경성대 광상야금학과), 이대성(서울대 지질학과)이 참여했고 그도 1968년에 합류했다. 김옥준은 "지질학은 야외에서부터"라는 구호를 내세우며 학문 교육을 현장 답사와 밀접히 연결시키고자 힘썼다. 1962~1963년 회장을 맡는 등 대한지질학회 활동도 열심히 했는데,

1968년에는 학회가 나누어지는 것에 대한 주위의 반대를 무릅쓰고 학회 회원들의 뜻을 모아 별도로 한국광산지질학회를 결성했다. "조국 근대화의 과업 수행에 있어 광업개발"의 토대가 될 "광산지질학의 조사연구"를 목표로 한 학회라고, 발기 취지문에서 밝히고 있다. 명예회장으로는 박동길을 추대하고, 초대 회장은 연세대 지질학과의 최유구, 부회장은 광업개발주식회사의 문원주와 자신이 맡았다. 그는 광산지질학회 본부를 연세대에 두고, 새 학회의 활동을 주도했다.

학계로 돌아간 그는 연구와 교육 활동을 더욱 왕성하게 펼쳤다. 지질대의 구조와 층서, 마그마에 의해 일어나는 각종 화성火成 활동, 광상, 광상구 등을 연구해 광상과 지층의 생성 시기와 성인 등을 연구하는 이론 연구가 한 축을 이루었다. 그리고 광물 자원 및 탄전의 지질 조사, 지질도폭 조사와 같은 응용 및 기초 연구가 다른 한 축을 이루었다.

1969년에는 옥천계 지층에서 황강리 부근을 지나는 역단층을 밝혀내서 이를 경계로 고생대 이후의 퇴적층으로 된 옥천신지향사대와 선캄브리아기 지층이 주로 분포하는 옥천고지향사대를 구분했다. 1971년에는 화강암에 포함된 여러 성분 분석과 연대 측정을 통해 광상이 생성된 시기와 광상구의 설정이 가능하다는 점에 착안해 금속 및 비금속 광상의 분포를 조사하고 분석했다. 이를 통해 한반도 대부분의 광상이 쥐라기 내지 백악기 초에 형성되었음을 밝혀냈고, 화강암 시료에 대한 보다 정밀한 연대 측정으로 남한의 화강암체 형성 시기를 더 세분했다. 이때 연구에 필요한 칼륨-아르곤 연대 측정 장비가 없어서 도호쿠대에 있던 동창의 도움을 받았다고 한다.

1968년 한국광산지질학회 창립 회원들(앞줄 왼쪽 네 번째 최유구 회장, 다섯 번째 문원주 부회장, 일곱 번째 김옥준 부회장) 『지질학 박사 김옥준, 열정적 삶의 기록』(2009)에서

《동아일보》에 「대석회암통大石灰巖統 연구」라는 제목으로 그의 연구 계획이 크게 보도되기도 했다. 이 연구는 1968년부터 시작된 동아일보사와 인촌장학회가 후원하는 동아자연과학장려금 대상 주제로 선정되어 지원을 받았다.

그는 한반도 지각변동 양상을 밝히는 데도 기여했다. 쥐라기 초에서 백악기 초까지의 화강암이 어떤 과정을 거쳐 어떻게 형성되었는지 설명함으로써 지각변동의 시기 구분을 명확히 했다. 또한 남한의 선캄브리아기 지층군을 연구해 선캄브리아 지질 연구의 기초를 만들었으며, 한반도 지진과 관련한 지체地體의 구성과 상태를 분석하는 대규모 공동연구에도 참가했다. 이를 통해 그는 한반도의 지진 발생이 판구조

과학한국의 활력안-「대석회암통(大石灰巖統)」연구

강원 5천km² 층서·광물조사

… 이제까지의 지질학이 망치를 들고 산을 오르내리는 것으로 인식되었듯
이 지역에 대한 조사 역[시] 국부적(局部的)인 조사를 면치 못했다. … 이번
연구는 이 지역에 대한 층서이론을 확립하고 층서와 광상 성인(成因)과의
관련성을 밝혀 전국토에 대한 광물부존을 예측 가능케 한다. 그리고
이 지역의 시멘트 원료 제철용 용제(溶劑) 철 망간 중석 연 아연 형석의 분포를
확정지우려는 것이다. 이를 위해서 이제까지와는 전혀 다른 광역(廣域)조사를
시도, 지질구조 광상 암석층서 고생물 등의 분야로 나누고 특히 층서 결정에서
국제표준 지역과의 대비에 더없이 좋다는 화석 「코노돈트」*를 사용하고 있다.
김 교수를 중심으로 진행될 이 연구는 연대 지질학과의 윤석규 교수(광상)
이대성 교수(층서) 이하영 교수(고생물)가 공동 참여한다.

론에 따른 판의 운동과 긴밀하게 연관되어 있음을 확인하고, 활성단층의 존재도 밝혀냈다. 아울러 지진 재해에 대비하기 위해 관련 연구와 보다 정밀한 지체 연구가 필요함을 당국에 건의했다.

1978년에는 이란혁명에 따른 석유파동으로 '7광구에서 석유가 나오겠는가' 하는 것이 국가적 관심사로 떠올랐다. 7광구는 제주도 남쪽에 위치한 광활한 대륙붕 지대로 많은 양의 석유가 매장되어 있을 것으로 추정되고 있었다. 김옥준은 이미 1970년에 대륙붕 설정 세미나에서 발표한 「해저광물 자원의 탐사와 그 전망」에서 석유의 존재 가능성과 그 과학적 탐사를 주장한 적이 있었다. 하지만 1976년 영일만에서 석유가 나왔다는 소식에 대해서는 탐사와 시추 등 정확한 조사가 필요하고 벌써부터 흥분할 단계는 아니라는 입장을 취했다. 언론 보도에 따르면 7광구의 매장량 추산은 최소 3억 3800만 톤에서 최대 50~100억 톤에 이르기까지 다양했다. 김옥준은 7광구는 석유가 생산되고 있는 대만의 제3기층이 연결된 것으로 지질학적 근거에 의하면 석유 존재 가능성이 있는 것은 사실이나, 석유 매장에 결정적 영향을 미치는 저류암의 성질과 두께를 조사하기 위한 시험 및 시추가 이루어지지 않은 상황에서 매장량을 운운하는 것은 시기상조라고 지적했다. 또한 석유 생산에 대한 관심 못지않게 석유 소비를 줄이고 대체에너지 개발에 힘쓸 것을 주장했다.

1980년에는 박정희 대통령 시해 사건 이후 신군부 세력이 등장하

---

* Conodont. 뱀장어를 닮은 멸종된 척추동물

면서 대학생들의 시위가 격화되었다. 이때 김옥준은 연세대 이과대학 학장이었다. 5월 계엄령 선포와 함께 대학은 휴교에 들어갔다가 9월에 개학했다. 하지만 대학생들의 시위는 수그러들 줄 모르고 다시 불붙기 시작했다. 연세대에서도 학생들이 정부를 비방하는 유인물을 배포하고 시위를 벌이는 등 소요 사태가 발생했다. 그러자 신군부 세력은 총장과 부총장의 사표를 받고 주동 학생들이 소속된 단과대학 학장을 해임하는 등의 강경 조치를 취했다. 마침 주동 학생의 일부가 이과대학 학생이어서 김옥준은 이 일로 문과대, 상경대 학장과 함께 자리에서 물러났다.

한국인 미국 지질학 박사 1호인 김옥준은 특히 귀국 초기에 각종 국제회의에 참가해 한국 지질학계를 대표하는 역할을 맡곤 했다. 그는 활동을 지속한 1990년대 초까지 거의 매년 1회 이상 국제 학술대회에 참가했다. 첫 국제회의는 박동길의 추천으로 참가한 1956년 5월의 아시아 및 극동아시아경제위원회(ECAFE) 제3차 광업개발 분과위원회 및 지질학자회의였다. 도쿄에서 열린 이 회의에 한국 대표로 참석한 그는 한국의 지층명이 일본어 발음으로 로마자화된 것(이를테면, '상원祥原'이라는 지명을 일본식 발음인 'Shogen'으로 등록)의 문제를 강하게 지적하여 결국 시정안을 이끌어 냈다. 과거 자신들이 사용하던 일본식 발음으로 계속 부를 것을 요구하는 일본인들에게 그는 지층명은 그것이 유래된 국가 고유 발음을 따르는 것이 원칙이라고 맞섰다. 이 일은 한국 지질학계의 적극적 지지와 환영을 받았다. 1956년 8월에는 멕시코에서 열린 제20차 국제지질학회에 참가했는데, 한국인으로서는 최초였다. 1979년에는 이태규의 추천으로 그의 뒤를 이어 태평양과학자회의Pan-Pacific Science Congress의 한국 대표이사를 맡았다.

김옥준의 학문적, 사회적 기여는 다양하게 인정받았다. 1959년에는 서울시 문화상(자연과학)을 받았고, 1960년에는 대한민국학술원 회원으로 선정되었으며, 1970년에는 국민훈장 동백장을 수상했다. 1972년에는 대한민국학술원 저작상을 받았고, 1974년에는 대한지질학회의 운암지질학상을 받았다. 그의 정년퇴임을 기념하여 이듬해인 1982년에는 제자들이 총집결하여 집필한 『한국의 지질과 광물자원』을 출판했다. 1991년에는 소련의 요청을 받은 과학기술처가 소련과학아카데미 회원으로 최형섭과 김옥준을 추천했다. 1996년에는 성곡학술문화상을 받았는데 그는 이 상금을 한국광산지질학회의 후신인 대한자원환경지질학회에 기부하여 김옥준상 기금을 만들었다. 이 상은 1998년부터 현재까지 자원환경지질 분야에서 탁월한 학술 업적 또는 창조적인 기술개발을 이룬 연구자에게 수여되고 있다. 그는 2004년에 세상을 떴고, 강릉시 제비리 선산에 안장되었다.

김옥준은 지질광물연구소 소장으로서 전국 주요 지역에 대한 아파치호 항공 지질탐사와 태백산지구 지하자원 조사사업을 이끌어 한국의 지질구조 해명과 자원조사, 핵심 광산업의 기초를 닦았다. 연구소가 본격적으로 발전하게 된 것은 그로부터 비롯되었다. 그는 110여 편의 논문, 보문, 지질도 등을 발표하고 10권의 책을 출간했으며 연세대 지질학과를 세워 우수한 제자들을 많이 양성했다. 또한 지질학의 학문적 발전과 더불어 산업적 유용성을 증진하고 통합하고자 힘썼다. 당시 한국의 열악한 상황에서 광산지질학은 그가 제시한 국가 발전의 새로운 방향이었다. 그의 정년퇴임을 맞아 지질학계의 동료와 제자가 그간의 성과를 집대성한 『한국의 지질과 광물자원』은 그 결정판이었다.

참고문헌

일차자료

이인영, 2009, 『지질학 박사 김옥준, 열정적 삶의 기록』, 충남대학교 출판부.

논문

김옥준, 1946, 「함백탄광 조사보문」.

김옥준, 1949, 「하동 고령토 광상 조사보문」.

Kim, Ok Joon, 1952, "Geology of the Wetmore-Beulah area, Custer and Pueblo counties, Colorado," Master's Thesis: Colorado School of Mines.

Kim, Ok Joon, 1952, "Pennsylvanian reef limestone, Terry County, Texas," *Quart. Colorado School of Mines* 47-2.

Kim, Ok Joon, 1954, "Precambrian complex of the Hall Valley area, Front Range, Colorado," Doctoral Dissertation: University of Colorado.

김옥준, 1955, 「Uranium 광상과 국내 산출 가능성」, 《(서울대학교) 문리대학보》 3-2, 193-203쪽.

김옥준, 1956, 「미국 콜로라도 푸론트 레인지의 홀 계곡지역의 캄브리아 지층에 대하여」, 《(서울대학교)논문집》 4, 283-405쪽.

김옥준·이종혁, 1958, 「함백탄전의 지질구조」, 《지질광상연구보고》 2.

김옥준·윤석규·박노영, 1958, 「양양철광산 조사보고」, 《지질광상연구보고》 2.

Wahlstrom, Ernest E. and Ok Joon Kim, 1959, "Precambrian Rocks of the Hall Valley area, Front Range, Colorado," *Geological Society of America Bulletin* 70-9, pp. 1217-1244.

김옥준·박희인, 1962, 「강원도 영월군 서면 석회석광상 조사보고(쌍용양회 영월공장)」, 《지질광상연구보고》 6.

김옥준 외, 1968, 「남미 베네즈에라 광산조사 보고서」, 《지질광상조사연구보고》 10, 33-68쪽.

김옥준, 1968, 「충주 문경 간의 옥천계의 층서와 구조」, 《광산지질》 1-1, 35-46쪽.

김옥준, 1969, 「제주도 수자원의 특수성과 개발 방안」, 《광산지질》 2-1, 71-80쪽.

김옥준, 1970, 「남한 중부지역의 지질과 지구조」, 《광산지질》 2-4, 73-90쪽.

김옥준·박희인, 1970, 「상동광산의 지질광상 조사보고」, 《광산지질》 3-1, 25-34쪽.

김옥준, 1970, 「남한의 금은광 광상구(鑛床區)」, 《광산지질》 3-3, 163-168쪽.

김옥준, 1970, 「"옥천층군의 지질시대에 관하여"에 대한 회답」, 《광산지질》 3-3, 187-192쪽.

Kim, Ok Joon, 1971, "Metallogenic Epochs and Provinces of South Korea," 《지질학회지》 7-1, pp. 37-59.

김옥준, 1971, 「남한의 신기(新期) 화강암류의 관입 시기와 지각변동」, 《광산지질》 4-1, 1-9쪽.

김옥준·이하영·김서운·김수진, 1971, 「포항-울산 간의 점토 자원의 지질과 그의 물리화학적 특성연구」, 《광산지질》 4-4, 167-215쪽.

Kim, Ok Joon, 1971, "Geologic Structure and ore deposits of Sangdong Scheelite Mine," *Soc. Min. Geol. Japan* Special Issue 3, pp. 144-149.

Kim, Ok Joon, 1972, "Precambrian geology and structure of the central region of South Korea," 《광산지질》 5-4, pp. 231-240.

김옥준·이하영·이대성·윤석규, 1973, 「남한 대석회암통(大石灰岩統)의 층서와 지질구조」, 《광산지질》 6-2, 81-114쪽.

김옥준, 1973, 「경기 육괴(陸塊) 서북부의 변성암 복합체의 층서와
지질구조」, 《광산지질》 6-4, 201-218쪽.

Kim, Ok Joon and Ha Young Lee, 1973, "The Stratigraphy and Geologic
Structure of the Great Limestone Series in Kang-weon-do, South Korea,"
《(대한민국)학술원논문집》 12, pp. 139-170.

Kim, Ok Joon, 1974, "Geology and tectonics of South Korea," *CCOP
Technical Bulletin* (United Nations ESCAP) 8, pp. 17-37.

김옥준·김규한, 1975, 「함탄층내(含炭層內)의 Chiastolite-shale의 개발
이용에 관한 연구」, 《광산지질》 8-3, 135-146쪽.

Kim, Ok Joon, 1975, "Evolution of the Okchon Orogenic Belt Inferred
from Structural Viewpoint," *Proceedings of International Symposium of
the National Academy of Sciences in Republic of Korea*, pp. 415-438.

Kim, Ok Joon, 1976, "Mineral Resources of Korea: Minerals," *American
Association of Petroleum Geologists(AAPG) Memoir* 25, pp. 440-447.

김옥준·김규한, 1976, 「옥천지향사대내(沃川志向斜帶內)에 분포하는
염기성암류의 암석학적 연구」, 《광산지질》 9-1, 13-26쪽.

김옥준, 1976, 「세계의 지질학의 연구방향과 우리나라 지질학의 미래」,
《광산지질》 9-2, 107-112쪽.

Kim, Ok Joon, 1978, "On the Genesis of the Ore Deposits of Yemi District
in the Taebaeksan Metallogenic Province," 《학술논문집(연세대학교
자연과학연구소)》 2, pp. 71-94.

Farrar, E., A. H. Clark, and O. J. Kim, 1978, "Age of the Sangdong tungsten
deposit, Republic of Korea, and its bearing on the metallogeny of the
southern Korean Peninsula," *Economic Geology* 73-4, pp. 547-552.

김옥준·윤정수, 1980, 「상부(上部) 옥천층의 암석학적 및
지구조적(地構造的) 해석에 관한 연구」, 《광산지질》 13-2, 91-103쪽.

민경덕·김옥준·윤석규·이대성·주승환, 1982, 「한국 남부의 백악기 말
이후의 화성 활동과 광화작용에 대한 판구조론의 적용성 연구 (I)」,
《광산지질》 15-3, 123-154쪽.

김옥준·이대성·정봉일, 1984, 「서울 지하철 부지 일대 암석의 암석학적 및 암석 역학적 기준설정을 위한 연구」, 《광산지질》 17-1, 57-78쪽.

김옥준·박봉순·민경덕, 1985, 「옥천대의 지질 및 광물자원에 관한 연구: 평창-영월-제천 지역의 지질구조」, 《광산지질》 18-4, 369-379쪽.

김옥준, 1987, 「지질·광물계열의 천연기념물 추천 대상물에 관한 설명」, 《자연보호》 43, 8-12쪽.

김옥준·민경덕·윤석규·이대성·주승환, 1988, 「한국 남부의 백악기 말 이후의 화성활동과 광화작용에 대한 판구조론의 적용성 연구 (II)」, 《지질학회지》 24 특별호, 11-40쪽.

보고서

국립지질조사소, 1962, 『태백산지구 지하자원 조사보고서 1-5』, 대한지질학회.

국토건설청, 1962, 『태백산지구 지하자원조사 기본보고서 1-5』, 국토건설청.

김옥준 외, 1980, 「한반도의 지진지체구조 분석에 관한 연구」, 과학기술처.

저역서

김옥준 외, 1956, 『자연과학』, 을유문화사.

손치무·권영대·김옥준·김봉균·윤석규, 1956, 『지학』, 장왕사.

김옥준 역(로버트 R. 슈락크 저), 1961, 『성층암의 층서(Sequence in Layered Rocks)』, 한국번역도서.

김옥준 역(로버트 D. 니닝거 저), 1962, 『원자력의 광물(Minerals for Atomic Energy)』, 대한교과서.

국채표·김옥준·윤동석, 1968, 『지학』, 동아출판사.

김서운·김옥준·이대성·이하영 외, 1972, 『현대 지구과학』, 진명문화사.

김옥준·나일성·박봉순 외, 1979, 『지구과학』, 동아출판사.

김옥준 역(A. 할램 저), 1981, 『지구과학의 혁명(A Revolution in the Earth Sciences)』, 학술원.

김옥준·나일성·조희구 외, 1983, 『지구과학 I·II』, 동아출판사.

나일성·김옥준·조희구 외, 1993, 『과학 I 하』, 동아출판사.

기고/기사

「원자력사업의 전망 좌담회」,《동아일보》1959. 1. 28.

김옥준, 「과학자의 꿈」,《동아일보》1960. 3. 18.

「태백산지구 답사기」 상·중·3·4,《조선일보》1961. 7. 10.-13.

김옥준·이민재·국채표, 1965, 「자연개발의 확장」,《신동아》5, 237-249쪽.

「과학한국의 활력소-대석회암통 연구」,《동아일보》1970. 4. 9.

김옥준, 「한국 해저 탐사와 그 전망」,《조선일보》1970. 10. 14.

김옥준, 「광물자원 탐사의 그 전망」,《매일경제》1970. 10. 14.

김성두·김옥주, 1970, 「석유한국과 대륙붕〈대담〉」,《세대》8, 63-69쪽.

김옥준, 1971, 「지질학자로서 대한탄광협회에 요망하는 사항」,《탄협》3,
    35-39쪽.

김옥준, 「광업기술정책-산학협동정신 결여」,《매일경제》1971. 6. 19.

김옥준, 1971, 「남한의 광상 생성시기와 광상구」,《연세논총》8,
    261-262쪽.

김옥준, 「제언 지질학의 기초연구와 자원탐사 위해 지질연구소의 독립
    존속을」,《동아일보》1972. 6. 23.

김옥준, 1972, 「국내 Energy의 현황과 지하자원 개발의 특이성」,
    《과학과 기술》5-9, 31-33쪽.

김옥준·소칠섭·손치무·정봉일, 1973, 「지구의 수명」,《월간중앙》62,
    320-329쪽.

김옥준, 1975, 「지하자원 개발과 응용지질학」,《과학과 기술》8-12,
    48-49쪽.

김옥준, 1976, 「부존자원 개발과 한국의 우라늄」,《과학과 기술》9-2,
    26-30쪽.

김옥준, 1976, 「광물자원의 개발과 탐사: 지하자원의 탐사와 개발에 따르는
    문제점들」,《세대》14, 124-128쪽.

「우라늄 부존 가능지역 옥천계 지층 구조 논의」,《매일경제》1976. 11. 13.

김옥준, 1979, 「남해 대륙붕에 대한 지질학적 고찰, 고유가 시대에
    대처하는 길〈특집〉」,《계간석유》1-1, 30-34쪽.

김옥준, 1981, 「원로과학자의 증언-선의의 경쟁있어야 학문 발전 있다」,
《과학과 기술》 14-7, 50-53쪽.
박택규, 1994, 「원로와의 대담: 서울대 지질학과 창설 주역 김옥준 박사」,
《과학과 기술》 27-6, 82-84쪽.

이차자료

원정현, 2019, 「해방 후 한국 지질학의 발달: 일제강점기 지질학 극복
과정을 중심으로」, 《한국과학사학회지》 41-3, 313-351쪽.
김옥준교수 정년퇴임기념지 편집위원회, 1982, 『김옥준교수 정년퇴임기념
한국의 지질과 광물자원』, 연세대학교 지질학과 동문회.

김근배·이정

이민재

李 敏 載 Min Jai Lee

생몰년: 1917년 3월 15일~1990년 12월 27일
출생지: 함경북도 회령군 회령읍 1동 100
학력: 경성약학전문학교, 홋카이도제국대학 식물학과, 홋카이도대학 이학박사
경력: 만주국 대륙과학원 연구원, 서울대학교 교수, 문교부 차관, 아주공과대학 학장,
    강원대학교 초대 총장
업적: 한국 식물학 연구 전통 수립, 해양학·미생물학 학과 설치, 선구적 자연보존활동
분야: 생물학~식물학, 식물생리학

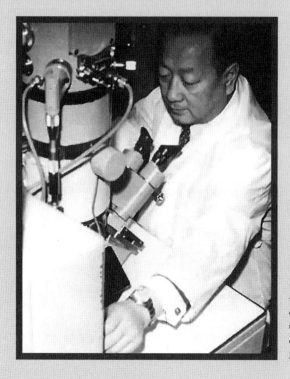

1969년 서울대학교
식물학과 재직 시절
이민재
『자연과 인간: 창암
이민재박사 글
모음』(1993)에서

한국의 식물학이 전통적인 분류학에서 생리학, 세포학, 발생학, 유전학, 생태학 등과 같은 현대적인 분야로 전환하게 된 것은 이민재에 의해서였다. 그는 서울대 식물학과를 이끌며 새로운 연구 전통을 확립했고, 이 과정에서 해양학과 미생물학이 독립적인 학문 분야로 분리 발전하는 데 기여했다. 한국의 자연보존단체 결성과 자연보호헌장 제정에도 선구적인 역할을 했으며, 문교부 차관과 강원대 총장 등을 역임하면서 한국의 대학 교육 개선에도 일조했다.

외교관을 꿈꾸던 학생이 식물학자로 성장하기까지

이민재는 1917년 함경북도 회령에서 이용석李容碩과 윤선정尹善貞의 2남 1녀 중 차남으로 태어났다. 원래 그는 쌍둥이였지만 어린 시절 다른 한 명이 사망해 자신은 두 몫의 일을 해야 한다는 말을 종종 했다고 한다. 회령은 중국과 인접한 국경지대로 조선인은 물론 일본인, 중국인도 들어와 섞여 사는 독특한 곳이었다. 그의 집안은 조부모 때부터 대대로 기독교 집안이었다. 아버지 이용석은 한성사범학교를 졸업하고 회령보통학교 교사를 하다가 북간도 용정龍井으로 이주해 일본인이 경영하는 업체에서 일하며 사업 경험을 쌓았다. 그런 다음 직접 경신양행敬信洋行을 차려 포목상을 운영했는데, 크게 번창했다. 그 뒤 이용석은 만주 일대에서 발간한 친일 성향의 국문 일간지《만선일보滿鮮日報》를 비롯해 7~8개의 사업체를 운영하는 사업가로 변신했으며, 함북도의회 의원으로도 활동했다. 경성방직을 확장하여 만주에서 방직 회사를 운영하던 김연수와도 친분이 있었다.

이민재는 북간도에서 유치원을 거쳐 1925년 용정중앙학교에 들어 갔다. 그는 이때 스케이트를 탔고 테니스와 야구도 했다. 윤해영의 시 〈용정의 노래〉에 조두남이 곡을 붙인 노래 〈선구자〉에 나오는 일송정 은 용정 근교의 나지막한 산에 서 있던 정자를 닮은 소나무 이름이고, 그 아래로 해란강이 흐른다. 이민재가 자란 곳의 풍경이다. 그는 가족 이 이사를 함에 따라 5학년을 마치고 회령보통학교로 전학했는데, 어 디를 가든 사람을 잘 사귀어 친구가 많았다고 한다.

1931년 보통학교 졸업 후에는 아버지의 권유로 일본인이 다니는 나남중학교羅南中學校로 진학했다. 조선인은 매년 2~3명 정도만 극소 수로 뽑는 일본인 학교였다. 훗날 그의 회고록에 수록된 「나의 교우 기」에 따르면, 어린 두 아들을 병으로 잃은 아버지는 백일해와 늑막염 을 심하게 앓은 적이 있는 그의 건강을 우려해 위생 시설이 좋은 도시 로 보내고자 이 학교를 고집했다고 한다. 그는 중학교에 가서도 육상, 야구, 농구, 럭비, 정구, 스케이트, 검도 등 만능 운동선수로 활동하며 학교의 주요 기록을 갈아치웠고, 공부와 운동을 모두 잘하는 유명 인 사로 학교에서 가장 인기 있는 학생이었다. 또한 그는 100여 명으로 이루어진 회령유학생친목회에 참여하며 타지에서 공부하는 고향 출 신의 학생들과 친하게 어울렸다.

그의 집에는 온갖 책들이 가득 차 있는 서재가 갖추어져 있었다. 아 버지는 돈을 넉넉하게 보내 주며 "아끼지 마라, 쓰라고 보내는 돈이다"라고 했고, 그때마다 이민재는 책을 사 모았다. 그의 꿈은 정치학이나 경제학을 공부하여 외교관이 되는 것이었다. 그러나 아버지는 "조선 사람은 큰 실업가가 될 수 없고 정치가도 될 수 없으니 약간의 자금으로 자립할 수 있는 안전한 직업을 선택하는 것이 좋다"(『제삼 창암문집』, 1990)고 조언하며 약학을 권했다. 공부든 운동이든 다 잘하며 자신감이 충만했던 그로서는 민족적 비애를 느꼈다고 한다. 하지만 당시는 아버지의 건강 상태도 좋지 못한 상황이라 아버지 뜻을 따르기로 결심하고 물리와 화학 등을 열심히 공부했다. 1936년 그는 중학교 5년 과정을 마치고 경성약학전문학교에 진학했다. 경성약전은 조선인과 일본인이 같이 다니는 사립 공학 학교였으나 조선인은 20% 내외에 불과했다.

이민재의 학적부를 보면, 1학년 때는 국민도덕, 교련체조, 독일어, 영어, 수학, 물리학, 무기화학, 무기약품제조학, 유기화학, 광물학, 약용식물학, 분석화학, 2학년 때는 국민도덕, 교련체조, 독일어, 영어, 라틴어, 무기약품제조학, 유기화학, 유기약품제조학, 위생화학, 세균학, 재판화학, 생약학, 화학기계학, 3학년 때는 윤리학, 교련체조, 독일어, 영어, 생약학, 약국방藥局方, 조제학, 생리학, 약리학, ○○기약품화학(학적부에서 글자 해독 곤란), 이론화학, 약사법령藥事法令, 상품학 등을 이수했다. 성적은 학년이 올라갈수록 좋아졌고, 상위권을 유지했으나 아주 우수한 편은 아니었다.

경성약전 재학 시 한동안은 학업에 흥미를 느끼지 못하고 운동에만 전념했다. 일본인 중학교를 다녔던 그는 경성약전 초기에는 일본

어만 사용하고 일본인들이 주로 하는 운동부에 참여하여 조선인 학생들이 그를 일본인으로 알 정도였다고 한다. 그러다가 2학년 때 유일한 조선인 교수였던 도봉섭都逢涉을 만나면서 식물학에 관심을 갖게 되었다. 도봉섭은 도쿄제국대학 약학과를 졸업한 약용식물학자로, 천일약방의 후원을 받아 계농생약연구소啓農生藥研究所를 세워 운영 중이었다. 훗날 이민재는 이때를 회고하며, "당시 식물학에 대한 관심은 개인적 성미에 맞았다기보다 일본인 속에서 고군분투하는 도봉섭에 대한 인간적인 동정에서 시작되었다"(『제삼 창암문집』, 1990)고 밝혔다. 그는 이 무렵부터 원래 품고 있던 대학 진학의 꿈도 되살렸다. 아버지의 사업도 번창하고 있었기 때문이다.

당시까지만 해도 경성약전을 졸업하고 제국대학 본과에 진학한 사례는 없었다. 도쿄제대 약학과에 선과로 들어간 경우는 소수 있었는데, 조선인으로는 심학진, 이남순이 있었다. 아버지는 아들이 경성약전을 졸업하면 제약회사를 세울 계획이었지만, 아들의 설득에 대학 진학을 허락했다. 학업 성적이 제국대학 합격을 보장할 정도일지는 미지수였으나 그는 과감히 도전하기로 했다. 1939년 경성약전 졸업과 동시에 일본 도쿄로 간 이민재는 아키다광산전문학교를 나온 회령 출신의 홍만섭을 만나 대학 입학시험을 함께 준비했다. 도호쿠제대 암석광물광상학교실에 들어간 홍만섭은 나중에 이민재가 결혼할 때 들러리를 서 주기도 했다.

이민재는 1년의 준비를 거쳐 1940년 일본 홋카이도제국대학北海道帝國大學 식물학과에 입학했다. 같은 과 신입생은 그를 포함하여 총 네 명이었는데, 그중에는 히로시마고등사범학교를 나와 교사로 근무하던 조선인 선우기도 있었다. 당시 홋카이도제대는 학생 수급의 어려움 때문에 전문학교를 졸업한 방계 출신을 적극 받아들여 조선인 학생이 늘고 있었다. 이들은 북우회北友會라는 조선인 유학생 모임을 만들어 어울리며 친하게 지냈다. 1년 뒤에는 동물학과에 강영선, 식물학과에 김삼순이 입학해 합류했으며, 이들의 인간적 우정과 학문적 교류는 해방 이후까지 긴밀히 이어졌다.

홋카이도제대에는 염색체 연구의 권위자들이 교수로 있었다. 동물학과의 오구마 간小熊捍과 식물학과의 마쓰우라 하지메松浦一가 대표적인 인물이었다. 그들은 직접 연구한 내용을 중심으로 강의했고, 이민재는 깊이 있는 대학 강의에 심취하여 관련 실험법에서부터 생물철학에 이르기까지 두루 관심을 기울였다. 공부를 위해 좋아하던 운동도 일체 그만두었다. 1학년 때 아버지가 갑자기 사망하면서 아버지가 운영하던 사업체의 경영 문제가 심각해졌지만, 그는 사업체를 어느 정도 안정화시킬 방안을 강구한 뒤 계속 학업에 정진했다. 당시 식물학과에는 식물생리학, 식물형태학, 식물분류학 이렇게 3개의 강좌가 있었다. 이민재는 남들이 하지 않는 분야인 데다 자신이 공부한 약학과도 관계가 있었기 때문에 사카무라 데쓰坂村徹가 이끄는 식물생리학을 전공하기로 했다. 이 연구실에서 운영하는 세미나는 다른 학과의 교수와 학생들까지 참석할 정도로 유명했다고 한다.

졸업을 앞두었을 때 그는 지도교수를 찾아가 앞으로의 진로를 상의했다. 집안 사정을 이야기하고 만주로 갔으면 좋겠다는 뜻을 밝히자

1941년 홋카이도제국대학 조선인 학생들(둘째 줄 가운데 이민재, 셋째 줄 여학생 김삼순)
『제삼 창암문집』(1990)에서

홋카이도제국대학 재학 시절 이민재가 만든 자신의 염색체 사진(×1300)
『제삼 창암문집』(1990)에서

교수는 대륙과학원大陸科學院을 추천해 주었다. 또한 현대과학은 측정할 수 있는 척도를 마련하는 것이 중요하다면서 온도와 압력을 기준으로 식물의 생리를 탐구하는 문제에 주목해 볼 것을 권했다. 그러나 당시에는 압력을 제어할 수 있는 실험 설비를 구할 수 없었기 때문에 그는 온도와 관련 있는 독창적인 연구를 염두에 두었다. 마침 만주의 대륙과학원에 저온실험실이 신설된다는 소식이 들렸다. 영하 88도까지 온도를 낮출 수 있는 세계 최초의 시설이라고 했다.

이민재는 만주국 고등문관시험(기술관)을 치러 합격하고, 1942년 홋카이도제대를 졸업했다. 이후 그는 제15기로 만주국 국무원 대동학원大同學院에서 약 10개월간 고위관료 연수과정을 거쳤다. 이민재는 이때도 검도 선수로 명성을 날렸고 공인 3단의 자격을 얻었다. 그의 대동학원 조선인 동기 중에는 장차 국무총리와 대통령을 역임하게 되는 최규하가 있었다. 당시에는 제국대학 졸업자 등 상당수 조선인이 상대적으로 민족 차별이 심하지 않았던 만주국을 새로운 기회의 땅으로 여겨 대동학원을 거쳐 갔다. 이민재는 관리보다는 연구자의 삶을 택해 신징新京(현재의 長春)에 위치한 대륙과학원 근무를 자청했고, 1943년 7월부터 저온실을 갖추고 있던 대륙과학원에서 식물의 내한성耐寒性 연구에 집중할 수 있었다. 당시 이러한 시설을 구비한 연구소는 대륙과학원이 거의 유일했는데, 관동군이 대소련 작전 시 발생할 수 있는 저온 문제를 연구하기 위해서였던 것으로 보인다. 이민재는 이 시기에 리노이에李家敏載로 창씨를 했다.

그는 부연구관副硏究官 자격으로 세 명의 연구사를 데리고 연구를 진행하는 한편, 법정대학法政大學과 신징의과대학新京醫科大學에서도 강의했다. 대륙과학원 생활 초기에는 홋카이도제대 시절부터 관심 있었던 식물의 내한성과 관련된 식물생리학을 연구했다. 그러나 점차 상관의 지시로 그가 전공하지 않은 육종을 비롯하여 대체식물 개발, 벼 다수확, 유전체 분석, 곡물 저장 등 다양한 분야의 연구를 수행해야 했다. 1944년 초에는 만주에서도 전시 연구 동원이 내려져 그도 관동군으로부터 〈특15호 지정연구〉라는 비밀 연구를 하달받았다. 해외에서 수입하는 생고무를 대체할 식물을 찾아내는 과제였는데, '넓은잎대극'이라는 식물의 뿌리가 그 함량이 높다는 것을 밝히기도 했다. 또한 다양한 연구를 토대로 몇 편의 논문을 작성하여 여러 학술지에 제출했으나 전시 상황의 악화로 출간되지는 못했다. 이 시기에 쌓은 연구 경험은 해방 이후 여러 분야의 연구를 수행할 수 있는 토대가 되었다.

역사의 소용돌이 속에서 과학 진흥에 앞장

1945년 소련군이 만주로 진격하자 그는 서둘러 서울로 왔다. 아버지가 일구어 놓은 만주와 회령에 있던 많은 재산을 하루아침에 잃었고, 당연히 3년 동안 심혈을 기울여서 얻은 여러 연구 자료도 가지고 나올 수가 없었다. 그는 쉴 겨를도 없이 경성약학전문학교 교수로 있던 도봉섭을 도와 학교 재건에 나섰다. 10월에 개강을 한 경성약전은 교장 도봉섭을 필두로 심학진, 이남순, 이민재, 이길상 등이 교수진으로 참여했고, 식물생약, 유기약품, 무기약품, 분석화학, 위생화학, 해부학 교실을 두었다. 그는 전공을 살려 식물생약교실의 책임을 맡았다.

이민재는 조선생물학회 창립에도 적극 참여했다. 1945년 9월 몇몇 생물학자가 계농생약연구소에 모여 일본인이 주축이었던 조선박물학회를 인수하여 현대적 명칭의 조선생물학회를 창립하기로 의견을 모았다. 물론 이때까지도 생물학자들은 식물 및 곤충 분류학에 치중하고 있어 생리학이나 유전학, 미생물학, 생태학 같은 분야의 연구자는 거의 전무했다. 조선생물학회는 11월에 문을 열었다. 회장은 도봉섭이었고, 이민재는 편집위원장을 맡았다. 이들은 당시 시급하다고 여긴 생물 용어 제정사업을 열성적으로 추진해 나갔다. 이민재가 중심이 되어 조선생물학회 주관으로 학술용어위원회를 조직했다. 미군정청 문교부도 사업을 공식화해 주었다. 위원들 간에 의견 대립이 적지 않았지만, 1년 반 동안 전체 위원 회의만도 60여 차례를 열 정도로 열정을 쏟은 결과 『생물학용어집』을 비롯하여 『조선식물명집 1(초본편)』, 『조선식물명집 2(목본편)』, 『조류명휘』, 『조선산동물명(척추동물편)』 등을 출간했다.

이민재는 과학계의 선배인 김량하와 자주 교류했는데, 대학 재학 중 기회가 될 때마다 그를 방문해 만나곤 했다. 김량하는 도쿄제대 출신으로 일본 이화학연구소에서 비타민 연구로 명성을 떨치던 화학자였다. 이때 그는 김량하의 요청으로 가장 어린 나이로 조선학술원에 참여해 활동하기도 했다. 그러나 조선학술원은 이후 이념 갈등으로 분열되어 제대로 운영되지 못했다. 이민재는 김량하의 부름으로 1945년 11월부터 부산수산전문학교 교수로도 참여했는데, 이 때문에 수산전문을 개편해 국립대를 세우려는 부산 국대안에 휘말리기도 했다.

1946년에는 국립서울대학교 설립안(국대안)에 따라 경성약전이 서울대학교의 약학대학으로 개편되었다. 이듬해에 그는 약학대학이 아니라 문리과대학 생물학과로 소속을 바꾸었다. 홋카이도제대 동문이자 동년배 친구로, 서울대 생물학과를 세워 이끌고 있던 강영선의 주선에 따른 결과였다. 이민재는 결국 대학 때 했던 자신의 전공을 살리게 된 것이다. 이후 둘은 학문의 동반자로서 동행하며 동물학에 강영선, 식물학에 이민재라는 한국 생물학의 양대 계보를 형성하게 된다. 한편 그는 30세가 넘은 1948년에 이혜경李惠卿과 결혼했다. 이혜경은 1925년 함경북도 온성 출신으로 나남중학교 1년 선배의 누이동생이었는데, 경성사범학교 여자연습과를 나온 후 교사로 일하고 있었다. 해방 후에는 숙명여자대학 가정학과에서 석사 학위를 받았고 조선 정통 궁중요리에 관한 『이조궁정요리통고李朝宮中料理通攷』(1957)를 공저로 펴내기도 했다.

　　한국전쟁이 끝나고 상흔이 진정되어 가자 서울대 생물학과에서는 생물학연구회를 결성하고, 1954년 『생물학연구』라는 논문집을 발간했다. 이민재는 『생물학연구』의 편집 발행 겸 인쇄인을 맡았으며, 초기 발행 회보에 각각 2편씩의 논문을 발표했다. 생물학과는 1956년부터 동물학부와 식물학부로 전공을 구분해 운영되다가, 1959년에는 동물학과와 식물학과로 분리되었다. 주축을 이룬 교수들이 공부했던 일본의 제국대학처럼 학과가 분화된 것이다. 식물학과 교수진은 이민재, 정영호였는데, 1960년 연희전문 생물학과에 있던 홍순우가 합류했다. 교과목으로는 일반식물학, 식물분류학, 식물생리학, 식

1958년 성균관대에서 개최한 한국생물과학협회(대한생물학회 후신) 학술대회 참석자들
(앞줄 왼쪽에서 두 번째 이민재, 세 번째 최기철, 둘째 줄 가운데 정태현, 오른쪽에서 세 번째
조복성, 첫 번째 강영선) 『자연과 인간: 창암 이민재박사 글 모음』(1993)에서

물세포학, 식물유전학, 식물형태학, 미생물학 등이 개설되었다. 비슷
한 맥락에서 1957년에는 대한생물학회가 한국동물학회와 한국식물
학회로 나누어졌다. 이민재는 한국식물학회 초대 부회장으로 있다가
1961년부터 회장을 맡았다. 같은 해에는 모교인 홋카이도대학에 「돼
지감자의 결절화 메커니즘에 대한 생리학적 연구Physiological studies on the
mechanism of tuberization with Jerusalem artichoke, Helianthus tuberosus」를 학위 논문

으로 제출하고, 이학박사 학위를 취득했다.

그러던 중 1961년 이민재는 갑자기 문교부 차관에 임명되었다. 전혀 예상하지 못한 일이었다. 군사정변으로 정권을 잡은 군부 세력이 민심을 얻기 위해 차관에는 전문성을 지닌 대학교수를 발탁했던 것이다. 그는 이른바 "군사혁명을 국민혁명으로 승화"시키는 교육 개편 작업에 매달렸다. 대학 졸업 실업자 해소, 교육기관 통합 관리, 사범학교를 교육대학으로 개편, 교과서 개선 등이 주요 과제였다. 그러나 대학 축소 조정안으로 내각에서 논란을 겪은 그는, 문교부 장관 경질과 함께 약 6개월 만에 차관 자리에서 물러났다. 정부에서는 격을 높여 주요 국립대 총장을 제의했으나 그는 다시 서울대 교수로 돌아갔다.

이민재는 이 무렵 식물학자이자 북한에 고향을 둔 실향민으로서 진달래에 대한 애틋한 감정을 글로 담아 표현하기도 했다.

진달래의 별명은 다른 어떤 식물보다 많다. 우선 「두견화」로부터 시작해서 「참꽃」이니 「산철쭉꽃」이니 「천지꽃」, 「진달래」 등등―. 한 꽃에 이렇듯 이름 많이 붙어 있는 까닭은 진달래꽃이 사람과의 교섭한 역사가 길다는 것을 의미하며 어떻든 사람에게 가까이 사랑을 받아 왔다는 증거인 것이다. …

사실 우리나라 꽃 중에서 가장 넓은 분포를 차지하고 있는 것이 진달래꽃 족속들이다. 백두산에서부터 제주도 한라산에 이르기까지 우리나라의 영토면 이 꽃이 나있지 않은 곳이 없다. … 무궁화에 비하여 진달래꽃은 전[국]토적(全土的)인 식물이라는 데 국화성(國花性) 식물로서의 과학적인 근거가 있다고 할 것이다. …

소월(素月)의 시에

나보기가 역겨워 가실 때에는 / 말없이 고이 보내 드리우리다.

영변의 약산 진달래꽃 / 아름따다 가실길에 뿌리우리다.

가시는 걸음걸음 놓인 그꽃을 / 사뿐히 즈려밟고 가시옵소서

(이하 생략)

정말 이 글은 한국 산의 진달래 생태를 잘 나타냈다고 할 수 있다. 얼마
든지 꺾을 수 있는 풍부한 나무. 이 계절에는 이 꽃밖에 없어서 이 꽃 이
외에는 다른 꽃으로 배웅할 수 없는 님. 그리고 꽃질 때 보면 그리고 생생
한 낙화상(洛花相). 차마 그대로 썩혀버리기 아까운 낙화의 모양. 그래서
고운 님을 배웅하는 길가에 뿌려주고 싶은 시상(詩想)이 얻어질 수 있었
던 것으로 본다. …

꾸밈이 없이 영원히 젊은 꽃. 누구보다도 먼저 봄을 고하는 선지자적인
데 그러면서도 억세어서 모진 초동(樵童)들의 낫에 시달리고 꺾이고 하
여도 조금도 굴함이 없이 피어나는 그 정열. 능히 군화(群花) 속에서 뛰
어나는 꽃이 아닌가. 진달래꽃의 별명이 「참꽃」으로 되어있는 것은 많은
함축성이 있는 것으로 해석하면 너무나 아전인수격(我田引水格)일까.

_ 이민재, 「진달래의 식물학적 고찰」,《세대》 2-11, 1964.

식물학·해양학·미생물학 개척 및 자연보존활동 힘써

그는 서울대 식물학과를 이렇게 남다르게 방향을 잡아서 이끌어 갈지
고심했다. 다른 대학의 일반적인 식물학과와는 다르게 만들고 싶었다.

한국은 반도국가이므로 해양에 중점을 두는 것이 좋겠다고 판단한 그는, 분류교실은 조류학藻類學 및 플랑크톤, 생리교실은 조류생리, 형태교실은 조류발생으로 방향을 맞추었다. 즉, 해양생물학의 기초를 다루고자 한 것이다. 식물학을 전공하고 해외로 유학을 가는 학생들에게도 그는 해양생물학에 중점을 둘 것을 권유했다. 1959년에는 미국에서 개최된 국제해양학회에 참석했으며, 2년 후에는 유네스코 한국해양과학위원회 위원장으로 선임되었다.

서울대에서 그는 해양생물학을 진흥하기 위해 바쁘게 움직였다. 이전에도 해양대학원과 해양연구소의 설립을 문교부에 건의했던 그는, 1963년에는 서울대에 임해연구소를 세우고 그것을 다시 해양생물연구소로 개칭해 소장으로 활동했다. 그러나 문교부는 이러한 그의 노력에 별다른 반응을 보이지 않았다. 그러다 어느 날 갑자기 서울대에 해양학과를 개설하라는 공문을 보내왔다. 이민재는 해양학과를 독립적인 학과로 만드는 문교부 안에 찬성하지는 않았으나 결국은 수용하고 학과 주임까지 맡아 1968년 해양학과를 개설했다. 식물학과 출신의 고철환, 심재형이 교수진으로 합류했으며, 한동안은 식물학과에 더부살이하는 형태였다.

그는 식물학과의 발전 방향을 새로이 설정하지 않으면 안 되었다. 해양학과가 별도로 개설됨에 따라, 더 이상 해양식물학을 식물학과의 차별성으로 삼을 수 없었기 때문이다. 그는 아직은 미개척 지대로 남아 있던 미생물로 눈을 돌렸다. 당시만 해도 미생물과 균류는 식물학에서 다루어야 할 분야로 여겨지고 있었다. 이에 따라 식물학과에는 조류와 플랑크톤의 분류와 생산성을 연구하는 정영호 분류연구실, 고등균류의 분류와 생태를 다루는 홍순우의 형태 및 세포교실, 그리고 석유 분해 미생물 등을 연구하는 이민재의 생리교실이 꾸려졌다. 그런데 몇 년 후인 1970년에 서울대에 미생물학과가 독립 학과로 신설되었고, 그의 제자인 홍순우가 책임을 맡았다. 식물학과 출신의 하영칠도 교수진으로 합류했다.

1971년 이민재는 교수들의 지지를 받아 새로이 결성된 교수협의회 회장에 선임되었다. 교수의 처우 개선을 비롯해서 교수 중심의 대학 운영에 관한 여론이 높아지고 있었다. 그는 먼저 다른 직급과 달리 절반에 해당하는 16급까지만 있는 교수의 호봉 체계 개선을 문교부에 요구했다. 당시 문교부 장관은 교토제대 농학부 출신의 민관식이었는데, 그는 교수협의회의 요구를 수용하고 나아가 낮은 보수를 보충하기 위해 교수들에게 연구비도 따로 지급하기로 했다. 서울대가 주변에 주거시설이 없는 관악캠퍼스로 이전을 추진함에 따라 교수 주택문제도 현안으로 떠올랐다. 이 문제는 정치계의 유력 인사들로부터 협조를 얻어 박정희 대통령과의 면담을 통해 강남 지역을 값싸게 불하받는 방식으로 해결했다. 당시는 대통령의 영구 집권을 꾀하는 10월 유신 전후 시기로 그 지지 세력을 확대하고 있을 때였다.

그는 자연보존활동에도 나섰다. 1965년 몇몇 교수들과 함께 한국자연보존연구회를 설립하고 국내 생물자원의 연구와 그 보호를 위한 국제적 활동에 관심을 가졌다. 1969년에는 인도 뉴델리에서 열리는 국제자연보존연맹International Union for Conservation of Nature and Natural

Resources 총회에 한국 대표로 참석하기도 했다. 이후 1977년에는 대통령의 지시로 자연보호 방안을 마련하는 일에 나섰다. 그 결과 자연보호중앙협의회가 만들어졌고, 회장에 태완선(상공회의소 회장), 부회장에 이민재가 임명되었다. 이때부터 그는 환경오염 및 자연보존에 관한 글을 본격적으로 발표했다. 이듬해에는 종합대학으로 새롭게 발족한 강원대학교 초대 총장으로 발령받았다. 그는 강원대 발전 3개년 계획안을 마련하고 종합대학으로의 개편에 소요되는 대규모 예산 확대 및 교수 충원 등을 위해 힘썼다.

한국 현대 식물학의 선도자로서 교육행정에도 기여

이민재의 연구논문을 보면 초창기 연구는 대학에서 전공한 식물생리학 연구가 주를 이루지만 시간이 지남에 따라 연구의 방향이 약학, 미생물학, 해양생물학, 생태학 등으로 전환되는 것을 알 수 있다. 그는 자신의 전공인 식물생리학을 홋카이도제대 시기부터 1970년대 중반까지 지속적으로 연구했다. 이 중 식물의 내한성 연구는 해방 직후에도 꾸준하게 관심을 가졌던 분야로, 이 시기에 발간된 생물학 관련 학술지에 그 연구 결과를 여러 차례 발표했다.

약학 분야는 한국전쟁 이후부터 진행된 연구로, 1960년대 중반까지 두드러진 활동으로 이어졌다. 1960년 대한약학회상을, 1967년 약의 날에 약의 상을 수상했으며, 보사부의 중앙약사심의회 부회장을 역임하기도 했다. 미생물학은 그가 개인적으로 일찍부터 관심을 보인 분야였다. 생물학과 내에 미생물학연구실을 설치하면서 본격적인 연구를 시작했는데, 주로 식물성 플랑크톤 연구와 미생물에 의한 석유의 유황 성분 제거에 관한 연구에 집중했다. 이때 함께 했던 제자 홍순우는 이후에 한국 미생물학계를 대표하는 학자로 성장했다.

해양생물 관련 연구는 서울대에 해양생물연구소를 설립하고 연구소 소장으로 있던 1964년에서 1976년 사이에 주로 진행되었다. 이 시기를 전후하여 이민재는 신문과 잡지 등에 해양생물 및 해양자원 이용과 보존에 관한 글을 다수 기고했다. 그의 제자 이인규는 일본에서 발견한 신종 해조류의 이름을 은사 이민재를 기리는 의미에서 *Halosaccion minjaii*로 명명했다.

한국산악회 회장(1971~1973)이자 자연보호중앙협의회 부회장으로 근무하던 1970년대에는 생태학에 관심을 갖고, 학술 연구와 더불어 자연보호의 대중화 작업을 함께 진행했다. 1978년 10월 발표된 〈자연보호헌장〉은 문학자 이은상과 이숭녕, 과학자 이민재가 초안을 작성한 것으로 알려져 있다.

자연보호헌장

인간은 자연에서 태어나 자연의 혜택 속에서 살고 자연으로 돌아간다. 하늘과 땅과 바다와 이 속의 온갖 것들이 우리 모두의 삶의 자원이다. 자연은 인간을 비롯한 모든 생명체의 원천으로서 오묘한 법칙에 따라 끊임없이 변화하면서 질서와 조화를 이루고 있다.

예로부터 우리 조상들은 이 땅을 금수강산으로 가꾸며 자연과의 조화 속에서 향기 높은 민족문화를 창조하여 왔다. 그러나 산업문명의 발달과

1980년 서울 남산에
세워진 자연보호헌장비
(편집자 촬영)

인구의 팽창에 따른 공기의 오염, 물의 오탁, 녹지의 황폐와 인간의 무분별한 훼손 등으로 자연의 평형이 상실되어 생활환경이 악화됨으로써 인간과 모든 생물의 생존까지 위협을 받고 있다.

그러므로 국민 모두가 자연에 대한 인식을 새로이 하여 자연을 아끼고 사랑하며, 모든 공해요인을 배제함으로써 자연의 질서와 조화를 회복 유지하는 데 정성을 다하여야 한다. 이에 우리는 이 땅을 보다 더 아름답고 쓸모 있는 낙원으로 만들어 길이 후손에게 물려주고자 온 국민의 뜻을 모아 자연보호헌장을 제정하여 한 사람 한 사람의 성실한 실천을 다짐한다. (이하 실천강령 생략)

이렇게 이민재의 연구가 식물생리학, 약학, 미생물학, 해양생물학,

생태학 등으로 다양하게 전환된 배경에는 그가 주장하듯 식물학 분야의 전문가가 분류학에 국한되어 있는 상황에서 다양한 분야의 제자를 길러 내기 위한 의도가 있었다. 동시에 한 분야를 집중적으로 파고들 수 있는 연구 환경이 갖추어지지 못한 당시의 연구 여건과 특정 주제에 관해 깊이 있는 연구를 진행할 수 있는 역량을 쌓을 시간적 여력이 없었던 상황 등 여러 요인이 복합적으로 작용했다. 그는 교수 인력의 부족으로 전공과는 상관없이 여러 분야의 강의를 맡아야 했고 교재도 집필해야 했다. 이러한 현상은 이민재에게만 국한된 것이 아니라 해방 직후 여러 과학자들이 공통적으로 겪어야 했던 어려움이었다.

그는 일생 동안 연구논문 60편, 저서 20권, 번역서 5권 등을 펴냈다. 또한 신문, 잡지 등에 무려 300여 편의 글을 기고했는데, 그중에는 수필류가 많았다. 기고한 글은 과학을 비롯한 사회 전반에 걸친 다양한 주제를 포함하고 있으며 자작시도 다수 포함되어 있다. 이러한 글들은 나중에 책으로 묶여 『창암문집滄巖文集』, 『속 창암문집』, 『제삼 창암문집』 총 3권으로 출판되었다.

이민재는 강영선과 더불어 한국 생물학계의 양대 산맥으로 불렸다. 그는 서울대 식물학과를 실질적으로 30년간을 이끌면서 이 분야의 우수한 학자들을 키워 낸 연구자이자 교육자였다. 유네스코 한국위원회 위원, 원자력원 원자력위원, 한국생물과학협회 회장, 자연보호중앙협의회 회장과 대한민국학술원 회원 등으로 활동하며 과학 단체에도 봉사했다. 또한 국내외 학술 활동에도 적극적으로 참여하여 대한약학회상(1960)을 비롯하여 문교부 공로표창(1963), 대한민국학술원상(1965), 5.16민족상(1969), 국민훈장 동백장(1970), 하은생물학상 (1971), 한국과학상(1976) 등을 수상했다. 이외에도 문교부 차관, 아주 공과대학 학장, 강원대학교 초대 총장을 역임하면서 교육제도의 발 전과 교육행정 개선에도 기여한 것으로 평가받고 있다. 그는 73세인 1990년에 세상을 떴고 경기도 마석 모란공원에 묻혔다. 이민재가 총 장으로 재직했던 강원대에서는 그의 탄생 100주년을 맞아 2017년에 특별전시회와 함께 동상 제막식을 개최했다.

참고문헌

일차자료

경성약학전문학교, 1939, 〈이민재 학적부〉, 서울대학교 교무처 소장.

이민재, 1954, 〈이력서〉, 총무처, 「교수 및 부교수(서울대학교 문리과대학) 임명의 건」, 국가기록원 소장.

이민재, 1976, 〈공무원인사기록 카드〉, 서울대학교 교무처 소장.

논문

이민재, 1954, 「식물의 내한성에 관한 연구 II보: 대맥류의 내한성과 삼투압의 관계에 대하여」, 《(서울대학교)논문집》 1, 110-116쪽.

Lee, Min Jai, 1956, "The Influences of Antibiotic Substances on Higher Plants (II): On the Influences of Antibiotic Substances on the Streaming of Protoplasm," 《(서울대학교)논문집》 4, pp. 84-90.

Lee, Min Jai and Young Tai Kim, 1957, "The Study on the Physiological Effects of X-ray in Higher Plant," 《(서울대학교)논문집》 6, pp. 135-149.

이민재·이진기, 1957, 「유산동에 대한 Saccharomyces Cerevisiae의 저항성에 관한 연구」, 《약학회지》 3, 15-20쪽.

이민재·이영록, 1957, 「고등식물에 미치는 항생물질의 영향 (제4보) – 대두 Aminoacid metabolism에 미치는 항생물질의 영향에 대하여」, 《약학회지》 3, 4-9쪽.

Lee, Min Jai and Jong Hyeop Kim, 1958, "Studies of Effects on Copper Resistance in Yeast as Influence by Desoxyribonucleates," 《식물학회지》 1-1, pp. 1-6.

Lee, Min Jai and Sang Shin Park, 1959, "Some Physiological Studies on the Utilization of Organic Substrates by Euglena Gracilis var. Bacilla 10616 in Light and in Darkness," 《식물학회지》 2-1, pp. 1-12.

Lee, Min Jai and Eul Suk Choi, 1959, "A Survey of Amino Acid Paperchromatogram and the Effects of 2,4-Dichlorophenoxy Acetic Acid on the Respiration and Growth of Euglena," 《(서울대학교)논문집》 8, pp. 1-7.

Lee, Min Jai, 1960, "Effects of Some Chemicals against X-ray Injury on the Respiration of Euglena," 《학술원논문집》 2, pp. 81-89.

Lee, Min Jai and Young Nock Lee, 1960, "Effects of Ultraviolet Light and Nucleic Acid Derivatives on the Reproductive Rate of Azotobacter," 《식물학회지》 3-2, pp. 1-5.

Lee, Min Jai, Soon-Woo Hong and In-Kyu Lee, 1962, "An Analytical Studies of Free Amino Acid and Its Relationship among the Main Groups of Green Algae: On the Studies of Chemical Components and Its Relationship to the Phylogeny of Marine Algae (III)," 《식물학회지》 5-3, pp. 25-29.

이민재·이인규, 1963, 「한천식물의 앨콜 용출당에 대하여」, 《학술원논문집》 4, 69-72쪽.

이민재·홍순우·최영길, 1966, 「식물의 암종유발에 관한 연구 (제1보) Agrobacterium tumefaciens의 야외접종실험에 관하여」, 《미생물학회지》 4-2, 1-4쪽.

이민재 외, 1967, 「방사선 감수성에 관한 연구 제1보: 효모세포에 대한 화학약제의 방사선 살균 협력작용에 관하여」, 《원자력연구논문집》 7, 11-17쪽.

이민재·이광웅, 1968, 「효모세포의 자외선 조해효과에 대한 각종 파장 광선의 작용」, 《미생물학회지》 6-4, 122-130쪽.

이민재·오명수, 1972, 「수종 유황환원균주의 분리, 동정 및 그의 생리적 특성에 대하여」, 《미생물학회지》 10-4, 175-190쪽.

이민재·하영칠·이광웅, 1973, 「미생물에 의한 석유내 유황분 제거에 관한 연구: I. 유황산화 및 환원세균의 분리 및 고정」, 《학술원논문집》 12, 21-49쪽.

이민재박사 화갑기념 논문집사업회, 1977, 『창암 이민재박사 화갑기념
　　논문집』, 창암 이민재박사 화갑기념 논문집사업회.

보고서

이민재, 1967, 『설악산 학술조사보고서: 천연기념물 제171호』, 문교부
　　문화재관리국.

이민재 외, 1967-70, 「알진산 원조에 관한 연구 I-III보」, 과학기술처
　　연구개발사업 보고서.

이민재 외, 1971, 「한국 대기오염의 현황 (I보)」, 학술원 환경문제
　　연구보고서.

이민재, 1972, 『미생물을 이용한 석유의 탈유황 작용에 관한 연구
　　최종보고서』, 서울대학교 문리과대학.

저역서

이민재·강영선, 1948, 『생물학 상·하』, 동지사.

이민재, 1949, 『식물계: 일반과학』, 금릉도서.

리민재, 1949, 『언덕에 핀 꽃』, 미출간.

이민재 역(카아티스·클라아크 저), 1950, 『식물생리학 상·하』, 한국번역도서.

이민재, 1951, 『생물 1』, 동지사.

이민재, 1952, 『동물계: 일반과학과』, 탐구당.

이민재, 1956, 『생활과학: 중학교일반과학과』, 탐구당.

이민재, 1957, 『생물과학: 고등학교생물과』, 백영사.

이민재 역(F. D. 카안 저), 1957, 『식물학요론』, 민중서관.

이민재·김원경 역(F. G. 스피아 저), 1957, 『방사선과 생세포』, 민중서관.

이민재, 1958, 『약용식물학: 총론』, 동명사.

이민재, 1959, 『식물생리학』, 홍지사.

김태봉·지창렬·이민재, 1961, 『생활과학 1-A』, 탐구당.

김태봉·지창렬·이민재, 1962, 『생활과학 2-A』, 탐구당.

이민재·홍순우, 1962, 『일반식물학』, 홍지사.

이민재, 1962, 『식물의 세계』, 보진재.

이민재, 1962, 『식물의 생활』, 보진재.

이민재 역(차알드 R. 다아윈 저), 1963, 『종의 기원』, 을유문화사.

이민재 역(제임스 D. 와트슨 저), 1967, 『유전자의 분자생물학』,
　　대한교과서.

이민재·권오용, 1971, 『일반생물학』, 형설출판사.

권영대·이길상·이민재·정창희·송상용 외, 1973, 『우주·물질·생명－자연과
　　인간, 그 본질의 탐구』, 전파과학사.

손치무·이민재·양인기·김헌규, 1977, 『살아 남기 위한 자연보호』,
　　전파과학사.

이민재, 1977, 『창암문집』, 탐구당.

이민재·이영록, 1981, 『식물생리학』, 탐구당.

이민재, 1986, 『속 창암문집』, 내외신서.

이민재, 1990, 『제삼 창암문집』, 아카데미서적.

창암이민재박사추모사업회, 1993, 『자연과 인간: 창암 이민재박사
　　글 모음』, 서울대학교 자연과학대학 생물학과.

기고/기사

이민재, 1953, 「중성자의 생물학적 작용」, 《(서울대학교)문리대학보》
　　1, 19-23쪽.

이민재, 1958, 「연구와 연구비」, 《사조》 1-3, 297-299쪽.

이민재, 1958, 「뤼센꼬학설과 정통파에 의한 반박」, 《사상계》 6-12,
　　82-91쪽.

이민재, 1963, 「정부간 해양과학위원회 제2차 총회 참석보고」,
　　《학술원회보》 5, 116-122쪽.

이민재, 1963, 「해양과학론」, 《신세계》 2-9, 204-209쪽.

이민재, 1964, 「진달래의 식물학적 고찰」, 《세대》 2-11, 267-269쪽.

이민재, 1967, 「과학교육의 이상적 방향」, 《교육평론》 104, 28-31쪽.

이민재, 1970, 「현대생물학의 방향」, 《생물교육》 4, 1쪽.

이민재, 1972, 「자연보존과 공해: 토지·동식물의 오염을 중심으로」,
　　《국회보》 123, 93-95쪽.

이민재, 1972, 「함경북도 회령」, 《신동아》 94, 244-247쪽.

이민재, 1974, 「함북 회령: 내 고향 지금은」, 《북한》 26, 306-310쪽.

이민재, 1975, 「지구는 원상대로 관리되어야 한다」, 《월간산》 7-1, 21-24쪽.

이면재, 1977, 「자연보호와 범국민운동」, 《지방행정》 26, 60-67쪽.

이민재, 1978, 「자연보호, 에코로지와 인간혁명」, 《정경연구》 155, 260-268쪽.

이민재, 1978, 「자연보호의 길잡이」, 〈새마을교재〉(『속 창암문집』에 재수록).

홍순우·이민재, 1986, 「우리나라 유전자원의 보존현황과 대책」, 《자연보존》 56, 23-30쪽.

이민재, 1987, 「시론－과학기술의 발달과 인간」, 《과학과 기술》 20-2, 6-7쪽.

이차자료

네이버 블로그 〈창암서원 [이민재 박사]〉 (2023. 10. 19. 접속).

네이버 블로그 〈혜민원〉 (2023. 10. 19. 접속).

김근배·문만용

1947년 서울대학교 생물학과 연구실에서의 강영선
『하곡 강영선박사 정년퇴임기념문집』(1982)에서

강영선

姜永善 Yung Sun Kang

생몰년: 1917년 5월 23일~1999년 2월 3일

출생지: 경성(현재의 종로구 부암동 318)

학력: 홋카이도제국대학 동물학과, 서울대학교 이학박사, 홋카이도대학 이학박사

경력: 서울대학교 교수, 국제생물학연구프로그램(IBP) 한국위원장, 대한민국학술원 회원

업적: 한국인 집단유전학 연구, 헬라 하위-세포주 분리, 서울대 생물학 연구집단 형성

분야: 생물학-세포학, 유전학

세계 유수의 학술지에 논문을 발표하기란 요즘도 쉽지 않다. 그런데 연구 여건이 매우 열악했던 1960~1970년대에 세계적인 학술지 《네이처》와 《사이언스》에 논문을 잇달아 발표한 한국인 과학자가 있다. 당시로서는 드물게 동물학, 그중에서도 세포유전학을 전공하고 우리 민족의 유전적 특성 연구와 어류 유전학 연구를 선도한 강영선이 바로 그 주인공이다. 그는 서울대 생물학과를 이끌며 생물학의 주요 분야를 책임질 우수한 연구집단을 길러 내기도 했다.

홋카이도제대에서 신생 분야인 세포학 전공

강영선은 1917년 경성에서 강낙주姜洛周와 허징許澄 사이의 3형제 중 장남으로 태어났다. 그의 부모는 최고의 엘리트 교육을 받은 사람들이었다. 아버지 강낙주는 일본 주오대학中央大學에서 경제학을 전공했고, 어머니 허징은 이화학당 4회 졸업생이었다. 춘원 이광수와 결혼한 이모 허영숙은 시대를 풍미한 유명 '여의사'였다. 집안이 선대부터 비교적 부유한 편이었던 강영선은 일본 유학도 자비로 다녀올 만큼 경제적으로 여유가 있었고, 학비나 생활비 등에 구애받지 않고 학문에 몰두할 수 있었다.

그는 1925~1932년에 신영보통학교와 청운보통학교를 다녔고, 1932~1937년에는 경성제2고등보통학교(경복고등학교 전신)에서 공부했다. 고등보통학교 2학년 때 장티푸스를 앓으면서 건강의 중요성을 깨달은 그는 육상경기부에 들어가 열심히 운동을 했는데, 투포환 선수로 중학교 육상선수권대회에서 입상하기도 했다. 그러면서도 학업 성적이 좋아 1937년 수원고등농림학교(서울대학교 농업생명과학대학 전신) 수의축산학과에 제1회로 입학했다.

수원고농은 1904년 대한제국이 설치한 농상공학교의 후신으로 1906년 농과가 분리되어 농림학교로 되었다가 1918년에 일본인 중학교나 조선인 고등보통학교 졸업자가 진학하는 전문학교로 개편되었다. 당시 수원고농 수의축산학과의 정원은 20명이었는데, 그중 조선인 학생은 단 네 명에 불과했다. 이때도 강영선은 운동선수로 활약해 전문학교 육상선수권대회에서 여러 차례 우승했고 조선 대표로 일본과 만주와의 대항경기에 출전하기도 했다. 그러나 운동보다 학문에 뜻을 두었던 그는 수원고농을 졸업한 후 모교에서 1년간 촉탁직 연구원으로 근무하다가, 1941년에 일본 홋카이도제국대학北海道帝國大學 이학부 동물학과에 입학했다.

홋카이도제국대학은 초기에는 조선인, 특히 조선의 전문학교 졸업자에게 입학을 허용하지 않았다. 그러다가 1930년대 후반 이후, 대학의 입학 정원이 크게 증가하면서 전문학교 출신(방계)의 조선인들도 받아들이기 시작했다. 홋카이도제대의 조선인 졸업생 중에는 유독 생물학 전공자가 다른 대학에 비해 많았다. 강영선을 비롯하여 이민재, 선우기, 김삼순 등 일제강점기에 일본 대학에서 생물학을 전공한 유학생 8명 중 4명이 이 대학 출신이었다. 이 중 김삼순은 우리나라 최초의 여성 과학자로 균학菌學, mycology에서 선구적인 업적을 남겼다.

강영선은 조선인 중 유일한 동물학과 출신으로 2학년부터 신생 분야인 세포학을 전공했다. 그가 애초에 이학부 동물학과를 선택한데는 응용과학보다 기초과학을 추구하고자 했던 학문적 바람과 함께 수원고농 수의축산학과 출신이라는 점이 중요하게 작용했다. 그는 세포학 중에서도 염색체 연구에 관심을 가졌는데, 홋카이도제대가 높은 명성을 지니고 있던 첨단과학 분야였기 때문이다. 강영선은 오구마 간小熊捍이 주임교수, 마키노 사지로牧野佐二郎가 조교수로 있는 제2강좌 형태학교실(세포학 중심)에서 공부했다. 당시 동물학과는 발생학과 형태학 2개의 강좌로 이루어져 있었다. 제2강좌 책임교수인 오구마 간은 일본 유전학의 선구자이자 인간 염색체 연구로 유명한 과학자였다. 강영선은 실험연구와 세미나, 연구발표 등에 참여하면서 과학자로서의 자질과 태도를 함께 배웠다. 장차 학위를 받고 대학의 교수가 되겠다는 꿈을 갖게 된 것도 이때부터였다. 조교수였던 마키노와는 이후에도 지속적으로 교류하며 서로의 연구에 도움을 주고받게 된다.

강영선은 형태학교실에서 공부하던 1942~1943년에 마키노의 지도를 받아 삿포로에서 직접 채집한 337마리 쥐의 난소를 분석하고 그 번식이 계절적인 요인과 연관되어 있음을 세포학적으로 증명했다. 그는 이 연구 성과를 1943년에 졸업논문 「삿포로시에서의 시궁쥐 조사札幌市に於けるドブネズミの調査」로 제출했다. 곧이어 이 논문은 《일본유전학잡지日本遺傳學雜誌》에 신진 연구자의 성과로 소개되었고, 이후 강영선은 후속 연구를 여러 과학저널에 발표했다. 이러한 성과는 강영선 개인 차원에서는 유전학계 입문과 함께 학계로부터 인정받는 계기가

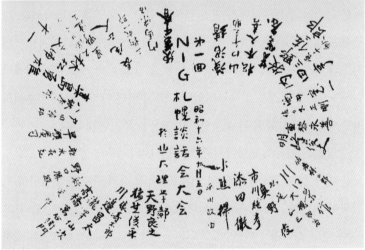

1942년 일본유전학회 삿포로담화회대회 기념사진(첫째 줄 왼쪽 두 번째 마키노, 네 번째
오구마, 셋째 줄 왼쪽 두 번째 강영선)선)과 방명록(오른쪽 가운데 重黎永善가 강영선의 창씨)
《遺伝学雑誌》18-4, 1942(현재환 부산대 교수 제공)

되었고, 우리나라 생물학사 차원에서는 세포학의 출발점이 되었다.

이 무렵 그는, 황해도 옹진 출신으로 일본 지즈센여자전문학교實踐女子專門學校 가정과를 졸업하고 교사로 있던 공규선孔圭善과 결혼하여 가정을 꾸렸다. 강영선의 부모와 동생들이 다니던 교회를 같이 다닌 것이 인연이 되었다. 그가 오랫동안 과학 연구에 전념할 수 있었던 데에는 아내의 헌신적인 뒷받침이 컸다고 알려져 있다.

대학 졸업 후 강영선은 홋카이도제대에서 조수助手로 있으면서 야생쥐와 관련한 총 9편의 논문을 발표했다. 그는 다양한 종류의 쥐를 조사해 난자의 성숙과 수정, 다란성여포와 이상여포를 세포학적으로 설명했으며, 난자 형성과정의 메커니즘을 규명했다. 이러한 연구를 종합한 「서속 난소鼠屬卵巢의 이상여포異常濾胞에 대한 세포학적 연구」는 이 분야의 대표적인 성과라 할 수 있다. 강영선은 이 논문을 통해 쥐에서는 다란성여포의 출현이 드물다는 이전까지의 학설을 반박했다. 쥐의 난소 안에서 난자와 여포가 형성되는 초기에 여포에 들어 있던 한 개의 난자가 분열하여 두 개 이상의 난자를 형성함으로써 다란성여포가 비교적 빈번하게 일어난다는 사실을 보인 것이다. 그의 연구는 생물학계에서 정설로 여겨지던 이론에 반증 사례를 제시했을 뿐 아니라, 다란성여포가 생기는 원인을 밝혀냈다는 점에서 의의가 있었다. 당시 강영선은 시게모로重黎永善로 창씨를 한 상태였다. 이 논문은 그가 1953년 11월 서울대학교에서 이학박사 학위를 받을 때 주논문이 되었다. 한편 그는 경제적으로 좀 더 나은 생활을 하기 위해 홋카이도제대 부설 임시중등교원양성소에서 강사로도 근무했다.

열악한 연구 여건에서 집단유전학 연구

일본의 전시 상황이 악화되자 강영선은 경성제국대학 의학부 해부학 교실 제3강좌의 조수 자리를 얻어 1945년 4월부터 근무했다. 당시 해부학교실에는 새의 염색체 연구로 유명한 스즈키 기요시鈴木淸가 조교수로 있었고, 강영선은 마키노 교수의 주선에 힘입어 스즈키의 연구실로 전출 발령을 받을 수 있었다. 그런데 곧 해방이 되면서 경성제대가 한국인들이 주도하는 경성대학으로 바뀌었다. 1945년 11월, 강영선은 경성대학 예과부 교수로 발령받아 동물학을 담당했고, 1946년 10월 서울대학교가 출범함에 따라 신설된 문리과대학 생물학과로 소속이 바뀌었다. 그는 학과 신설 과정에서 주도적이고 적극적으로 활약했다. 서울대 생물학과는 우리나라 최초의 생물학과였으며, 강영선은 초창기 교과과정 마련과 교수 임용, 교과서 집필 등을 이끌었다. 교수진은 강영선(세포학), 남태경(동물분류학), 선우기(식물학), 이민재(식물생리학)로 이루어져 있었다.

한편 이념 갈등과 남북 분단, 한국전쟁 등 극심한 혼란 속에서 강의와 교과서 집필로 바쁘게 보내면서도 그는 과학 연구를 지속하고자 노력했다. 일본에서 발표한 논문을 보강하고, 국내의 쥐 난자를 대상으로 일본에서의 연구방법을 적용하는 등 기존 연구를 정리하고 보완하는 방식으로 연구를 이어 간 것이다. 그러나 한국전쟁이 발발하면서 일본이 남기고 간 실험 장비로 간신히 유지되던 연구마저 중단할 수밖에 없었다.

전쟁으로 폐허가 된 1950년대 전반 한국에서 강영선이 새롭게 추진한 연구는 한국인의 집단 및 인류 유전학population & human genetics 연구였다. 그는 1954년 7월에서 1955년 6월까지 미국 국무부의 스미스 먼트법Smith Mundt Act(국제정보교육교환법)에 따라 지원되는 미국 연수에 참여하면서 이 분야의 중요성을 알게 되었다. 그가 연수를 간 곳은 인류유전학을 선도하던 캘리포니아대학 버클리 동물유전학과의 리처드 골드슈미트Richard Goldschmidt와 커트 스턴Curt Stern 연구실이었다. 이들은 일찍부터 강영선의 스승이었던 일본 홋카이도대학의 오구마, 마키노와 긴밀한 관계를 맺고 있었다. 인류유전학은 아직 한국인을 대상으로 한 연구가 없었고, 고가 장비나 재료가 없더라도 통계자료 분석만으로 연구가 가능하다는 점에서 도전할 만한 주제였다. 강영선은 미국 연수를 통해 선진국의 인류유전학 연구방법을 습득하고 연구에 필요한 문헌 및 기자재를 들여옴으로써, 국제 추세에 부응하는 연구를 할 수 있는 발판을 마련했다.

이후 강영선은, 서울대 동물학과에서 석사 학위를 받고 전임강사로 근무하고 있던 조완규와 공동으로 집단유전학 연구를 진행했다. 이들은 1960년대 말까지 인구학적 측면에서 본 한국인의 출생 성비, 쌍생아 출산율, 색맹, 미맹 등 한국인의 독특한 유전형질을 분석하여 약 35편의 논문을 출간했는데, 이 중 가장 역점을 둔 것은 출생 성비와 관련한 주제였다. 당시에는 한국인의 남아 출생 성비가 세계에서 가장 높은 113.1이라는 1936년 영국인 학자 러셀W. T. Russell의 주장과 세계에서 가장 낮은 100.7이라는 1944년 경성제대 일본인 교수 마쓰야마 시게루松山茂의 주상이 서로 대립하고 있어 국제적인 주목을 끌 수 있었기 때문이다.

　강영선과 조완규는 우리나라 각지의 사례를 조사한 결과 평균 남아 출생 성비가 러셀이 주장한 수치보다도 더 높은 114.99로 세계에서 가장 높다는 사실을 발표했다. 이와 함께 출생 성비가 출생 지역, 부모의 노동강도·교육 정도·연령·건강 상태, 아이의 탄생 순서 등에 의해 영향을 받는다는 점도 밝혀냈다. 이러한 연구결과는 스턴의 저명한 책 『인류유전학의 원리Principles of Human Genetics』(1948)에 잘못 인용된 한국인의 집단유전학 자료를 바로잡는 계기가 되었다. 강영선은 이 연구 성과를 「한국인 집단의 통계유전학적 연구韓国人集団における統計遺伝学的研究」라는 제목의 논문으로 작성하여 홋카이도대학 박사 학위 논문으로 제출해 1960년 11월 이학박사 학위를 받았다. 1970년대부터는 서울대 동물학과 교수로 합류한 이정주와 함께 효소 결핍에 의한 한국인의 유전형질 출현 빈도를 생화학 방법으로 분석하는 등 연구 주제를 생화학적인 인류유전학 연구로 확장시켰다.

　1950년대 말에서 1970년대 초까지 강영선은 인류유전학과 함께 초파리 유전학 연구도 진행했다. 이 연구는 1920년대 미국의 토머스 모건Thomas H. Morgan에서 시작되어 세계적으로 붐을 이루다가 1940~1950년대에는 세균, 곰팡이, 바이러스 등에 그 자리를 내주면서 국제적으로는 하향 추세에 있었다. 그렇지만 초파리 연구는 재료가 값싸고 특별한 실험 장비가 필요하지 않을 뿐만 아니라, 유전학 연구와 학생들의 실습에도 유용하기 때문에 당시 우리나라의 현실에 부합하는 주제였다. 이 연구는 1956년 일본 고베대학 출신의 정옥기가 실험에 참가하면서 시작되었다. 초기에는 한국산 초파리의 분포, 분류, 신종·미기록종 연구가 중심이었다. 그러다가 이혜영, 이정주, 방규환, 문광웅, 박은호가 이 연구에 참여하면서 염색체 돌연변이, 방사성 감수성 등 초파리의 생태 및 유전을 연구하며 세계적인 흐름을 따르는 방향으로 바뀌었다.

《네이처》와 《사이언스》에 논문 발표하며 국제적 인정

강영선의 대표적인 업적은 1960년대 초부터 시작한 암세포의 생물학적 연구라고 할 수 있다. 그는 국제원자력기구(IAEA)의 연수 훈련에 참여해 세포배양기술과 핵형조사법 같은 최신 염색체 연구기법을 습득했다. 1960년 11월부터 1961년 9월까지 그는 산아제한을 연구하던 미국 우스터실험생물학재단Worcester Foundation for Experimental Biology(현재의 Worcester Foundation for Biomedical Research)에 머무르면서 데이비드 스톤David Stone과 공동연구를 진행했다. 이들은 자궁경부암에 기원을 둔 헬라 세포HeLa cell에 스테로이드 호르몬을 처리할 경우 생장이 억제되고 염색체의 수적 변이가 유발됨을 발견했다. 1951년 자궁경부암으로 숨진 여성 헨리에타 랙스Henrietta Lacks의 암 조직에서 분리해 배양된 헬라 세포는 특이하게도 무한 번식이 가능하여 암과 난치병의 주요 연구 재료로 사용되어 왔다. 이후 이들은 연구를 지속하여 헬라 세포에서 더 많은 염색체 수를 지닌 새로운 암세포주의 분리에 성공했으며 이 논문은 세계적인 학술지 《네이처Nature》(1964)에 「138 및 148개의 염색체를 갖는 종족세포들로 구성된 헬라 하위-세포주의 분리Isolation of a HeLa Sub-strain Exhibiting Stem-lines of 138 and 148 Chromosomes」라는 제목으로 실렸다.

당시 국내에서 연구비를 받지 못했던 강영선은 이러한 성공에 힘입어 1964년 국제원자력기구로부터 4000달러의 연구비를 지원받았다. 이 과정에서 거둔 연구 성과는 국제 학술지 《라디에이션 리서치Radiation Research》(1969)에 「배양된 인간 세포에서 염색체의 단계별 방사능 감수성과 데옥시리보핵산 합성에 관한 연구Studies on Stage Radiosensitivity and DNA Synthesis of Chromosomes in Cultured Human Cells」로 발표되어 국제학계의 관심을 받았다. 엑스선X-ray이 염색체의 DNA 합성을 억제하고 염색체 이상이 G2 시기에 최대로 유발된다는 사실을 밝혔기 때문이다. 이 연구는 1968년까지 만 3년간 지속되면서 이 분야의 고급 인력을 양성하는 성과로 이어졌다. 초기에는 김영진이 이 연구를 주도했으나 1966년 그가 원자력연구소로 자리를 옮김에 따라 후반 연구는 박상대가 이끌었는데, 그는 이 분야의 중추적인 연구자로 성장했다. 이를 토대로 국제원자력기구로부터 2차 연구비를 지원받았고, 새로 설립된 과학기술처가 지원하는 정부 연구비도 받게 되었다.

1970년대 중반부터 추진한 어류유전학 연구는 강영선이 우리나라에서 처음으로 개척한 분야로 그는 여기에서도 독보적인 업적을 남겼다. 이 연구는 홋카이도제대 동창이자 일본 간세이가쿠인대학關西學院大學 교수로 어류 염색체를 연구하던 오지마 요시오小鳥吉雄와의 인연으로 시작되었다. 강영선은 조교로 있던 박은호를 오지마 연구실에 보내 현미분광측광법microspectrophotometry을 비롯하여 어류의 세포유전학

CYTOLOGY

Isolation of a HeLa Sub-strain exhibiting Stem-lines of 138 and 148 Chromosomes

IN HeLa strains, the lowest stem-line reported is 68 (refs. 1 and 2), and the highest stem-lines recorded have been 81–90 (refs. 1, 3 and 4), whereas the highest stem-line reported for long-term cultures of human cells (originally obtained from human synovial lining) is 133 (ref. 5). In this laboratory investigations are being undertaken on the possibility of 'transformation' of mammalian cells in culture by treating HeLa cells with cell-free preparations obtained from characteristic sub-lines.

In contrast to the above data, one of the treated HeLa cultures herein reported exhibited stem-lines of 138 and 148 chromosomes, and an average chromosome number of 144. These characteristics remained stable without further treatment over many months of culture.

HeLa cells were grown on a glass surface in milk-dilution bottles in the medium of Eagle[6] supplemented with 10 per cent human serum, after an initial inoculation of 50,000 cells per 8 ml. medium as previously described[7]. Cell strain *HuE*, inhibited in growth by several steroid hormones including testosterone, and a sub-line (*t*) selected from it which is resistant to the presence of testosterone[7] were cultured. Four bottles of sub-line *t* (approximately 20×10^4 cells) were collected, suspended in 5 ml. of Eagle's medium in a small, tightly stoppered ~~been called *HuE-t2*.~~ Chromosome counting was carried out on 100 metaphase cells of sub-strain *HuE-t2* and 300 cells of strain *HuE*, selected at random from the total populations. Because of the large chromosome numbers in the cells of sub-strain *HuE-t2* and, in consequence, the unavoidable errors in counting, chromosome numbers have been grouped in fives, so that a chromosome number of 68

Table 1. NUMBERS OF CHROMOSOMES IN CELLS OF HELA STRAINS *HuE* AND *HuE-t2*

No. of chromosomes per cell	Percentage of cells[*] Strain *HuE*	Sub-strain *HuE-t2*
48	—	—
53	0·3	—
58	3·7	—
63	11·0	1·0
68	54·3	—
73	18·3	1·0
78	7·0	—
83	3·0	—
88	0·3	1·0
93	0·3	—
98	0·3	—
103	0·7	—
108	—	1·0
113	—	—
118	0·3	3·0
123	—	5·0
128	—	5·0
133	0·3	5·0
138	—	15·0
143	—	10·0
148	—	19·0
153	—	13·0
158	—	11·0
163	—	4·0
168	—	2·0
173	—	—
178	—	—
183	—	1·0
188	—	2·0
193	—	1·0
198	—	—

[*] Strain *HuE*, 300 counted; strain *HuE-t2*, 100 counted.
The numbers refer to the combined values within a group of five actual counts. Examples: cells with 68 chromosomes refers to the total number of cells with actual counts of 66, 67, 68, 69 and 70 chromosomes. Similarly, cells with 148 chromosomes refers to cells with actual counts of 146, 147, 148, 149 and 150 chromosomes.

Table 2. CHROMOSOME CHARACTERISTICS OF HELA STRAIN *HuE* AND SUB-STRAIN *HuE-t2*

Cell strain	No. of cells counted	Stem-lines	Percentage No. of cells with stem-lines	Average chromosome No.	Variation of extremes
HuE	300	68	54·3	70	53–133
HuE-t2	100	138 ; 148	15·0 ; 19·0	144	63–193

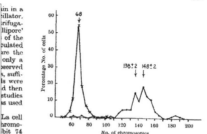
Fig. 1. ×, Strain *HuE*; ●, Sub-strain *HuE-t2*

is represented by the total number of cells having actual counts of 66, 67, 68, 69 and 70. Such groupings cause no significant differences to the data published previously on strain *HuE* and *HuE-t* (ref. 2), except that in the latter sub-line while actual counting showed a peak at 74, the scheme of grouping into five would give rise to a chromosome peak at 73. It has, however, been done for purposes of comparison with sub-strain *t2*. Table 1 compares the chromosome numbers of the cell population of strain *HuE* and *HuE-t2*, and is plotted in Fig. 1. The results show (Table 2) that in comparison with the untreated culture which has a stem-line of 68 and an average chromosome number of 70, the sub-strain *t2* exhibits two peaks at 138 and 148, with an average chromosome number of approximately 144. Table 2 also shows the variation of extremes in chromosome number, 53–133 and 63–193 for the control and the treated cells, respectively. Such results are in contrast to the highest HeLa stem-line of 81–90 previously reported[1,3,4], and also to the highest chromosome number (150) recorded for HeLa cells[1,4], with the exception of a previous report on sub-line *HuE-t*, in which one cell with 220 and one cell with 570 chromosomes were observed in 200 cells counted[2]. In sub-strain *t-2*, 34 per cent of the cell population have chromosome numbers greater than 150.

The mechanism underlying the influence of the cellular extract on the chromosome number of the HeLa cells is not known. The cells of sub-strain *t-2* were mononucleated, and, while DNA estimations were not undertaken, the chromatin masses in the division phases of sub-strain *t2* were much larger than those observed in the untreated cells of strain-*HuE*, or indeed of sub-line *t*. In strain *HuE* approximately 2 per cent of the cells have chromosome numbers of more than 100, the greatest number being 133. It is possible that the early cellular environment was toxic to the majority of the cells and resulted in cell selection and increased polyploidy to give cultures characteristic of *t-2*, wherein 97 per cent of the cells contain more than 100 chromosomes, with approximately 80 per cent having more than 133 chromosomes. On the other hand, it should be pointed out that in several experiments, treatment of strain *HuE* (68 stem-line) with cell-free extracts of sub-lines having a 74 stem-line, resulted in cultures exhibi

74, w
in gr
of th
74 cl
due t
cellu
extra
micr
sub-
that

This work was supported by a U.S. Public Health Service grant, GM-06035.

D. STONE
Y. S. KANG[*]

Worcester Foundation for Experimental Biology.
Shrewsbury, Massachusetts.

[*] Present address: College of Liberal Arts and Sciences, Seoul National University, Seoul, Korea.

[1] Chu, E. H. Y., and Giles, N. H., *J. Nat. Cancer Inst.*, **20**, 383 (1958).
[2] Stone, D., and Kang, Y. S., *Endocrinol.*, **71**, 233 (1962).
[3] Hsu, T. C., *Rep. Biol. and Med. (Texas)*, **12**, 833 (1954).
[4] Hsu, T. C., and Moorhead, P. S., *J. Nat. Cancer Inst.*, **18**, 463 (1957).
[5] Hsu, T. C., Pomerat, C. M., and Moorhead, P. S., *J. Nat. Cancer Inst.*, **19**, 867 (1957).
[6] Eagle, H., *Science*, **122**, 501 (1955).
[7] Stone, D., *Endocrinol.*, **71**, 233 (1962).
[8] Stone, D., *Nature*, **194**, 1039 (1962).

1964년《네이처》에 실린 강영선의 논문 *Nature* 202(1964)

연구에 필요한 기술을 익히게 했다. 박은호가 귀국하면서 본격적인 연구가 시작되었고, 이들은 1973년 한국산 담수어류 4종에 대한 염색체 및 DNA 상대량을 조사하여 세포유전학적 특징을 계통적으로 고찰한 논문을 국내 학회지에 발표했다. 이듬해에는 어류 세포 배양 기술을 독자적으로 개발하고 본격적으로 어류유전학 연구를 시작했다. 이를 통해 어류의 핵형 보존과 DNA 함량과의 관계를 규명한 연구「뱀장어류의 핵형 보존과 데옥시리보핵산 양의 차이Karyotype Conservation and Difference in DNA Amount in Anguilloid Fishes」를 세계적인 학술지《사이언스 Science》(1976)에 발표했고, 국제적인 세포유전학 학술지《사이토제네틱스 앤드 셀 제네틱스Cytogenetics and Cell Genetics》(1979)에 암컷 성염색체(ZW, 어류 수컷의 성염색체는 ZZ) 구성을 확인한 연구를 발표해 국제적인 인정을 받았다.

한국 생물학 연구의 새로운 이정표

강영선이 왕성하게 활동했던 해방 후부터 1970년대까지 한국에서 세계적인 수준의 과학 연구를 한다는 것은 매우 힘든 일이었다. 하지만 그는 어려운 여건에서도 수준 높은 연구를 할 수 있는 방법을 스스로 찾고 만들었다. 지역적인 연구 주제에 첨단 연구방법을 적용하여 국제학계에서 인정받는 연구 성과를 발표함으로써 차별성 있는 자신만의 연구 스타일을 만들어 나간 것이다. 이를 위해 그는 일본인 스승과의 네트워크를 통해 새로운 과학의 중심지로 떠오른 미국으로 세 번이나 연수를 다녀왔고, 해외의 저명한 과학자들과 활발히 교류했다. 또한 열악한 연구 환경에서 집과 학교를 오가는 단순한 삶을 살면서 오로지 연구에만 몰두했다. 제자 박상대는 '한국과학기술한림원 회원 회상록'에서 당시 강영선의 연구실 풍경을 다음과 같이 묘사하고 있다.

연구실 창가 끝 중앙에 위치한 집무 책상 왼쪽에는 [연구를 위한] 보조 책상과 캐비넷을, 바른쪽에는 [자료를 위한] 문헌장과 서가를 두고, 가운데는 소파를 놓았다. 보조 책상에는 현미경과 탁상 캐비넷을 올려놓았는데, 탁상 캐비넷과 그 옆 대형 철재 캐비넷에는 항상 중요한 실험 재료, 시약, 소기구 등이 보관되어 있어 연구에 대한 준비가 철저하였다. 방에 특별한 장식이나 액자는 걸려 있지 않았지만 깔끔하게 잘 정돈된 연구실은 집무와 연구를 위해 효율적으로 잘 배치된 빈틈없는 공간이었다.

그의 책상 왼쪽에는 비로드 표지로 싼 비망록이 한 권 있다. 이 노트의 맨 왼쪽은 일련번호, 가운데는 수행 예정 사항, 오른쪽은 계획 완료 날짜가 적혀 있다. 예컨대 국제원자력연구(IAEA) 연구보고서 초안 작성 완료 예정일을 1월 20일로 정하고, 이를 1월 1일에 계획한 첫 번째 일이면 1번의 일련번호를 메긴다. 그 뒤 예정된 계획이 완료되면 붉은 색연필로 그 번호 위에 동그라미로 표시한다. 그래서 매일 출근하면 붉은 표시가 없는 미완성 부분만을 챙기고 또 새로운 계획을 적어 당신의 강의, 연구, 대외 활동 등 모든 것을 엄격히 점검, 통제, 관리하고, 하루가 지나면 이를 정리 종합하여 일기 형태로 기록을 남긴다.

_박상대, 「故 강영선 교수 회상록」, 한국과학기술한림원 회원 회상록, 2010.

강영선은 연구자로서뿐만 아니라 교육자로서도 우리나라 생물학 발전에 크게 기여했다. 그는 우리나라 최초의 생물학과인 서울대 생물학과 창설을 주도했으며, 재직 당시 그가 길러 낸 제자들은 생물학 연구의 새로운 줄기를 형성하며, 우리나라 생물학의 연구 영역을 확장시켰다. 대표적으로 집단유전학과 발생생리학의 조완규, 동물생리학과 분자생물학의 하두봉, 분자세포생물학과 암세포생물학의 박상대, 동물생리학의 박상윤, 초파리유전학의 이정주, 어류유전학의 박은호, 미생물유전학의 강현삼이 그들이다. 그의 문하생 중에서 조완규와 박상대는 한국을 대표하는 과학기술유공자로 선정되는 영예를 안았다. 그러나 서울대 자연과학대학 초대 학장 보직을 둘러싸고 빚어진 제자와의 갈등은 그에게 큰 상처를 남기기도 했다.

1979년 강영선은, 홋카이도제대 선배이자 서울대 동료 교수인 이민재의 추천으로 국립강릉대학 초대 학장으로 자리를 옮겼다. 그는 인문대학과 자연과학대학을 설치하고, 현재의 캠퍼스를 새로이 건립했으며, 종합대학으로의 발전을 위해 노력하다가 1982년 정년퇴임을 맞았다. 이후 수원대와 서울대의 명예교수로 활동하면서 후학 양성과 함께 생명과학 연구를 지속했다. 그는 경제적으로 어려움이 닥치고 암 수술로 건강이 악화된 상황에서도 〈생명복제의 윤리문제〉에 관한 대한민국학술원의 위탁 연구과제를 수행했으나, 끝을 맺지 못하고 1999년에 82세의 나이로 세상을 떠났다.

강영선은 연구논문 158편, 저서 13권, 번역서 4권 등 총 175편의 저술을 남겼다. 분야별로는 세포학 24편, 세포유전학 52편, 집단 및 인

1960년대 서울대학교 문리과대학 동물학과 강영선 연구실(왼쪽부터 마키노, 강영선, 김훈수)
『하곡 강영선박사 정년퇴임기념문집』(1982)에서

류 유전학 48편, 초파리유전학 24편, 생리학 5편, 분류생태학 4편 등
이 있다. 또한 그는 한국동물학회 설립과 발전에 크게 공헌했으며, 대
한민국학술원 회원을 비롯해 한국생물과학협회, 한국자연보존협회의
회장과 국제생물학연구프로그램(IBP) 한국위원장 등을 역임했다. 이
러한 활동을 인정받아 생전에 대한민국학술원 저작상(1963), 과학기
술상(1970), 국민훈장 동백장(1971), 하은생물학상(1972), 국민훈장 모
란장(1982), 5.16민족상(1989) 등을 수상했다.

해방 이후 한국에서 현대 생물학의 큰 흐름이 빠르게 형성된 것은
강영선에 힘입은 바 크다. 그는 제자들을 교육해 세계적인 연구 성과
를 내는 우수한 연구집단으로 만들었고, 이들은 다양한 생물학 분야로

활발히 진출해 연구 영역을 크게 확장했다. 당시로서는 그 자신이 세계적 학술지에 연구논문을 연이어 발표한 점이 돋보이지만, 한국 생물학사의 맥락에서 보면 그가 한국 생물학 연구의 남다른 시작점이 되었다는 덜 알려진 사실이 더 큰 의미로 다가온다.

참고문헌

일차자료

강영선, 1954, 〈이력서〉, 총무처, 「교수 및 부교수(서울대학교 문리과대학) 임명의 건」, 국가기록원 소장.

강영선, 1979, 〈공무원인사기록 카드〉, 서울대학교 교무처 소장.

하곡강영선박사정년퇴임기념사업회, 1982, 『하곡 강영선박사 정년퇴임기념문집』, 서울대학교 출판부.

논문

牧野佐二郎·重黎永善·小林晴治郎, 1943, 「札幌市に於けるドブネズミの調査」, 《札幌博物學會報》 17-3·4.

강영선, 1953, 「鼠屬卵巢의 異常濾胞(abnormal follicle)에 對한 細胞學的 研究」, 서울대학교 박사 학위 논문(《서울대학교 논문집》 4, 1956, 56-74쪽).

강영선·조완규 외, 1957-1973, 「한국인의 유전학적 연구(I-XVII)」, 《서울대학교 논문집》 외.

강영선·정옥기·이혜영, 1959-1960, 「한국산 초파리의 분류와 생태(1-3)」, 《동물학회지》.

Kang, Yung Sun and Wan Kyoo Cho, 1959, "Data on the Biology of Korean Populations," *Human Biology* 31-3, pp. 244-251.

姜永善, 1960, 「韓国人集団における統計遺伝学的研究」, 北海道大学 理学博士論文.

Kang, Yung Sun and Wan Kyoo Cho, 1962, "The Sex Ratio at Birth and Other Attributes of the Newborn from Maternity Hospitals in Korea," *Human Biology* 34-1, pp. 38-48.

Stone, D. and Y. S. Kang, 1964, "Isolation of a HeLa Sub-strain exhibiting Stem-lines of 138 and 148 Chromosomes," *Nature* 202, pp. 516-518.

Kang, Y. S., Y. J. Kim and J. H. Pai, 1964-1967, "Chromosome Studies in the Korean Population(1-4)," *Chromosome Information Service* 7-8.

Kang, Yung Sun and Sang Dai Park, 1969, "Studies on Stage Radiosensitivity and DNA Synthesis of Chromosomes in Cultured Human Cells," *Radiation Research* 37-2, pp. 371-380.

Park, Eun Ho and Yung Sun Kang, 1976, "Karyotype Conservation and Difference in DNA Amount in Anguilloid Fishes," *Science* 193, pp. 64-66.

Park, E. H. and Y. S. Kang, 1979, "Karyological confirmation of conspicuous ZW sex chromosomes in two species of Pacific anguilloid fishes (Anguilliformes: Teleostomi)," *Cytogenetics and Cell Genetics* 23, pp. 33-38.

보고서

강영선, 1972, 「비무장 지대의 천연자원에 관한 연구」, 국토통일원.

강영선, 1987/1988, 「한국의 자연과 자연자원의 합리적 이용과 관리에 관한 연구(1-2)」, 대한민국학술원.

강영선, 1996, 「21세기를 향한 생명공학의 역할(동남아에서)」, 대한민국학술원.

저역서

강영선·이민재, 1948, 『생물 상·하』, 동지사.

강영선 역(U. A. 하우버 저), 1951, 『기본동물학』, 대한교재공사.

강영선, 1956, 『생물학개론』, 보문각.

강영선 역(알프레드 F. 휴트너 저), 1958, 『척추동물의 비교발생학』, 문교부.

강영선·김훈수, 1959, 『유전학: 부 진화학』, 홍지사.

강영선, 1960, 『한국동물도감: 조류』, 삼화출판사.

강영선 역(Lester W. Sharp 저), 1960, 『기본세포학』, 문교부.

강영선·최기철, 1960, 『일반동물학』, 홍지사.

강영선·조완규·최임순, 1963, 『동물해부학』, 문운당.

강영선 외, 1968, 『(최신)유전학』, 문운당.

강영선 외, 1969, 『일반생물학』, 향문사.

강영선 역(루우스 무어 저), 1972, 『진화의 발자취』, 고려출판사.

강영선·최기철, 1972, 『(원색) 과학대사전 5 동물』, 학원사.

강영선 역(De Robertis 외 저), 1975, 『세포생물학』, 문운당.

강영선 외, 1985, 『현대과학의 이해』, 한국방송통신대학보사.

[기고]

강영선, 1956, 「국제유전학회 참가 기행문」, 《생물학회보》 1, 79-83쪽.

강영선, 1956, 「유전학의 최근 경향」, 《항공의학》 4-2, 130-139쪽.

강영선, 1964, 「세계 생물학계의 동향과 국내의 동향」, *Korstic* 2-4, 9-10, 30쪽.

강영선, 1966, 「제9회 전국대학생 동물학 Symposium 참가 보고기」, 《과학교육》 2, 30-32쪽.

강영선, 1968, 「제2차 국제유전학회의에 다녀와서」, 《생물교육》 2, 6-7쪽.

강영선, 1969, 「I.B.P. 아시아 지역회의를 다녀와서」, 《과학과 기술》 2-3, 96-99쪽.

강영선, 1970, 「암의 생성기원을 추구하는 생물학적 연구 - 암의 세포유전학적인 연구」, 《과학과 기술》 3-2, 23-28쪽.

강영선, 1978, 「자연보호운동의 대상과 실천요령」, 《지방행정》 27, 30-39쪽.

강영선, 1986, 「우리나라 유전학의 어제와 오늘」, 『한국유전학회 제8회 대회 강연 및 발표논문 요지』, 34-35쪽.

이광영, 1995, 「원로와의 대담 - 수원대 대우교수 강영선 박사」, 《과학과 기술》 28-3, 69-71쪽.

이차자료

현재환, 「[한국 과학기술의 결정적 순간들] 1942년 강영선, 유전학 연구 네트워크에 첫 발을 내딛다」, 《HORIZON》 2022. 12. 21. https://horizon.kias.re.kr/23468/

박상대, 2010, 「이학부-故 강영선 교수 회상록」, 한국과학기술한림원 회원 회상록. http://www.kast.or.kr

박상대, 2004, 「강영선 회원」, 대한민국학술원, 『앞서 가신 회원의 발자취』, 493-495쪽.

Hyun, Jaehwan, 2020, "Between Engagement and Isolation: Population Genetics and Transnational Nationalism in South Korea," *Korean Journal for the History of Science* 42-2, pp. 357-380.

Hyun, Jaehwan, 2017, "Making Postcolonial Connections: The Role of a Japanese Research Network in the Emergence of Human Genetics in South Korea, 1941-1968," *Korean Journal for the History of Science* 39-2, pp. 293-324.

신향숙·김근배

리림학(이임학)

李林學 Rimhak Ree

생몰년: 1922년 12월 18일~2005년 1월 9일
출생지: 함경남도 함흥군 북주동면 회상리 551
학력: 경성제국대학 물리학과, 캐나다 브리티시컬럼비아대학 이학박사
경력: 서울대학교 교수, 브리티시컬럼비아대학 교수, 캐나다 왕립학회 정회원
업적: 대수학의 리 군(Ree group) 발견
분야: 수학-대수학, 군론

캐나다
브리티시컬럼비아대학
교수 시절 리림학

리림학*은 대수학 분야에서 중요한 업적을 남긴 천재적인 수학자로 알려져 있다. 해방 직후 남대문시장 쓰레기 더미에서 《미국수학회보》를 발견하고, 거기 실린 논문에서 제시한 미해결 문제를 풀어 그곳에 논문을 게재하게 된 이야기는 유명하다. 그는 사실상 독학으로 수학을 공부한 후 캐나다 브리티시컬럼비아대학에서 2년 만에 박사 학위를 받았고, 대수학의 단순군 분류와 관련해 자신의 이름을 딴 리 군Ree group을 발견했다. 이러한 업적으로 그는 41세의 나이에 캐나다 왕립학회 정회원으로 선출되었으며, 프랑스 수학자 장 디외도네는 군론에 근원적으로 공헌한 21명의 수학자 중 한 명으로 리림학을 꼽았다.

독학으로 수학자가 되어 해외 학술지에 논문 게재

리림학은 1922년 함경남도 함흥에서 태어났다. 부모와 형제에 대해서는 알려진 바가 별로 없다. 그는 1934년에 6년제인 함흥제1보통학교를 졸업하고 함흥고등보통학교에 진학했는데, 이 학교는 1938년에 함남중학교로 이름이 바뀌었다. 이때 그의 가족은 함흥 시내에서 5킬로미터 떨어진 농촌 지역에 거주했기 때문에 학교까지 먼 거리를 매일 걸어 다녔다고 한다. 그는 어릴 때부터 이것저것 만드는 것을 좋아

---

* 한국에 있는 동안 그는 자신의 공식 이름을 고향에서 불리던 리림학으로 썼고, 그래서 영어 이름도 Rimhak Ree로 표기했다. 캐나다로 건너간 이후에도 자신의 정체성을 한국이나 캐나다가 아닌 해방 이전의 조선으로 여겼기에 이임학보다는 리림학으로 표기하는 것이 더 적절하다고 판단된다.

해서 중학교 때는 철판을 가위로 자르고 코일을 감아 전기 모터를 만들거나 때로는 망원경을 만들기도 했다. 교과목 중에서는 수학을 잘했다. 하지만 그는 "장차 수학자가 되려고 하지는 않았다. 그때 나는 수학자가 무엇인지 전혀 몰랐"《과학과 기술》29-12)다고 회고했다.

5년 만인 1939년에 함남중학교를 전체 수석으로 졸업한 그는, 국내에서 가장 명성이 있던 경성제국대학 예과 이과갑류理甲(이공계)에 진학했다. 예과 이과갑류에는 34명이 입학했는데, 그중 조선인은 3분의 1에 못 미치는 10명이었다. 한편 1940년부터 총독부가 강제로 창씨개명을 밀어붙이면서 1941년에는 거의 모든 조선인 학생이 창씨개명을 했지만, 그는 드물게 자신의 이름을 그대로 썼다.

리림학은 경성제대 예과 시절에야 비로소 수학자가 무엇인지 깨닫고 수학에 눈을 떴다. 이공학부 공통과목으로 개설된 고등 수준의 수학을 들으면서 수학에 학문적인 관심이 생긴 것이다. 특히 수학을 좋아하는 도쿄제국대학 출신의 일본인 물리학과 교수 덕분에 사영기하射影幾何, 집합론, 군론group theory 등을 알게 되었고, 교수에게 책을 빌려 공부할 수 있었다. 경성제대 이공학부에는 수학과가 없었기 때문에 물리학을 전공으로 택했지만, 리림학은 물리학보다 수학을 더 열심히 공부했다. 독학으로 공부했지만 당시 경성제대 이공학부에서는 그가 수학을 잘한다는 것을 다들 알고 있었다. 그는 1944년 9월에 경성제대 물리학과를 졸업했다.

대학 졸업 후 리림학은 졸업자의 취업을 강제하는 조선총독부의 〈학교졸업자사용제한령〉에 따라 1944년 10월에 막 설립된 조선비행기공업(주)에 배치되었다. 일본 본토에 있는 비행기 제작 공장의 피해가 급증하자 일제는 다른 지역에서 그 대체 방안을 찾아야 했다. 조선총독부와 조선군사령부는 조선인 최고 부자 중 한 명으로 화신상사와 화신백화점을 비롯한 화신그룹의 최대 주주였던 박흥식을 압박하여 자본금 5000만 원의 조선비행기공업 설립을 주도하게 했다. 설립 당시 조선비행기공업은 일본 육군성과 군수성의 알선으로 만주비행기제조(주) 및 일본국제항공공업(주)과 기술제휴하여 직공을 교육하고 안양에 공장을 세워 장기적으로 전투기와 폭격기를 생산한다는 계획을 세웠다. 이 계획에 따라 조선인 공원工員과 기술자를 모집했고, 이들을 만주비행기제조로 보내 교육시켰다. 경성제대를 졸업한 리림학은 기술자로 취직했는데, 취직 후 만주비행기제조로 보내져 제품을 검사하는 부서에서 근무했다. 만주비행기제조가 군수회사였기 때문에 군대에 징집되지는 않았다. 그러다가 8.15 해방과 함께 짧은 만주 생활을 청산하고 경성으로 돌아왔다.

1945년 10월 경성제대는 경성대학으로 바뀌었는데 처음으로 수학과가 설치되었다. 수학과 설치가 확정된 후 12월경에 10~20명 정도의 수학자들이 모여 누가 경성대에서 가르칠 것인지를 결정했다. 도쿄제국대학에서 수학을 전공하고 경성광산전문학교 교수로 있다가 해방 후 교장이 된 최윤식, 히로시마문리과대학에서 수학을 공부하고 돌아와 경성제대 조수를 지냈던 여성 수학자 홍임식洪姙植은 물론이고, 중학교, 전문학교, 교원양성소 등에서 수학을 가르치던 이들이 이 모임에 참석했다. 일제강점기 조선에서는 수학을 대학 수준으로 전공할 수 없었기 때문에 리림학 외에도 독학으로 수학을 공부한 이들이 더 있었다. 그렇게 모인 수학자들은 먼저 후보자가 연구발표를 하고 참석자들이 투표를 해서 최종 선발하는, 매우 전문적이고 민주적인 방식을 택했다. 그 결과 도쿄제대 출신의 김지정, 유충호와 함께 리림학이 당당히 선정되었다. 리림학은 24세인 1946년부터 경성대학 수학과 교수가 되어 대수학을 주로 가르쳤다.

해방 직후의 혼란스러운 사회 상황은 당시 과학자들의 삶에 깊은 영향을 미쳤다. 리림학도 상당한 어려움을 겪었다. 경성대학은 1946년 3월 개강하여 수학교육을 하기 시작했으나 국립서울대학교 설립안(국대안)이 발표되자 혼란스러워졌다. 국대안에 반대했던 리림학은 다른 이공학부 교수들과 함께 사표를 내고 9월에 학교를 떠났다. 이때 많은 과학자들이 김일성종합대학의 초청을 받고 북한으로 갔다. 함흥 출신이었던 리림학도 그중의 한 명이었다. 하지만 억압적인 분위기에 실망한 그는 어머니와 여동생과 함께 다시 서울로 왔다. 이때 아버지와 손위 누이는 함흥에 남아, 그대로 이산가족이 되었다. 그는 이화여중*, 휘문중에서 수학 교사를 하던 중 서울대의 권유로 1947년 9월 수학과에 복직했다. 당시 서울대 수학과에 전임교수는 최윤식과 리림학 두 사람뿐이었고, 연희대 교수였던 박정기 등이 강사로 출강했다. 그간 전임교수로 있던 김지정, 유충호, 정순택 등이 북한으로 갔기 때문

---

* 일제강점기 고등보통학교(5년)와 여자고등보통학교(4년)는 1938년 각각 중학교와 고등여학교로 바뀌었고, 이후 1946년 학제 개편으로 중학교(3년 중등과, 3년 고등과)로 바뀌었다. 1951년에 중학교는 중학교(3년)와 고등학교(3년)로 분리되어 현재에 이르고 있다.

이다.

서울대의 수학교육은 예과 공통과목과 본과 전공과목으로 나뉘어 이루어졌는데, 한국어로 된 교재가 없어서 일본어, 독일어, 영어 등 언어를 가리지 않고 손에 넣을 수 있는 교과서를 사용했다. 예를 들어 예과에서는 다케우치 단조竹內端三의 『미적분학 상·하』를, 본과 수학전공과목 해석개론에서는 다카기 데이지高木貞治의

젊은 시절의 리림학
한국과학기술한림원 과학기술유공자지원센터

『해석개론: 미분적분법급초등함수론』을 교재로 썼다. 리림학이 담당한 현대대수학, 고급정수론, 위상수학은 판데르 바르던Bartel Leendert van der Waerden의 『현대대수학Moderne Algebra』, 다카기의 『대수적 정수론代數的正數論』 등을 교재로 사용했다.

한국어로 된 교재의 필요성을 크게 느낀 최윤식과 리림학은 외국에서 널리 쓰이는 교재들을 열심히 번역했다. 아직 수학 용어의 번역어도 확립되지 못한 시기였기에 수학 용어에 적합한 우리말 번역어도 만들어 가며 작업해야 했다. 리림학은 그랜빌William A. Granville, 스미스Percey F. Smith, 롱리William R. Longley의 미적분학 교재를 다수 번역했다. 1948년에 『미적분학』을 번역했고 이후에도 『미분학』(1948), 『적분학』(1949), 『미분적분학』(1954)을 번역 출판했다. 천주교 인맥을 통해

미국에서 교재를 구입해 수학교육에 활용하기도 했다.

이처럼 교재도 제대로 갖추어져 있지 않고 국제 수준의 연구도 전무했던 열악한 시기에, 리림학은 국제적으로 공인된 학술지에 수학 연구논문을 처음 발표하게 된다. 1947년 어느 날 그는 남대문시장의 쓰레기 더미에서 그해 발행된 《미국수학회보Bulletin of American Mathematical Society》를 우연히 발견했다. 거기에는 현대 추상 대수학의 선구자로 불리는 에밀 아르틴의 제자로, 그 역시 뛰어난 수학자였던 막스 초른Max Zorn의 두 쪽짜리 논문이 실려 있었다. 그것은 당시 프린스턴대학의 유명 수학자인 보흐너가 제시한 '보흐너의 정리'를 증명한 논문이었다. 그런데 초른은 복소수 영역에서만 증명을 제시하고, 실수인 경우에 대해서는 추가 질문을 던지는 것으로 논문을 마무리했다. 리림학은 이 문제에 흥미를 느끼고 혼자 상당한 노력을 기울여 이를 증명할 수 있었다.

독창적인 연구 결과를 얻으면 논문으로 작성하여 학술지에 투고하는 것이 일반적이지만, 당시 리림학은 그러한 절차에 대해 알지 못했다. 그는 논문에 적힌 초른의 주소를 보고, 미국 인디애나대학으로 자신의 연구 결과를 담은 편지를 보내 출판해 달라고 부탁했다. 초른은 이 편지를 미국수학회로 보냈고, 1949년 《미국수학회보》에 「막스 초른의 문제에 대해On a problem of Max A. Zorn」라는 제목의 논문으로 게재되었다. 논문의 저자는 서울대학교 Rimhak Ree로 표기되었지만, 정작 리림학 자신은 나중에야 논문 게재 사실을 알았다. 이것은 해방 이후 국내에서 연구하여 영어권 해외 학술지를 통해 출판된 한국인의 첫 연

ON A PROBLEM OF MAX A. ZORN

RIMHAK REE

1. **Introduction.** Max A. Zorn has proved[1] the following theorem.

THEOREM. *If every substitution $x=at$, $y=bt$ in which a and b are complex numbers transforms $\sum a_i x^i y^i$ into a power series with a non-vanishing radius of convergence, the series $\sum |a_i x^i y^i|$ converges for sufficiently small $|x|$ and $|y|$.*

He has also suggested the following problem. If $\sum a_i x^i y^i$ is a power series which is transformed by every substitution of convergent power series $\sum_1^\infty a_i t^i$ and $\sum_1^\infty b_i t^i$ with real coefficients for x and y into a convergent power series in t, is the double series $\sum a_i x^i y^i$ convergent?

The answer is yes. In fact, Zorn's theorem itself holds even when the coefficients a and b are restricted to take only real values. We can obtain a proof quite directly by Zorn's method, if we use an estimate for the coefficients of homogeneous polynomials in real variables.

2. **Homogeneous polynomials in real variables.** We shall prove a lemma which may easily be extended to the case of many variables.

LEMMA. *Let $P(x, y) = \sum_{i+j=n} a_{ij} x^i y^j$ be a homogeneous polynomial in real variables. If $|P(x, y)| \leq M$ for $|x-x_0| \leq 2\delta$, $|y-y_0| \leq 2\epsilon$, then $|a_{ij} \delta^i \epsilon^j| \leq M$.*

1949년 미국수학회 저널에 실린 리림학의 논문
Bulletin of American Mathematical Society 55(1949)

구논문이었다. 이 일화는 수학자로서 리림학의 연구 능력을 보여 줄 뿐 아니라, 동시에 해방 직후 한국의 연구 환경이 얼마나 열악하고 연구 경험이 짧았는지를 드러내 준다.

1950년 한국전쟁이 일어났을 때 리림학과 가족들은 한강 다리가 끊어져 피난하지 못하고 서울에 남았다. 그는 북한군이 서울로 들어올 때를 대비해서 반사회주의적인 책이나 빌미가 될 만한 개인 기록들을 불태웠다. 그리고 고장 난 진공관 라디오를 구해 고쳐서 바깥소식을 들었다. 라디오에서 〈미국의 소리Voice of America〉 방송을 듣고 전쟁 상황을 알 수 있었다. 1951년 1.4 후퇴 때 그는 서울에서 트럭을 준비해

인천으로 가서 가족과 함께 배를 타고 제주도로 갔다. 그 배에는 다른 서울대 교수 가족도 함께 탔다. 이들은 제주도에 있다가 서울대가 부산에서 전시연합대학을 연다는 소식을 듣고 부산으로 가서 강의를 이어 갔다.

비록 피난지 생활이었지만, 수학자들은 부산에서 대한수학회를 발족했고 리림학도 이에 적극 참여했다. 해방 직후 물리학자들과 수학자들이 모여 조선수물학회를 조직했는데, 1952년 3월 수학 분야가 분리되어 대한수학회로 새롭게 태어난 것이다. 최윤식을 회장으로 하여 52명의 회원으로 시작한 대한수학회는 최초의 학술지라 할 수 있는 《수학교육》을 발간했으며, 5월에는 경남상업고등학교에서 회원 68명

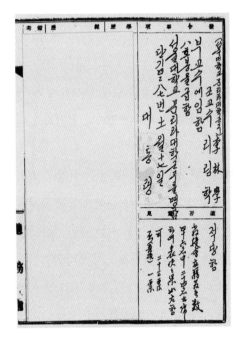

1954년 리림학의
서울대학교 부교수
임용 관련 자료
국가기록원

이 참가하는 임시학회와 강연회를 열었다. 이 행사에서 리림학은 '최근 서구 수학 소개'라는 제목으로 강연했다. 1953년 1월의 연구발표회에서는 최윤식, 리림학, 이성헌이 발표했다. 리림학의 발표 제목은 'Group에 관한 문제'였다. 또한 나중에 서울대 수학과에서는 리림학이 중심이 되고 윤갑병과 김정수가 참여하여 등사판으로 된 논문지 형식의 『지상수학담화회紙上數學談話會』 소책자를 두 번 발간했다. 한편 1954년 대통령 명의로 발부된 서울대 문리과대학 교수 발령장을 보면 그의 공식 이름이 '리림학'으로 표기되어 있는 것을 볼 수 있다.

캐나다 정착과 독창적인 리 군Ree group 발견

부산에서 강의와 학회 활동 등으로 바쁜 가운데에도 리림학은 현대수학의 최신 동향에 관심을 기울이고 있었는데, 이것이 그에게 예상치 못했던 기회를 가져다주었다. 한국전쟁 동안 미국대사관 겸 미국공보원은 부산으로 옮겨 운영되었다. 미국공보원은 미국의 메시지와 미국 정부의 정책을 전달하기 위해 운영되는 기관으로 미국 관련 자료의 번역과 배포, 강연과 문화예술 지원, 교육과 대중계몽 활동 등을 수행했다. 일제강점기에 세워진 동양척식주식회사 부산지점 건물에 자리 잡은 미국공보원에는 미국에서 발행된 여러 학술 자료가 있었기 때문에 리림학은 자주 그곳에 들렀다. 그는 빨리 외국에 나가 공부하고 싶은 열망이 컸으나 그 방법은 전혀 모르고 있었다. 그러던 어느 날《매스매티컬 리뷰Mathematical Reviews》에 실린 제닝스Stephen A. Jennings의 논문을 읽고, 논문에서 부족한 점을 지적하는 편지를 보냈다. 캐나다 브리티시컬럼비아대학 University of British Columbia 교수였던 제닝스는 그 편지를 계기로 리림학에게 박사 학위 과정에 다닐 수 있는 장학금을 주선해 주었다. 그 직후 미국 워싱턴대학에서 더 많은 장학금을 주겠다는 제의가 있었지만, 그는 한번 한 약속을 변경하는 것은 옳지 않다고 생각해 브리티시컬럼비아대학을 선택했다고 한다.

한국전쟁 중이었던 1953년 리림학은 피난지였던 부산에서 화물선을 타고 한 달이 걸려 캐나다 밴쿠버에 도착했다. 당시에는 이 뜻밖의 출발이 한국 국적을 잃고 영원히 외국인으로 살게 될 운명의 시작점이 될 것이라고는 생각조차 못했다.

리림학은 브리티시컬럼비아대학에서 수학과 펠로 university fellow 자격으로 제닝스의 지도를 받으면서 불과 2년을 연구한 끝에 박사 학위를 받았다. 이 시기에 그는 제닝스와 함께 비트 대수를 연구했다. 독일의 수학자 에른스트 비트 Ernst Witt 는 1930년대에 리만 구면 위에서 정의된 유리형 벡터장들의 리 대수 Lie algebra를 연구했는데, 이를 비트 대수라고 한다. 리림학은 비트 대수를 일반화하는 문제를 집중적으로 탐구했다. 그는 박사논문으로 「일반화된 비트 대수에 대하여 On generalized Witt algebras」를 제출하고 심사위원 아홉 명의 심사를 거쳐 1955년 여름에 이학박사 학위를 받았다. 이 논문은 이듬해에 국제적 학술지에 발표되었다. 한국인으로는 1938년 미국 노스웨스턴대학에서 박사 학위를 받은 장세운에 이어 수학 분야의 두 번째 박사 학위였다.

박사 학위를 받은 뒤, 그는 북미에 좀 더 머무르면서 연구하기를 원했다. 마침 미국 몬태나주립대학에서 강사 lecturer 초빙 제안이 왔다. 그는 미국 샌프란시스코 한국 영사관에 여권을 갱신해 달라고 편지를 썼다. 하지만 영사관에서는 공부를 마쳤으니 한국으로 돌아가라면서 여권을 갱신해 주지 않았다. 지금부터가 연구의 시작이라고 간청했으나 영사관은 여권을 압수해 버렸다. 리림학은 평생토록 이 일로 가슴 아파했다. 영사관에서 왜 이러한 조치를 취했는지 분명하지 않지만, 한 가지 가능성은 그가 유학길에 오르기 전 서울대 교수를 사직하지 않았기 때문일 수도 있다. 그랬을 경우 계속 공무원 신분이었을 테니 영사관에서 그런 결정을 내렸을 것이다.

졸지에 무국적자가 된 리림학은 다른 나라에서 열리는 국제학술대회에 참석할 수도 없었다. 다행히 1955년 여름 캐나다 국립연구위원회가 지원하는 연구비를 받아 리 대수 연구를 이어 나갈 수 있었다. 1959년에는 브리티시컬럼비아대학 강사instructor로 채용되면서 신분이 안정되었다. 그는 이때의 일이 가슴에 맺혀서, 1971년 박정희 정권의 지원으로 재미한인과학기술자협회(KSEA)가 만들어져 발기인 명단에 리림학을 포함했을 때 "나는 한국 국민이 아니므로 빼 달라"고 하며 참여를 거부했다. 그러다 2년 뒤인 1973년에야 부회장으로 선임되어 활동했다.

리림학은 오랫동안 한국에 올 수 없었지만, 브리티시컬럼비아대학에 한국인 동료가 있었다. 그가 박사 학위를 마칠 무렵인 1955년에 서울대 수학과 7회 졸업생이자 리림학의 제자였던 장범식이 박사과정에 유학을 왔다. 두 사람은 제닝스와 함께 공동연구를 하기도 했다. 장범식은 학위를 마치고 한국으로 돌아갔다가 1962년 다시 브리티시컬럼비아대학으로 와서 수학과 교수가 되었다. 그때까지 한국 교민도 흔치 않았던 밴쿠버의 한 대학 수학과에 한국인 교수가 두 명이나 있는 특이한 일이 벌어진 것이다.

리림학의 가장 대표적인 업적인 리 군Ree group 연구는 박사 학위 이후 본격화되었다. 그는 국적 문제로 어려움을 겪고 있는 동안에도 새로운 연구에 몰두했고, 그 결과 리 유형Lie type의 단순군 분류와 새로운 단순군 족을 발견할 수 있었다. 군group이란 어떤 조건을 만족시키는 연산과 숫자들의 집합이다. 모든 과학 분야에서 주요 목표 중 하나는

브리티시컬럼비아대학 수학과 교수들과 함께(둘째 줄 왼쪽에서 두 번째가 리림학)
한국과학기술한림원 과학기술유공자지원센터

다른 모든 대상을 구성하는 '기본적인 대상'을 식별하고 연구하는 것이다. 예를 들어 화학에서 물질을 구성하는 기본 입자로서 원자를 연구하는 것과 같다. 수론에서 기본적인 대상은 소수이고, 군론에서 기본적인 대상은 단순군simple group이다. 소수가 1과 자기 자신만 약수로 가지는 것처럼 단순군은 항등부분군identical subgroup과 그 군 자체만을 정규부분군으로 가지는 군이다. 그리고 합성수를 소인수들로 분해할 수 있는 것과 마찬가지로 유한군은 단순군들로 분리할 수 있다. 주어진 차수의 단순군을 모두 찾아내는 것은 대수학에서 매우 중요하기 때문에 단순군이 하나씩 발견될 때마다 수학계가 떠들썩했다. 많은 수학자들은 유한 단순군finite simple group의 분류가 20세기의 가장 중요한 수학 업적 중 하나라고 여긴다.

프랑스의 수학자 클로드 슈발리Claude Chevalley는 1955년에《도호쿠 매스매티컬 저널Tohoku Mathematical Journal》에 발표한 논문「특정 단순 그룹에 대하여Sur certains groupes simples」에서 단순 리 대수를 확장하여 고전적인 단순군의 정의를 통일했다. 그는 이 정의에 따라 1950년대에 처음으로 새로운 단순군을 찾아낼 수 있었다. 슈발리의 방법은 리 유형의 단순군을 모두 찾아낼 수도 있는 획기적인 것이었다. 리림학은 1957년에 발표한 논문에서, 주어진 리 대수가 고전 리 대수일 때 각각 새롭게 구성된 리 유형 군group of Lie type이 어떤 구조를 지니는지 모두 증명함으로써 슈발리의 방법을 정당화했다. 리림학은 이를 통해 슈발리 군의 대수적 구조를 사실상 모두 밝힌 것과 같다. 또한 군의 구조를 명확히 밝혀 이후 유한 단순군을 발견하는 이론적 토대를 만들었다.

1960년에는 일본의 미치오 스즈키Michio Suzuki가 「유한 차수의 새로운 유형의 단순군A new type of simple groups of finite order」이라는 논문에서 새로운 유형의 무한한 류class를 발표했다. 리림학은 스즈키 군을 검토하던 중 리 대수 이론의 관점에서 보면 스즈키 군을 슈발리 군의 한 류로 볼 수 있음을 알아냈다. 이것은 그가 3년 전에 이미 슈발리 군의 구조를 분명하게 밝혔기 때문에 가능했다. 리림학은 이 과정에서 G2와 F4라는 두 개의 새로운 유형의 단순군을 발견했다. 이 두 군을 리 군Ree group이라 한다. 리 군 관련 연구는 매스사이넷MathSciNet(미국수학회 논문데이터베이스)에서 2022년까지 94편의 논문이 검색될 정도로 오랫동안 널리 이루어졌다.

리림학의 연구 업적은 새로운 두 단순군 모임을 찾아낸 것에 그치지 않는다. 유한 단순군 전체를 분류하고 새로운 유한 단순군을 찾는 기본적인 방법을 제안한 것은 슈발리였지만, 이와 관련된 예측을 가능한 모든 경우에 대해 증명하고 정당화한 것은 리림학이었다. "보통 사람에게 리 군을 설명하는 것은 불가능하다. 내가 발견한 리 군 2종을 포함해 지금까지 20종 정도의 단순군이 발견되었다. [그 후로] 더 이상 단순군은 발견되지 않고 있다"고 했던 리림학의 말처럼 수학자가 아닌 일반인들이 그의 업적을 온전히 이해하는 것은 가능하지 않다. 하지만 프랑스 수학자 장 디외도네Jean Dieudonné가 자신의 저서 『순수 수학의 파노라마A Panorama of Pure Mathematics』(1982)에서 군론에 근원적으로 공헌한 21명의 수학자 중 한 명으로 리림학을 꼽았다는 사실에서 그가 세계 수학계에 끼친 영향을 짐작해 볼 수 있다. 참고로 이 책에

A FAMILY OF SIMPLE GROUPS ASSOCIATED WITH THE SIMPLE LIE ALGEBRA OF TYPE (G_2).*

By Rimhak Ree.[1]

Introduction. In this paper we construct a family of simple groups. The family contains finite as well as infinite groups. The order of the finite groups in the family are

$$q^3(q-1)(q^3+1), \quad \text{where } q = 3^{2n+1}, \quad n = 1, 2, 3, \cdots.$$

By using the fact that the above orders are divisible by 8 but not by 16, one can show easily that none of the simple groups listed in [1] or [4] has any of the above orders.[2]

The construction is carried out by applying to the Chevalley groups of type (G_2) a method which emerges naturally when one interprets Suzuki's [5] construction of his simple groups from a Lie theoretical point of view. The Lie theoretical interpretation of Suzuki groups is as follows. Let $\mathfrak{g}$ be the simple Lie algebra of type (B_2) over the complex number field, and $\Sigma = \{\pm a, \pm b, \pm(a+b), \pm(2a+b)\}$ the set of roots of $\mathfrak{g}$. For an arbitrary field K, define the algebra $\mathfrak{g}_K$ over K and the automorphisms $x_r(t)$, where $r \in \Sigma$, $t \in K$, of $\mathfrak{g}_K$ as in [2], and let G be the group generated by all the $x_r(t)$. Now assume that K is a field of characteristic 2 which admits an automorphism $t \to t^\theta$ such that $2\theta^2 = 1$. By using a representation of G (given, for example, in [3]) one can show easily that the matrix $S(t,u)$ given by Suzuki in [5] corresponds to $\alpha(t)\beta(u)$, where

$$\alpha(t) = x_a(t^\theta)x_b(t)x_{a+b}(t^{2\theta+1}); \quad \beta(t) = x_{a+b}(t)x_{2a+b}(t^{2\theta}).$$

The above expressions lead one to look for an automorphism σ of G such that the elements $\alpha(t)\beta(u)$ are exactly those elements in $\mathfrak{U}$ (the subgroup of G generated by all $x_r(t)$ with $r > 0$) which are left invariant by σ. It turns out that there exists indeed such an automorphism of G. It is given by

$$x_{\pm a}(t) \leftrightarrow x_{\pm b}(t^\theta), \quad x_{\pm(a+b)}(t) \leftrightarrow x_{\pm(2a+b)}(t^\theta).$$

* Received September 19, 1960; revised February 21, 1961.

[1] This work was done while the author held a Research Associateship, 1959-1960, of the Office of Naval Research, U. S. Navy.

...ratitude to J. Tits for his perusal of the manuscript

1961년 리 군(Ree group) 이론을 담은 리림학의 논문
American Journal of Mathematics 83(1961)

국제 학술지 논문 투고를 위해 주고받은 편지
한국과학기술한림원 과학기술유공자지원센터

언급된 한국인은 리림학이 유일했다.

리림학이 한 연구의 중요성은 곧바로 수학계의 인정을 받았고, 그에게는 여러 기회가 생겼다. 그는 1960년에 미국 프린스턴 고등연구소에서 두 달간 연구했으며, 1961년에는 브리티시컬럼비아대학 수학과의 조교수로 승진했다. 그 덕분에 1961~1962년에 걸쳐 1년 동안 미국 예일대학에서 연구년을 보낼 수 있었다. 박사 학위 취득 후 미국 브라운대학의 교수 초빙 제의를 받기도 했다. 하지만 그는 브리티시컬럼비아대학에 그대로 머물렀다. 1963년에는 41세의 젊은 나이에 캐나다 왕립학회Royal Society of Canada 정회원으로 선출되는 영예를 안았다. 식민지 조선에서 태어나 독학으로 수학을 공부하며 고군분투하던 리림학이 국제 수학계에서 연구 성과를 인정받는 수학자가 된 것이다.

우여곡절의 개인사와 이산가족의 회한

리림학은 전체주의적, 권위주의적 체제와 행위에 반감이 컸다. 경성제대에 다닐 때는 창씨개명을 거부하고 천황제를 추종하는 교육 방침을 담고 있는 〈교육칙어敎育勅語〉를 붓으로 써서 내라는 과제를 못마땅해했다. 해방 후에는 미군정의 국대안에 반대 의사를 밝히고 바로 북한으로 갔지만 억압적인 체제에 실망하고 가족들을 데리고 남쪽으로 다시 내려왔다. 캐나다에서 박사 학위를 취득한 뒤에는 한국 영사관의 여권 압수에 대해 크게 불만을 표시했으며, 억압적인 박정희 정부를 비롯한 권위주의적인 정권에 대해서도 비판적이었다. 제자의 증언에 따르면, 그는 자신의 국적을 해방 이전의 조선으로 여겼으며, 죽을 때까지 캐나다나 한국 어느 쪽도 조국으로 생각하지 않았다고 한다.

학문적으로 안정된 것과 달리 개인사는 우여곡절을 겪었다. 리림학은 오랫동안 한국 정부와 국적 문제를 포함하여 여러모로 불편한 관계였다. 리림학이 한국을 떠날 때 그의 부모형제는 서울과 함흥에 나뉘어 살고 있었다. 그가 캐나다에서 새로운 국적을 얻고 자리 잡기까지 시간이 걸렸고, 남북 분단으로 함흥에 남은 가족들의 생사도 알 수 없었다. 1970년대에 강연차 밴쿠버를 방문한 헝가리 수학자 팔 에르되시 Pál Erdős는 리림학의 사정을 듣고, 자신의 인맥을 이용하여 헝가리 외무성과 헝가리 평양 주재 대사관을 통해 북한의 가족들 현황과 사진을 받아 보내 주었다. 리림학이 서울의 가족들에게 이 소식을 보냈는데, 이 일 때문에 그의 가족들이 중앙정보부에 불려 가 고초를 당했다. 이후 1980년대에는 직접 친척을 만나기 위해 함흥을 방문한 적이 있었다. 당시 한국인에게 북한 방문은 상상할 수 없는 일이었지만, 그가 캐나다 국적을 가졌기 때문에 가능했다. 그래서 대한수학회 관계자들은 1996년 대한수학회 50주년 기념행사에 그를 초청할 때 정부가 승인해 줄지 걱정했다고 한다.

다행히 민주화 이후의 한국 정부는 그의 방문을 반대하지 않았다. 1996년 33년 만에 한국에 온 리림학은 수학자들은 물론이고 언론과도 대담과 인터뷰를 진행했다. 특히 당시 국내 수학자들과 나눈 대담을 바탕으로 그의 학문적 업적과 개인적 이력을 담은 이야기가 『대한수학사 (제1권)』에 실려 많은 사람들이 인간 리림학과 그의 연구 성과를 알 수 있는 귀중한 자료로 남았다. 한편 정부는 2006년에 그를 〈과

1996년 미국 프린스턴 고등연구소에서 열린 학술대회에 참석한 리림학과 한국인
수학자들(왼쪽부터 서강대 김대산, 고려대 김동균, 리림학, 인하대 양재현, 홍익대 채희준)
「프린스턴에서의 이임학 교수와의 만남」(2010)에서

학기술인 명예의 전당〉에 헌정했고, 2015년 광복 70주년을 맞아 과
학기술 대표 성과 70선을 선정하면서 리림학의 리 군Ree group 이론을
1950년대 한국인이 거둔 중요 성과의 하나로 꼽았다.

　리림학은 첫 부인과 헤어진 후 중국계 여성인 로다 마Rhoda Mah와
재혼했다. 브리티시컬럼비아대학 의예과 학생이었던 로다 마는 리림
학과 수학 강의에서 만나 인연을 맺었다. 그녀는 "내 남편 리림학 박사
의 삶은 수학이다. 리 박사는 수학자이다. 이것 외에는 그를 설명할 어
떤 말도 없다"며 그의 삶을 단적으로 표현했다. 2005년 1월 9일, 리림
학이 83세의 나이로 캐나다 밴쿠버에서 세상을 떠나자 로다 마는 자

택의 서고에 가득했던 남편의 수학책과 논문집, 강의록 등을 정리하여 모교인 서울대 수리과학부 도서관에 기증했다. 그의 장례식에서 브리티시컬럼비아대학 수학과장이었던 조지 블루만George Bluman은 "리림학 교수가 브리티시컬럼비아대학 수학과를 세계지도 위에 올려놓았다"고 감사의 뜻을 전했다.

참고문헌

일차자료

리림학, 1954, 〈이력서〉, 총무처, 「교수 및 부교수(서울대학교 문리과대학) 임명의 건」, 국가기록원 소장.

논문

Ree, Rimhak, 1949, "On a problem of Max A. Zorn," *Bulletin of American Mathematical Society* 55, pp. 575-576.

Ree, Rimhak, 1954, "On ordered, finitely generated, solvable groups," *Transactions of Royal Society of Canada* 48, pp. 39-42.

Ree, Rimhak, 1955, "On projective geometry over full matrix rings," *Proceedings of the American Mathematical Society* 6-1, pp. 144-150.

Ree, Rimhak and Robert J. Wisner, 1956, "A note on torsion-free nil groups," *Proceedings of the American Mathematical Society* 7-1, pp. 6-8.

Ree, Rimhak, 1956, "On generalized Witt algebras," *Transactions of the American Mathematical Society* 83-2, pp. 510-546.

Ree, Rimhak, 1956, "The existence of outer automorphisms of some groups," *Proceedings of the American Mathematical Society* 7-6, pp. 962-964.

Jennings, S. A. and Rimhak Ree, 1957, "On a family of Lie algebras of characteristic p," *Transactions of the American Mathematical Society* 84-1, pp. 192-207.

Ree, Rimhak, 1957, "On some simple groups defined by C. Chevalley," *Transactions of the American Mathematical Society* 84-2, pp. 392-400.

Ree, Rimhak, 1957, "Commutator groups of free products of torsion-free Abelian groups," *Annals of Mathematics 2nd Ser.* 66-2, pp. 380-394.

Ree, Rimhak, 1958, "The existence of outer automorphisms of some groups, II," *Proceedings of the American Mathematical Society* 9-1, pp. 105-109.

Ree, Rimhak, 1958, "Lie elements and an algebra associated with shuffles," *Annals of Mathematics 2nd Ser.* 68-2, pp. 210-220.

Ree, Rimhak, 1958, "The simplicity of certain nonassociative algebras," *Proceedings of the American Mathematical Society* 9-6, pp. 886-892.

Chang, Bomsik, S. A. Jennings, and Rimhak Ree, 1958, "On certain pairs of matrices which generate free groups," *Canadian Journal of Mathematics* 10, pp. 279-284.

Ree, Rimhak, 1959, "On generalized conjugate classes in a finite group," *Illinois J. Math.* 3, pp. 440-444.

Ree, Rimhak, 1959, "Note on generalized Witt algebras," *Canadian Journal of Mathematics* 11, pp. 345-352.

Marcus, M. and Rimhak Ree, 1959, "Diagonals of doubly stochastic matrices," *Quarterly Journal of Mathematics Ser. 2* 10, pp. 296-302.

Ree, Rimhak, 1960, "Generalized Lie elements," *Canadian Journal of Mathematics* 12, pp. 493-502.

Ree, Rimhak, 1960, "A family of simple groups associated with the simple Lie algebra of type (G2)," *Bulletin of the American Mathematical Society* 66, pp. 508-510.

Ree, Rimhak, 1961, "A family of simple groups associated with the simple Lie algebra of type (F4)," *Bulletin of the American Mathematical Society* 67, pp. 115-116.

Ree, Rimhak, 1961, "A family of simple groups associated with the simple Lie algebra of type (G2)," *American Journal of Mathematics* 83-3, pp. 432-462.

Ree, Rimhak, 1961, "A family of simple groups associated with the simple Lie algebra of type (F4)," *American Journal of Mathematics* 83-3, pp. 401-420.

Ree, Rimhak, 1962, "Family of simple groups associated with the simple Lie algebra of type (G2)," *Proceedings of Symposia Pure Mathematics* 6, pp. 111-112.

Ree, Rimhak, 1964, "Construction of certain semi-simple groups," *Canadian Journal of Mathematics* 16, pp. 490-508.

Ree, Rimhak, 1964, "Commutators in semi-simple algebraic groups," *Proceedings of the American Mathematical Society* 15-3, pp. 457-460.

Ree, Rimhak, 1964, "Sur une famille de groupes de permutations doublement transitifs," *Canadian Journal of Mathematics* 16, pp. 797-820.

Ree, Rimhak, 1965, "Classification of involutions and centralizers of involutions in certain simple groups," *Proceedings of International Conference on Theory of Groups* (Canberra), pp. 281-301.

Ree, Rimhak and N. S. Mendelsohn, 1968, "Free subgroups of groups with a single defining relation," *Archiv der Mathematik* (Basel) 19, pp. 577-580.

Ree, Rimhak, 1971, "A theorem on permutations," *Journal of Combinatorial Theory Ser. A* 10, pp. 174-175.

Ree, Rimhak, 1971, "Proof of a conjecture of S. Chowla," *Journal of Number Theory* 3, pp. 210-212.

Chang, Bomshik and Rimhak Ree, 1972, "The characters of (q)," *Symposia Mathematica* Vol. XIII (Convegno di Gruppi e loro Rappresentazioni, INDAM, Rome), pp. 395-413.

저역서

리림학 역(William A. Granville, Percey F. Smith, William R. Longley 공저), 1948, 『미적분학』, 청구문화사.

리림학 역(William A. Granville, Percey F. Smith, William R. Longley 공저),
    1948, 『미분학』, 청구문화사.

리림학 역(William A. Granville, Percey F. Smith, William R. Longley 공저),
    1949, 『적분학』, 청구문화사.

리림학 역(William A. Granville, Percey F. Smith, William R. Longley 공저),
    1954, 『미분적분학: 적요판』, 청구문화사.

리림학 역(Smith, Salkover, Justice 공저), 1954, 『평면해석기하학』,
    청구문화사.

리림학, 1955, 『고등대수학』, 청구문화사.

이차자료

과학기술정보통신부·한국과학기술한림원, 2019, 「고 이임학: 국적 없는
    자유주의자」, 『대한민국과학기술유공자 공훈록』 1, 14-21쪽.

노상호, 2018, 「해방 전후 수학 지식의 보급과 탈식민지 수학자의 역할」,
    《한국과학사학회지》 40-3, 359-388쪽.

김강태, 「한국인 천재 수학자들, 스승님들 그리고 나」, 《포항공대신문》
    2016. 9. 28.

정안기, 2015, 「1940년대 박흥식의 기업가 활동과 '조선비행기공업(주)'」
    《경영사연구》 30-4, 197-226쪽.

이상구, 2013, 「이임학」, 『한국 근대 수학의 개척자들』, 사람의무늬,
    138-144쪽.

양재현, 2010, 「프린스턴에서의 이임학 교수와의 만남」, 《대한수학회소식》
    132-7, 24-27쪽.

엄장일, 2007, 「이임학 선생님을 추모하면서」, 《대한수학회소식》 116-11,
    9-12쪽.

주진순, 2007, 「세계적인 수학자 이임학 형을 그리워하며」,
    《대한수학회소식》 112-3, 2-3쪽.

이정림, 2005, 「나의 스승 고 이임학 선생님을 추모하여」, 《대한수학회소식》
    100-3, 11-13쪽.

장범식, 2005, 「고 이임학 교수의 업적」, 《대한수학회소식》 100-3,
    14-15쪽.

김도한, 2005, 「이임학 선생님과의 만남」, 《대한수학회소식》 100-3,
    7-10쪽.

신동호, 1999, 「이임학: 조국에서 버림받은 한국 최고의 수학자」, 『한국의
    과학자 33인』, 까치, 245-251쪽.

박정기, 1998, 「내가 만난 수학자들과 교수생활」, 대한수학회,
    『대한수학회사 (제1권)』, 성지출판, 173-178쪽.

오윤용, 1998, 「내 주변의 수학 이야기」, 대한수학회, 『대한수학회사
    (제1권)』, 성지출판, 213-227쪽.

주진구, 1996, 「원로와의 대담: 세계적 수학권위자 이임학 박사」, 《과학과
    기술》 29-12, 80-82쪽.

Tretkoff, Carol and Marvin Tretkoff, 1979, "On a theorem of Rimhak Ree
    about permutations," *Journal of Combinatorial Theory Series A* 26-1,
    pp. 84-86.

이은경·김재영

조순탁

趙淳卓 Soon Tahk Choh

생몰년: 1925년 1월 4일~1996년 4월 30일
출생지: 전라남도 순천군 주암면 주암리 821
학력: 교토제국대학 물리학과(중퇴), 서울대학교 물리학과 학사 및 석사, 미시간대학 이학박사
경력: 서울대학교 교수, 서강대학교 교수, 한국과학원 원장, 한양대학교 교수,
　　　한국물리학회 회장, 대한민국학술원 회원
업적: 통계물리학의 조·울런벡 방정식, 한국의 통계물리학 연구공동체 형성,
　　　과학 교육행정의 리더십
분야: 물리학-통계물리학

1970년대 한국과학원 원장 재직 시절 조순탁
『한국과학원 제1회 졸업앨범』에서(아들 조권국 제공)

조순탁은 1950년대에 조·울런벡 방정식을 확립하여 통계물리학 발전에 기여한 세계적인 이론물리학자이다. 그는 국내 여러 대학에 재직하며 수많은 물리학자를 길러 냈고, 통계물리학 세미나를 운영하며 연구 공동체를 형성하는 등 한국 통계물리학 연구의 기반을 마련했다. 또한 한국과학원 원장을 연임하면서 산업계에 필요한 우수 연구 인력 양성이라는 설립 취지에 따라 유치 과학자 연구 환경 조성, 졸업생 병역 혜택 제도 정착에 기여하는 등 교육행정가로서 뛰어난 리더십을 보여 주었다. 10권이 넘는 물리학 도서를 번역·저술하며 과학 지식 보급에도 앞장섰다.

선배 과학자들 보며 키운 물리학자의 꿈

조순탁은 1925년 전라남도 순천에서 조학종趙學鍾과 박월애朴月愛의 2남 중 장남으로 태어났다. 그는 순천군의 유력 가문이었던 옥천 조씨 상호정파의 종손이었다. 조순탁이 아홉 살 되던 1934년에 건립된 고향집 '조순탁 가옥'은 1990년에 전라남도 민속자료 제30호로 지정되었다. 이 집은 800평 대지 위에 솟을대문, 행랑채, 사랑채, 안채, 별채가 ㅁ자형으로 배치된 조선 후기 양반집의 건축양식을 잘 보여 준다. 한편 그의 동생 조순승은 서울대를 거쳐 미국 미시간주립대학에서 정치학으로 박사 학위를 받고 미주리주립대학 교수로 있다가 귀국하여 제13·14·15대 국회의원을 역임했다.

전라남도 민속자료 제30호 승주조순탁가옥(김근배 촬영)

그의 부모는 자녀들에게 수준 높은 신식 교육을 시키기 위해 일찍이 경성으로 이주했다. 조순탁은 고향에서 광천보통학교를 3학년까지다니다 경성으로 전학해 교동보통학교를 1937년에 졸업했다. 이어서경성제일고등보통학교(경기고등학교 전신)에 진학해 1942년에 졸업했는데, 그가 다니는 동안 학교 이름이 경기중학교로 바뀌었다. 조순탁은 졸업 후 바로 일본으로 유학을 떠나 교토의 제3고등학교*에 다녔으며, 1944년에는 교토제국대학京都帝國大學 이학부 물리학과에 진학했다. 그러나 전시 상황이 악화일로에 놓여 있을 때라 대학 교육을 제대로 받기는 어려웠다.

---

* 제3고등학교는 1950년에 폐교되고 대신에 교토대학 교양학부로 편성되었으며, 현재 종합인간학부로 이어져 오고 있다.

조순탁이 입학할 무렵 교토제대에서는 조선인 과학자들이 명성을 떨치고 있었다. 특히 박사 학위 취득 후 모교에서 교수와 강사로 활동하고 있던 화학의 이태규, 화학공학의 이승기, 물리학의 박철재는 조선의 자랑거리였다. 이 '교토 3인방' 중에서도 1940년에 물리학으로 박사 학위를 받은 박철재는 조순탁에게는 직계 선배였다. 연희전문학교 수물과 출신의 박철재는 교토제대에서 연구하며 부설 중등교원양성소의 강사로 활동했으므로 두 사람은 이때 이미 서로를 알았을 가능성이 크다. 조순탁과 박철재의 인연은 해방 후 경성대학에서 학생과 교수로 다시 이어졌으나, 박철재가 문교부 과학교육국으로 옮겨 갔기 때문에 둘이 함께한 시간은 짧았다.

1945년 일본이 패망하면서 귀국한 조순탁은 이듬해 2월 경성대학 물리학과 2학년에 편입했다. 해방 후 경성제국대학이 개편되어 발족한 경성대학은 여러 전문학교들과 통합하여 1946년 10월 국립서울대학교가 되었다. 조순탁은 서울대 물리학과 학생으로 신분이 바뀌어 1947년 7월에 1회로 졸업했다. 당시 서울대 물리학과는 국대안 파동으로 인한 동맹휴학, 도상록을 비롯한 교수들의 월북, 최규남 등 교수들의 관직 진출에 따른 교수진 부족 등으로 교육에 커다란 어려움을 겪었다. 조순탁은 고학년으로 올라가면서는 스스로 책을 보며 공부하는 일이 잦았고, 경성대학 예과와 경성공전 등에서 강의도 했다. 그는 동기생 윤세원과 함께 1948년 전임강사로 발령받아 수리물리를 가르쳤다. 1949년에는 원자핵을 구성하는 양성자들 간의 힘을 연구한 「소립자로서의 중간자와 Meson 이론에 의한 원자핵력」으로 석사 학위를 받았다. 한편 그는 동덕고등여학교 출신의 한 살 연하 고효석高孝錫과 1949년에 결혼했다. 고효석은 호남 지역에서 애국계몽과 신교육을 이끈 고정주의 손녀였다. 그녀는 결혼 후 종갓집 맏며느리로서 집안의 온갖 일들을 도맡아 처리했다.

조순탁은 열악한 교육 및 연구 환경을 극복하기 위해서는 공동 학습, 토론, 정보 공유 등이 중요하다고 생각해, 관련된 일에 언제나 열심이었다. 1952년 말 임시 수도인 부산에서 한국물리학회가 창립될 때, 그는 윤세원 등과 함께 기초위원으로서 회칙 초안을 작성하고 발기인회를 준비하는 등 주도적으로 참여했다. 물리학회 초대 임원진은 회장 최규남, 부회장 박철재, 그리고 운영위원 권영대·조순탁·이기억·윤세원 등으로 구성되었다. 서울로 돌아온 뒤 1954년에는 서울대 물리학과의 자체 학술지인 《물리학연구》의 발간을 주도하고, 창간호에 「이론물리학에의 길」을 게재했다.

제자 이구철의 기억에 따르면, 조순탁은 기고한 글에서 이론물리학을 하려면 반드시 공부해야 할 책으로 다카기 데이지高木貞治의 『해석개론解析概論』, 휘태커Edmund T. Whittaker와 왓슨George N. Watson의 『현대해석학 강의A Course of Modern Analysis』, 쿠란트Richard Courant와 힐베르트 David Hilbert의 『수리물리 방법론Methoden der mathematischen Physik』 등을 추천했다. 모두가 세계의 주요 대학에서 사용하는 대표적인 물리학 및 수학 교과서였다. 얼마 안 있어 조순탁은 미국으로 유학을 떠났는데, 유학 중에 보낸 편지들도 《물리학연구》에 게재되었다. 논문 자격시험, 교과목 수강 의무, 박사논문 연구 주제 등 미국 대학 박사 학위 과정과

1954년 휴전 직후 서울대학교 문리과대학 정문 앞에서(왼쪽부터 박심춘, 김종오, 김정흠, 윤택순, 조순탁, 박재영) 「노벨상 못타도 부끄럽지 않은 과학자 길」(1993)에서

연구 활동을 소개하는 내용이었다.

조·울런벡 방정식으로 세계적 인정

1950년대 초 문교부는 대학교수들의 해외 유학을 지원하는 관비 유학생 사업을 실시했다. 해방 후 고등교육이 급격히 확대됨에 따라 대학교수 인력의 수요도 급증했다. 그러나 일제강점기에 대학(원) 수준의 고등교육을 받은 인력의 수가 워낙 적어 자격을 갖춘 교수를 확보하기가 어려웠다. 이에 정부는 우수한 대학교수 인력을 양성하고자 선진국 대학으로 유학을 보내는 정책을 추진한 것이다. 1953년에 1차로 10명을 파견하고, 2차로 1954년에 20명을 선발했다. 자격 조건은 대

학 졸업 후 5년 이상 전공 부문에 근무하고 있거나 교직에 있는 자로서 외국어에 능통해야 했다. 선발 과정은 1차 영어시험, 2차 구술면접이었고, 총 20명 중에서 과학기술계 16명, 인문사회계 4명을 선발했다. 합격자 중에는 과학기술처 초대 장관이 되는 김기형(요업공학)도 있었다. 정부의 장학금 지원 기간은 1년이고, 그 액수는 2400달러였다. 대학은 합격자가 자유롭게 선택할 수 있었다.

조순탁은 물리학으로 명성이 있던 미국 미시간대학University of Michigan을 택했다. 그러나 미시간대학에서의 대학원 과정이 순탄치만은 않았는데, 무엇보다 대학에서 서울대의 석사 학위를 인정해 주지 않았기 때문이다. 대신, 대학원을 한 학기 다니면서 물리학 연구에 필요한 모든 기초과목에 대해 치르는 종합시험을 통과하면 학위 논문 없이도 석사로 인정해 주는 제도가 있었다. 조순탁은 종합시험에 응시하여 모든 과목에서 A⁺ 점수를 받았고, 곧바로 박사과정에 들어갈 수 있었다. 조순탁은 이러한 경험도 편지로 써서 서울대 물리학과로 보냈다.

미시간대학에서 조순탁의 지도교수는 조지 울런벡George E. Uhlenbeck이었다. 울런벡은 네델란드 출신 이론물리학자로 양자역학에서 전자의 스핀 개념을 도입한 것으로 잘 알려져 있다. 한편 그의 학문 경력을 볼 때 주요 연구 분야는 통계물리학이었다. 울런벡은 통계물리학을 통해 원자 수준의 물리 현상과 거시적인 물리 현상 사이의 관계를 이해할 수 있다고 생각했다. 통계물리학에서 그는 볼츠만 방정식을 고밀도 기체로 확장하는 문제와 브라운 운동의 문제를 주의 깊게 연구했다. 울런벡은 1959년에 미국물리학회(APS) 회장으로 선출될 정도로 영향력 있는 물리학자였다. 동시에 그는 학생들에게 영감을 주는 교수로서 통계물리학 강의에서도 정평이 나 있었다.

울런벡은 제자 조순탁에게 새로운 연구 주제를 권유했다. 볼츠만 Ludwig E. Boltzmann 이래로 밀도가 낮은, 평형상태의 기체를 대상으로 연구되어 온 기체분자운동론을 밀도가 낮지 않은 비평형상태의 기체로 확장하는 것이었다. 울런벡은 이론물리학자 보골류보프Nikolay Bogoliubov 의 1946년 러시아어 책자를 동료인 폴란드 출신의 수학자 카츠Mark Kac의 초역을 통해 파악하고, 보골류보프가 제안한 방식의 가능성을 높게 보고 있었다. 이 주제는 당시 통계물리학에서 해결되어야 할 중요한 문제 중 하나였다. 조순탁은 많은 시도 끝에 '통계역학에서 통계와 역학을 분리한다'는 아이디어를 떠올렸고, 이후 4개월 만에 '조·울런벡Choh-Uhlenbeck 방정식'을 담은 논문을 완성할 수 있었다. 이 연구 성과를 담은 1958년 그의 박사 학위 논문이 「고밀도 기체의 운동론 The Kinetic Theory of Phenomena in Dense Gases」이다. 그는 《동아일보》에 기고한 글에서 이때의 일을 다음과 같이 회고했다.

약 10년 전 나는 미국 미시간대학에서 박사 논문을 준비하고 있었다. 내용은 기체운동을 분자론적으로 해결하려는 것이었다. 그러나 연구테마를 결정한지 1년 반이 지나도 연구의 실마리는 풀려지지 않았다. … 문제의 해결이 이렇게 어렵게 되자 지도교수인 「울렌벡」 박사도 그 연구를 포기하고 다른 것을 시작하라는 암시를 주곤 했다.

그러던 어느 날 「울렌벡」 박사는 어떤 사람의 박사논문을 내가 대신

심사하도록 했다. 그것은 기체를 양자론적으로 취급한 것으로 나의 연구와는 그 방향이 아주 다른 것이다. 그런데 뜻밖에도 나는 그 논문을 심사하는 중에 나의 논문 해결의 실마리를 발견했다. 즉 통계역학에서 통계와 역학을 분리해서 생각할 수 있다는 힌트를 얻은 것이다.

그 후 나는 몇 가지 사소한 것들을 수정하여 1년 반 동안 제자리걸음을 한 논문을 불과 4개월 만에 완성했다. 지금 생각하면 그때 그 연구를 포기하지 않고 계속한 것이 신기하다. 그리고 나는 그때 일을 교훈 삼아 지금도 연구과제와 관계없는 것도 많이 들으려고 노력한다.

_ 조순탁, 「득의의 순간」,《동아일보》1968. 9. 10.

《물리학과 첨단기술》에 실린 「한국의 물리학자(8) 조순탁」에서 그의 제자 김창섭이 밝힌 조·울런벡 방정식의 의미는 다음과 같이 요약될 수 있다. 맥스웰과 볼츠만의 고전적 기체분자운동론은 기체의 밀도와 압력이 일정한 평형상태의 경우에 대해 분자 사이의 충돌이 오로지 두 분자 사이에서만, 다른 분자들 사이의 충돌과 무관하게 발생한다고 가정하고 전개되었다. 반면에 조·울런벡 방정식은 충돌에 의한 기체분자들의 상태분포 변화를 밀도로 전개하여 일차항은 두 입자 사이의 충돌, 이차항은 세 입자 간의 충돌, 삼차항은 네 입자 간의 충돌에 의한 변화를 기술한다. 특히 이차항은 세 입자가 동시에 충돌하는 경우뿐만 아니라 이전에 충돌한 두 입자가 제삼의 입자의 개입에 의해 다시 충돌하는 고리충돌ring collision 경우도 포함했다. 조·울런벡 방정식은 밀도가 작지 않은 계에도 적용될 수 있도록 볼츠만 방정식을 일반화시킨 최초의 기체분자운동론 방정식이었다.

그의 박사 학위 논문은 독립된 논문으로 출판되지 않았다. 그러나 울런벡은 1960년에 통계물리학의 최신 발전을 다룬 논문에서 조순탁의 연구와 조·울런벡 방정식을 소개했다. 네델란드 위트레흐트대학의 에른스트 교수는 조순탁 서거 1주기를 기념하여 서울대 호암컨벤션센터에서 열린 국제학술대회(1997)에서 조순탁의 업적을 소개했다. 에른스트에 따르면, 1960년대에 조순탁의 박사 학위 논문은 통계물리학자들 사이에서 자주 인용되었다. 자신의 지도교수가 미국에서 귀국하는 길에 조순탁의 박사 학위 논문을 가져다 주었다는 이야기도 전했다. 통계물리학 분야에서 꼭 읽어야 하는 논문으로 여겨졌던 것이다. 1975년에 출판되어 꽤 널리 사용된 교과서『평형과 비평형 통계역학Equilibrium and Nonequilibrium Statistical Mechanics』(Radu Balescu 저)에도 조·울런벡 방정식이 자세히 소개되었다. 조순탁의 KAIST 시절 제자 오종훈은 "국내 학자의 이름을 외국인이 쓴 교과서에서 발견한다는 것은… 큰 충격으로 다가왔다"(《물리학과 첨단기술》 9-10)고 그때의 감격을 상기했다.

척박한 연구 환경에서 '한국적 물리학' 모색

1958년 박사 학위를 취득하고 서울대 물리학과로 돌아온 조순탁은 많은 일을 감당했다. 미국에서 갓 돌아온 유능한 물리학자에게 거는 기대가 그만큼 컸기 때문이다. 그는 양자역학, 통계역학 등 이론물리학 강의를 맡았으며, 학생들은 그의 강의에 깊은 인상을 받았다. 연구 여건도 그가 유학을 떠나기 전보다는 다소 나아졌다. 1959년 국립으로 설립된 원자력연구소는 이름과 달리 원자력 분야에 국한하지 않고 자연과학에 관한 연구를 폭넓게 지원해 주었다. 이는 우리나라 최초의 기초과학 연구지원사업이었다. 1960년 4월 국내 과학자 40인에게 원자력 연구보조금 2350만 환을 지급하기로 결정되었을 때, 조순탁은 100만 환의 연구보조금을 받았다. 개인 연구보조금으로는 가장 많은 금액이었다. 그의 주도로 1961년 국내 최초로 1.5메가볼트(MeV) 사이클로트론 입자가속기가 건조되었다.

교육과 연구 외에 대외 활동에도 활발히 참여했다. 서울대에서는 1959년부터 1962년까지 교무처 부처장, 문리과대학 이학부장을 차례로 맡았다. 한국물리학회에서도 적극적으로 활동했다. 1959년 6월에는 총무간사로 선임되었고, 1960년 서울대 물리학과 선임교수였던 권영대가 회장이 되었을 때는 부회장으로 일했다. 이 시기에 한국물리학회는 첫 학술지 발간을 준비하여, 1961년《새물리》창간호를 발간했다. 연구 동향 소개를 중심으로 꾸며진 창간호에서 조순탁은 해설기사인「기체에 있어서의 비가역 과정」과「통계역학」을 썼고,「한국물리학회 연혁」도 직접 정리해 실었다. 1962년에 발간된《새물리》제2권부터는 학술논문이 게재되기 시작했는데, 조순탁은 제1호에「자장 하에 있는 금속 전자」, 제2호에「양자기체에 관한 운동학 이론kinetic theory」을 연이어 발표했다. 그 밖에도 권영대와 함께 물리학의 대중화를 위한 공개 강연회에 연사로 나서거나《동아일보》의 과학 연재물인〈백만인의 원자학〉시리즈에「분자의 크기와 수」,「상대성 이론」,「유핵원자」「보어의 원자」등의 글을 기고했다.

1962년 연세대에서 열린 제8차 한국물리학회 총회 기념사진(왼쪽 다섯 번째 조순탁,
여섯 번째 권영대) 아들 조권국 제공

조순탁은 연구 환경이 열악한 한국에서 물리학을 어떻게 발전시킬
것인가를 진지하게 고민했다. 그가 내린 결론은 '한국적 물리학'을 추
구하는 것이었다. 한국의 환경에서 적은 재정으로 산업경제와 조화를
이루며 혜택을 크게 미칠 독창적인 분야를 발전시켜야 한다고 생각한
것이다. 그는 한국물리학회에서 발간하는《새물리》에 기고한 「한국적
물리학을 세우자」에서 다음과 같이 파격적인 제안을 했다.

우리나라 물리학사(物理學史)는 일천하여 아직까지 해외로부터 직수입된 내용이 대부분이고 우리 풍토에 적응된 한국적 물리학(韓國的 物理學)이 싹트지 못하고 있다. 그리하여 물리학이 국민생활에 이익을 갖어왔다는 예가 별로 없고 산업계에서는 공학분야 하고 차별 대우를 받고 있는 것이 현실이다.

물리학의 발달사를 들춰보면 순수한 지식욕에서 출발한 연구가 돌출한 성과를 나타나게 한 예가 불소(不少)하기는 하지만 학문 발전의 전반적 동기는 생활향상에의 노력에서 더 많이 찾어낼 수 있다. 물리학을 전공하는 우리 회원들이 다른 학문을 하는 분들보다 더 잘 살 수 있고 그 혜택을 주위에까지 미칠 수 있을 때에 후진(後進) 안에 정예(精銳)가 속출할 것이 기대될 것이며, 거기에 따라 획기적 연구 성과가 발표되어 우리 학회를 전 세계적으로 널리 알려줄 수도 있을 것이다.

한국적 물리학이란 우리나라 산업구조와 경제수준 하고 조화될 수 있는 연구 내용을 갖어야 한다. 연구에 많은 경비가 소요된다는 것이 일반적 통념이지만 더 작은 경비를 갖고 더 유효한 결과가 나오지 않는다고 증명된 것은 아니다. 남이 발전시킨 연구를 추종할 때는 작은 경비 가지고는 불가능한 일이 많어도 독창적으로 신분야를 개발할 수 있다면 연구 방향을 우리 재정수준에 알맞게 돌려갈 수 있을 것이다.

어떤 연구분야가 고도로 발전된 후에 지방색(地方色)이 승화되어 세계적 성격을 갖게 되드라도 창조단계에서는 한국적인 것을 주장할 수 있을 것이다. 우리 학회에 비약적 발전을 기대하려면 회원 여러분들이 이와 같은 각도에서 물리학을 다시 보는 것이 대단히 중요하다고 느껴진다.

_ 조순탁, 「한국적 물리학을 세우자」, 《새물리》 4, 1964.

조순탁은 1964년에 설립된 지 4년밖에 안 된 서강대학교의 물리학과로 옮겼다. 1주일에 30시간 이상 강의를 해야 해서 연구에 집중하기 어려웠고 건강까지 악화되었기 때문이다. 나중에 그의 제자 이구철이 통계물리학을 전공하고 미국 유학에서 돌아와 조순탁의 뒤를 이어 서울대 교수가 되었다. 조순탁은 서강대로 옮기고 얼마 후인 1966년부터 1년 2개월간 미국 유타대학과 록펠러대학에서 객원교수로 연구할 기회를 가졌다. 유타대학에서는 절대반응속도론을 확립한 아이링Henry Eyring, 한국인 과학자 이근태와 공동으로 액체 구조를 연구했다. 액체 내의 분자운동과 음파의 전달에 관해 9개월간 집중적으로 연구했으나 성과를 내지는 못했다. 3개월은 그의 미국 유학 시절 지도교수 울런벡이 교수로 옮겨 와 있던 록펠러대학에서 연구하면서 통계물리학에 대한 열정을 다시 키우고 최신 연구 동향을 파악했다. 조순탁은 이때의 연구 결과를 한국물리학회가 1968년에 창간한 영문 학술지에 게재했다. 이 논문은 비평형 통계역학 연구의 한 계열인 프리고진Ilya Prigogine 학파의 연구를 소개하고, 그것을 고차항으로 전개하는 내용을 담고 있다.

1968년 서강대로 돌아온 조순탁에게 반가운 소식이 날아들었다. 동아일보사와 인촌기념회가 공동주관하는 제1회 동아자연과학장려금을 받게 된 것이다. 신청한 256개 과제 중 11개만이 선정되었는데, 그가 신청한 〈수송현상의 분자운동론적 연구〉가 포함되었다. 그는 연구장려금 50만 원을 받아 서강대 김기용 교수와 공동연구를 할 수 있었다. 이런 예외적인 경우를 제외하면 1960년대 후반 기초과학에 대한 연구 지원은 거의 없었다. 이에 대해 조순탁은 당시 《경향신문》 (1968. 6. 12.)과의 인터뷰에서 "흔히 돈과 연구 시설이 없다는 불평이 자주 나오지요. 물론 그것도 중요하겠지만 수억 달러 나가는 거대한 시설을 우리가 가질 수 없는 현실이고 보면, 불평을 해도 소용이 없지요. 저는 브레인을 갖고서도 연구가 나올 수 있다고 믿습니다"라고 말했다.

한국 통계물리학 연구공동체의 형성과 성장

조순탁은 1971년부터 자신의 서강대 연구실에서 통계물리학을 전공하는 교수와 대학원생 다섯 명이 모여 함께 논문을 하나씩 돌려 읽는 세미나를 열었다. 미국에서 좋은 연구 성과를 내고 귀국하여 대학교수가 되고도 열악한 연구 환경 때문에 별다른 성과를 내지 못하는 상황을 "브레인을 갖고" 벗어나 보려는 시도였다. 이 모임에는 조순탁의 서울대 제자이자 미국에서 통계물리학을 전공하고 귀국하여 교수가 된 서울대의 이구철, 고려대의 강우형과 대학원생들이 참여했다. 어떠한 지원도 없이 자비를 들여 진행된 대학 연합적 모임이었지만, 이 〈통계물리학 수요 세미나〉는 조순탁을 중심으로 거르는 일 없이 꾸준히 운영되었다. 시간이 지나면서 세미나 참여자 수는 조금씩 늘었으며 참여자들 사이에 연구공동체 정신이 형성되었다.

조순탁의 연구실에서 시작된 〈통계물리학 수요 세미나〉는 한국에서 통계물리학 연구가 성장하고 제도화되는 신호탄이 되었다. 조순탁은 1972년 권영대의 뒤를 이어 한국물리학회 회장이 되었는데, 그의 재임 기간 중인 1973년 통계물리학 수요 세미나 팀을 중심으로 한국 물리학회 제5분과로 열 및 통계물리 분과가 조직되었다. 조순탁이 분과위원장을 맡았고, 운영위원에 이병호, 이구철, 이정오, 강우형, 이용태가 선임되었다. 1970년대 중반으로 가면서 국내외에서 통계물리학을 전공한 사람이 증가하고 이들이 합류하면서 통계물리학 수요 세미나 참여 인원도 점점 늘어났다. 세미나 주기가 일주일에서 한 달로 바뀌면서 나중에는 〈통계물리학 월례발표회〉가 되었다. 1980년대 초에는 참여자가 20여 명 정도가 될 만큼 규모가 커졌다.

통계물리학 월례발표회 참여자들이 중심이 되어 1985년에는 조순탁의 회갑을 기념한 논문집 『통계물리학의 발전』을 펴냈다. 논문집 추진위원 대표 강우형은 "통계물리학 월례발표회에서 있었던[발표했던] 논문들을 해설 형식으로 풀어쓰도록 하였습니다. 따라서 본 논문집은 단순히 선생님의 회갑을 기념하는 논문집 이상의 뜻을 지니고자 하여 통계물리학을 전공하지 않은 기성 물리학자들이나 또 통계물리학을 전공하는 학생들에게 우리가 하고 있는 일이 무엇인가를 알리는 입문서로서도 활용할 수 있도록" 했다며, 논문집의 성격과 출간 의의를 밝혔다. 논문집의 첫 번째 논문은 조순탁의 최근 논문이었다. 처음부터 계획된 것은 아니지만, 『통계물리학의 발전』은 이후 시리즈로 발간되었다.

1985년부터는 〈통계물리학 월례발표회〉가 대우재단의 지원을 받게 되면서 좀 더 형식을 갖춰 운영되었고, 모임도 서울역 인근 대우재단 빌딩 세미나실에서 진행되었다. 1978년 설립된 대우재단은 정관에

의하면 '국민복지 향상 및 학술, 문화 개발 등 사회이익에 기여함'을 사업 목적으로 삼았다. 대우재단은 한국 학문의 부진한 기초 분야를 지원하기 위해 1981년부터 학술 논저, 연구 번역, 공동연구를 지원했고 1984년부터 국내 학회 지원, 1985년부터는 독회讀會 지원 사업 등을 추진했다. 조순탁이 대우재단의 지원을 받아 1992년에 발간한 『통계역학』은 '대우학술총서 자연과학 77'이다.

　1년에 한두 번 열리는 학회의 정기 학술대회와 달리 매월 열리는 〈통계물리학 월례발표회〉는 한국 통계물리학 연구공동체의 형성과 성장에 중심 역할을 했다. 조순탁은 서강대 재직 이후 은퇴할 때까지 두 번 이직했지만, 건강이 허락하는 한 이 모임에 참여했다. 물리학 연구의 불모지에서 스스로 학문적 성취를 이루었으며, 많은 제자를 길러냈고, 그 제자들과 함께 연구공동체를 이루었다. 그 결과 한국의 통계물리학은 비교적 일찍 빠른 속도로 발전할 수 있었다. 이렇듯 한국의 통계물리학 초기에 '조순탁 학파'가 형성되었고, 이들이 이후 통계물리학 교육과 연구 성장에서 구심점이 되었다.

대학 교육행정과 대중 과학 보급에 기여

1971년에 산업기술 분야의 연구 인력을 양성하기 위한 목적으로 한국과학원(KAIS)이 설립되었다. 한국과학원은 일반적인 대학이 아니라 한국과학원법에 기반을 둔 정부출연기관이자 석박사 학위 과정만 있는 새로운 형태의 이공계 대학원이었다. 설립 취지에 맞게, 한국과학원은 한국 최초의 정부출연연구소인 한국과학기술연구소(KIST)가 자리 잡은 홍릉 과학단지에 설립되었다. 특수 이공계 대학원으로서 한국 과학원은 일반대학원에 비해 파격적인 지원을 받았다. 학생들 전원에 게 수업료 면제와 장학금 지원 혜택을 주었고 교수들도 보수와 연구 지원 등에서 후한 대우를 받았다. 특히 학생들에게 병역 특례를 제공 했기 때문에 설립 초기부터 우수한 학생들이 입학했다.

1974년 5월 조순탁은 한국과학원 3대 원장으로 선임되었다. 이전 의 두 원장에 비하면 그의 발탁은 뜻밖의 인사로 보일 수 있었다. 초대 원장 이상수는 광학 전공자로, 조순탁과는 서울대 물리학과에서 학부 와 대학원 시절을 함께 보낸 적이 있다. 이상수는 원자력연구소장 경 력이 있고, 광분해 옥소레이저나 고출력 이산화탄소레이저를 개발하 는 등 응용성이 강한 분야의 전공자였다. 그런가 하면 2대 원장 박달 조는 미국의 기업 연구소 근무 경력을 지닌 화학자였다. 그의 대표적 연구 역시 냉장고 등의 냉매용 기체인 프레온가스 개발과 같이 과학에 기반을 둔 응용연구였다. 이들에 비하면 조순탁은 대학에서만 활동한 통계물리학 전공자로서 그의 연구는 기초연구의 성격이 강했다.

조순탁은 한국과학원 원장 취임식에서 앞으로 학교 운영에서 중점 을 둘 몇 가지 사항을 제시했다. 첫째는 자유로운 사고와 개방적인 자 세로 창의적인 연구가 활기를 띠어야 한다는 것이었다. 그는 이를 통 해 이루어지는 연구 성과가 우리나라의 산업을 발전시키고 나아가 국 제학계의 주목도 받게 될 것으로 기대했다. 둘째는 과학원과 국내외 학계 및 산업계가 상보적인 협력관계를 맺어야 한다는 것이었다. 그는 공동연구를 통해 산업계가 맞닥뜨린 기술적 문제를 해결함으로써 과학기술의 진가를 인정받아야 한다고 역설했다. 셋째는 국가가 필요로 하는 과학기술을 모두 다 할 수는 없으므로 국내의 다른 기관들과 역할 분담을 하며 과학원의 차별화된 특색을 살릴 것을 주문했다.

조순탁은 한국과학원이 개방적인 지향을 가지고 산업계와 유기적인 협력관계를 맺는 것이 중요하다고 강조하면서도, 산업계가 급속히 성장하고 있고 그에 따라 새로운 문제가 곧 나타날 것이므로 이를 대비하는 것이 한국과학원의 역할이라고 보았다. 그러므로 설립 취지에서 강조한 산학협동은 "산업계의 당면한 문제에 해결을 준다기보다 가까운 장래를 내다본 전진적 자세에서 산학협동이 더 바람직하다"(《과학과 기술》 8-7)고 여겼다. 그가 한국과학원의 연구 단계별 이상적인 비중을 개발연구 20, 응용연구 70, 기초연구 10으로 본 것은 이러한 분석에서 나온 것이었다.

그는 한국과학원의 설립 취지와 교육·연구의 방향을 잘 이해했고, 다년간의 교육행정 경험을 살려 한국과학원을 이끌었다. 한국과학원 역사에서 드물게 원장직을 연임한 점만 보더라도 그가 리더십을 잘 발휘했음을 알 수 있다. 1980년 신군부의 등장과 함께 추진된 정부출연 연구소 개편에 따라 한국과학기술연구소와 한국과학원은 통합되어 한국과학기술원(KAIST)으로 바뀌었다. 그는 6년 동안 원장으로 활동하다가 1980년 5월에 물러났으며 1983년까지 한국과학기술원 교수로 재직했다.

원장직에서 물러난 뒤 조순탁은 다시 교육과 연구 현장으로 복귀했다. 한국과학원 원장 시절에도 최대한 시간을 내어 자신이 만든 통

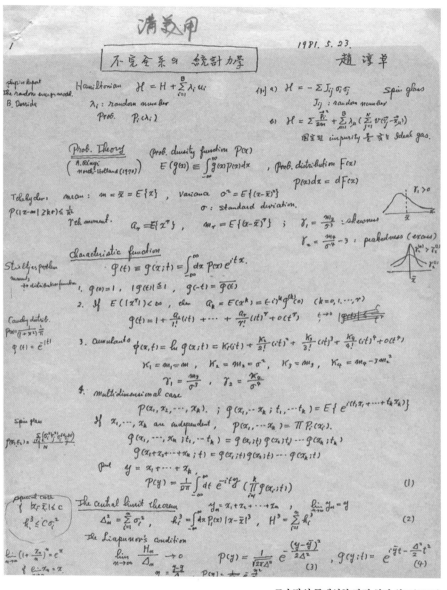

조순탁의 통계역학 관련 친필 원고(1981)

아들 조권국 제공

계물리학 세미나를 거르지 않고 참여하려고 애썼던지라, 50대 후반에 교육 일선에 다시 돌아왔음에도 6년여의 공백이 무색하게 그의 통계역학 강의는 항상 새로운 내용으로 채워졌다. 또한 당시 학생들이 관심을 가진 재규격화 군이론을 비롯, 상전이와 임계현상에 대한 최신 연구 동향과 복잡하기로 소문난 아이링 모형의 이차원 해까지 자세히 유도하는 내용을 담았다. 이처럼 새로운 이론들을 잘 정리하여 고급 강의로 진행되었던 비평형 통계역학 강의는 1984년에 『통계물리학』으로 출간되었다. 이 책은 대학원 수준에서 통계물리학의 뛰어난 교재로 평가받았다.

1983년 한국과학기술원을 떠나 한양대학교 물리학과로 옮긴 조순탁은 1990년에 정년퇴직했다. 한양대에 재직하는 동안에도 연구에 대한 열정은 식을 줄 몰랐다. 〈통계물리학 월례발표회〉에 참석하고 연구 성과를 발표하는 것은 물론이고, 고려대의 엄정인 교수와 그의 지도교수인 미국 뉴욕주립대학의 이시하라 아키라石原明와 함께 한국물리학회 영문 학술지인《한국물리학회지Journal of the Korean Physical Society》(JKPS)와 미국물리학회의《피지컬 리뷰 비Physical Review B》에 양자유체에 관한 여러 편의 통계역학 논문을 발표했다. 그의 나이가 어느덧 60대에 들어섰을 때의 일이다.

조순탁은 1965년 대한민국학술원 저작상, 1986년 성곡학술문화상(자연과학부문)을 수상할 정도로 저술 활동도 활발했다. 그의 저술을 크게 구분해 보면 전공인 물리학 관련한 연구논문, 물리학과 통계물리학 전문 교재, 중고등학교 교과서와 대중 과학서로 나뉠 수 있다. 특히 한국어로 된 물리학 및 과학 교재가 없던 1950년대와 1960년대에 그는 10권이 넘는 과학책과 교과서를 번역하여 소개했다. 그는 이러한 번역 활동이 중진국 한국의 과학기술계와 국가 발전을 위해 '중추적 역할'을 하게 될 것이라고 생각했다. 또한 번역을 통한 지식 보급을 본격화하기 위해서는 국가 차원의 번역 기구를 설립하는 것이 시급하다고 말했다.

그는 대중을 위한 과학책으로 『원자보고서』(1954), 『원자력교실』(1960), 『인공위성과 우주』(1964), 대학용 교과서로는 『물리학』(1962)을 공저하고, 『물리화학의 수학』(1960)과 『고체물리학』(1964), 『역학』(1992) 등을 공동 번역했다. 1967년부터 1988년까지 여러 차례 중등 물리교과서 집필에 참가하고, 『PSSC 고급물리』(1973)를 공동 번역했다. 단독 저서로는 『통계물리학』(1984), 『통계역학』(1992)이 있다. 각종 기고와 정부 보고서들 또한 많은데, 1964년 8월 월간 과학잡지 《과학세기》의 창간 편집위원으로 참가한 점과, 프리고진의 『혼돈으로부터의 질서』 독서모임에서 출발한 신과학연구회의 일원으로 『신과학운동』(1986)에 기고한 점이 특기할 만하다. 이 『신과학운동』은 같은 이름의 신비주의 운동과 논점을 달리하는 책으로, 조순탁의 기고는 프리고진의 연구에 대한 오랜 관심에서 비롯되었다고 할 수 있다.

조순탁은 국민훈장 동백장(1972), 모란장(1990), 무궁화장(1996)을 받았다. 1996년 4월 과학의 날을 맞이하여 국민훈장 무궁화장을 받게 뇌었을 때는 이미 병세가 위독했다. 그래서 4월 20일 집으로 직접 찾아온 과학기술처 장관 정근모로부터 훈장을 받았다. 그는 훈장을 빋

1997년 한국물리학회 주최
조순탁 추모 국제학술대회 포스터
아들 조권국 제공

은 지 10일 뒤인 1996년 4월 30일에 숨을 거두었고, 전남 순천시 주암리 용봉산 선영에 안장되었다. 한국물리학회는 열 및 통계물리 분과를 창립한 조순탁을 기리기 위해 2006년부터 그의 호를 딴 용봉龍峰상을 제정하고, 40세 미만의 통계물리학자에게 수여하고 있다. 조순탁은 2008년에 물리학자로는 이휘소에 이어 두 번째로 〈과학기술인 명예의 전당〉에 헌정되었다.

해방 직후 젊은 물리학자들이 앞다투어 해외로 떠난 것과는 달리, 조순탁은 국내 물리학계에서 고군분투한 소수 학자 중 한 명이다. 서울대 물리학과 교수로 재직하던 그는 미국으로 건너가 명성 있는 미시간대학에서 박사 학위를 받았지만 다시 돌아왔다. 이 때문에 그는 유망한 물리학자로서 교육 및 연구만이 아니라 다양한 행정 보직과 대외 활동도 수행해야 했다. 이렇게 분주한 생활 속에서도 그는 열악한 한국의 연구 환경에서 새롭게 개척하고 수준 높게 발전시킬 분야로 통계물리학을 주목하고 오랫동안 노력하여 국제적인 연구집단을 육성했다. 조순탁은 과학이 낙후된 나라에 필요한 과학 교육 연구와 그 제도화 모두를 훌륭히 수행한 '전인적 과학자'였다.

참고문헌

일차자료

논문

Choh, Soon Tahk, 1958, "The kinetic theory of phenomena in dense gases," Ph.D. Dissertation: University of Michigan.

Choh, S. T. et al., 1958, *Final Report. Calculation of the Reflection of Radiation from Saw-tooth Surfaces and the Reflection and Transmission of Radiation by Parallel Cylinder Systems*, Engineering Research Institute, University of Michigan.

Choh, S. T., 1968, "Relation between the Density Matrix Equation and the Master Equation," *Journal of the Korean Physical Society* 1-2, pp. 110-112.

Isihara, A., Soon-Tahk Choh, and Chung-In Um, 1979, "Analysis of the superfluid properties of helium films," *Physical Review B* 20-11, pp. 4482-4485.

Isihara, A., Soon-Tahk Choh, Woo-Hyung Kang, and Chung-In Um, 1980, "Energy spectrum and phase velocity in two- and three-dimensional liquid helium II," *Physica B+C* 100-1, pp. 74-80.

Um, Chung-In, Akira Isihara, and Soon-Tahk Choh, 1981, "Ground State Energy and Pair Distribution Function of 2-D Quantum Fluids," *Journal of the Korean Physical Society* 14-1, pp. 39-45.

Um, Chung-in, Woo-Hyung Kahang, S. W. Nam, A. Ishihara, and Soon-Tahk Choh, 1982, "Sound attenuation in liquid 4He at very low temperatures," *Physica B+C* 114-2, pp. 191-200.

Isihara, A., Chung-In Um, Woo-Hyung Kahng, Hee-Gyun Oh, and Soon-Tahk Choh, 1983, "Third sound and energy dispersion of helium films," *Physical Review B* 28-5, pp. 2509-2515.

Um, Chung-In, Woo-Hyung Kahng, Kyu-Hwang Yeon, Soon-Tahk Choh, and A. Isihara, 1984, "Temperature variation of sound velocity in liquid He II," *Physical Review B* 29-9, pp. 5203-5206.

조순탁, 1984, 「비평형 통계역학의 제문제: 다체계의 확률적 기술」, 《학술원논문집》 23, 15-64쪽.

조순탁, 1985, 「Boltzmann 방정식에 대한 연구」, 《새물리》 25-3, 214-220쪽.

조순탁, 1986, 「2차원 기체의 Maxwell 모형에 대한 연구 I」, 《학술원논문집》 25, 17-30쪽.

조순탁, 1990, 「강체구형 분자의 기체에 대한 Boltzmann 방정식」, 《기초과학논문집》(한양대 기초과학연구소) 9, 87-94쪽.

조순탁, 1992, 「유체계의 거시적 법칙」, 《학술원논문집》 31, 37-53쪽.

조순탁교수 화갑기념사업회, 1985, 『통계물리학의 발전: 용봉 조순탁교수 화갑을 기념하여』, 조순탁교수 화갑기념사업회.

보고서

조순탁 외, 1972, 『북괴의 과학기술교육에 관한 고찰』, 국토통일원.

조순탁 외, 1972, 「상태변화에 관한 Van der Waals이론의 개량 연구」, 과학기술처.

박봉렬·이상수·조순탁, 1985,『한국물리학 연구의 현황분석』,
　　대한민국학술원.

박봉렬·조순탁·이상수, 1988,『한국물리학 연구의 현황분석 2』,
　　대한민국학술원.

강우형·조순탁·신현준, 1990,「다체계의 통계역학적 연구」, 한국과학재단.

저역서

조순탁 역(Gordon Dean 저), 1954,『원자보고서』, 을유문화사.

조순탁 외 역(D. E. Rutherford 저), 1959,『일반역학』, 문운당.

조순탁 역(Donald Hughes 저), 1960,『원자력교실』, 학원사.

조순탁 외 역(H. Margenau, G. M. Murphy 저), 1960,『물리화학의 수학』,
　　남훈사.

조순탁 외 역(Francis Sears 저), 1962,『열역학』, 문운당.

조순탁 외, 1962,『물리학: 대학과정』, 동명사.

조순탁 외 역(Francis Sears 저), 1963,『열역학과 통계역학』, 문운당.

조순탁 외 역(J. L. Powell & B. Crasemann 저), 1963,『양자역학』, 탐구당.

조순탁 외 역(Keith R. Symon 저), 1964,『역학』, 탐구당.

조순탁 역 (Willy Ley 저), 1964,『인공위성과 우주』, 탐구당.

조순탁 외 역(Charles Kittel 저), 1964,『고체물리학』, 탐구당.

조순탁 외 역(L. A. Pipes 저), 1964,『공학자와 물리학자를 위한 응용수학』,
　　문교부.

조순탁 외 역(M. Margenau & G. M. Murphy 저), 1965,『물리, 화학의
　　수학』, 법문사.

조순탁 외, 1967/1969,『(인문계고등학교) 물리 I·II』, 문운당.

조순탁 외 역(Physical Science Study Committee 저), 1973,
　　『PSSC고급물리』, 전파과학사.

조순탁, 1979,『통계물리학』, 교학연구사.

조순탁, 1992,『통계역학』, 민음사.

기고/기사

조순탁,「백만인의 원자학 6: 분자의 크기와 수」,《동아일보》1958. 7. 24.

조순탁, 「백만인의 원자학 12: 상대성이론」, 《동아일보》 1958. 8. 28.

조순탁, 「백만인의 원자학 15: 유핵원자」, 《동아일보》 1958. 9. 7.

조순탁, 「백만인의 원자학 18: 보어의 원자」, 《동아일보》 1958. 9. 21.

조순탁, 1964, 「한국적 물리학을 세우자」, 《새물리》 4, 1쪽.

「〈과학세기〉 창간 '레인저' 7호를 특집」, 《조선일보》 1964. 8. 19.

「액체구조와 씨름하는 조순탁 박사」, 《경향신문》 1968. 6. 12.

조순탁, 「득의의 순간: 기체운동의 분자론적 연구」, 《동아일보》 1968. 9. 10.

「시급한 번역기구 설립」, 《경향신문》 1970. 12. 8.

조순탁, 1971, 「중진국에 있어서의 번역의 잠재적 역할」, 《정보관리연구》
    4-5, 103-104쪽.

조순탁, 1974, 「한국과학원의 기본방향과 현황」, 《과학과 기술》 7-9,
    9-11쪽.

조순탁, 1975, 「한국과학원의 현황과 전망」, 《과학과 기술》 8-7, 15-17쪽.

이태규·조순탁, 1976, 「과학과 과학화시대 〈대담〉」, 《세대》 14, 80-91쪽.

조순탁, 1976, 「과학기술의 발전과 교육문제」, 《과학과 기술》 9-2, 13-18쪽.

조순탁, 1977, 「미래의 우리나라 물리학교육, 우리나라 물리교육의
    문제점과 미래 〈특집〉」, 《과학교육과 시청각교육》 150, 11-13쪽.

조순탁, 1979, 「고도 경제성장을 위한 기술교육의 방향」, 《경영학연구》
    8, 1-10쪽.

조순탁, 1979, 「고박정희대통령 추모 특집 – 고급두뇌 집중양성에 영단」,
    《과학과 기술》 12-11, 12-14쪽.

조순탁, 1980, 「전통적 사고와 근대과학의 특징」, 《과학과 기술》 13-5,
    21-23쪽.

조순탁, 1982, 「열 및 통계물리학의 발전」, 《물리교육》 1-1, 85-91쪽.

조순탁, 1989, 「한국에서의 과학 진흥」, 《과학교육》 301, 22-28쪽.

인터뷰

김근배의 조권국(조순탁 아들) 전화 인터뷰, 2023. 11. 27.

이차자료

과학기술정보통신부·한국과학기술한림원, 2019, 「고 조순탁: 과학자를 위한 과학자」, 『대한민국과학기술유공자 공훈록』 1, 30-37쪽.

고윤석, 2016, 「한국물리학회의 1952년 창립 이후 초기 50년간의 출판 및 편집활동」, 《새물리》 66-11, 1333-1342쪽.

과학기술부, 2008, 「조순탁박사 과학기술인 명예의 전당 헌정」, 과학기술부 보도자료.

고윤석, 2004, 「조순탁 회원」, 대한민국학술원, 『앞서 가신 회원의 발자취』, 433-435쪽.

한국물리학회, 2002, 『한국물리학회 50년사』, 한국물리학회.

이구철·김창섭·오종훈, 2000, 「한국의 물리학자(8) 조순탁」, 《물리학과 첨단기술》 9-10, 45-50쪽.

Ernst, M. H., 1998, "Bogoliubov Choh Uhlenbeck Theory: Cradle of Modern Kinetic Theory," Wokyung Sung et al. eds., *Progress in Statistical Physics: Proceedings of the International Conference on Statistical Physics in Memory of Professor Soon-Tahk Choh*, Singapore: World Scientific Publishing Co., pp. 1-25.

Uhlenbeck, G. E., 1980, "Some Notes on the Relation between Fluid Mechanics and Statistical Physics," *Am. Rev. Fluid Mech.* 12, pp. 1-9.

Uhlenbeck, George E., 1960, "Some recent progress in statistical mechanics," *Physics Today* 13-7, pp. 16-21.

이은경

1989년 한국과학기술원 원장으로 재추대된 이상수
한국과학기술한림원 과학기술유공자지원센터

이상수

李相洙 Sang Soo Lee

생몰년: 1925년 10월 4일~2010년 5월 7일

출생지: 함경남도 신흥군 영고면 송하리

학력: 서울대학교 물리학과, 임페리얼칼리지 런던 이학박사

경력: 이화여자대학교 교수, 원자력연구소 소장, 원자력청장, 한국과학기술원 초대·6대 원장,
한국물리학회 회장, 대한민국학술원 회원

업적: 레이저 연구, 광학연구 기반 구축, 한국과학원 초기 정착

분야: 물리학-실험물리학, 광학, 레이저광학

이상수는 실험물리 연구 환경이 열악했던 1960년대에 광학 중에서도 첨단 분야였던 레이저 연구를 선도했다. 한국 광학의 대부로 불리는 그는, 광학의 학문적 위상을 높이는 데 기여했으며 광산업光產業 발전을 위한 산학협력에도 힘을 쏟았다. 또한 물리학 교육과 연구 외에, 원자력연구소, 원자력청, 한국과학기술원 수장으로서 과학 행정 역량을 발휘해 각 기관의 제도적 기반을 구축했다.*

광학 분야에서 한국인 첫 박사 학위 취득

이상수는 1925년 함경남도 신흥군의 독실한 기독교 집안에서 아버지 이대관李大關과 어머니 박수암朴壽岩의 둘째 아들로 태어났다. 함흥에서 유소년기를 보내던 그는 광복 전후 강릉측후소 소장으로 발령받은 아버지를 따라 강릉에서 얼마간 지냈다. 이상수는 나중에 공직으로 나아간 후 함흥 출생임을 밝히지 않고 자신의 고향이 강원도 강릉이라고 말하곤 했다.

그는 보통학교를 마치고 1938년 함흥상업학교에 들어갔다. 왜 상업학교를 선택했는지 엿볼 수 있는 어린 시절의 기록은 없다. 그런데 상업학교에 들어간 뒤 그는 도쿄제대를 나온 함흥 출신의 물리학자 도상록을 존경하게 되어 장차 물리학자가 되겠다는 꿈을 키웠다고 한다.

---

* 이하 내용은 한국과학기술한림원 홈페이지에 게재되어 있는 이민희의 「이학부— 故 이상수 박사 회상록」(2011)을 많이 참고했음을 밝힌다.

당시 도상록은 신문과 잡지에 최신의 물리학과 물리학자에 대한 글을 자주 게재했다. 결국 이상수는 함흥상업학교 졸업 후 경성제국대학 예과를 거쳐 서울대학교 문리과대학 물리학과로 진학했고, 1949년에 졸업했다. 곧이어 대학원에 들어가 권영대 교수의 연구실에서 연구했으며, 1년 뒤에는 서울대에서 강의를 하기도 했다. 그러다가 석사과정을 마치지 않은 채, 1953년부터 이화여자대학교 조교수로 재직했다. 이때 이화여대 약대를 다니던 7세 연하의 서숙원徐淑源을 만나 1955년에 결혼했다.

마침 1954년에 정부는 원자력의 평화적 이용 연구를 위해 해외로 파견할 물리학자를 선발했다. 시험을 거쳐 16명을 선발했는데, 이화여대에 있던 그와 함께 서울대 이주천과 최상일, 연세대 안세희, 고려

1959년 영국 유학 시절 이상수
한국과학기술한림원 과학기술유공자지원센터

대 김정흠 등이 뽑혔다. 이듬해에 이상수는 갓 결혼한 부인을 두고, 영국문화원의 장학금을 받아 다른 두 명의 유학생과 함께 영국으로 떠났다. 이상수는 임페리얼칼리지 런던Imperial College London에 진학했다. 이 무렵 영국에서 공부 중인 한국인 유학생은 약 22명이었던 것으로 알려져 있다. 그중 상당수는 대학원에서 과학기술을 전공하고 있었는데, 이상수와 함께 임페리얼칼리지 런던에 있던 이동녕(물리학)과 엄장현(위생학), 버밍엄대학의 김영록(물리학), 맨체스터대학의 노영준(화학공학), 웨일스대학의 이웅직(유전학), 캠번대학의 이춘성(광산학)이 대표적인 인물이다. 이 시기에 한국인 유학생들은 재영한국유학생회를 조직했으며 1965년부터는 재영한인회로 확대 발전시켜 나갔다.

당시 임페리얼칼리지에는 광학 연구를 이끄는 세계적인 물리학자들이 모여 있었다. 예를 들어 색채 측정을 연구한 라이트William D. Wright, 광학 설계 분야의 웰포드Walter T. Welford, 수차收差의 파동 이론 wave theory of aberrations을 제시한 홉킨스Harold H. Hopkins, 극초단파 레이저 물리학 분야의 브래들리Daniel J. Bradley를 비롯하여, 홀로그래피holography를 발명한 공로로 1971년 노벨물리학상을 수상하게 되는 가보르Dennis Gabor도 함께 연구하고 있었다. 이상수는 라이트의 지도를 받아 1956년 석사 학위를 받았고, 1959년에는 기술광학과Department of Technical Optics에서 파동광학 연구로 박사 학위를 받았다. 박사논문은 「굴절 중 박막에서 일어나는 광학 위상 변화에 대한 연구An Investigation of the Optical Phase Changes in Thin Films during Refraction」였다. 한국인으로 광학 분야에서 박사 학위를 받은 것은 그가 처음이었다.

광학의 다양한 응용 탐색과 레이저 연구 개척

이상수는 유학을 마치고 귀국하여 1960년 원자력연구소의 연구관으로 부임했다. 원자력연구소는 미국 원자력위원회Atomic Energy Commission(AEC)의 원조를 받아 1959년 원자력원 산하 국립연구소로 설립되었는데, 1966년 한국과학기술연구소(KIST)가 설립되기 전까지 사실상 국내에서 유일하게 최신 설비를 갖춘 현대적 연구소였다. 초대 원장은 박철재였고, 물리학연구실 외에도 화학연구실, 생물학연구실, 노爐공학연구실, 전자공학연구실, 보건물리실 등을 운영하면서 국내의 어느 연구 기관보다 우수한 연구진을 확보해 나갔다.

1962년 물리학연구실 실장이 된 이상수는 먼저 원자력 관련 물리학과 그 응용연구의 기초를 다졌다. 예를 들어 핵분열 속도를 조절하는 감속재의 중성자 흡수 단면적 측정, 열중성자 회절 및 산란, 중성자 발생장치 설계 제작 및 발전, 핵분광학, 방사선 계측, 광학 및 원자분광학 연구 등을 수행했다. 특히 핵분광학 분야에서 원자로 속의 감마선 스펙트럼, 광학 결정 재료의 표면, 수은의 미세 원자스펙트럼에 관한 연구를 이끌었다. 더욱이 1962년에는 원자력연구소에서 한국 최초로 연구용 원자로인 TRIGA Mark-II를 준공함에 따라 자체적으로 원자로의 열중성자 에너지 분포를 측정하고 방사성 동위원소를 생산 및 공급할 수 있게 되었다.

당시 한국 물리학계는 실험연구 환경이 열악한 가운데 이론물리학의 비중이 높았다. 이상수는 실험물리학을 체계적으로 시도한 선구자 중 한 명이었고, 뒤처진 국내 광학 연구를 빠르게 정착시키고자 노력했다. 그는 원자력연구소에 광학 및 분광학 연구실을 열고 체계적인 광학 연구를 시작했다. 특히 주목할 만한 연구는 레이저 연구였다. 미국의 물리학자 시어도어 메이먼Theodore H. Maiman이 1960년에 세계 최초로 루비 레이저를 발명한 이후 레이저는 광학 연구에서 가장 주목받는 연구 주제가 되었다. 광학 및 다른 산업에 응용 가능성이 넓었기 때문이다. 이상수는 훗날 한 언론과의 인터뷰에서 레이저 연구에 본격적으로 뛰어들게 된 배경을 다음과 같이 이야기했다.

기초과학 푸대접 안타까워요

… 박사 학위를 받은 1년 후인 [19]60년 미 휴즈사에서 루비 레이저 발생장치를 세계 최초로 개발했다는 소식을 들었다. 빛이 확산되지 않고 곧장 뻗어나가며 높은 에너지를 집적할 수 있는 레이저의 독특한 성질을 알게 되면서 장차 그 응용분야가 매우 넓어질 것을 직감했다. 레이저와 사귀게 된 것이 학문적으로 큰 행운이었다. _《동아일보》1991. 3. 30.

실제로 이상수 연구팀은 국방부 전투발전사령부의 의뢰를 받고, 루비 레이저를 탱크 포신에 고정시켜 직사포 사격 훈련에 이용할 수 있는 모의사격장치를 개발했다. 이 연구에는 당시 원자력연구소 연구원이던 박대윤(후에 인하대 교수) 등이 참여했다. 이때 사용된 레이저는 수입품이었다. 이상수 연구팀은 1962년부터 바로 레이저 연구에 뛰어들어 헬륨네온레이저 개발을 시도했다. 하지만 큰 출력을 얻지 못했고, 출력 빔의 결맞음coherence을 향상시킨 것에 만족해야 했다.

한국에서 레이저 연구는 쉽지 않았다. 관련 연구 경험이 없는 데다 연구에 필요한 정보, 연구비, 실험 기구, 연구 인력이 모두 절대적으로 부족했기 때문이다. 이상수와 연구자들은 연구에 필요한 대부분의 장치를 실험실에서 직접 설계하고 제작하여 마련했다. 박막 증착 설비, 높은 정밀도를 요구하는 트위먼·그린Twyman-Green 간섭계, 마하·젠더 Mach-Zehnder 간섭계, 야민Jamin 간섭계, 파브리·페로Fabry-Pérot 간섭계 등을 제작했는데, 이 장치들을 이용하면 간섭광학, 회절광학, 분광학, 계측광학 및 다양한 응용 연구가 가능했다. 이러한 노력에 힘입어 이상수 연구팀이 발표한 논문이 1964년 원자력학술대회에서 우수 논문으로 선정되는 영예를 안았다. 또한 1967년에는 국내 최초로 태양광선보다 100만 배나 밝은 헬륨네온레이저 빔을 추출하는 데 성공했다. 이상수는 1960년대의 레이저 연구를 무에서 유를 이루는 과정이라고 기억했다.

1964년부터 2년간 하버드대학에서 연구하고 귀국한 이상수는 1967년에 원자력연구소 소장, 1970년에 원자력청장에 임명되었다. 이때부터 1971년까지 그는 소장 및 청장으로 일하면서 원자력 분야의 다양한 연구사업을 수행하는 한편, 국제협력과 교류 증진을 위한 여러 사업을 추진했다. 그의 소장 재임 시기에 원자력연구소는 주요 공장의 방사성 동위원소 이용 실태를 조사하고 그 개선 방안을 모색했다. 방사성 동위원소를 사용하면 여러 산업 분야에서 공정과 품질을 개선할 수 있다. 방사성 동위원소는 화학반응이 일어날 때 반응 속도를 확인하는 등 반응 과정을 조사하는 추적자tracer로 쓰거나, 구조를 파괴하지 않고 내부 결함을 조사할 수 있는 비파괴 검사에 활용할 수 있다. 또한 방사선 투과와 반사 정도를 검출기로 측정하여 금속 강판의 두께가 고른지 검사하거나 액체탱크 외부에서 내부의 액체면 높이를 측정하는 등의 방사선 게이지 기술에도 활용된다.

원자력연구소는 100킬로와트(kW)였던 TRIGA Mark-II 원자로의 출력을 250킬로와트로 높이는 과제도 대대적으로 수행했다. 원자로 출력을 높이면 단위시간에 단위면적을 통과하는 열중성자의 수, 즉 선속을 높일 수 있다. 열중성자는 상대적으로 속도가 느린 중성자다. 열중성자는 원자핵에 쉽게 흡수되어 여러 가지 동위원소를 생산할 수 있고 다양한 세기의 방사선을 방출하여 동위원소 산업 및 기초연구에서 활용되기 때문에 수요가 증가하고 있었다. 기존 100킬로와트의 출력으로는 이를 충족할 수 없었기 때문에 TRIGA Mark-II의 출력을 증강해야 했다.

그 밖에도 이상수의 재임 기간에 원자력 연구 및 응용을 위한 설비 보강이 이루어졌다. 무엇보다도, 제2호기 연구용 원자로로 당시로서는 한국 실정에 가장 적합한 2메가와트(MW, 백만 와트)급 TRIGA Mark-III를 원자력연구소가 수주하고 건설하도록 결정되었다. 1970년부터 원자력청장으로 일하는 동안에는 유엔개발계획(UNDP) 자금과 국내 지원을 받아 10만 퀴리(Ci)의 코발트60(^{60}Co) 감마선 조사시설을 확보하는 사업을 완수했다. 코발트60이 방출하는 10만 퀴리의 감마선은 의료용 제품 멸균 또는 농작물 발아 억제와 해충 제거에 사용된다.

한편 그의 소장 재임 기간에 정부는 〈원전 개발 10개년 계획〉을 세우고 원자력발전소 건립 사업을 추진했다. 원전 1호기는 1969년, 2호기는 1971년에 착공하여 그 건설이 완료되는 1976년에는 전체 전력 수요의 10%를 충당한다는 계획이었다. 이와 관련해 이상수는 메가와트급 신형 원자로 건립에 "노심부를 제외한 건물의 설계, 건설을 비롯하여 2차 냉각계, RI[방사성 동위원소] 생산시설 및 처리시설, 조사장치 등 실험실도 국내 기술진을 참여시켜"(《경향신문》 1968. 9. 18.) 장차 국산 원자로 개발에 나서겠다고 야심찬 포부를 밝혔다. 실제 원전 건설은 이 계획보다 늦어져서 원전 1호기를 1971년에 착공하여 1978년에 준공했다. 한국원자력연구소가 1987년에 핵연료 국산화에 성공하고 1996년에 준공된 영광 3, 4호기에서 국산화 비율 95%를 달성했을 때, 국산 원자로 개발에 대한 이상수의 기대가 이루어졌다.

광학 연구와 연구 인력 양성 그리고 산학협력의 조화 모색

한국과학기술연구소(KIST) 출범 이후 연구 기관에서 활약할 과학기술 분야의 고급 인력 양성기관이 필요하다는 목소리가 커졌다. 1971년에 박정희 정부는 기존 대학 대신 새로운 이공계 대학원으로 한국과학원Korea Advanced Institute of Science(KAIS, 후에 한국과학기술원 KAIST로 개편)을 설립하고, 이상수를 초대 원장, 정근모를 부원장으로 임명했다. 원장 후보로 이상수 외에 한국의 대표적 화학자 이태규와 화학공학자 안동혁 그리고 한국 전자공업에 초석을 놓은 김완희 같은 쟁쟁한 인물이 추천을 받았다. 훗날 한 관계자는 이때 이상수가 한국과학원 초대

초대 한국과학원장으로서
기자회견 중인 이상수
국가기록원

원장으로 선임된 까닭을 다음과 같이 밝혔다. "당시 이상수 원장은 40대였습니다. … 신설기관으로서 할 일이 산적해 있었습니다. 이 박사는 … 가장 활동적이란 평을 받았습니다."《전자신문》 2022. 4. 14.)

이상수 원장은 정근모 부원장과 함께 국내 최고의 인재들이 연구에 몰두할 수 있는 환경을 조성하기 위해 사회 각계각층을 설득하며 협조를 구했다. 그 결과 과학원은 미국 국제개발처(AID) 차관 600만 달러를 도입하여 연구 환경을 조성할 수 있었다. 또한 한국과학원 대학원생은 전액 장학금과 기숙사 제공, 병역 혜택 등 당시 국내 어떤 대학원에도 없던 파격적인 지원을 받았다. 원장으로 있는 1년 동안, 이상수는 여러 행정 문제를 해결하며 과학원이 향후 명실상부한 고등교육 및 연구 기관으로 성장할 수 있는 초석을 다졌다.

1972년 3월 원장직을 사임한 이상수는 물리학과 교수로 돌아가 본격적으로 광학 연구와 인력 양성에 힘썼다. 그는 박사 학위 논문에서 다루었던 박막에서의 광학 위상 변화 연구를 확장하여 금속 혹은 유전체 박막의 광학적 특성 연구를 계속했다. 금속과 유전체 박막으로 구성된 간섭필터, 유전체 다층 박막으로 이루어진 고반사율의 반사경 및 간섭계 연구가 대표적이다. 특히 1960년대에는 레이저의 발명과 개발로 인해 고성능 광학 부품에 대한 수요가 급증했는데, 국내에서는 유일하게 이상수의 한국과학원 연구실만 그러한 수요를 충족시켜 줄 수 있었다.

이상수는 교육에도 힘을 쏟았다. 당시 물리학과 교수는 세 명이었지만 두 명이 보직을 맡았기 때문에 실제로는 대학원생 10명을 이상수가 도맡아 지도했다. 그의 초기 한국과학원 제자 중 한 명인 이민희(인하대 교수)는 이상수가 학생들을 얼마나 열정적으로 지도했는지 이야기하며 다음의 일화를 전했다. 1974년 어느 토요일에 이민희는 원자력연구소 물리학연구실을 방문하여 진공증착기를 이용한 실험을 했는데, 이상수가 밤 11시까지 함께했다. 버스가 끊긴 뒤라 부랴부랴 택시로 한국과학원으로 돌아갔지만 기숙사와 교수아파트에 도착했을 때는 결국 통금을 넘긴 뒤였다.

원자력연구소에서 시작한 헬륨네온레이저 연구 또한 한국과학원에서 대출력 펄스 레이저 연구로 이어졌다. 이상수의 연구실은 1기가와트(GW, 10억 와트)급의 광분해 옥소 레이저Iodine Photodissociation Laser를 자체적으로 개발하고 이를 활용하여 레이저 플라즈마 연구를 수행했다. 또한 적외선 영역인 CO_2 TEA(Transversely Excited Atmospheric) 레이저를 포함하여 1987년부터는 1테라와트(TW, 1조 와트) 출력의 네오디뮴 글라스Nd-glass 레이저 개발을 위한 정부의 대형 연구과제를 수주하여 국내 최초로 극초단파 레이저 분야 연구를 개척했다. 레이저의 개발과 응용은 이상수의 연구실이 선도한 연구 분야 중 하나로서 가장 많은 제자를 배출했다. 당시 《경향신문》에 이상수 연구실의 탄산가스[이산화탄소] 레이저 개발 과정과 그 의미가 상세히 소개되기도 했다.

레이저의 발명과 개선은 광정보 처리 및 광통신 분야를 비롯한 여러 물리학 분야의 발전으로 이어졌다. 이상수의 연구실 역시 단일 광섬유 또는 광섬유 다발을 이용한 광학상의 전송 특성을 연구했고, 홀로그램의 기록과 인식, 삭제에 관한 연구도 수행했다. 레이저를 활용하여 물질의 빛에 대한 비선형적 현상을 관측하고, 광압력optic pressure을 이용해 비흡수성 유전체 미립자를 가속, 포획, 냉각시키는 연구 역시 진행했다.

이 밖에도 이상수 연구실은 1970~1980년대 산업체의 기술 수요를 충족시키는 연구를 수행함으로써 산학협력을 촉발했다. 1970년대 복사기가 보급되기 시작하면서 연구실은 산업체에서 필요로 했던 복사기 및 카메라 렌즈의 개발, 그리고 광학 부품의 성능 시험을 수행했다. 1980년대 중반부터는 반도체 산업의 급격한 성장으로 리소그래피용 광학시스템의 개발 수요가 증대되었다. 이에 따라 이상수 연구실에서는 고집적도 구현을 위해 극자외선 영역의 반사경으로 구성된 리소그래피용 광학시스템을 개발하는 연구를 수행했고, 곧이어 엑스선을 활용한 리소그래피용 광학시스템 개발에도 착수했다.

이상수의 고출력 레이저 광선 개발을 보도한 신문 기사 《경향신문》 1981. 4. 29.

새 고출력 레이저광선 국내연구진 개발성공

— 과학기술원 이상수·이인원 박사팀

이 교수팀이 이번에 개발한 고출력 레이저 빛은 이중 탄산가스 레이저 광선이다. … 탄산가스 레이저는 종래 2중 방전식에서는 긴 방전관 안에 질소 헬륨 등을 섞은 탄산가스를 넣고 방전을 시켜서 발생시켜 왔다. 이 2중 방전방식의 단점은 방전할 때 전자밀도가 낮아 출력의 한계가 있다는 점이었다.

이 교수팀은 이같은 문제를 해결하기 위해 방전관 안에 2개의 작은 방전관을 더 장치, 미리 2단계에 걸쳐 방전을 시켜 탄산가스의 에너지를 높인 다음 3단계로 주방전관을 작동, 보다 높은 출력을 낼 수 있는 3중 방전방식을 개발해 낸 것이다.

이 교수는 3만V의 전압을 건 냉전실험에서 출력 1천 kw의 레이저 광선을 발생시키는 데 성공을 거두었다. 이 연구팀이 국내에서 제작한 탄산가스 레이저 발생장치는 이제까지 국내에서 실험한 광선 중에서 가장 강력한 것이다.

한편 1984년에 이상수는 〈과학기술 영재 양성을 위한 교육체제 확립에 관한 연구〉를 수행했다. 그는 우수한 두뇌를 조기 발굴하여 20대 박사를 배출하기 위해서는 국가가 필요로 하는 기계, 전기, 전자 등 첨단 산업 기술 분야를 중점 대상으로 하며, 실험실습을 통한 탐구학습과 국가관이 투철한 과학 인격교육 등에 기본 방향을 두어야 한다고 영재 양성 방안을 제시했다. 교과과정은 영재고등학교 과정과 영재학부 과정을 두며, 그 일관된 교육체계는 한국과학기술원에 설치하는 것이 바람직하다고 주장했다. 교육 기간은 당시 고교과정에서부터 박사과정까지의 12년을 4년 앞당겨 8년 내로 해야 한다고 제안했다. 그의 정책 제안은 실제로 추진되어 1989년 한국과학기술원에 학부과정이 설치되고, 1990년 부산과학고등학교(현재의 한국과학영재학교)가 부설되기에 이르렀다.

활발한 학회 활동과 한국 광학의 국제적 위상 제고

과학 행정, 연구, 교육 외에 이상수는 국내외 학회 활동에도 적극 참여했다. 그는 1956년 한국물리학회에 가입한 이래로 학술지 편집간사, 편집위원장을 차례로 거치면서 학술지 발간에 참여했고, 1979년부터 1981년까지는 한국물리학회 회장으로 활동했다. 1973년에는 물리학회의 응용물리학분과 창립을 주도하고 초대 분과위원장이 되어, 광학연구의 독자적 기반을 마련했다. 1974년 한국의 광학 연구집단이 국제학계와 교류하는 중요한 계기가 있었다. 9월에 일본에서 개최된 국제광학위원회International Commission for Optics(ICO) 총회에 참석했던 ICO

사무총장과 프랑스 광과학자 일행이 한국을 방문하여 한국과학원에서 심포지엄을 열었던 것이다. 이 행사를 통해 한국 연구자들은 선진 광학 연구 성과를 접했고, 한국의 광학 연구 성과와 잠재력을 알릴 수 있었다. 이듬해에 한국의 ICO 가입이 승인되었다. 국내 광학 연구의 성장과 ICO 가입으로 높아진 국제 위상을 바탕으로, 1981년에는 광학 및 양자전자 분과가 응용물리학분과에서 독립하여 신설되었다. 이 과정에서 중심 역할을 한 이상수는 초대·2대 분과위원장을 맡았다.

이상수는 원자력연구소 시절부터 광학 연구에서 산학협력을 중요하게 생각했고, 이후에도 이러한 생각을 일관되게 유지했다. 그는 원자력연구소에서 자신이 책임을 맡고 있던 연구실을 개방적으로 운영했다. 시설 이용, 위탁교육, 공동연구, 실습교육 등의 형식으로 많은 대학교수, 대학원생, 학부생 그리고 산업체 기술자들이 연구 및 교류를 위하여 자유롭게 연구실을 활용할 수 있게 했다. 그 결과 1970년까지 국내 여러 기관들이 때로는 공동으로 때로는 독자적으로 연구하면서 레이저 개발 경험을 쌓아 나갔다. 한국과학원으로 옮긴 뒤에도 이러한 노력은 계속되었다. 한 예로, 그는 1984년 이후 자신이 분과위원장으로 있던 한국물리학회의 광학 및 양자전자 분과 주관으로 〈광학 및 양자전자학 워크숍〉을 개최했다. 이 워크숍에는 광학 연구자뿐 아니라 산업체 관계자도 참여했다. 1980년대에 광산업체가 성장하고 광학 및 레이저에 대한 산업적 연구 수요가 증가함에 따라 산학협력과 교류가 필요하다는 인식이 컸기 때문이다. 이 워크숍은 수년간 지속되면서 1986년에는 광학자, 산업체, 관련 분야 공학자들이 함께하는 〈파동 및

1989년 한국광학회 창립총회(앞줄 왼쪽 일곱 번째가 이상수)
한국과학기술한림원 과학기술유공자지원센터

레이저 학술발표회〉로 확대되었고, 이는 다시 독립된 한국광학회 창
립(1989)으로 이어졌다. 이상수는 초대·2대 한국광학회 회장을 맡아
신생 학회가 제도적으로 자리 잡는 데 기여했다.

국내 광학 연구가 성장함에 따라 국제 교류도 활발해졌다. 이상수
는 1993년에 ICO 부회장에 선출되어 1999년까지 활동했다. 이 기간
동안 제17차 ICO총회를 한국에 유치했으며, 1996년에는 〈1999년
레이저 및 광전자 환태평양 국제회의The Pacific Rim Conference on Lasers and
Electro-Optics(CLEO/PR)〉를 서울에 유치하고 공동조직위원장을 맡았
다. 이 회의는 논문 발표 외에도 국내 50여 광산업체가 참여하여 제품
을 전시하는 등 산학협력 행사로 진행되었다.

이상수는 한국물리학회와 광학회 외에도 다양한 학술단체에서 활

동했다. 그는 1981년 대한민국학술원 종신회원이 되었고, 1983년에 과학기술 공직 출신자들의 친목단체인 과우회科友會 부회장, 1984년 한국과학기술단체총연합회 부회장, 1989년 한국원격탐사학회장, 1990년 서울평화상 심사위원, 1994년 한국과학기술한림원 창립이사를 맡아 활동했다. 동시에 이상수는 국제학회에서 한국을 대표하는 주요 연구자로서 활동을 이어 갔다. 1981년에는 국제광학위원회의 한국 위원장을 맡았고, 1992년에는 UN대학(일본 도쿄 소재의 국제연합대학) 이사, 1995년 국제광학위원회 부회장이 되었다.

이상수는 1989년 2월 한국과학기술원 원장으로 다시 추대되어 6대 원장으로 부임했다. 이 시기 한국과학기술원은 한국과학기술연구소와 한국과학원 간의 통폐합 및 분리라는 어려운 문제를 안고 있었다. 과학원과 연구소는 1980년 제5공화국의 출범과 함께 한국과학기술원으로 통합되었다. 그러나 이후 무리한 통합이었다는 문제 제기가 계속 이어져 다시 분리하기로 결정되었다. 이러한 상황에서 원장으로 부임한 이상수는 연구소와의 분리, 과학기술대학과의 통합, 대덕연구단지 캠퍼스로의 이전 작업을 원활하게 마무리하고, 1991년 2월에 20여 년을 몸담았던 한국과학기술원을 정년퇴임했다.

이상수의 교육과 연구에 대한 헌신은 그의 수상 이력에도 부분적으로나마 드러난다. 그는 1979년 국민훈장 모란장을 시작으로 대한민국과학기술상(1982), 성곡학술문화상(1989), 성봉물리학상(한국물리학회 1992), 인촌상(2000), 국민훈장 무궁화장(2000) 등을 받았다. 특히 2006년에는 미국광학회가 광학 분야의 교육에 헌신한 사람에게 수여하는 '에스더 호프만 벨러 메달Esther Hoffman Beller Medal'을 한국인으로는 최초로 받았고, 2019년에는 정부에서 주관하는 과학기술유공자로 선정되었다. 이상수가 남긴 뜻을 받들어 그의 두 아들이 한국광학회를 통해 전달한 기금을 바탕으로 2014년부터 미국광학회와 한국광학회가 이상수 상Sang Soo Lee Award을 공동 제정하여 격년으로 국제적인 광학자를 대상으로 수상하고 있다.

이상수는 한국과학기술원을 정년퇴임한 후에도 명예교수로서 연구를 이어 가다가 2010년 아내가 세상을 뜬 지 세 달 뒤 생을 마감했다. 그의 장례는 KAIST장으로 치러졌으며 교내 홍릉캠퍼스에서 노제를 지낸 후 그는 파주시 탄현면의 기독인공원묘지에 안장되었다. 이상수는 평생에 걸쳐 250여 편의 논문, 5권의 전문 저서, 8권의 번역서, 80여 편의 연구보고서를 통해 국내외 학계에 지대한 영향을 미쳤다. 한국과학기술원에서 배출한 107명의 석사와 48명의 박사는 한국 광학계의 중추를 형성했다.

전쟁 직후 선진 과학에 대한 연구 경험이 부족했던 한국 과학계에서, 그는 해외 박사 학위자로서 물리학 연구의 선구적인 역할을 담당했다. 더구나 연구 분야가 레이저와 같은 응용 분야가 넓은 첨단 과학이었기에 국가적 관심과 잘 맞아떨어졌다. 그는 원자력연구소 소장, 원자력청 청장, 한국과학원 초대 원장 등 과학기술계의 요직을 두루 거치며 과학 행정가로서 바쁘게 일하는 와중에도 제자들과 함께 국제적 수준의 논문을 지속적으로 발표했다. 한국의 광학은 그를 시작으로 해서 퍼져 나갔다고 해도 지나치지 않다.

참고문헌

일차자료

논문

Lee, Sang Soo, 1959, "An Investigation of the Optical Phase Changes in Thin Films during Refraction," Ph. D. Dissertation: Imperial College London.

Lee, Sang Soo, 1959, "Photoelectric Double-Slit Interferometer for Investigation of Transparent Thin Solid Films," *Journal of Scientific Instruments* 36, pp. 385-387.

Lee, Sang Soo, 1959, "Ageing Effect in Evaporated Films of Zinc Sulphid," *Proceedings of the Physical Society* 74, pp. 641-643.

Lee, Sang Soo and Dae Yoon Park, 1963, "The effects of silver and dielectrics on the grain-growth of molybdenum at their melting points," Seoul: Atomic Energy Research Institute, pp. 1-6.

Ozier, Irving, Lawrence M. Crapo, and Sang Soo Lee, 1968, "Nuclear Radio-Frequency Spectra of a Series of Tetrahedral Molecules," *Physical Review* 172-1, pp. 63-82.

Paek, Eung Gi and Sang Soo Lee, 1979, "Discrimination enhancement in optical pattern recognition by using a modified matched filter," *Canadian Journal of Physics* 57-9, pp. 1335-1339.

Lee, Won and Sang Soo Lee, 1980, "Improved Excitation by Triple Discharge in a Wire-Triggered Transverse Electric Atmospheric CO_2 Laser," *Applied Physical Letters* 37, pp. 871-873.

Kim, Jin Seung and Sang Soo Lee, 1982, "Radiation Pressure on a Dielectric Sphere in a Gaussian Laser Beam," *Optica Acta: International Journal of Optics* 29-6, pp. 801-806.

Kim, Jin Seung and Sang Soo Lee, 1983, "Scattering of laser beams and the optical potential well for a homogeneous sphere," *Journal of the Optical Society of America* 73-3, pp. 303-312.

Chang, Soo and Sang Soo Lee, 1985, "Optical torque exerted on a homogeneous sphere levitated in the circularly polarized fundamental-mode laser beam," *Journal of the Optical Society of America B* 2-11, pp. 1853-1860.

Chang, Soo and Sang Soo Lee, 1988, "Radiation force and torque exerted on a stratified sphere in the circularly polarized TEM_{01}^*-mode laser beam," *Journal of the Optical Society of America B* 5-1, pp. 61-66.

Kwak, C. H., J. T. Kim, and S. S. Lee, 1988, "Scalar and vector holographic gratings recorded in a photoanisotropic amorphous As_2S_3 thin film," *Optics Letters* 13-6, pp. 437-439.

Kim, Kyeu T., Sang Soo Lee, and S. L. Chuang, 1991, "Inter-miniband optical absorption in a modulation-doped $Al_xGa_{1-x}As/GaAs$ superlattice," *Journal of Applied Physics* 69-9, pp. 6617-6624.

Jeong, Young Uk, Yoshiyuki Kawamura, Koichi Toyoda, Chang Hee Nam, and Sang Soo Lee, 1992, "Observation of coherent effect in undulator radiation," *Physical Review Letters* 68-8, pp. 1140-1143.

Chang, Soo, Jae Heung Jo, and Sang Soo Lee, 1994, "Heoretical calculations of optical force exerted on a dielectric sphere in the evanescent field generated with a totally-reflected focused gaussian beam," *Optics Communications* 108-1~3, pp. 133-143.

보고서

이상수 외, 1982, 「과학기술영재 양성을 위한 교육체제 확립에 관한 연구」, 과학기술부.

이상수 외, 1985, 「레이저와 PROM을 이용한 인영 및 인쇄문자 감식에 관한 연구」, 국립과학수사연구소.

이상수 외, 1990, 「레이저 광 기술개발: 1TW GLASS 레이저 개발에 관한 연구」, 과학기술처.

저역서

안세희·지창렬·이상수 공역(E. R. Peck 저), 1962, 『전자기학』, 집현사.

권영대·이상수·김영함 공역(Francis A. Jenkins, Harvey E. White 공저), 1963, 『광학』, 문운당.

이상수·안세희 공역(Robert Plonsey, Robert E. Collin 공저), 1972, 『전자기학』, 탐구당.

이상수 역(Winston E. Kock 저), 1974, 『레이저와 홀러그러피』, 전파과학사.

이상수 역(J. M. Carroll 저), 1976, 『레이저 이야기』, 전파과학사.

이상수 역(Winston E. Kock 저), 1977, 『음파와 광파: 파동운동의 기초』, 전파과학사.

이상수·이민희 공역(J. R. Peirce 저), 1978, 『양자전자공학: 트랜지스터 및 레이저의 기초』, 전파과학사.

권영대·이상수 외 공역(필립 H. 스웨인, 셜리 M. 데이비스 공저), 1980, 『원격탐사: 정량적 접근법』, 대한민국학술원.

이상수, 1983, 『파동광학』, 교학연구사.

이상수, 1984, 『레이저광학』, 교학연구사.

이상수, 1985, 『기하광학』, 교학연구사.

이상수, 1988, 『양자광학』, 민음사.

이상수, 1988, 『레이저 스펙클과 홀로그라피』, 교학연구사.

기고/기사

이상수, 1969, 「70년대의 원자력사업」, 《과학기술》 2-1, 19-22쪽.

이상수, 1969, 「한국의 원자력 사업 10년」, 《과학기술》 2-3, 34-36쪽.

이상수, 1971, 「연구기관 소개·국내편 – 한국과학원」, 《과학과 기술》 4-2, 49-52쪽.

이상수, 1976, 「레이저 광학과 물리학교육」, 《새물리》 15-4, 113-116쪽.

이상수, 1977, 「섬유광학(fibre optics)과 광학섬유(optical fibre)의 이용」, 《전자공학회잡지》 4-3, 16-23쪽.

이상수, 1978, 「우리나라 광학공업 – 노동집약적이고 기술집약적인 기계공업」, 《과학과 기술》 11-11, 17-19쪽.

이상수, 1979, 「광학상 재처리와 인공위성에 의한 원격지구탐사」, 《과학과 기술》 12-7, 33-36쪽.

이상수, 1980, 「과학교사와 과학기술 계몽교육」,《과학과 기술》13-10,
　　23-28쪽.

이상수, 1981, 「연구비는 일석삼조의 투자다」,《과학과 기술》14-2, 6-7쪽.

김유경, 「내조－물리학자 이상수 씨 부인 서숙원 여사」,《경향신문》1982.
　　12. 20.

이상수 외, 「그룹 인터뷰 「과학한국」 짊어질 영재교육의 문제점과 방향
　　총점검」,《경향신문》1983. 3. 3.

이상수, 1984, 「레이저 공학의 연구현황과 전망」,《전기학회지》33-6,
　　4-9쪽.

이상수, 1985, 「레이저, 그 이용실태와 전망」,《과학과 기술》18-3, 8-11쪽.

이상수, 1988, 「우리나라 레이저 과학의 현황과 전망」,《전기학회지》
　　37-12, 6-8쪽.

이상수, 1989, 「첨단과학과 기술」,《광학세계》4-1, 6-7쪽.

허승호, 「정년퇴임한 이상수 과기원 초대원장」,《동아일보》1991. 3. 30.

이상수, 1994, 「한국광학산업의 앞날을 생각하며」,《광학세계》30, 1-3쪽.

이현덕, 「한국과학원 초대원장 이상수 부원장 정근모」《전자신문》
　　2022. 4. 13.

이차자료

한국광학회, 2021, 『한국광학회 30년사』, 한국광학회.

과학기술정보통신부·한국과학기술한림원, 2020, 「고 이상수－조국에
　　새로운 빛을 밝힌 광학의 대부」, 『대한민국과학기술유공자 공훈록』 3,
　　44-55쪽.

이민희, 2011, 「이학부－故 이상수 박사 회상록」, 한국과학기술한림원 회원
　　회상록. https://kast.or.kr/kr/member/memoir.php

박대윤, 2010, 「신명(新溟) 이상수 선생님을 추모하며」,《물리학과
　　첨단기술》7·8, 47-48쪽.

이은경·유상운

최삼권

崔三權 Sam Kwon Choi

생몰년: 1928년 2월 3일~2003년 12월 14일

출생지: 대구광역시 중구 동성로 3가 80(현재)

학력: 대구대학 응용화학과, 서울대학교 공학석사, 콜로라도대학 이학박사

경력: 대구대학 교수, 한국과학기술원 교수

업적: 세계 최초로 용해되는 전도성 고분자 합성, 제전성 폴리에스테르 개발,
후학들이 '고분자와 불소를 연구하는 모임(고불문)' 운영

분야: 화학-유기화학, 고분자화학

1987년 한국과학기술원 과학도서관장 시절 최삼권
제자 최길영 한국화학연구원 명예연구원 제공

최삼권은 한국 유기불소화학의 개척자로 평가된다. 그는 입지전적인 과학자로, 어렵게 대구대학(현재의 영남대)을 졸업하고, 절치부심하여 미국 콜로라도대학에서 박달조의 지도로 박사 학위를 받았다. 귀국 후 한국과학기술원 교수로 있으면서 후학들과 함께 다양한 유기불소화 합물을 제조했으며, 용매에 용해되는 전도성 고분자 합성, 정전기가 발생하지 않는 제전성制電性, anti-electrostatic 폴리에스테르 섬유 개발, 그룹 이동 중합법 개발 등 고분자화학 분야에서 뚜렷한 연구 성과를 거두었다. 후학들은 특별히 '고분자와 불소를 연구하는 모임(고불문)'을 조직하여 그의 인간적 품성과 학문적 업적을 기리고 있다.[*]

고난 딛고 국제적 과학자로 성장

최삼권은 1928년 경상북도 대구에서 최종해崔鐘海와 윤동연尹東蓮의 5남 2녀 중 3남으로 태어났다. 그의 집안은 중상층으로 아버지는 소지주였다. 최삼권은 셋째 아들이라 이름이 삼권이었고, 장남인 일권(달권)은 대구의학전문학교를 나와 김천도립병원 원장으로 재직했다. 둘째 이권과 넷째 태권은 상업에 종사했으며, 다섯째 덕영은 의사가 되어 중앙대학교 부총장을 역임했다.

1935년 대구보통학교에 들어간 최삼권은 남녀 분리 조치로 대구

---

[*] 이하 내용은 한국과학기술한림원 홈페이지에 게재되어 있는 최길영의 「이학부-故 최삼권 박사 회상록」(2016)을 많이 참고했음을 밝힌다.

서부소학교로 옮겨 6년의 과정을 마쳤다. 이어서 1941년 대구의 명문 학교인 계성중학교에 입학하여 1945년에 졸업했다. 그런데 아버지와 큰형이 1944년과 1946년에 연이어 사망하면서 비교적 부유했던 그의 집안은 가세가 급속히 기울었다. 중학교 졸업 후 다른 지역에 있는 상급학교로 진학할 형편이 못 되었던 최삼권은 경북도 위생과에 취직해 근무했다. 그러던 중 1947년에 지역 유지와 도민들의 후원으로 사립 대구대학(설립자 최준)이 세워졌다. 우선 6개 학과가 개설되었는데, 그 가운데 이공계는 응용화학과가 유일했다. 이때는 국립 경북대학교가 세워지기 이전이었으므로, 대구대는 영남의 선도적인 대학이었다. 비슷한 시기에 대구에는 대구대 외에 대구의과대학, 대구농과대학, 대구사범대학이 세워졌다. 최삼권은 1947년 대구대학 응용화학과에 진학했다. 그는 도중에 학비 마련을 위해 경남 안의중학교에서 교사 생활을 하는가 하면, 한국전쟁 발발로 부산 부두에서 막노동을 하기도 했다. 그러다가 다시 복학하여 1953년에 대구대 학부 과정을 마쳤다.

대학을 졸업한 그는 1953년에 곧바로 서울대학교 화학공학과 대학원에 진학해 성좌경成佐慶 교수의 지도를 받으며 합성수지 분야를 연구했다. 성좌경은 경기도 양평 출생으로 도쿄공업대학 응용화학과를 마치고 경성제대와 조선총독부 중앙시험소에서 활동했던 공학자였다. 훗날 성좌경은 원자력청장, 인하대 총장, 한국화학연구소 소장, 과학기술처 장관 등을 역임했다. 최삼권은 1956년에 「Organic Titanate에 관한 연구」를 논문으로 제출하여 공학석사 학위를 받았다. 이 논문은 이듬해에 《대한화학회지》에 「유기 티타늄 화합물에 관한 연구」라는 제목으로 실렸다. 이후 그는 모교인 대구대 응용화학과에서 공식적으로는 1965년까지 교수로 재직했다(실제로는 1964년 유학). 당시만 해도 지방의 대학은 석사 학위로도 교수가 되는 경우가 흔했다. 1957년에는 대구대학에 대학원이 세워졌다. 그는 어려운 여건에서도 대학원에 진학한 학생들과 연구에 몰두하여 세 명의 석사 학위자를 배출했다.

최삼권은 기회가 있을 때마다 외국으로 나가 선진 과학을 배우고자 했다. 이를 위해 먼저 영어를 공부해 두어야겠다고 생각했지만, 당시 대구에는 영어를 배울 수 있는 곳이 없었다. 그런데 마침 한 의사가 30여 명의 젊은이를 모아 미국 시사주간지 《타임Time》을 해설하는 공부방을 열었다. 최삼권은 2년여 동안을 하루도 빠지지 않고 공부방에 나갔다. 그러던 중 경북여자고등학교에서 영어를 가르치던 주한미군방송(AFKN) 아나운서와 친분이 생겨 그에게 영어회화를 배웠다. 이러한 노력 덕분에 그는 1961년 미국공보원에서 선발하는 도미 장학생이 되어 하와이대학 동서문화센터East-West Center에서 약 2년간 연구원으로 근무했다. 이 센터는 동서 간의 문화 및 기술 교류를 위해 1960년 미 의회 주도로 세워졌다. 최삼권은 동서문화센터에서 근무하는 동안 재미교포 2세인 김배시를 만나 35세인 1963년에 결혼했다. 이후에 김배시가 지병으로 세상을 뜨자, 박혜남朴惠男과 재혼한다.

당시 미국 정부가 주는 장학금을 받은 사람은 수혜 기간만큼 자기 나라로 돌아가 봉사해야 한다는 규정이 있었기 때문에 최삼권은 한국으로 돌아와 대구대 교수로 근무했다. 하지만 그는 다시 미국으로 가서 공부할 생각을 하며 본격적으로 유학 준비를 했고, 1964년에 드디어 미국 콜로라도대학University of Colorado 박사과정에 진학했다. 이곳 화학과에는 박달조Joseph D. Park가 교수로 있었으나 최삼권은 이를 모르고 지원했다. 박달조가 한국계라는 사실도 입학 후 한참을 지낸 다음에야 알게 되었다고 한다. 박달조는 미국화학회 불소분과 위원장을 지낸 국제 불소화학계의 권위자였다. 하와이에서 이민 노동자의 아들로 태어난 박달조는 기업 연구소에서 오랫동안 일하며 프레온가스(CFC)와 테플론 등을 개발했고, 1947년에 콜로라도대학 화학과로 옮겨 왔다. 최삼권은 그의 지도를 받아 41세이던 1969년에 유기불소화합물의 합성을 연구한 논문 「알리사이클릭 1,2-디할로폴리플루오로올레핀의 결합 반응The Coupling Reactions of Alicyclic 1,2-Dihalopolyfluoroolefins」으로 이학박사 학위를 받았다. 이후 최삼권은 콜로라도대학에서 연구원으로 일하다가 1970년에 벤처기업이던 에일락 코퍼레이션Alrac Corporation의 연구원이 되어 섬유업계의 뜨거운 이슈이자 과제인 나일론-4의 중합重合, polymerization과 방사紡絲에 관한 연구를 수행했다. 천연 실크에 가장 가까운 섬유를 개발하기 위한 연구였다.

한국과학기술원을 터전으로 유기불소화학 연구 선도

최삼권은 1972년 해외 유치 과학자의 일원으로서 새로이 출범한 한국과학원(KAIS)의 화학 및 화학공학과 교수로 합류했다. 유기화학 분야에는 이미 박달조와 심상철이 초빙되어 있었으며, 이들 삼총사에 의해 한국 유기화학의 황금시대가 열렸다. 최삼권의 주요 연구 분야는 불소화학과 고분자화학이었다. 그는 기초연구는 물론이고, 국내 기업들과의 협동 연구를 통한 기술개발에도 많은 기여를 했다. 최삼권은 높은 학구열을 바탕으로 열정과 끈기를 가진 도전적인 과학자였다고, 제자인 최길영(한국화학연구원)은 회고했다. 한번은 제자들이 해외연수를 다녀와서 전도성 고분자 연구를 제의하자 바로 그것을 받아들여 함께 연구했고, 그 결과 해외 유명 저널인《매크로몰레큘스Macromolecules》에 매년 2~3편의 연구논문을 발표하여 그 우수성을 인정받았다. 한편 최삼권은 한겨울에도 항상 반팔 와이셔츠를 입고 다닐 정도로 체력이 좋고, 유도 4단으로 운동에도 일가견이 있었다고 한다. 건강한 체력 덕분에 그는 정년퇴직을 앞두고도 아침 일찍부터 자정이 지날 때까지 연구에 몰두할 수 있었다.

최삼권이 한국과학원에 부임하던 1970년대 초 한국에서 불소화학은 생소한 분야였다. 당연히 불소화학을 연구하는 곳도 그의 연구실 하나뿐이었다. 미국에서 박사과정을 밟으며 지도교수였던 박달조와 함께 유기불소화학 연구를 시작한 그는, 1972년에 박사 학위 논문을 보완한 연구 결과를 발표하며 국내 유기불소화학 연구를 선도했다. 무엇보다 그는 새로운 부류의 유기불소화합물 제조에 관심을 기울였는데, 새로운 유기불소화합물의 일종인 1,2-다이클로로퍼플루오로사이클로알칸(사이클로프로핀, 부틴, 펜틴, 헥신)의 금속시약(아연, 카드뮴, 구리)을 제조하여 전자에 끌리는 여러 친전자체親電子體와 반응을 시키며 연구했다. 스승인 박달조와도 여러 차례 논문을 발표한 그는, 정년퇴임 때까지도 유기불소화학 연구를 이어 갔으며《저널 오브 플루오린 게미스트리Journal of Fluorine Chemistry》를 비롯한 국제적인 저널에 17편의 논문을 발표했다.

최삼권은 미국 에일락 코퍼레이션에서 나일론-4의 새로운 중합법을 연구한 적이 있었다. 나일론-4는 천연 실크에 가장 근접한 물성을 갖고 있으나 용융하자마자 분해가 일어나는 특성 때문에 일반적인 용융중합법으로는 제대로 된 고분자량의 중합체를 얻기가 어려웠다. 이러한 문제를 해결하기 위해 그는 여러 락탐lactam화합물(고리 형태 질소 화합물의 일종)을 대상으로 저온에서의 음이온중합에 의한 개환중합법ring opening polymerization을 본격적으로 연구했다. 저온에서 개환중합반응이 가능한 촉매(개시제)*를 합성하고 이를 활용하여 중합반응을 연구하는 것이 핵심이었다. 나아가, 그는 고리계 락탐의 개환중합, 신규 내열성고분자의 합성과 특성, 폴리poly(1,6-heptadiyne) 유도체들의 합성, 상온에서도 리빙중합이 가능한 그룹이동 중합반응, 신규 중합촉매 및 개시제의 합성 등으로 연구 주제를 확장했다. 락탐화합물을 음이온 개환중합함으로써 새로운 폴리아미드(신규 나일론)를 저온에서 합성할 수 있으며, 이를 이용하여 2-피롤리돈2-pyrrolidone을 중합하여 실크와 가장 유사한 나일론-4를 제조할 수 있다. 또한 폴리(1,6-heptadiyne) 유도체들은 새로운 용매에 용해되는 전기가 통하는 고분자를 합성할 수 있는 원료물질로 이용될 수 있다. 이러한 연구를 통해 그는 15편 이상의 논문을 고분자 분야 전문 국제 학술지인《저널 오브 폴리머 사이언스Journal of Polymer Science》등에 발표하고, 10여 건의 특허도 취득했다.

---

* 개시제(開時劑)는 화학반응을 시작하게 하는 물질로, 때론 촉매가 개시제의 역할을 하기도 한다.

최삼권은 금속 및 세라믹 소재를 대체할 수 있는 고성능 플라스틱 소재인 '엔지니어링 플라스틱(ENPLA)' 연구도 국내에서 선구적으로 시도했다. 다양한 종류의 폴리이미드술포네이트Polyimide-sulfonate 계열의 새로운 내열성 고분자를 합성하고, 그 특성을 연구한 것이다. 1980년대 중반부터는 새로운 전도성 고분자 합성과 그룹이동중합Group Transfer Polymerization(GTP)을 연구했는데, 이는 반도체 분야 고분자의 활용과 신규 중합공정의 개발 및 실용화에 기여할 것으로 기대를 모았다. 그의 연구는 《저널 오브 폴리머 사이언스》 등에 연달아 게재되었다. 폴리이미드술포네이트의 합성에 관한 연구는 다양한 변성 폴리이미드계 고분자 연구로 이어졌으며, 반도체, 디스플레이, 고내열 성형 부품 등 첨단산업에 광범위하게 활용될 수 있는 연구의 기반을 구축하는 데 기여했다. 국내에서 상업화된 고내열 폴리이미드 필름이나 고내열 부품성형용 폴리이미드 수지, 액정디스플레이의 핵심 액정배향막 제조 기술은 그의 제자들에 의해 이루어진 성과들이다.

이러한 연구의 연장선으로 준방향족hetero-aromatic 화합물을 활용하여 신규 내열성 고분자를 합성하는 연구도 활발히 추진했는데, 폴리에스테르와 폴리이미드 등 다양한 고분자의 합성 연구가 그것이다. 또한 1977년에는 연구비 1억 원을 투입한 선경합섬과 2년여에 걸쳐 공동연구를 진행한 끝에 정전기가 발생하지 않는 폴리에스테르를 개발했다. 폴리에스테르는 보온성이 좋고 약품에도 강해 사용이 늘고 있었으나 정전기가 잘 발생하는 것이 결정적인 단점이었다. 그는 선경합섬의 의뢰를 받고 공중합법共重合法에 의해 성형물의 표면에 내구성이 강한 대전방지성帶電防止性을 영구적으로 부여할 수 있는 방법을 찾아내 정전기를 방지하는 새로운 제전성 폴리에스테르 개발에 성공하고, 국내외에서 특허를 받았다. 1977년 「제전성 폴리에스텔 섬유의 제법」(한국특허 7220)과 1981년 「정전기 방지제, 합성 및 그 사용Antistatic Agents, Synthesis and Use Thereof」(미국특허 4277584)이 그것이다. 그는 난연성難燃性 연구도 성공적으로 수행하여 불에 잘 타지 않는 난연성 폴리에스테르 섬유 개발에도 기여했다.

이 제전성 폴리에스테르 개발에 대해 《중앙일보》는 미국, 일본에 이어 세계에서 세 번째로 개발된 것이라며 그 의미를 크게 부여했다.

합성섬유의 대전방지제 개발

오늘날 널리 쓰이고 있는 합성섬유와 같은 가소성수지는 높은 대전성[帶電性]을 가지고 있다. 따라서 가벼운 마찰에 의해서도 쉽게 정전기를 일으켜 인체에 불쾌감을 줄 뿐 아니라 작업능률을 저하시키고 화재·폭발 등 재난을 불러일으키기도 한다.

이러한 정전기의 발생과 축적을 영구적으로 방지하는 새로운 방법이 미국·일본에 이어 세계에서 3번째로 최근 한국과학원 최삼권 박사(48·고분자화학)에 의해 개발됐다. 합성섬유가 면·양모·인견 등 천연섬유에 비해 정전기 발생률이 높은 것은 그 분자에 친수성기가 없어 흡습성, 즉 전기전도도가 낮기 때문이다.

… 그러나 이런 합성섬유에 흡습성이 큰 화합물이나 유기 전해질을 화학적 방법으로 도입하면 이런 정전입자들이 축적되지 않고 누전되므로

방전을 막을 수 있는 것이다.

현재 미국의 「뒤퐁」·「몬산토」, 일본의 「도오레이」사에서 이미 이 방법이 개발되어 있으나 그 「프로세스」는 「베일」에 싸여있기 때문에 이제까지 우리나라나 대부분의 선진국가에서도 대전방지제를 후처리에 의해 물리적으로 천에 흡착시켜왔다. 그러나 이 방법은 세탁을 할수록 효과가 감소하는 결점이 있었던 것[이다].

최 박사는 『이 분야의 연구는 그 내용을 공개하지 않는 것이 국제적인 통례』라면서 자신이 합성해낸 대전방지제를 「나일론」이 가지고 있는 말단기와 여러 가지 비율로 축합^{축합}시켜 고유 저항이 10^8 ohm/cm(국제규격 10^{10} ohm/cm 이하)인 「나일론」사를 개발하게 되었다고 밝혔다.

_《중앙일보》 1976. 4. 15.

최심권의 재건성 합성섬유 미국특허(1981) Google Patents (https://patents.google.com/)

세계적으로 인정받은 독창적인 연구 성과

세계적으로 독창성과 우수성을 인정받은 그의 대표 연구 분야는 메타시스metathesis 촉매를 사용한 고리화중합cyclopolymerization이다. 이전까지의 전도성 고분자는 분자구조상의 문제로 용매에 용해가 되지 않아 성형가공이 어려웠다. 최삼권은 메타시스 촉매를 사용하여 이러한 문제를 해결함으로써 세계 최초로 가용성 고분자를 합성했다. 이 고분자는 전기적·자기적 특성이 뛰어나고 높은 산화 안정성까지 갖춘 획기적인 물질이었다.

그는 1983년부터 이중결합 재배치에 관여하는 메타시스 촉매를 활용하여 다양한 치환기를 갖는 새로운 전도성 고분자들을 합성하는 연구를 추진했다. 1985년에는 유기용매에 완전히 용해되는 폴리(1,6-heptadiyne)계 전도성 고분자를 제조했다. 1990년에는 10만 이상의 고분자량 폴리diethyldipropargyl malonate(DEDPM)의 합성에 성공하여 《매크로몰레큘스》에 게재되었다. 이 고분자량 폴리 소재의 특성이 매우 흥미로워, 노벨화학상 수상자인 캘리포니아대학의 히거Alan J. Heeger와 MIT의 슈록Richard R. Schrock이 각각 이에 대한 진전된 연구 성과를 《사이언스Science》에 발표하기도 했다. 최삼권은 전도성 고분자와 액정분자의 상호작용을 연구하여 세계에서 처음으로 전도성·액정고분자 재료의 합성과 물리적 특성을 밝힌 성과를 《매크로몰레큘스》에 발표했다. 2000년 노벨화학상을 수상한 일본 쓰쿠바대학의 시라카와 히데키白川英樹도 비슷한 시기에 전도성 고분자인 폴리아세틸렌에 액정분자를 도입한 연구를 수행하여 논문을 발표했다. 시라카와의 전도성 고분자 개발에는 한국원자력연구소에서 파견된 연구원 변형직邊衡直이 결정적인 역할을 한 것으로 알려져 있다. 이에 뒤지지 않고 최삼권도 폴리아세틸렌계 전도성 액정분자에 대한 연구 성과를《프로그레스 인 폴리머 사이언스Progress in Polymer Science》에 게재했다.

이후 최삼권은 전도성 액정고분자의 특성만이 아니라 광전도성, 광기전성, 비선형 광학 특성, 광굴절성 및 이온성 액체의 특성 등 여러 기능을 발현하는 폴리계 전도성 고분자를 합성하여 그 응용 분야를 크게 확장했다. 2000년에는 국내 연구진으로만 구성된 저자들로 화학 분야 최고 학술지인《케미컬 리뷰Chemical Reviews》에 논문을 게재하여 전도성 고분자에 대한 국제적 권위를 인정받았다. 이 연구 성과는 차세대 정보통신용 광소자 및 광정보-저장소자에 사용될 물질로 관심을 끌고 있다.

고분자 분야의 또 다른 중요 업적은 그룹이동중합(GTP) 연구이다. GTP는 1983년 미국 듀폰사의 웹스터O. W. Webster 연구팀이 새로운 리빙중합법으로 처음 발표했다. 이는 저온에서 실현되는 기존의 음이온 중합과 달리 상온에서도 리빙중합이 가능한 혁신적인 방법이다. 그럼에도 불구하고 국내에서는 관심을 받지 못했는데, 최삼권은 이 GTP용 새로운 개시제를 설계하여 다양한 시도 끝에 합성에 성공했다. 그는 GTP를 활용하여 다양한 기능을 갖는 삼중블록공중합체triblock co-polymer를 곧바로 합성할 수 있는 두 가지 기능의 개시제를 처음 제시했다. 이로써 고무나 플라스틱 제조 등 다양한 활용이 가능한 블록공중합체를 합성할 수 있게 되었다 이러한 연구 성과는《매크로몰레큘스》,《저널 오브 폴리머 사이언스》에 여러 편의 논문으로 발표되었다.

최삼권은 산업계의 기술력 향상에도 남다른 관심을 기울였다. 1973~1975년에는 한국나일론(주)(현재의 코오롱)과 나일론 섬유의 정전기 발생을 방지할 '제전성 나일론의 개발'을 위탁 연구로 수행했다. 1974~1977년에는 선경합섬(주)(현재의 SK케미칼)과 국내에서는 처음으로 공중합법에 의한 '대전방지사 폴리에스테르 섬유 제조에 관한 연구'를 수행하여 획기적인 성과를 거두고, 기업체에 성공적으로 기술이전을 했다. 또한 그는 산업화 초기이던 당시 산업계 종사자들에게 기술 발전의 국제적 추세를 이해시키고, 연구개발 증진에 도움을 주고자 10여 편의 총설을 국내 저널에 기고하기도 했다. 대표적으로 「엔지니어링 플라스틱Engineering Plastics」, 「산업용 불소 고분자」, 「폴리아세틸렌 유도체」, 「탄소섬유」, 「디아세틸렌 유도체」 등을 들 수 있다.

'고불문'으로 스승의 학풍 계승하는 제자들

최삼권은 1960년대 콜로라도대학에서 박사과정을 밟고 있을 때 화학계의 원로인 이태규와 처음 만났다. 최삼권의 회갑을 맞아 발간한 논문집에서 한국과학기술원 석좌교수로 있던 이태규는 서로의 인연을 소개하면서 그의 인품과 업적을 다음과 같이 평가했다.

> 25년 전 장년시절의 그가 다소 만학(晩學)임에도 불구하고 당시로서는 난해한 불소화학을 전공하고 있는데 대해 적잖이 놀랐으며 앞으로 훌륭한 학문적 업적을 이루어갈 것이 틀림없으리라 생각했습니다. 그후

1972년에 한국과학기술원에서 함께 봉직하면서 15년여를 연구실을 이웃하며 지내오는 동안 나는 최 교수의 진면목을 이해하게 되었고 그 옛날 느꼈던 기대가 결코 잘못된 것이 아니었음을 확인하게 되었읍니다.

우직하리만치 성실하고 고집스러울 정도로 집념이 강하며 줄기찬 패기(覇氣)를 갖고 있으면서도 예절 바른 품성과 소탈함이 그의 높은 학문적 식견과 잘 조화되어 있는 인격자(人格者)임을 알게 된 것입니다. 특히 신의와 책임감이 강하여 공사(公私)에 솔선하며 깊은 정의(情誼)로 사람을 포용하는 것을 볼 때 이 시대의 진정한 학자이자 신사라고 믿어집니다.

… 1972년에 한국과학기술원에 부임한 이래 Lactam의 음이온중합, 내열성고분자의 합성, 신규 중합개시제의 연구, 헤테로환계 고분자의 합성, 개환중합법(開環重合法) 등 광범위한 분야에 대한 연구를 계속해 왔으며 그 결과 60여 편의 탁월한 논문을 국내외 학술지에 발표함으로서 이들 분야에 대한 연구를 진일보시킨 사실로도 그의 학문적 위치를 확인할 수가 있을 것입니다. 또한 최 교수는 합성섬유의 정전기 발생 방지와 난연화(難燃化)에 관한 개발연구도 성공적으로 수행함으로서 국내 섬유업계의 신제품 개발에도 지대한 공헌을 해왔음은 주지의 사실입니다. 특히 최근에는 전도성 고분자의 합성과 Group 이동중합에 심혈을 기울이고 있는 것을 볼 때 머지않아 반도체 분야에의 고분자의 활용과 신규 중합공정의 개발 및 실용화에도 크게 기여할 것으로 믿습니다.

_ 이태규, 「수서(壽書)」, 『현암 최삼권 교수 회갑기념논문집』, 1988.

최삼권은 한국과학기술원 교수로 재직하며 161편의 연구논문을 발표했다. 국내외 특허등록 13건, 연구보고서 32건, 총설 11건 등도 그가 이룬 또 다른 업적이다. 또한 석사 54명, 박사 25명의 과학 인재를 양성했다. 무엇보다 따뜻한 인간미를 바탕으로 대학원생들 한 명한 명에게 정성을 쏟아 한 명의 낙오자도 나오지 않도록 애썼다는 점은 특기할 만하다. 1990년에는 당시까지 한국과학기술원의 최연소 박사 학위자가 그의 연구실에서 배출되기도 했다. 전도성 고분자 합성을 연구한 김윤희(현재 경상국립대학교 교수)가 그 주인공으로 박사 학위를 받을 때의 나이가 25세였다. 김윤희는 언론과의 인터뷰에서 "최 교수의 지도로 동료들과 매주 토론을 벌인 것이 아주 주효했다"고 밝혔다.

최삼권은 무엇보다 과학 연구와 대학원 제자들의 논문 지도에 열성을 쏟았다. 그 밖의 다른 일에는 거의 관여를 하지 않았다. 그가 한국과학기술원에서 맡은 보직은 1987년 도서관 관장 정도였다. 학회에서는 1985년 한국고분자학회 학술위원장을 역임했고, 1988년 대한화학회 고분자화학 분과회의 발기인 중 한 명으로 참여했다. 학술적 업적을 인정받아 1985년 국민훈장 모란장을 수상했고, 1995년에는 대한민국학술원상을 받았다. 그는 2003년 75세의 나이로 세상을 떠났으며, 경기도 광주시 오포읍 한남공원묘원에 안장되었다.

최삼권은 극한의 상황에서도 항상 긍정적인 자세로 어려움을 헤쳐나간 '불굴의 과학자'로 평가된다. 후학들은 학문적 업적만이 아니라 이러한 그의 인간적 면모까지도 존경했다. 그는 제자들에게 "학문을 하기 전에 사람이 먼저 되어야 한다"며 실력과 함께 인품을 갖출 것을 당부했다. 이러한 점 때문인지 그의 제자 중에는 대학 총장 및 부총장

1988년 KAIST를 졸업하는 제자들을 격려하며(왼쪽부터 제자 김양배, 안편노, 장묘선, 조옥경) 제자 최길영 한국화학연구원 명예연구원 제공

1985년 KAIST 교정에서 제자들과 함께 세사 최길영 한국화학연구원 명예연구원 제공

(영남대 노석균·서길수, 경상대 권순기, 숭실대 백경수), 정부출연연구원 원장 및 부원장(한국화학연구원 이미혜·최길영), 전문학회 회장(한국고분자학회 최길영·김윤희, 한국광과학회 김환규, 한국화상학회 임권택), 기업체 대표 및 중역(코테크시스템 고문규, 삼익정공 진문영, 한국알콜 신성권, 대주전자재료 임종찬, 피이솔브 조현남, 안스폴리머 안편노, 바프렉스 최원중, 켐옵틱스 이형종, 파낙스이텍 한성호, 켐이 김성현, 키파운더리 이정환) 등 과학기술계에서 중책을 맡은 사람이 유독 많다. 제자들은 '고분자와 불소를 연구하는 모임(고불문)'을 만들어 봄에는 세미나를 개최하여 스승의 과학 열정을 이어 나가고, 초겨울에는 묘소를 참배하며 스승의 따뜻한 인간미를 나누고 있다.

2022년 스승 최삼권의 묘소를 참배하는 제자들(왼쪽부터 한성호, 이미혜, 류문삼, 김성현, 박혜남(최삼권 부인), 최길영, 임종찬, 김윤희, 강수진, 최원중)
제자 최길영 한국화학연구원 명예연구원 제공

참고문헌

일차자료

논문

성좌경·최삼권, 1957, 「유기티타늄 화합물에 관한 연구」, 《대한화학회지》 4, 58-61쪽.

최삼권, 1958, 「유기규소화합물의 합성에 관한 연구」, 《(대구대학교)논문집》(10주년기념논문집), 385-293쪽.

Park, J. D., Sam Kwon Choi, and H. Ernest Romine, 1969, "Bicyclobutyl Derivatives. V. Synthesis of Conjugated perhalogenated Diolefins," *Journal of Organic Chemistry* 34, pp. 2521-2524.

Park, J. D., Robert L. Soulen, and Sam-Kwon Choi, 1972, "The Coupling Reactions of Alicyclic 1,2-Dihalopolyfluoroolefins with Copper," 《대한화학회지》 16-3, pp. 58-61.

박달조·최삼권, 1973, 「Alicyclic 1,2-디할로폴리플루오르올레핀으로부터 비닐리튬화합물과 Perfluorinated 유기금속화합물의 합성」, 《대한화학회지》 17-4, 286-297쪽.

Williams, J. L., Milan Piatrik, Sam-Kwon Choi, and V. Stannett, 1977, "Postdecrystallization rates of grafted fibers and their effect on fiber elasticity. I. Effect of zinc chloride concentration," *Journal of Applied Polymer Science* 21-5, pp. 1377-1381.

최삼권·최길영, 1980, 「Head-to-Head 폴리머의 합성 및 특성」, 《폴리머》 4-6, 444-453쪽.

Sur, G. S., S. K. Noh, and Sam K. Choi, 1981, "Polymerization of N-Acryloyl Pyrrolidone and Synthesis of Graft Copolymer by Using the Mechanism of Initiation of Anionic Ring-Opening Polymerization," *Journal of Polymer Science: Polymer Chemistry Edition* 19-2, pp. 223-233.

최길영·최삼권, 1982, 「엔지니어링 플라스틱 (제2보)」, 《폴리머》 6-2, 9-19쪽.

Lim, Kwon-Taik, Yang-Kyoo Han, and Sam-Kwon Choi, 1984, "Synthesis and Polymerization of 4-Methylene-1, 3-Dioxolane Derivatives," *Polymer* 8-5, pp. 300-306.

Ishikawa, Nobuo, Moon Gyu Koh, Tomoya Kitazume, and Sam Kwon Choi, 1984, "Preparation of Trifluoromethylated Allylic Alcohols from Trifluoroacetaldehyde and Organometallic Compounds," *Journal of Fluorine Chemistry* 24, pp. 419-430.

최삼권, 1986, 「전이금속촉매에 의한 아세틸렌 유도체의 중합」,《폴리머》 10-5, 433-439쪽.

최삼권, 1987, 「탄소섬유=Carbon Fiber」,《대한전기협회지》 130, 7-16쪽.

최삼권교수회갑기념논문집 편찬위원회, 1988, 『현암 최삼권 교수 회갑기념논문집』, 최삼권교수회갑기념논문집 편찬위원회.

Kim, Yun Hi, Yeong Soon Gal, Un Young Kim, and Sam Kwon Choi, 1988, "Cyclopolymerization of dipropargylsilanes by transition-metal catalysts," *Macromolecules* 21-7, pp. 1991-1995.

이원철·허만우·갈영순·최삼권, 1989, 「프로파길 에테르들로부터 전도성 고분자의 합성과 특성 조사」,《폴리머》 13-6, 520-528쪽.

Ryoo, Mun Sam, Won Chul Lee, and Sam Kwon Choi, 1990, "Cyclopolymerization of diethyl dipropargylmalonate by transition metal catalysts," *Macromolecules* 23-12, pp. 3029-3031.

Jang, Myo Seon, Soon Ki Kwon, and Sam Kwon Choi, 1990, "Cyclopolymerization of diphenyldipropargylmethane by transition metal catalysts," *Macromolecules* 23-18, pp. 4135-4140.

Jin, Sung Ho, Sung Hyun Kim, Hyun Nam Cho, and Sam Kwon Choi, 1991, "Synthesis and characterization of side-chain liquid-crystalline polymers containing a poly(1,6-heptadiyne) derivative," *Macromolecules* 24-22, pp. 6050-6052.

Choi, Kil-Yeong, Mi Yi Hie, and Sam-Kwon Choi, 1992, "Synthesis and characterization of aromatic polymers containing pendant silyl groups. I. Polyarylates," *Journal of Polymer Science Part A* 30-8, pp. 1575-1581.

Gal, Yeong-Soon and Sam-Kwon Choi, 1993, "Electrical conductivity and spectral properties of iodine-doped poly(2-ethynylpyridine)," *Journal of Applied Polymer Science* 50-4, pp. 601-606.

Kang, Kil Lyeg, Hyun Nam Cho, Kil Yeong Choi, Sam Kwon Choi, and Sung Hyun Kim, 1993, "A new class of conjugated ionic polyacetylene. Cyclopolymerization of dihexyldipropargylammonium salts by metathesis catalysts," *Macromolecules* 26-17, pp. 4539-4543.

최삼권교수 학술논문집 간행위원회, 1993, 『현암 최삼권 교수 학술논문 제2집』, 최삼권교수 학술논문집 간행위원회.

진성호·갈영순·최삼권, 1996, 「디아세틸렌 유도체들의 고리화 중합」, 《고분자과학과 기술》 3-6, 455-464쪽.

Kim, Sung-Hyun, Yun-Hi Kim, Hyun-Nam Cho, Soon-Ki Kwon, Hwan-Kyu Kim, and Sam-Kwon Choi, 1996, "Unusual Optical Absorption Behavior, Polymer Structure, and Air Stability of Poly(1,6-heptadiyne)s with Substituents at the 4-Position," *Macromolecules* 29-16, pp. 5422-5426.

Choi, Sam-Kwon, Ji-Hoon Lee, Su-Jin Kang, and Sung-Ho Jin, 1997, "Side-Chain Liquid Crystalline Poly(1,6-Heptadiyne)s and Other Side Chain Liquid Crystalline Polyacetylenes," *Progress in Polymer Science* 22-4, pp. 693-734.

Kim, Hwan Kyu, Su-Jin Kang, Sam-Kwon Choi, Yu-Hong Min, and Choon-Sup Yoon, 1999, "Highly Efficient Organic/Inorganic Hybrid Nonlinear Optic Materials via Sol-Gel Process: Synthesis, Optical Properties, and Photobleaching for Channel Waveguides," *Chemistry of Materials* 11-3, pp. 779-788.

Choi, Sam-Kwon, Yeong-Soon Gal, Sung-Ho Jin, and Hwan Kyu Kim, 2000, "Poly(1,6-heptadiyne)-Based Materials by Metathesis Polymerization," *Chemical Reviews* 100-4, pp. 1645-1682.

Gal, Y.-S., S.-H. Jin, and S.-K. Choi, 2004, "Poly(1,6-heptadiyne)-based functional materials by metathesis polymerization," *Journal of Molecular Catalysis A: Chemical* 213-1, pp. 1-10.

특허

Park, Joseph D. and Sam Kwon Choi, 1972, "Polyfluorocycloalkene," US Patent 3637871.

Park, Joseph D. and Sam Kwon Choi, 1974, "Organometallic Derivatives of Perfluorocycloalkenes," US Patent 3787461.

Choi, Sam Kwon, 1975, "Polymerization of 2-Pyrrolidone," US Patent 3875147.

최삼권 외, 1975, 「제전성(除電性)이 개량된 폴리아마이드(polyamide) 섬유의 제법」, 한국특허 5674.

Choi, Sam Kwon, 1976, "Photohalogenation of lactams and certain products thereof," US Patent 3945897.

최삼권 외, 1977, 「제전성(制電性) 폴리에스텔 섬유의 제법」, 한국특허 7220.

Choi, Sam Kwon and Kee Dong Lee, 1981, "Antistatic Agents, Synthesis and Use Thereof," US Patent 4277584.

최삼권, 1987, 「비스실록산 유도체 및 그 제조방법」, 한국특허 31147.

최삼권, 1988, 「비스실록산 중합개시제를 이용한 중합체의 제조방법」, 한국특허 37206.

Choi, Sam Kwon, 1989, "Process for the preparation of homopolymers or copolymers comprising three blocks," Deutsche Patent 3832466.

Choi, Sam Kwon, 1989, "Bis(siloxane)-Derivatives and Process for Their Preparation," Deutsche Patent 3832467.

Choi, Sam Kwon, 1989, "Novel Bis(siloxane) Derivatives and a Process for Their Manufacture," US Patent 4827007.

최삼권 외, 1991, 「열경화성폴리아릴레이트수지」, 한국특허 89400.

기고/기사

「합성섬유의 대전방지제 개발—한국과학원 최삼권 박사, 미·일에 이어
    3번째로」,《중앙일보》1976. 4. 15.

최삼권, 1981, 「고분자인의 저변확대를 … 」,《폴리머》5-1, 7쪽.

최삼권, 1996, 「격려사」,《고분자과학과 기술》7-5, 507-508쪽.

인터뷰

김근배의 최길영(KAIST 제자) 인터뷰, 2023. 6. 20.

이차자료

최길영, 2016, 「이학부—故 최삼권 박사 회상록」, 한국과학기술한림원 회원
    회상록. https://kast.or.kr/kr/member/memoir.php

김근배·문만용

1990년대 포항공과대학교에서 강의 중인 권경환
한국과학기술한림원 과학기술유공자지원센터

권경환

權慶煥 Kyung Whan Kwun

생몰년: 1929년 3월 7일-
출생지: 경상남도 창원시 마산합포구 진전면 오서리(현재)
학력: 서울대학교 수학과, 미시간대학 이학석사 및 이학박사
경력: 서울대학교 교수, 프린스턴 고등연구소 연구원, 미시간주립대학 교수,
　　　　포항공과대학교 교수
업적: 위상수학 다양체 연구, 포항공대 수학과 발전
분야: 수학-위상수학

권경환은 위상수학 분야에서 다양체manifold 연구로 국제적으로 주목받았고, 이를 바탕으로 미국과 한국 양국의 수학 발전에 크게 기여한 수학자다. 다양체는 위상공간 중 하나인데, 그는 특히 부분적으로 선형성을 가지는 PL 다양체라는 범주를 분류해 내고 그 특성을 밝히는 성과를 거두었다. 미국에서는 미시간주립대학 수학과 학과장으로서 학과의 성장을 이끌었고, 귀국해서는 포항공과대학교 수학과의 창립과 발전에 기여했다.[*]

서울대 수학과를 마치고 뜻밖의 미국 유학

권경환은 1929년 경상남도 마산에서 권오익權五翼과 문남식文南植의 1남 4녀 중 장남으로 태어났다. 그의 부모는 일제강점기에 일본 유학을 다녀온, 보기 드문 엘리트 부부였다. 아버지 권오익은 1927년 히토쓰바시대학一橋大學 상과대학을 졸업하고 귀국하여 배재고등보통학교, 중동중학교 등에서 교사로 근무했다. 1948년에는 서울대학교 상과대학 교수가 되었고, 1957년 상과대학 학장을 역임했으며, 1964년 경희대학교 정경대학 학장과 대구대학 학장을 거쳐 1966년에 성균관대학교 총장이 되었다. 경제학자로서 권오익은 『상업경제학』, 『국제무역론』 등의 전공 서적을 집필했다. 어머니 문남식은 1924년 숙명여자

---

 * 이하 내용 가운데 주요 연구 업적은 「권경환－한국 수학계 위상 높인 세계적 수학자」, 『대한민국과학기술유공자』 2를 참조했음을 밝힌다.

고등보통학교를 졸업한 뒤 일본으로 유학을 가서 1928년 나라여자고등사범학교 이과를 졸업하고 귀국했다. 그리고 광주여자고등보통학교(전남여고 전신)와 진주일신여자고등보통학교(진주여고 전신)를 거쳐 1935년 진명여자고등보통학교 교사가 되었다. 1947년부터 1961년까지는 숙명여자고등학교 교장을 지냈다. 문남식은 자신이 재직했던 전남여고에 광주여학생독립운동기념비 건립을 추진하는가 하면, 대한여성문제연구회 이사로도 활동했다.

이러한 부모 밑에서 자란 권경환과 누이들은 모두 고등교육을 받았다. 권경환은 경기중학교(경기고등학교 전신) 4년을 마치고, 1946년에 경성대학(경성제국대학 후신) 예과에 입학했다. 일제강점기의 초등과 중등 과정은 소학교 6년, 중학교 5년이었는데, 중학교 4년만 마치면 고등학교나 대학의 예과 시험에 응시할 수 있는 자격이 주어졌다. 식민지 조선에는 고등학교가 없었고, 경성제국대학에 2~3년 과정의 예과만 존재했다. 1945년 해방과 함께 경성제국대학이 경성대학으로 바뀐 뒤에도, 예과 과정은 없어지지 않고 잠시 유지되었다. 중학교 4년을 우수한 성적으로 마친 권경환은 바로 그 예과 시험에 합격했던 것이다. 그러나 학교 수업은 제대로 이루어지지 못했다. 같은 해 6월에 경성대학과 여러 전문학교를 통합하여 종합대학을 만드는 국립서울대학교 설립안(국대안)이 발표되자 이를 반대하는 교수와 학생들의 시위와 휴업 등이 맹렬히 일어났기 때문이다. 한동안 대학 수업은 정상적으로 이루어지지 못했고 학교를 떠나는 교수와 학생이 적지 않았다.

결국 국대안을 통해 경성대학은 1946년 국립서울대학교로 재탄생했다. 수학에서 발군의 실력을 보이던 권경환은 1948년 서울대에 진학하는데, 수학과에는 도쿄제국대학 수학과를 졸업한 최윤식과 경성제국대학 물리학과를 졸업하고 수학자가 된 리림학이 교수로 있었다. 연륜으로나 경력으로나 독보적이었던 최윤식은 실질적으로 학과를 이끌면서 입체해석기하와 미적분연습을, 리림학은 대수학과 위상수학을 강의했다. 도호쿠제국대학 수학과 출신의 박정기는 연희대학교에 몸담고 있으면서 서울대에서도 강의했는데, 그는 행렬과 행렬식, 미분방정식을 담당했다. 이 밖에 도쿄제대 수학과 출신의 유충호가 해석학과 미분기하학, 서울대 수학과 1회 졸업생으로 대학원생이던 윤갑병이 해석개론, 복소함수론, 사영기하학 등을 강의했다.

해방 이전에는 전문학교 과정으로 연희전문학교 수물과가 있었을 뿐 대학에는 수학과가 없었다. 기껏해야 전문학교나 대학에서 교양 및 기초과목으로 수학을 부분적으로 가르치고 있는 상황이었다. 그러므로 서울대 수학과는 한국 최초로 대학에 설치된 수학 학부 과정이었다. 당시 권경환의 수학과 동기생 중에는 훗날 미국 인디애나대학에서 박사 학위를 받고 펜실베이니아대학 수학과 학과장이 되는 대수기하학의 권위자 임덕상도 있었다. 국제적으로 맹활약하게 될 한국 수학계의 선두주자 리림학(대수학), 임덕상(대수기하학), 권경환(위상수학)이 교수와 학생으로 인연을 맺고 있었던 것이다.

권경환이 대학에 다니던 때는 미군정, 정부수립, 남북 분단, 한국전쟁으로 이어지는 매우 불안정하고 어려운 시기였다. 사회적으로 혼란스러웠을 뿐만 아니라, 물자도 부족했다. 2학년 때 현대대수 강의에서는 세계적으로 유명했던 판데르 바르던의 『현대대수학Moderne Algebra』(독일어판)을 교재로 썼는데, 책을 구할 수 없어서 한 권을 여럿이 돌려보는 등 불편을 겪었다. 그러자 권경환은 오윤명 등 동기생 네 명과 함께 이 책을 통째로 타자 치고 인쇄해서 직접 만들었다. 한 명은 타자학원에 등록하여 타자를 배우고, 독일어에 능한 한 명은 교정을 보고, 타자로 나타내기 어려운 수식은 손으로 써넣는 등 가내수공업 방식으로 복사본을 만든 것이다. 집안이 가장 넉넉했던 권경환은 어머니를 설득해 나중에 갚는 조건으로 돈을 얻어 제작 비용을 충당했다.

3학년 때는 한국전쟁이 발발하여 수업이 제대로 이루어지지 못했다. 1950년 11월쯤 임시로 전시연합대학이 세워졌지만, 처음에는 여러 전공의 학생이 한 반에서 지질학, 건축학개론 등 서로 다른 전공의 과목을 함께 수강하는 등 제대로 공부하기가 힘들었다. 부산으로 피난하여 교육이 진행되면서 서서히 전공 교육이 안정되었다. 이때 권경환은 리림학의 환론Structure of Rings 강의에 들어갔는데, 수강생이 자기 한 명뿐이어서 몹시 부담스러웠다고 한다. 사제 관계로 처음 만난 둘은 1950년대 이후 북미에서 활동하는 동안 각자 훌륭한 연구 업적을 쌓으며 교류를 이어 나갔다.

한편 수업만으로 교육이 충분하지 않았던 학생들은 방학 동안 특정한 수학책을 선정하여 그것으로 윤강seminar을 하곤 했다. 권경환은 동기들과 청량리에 있는 교실에서 일주일에 이삼 일씩 모여 함께 공부했다. 겨울에는 난방 시설이 없어 추위와도 싸워야 했다. 그는 어려운 시기였지만 이때의 경험이 스스로 공부하는 힘을 기르는 데는 오히려 도움이 되었다고 회고했다.

> 우리는 어려운 환경에서 대학을 다녔고, 책도 별로 없어서 교과서도 어떤 것은 우리가 등사하여 사용했었다. 이리하여 교수가 문제를 주면 자기 힘 아니면 볼 책도 없이 많은 생각 끝에 풀어내고 하여 많은 공부가 되었다. 요사이는 많은 책이 있어 학생들이 자기 힘으로 풀려는 의지를 가지는 데 방해가 되는 수도 있다. 이런 의미에서 어려운 환경이 반드시 다 나쁜 것은 아니다. … 미국 유학 중 수학에 관한 열등감을 가져 본 일은 별로 없었다. 오히려 자신감을 가진 적이 많았다. 가끔 기초 방면에 배운 것이 없어 불편하면 따로 책을 사서 독학하기도 하였다.
>
> _권경환, 「나의 유학시절 전후」, 『대한수학회사 (제1권)』, 1988.

권경환은 1952년에 대학을 마치고 서울대 대학원에 진학했다. 동시에 그는 경기고등학교 교사로도 근무했다. 당시는 생활 형편 때문에 취직을 한 채 대학원을 다니는 경우가 대부분이었다. 워낙 어려웠던 시절인지라 부유한 집안 출신인 그에게도 해외 유학은 쉽지 않았다. 그런데 미국에 가 있던 여동생의 도움으로 미국의 한 작은 칼리지에서 장학금을 받게 되었다. 1953년 그는 일단 미국으로 갔고, 그 와중에 미시간대학University of Michigan에 지원해 합격 통지를 받았다. 원서를 낼 때만 해도 리하르트 브라우어Richard D. Brauer 밑에서 군론group theory을 배울 생각이었다. 브라우어는 추상수학의 선도자로 수 이론number theory의 발전에 크게 기여한 인물이었다. 하지만 막상 입학하고 보니

브라우어가 하버드대학으로 옮기고 없었다.

계획대로 되지는 않았지만, 그는 위상수학의 권위자 레이먼드 와일 더Raymond L. Wilder 밑에서 공부할 수 있었다. 와일더는 집합이론 위상 수학set-theoretic topology과 대수 위상수학algebraic topology의 통합을 연구한 학자로『다양체의 위상수학Topology of Manifolds』(1949)을 출판했다. 권경 환은 대학원 동료인 프랭크 레이먼드Frank Raymond와 친하게 지냈는데, 졸업 후에는 공동연구를 하며 우정을 이어 갔다. 레이먼드는 권경환 이 출판한 다수의 논문에 공동 저자로 이름을 올렸다. 권경환은 대학 원 재학 중 최우수상을 받았고, 1958년 5월 박사 학위를 받았다. 학위 논문은「분해를 통한 n-구체의 특성화 및 관련 주제Characterization of the n-sphere through decompositions, and related topics」였다.

미시간주립대학 수학과 이끌며 위상수학 발전에 기여

권경환은 박사 학위를 받고 1년간 뉴올리언스의 툴레인대학에서 강 의하다가, 1959년에 귀국하여 서울대 수학과 교수가 되었다. 서울대 에서는 대학원 과목인 대수적 위상수학과 학부 과목인 위상수학, 대수 학을 강의했다. 대수적 위상수학과 대수학 강의에서는 영어 교재를 썼 지만 위상수학 강의에서는 직접 만든 강의노트를 사용했다. 당시 수업 을 들었던 대학원생 중에는 김순규, 김해연, 윤재한, 박세희, 김제필이 있었고, 학부생으로는 고영소, 구자홍, 명효철, 신동선, 주진구 등이 있 었다. 이들 중 다수는 한국 수학계의 중진으로 성장했다. 권경환은 강 의에 많은 노력을 기울였고, 그만큼 학생들의 호응도 높았다. 윤재한은 당시 해군사관학교에 있으면서 월요일마다 그의 강의를 듣기 위해 기차를 타고 서울로 왔다고 한다. 나중에 서울대 교수가 된 박세희는 그의 지도로 석사 학위를 받은 첫 학생이었다.

1960년대 초반 권경환은 학생들의 아쉬움을 뒤로한 채 연구 경험을 더 쌓기 위해 다시 미국으로 갔다. 원래는 플로리다주립대학Florida State University으로부터 1962년 한 해 동안 와 달라는 초청을 받고 이를 수락한 것이었다. 그런데 대학원 시절 친구이자 위스콘신대학 교수로 있던 레이먼드의 도움으로 계획보다 한 해 빠른 1961년에 위스콘신대학University of Wisconsin으로 가게 되었다. 그가 위스콘신대학에 있는 동안 한국에서는 5.16 군사정변이 일어났고, 국가재건최고회의의 통치가 시작되었다. 서울대 조교수로서 공무원 신분이었던 권경환은 즉시 귀국하라는 통보를 받았다. 하지만 그는 복귀 대신에 연구를 택했다. 그는 1962년 서울대를 사직하고, 애초 계획대로 플로리다주립대학으로 가서 그동안 해 오던 연구를 이어 나갔다. 연구 성과를 인정받아 1964년부터는 1년간 프린스턴 고등연구소Institute for Advanced Study의 연구원으로 지냈다. 권경환은 이 시기에 프린스턴 고등연구소에 있던 물리학자 이휘소, 프린스턴 플라즈마물리학연구소에 있던 물리학자 정근모와도 친분을 맺었다.

짧은 기간 동안 서울대에서 프린스턴 고등연구소까지 4개 기관을 옮겨 다니면서도 권경환은 연구에 열중했고, 위상수학 분야에 커다란 족적을 남겼다. 위상수학은 위치와 도형을 연속적으로 변환할 경우에도 변하지 않는 성질을 연구하는 수학 분야다. 위상수학에서는 선을 끊거나 면을 자르거나 구멍의 개수를 변화시키지 않는 한 어떤 변형을 거쳐도 같은 모양으로 취급한다. 예를 들어 삼각형, 사각형, 원은 고전기하학에서 서로 다른 도형이지만 위상수학에서는 서로 변형 가능하므로 같은 도형으로 간주한다. 그리고 형태가 달라졌음에도 불구하고 같은 도형으로 간주할 수 있는 본질적인 특성, 즉 불변량invariant이 무엇인지 기준을 세우고 그 특성을 연구한다. 위상수학은 주어진 대상을 어떤 관점으로 바라보는지, 어떤 기법을 적용하는지에 따라 대수적 위상수학algebraic topology, 미분위상수학differential topoloty, 기하위상수학geometric topology 등의 하위 분야로 나뉜다. 위상수학은 다양한 수학 분야와 연결되면서 현대 수학의 발전에 중요한 역할을 했다. 또한 물리학, 공학 분야에서 경로 최적화, 4차원 이상의 공간 형태 분석, 데이터 분석과 패턴 인식 등에 활용되고 있다.

『대한민국과학기술유공자 공훈록』에 소개된 바에 따르면, 권경환은 1964년의 논문 「호弧를 모듈로 한 유클리드 공간의 곱 Product of Euclidian Spaces Modulo an Arc」을 통해 다양체manifold 연구를 크게 진척시켰다. 엄밀한 수학적 언어를 피해 아주 간단하게 이 논문의 요지를 설명하면, 다양체와 다양체를 곱하면 다양체가 되지만 다양체를 분해할 경우 반드시 다양체의 곱으로 나뉘지는 않는다는 것이다. 권경환은 우리에게 가장 친숙한 다양체인 유클리드 공간이 다양체가 아닌 두 공간의 곱으로 분해될 수 있음을 증명했다. 1965년에 발표한 논문 「화이트헤드 토션의 곱과 합 정리Product and Sum Theorems for Whitehead Torsion」에서는 다양체의 본질적 불변량 중 하나인 '화이트헤드 토션'이 더하기나 곱하기와 같은 연산에 대해 어떻게 변화하는지를 검토했다. 그의 연구는 위상수학 연구에 새로운 지평을 열었다.

이러한 연구 성과에 힘입어 권경환은 1965년에 미시간주립대학 Michigan State University 수학과에 임용되었고, 이듬해에 바로 정교수가 되었다. 박사 학위를 받은 후 한국에서 2년, 미국에서 3년간 그가 얼마나 연구에 몰두했는지, 그 성과가 얼마나 대단한 것이었는지 알 수 있는 부분이다. 이후 25년 동안 그는 교육과 연구에 열의를 쏟았고, 재임 기간 마지막 7년은 학과장을 맡아 미시간주립대학 수학과의 발전을 이끌었다. 1950~1960년대에 위상수학은 세계 수학계에서 가장 연구가 활발한 분야였다. 1950년대에는 권경환의 지도교수였던 와일더 교수와 그의 제자들이, 그리고 1960년대에는 권경환과 그의 제자들이 위상수학 발전에 크게 기여했다. 이들의 연구와 교육은 이 시기에 미시간주립대학 수학과가 미국 대학의 수학과 분류상 '제2그룹'에서 최고의 '제1그룹'으로 도약하는 밑거름이 되었다. 특히 위상수학 분야는 그 우수성을 세계적으로 널리 인정받았다.

1969년 《동아일보》에는 「미국 수학계와 한국」이라는 기사가 실렸다. 미시간주립대학에서 교수로 활동하는 권경환과 이정림, 미시간대학 교환교수로 있던 장범식(브리티시컬럼비아대)과 최지훈(서울대)이 한자리에 모여 수학의 중요성을 짚고 한국 수학계의 발전 방향에 관해 나눈 대담을 정리한 것이다.

미국 수학계와 한국_재미학자(在美學者) 토론에서

이들은 수학 연구를 심한 경우 세중(稅重) 계산이나 회계 등 산수의 영역을 벗어나지 못한 것과 연관시키는 일이 없지 않다고 웃으면서 수학은 모든 과학의 기초가 될 뿐 아니라 경영학 사회과학 심리학 등에서도 수학이론을 필요로 하고 있는 현황을 들었다. … 이미 해외의 학계에서 자기 자리를 확보하고 있는 이들 수학자들은 현재 공업화에 주력하는 나머지 수학 등 기초과학을 등한이 하는 한국의 실정에 언급하여 수학은 공업화에서 모방의 단계를 벗어나 독창성을 발휘하는 저력이 되며 한편으로 수학은 오랜 전통을 가진 문화의 일부임을 강조했다.

최근 국내 수학계가 어려운 조건 하에서도 상당한 노력을 하는 학자가 계속 배출되고 있어 기쁘다는 권[경환] 박사 말에 이어 이들은 구체적으로 한국 수학계의 발전방안을 제시했다. 국내에 과학기술처, 한국과학기술연구소의 발족, 급증한 연구비 등 국내 과학계의 실정에 밝은 이들 수학자는 수학을 포함한 기초과학연구도 국가계획에 넣어야 한다고 주장했다. 수학은 실험시설이 필요 없어 다른 자연과학 분야에 비해 기본 투자가 적게 들어 해외 논문 참고서적을 계속 제공해주고 얼마쯤의 연구비 등으로 수학자들을 격려해주면 될 것이라는 것이 이들의 견해다.

_《동아일보》 1969. 3. 4.

이후 그는 본격적으로 다양체를 어떻게 규정하고 분류할 것인가 하는 연구에 몰두했다. 『대한민국과학기술유공자 공훈록』의 소개에 따르면, 그는 "부분적으로 선형성을 가지는 PL 다양체"라는 범주를 분류해 내고, 그 특성을 규명했다. 이와 같은 연구 결과는 수학계의 최고 권위를 자랑하는 《수학연보Annals of Mathematics》 등에 게재되어 당대와 후대 수학자들에게 큰 영향을 끼쳤다. 그가 발표한 40여 편의 논문은 위상수학이라는 매우 전문적인 분야의 연구임에도 불구하고 평균 4.4회의 인용 횟수를 기록하고 있다. 그중에서 《수학연보》에 실린 논문이 15편 이상인데, 지금까지 여기에 논문을 실은 적이 있는 한국인 연구자가 100명이 채 안 된다는 점을 감안하면 권경환의 학문적 성과가 얼마나 독보적인지 짐작할 수 있다. 또한 그는 미시간주립대학 수학과에서 10명에 이르는 박사 학위자를 길러 냈으며, 이들은 대부분 미국 등 세계 각지에서 교편을 잡고 위상수학 분야의 연구를 이어 가고 있다.

권경환은 미시간주립대학 교수로 있는 동안 귀국하여 서울대에서 강의한 적이 있다. 1970년대 후반에는 미국에서 활동하던 한국계 교수들이 단기간 방문교수로 서울대에서 학생들을 가르치는 일이 많았다. 권경환도 1979년 방문교수로 와서 6개월을 가르쳤는데, 한국의 수학 전공 학생들은 그를 통해 당시 국내에서는 생소했던 위상수학의 최신 연구 내용을 접하는 귀중한 기회를 누렸다.

이 시기 《경향신문》과의 인터뷰에서 그는 "한국의 수학 수준은 발표되는 논문의 질과 양으로 보아 외국에 크게 뒤지지는 않는다"고 평가했다. 또한 "현대 수학에서는 응용수학을 중요시하고 있으나 응용수학의 큰 이론은 모두 순수수학의 발전 위에서 나오"며, "미국에서도 순수수학에 많은 지원을 하고 있다"면서 앞으로는 "단기적 효과를 기대하기보다는 장기적으로 꾸준히 순수과학을 지원하는 것이 한국에

位相學의 세계적權威 權景煥 박사

1979년 서울대 방문교수
시기 언론과의 인터뷰
《경향신문》 1979. 3. 14.

인터뷰: 위상학의 세계적 권위 권경환 박사

장기적 안목서 순수수학 지원을

"한국의 수학 수준은 발표되는 논문의 질과 양으로 보아 외국에 크게
뒤지지는 않습니다. … 현대수학에서는 응용수학을 중요시하고 있으나
응용수학의 큰 이론은 모두 순수수학의 발전 위에서 나오는 것입니다."

　… 권 박사는 여름방학때 전국 각 대학원의 수학도를 위한 4주 강연을
마치고 미국으로 떠날 예정이다.

서도 필요하다"고 강조했다. "미국에 있는 많은 학자들이 돌아오고 싶어 하지만 대우, 연구 환경 문제, 자녀 교육 문제로 귀국을 주저하고 있다"며 아쉬움을 전하기도 했다.

포항공대 수학과를 반석 위에

권경환은 1986년 개교를 앞둔 포항공과대학(POSTECH)의 초청으로 일시 귀국했다. 포항공대는 우리나라가 아직 선진국들의 기술을 빠르게 따라가던 시기, '세계 과학기술을 선도할 수 있는 대학이 우리에게도 필요하다'는 비전 아래 설립된 연구 중심 대학이다. 권경환은《동아일보》와의 인터뷰에서 수학의 중요성을 강조하면서, 포항공대 수학과가 나아갈 방향으로 순수수학과 응용수학의 균형적인 발전, 전문 연구자들의 확보, 주입식 교육 탈피 등을 중요하게 제시했다.

수학은 모든 과학의 밑거름_일시귀국한 재미수학자 권경환 박사

『수학은 모든 과학의 뒷받침이 됩니다. 현재는 응용될 수 없을 것 같아도 많은 연구가 쌓이게 되면 쓰이게 되죠. 수학은 또 돈이 적게 들면서도 지원할 수 있어 국위를 선양하는 데도 효과적입니다. 국가가 장기적인 발전을 꾀하기 위해서는 강한 수학이 뒷받침되어야 합니다.』…

『수학은 순수수학 분야와 응용수학 분야를 다 같이 고르게 발전시켜 나가야 합니다. 미국에서는 현재 응용수학의 연구가 강화되고 있는 경향을 보이지만 MIT나「캘텍」같은 유명 공과대학에서도 순수기초 분야의 연구가 튼튼합니다. 그러나 한국에서는 대부분의 대학의 경우 응용 분야

1986년 김호길 학장과 함께 포항공과대학 건설 현장을 방문한 권경환(왼쪽에서 두 번째 김호길, 네 번째 권경환) 포스텍 수학과

가 약한 경향이 있습니다.』

　권 박사는 국내에서 교육과 연구가 국제 수준인 대학이 되려면 앞으로 5년 뒤가 아니라 10년, 20년 앞을 내다보고 일을 추진해야 한다며 무엇보다 국제 유명 전문잡지에 연구논문을 발표할 수 있는 학자나 전문가들을 확보하는 게 중요하다고 강조했다.

　『미국에서 보면 한국인은 물론 중국인을 포함한 동양인이 수학을 매우 잘합니다. 그러나 연구논문을 쓰기 시작하면 반드시 동양인이 잘한다고 보장할 수 없습니다. 미국 학생들은 4학년쯤 되면 지식은 부족해도 아주 이론이 정연합니다. 우리는 너무 많은 것을 교육시키다 보니 학생들이 단편적인 지식만 많이 흡수하고 자기 스스로 생각해보고 창의력을 발휘할 기회가 없는 것 같습니다. 주입식 교육이 결과적으로 좋은 방법인지는 매우 의심스럽습니다.』_《동아일보》1986. 7. 1.

1990년 권경환은 미국 대학의 종신 교수직을 던져 버리고 한국으로 돌아와 포항공대 교수가 되었다. "조국의 과학기술 발전과 후진 양성에 힘써 달라"는 김호길 초대 학장의 권유를 기꺼이 받아들인 것이다. 그 결정에는 먼저 포항공대 수학과에 와 있던 이정림과의 오랜 인연도 영향을 주었을 것이다. 이정림은 1950년에 서울대 수학과에 입학했으니 학부 기준으로는 권경환보다 2년 후배였다. 이정림 역시 리림학에게 위상수학을 배웠고, 미국으로 가서 1959년 버지니아대학에서 위상수학으로 박사 학위를 받은 뒤 미시간주립대학에 자리를 잡았다. 1959년 당시 권경환은 한국에 있었지만, 이후 권경환이 미국으로 가서 미시간주립대학 교수가 되면서 두 사람은 20년 넘게 같은 학과에서 활동했다. 이정림은 김호길 학장과 포항공대 설립부터 함께하면서 수학과를 만들었고 뒤이어 합류한 권경환과 같이 수학과의 기틀을 잡았다.

권경환의 제자로 2024년 현재 포항공대 수학과에 재직 중인 최영주 교수는 "권경환 교수는 이정림 교수의 선배로 두 분은 평생 동료 수학자로 미국에서도 가족 간에 친밀한 교류를 이어 왔다. 두 분 교수의 존재는 포항공대 수학과를 세계적 연구 중심 학과로 발전시키는 데 큰 역할을 했다. 젊은 교수들이 연구와 교육에 몰두할 수 있도록 행정 일을 분리하고 수준 높은 연구를 강조했다. 이는 본인이 평생 추구하던 연구 스탠더드였던 것이다. 권경환 교수는 젊은 교수들, 학생들과 허물없이 지내면서 그들의 눈높이에서 소통하려는 많은 노력을 했다. 학생들과 젊은 교수들은 그런 권경환 교수를 매우 존경했다"(최영주 교수의 코멘트)고 말했다.

권경환은 1999년 8월 포항공대를 퇴직할 때 한국 수학의 발전과 후진 양성을 위해 기금을 출연했다. 포항공대에는 분야별 석학으로 인정받는 사람이 중진 교수로 재직하다가 퇴직하면 특별연금을 지급하는 제도가 있다. 권경환은 이 특별연금 1억 9000만 원에 개인 돈 1000만 원을 보태 총 2억 원을 기금으로 내놓았다. 그의 뜻을 높이 산 포항공대가 대응 자금 1억 원을 추가해 총 3억 원 규모의 권경환 석좌교수

2018년 포스텍(POSTECH)에 설치된
권경환 기념 강의실 포스텍 수학과

기금이 마련되었다. 2001년에는 제1호 권경환 석좌교수로 수학과 김강태 교수가 선정되었다. 김강태는 1979년 권경환이 서울대에 방문교수로 왔을 때 그의 대수적 위상수학 강의를 듣고 위상수학을 전공하게 된 인연이 있다.

정년퇴임 후 권경환은 경남 마산의 선산을 둘러보기 위해 가끔 귀국하는 것 외에는, 네 자녀가 있는 미국에서 지내고 있다. 하지만 멀리서도 포항공대와 한국 수학계의 발전을 위해 지도와 조언을 아끼지 않는다. 위상수학 분야에서 이룬 우수한 연구 성과와 한국 수학계의 위상을 높이고 수학계의 성장을 이끈 공로를 인정받아, 2018년에는 대한민국 과학기술유공자로 선정되었다. 포항공대에는 그의 공적을 기리는 권경환 교수 헌정 공간과 기념 강의실이 마련되어 있다.

참고문헌

일차자료

보기 논문

Kwun, Kyung Whan, 1958, "Characterization of the n-sphere through decompositions, and related topics," Doctoral Dissertation: University of Michigan.

Kwun, Kyung Whan and F. Raymond,1960, "Generalized cells in generalized manifolds," *Proceedings of the American Mathematical Society* 12, pp. 135-139.

Kwun, Kyung Whan and F. Raymond, 1962, "Factors of cubes," *American Journal of Mathematics* 84 3, pp. 433-440.

Kwun, Kyung Whan, 1964, "Uniqueness of the open cone neighborhood," *Proceedings of the American Mathematical Society* 16, pp. 476-479.

Kwun, Kyung Whan, 1964, "Product of euclidean spaces modulo an arc," *Annals of Mathematics* 79-1, pp. 104-108.

Curtis, M. L. and Kyung Whan Kwun, 1965, "Infinite sums of manifolds," *Topology* 3, pp. 31-42.

Kwun, Kyung Whan and R. H. Szczarba, 1965, "Product and sum theorems for Whitehead torsion," *Annals of Mathematics* 82-1, pp. 183-190.

Hocking, J. G. and Kyung Whan Kwun, 1966, "Shrinking a manifold in a manifold," *Proceedings of National Academy of Science* 55-2, pp. 259-261.

Kwun, Kyung Whan and F. Raymond, 1967, "Spherical manifolds," *Duke Mathematical Journal* 34-3, pp. 397-401.

Kwun, Kyung Whan, 1970, "Scarcity of orientation-reversing PL involutions of lens spaces," *Michigan Mathematical Journal* 17, pp. 355-358.

Kwun, Kyung Whan and Jeffrey L. Tollefson, 1975, "PL involution of S1×S1×S1," *Transactions of the American Mathematical Society* 203, pp. 97-106.

Kwun, Kyung Whan and J. L. Tollefson, 1977, "Extending a PL involution of the interior of a compact manifold," *American Journal of Mathematics* 99-5, pp. 995-1001.

기고/기사

「권경환 군에 이박학위, 미국 미쉬간대학원서」,《동아일보》1958. 6. 8.

성규탁, 「미국 수학계와 한국」,《동아일보》1969. 3. 4.

「인터뷰: 위상학의 세계적 권위 권경환 박사」,《경향신문》1979. 3. 14.

「수학은 모든 과학의 밑거름」,《동아일보》1986. 7. 1.

김창엽, 「영구 귀국한 포항공대 수학과 교수 권경환 박사」,《중앙일보》1990. 9. 20.

권경환, 1998, 「나의 유학시절 전후」, 대한수학회, 『대한수학회사 (제1권)』, 228-231쪽.

「[사람들] 포항공대 권경환 교수 연구기금 2억 내놔」,《조선일보》1999. 3. 11.

「아름다운 정년퇴임, 포항공대 권경환 교수 연구기금 2억원 내놔」,
    《조선일보》 1999. 3. 12.

황선윤, 「8월 정년퇴임 '위상수학' 권위자 포항공대 권경환 교수」,
    《중앙일보》 1999. 8. 24.

「김강태 교수 '권경환 석좌교수 1호' 영예」, 《포항공대신문》 2001. 3. 28.

손예빈, 「항일독립운동과 호남여성−최순덕과 문남식」, 《남도일보》
    2020. 1. 5.

이차자료

과학기술정보통신부·한국과학기술한림원, 2020, 「권경환−한국 수학계
    위상 높인 세계적 수학자」, 『대한민국과학기술유공자 공훈록』 2,
    16-25쪽.

김강태, 2020, 〈권경환 과학기술유공자 헌정 행사〉, 한국과학기술한림원.

경상남도 문화예술과, 2020, 「권오익」, 「문남식」, 『慶尙南道史 제10권
    성씨·인물』, 186, 269-270쪽.

김혁, 2019, 〈권경환 과학기술유공자 헌정 강연〉, 한국과학기술한림원.

양재현, 2017, 「프린스턴에서의 이임학 교수와의 만남」, 《대한수학회소식》
    제132호.

김강태, 「한국인 천재 수학자들, 스승님들, 그리고 나」, 《포항공대신문》
    2016. 9. 28.

이상구, 2013, 『한국 근대수학의 개척자들』, 사람과 무늬.

이상구·양정모·함윤미, 2006, 「근대계몽기·일제강점기 수학교육과
    해방이후 한국수학계」, 《한국수학사학회지》 19-3, 84쪽.

박정기, 1998, 「내가 만난 수학자들과 교수생활」, 대한수학회,
    『대한수학회사 (제1권)』, 173-178쪽.

오윤명, 1998, 「내 주변의 수학 이야기」, 대한수학회, 『대한수학회사
    (제1권)』, 213-227쪽.

박세희, 1982, 「대한수학회의 35년」, 《대한수학회 회보》 18-2, 31-46쪽.

이은경·김태호

미국에서 강연 중인 이휘소
한국과학기술한림원
과학기술유공자지원센터

이휘소

李輝昭 Benjamin Whisoh Lee

생몰년: 1935년 1월 1일~1977년 6월 16일
출생지: 경성부 원정 1정목 12번지 경성불교자제원 사택
학력: 서울대학교 화학공학과(중퇴), 피츠버그대학 이학석사, 펜실베이니아대학 이학박사
경력: 펜실베이니아대학 교수, 프린스턴 고등연구소 연구원, 뉴욕 스토니브룩대학 교수,
  페르미 국립가속기연구소 이론물리학부장 및 시카고대학 교수
업적: 와인버그·살람 모형의 재규격화, 참 입자의 탐색, 페르미 국립가속기연구소
  이론물리학부의 기틀 확립, 한국 물리학계의 세계 진출
분야: 물리학-이론물리학, 입자물리학

이휘소는 20세기 한국이 배출한 가장 저명한 이론물리학자이다. 입자물리학에서 게이지 이론 재규격화와 참 입자 탐색이라는 업적을 남긴 그는 한국 출신 과학자 중 노벨상에 가장 가까이 갔던 인물이라는 평가를 받는다. 미국에 머물며 세계적인 물리학자로 살았지만, 한국 방문 또는 한국인 물리학자들과의 교류를 통해 한국에서 이론물리학이 발전하는 데도 상징적이고 실질적인 역할을 했다.*

우여곡절 끝에 공대 입학한 과학소년

이휘소는 1935년 경성에서 아버지 이봉춘李逢春과 어머니 박순희朴順姬의 3남 1녀 중 첫째 아들로 태어났다. 부모 모두 의사 면허가 있었으나, 이봉춘은 거의 별다른 직업을 가지지 않았고, 박순희만 의료 구호 기관이었던 경성불교자제원京城佛敎慈濟院(해방 후 서울시립 자혜병원으로 개편)에서 근무했다. 이휘소가 태어났을 때 그의 가족은 자제원 사택에서 살고 있었다. 막내까지 이 사택에서 태어났고, 이휘소가 학교에 입학할 무렵 어머니가 신설동에 소아과와 산부인과를 보는 자애의원慈愛醫院을 개업하면서 이사했다.

자녀 교육에 관심이 많았던 부모는 1941년에 이휘소를 주로 일본인이 입학하는 경성사범학교 부속 제1국민학교에 입학시켰다. 1941

---

* 이하 내용은 강주상이 2006년에 럭스미디어에서 펴낸 『이휘소 평전』(2017년 사이언스북스 재출간)을 많이 참고했음을 밝힌다.

**1943년 찍은 가족사진
(맨 왼쪽이 어머니,
맨 오른쪽이 이휘소)**
동생 이철웅 소유 사진,
『이휘소 평전』(2006)에서

년은 학제 개편에 따라 이전의 소학교가 국민학교로 이름을 바꾼 첫해
였다. 당시 경성사범학교 부속의 초등 과정 학교는 일본인을 위한 제1
국민학교와 조선인이 입학할 수 있는 제2국민학교로 나뉘었지만, 드
물게 조선인 학생이 입학시험을 거쳐 부속 제1국민학교에 입학하기
도 했다.

　이휘소는 신설동에서 학교가 있던 을지로 6가까지 전차로 통학했
다. 국민학교 시절 그는 공부를 잘하고 독서에 열중하는 어린이였다.
친구 집에서 다양한 어린이책과 과학책을 빌려다 읽기도 했다. 해방
후인 1947년, 이휘소는 6년제 경기중학교*에 2등으로 입학했다. 경기
중 재학 동안 그는 늘 1등은 아니었지만 공부를 퍽 잘했다. 특히 과학
을 좋아해서 화학반 활동을 했고, 실험에도 관심이 많았다. 어머니가

　* 당시의 중학교 학제는 중학교 과정과 고등학교 과정을 포함한 6년제였다.

운영하는 자애의원 2층에 공부방이 따로 있었는데, 방 한쪽에 실험 도구를 마련해 놓고 화학 실험을 하곤 했다. 어머니는 그가 공부에 집중할 수 있도록 배려했다.

그러나 중학교 이후 학업은 평탄하지 않았다. 경기중 4학년 때 한국 전쟁이 일어났기 때문이다. 전쟁 초기에는 서울에 머물렀으나 1.4 후퇴 때는 피난을 떠났다. 처음에는 아버지의 고향인 공주로, 다음에는 마산으로 갔는데, 어머니는 피난지에서 병원을 개업하여 생계를 꾸렸다. 아버지는 마산과 가까운 창원의 보건소장으로 취직했지만, 1953년에 귀가하던 중 실족 사고로 사망했다. 이런 여러 어려움 속에서도 피난 짐에 책을 챙겨 간 어머니 덕분에 이휘소는 공부를 계속할 수 있었다. 그는 마산중학교에 편입했다가 경기중학교가 피난해 부산으로 오자 그곳으로 옮겼다. 하지만 매일 세 시간 넘는 길을 기차로 통학하는 것이 어려워 5학년 과정을 마치고 검정고시를 치러 대학 입학 자격을 얻었다.

1952년 이휘소는 서울대학교 공과대학 화학공학과에 수석 입학했다. 하지만 이번에도 졸업은 하지 못한다. 입학 당시 서울대는 피난지 부산에 있었지만, 이듬해 9월에는 서울로 복귀했다. 이 무렵 이휘소는 자신이 편집위원으로 활동하던 서울대 공대학보 《불암산》에 인간의 이성과 과학에 대한 사색을 담은 수필을 기고했다. 이 글에는 장차 이론물리학자로서 물질의 본질을 탐구하게 될 청년 이휘소의 관심과 성향이 잘 드러나 있다.

자연과학이 참으로 위대한 힘을 가졌음을 새삼스럽게 느꼈읍니다. 그것은 참으로 응용만을 위한 『로고스』(Logos)가 아니라는 점입니다.

열기관이 효율을 따지는데 기원을 둔 학문으로 화학평형의 리법(理法)을 논할 뿐 아니라 자연현상의 진행 방향까지 시간의 비역행성(非逆行性)까지를 말하지 않습니까.

형식 내용이 모다 복잡하여 『케어스』라고밖에 말할 수 없는 사상(事象)을 우리의 이성은 분석, 추상, 유추, 종합 등의 논리적 방법으로 혹은 적확성에서는 뒤떨어지나 직각적 예지(叡智)로써 자연현상의 조직 체계화로 학(學)을 형성합니다. 그 방법이 현상론적이거나 실재론적이거나 간에―열역학과 통계역학의 관계처럼―그 결과가 너무도 잘 일치하는 점은 무엇이라 설명하겠읍니까.

실체가 가진 정질(晶質)을 현상론적으로 우리가 취급하는 것일까요. 또는 물리적 양이야말로 실재하는 전부이며 그 담체(擔體)로써의 원자 등은 우리의 상식을 만족시켜주는 가공적 존재인지요? ―마치 영국 경험론적 철학에서 [George] Berk[e]ley가 물(物)이란 감각의 집합으로 생각한 것처럼―

세계상이 확고된 과학자가 또한 위대한 철학자가 될 수 있는 것은 이런 소위(所爲)인가요.

_이휘소, 「K에게」,《불암산》 8, 1953.

이휘소는 전공인 화학공학 성적이 우수했지만, 얼마 지나지 않아 물리학에 큰 관심을 가지게 되었다. 3학년 때는 미국 유학을 준비하면서, 물리화학을 가르치던 전완영의 도움을 받아 거의 독학으로 양자역학을 공부했다. 양자역학을 영어 원서로 공부하던 그는 책에서 오류를 발견하고 이를 편지로 저자에게 알렸는데, 그 지적이 옳다는 답장을 받았다. 『이휘소 평전』을 쓴 제자 강주상에 따르면, 그 경험이 물리학을 하기로 마음먹은 결정적인 계기가 되었다고 한다. 그는 결단을 내리고 전공을 물리학과로 바꿀 수 있는지 알아보았다. 하지만 당시 공대에서 문리대로의 전과는 허용되지 않았다.

미국에서 유학하며 이론물리학자로 성장

공대생 이휘소가 물리학을 전공할 수 있는 계기는 우연히 찾아왔다. 한국전 참전 미군장교 부인회가 후원하는 장학금을 지원받을 유학생을 선발하라는 지시가 문교부에서 서울대로 내려왔다. 서울대는 시험으로 대상자를 선발했는데, 이휘소가 시험에 합격해 장학금을 받게 되었다. 1954년 1월, 그는 미국 오하이오주에 있는 학부 중심의 마이애미대학Miami University으로 유학을 떠났다. 어머니는 기뻐하며, 이후 상당 기간 생활비를 송금하여 유학 생활을 도왔다.

유학생 이휘소는 Benjamin Whisoh Lee라는 미국 이름을 썼다. 그의 이름이 발음하기 어렵기도 하거니와 대학 시절부터 유명 과학자이자 정치인인 벤저민 프랭클린을 존경해 왔기 때문이다. 친구들과 동료들은 그를 '벤 리'라고 불렀다. 마이애미대학은 소도시에 위치한 크지 않은 주립 대학이었다. 그는 생활비에 보태기 위해 이런저런 아르바이드를 하며 공부하느라 유학 생활이 쉽지 않았다. 다행히 서울대의 학점을 인정받아 3학년부터 시작했고, 4학년 첫 학기부터는 전공인 물리학을 본격적으로 공부할 수 있었다. 그는 조지 아프켄George B. Arfken에게 이론물리학을 배웠다. 아프켄은 전 세계 대학에서 수리물리학의 교재로 사용되는 『물리학자들을 위한 수학적 방법Mathematical Methods for Physicists』의 저자이고, 이휘소처럼 공대 출신 물리학자였다. 이휘소는 어렵기로 소문난 아프켄의 현대대수학 수업도 포기하지 않고 혼자 끝까지 수강하여 좋은 성적을 받았다. 그리고 입학 3학기 만인 1956년에 학부를 최우등summa cum laude으로 졸업하고, 곧바로 피츠버그대학원에 진학했다.

대학원에 입학한 후 그의 경제 상황은 이전보다 나아졌다. 등록금 면제에 생활비 지원을 받을 수 있었고, 좀 지나서는 교육조교와 연구조교를 맡았기 때문이다. 그는 조교를 하면서도 공부를 게을리하지 않았고, 시험을 잘 치러서 피츠버그대학원에서 이름이 알려졌다. 이 무렵 그는 전공을 이론물리학으로 굳힌 것으로 보인다. 수학 실력이 뛰어났던 데다가 1957년에 같은 아시아계 이론물리학자 양전닝C. N. Yang, 楊振寧과 리정다오T. D. Lee, 李政道가 노벨물리학상을 받은 것도 영향을 주었다. 양전닝과 리정다오는 중국 유학생 출신으로 각각 35세, 31세였다. 이휘소는 오펜하이머Robert Oppenheimer의 제자인 이론물리학자 에드워드 거조이Edward Gerjuoy를 지도교수로 하여 1958년에 석사논문「응용성을 지닌 산란 행렬의 해석적 특성에 대하여On the analytic properties of the scattering matrix with some applications」를 썼다. 이 논문에 분산관계가 추가된 수정본은 이휘소를 단독 저자로 해서 같은 해의《피지컬 리뷰Physical Review》에 게재되었다. 그의 첫 학술지 논문이었다.

이휘소는 펜실베이니아대학University of Pennsylvania 박사과정에 진학했다. 피츠버그대학 박사과정 자격시험에서 1등이라는 좋은 성적을 거둔 그는 피츠버그대학에서 박사과정을 밟을 예정이었다. 그런데 그의 재능을 높이 산 물리학과의 메시코프Sydney Meshkov는 자신의 모교인 펜실베이니아대학의 에이브러햄 클라인Abraham Klein에게 그를 추천했고, 클라인은 그를 박사과정에 추천하여 입학 승인을 받았다. 이휘소의 입학 허가는 특별한 경우에 속했다. 학생의 입학 지원 절차 없이, 지도교수가 될 클라인의 판단으로 입학이 허가된 것이다. 게다가 클라인은 그를 연구원research fellow으로 추천하고, 다른 조건 없이 지원되는 해리슨 특별 연구장학금Harrison Special Fellowship을 받을 수 있도록 주선했다. 박사 자격 예비시험도 피츠버그대학에서 본 것을 인정받게 해 주어, 이휘소는 입학과 함께 연구에 몰두할 수 있었다. 유학을 온 뒤로 연이어 좋은 스승을 만나 점점 더 연구 환경이 좋은 대학으로 옮겨 가면서 물리학 연구자로 성장할 수 있었다.

이휘소는 펜실베이니아대학에서 클라인과 함께 원자보다 작은 소립자의 하나인 파이중간자π-meson(또는 파이온pion)를 연구했다. 클라인은 하버드대학에서 박사 학위를 받은 이론물리학자로 펜실베이니아대학 물리학과 교수이자 미국 원자력위원회 위원으로 활동했다. 연구 초기에는 문제가 잘 풀리지 않아 애를 먹었으나 1960년 초에 중요한 실마리가 풀리며 후속 연구가 순조롭게 진행되었다. 이휘소는 박사 학위 논문 제출 전에 5편의 논문을 학술지에 발표했는데, 특히《피

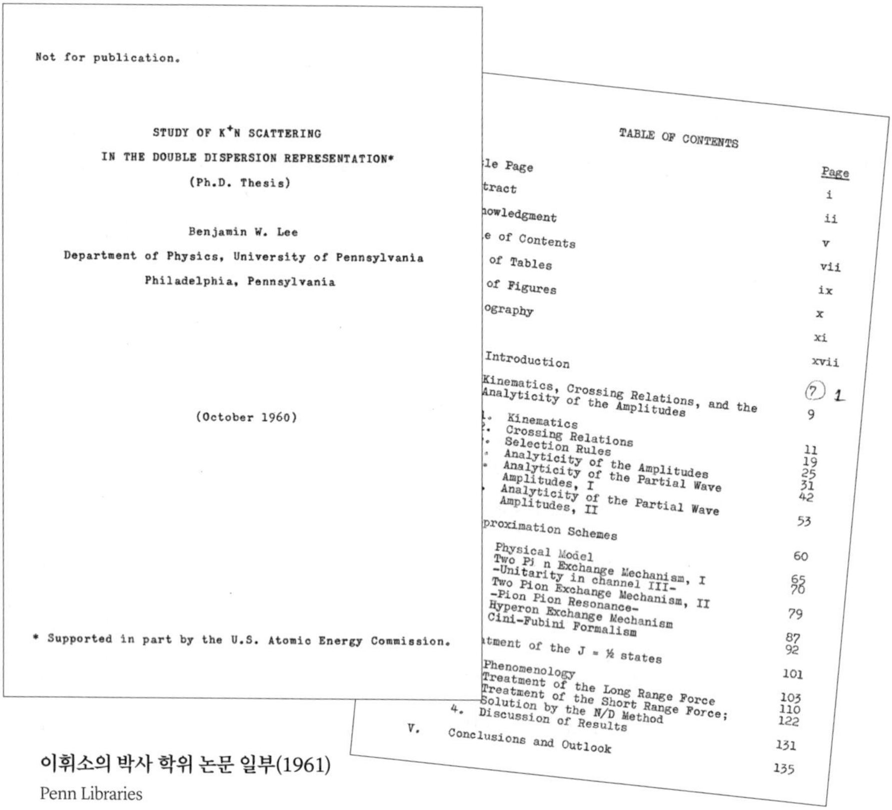

Not for publication.

STUDY OF $K^{+}N$ SCATTERING
IN THE DOUBLE DISPERSION REPRESENTATION*
(Ph.D. Thesis)

Benjamin W. Lee
Department of Physics, University of Pennsylvania
Philadelphia, Pennsylvania

(October 1960)

* Supported in part by the U.S. Atomic Energy Commission.

TABLE OF CONTENTS

이휘소의 박사 학위 논문 일부(1961)
Penn Libraries

지컬 리뷰 레터Physical Review Letters》에 발표한 「파이온-파이온 산란에서 P-파동 공명현상P-Wave Resonance in Pion-Pion Scattering」은 파이중간자 산란 현상에 분산 이론을 응용한 논문이었다. 이 문제는 1960년대 초 입자물리학을 이끌던 중요한 연구 영역에 속했던 까닭에 신진 물리학자로서 이휘소의 이름을 널리 알리는 계기가 되었다. 이 여세를 몰아 이휘소는 미국 원자력위원회의 연구비 지원을 받아 박사논문 「K^{+} 중간자와 핵자 산란 현상의 이중 분산 관계Study of K$^+$N Scattering in the Double Dispersion Representation」를 제출했다. 무려 178쪽으로 된 이 방대한 논문은 바로 통과되었고, 그는 1961년 2월에 26세의 나이로 박사 학위를 받았다. 학부생으로 유학 온 지 7년 만이었다. 이휘소의 소식을《동아일보》(1960. 12. 19.)는「또 조국을 빛낸 젊은 학도, 이군 원자물리학으로 박사」라는 제목으로 기사화했다.

세계 이론물리학계의 기대주로 주목

원래 이휘소는 박사 학위를 받으면 고국으로 돌아갈 생각이었다. 그러나 그가 학위를 받고 몇 달 안 되었을 때, 한국에서 5.16 군사정변이 일어나 4.19 혁명으로 등장한 정부가 좌초되고 말았다. 미국에서 지내며 민주주의의 가치를 중요하게 여기던 그로서는 안타까운 현실이었다. 여전히 해결되지 않은 여권 연장 문제도 고민거리였다. 당시 한국의 관련 규정에 따르면 4년 안에 유학을 마치고 돌아가야만 했다. 그래서 그는 미국에서 안정되게 거주하며 과학 연구를 계속할 수 있는 방안을 모색했다.

박사 학위를 받은 1961년 여름, 이휘소는 클라인의 추천을 받아 프린스턴 고등연구소Institute for Advanced Study에 지원했다. 이곳은 1930년에 순수기초연구를 위해 설립되었고, 아인슈타인이 연구하면서 말년을 보낸 곳으로 널리 알려진 연구소다. 그만큼 세계적인 학자들이 연구원으로 활동하는 곳이기 때문에 이곳의 교수가 되기는 매우 어렵고, 연구원이 되는 것만으로도 대단한 경력으로 인정받았다. 연구원이 되면 3개월에서 3년 정도의 기간 동안 이곳을 방문하여, 강의나 학생을 지도할 필요 없이 완전히 자율적으로 연구할 수 있다. 프린스턴 고등연구소에서 이휘소는 처음으로 그 어떤 의무도 없이, 돈 걱정도 없이 연구에만 몰두할 수 있었다. 당시 소장은 원자탄 개발을 이끈 맨해튼 프로젝트의 지휘자 오펜하이머였다.

일찍이 이휘소의 가능성을 알아보았던 클라인은 그를 프린스턴 고등연구소에 추천하면서도 연구원 임기를 마치고 다른 학교나 연구소로 가지 않도록 조치를 취했다. 클라인의 노력으로 이휘소는 프린스턴으로 떠나기 전 펜실베이니아대학 물리학과 조교수로 임용되었다. 떠나 있는 동안에도 조교수의 임기가 인정되는 좋은 조건이었다. 덕분에 그는 1963년에 부교수로 승진할 수 있었다. 펜실베이니아대학은 1964년의 프린스턴 고등연구소 근무 기간까지 경력으로 인정해 주어 이휘소는 1965년에 30세의 나이로 정교수가 되었다.

펜실베이니아대학 교수 시절은 그의 경력이 성장하는 시기였다. 먼저 직장을 얻어 경제적으로 안정되었다. 그리고 1962년에는 중국계 말레이시아 출신의 메리앤Marianne Lee, 沈蔓菁을 만나 결혼했다. 당시 그녀는 머크Merck사 연구소에서 세균학자로 근무하면서 의과대학 진학을 준비 중이었다. 그녀가 의대 입학 허가를 받은 후 두 사람이 결혼하여 가정을 꾸림으로써 개인 생활도 안정되었다. 이러한 환경에서 이휘소는 1960년대 초반에 왕성하게 연구 성과를 발표하며 주목받는 물리학자로 성장할 수 있었다. 동료들과 함께 1962년《리뷰 오브 모던 피직스Reviews of Modern Physics》에 발표한 「단순군과 소립자 강작용의 대칭성Simple Groups and Strong Interaction Symmetries」은 큰 주목을 받았다.

1966년에는 펜실베이니아대학을 떠나 뉴욕주립대학 스토니브룩 State University of New York Stony Brook 이론물리학연구소 교수가 되었다. 프린스턴 고등연구소에서 연구할 때 이휘소는 그곳에서 연구하던 노벨물리학상 수상자 양전닝과도 교류했다. 1965년 양전닝은 스토니브룩대학의 아인슈타인 석좌교수로 가기로 결정했고, 대학은 이론물리학연구소 설치와 지원을 약속했다. 양전닝은 펜실베이니아대학의 이휘소에게 스토니브룩대학으로 올 것을 제안했다. 양전닝도 벤저민 프랭클린을 좋아해서 그의 영어 이름을 Franklin Yang으로 지은 바 있었다. 이휘소는 1966년 방문교수로 스토니브룩대학을 경험한 후 가을에 이론물리학연구소의 정교수로 부임했다. 노벨상 수상자와 촉망받는 물리학자, 두 명이 함께 부임하자 스토니브룩대학은 우수 학생들이 유입되는 등 이론물리학 연구가 활성화되었다. 그가 재직하는 동안 강주상 (고려대 교수), 피서영(보스턴대 교수) 등 한국 학생들도 유학하여 공부했다. 이휘소는 1968년 미국 시민권을 취득했고, 한국을 방문하기까지는 시간이 걸렸다.

1973년에는 페르미 국립가속기연구소Fermi National Accelerator Laboratory로 옮겼다. 미국의 대표적인 입자물리학연구소였던 페르미 연구소는 이 시기에 이론물리학부를 신설하고 초대 이론물리학부장 겸 페르미 연구소가 위치한 시카고대학의 물리학 교수로 이휘소를 초빙했다. 이휘소는 까다롭고 지루한 계산을 잘하면서도 추상적으로 보이는 이론이 실험 현상과 어떤 관계에 있는지를 잘 포착했다. 페르미 연구소는 그의 이러한 능력을 높이 산 것이다. 그는 취임하자마자 인재들을 선발하여 페르미 가속기연구소에 우수한 이론물리학자 그룹을 키웠다.

게이지 이론의 재규격화와 참 입자 탐색

이휘소가 발표한 중요한 연구 업적의 하나는 '게이지 이론의 재규격화'이다. 자연계에는 네 가지 상호작용(혹은 힘)이 존재한다. 중력, 전자기적 상호작용(전자기력), 강한 상호작용(강한 핵력, 강력), 약한 상호작용(약한 핵력, 약력)이 그것이다. 1930년대에 양자역학이 성립된 뒤 물리학자들은 이들 상호작용을 양자화하려 노력하는 한편, 이러한 상호작용을 통합하여 하나의 이론으로 설명하려는 노력을 기울였다. 어떤 물리량이 연속적인 값을 가지지 못하고 불연속적인 특정한 값만을 가질 수 있을 때 양자화되었다고 한다. 예를 들어 빛의 경우, 연속적인 값을 가지는 파동이 아니라 질량이 없고 특정한 값만 가지는 빛 입자인 광자photon로 양자화할 수 있다. 양자화된 물리계에서, 예를 들어 전자기적 상호작용은 광자의 교환으로 설명되거나 광자가 전자기적 상호작용을 매개한다고 설명된다. 이때 광자처럼 상호작용을 매개하는 입자를 '게이지gauge 입자'라고 한다. 전자기적 상호작용을 양자화하는 연구의 초기 이론에서는 물리량의 측정값이 무한대가 되는 문제가 생겼지만, 파인만R. Feynman, 슈윙거J. Schwinger, 도모나가朝永振一郎 등은 재규격화를 통해 이 문제를 해결했다. 재규격화란 양자 현상에서 생기는 무한대를 없애고 측정 가능한 결과를 얻게 하는 것이다.

그런데 약한 상호작용에서는 양자화할 때 재규격화가 안 되는 문제가 있었다. 전자기적 상호작용을 매개하는 광자는 질량이 없는 반면, 약한 상호작용을 매개하는 게이지 입자는 질량이 있다는 사실이 이론으로 제시되고 실험으로 증명되었기 때문이다. 질량이 있는 게이지 입자는 대칭이 깨져서 재규격화될 수 없다. 재규격화되는 전자기적 상호작용과 재규격화되지 않는 약한 상호작용을 통합하여 하나의 이론으로 설명하는 것은 불가능하다. 따라서 이 문제는 두 상호작용을 통합하여 설명하려는 물리학자들에게 곤란한 숙제였다.

스티븐 와인버그Steven Weinberg는 이 문제를 해결하기 위해 자발적으로 깨지는 대칭이라는 개념을 제안했다. 이에 따르면 약한 상호작용의 게이지 입자는 처음에 질량이 없고 게이지 대칭이며 재규격화가 가능하다. 그후 바닥상태 에너지가 되면 게이지 대칭이 저절로 깨져서 게이지 입자가 질량을 가지게 된다. 와인버그는 이 이론을 통해 전자기적 상호작용과 약한 상호작용을 통합할 수 있을 것이라고 전망했다. 파키스탄의 물리학자 무함마드 살람Muhammad Abdus Salam도 독립적으로 비슷한 내용의 연구를 했고, 나중에 노벨물리학상을 공동 수상했기 때문에 이 이론을 와인버그·살람 모형이라고 부른다.

이후 여러 물리학자들이 와인버그·살람 모형의 재규격화 문제를 해결하려고 노력했다. 그중 네덜란드의 마르티뉘스 펠트만Martinus Veltman과 헤라르뒈스 엇호프트Gerardus 't Hooft는 '양·밀스 게이지장 이론'에 기반을 둔 방법을 개발하여 와인버그·살람 모형의 재규격화에 성공했다. 이후 이휘소는 대칭성이 저절로 깨지는 힉스 메커니즘을 이용하고 함수를 변수로 하는 범함수functional 방법으로 재규격화될 수 있음을 보였다. 나아가 1973년 일반적으로 보편화된 연산자 방법으로도 재규격화할 수 있음을 보였고, 에이버스Ernest S. Abers와 함께 이 방법을 소개하는 논문을 출판했다. 이 논문은 이후 게이지장 이론의 양자화를 공부하는 많은 연구자들에게 인용되었다. 펠트만·엇호프트의 재규격화 방법보다 직관적으로 이해하기 쉬웠기 때문이다. 엇호프트는 자신들의 연구 초기에 이휘소의 아이디어에 영향을 받았고, 자신들의 연구 성과가 물리학자들에게 인정받는 데도 이휘소의 연구가 중요했다고 밝혔다. 재규격화 문제가 해결된 후에야 와인버그·살람 모형은 전자기력과 약한 상호작용을 통합하는 이론으로 자리 잡았다.

참charm 입자 탐색은 이휘소의 또 다른 중요한 연구 업적이다. 1964년 겔만Murray Gell-Mann은 당시까지 알려진 수백 종의 강입자hadron(원자핵을 이루고 있는 양성자와 중성자, 다양한 중간자를 함께 이르는 용어)가 그보다 작은 쿼크quark라는 기본 입자로 구성되었다는 쿼크 가설을 제안했다. 초기에는 업up, 다운down, 스트레인지strange 쿼크가 알려졌다. 쿼크로 구성된 다양한 강입자는 여러 경로로 빠르게 붕괴하여 결국 전자, 양성자 등으로 변한다. 중성자가 전자를 방출하고 양성자로 변하는 베타붕괴도 그중 하나로, 베타붕괴 시 전하가 변한다. 한편 강입자가 베타붕괴를 하고도 전하가 변하지 않는 경우가 있는데, 이를 중성흐름neutral current이라고 한다. 실험 결과 스트레인지 쿼크를 포함하는 강입자(스트레인지 입자)의 붕괴에서는 중성흐름이 없는 것으로 밝혀졌다.

이론물리학자들은 이를 설명하는 한 가지 가설로 참 쿼크를 도입했다. 특히 1970년에 글래쇼Sheldon Lee Glashow, 일리오풀로스John Iliopoulos,

이휘소와 1979년 노벨물리학상 수상자 와인버그
한국과학기술한림원 과학기술유공자지원센터

1974년 페르미 연구소
이론물리학부 연구원들과 함께
한국과학기술한림원
과학기술유공자지원센터

마이아니Luciano Maiani는 케이온Kaon(K중간자)의 붕괴과정을 설명하려면 참 입자가 존재해야 한다고 주장했다. 1974년 여름 이휘소는 게일러드M. K. Gaillard, 로즈너Jonathan L. Rosner와 함께 그들의 이론을 심층분석하여 참 입자의 존재 영역을 상당히 좁혔다. 그리고 참 입자가 존재한다면 보통 강입자보다 붕괴할 때까지의 평균 시간, 즉 평균 수명이 길어서 관측 가능할 것이라고 예상하고, 참 입자의 질량을 추정하는 내용을 담은 「참 입자의 탐색Search for Charm」을 《리뷰 오브 모던 피직스Reviews of Modern Physics》에 투고했다. 논문이 출판된 건 1975년이었지만 동료 물리학자들은 그 전에 이미 논문 초고preprint를 받아 보고 그 내용을 알고 있었다. 그리고 1974년 11월에 브룩헤이븐국립연구소Brookhaven National Laboratory와 스탠퍼드 선형가속기센터Stanford Linear Accelerator Center에서 참 입자와 반참anti-charm 입자의 결합 상태인 제이/프사이 입자가 발견되었다. 이 입자를 발견한 공로로 릭터Burton Richter와 팅Samuel Chao Chung Ting은 1976년에 노벨물리학상을 수상했다.

이와 같이 이휘소의 연구는 당대 물리학에서 가장 앞서가는 분야를 개척하는 방향으로 이루어졌고, 그 과정에서 제기된 이론적 난점들을 해결하는 데 기여했다. 그가 제시한 게이지 이론의 재규격화는 와인버그·살람 모형이 소립자물리학의 표준모형으로 자리잡는 데 중요한 역할을 했으며, 참 입자 탐색은 가설로 도입된 참 입자의 특성을 분석하여 실험으로 관측되는 데 유용한 정보를 제공했다. 이처럼 그의 연구는 여러 학자들에게 영향을 주어 릭터·팅(1976), 와인버그·살람·글래쇼(1979), 벨트만·엇호프트(1999), 그로스·폴리처·윌첵(2004) 등이 노벨상을 수상하는 데 큰 역할을 했다. 그래서 이휘소를 '노벨상 메이커'라고 부르기도 한다.

한국 물리학계와의 교류, 그러나 비운의 교통사고

물리학자 이휘소가 한국의 대중들에게 알려지기 시작한 것은 그의 연구 경력 초기 때였다. 1962년 미국 원자력위원회는 이탈리아에서 열리는 국제고에너지물리학회에 참석할 미국 대표단의 일원으로 이휘소를 선정했다. 이 소식은 한국의 언론에 보도되었다. 《동아일보》(1962. 5. 21.)는 "미국에서 원자물리학 박사 학위를 받은 한국인이 동양인으로는 처음으로 국제물리회의에 미국 대표단의 일원으로 추천을 받았다"고 알렸다.

이휘소는 유학 간 이후 한 번도 한국을 방문한 적이 없을 정도로 연구에 몰두했다. 그가 한국 과학계와 교류하기 시작한 것은 1970년대 들어서였다. 1971년 신설된 이공계 특수대학원인 한국과학원의 부원장 정근모는 이휘소의 조언에 따라 한국에서 물리학 하계대학원을 정기적으로 개최하려는 계획을 세우고 있었다. 국내외 유수의 물리학자들과 학생들이 한자리에 모여 국제 물리학의 동향을 공부하고 토론하는 기회를 가지려는 기획으로서 외국에서는 흔히 있는 일이었다. 그러나 1972년 억압적인 통치가 강화되면서 영구집권을 꾀하는 유신체제를 향해 가는 것을 보고, 이휘소는 정근모에게 편지를 보내 없던 일로 했다. 강주상이 쓴 평전에 따르면, 그는 편지에서 "한국의 과학 발전을 위해 조그만 도움이라도 되고 싶지만, 다른 한편으로는 민주주의 원칙을 심각하게 무시하는 것에 대한 나의 실망과 반대를 표명하는 것도 똑같이 중요합니다"라고 소신을 밝혔다.

그로부터 2년 뒤인 1974년에 그는 미국 국제개발처(AID) 차관으로 추진되는 서울대 원조 계획에 미국 측 심의위원 자격으로 한국을 방문했다. 이 사업은 〈서울대학교 대학원 기초과학 육성사업〉이었다. 이는 AID의 마지막 사업으로 1975년부터 1980년까지 500만 달러를 투자하여 서울대 대학원, 그중에서도 기초과학 분야를 획기적으로 개선하려는 계획이었다. 한국 측 조사단은 서울대의 조완규가 위원장, 김제완이 부위원장을 맡았다. 김제완은 미국 측 위원회 물리 담당 연구조사위원으로 이휘소를 추천했고, 이 제안이 실현되었다.

이휘소는 전체 보고서 중 물리학 분야의 보고서를 작성했다. 서울대 물리학과의 발전을 위한 방안을 교수·학생·시설·행정 부문별로 제안했는데, 미국 대학을 모델로 하여 교수 처우와 승진제도, 연구 환경 개선, 여름학교 개최, 국제 교류 지원 등의 내용을 담았다. 이 사업은 공학 중심의 한국과학원과 비견되게 서울대의 기초과학 부문을 획기적으로 발전시키기 위한 목적이 있었다. 그는 《동아일보》(1974. 9. 21.)와의 인터뷰에서 "한국과학원이나 한국과학기술연구소 같은 응용 위주의 기관은 산업화의 초기 단계에서는 중요하다. 그러나 이제 한국도 일반대학원을 강화, 기초연구를 강화할 단계라고 생각한다"고 의견을 피력했다. 이로써 서울대가 과학 분야를 중심으로 대학원의 역량을 강화하며 연구 중심 대학으로 발돋움할 수 있는 기회를 얻게 되었다.

1974년의 한국 방문을 시작으로 이휘소는 국내 물리학계와의 접촉을 넓혀 갔다. 1978년에는 도쿄에서 고에너지물리학 국제회의가 예정되어 있었다. 이휘소는 이 대회에 참여할 세계 유수의 고에너지 물리학자들을 한국에 초청하여 소립자물리학 여름학교를 열 것을 제안하고 논의했다. 이휘소를 비롯해서 그와 친분이 있었던 미국의 강경식, 김정욱, 이원용, 한국의 김제완이 논의를 함께 했다. 한국의 물리학 발전을 위해 이휘소가 오래전부터 구상해 오던 기획이었다.

하지만 1977년 6월 16일 이휘소는 콜로라도의 애스펀물리학센터 Aspen Center for Physics에서 열리는 학회와 페르미 연구소 자문위원회 회의에 참석하러 가는 길에 교통사고로 세상을 떠났다. 반대편 도로에서 달려오던 대형 트럭이 고장 나 중앙 분리대를 넘어오면서 이휘소가 타고 가던 차를 들이받은 것이다. 연구자로서 한껏 위상이 높아지고 있던 시기에 아무도 예상하지 못했던 때 이른 죽음이었다. 페르미 연구소는 조기弔旗를 걸었고, 가족과 동료 물리학자들은 슬픔과 안타까움 속에 그를 보냈다. 그는 자신이 마지막으로 살던 일리노이주의 글렌엘린Glen Ellyn 묘지에 묻혔다.

이휘소의 동료 물리학자들은 여러 방식으로 그를 기렸다. 1977년 10월에 예정되었던 페르미 연구소의 국제회의는 〈반전 대칭 파괴, 약작용의 중성 흐름 및 게이지 이론에 관한 이휘소 추모 국제학술회의Ben Lee Memorial International Conference on Parity Nonconservation, Weak Neutral Currents and Gauge Theories〉로 이름을 바꾸었다. 이 회의에서는 오랜 동료인 양전닝이 추도사를 읽었고, 세계 각국에서 참가한 600여 명의 물리학자들이 묵념했다. 그가 생전에 기획했던 1978년 한국 최초의 입자

물리학 국제회의 역시 〈이휘소 추모 소립자물리학 심포지엄〉으로 이름이 바뀌어 개최되었다.

한국 사회는 그를 뛰어난 과학자로 기억했다. 그가 죽은 해인 1977년에 한국 정부는 그에게 "우리나라 과학기술 진흥 발전에 크게 기여"한 공로로 국민훈장 동백장을 추서했고, 한국에 있는 그의 어머니가 대신 받았다. 2005년에는 장기려, 서호수와 함께 〈과학기술인 명예의 전당〉에 헌정되었다. 그리고 대한민국 과학기술유공자 사업이 시작된 첫해인 2017년에 과학기술유공자로 선정되어 그의 과학적 성과와 인간적인 면모가 대중에 널리 알려지게 되었다. 부인은 일기, 수첩, 연구일지, 강의노트를 제자 강주상에게 맡겼다. 강주상은 자료 대부분을

이휘소의 유고집 사본 고려대학교 과학도서관(김근배 촬영)

고려대학교에 기증했다. 이 중 일부는 과학기술인 명예의 전당에 전시되어 그의 연구 업적과 생애를 사람들에게 보여주고 있다.

그러나 그를 둘러싼 오해와 지나친 상상도 없지 않았다. 대표적인 것이 그가 한국의 원자폭탄 개발 비밀 프로젝트에 연루되었다는 내용을 뼈대로 하면서 그의 삶을 다룬 여러 편의 소설이었다. 이러한 책들은 큰 인기를 끌었고, 대중들에게 물리학자 이휘소를 한국의 핵무기 개발 비밀 프로젝트에 연루된 일종의 스파이 과학자로 기억하게 만들었다. 소설이라고 하지만 그에 대해 잘 알려진 사실과 그렇지 않은 허구가 섞여 독자들이 어떤 내용이 사실이고 어떤 내용이 허구인지 구분하기 어려웠던 것이다.

그 배경에는 원자폭탄과 관련하여 원자핵물리학에 대한 한국인의 기대와 오해가 있었다. 1962년 이휘소는 한국 언론에 '원자핵물리학자'로 처음 소개되었다. 1977년 사망 직후 국회의 대정부 질문에서는 이휘소를 우리나라의 핵 개발과 관련 지어 그의 사망이 단순한 교통사고가 맞느냐는 의문이 제기되었다. 사실 이휘소의 연구 분야는 이론물리학, 더 좁게는 입자물리 이론이고, 원자핵을 이루는 소립자의 특성에 관한 것이다. 그의 연구가 원자핵 연구와 무관하다고 할 수는 없지만 핵폭탄을 제조하기 위해 그의 연구가 꼭 필요한 것도 아니었다.

하지만 세계적인 물리학자로서 그의 위상, 사고로 인한 갑작스러운 죽음, 북한과 일본보다 강한 군사력을 원했던 박정희 정부 시기의 핵무기에 대한 열망, 민족주의 등이 복합적으로 작용해 이러한 책들은 대중에게 인기를 끌었다. 이휘소의 유족들은 출판물로 인한 오해를 바로잡기 위해 소송을 벌였고, 일부 승소했다. 그러나 재판 결과는 그런 책들의 출판을 완전히 막지 못했고, 잘못 신화화된 그의 대중적 이미지를 바로잡는 데도 실패했다.

한편 한국에서 노벨상을 논의할 때는 언제나 이휘소가 전면에 등장한다. 이휘소의 평전을 쓴 제자 강주상은 그가 생존했더라면 노벨물리학상을 수상했을 것이라고 주장한다. 일부 언론은 노벨상 수상자인 와인버그나 살람 등을 인용하여 이휘소가 노벨물리학상 수상자가 되었어야 한다고 보도하기도 했다. 그래서 많은 한국인들은 이휘소가 오래 살았더라면 노벨상을 받았을 것이라는 믿음에 그의 이른 죽음을 더욱 안타까워한다. 그러나 이에 대해서는 다른 의견도 있다. 이휘소의 대표적인 연구업적이라 할 게이지 이론의 재규격화나 참 입자의 탐색은 아주 뛰어난 성과이긴 하나 새로운 이론의 첫 관문을 연 연구라고 보기는 어렵기 때문이다. 오히려 새로운 이론을 위한 선결 조건 또는 새로운 이론의 취약한 부분을 보완함으로써 그 입지와 위상을 강화하는 역할을 했다. 그러므로 한국인 과학자 중에서 노벨상에 가장 근접했던 인물이 이휘소였다고 말할 수는 있겠지만, 그가 일찍 떠나지만 않았더라면 수상자가 되었을 것이라는 주장에 모든 물리학자가 동의한다고는 할 수 없을 것이다.

물론 이 모든 오해와 다양한 평가에도 불구하고 이휘소가 매우 뛰어난 물리학자였던 것은 분명하다. 페르미 가속기연구소장 로버트 윌슨Robert R. Wilson이 그의 장례식에서 읽은 다음의 추도사는 이 점을 잘 보여 준다.

미국 일리노이주 글렌엘린
묘지의 이휘소 묘비
https://www.findagrave.com/

문화 발전의 또 다른 중요한 요소는 가끔 일어나는 예외적인 몇몇 인간들과 관련이 있습니다. … 우리 분야인 물리학에서는 뉴턴, 아인슈타인, 페르미 같은 사람들을 생각합니다. 이들의 생각으로 창안되거나 발명된 것들은 인간 문명의 특별한 돌파구가 되었습니다. 이러한 사람들을 우리는 특별히 공경하고 아끼는 것입니다.

이런 면으로 나는 이휘소에 관해 말씀드리고자 합니다. 이휘소가 다빈치나 아인슈타인 같은 인물이라고 말하려는 것은 아닙니다. 이들은 특별한 영감을 가진 사람들이었고, 새로운 패러다임을 만들었습니다. 이휘소는 세계적으로 명성이 알려진 매우 창의적인 이론물리학자로서 현대의 이론물리학자 20인을 거명한다면 반드시 포함시켜야 할 인물입니다. 현재 펼쳐지는 물리학의 황금기는 이휘소가 큰 공헌을 하였고, 우리는 이를 높이 평가하는 것입니다.

학문적인 천재성 이외에도 온화하고 유머 감각이 있으며, 헌신적이고 책임감 강한 인간성 때문에 이휘소는 특별히 우리들의 사랑과 존경을 받았습니다.

_강주상, 2006, 『이휘소 평전』에서 재인용.

참고문헌

일차자료

총무처, 1977, 「영예수여(전 미국 국립 페르미가속기연구소 이론물리학부장 고 이휘소 외 1명」, 국가기록원 소장.

"Benjamin W. Lee," Fermilab History and Archives. https://history.fnal.gov/historical/people/lee.html

[논문]

Lee, Benjamin W., 1958, "Dispersion Relation for Nonrelativistic Potential Scattering," *Physical Review* 112-6, pp. 2122-2124.

Lee, Benjamin W. and Michael T. Vaughn, 1960, "P-Wave Resonance in Pion-Pion Scattering," *Physical Review Letters* 4-11, pp. 578-580.

Lee, Benjamin W., 1961, "Study of K^+N Scattering in the Double Dispersion Representation," Doctoral Dissertation: University of Pennsylvania.

Bég, M. A. B., B. W. Lee, and A. Pais, 1964, "SU(6) and Electromagnetic Interactions," *Physical Review Letters* 13-16, pp. 514-517.

Lee, Benjamin W., 1969, "Renormalization of the σ-Model," *Nuclear Physics B* 9-5, pp. 649-672.

Lee, Benjamin W., 1972, "Renormalizable Massive Vector-Meson Theory: Perturbation Theory of the Higgs Phenomenon," *Physical Review D* 5-4, pp. 823-835.

Chen, H. H. and Benjamin W. Lee, 1972, "Experimental Tests of Weinberg's Theory of Leptons," *Physical Review D* 5-7, pp. 1874-1877.

Lee, Benjamin W. and J. Zinn-Justin, 1972, "Spontaneously Broken Gauge Symmetries I. Preliminaries," *Physical Review D* 5-12, pp. 3121-3137.

Lee, Benjamin W. and J. Zinn-Justin, 1972, "Spontaneously Broken Gauge Symmetries II. Perturbation Theory and Renormalization," *Physical Review D* 5-12, pp. 3137-3155.

Fujikawa, Kazuo, Benjamin W. Lee, and A. I. Sanda, 1972, "Generalized Renormalizable Gauge Formulation of Spontaneously Broken Gauge Theories," *Physical Review D* 6-10, pp. 2913-2943.

Abers, Ernest S. and Benjamin W. Lee, 1973, "Gauge theories," *Physics Reports* 9-1, pp. 1-141.

Gaillard, M. K. and Benjamin W. Lee, 1974, "$\Delta I = 1/2$ Rule for Nonleptonic Decays in Asymptotically Free Field Threories," *Physical Review Letters* 33-2, pp. 108-111.

Gaillard, M. K. and Benjamin W. Lee, 1974, "Rare decay modes of the K mesons in gauge theories," *Physical Review D* 10-3, pp. 897-916.

Gaillard, M. K., Benjamin W. Lee, and Jonathan L. Rosner, 1975, "Search for Charm," *Reviews of Modern Physics* 4-27, pp. 277-310.

Lee, Benjamin W., C. Quigg, and H. B. Thacker, 1977, "Strength of Weak Interactions at Very High-Energies and the Higgs Boson Mass," *Physical Review Letters* 38-16, pp. 883-885.

Lee, Benjamin W. and S. Weinberg, 1977, "Cosmological Lower Bound on Heavy-Neutrino Masses," *Physical Review Letters* 39-4, pp. 165-168.

Lee, Benjamin W. and Robert E. Shrock, 1977, "Natural suppression of symmetry violation in gauge theories: Muon- and electron-lepton-number nonconservation," *Physical Review D* 16-5, pp. 1444-1473.

저서

Lee, Benjamin W., 1972, *Chiral Dynamics*, New York: Gordon and Breach Science Publishers.

Kim, J., P. Y. Pac, and H. S. Song eds., 1978, *Proceedings of the Seoul Symposium on Elementary Particle Physics, in memory of Benjamin W. Lee*, Seoul: Seoul National University Press.

기고/기사

이휘소, 1952, 「교양과목 실시의 「듸레ㅁ마」」,《불암산》 6, 29-30쪽.

이휘소, 1953, 「K에게」,《불암산》 8, 13쪽.

조학래, 「인터뷰: 20년만에 귀국한 세계적 물리학자 이휘소 박사」, 《동아일보》 1974. 9. 21.

「"우리나라 과학계 큰별을 잃었다" 이휘소 박사의 타계에 국내학계 큰충격」,《경향신문》 1977. 6. 22.

이차자료

과학기술정보통신부·한국과학기술한림원, 2019, 「고 이휘소: 물리학자를 돕는 해설자」,『대한민국과학기술유공자 공훈록』 1, 38-45쪽.

김덕형, 2011, 「이휘소: 한국이 낳은 천재물리학자 세계 물리학 황금기를 이끌다」,《주간조선》 2186, 16-17쪽.

이창기, 「이휘소박사 천재성 발양원천은 애국심」,《자주시보》 2011. 2. 28.

KBS, 2010,〈이휘소의 진실 1-2부〉, KBS.

강주상, 2007, 「이론 물리학자 이휘소」,《대학교육》 106, 72-76쪽.

이기명, 2007, 「게이지 이론과 Benjamin W. Lee(이휘소) 교수」,《물리학과 첨단기술》 16-11, 19-21쪽.

강주상, 2006,『이휘소 평전』, 럭스미디어(2017년 사이언스북스 재출간).

이용포, 2006,『이휘소: 못다 핀 천재 물리학자』, 작은씨앗.

차병학, 「[대담] 99년 노벨물리학상 수상자」, 《조선비즈》 2000. 12. 3.

이수종, 1999, 「1999년 노벨 물리학상에 즈음하여: 토프트, 벨트만, 이휘소 그리고 입자물리학의 장래」, 《물리학과 첨단기술》 8-12, 20-24쪽.

강경식, 1994, 「내가 아는 고 이휘소 박사」, 《과학과 기술》 27-1, 91-94쪽.

최구식, 「핵물리학자 이휘소씨 의문사에 착안 "문제 공론화 위해 추리소설 형식 이용"」, 《조선일보》 1993. 8. 21.

Kim, Sung Won, 2014, "Korean Prometheus? Mythifying Benjamin Whiso Lee," *East Asian Science, Technology and Society: An International Journal* 8-2, pp. 195-208.

Han, Moo-Young, "The Korean Americans: Past, Present, and Future," Paper presented at the Centennial Celebration of Korean Immigration to the United States Conference, August 16-18, 2002, Fairview Park.

Quigg, Chris and Steven Weinberg, 1977, "Benjamin W. Lee," *Physics Today* 30-9, pp. 76-78.

Gaillard, Mary K, 1977, "Obiturary: Benjamin Lee," *Nature* 269, p. 93.

이은경

박세희

朴世熙 Sehie Park

생몰년: 1935년 11월 28일~

출생지: 전라북도 군산부

학력: 서울대학교 수학과, 서울대학교 이학석사, 인디애나대학 이학박사

경력: 서울대학교 교수, 대한수학회 회장, 대한민국학술원 회원

업적: 수학 교육 및 연구의 제도화, 해석적 부동점 이론, KKM이론(추상블록공간의 이론)

분야: 수학-비선형해석학, 위상수학, 수학사

2017년 대한수학회 창립 70주년 기념사를 하는 박세희
대한수학회

박세희는 서울대 수학과 대학원 교육을 내실화하고 연구 전통을 세우기 위해 노력했으며, 대한수학회의 기틀을 다지는 데 앞장섰다. 연구에 매진하여 국내외 학술지에 460여 편의 논문을 발표한 자연과학 분야의 '논문 왕'이기도 하다. 특히 비선형 해석학 분야에서 추상볼록공간에 대한 연구를 방대한 논리체계로 만든 KKM 이론은 국제적으로 널리 인정받았다. 80대 후반에 이른 지금도 출간한 논문의 빈틈을 메우는 쾌감으로 새로운 '순서적 부동점이론' 연구에 빠져 있다.

전쟁의 포화 속에서 찾은 '수학의 길'

박세희는 1935년 전라북도 군산에서 박병호朴秉虎와 김정순金貞淳의 5남 3녀 중 5남으로 태어났다. 아버지 박병호는 강원도 통천 출신으로 대한제국 말기에 한성사범학교 속성과를 졸업하고 통천보통학교 훈도로 근무하다가 한일 병합에 반대하여 교직을 떠났다. 그 뒤 군산으로 이주하여 생활할 때 박세희가 태어났고, 얼마 후 아버지가 자신의 고향으로 돌아감에 따라 박세희는 소년 시절을 통천에서 보냈다.

1942년 통천국민학교에 입학한 박세희는 책 읽기를 좋아해 일본어로 된 소설을 탐독하곤 했다. 거기엔 둘째 형의 영향이 컸는데, 도지사상을 받을 정도로 학교 성적이 우수한 데다 독서광이었던 형은 세계문학전집과 일본문학전집을 비롯해 수백 권의 책을 사 모았다. 덕분에 박세희는 어릴 적부터 책과 가깝게 지냈다. 가족들은 그가 문학가가 될 수는 있어도 수학자가 될 것이라곤 생각지 않았다고 한다.

박세희는 해방 후인 1947년 여름 북한의 관할 지역에서 5년제로 바뀐 통천인민학교를 졸업하고, 9월에 통천초급중학교에 진학했다. 이 학교에는 서울 경복중학교 출신의 이정복이 수학 교사로 있었다. 그는 학생들에게 여름방학 동안 중학교 3년간의 수학 교과서 문제를 전부 풀어 보라고 권했는데, 박세희는 이 일을 계기로 수학에 재미를 느끼게 되었다. 3년간 학업에 매진한 그는 개교 이래 최고 성적을 거두어 강원도 인민위원장상을 받으며 수석으로 졸업했다. 하지만 그 사이에 민족의 비극인 한국전쟁이 발발하면서 그의 인생도 송두리째 변해 버렸다.

1950년에 중학교를 졸업한 박세희는 원래 가려던 평양에 있는 고급중학교(고등학교) 대신 그나마 안전한 고향의 통천고급중학교에 진학했다. 하지만 제대로 공부할 수 있는 환경이 아니었다. 학생들은 아침 6시까지 등교하여 6시간 수업을 들으면, 점심 식사 후인 오후 1시부터 5시경까지는 폭격에 대비해 방공호를 파는 등의 작업을 했다. 그나마 입학한 지 한 달도 안 되어 북한 당국의 명령으로 해안, 철도 연변의 학교들이 폐쇄되면서 그의 학창 시절은 중단되고 말았다. 이때 담임이었던 수학 선생님은 그를 따로 불러 공부를 계속하라고 격려하면서 고등학교 2, 3학년 교과서를 주었다. 그는 한 달여 만에 책에 있는 문제를 다 풀었다.

1950년 10월에 국군이 38선을 돌파하여 3일에 통천읍에 들어왔다. 그러나 11월에 국군이 밀리며 남쪽으로 후퇴함에 따라 큰형과 넷째 형은 남한으로 먼저 떠났다. 박세희는 고향에 체류한 부모를 남겨 두고 형수와 조카 둘, 누이 둘을 데리고 여기저기로 피난을 다녀야 했다. 그 와중에 아버지는 중풍으로 세상을 떴다. 박세희는 따로 큰형의 가족과 함께 월남했는데, 그것이 어머니와 누이들과는 마지막 작별이 되고 말았다. 그런데 주문진에서 만나기로 한 큰형과 넷째 형은 1.4 후퇴로 다른 곳으로 가고 없었다. 그는 형수와 어린 조카들을 데리고 주문진에서 한동안 고된 피난살이를 하다가 1951년 8월 말에서야 군산에서 형들과 만났다.

군산에서의 생활은 녹록지 않았다. 형 가족과 단칸방 하나를 얻어 피난살이를 했다. 박세희는 생활에 조금이라도 보탬이 되고자 1951년 9월부터 군산비행장의 미군 탄약과에서 중노동을 했으나 12월에 해고되었다. 생활의 궁핍이 기약 없이 길어지자, 1952년 1월 그는 형들과 함께 모아 놓은 1만 원(오늘날의 10만 원 정도)을 들고 가출하여 대전으로 갔다. 그는 양담배 파는 일까지 했으나 별 소득이 없었다. 그러다가 길가에 붙어 있던 도매 서점의 구인 광고를 보고 지원했는데, 일본어와 영어를 할 줄 알았던 박세희는 바로 취업이 되었다. 이후 서점을 운영하던 출판사 사장은 그를 본사가 있는 대구로 데려갔다. 잔심부름을 하던 그는 곧 편집국장의 눈에 띄어 원고 정리와 교정을 하는 정식 직원이 되었다.

출판사에 근무하면서 박세희는 다시 수학책을 접할 수 있었다. 그는 틈틈이 수학 문제를 풀며 공부했다. 고교 수학이 주로 대수학, 해석기하학, 미적분학임을 알고, 그런 책들을 수집하여 독학으로 고등학교

과정의 수학을 섭렵했다. 출판사에서는 국어와 몇 과목의 참고서도 내고 있었기 때문에 그런 과목들도 어렵지 않게 공부할 수 있었다. 주변 사람들은 그에게 고등학교 진학을 권유했다. 당시는 전쟁 중이라 입학 규정이 엄격하지 않았다. 그는 출판사를 다니면서 1953년 4월 대구의 한 야간 고등학교에 3학년으로 편입했다. 그런데 3개월쯤 지나 한 학기를 마칠 무렵인 7월에 휴전이 되었고, 사람들은 너도나도 서울로 올라가기 시작했다.

박세희 역시 얼마 안 되는 퇴직금을 들고 서울의 몇몇 학교를 찾아갔다. 그러나 비공식적으로 내야 했던 입학 기부금이 부족해 번번이 입학을 거절당하자 가족이 있던 군산으로 돌아와 큰형이 다녔던 군산고등학교의 3학년 2학기에 편입했다. 공부할 기회가 없었던 영어나 물리, 화학 같은 과목은 잘하지 못했지만, 수학은 평소에 틈나는 대로 공부를 해 온지라 썩 잘했다. 자연스럽게 그는 대학 진학을 꿈꾸며 수학을 공부하리라 마음먹었다. 하지만 그가 수학을 전공하려고 결심한 더 결정적인 이유는 전쟁의 경험 때문이었다. 그는 수학을 잘했지만 문학, 역사, 철학 또한 좋아했다. 그런데 이념 대립과 전쟁 속에서 인문학을 한 사람들이 숙청당하는 것을 보면서 인문학에 대한 미련을 접었다. 인문학에 비하면 수학은 이념과 관련이 없었고, "우주인이 와도 소통이 가능한 학문이라고 생각"(네이버·중앙일보 2018 인터뷰)했기에 좋았다고 한다.

1955년 4월 그는 서울대 문리과대학 수학과에 입학했다. 대학 도서관에는 전쟁 중에 겨우 약탈을 면한 몇십 권의 수학책이 소장되어 있었다. 2학년 때부터 그는 그 책들을 섭렵하여 「현대수학 사상 논고」, 「수학 기초론 연구를 위한 서설」 등의 리뷰 논문을 《문리대학보》에 게재했다. 이처럼 수학에 대한 애정과 열정이 남달랐던 그였지만, 미래를 생각하면 정말로 수학자로 살아갈 수 있을지 확신이 없었다고 한다. 당시 취업 자리는 적었으나, 수학과를 나오면 중고등학교 교사가 되는 건 그리 어렵지 않았다. 게다가 마음 한 켠에 있는 철학을 공부하

1959년 봄 서울대학교 수학과 신입생 환영회 기념사진(확대한 사진의 가운데가 최윤식, 맨 오른쪽이 박세희) 대한수학회

고 싶은 생각도 쉽게 떨쳐 버릴 수가 없었다.

이때 그가 수학을 계속하도록 붙잡아 준 이가 스승 최윤식이었다. 서울대 문리과대학장, 대한수학회 초대 회장을 지낸 최윤식은 수학에 남다른 재능이 있는 제자를 수학자의 길로 이끌었다. 최윤식은 1954년 11월 졸업을 앞둔 박세희를 불러 장래 희망을 물었다. 이에 "아직 계획이 없다"고 답했더니, "나의 밑으로 들어와 조교를 하면서, 서울대 수학과를 위해, 대한수학회를 위해, 우리나라 수학계를 위해 수학을 일으켜라"라고 당부했다. 그래서 박세희는 "다른 일을 하면 큰일 나겠다 싶어서 대학원에 들어갔고", 이때 "스승의 당부가 필생의 과업이 되었다"(네이버·중앙일보 2018 인터뷰)고 한다.

1959년 대학원에 입학한 그는 월급 없는 미발령 무급 조교로 약간의 교통비 정도를 받으며 일했다. 그러다가 생계를 위해 서울고등학교 교사로 부임하여 학업과 교직을 병행했다. 그런데 교사를 하는 동안 그에게 충격적인 사건이 생겼다. 바로 등대와 같았던 스승 최윤식이 뇌출혈로 갑자기 세상을 떠난 것이다. 생각지도 못한 그 죽음 앞에서 박세희는 우리나라의 수학을 일으키라는 스승의 당부를 마음에 새겼다고 한다.

스승의 사망으로 결혼식을 한 달여 연기한 그는 1960년 9월에 무학여고와 고려대학교 국문학과를 나온 박차경朴次慶과 결혼했다. 그리고 서울대학교에서 권경환 교수(이후 미시간주립대학과 포항공과대학 재직)의 지도를 받아 논문 「두 개의 입체 뿔이 달린 구체의 결합The Union of Two Solid Horned Spheres」으로 석사 학위를 받았다. 학위를 받은 그는 대학에서 강의를 하고자 했으나 쉽지 않았다. 당시 대학 규정에 따르면 학부 졸업 후 3년 이상의 연구 경력이 있어야 강의를 할 수 있었는데, 그는 2년의 석사과정 경력만 있어 1년이 부족했다. 문제는 1년을 채울 마땅한 곳이 없었다는 점이다. 게다가 건강에도 문제가 생겨 교사 직까지 내려놓고 2년간 출판사 아르바이트 정도만 하고 지냈다. 그 무렵 서울대 수학과는 유학을 간 연구자들이 돌아오지 않아 강사 부족에 시달리고 있었다. 그러자 1963년 서울대 수학과 주임이던 하광철 교수가 그를 불러 강의를 할 수 있게 해 주었다. 하지만 자격 문제 때문에 남의 이름을 걸고 한 대리 강의인지라 한 달에 최소 생계비 5000원에도 못 미치는 3600원을 받았다. 그럼에도 수학을 공부하겠다는 일념으로 버틴 끝에, 박세희는 1966년 서울대 문리과대학 수학과 전임강사로 임용되었다.

미국에서 학위 받고 돌아와 서울대 수학과 대학원 강화

박세희는 수학과의 발전을 위해서는 무엇보다 연구 전통이 만들어져야 한다고 생각했다. 그는 1967년 수학과에 연구 세미나를 조직하여 대학원 교육만으로는 부족한 학습을 보완하도록 했다. 세미나는 주로 외국 논문을 읽고 연구할 만한 주제를 찾아서 같이 토의하고 발표하는 방식으로 운영되었으며, 그가 은퇴할 때까지 35년간 지속되었다. 이 세미나를 통해 배출된 박사만 12명이었다. 또한 참여한 많은 이들이 좋은 논문을 쓰고 해외로 유학을 갔는데, 그곳에서 교수로 임용된 이도 10명이 넘었다. 초창기 제자 중 대표적인 인물로는 이현구(서울대

부총장), 김성기(대한수학회 회장), 박진홍(한국전산수학회장), 박기수(육군 사관학교 수학과장), 김유기(아이오와주립대학 교수) 등이 있다. 한편 1967년에는 후배들과 의기투합하여 수학과 동창회를 만들었다. 이때 회장은 김정수(서울대 수학과 교수), 부회장은 송옥형(이화여대 교수)이었고, 박세희는 상근 부회장으로 8년간 활동했다.

1969년 조교수가 된 박세희는 이듬해에 학과 주임교수를 맡았다. 주임교수로서 그가 가장 먼저 한 일은 대학원 교육을 충실히 하는 것이었다. 서울대에서 수학과가 운영된 지 25년이 지났지만, 외국에서 박사 학위를 취득한 졸업생들이 돌아오지 않아 강의의 질이 나아지지 않았다. 이 문제를 해결하려면 서울대에서 자체적으로 박사 학위자를 배출해야 한다는 학과 동문 선배들의 의견에 따라, 박세희는 논문만으로 학위를 주는 구제舊制 박사 제도를 추진했다. 이때 박을룡을 비롯한 10여 명이 박사 학위를 받았다. 그러나 이 구제 박사로는 학과의 연구와 교육이 생각만큼 좋아지지 않았다. 그는 '스스로 유학을 다녀오자'라고 결심하고 실천에 옮겼다.

1972년 박세희는 37세라는 늦은 나이에 미국 인디애나대학Indiana University Bloomington으로 유학을 갔다. 그는 대학원 1년 차 강의부터 다시 수강해야 했다. 서울대 석사과정에서 학점을 취득한 지 7년이 경과되어 학점을 인정받을 수 없었기 때문이다. 더 큰 문제는 서울대에서 교수 신분을 계속 유지하려면 3년 안에 학위를 마치고 돌아가야 한다는 것이었다. 서울대 교원은 국가 공무원 신분이었기 때문에 해외 체류 기간에 제한이 있었던 것이다.

쉽지 않은 도전이었지만 그는 포기하지 않았다. 우선 추가 학점과 계절 학기를 신청하여 짧은 기간에 많은 학점을 이수했다. 다른 학생들이 세 과목을 수강할 때 그는 다섯 과목을 들어야 했고, 여름방학에도 최대한 많은 과목을 들어야 했다. 과목마다 시험도 통과해야 했으므로 학습 부담이 컸다. 그의 지도교수였던 폴란드계 위상수학자 얀 야보로프스키Jan W. Jaworowski는 학점을 그렇게 많이 이수하다가는 졸업을 못 할 수 있다며 걱정했다. 게다가 3년 안에 학위 논문도 써서 제출해야 했다. 박세희는 처음 2년간은 불철주야 수업과 시험에 온 힘을 쓰고, 이후 논문에 집중하여 2년 반이 지난 1975년 5월에 「다중값 대칭곱 함수의 부동점이론Fixed point theory of multi-valued symmetric product functions」을 학위 논문으로 제출하고 박사 학위를 취득했다.

1975년 7월 박세희는 출국한 지 정확히 만 3년이 되는 날에 귀국하여 곧바로 서울대 수학과로 복귀했다. 당시 서울대는 3월부터 관악 캠퍼스로 자리를 옮기면서 단과대학 및 학과 개편을 진행하고 있었다. 그가 몸담았던 문리과대학 수학과는 자연과학대학 수학과가 되었고, 1975년 말에는 그의 주도로 교과과정 개편도 이루어졌다. 박세희는 교과과정을 이수한 후 학위 논문을 제출하는 미국식 신제新制 박사 학위자 배출을 위해 대학원 과정을 대대적으로 강화했다. 그는 직접 대수적위상수학, 위상수학특강, 대수학특강, 호몰로지대수학, 비선형해석학, 부동점이론 등을 강의했으며, 여전히 세미나를 주재했다. 그 후 7년 만에 서울대 수학과는 그의 지도로 첫 신제 박사를 배출했다. 첫 박사 학위자는 배종숙(명지대)이다.

대한수학회 회장으로 학회의 현대적 기반 구축

대한수학회의 전신은 1946년 창립한 조선수물학회다. 조선수물학회의 창립 회원은 수학과 물리학 분야에서 활동하는 교수, 학생, 중등학교 교사 등이었고, 초대 회장은 최윤식이었다. 이 수물학회는 1952년 3월 부산 피난지에서 대한수학회와 한국물리학회로 나뉘어 새롭게 발족했다. 이렇게 창립된 대한수학회는 최윤식 회장이 이끄는 가운데, 1955년 7월 한국 최초의 수학 학술잡지인 《수학교육》을 간행했다. 박세희는 1959년 대학원에 입학하면서부터 최윤식을 도와 학회 활동을 시작했다.

14년간 한국의 수학계를 이끌어 오던 최윤식이 1960년에 사망함에 따라 연세대 부총장이던 장기원이 그 뒤를 이어 대한수학회 회장이 되었다. 하지만 1961년 군사정변으로 모든 학술단체 활동이 중단되었고, 1962년에야 대한수학회가 다시 발족하여 활동을 이어 갔다. 1964년부터는 《수학》으로 이름을 바꾼 학술지를 발간했는데, 창간호(1964)와 2호(1965)는 서울대 교수였던 이우한이 편집을 맡았고 3호(1966)와 4호(1967)는 박세희가 편집을 담당했다. 《수학》은 1968년부터 과학기술처의 재정 보조를 받아 《대한수학회지》와 《대한수학회보》로 분리되었다. 이때 편집위원이 된 박세희가 《대한수학회지》의 실질적인 창간호인 제5호를 맡아 발간했다. 1971년부터는 박세희가 총무이사를 맡아 학회의 재정 및 운영 등의 실무를 담당했다. 이때 그는 서울대 수학과 주임교수였으며, 수학과 동창회 부회장도 맡고 있었다. 선배들은 "박세희가 삼권을 장악했어. 수학과, 수학회, 동창회를 말이야" 하고 농담을 던지며 그를 한국 수학계의 대표 인물로 인정해 주었다고 한다.

1975년 미국에서 학위를 받고 돌아온 박세희는 캠퍼스 이전 등으로 어수선한 수학과를 정비하는 데 집중했다. 1977년부터 2년간은 교무담당 학장보로서 자연과학대학의 기틀을 세우기 위해 노력했다. 그 뒤 1년간 캘리포니아대학 버클리U. C. Berkeley에서 연구했으며, 귀국 후에는 대한수학회 부회장을 맡아 회장인 고려대 수학과 권택연과 함께 학회를 이끌었다. 이 시기에 대한수학회는 임원의 세대교체, 단임제, 지부 자치제, 재원 확보, 국제수학연맹(IMU) 가입 등 학회의 제도화가 본격적으로 이루어졌다. 이 무렵 박세희가 서울시 문화상을 받았는

1983년 대한수학회 수학교육 심포지엄에 참석 중인 박세희(왼쪽에서 세 번째) 대한수학회

데, 수학회 역사상 학문적 업적으로 상을 받은 것은 처음이었다. 이를 계기로 대한수학회상 제도가 확립되었고, 제1회 수학회상의 공로상과 학술상이 각각 박정기와 기우항, 두 경북대 교수에게 수여되었다. 박세희의 회고에 따르면, 지방의 수학 발전 필요성을 널리 알리기 위해 첫 수상자로 이 둘을 강력히 추천했다고 한다. 그 밖에도 그는 부회장으로서 학회 활동을 개혁했으며, 새로운 사업에도 많은 부분에 그의 기여가 두드러졌다.

1982년 10월 박세희는 대한수학회 7대 회장으로 당선되었다. 당시 47세로 회장이 되기에는 젊은 나이였으나, 그의 회장 취임은 자연스럽게 받아들여졌다. 누구보다 학회의 운영과 발전에 실질적인 역할을 해 왔기 때문이다. 회장이 된 그는 학회 발전에 더욱 매진했다. 먼저, 1960년 이후 진행되지 못한 춘계학술대회를 복원하고 분과회를 결성했으며, 《수학교육논총》, 《논문초록집》, 《뉴스레터》를 정기간행물로 발간하기 시작했다. 또한 중고등학교 수학 교과과정을 분석 검토하기 위한 〈수학교육 심포지엄〉을 개최했는데, 이 심포지엄은 이후에도 계속되어 2018년까지 34회가 진행되었다. 이러한 사업은 수학회의 회원 수 확대, 후속 세대와의 유대 강화, 수학회의 사회적 기여 등 다목적으로 창안된 것이었다. 그는 또한 회지와 회보의 편집진을 바꾸고 그 운영과 체제를 새롭게 정비하여 글로벌한 잡지가 될 수 있게 현대화했으며, 다양한 방법으로 학회 기금 확충에도 기여했다. 대한수학회의 초석을 다진 주인공이자 수학회의 산증인인 그는, 2015년 학회가 야심차게 준비하는 『대한수학회 70년사』 발간의 총책임자로도 추대되

2017년 대한수학회 70년사 편찬사업을 함께한 박세희와 수학자들(둘째 줄 왼쪽에서
네 번째 박세희, 다섯 번째 기우항) 대한수학회

2017년 대한수학회 창립 70주년 기념 국제학술회의 특별세션에서 한국 수학사를
강연하는 박세희 대한수학회

어 2017년에 그 일을 성공적으로 마무리했다. 『대한수학회 70년사』
는 46배판 846페이지로 방대한 내용을 담고 있다.

한국 최고의 '논문왕'

박세희는 박사 학위를 취득한 뒤부터 연구에 매진했다. 그는 1961년
부터 1970년까지 사는 데 급급하여 연구하기 가장 좋은 시기에 제대
로 된 연구를 못한 것이 가장 아쉽다고 회고한 적이 있다. 그래서였는
지 미국에서 돌아와 학과와 학회 일로 바쁜 가운데서도 그는 자신이
조직한 세미나를 주관하며, 매해 5편 이상의 논문을 발표할 정도로 연
구에 열정을 쏟았다. 특히 매년 적어도 2편 이상의 논문을 해외 학술
지에 발표함으로써 한국에서도 우수한 논문을 쓸 수 있다는 사실을 후
학들에게 몸소 보였다. 대한수학회 회장에서 물러난 후에도 한국과학
기술단체총연합회 이사, 서울대 교수협의회 부회장, 연변대학 객좌교
수, 그리고 필리핀 대학, 타이완의 수학연구소와 창화사범대학, 베트
남 수학연구소, 폴란드의 몇몇 대학 방문교수 등으로 활발하게 활동하
면서도 수학 연구와 교육에 한치의 소홀함이 없었다. 그는 첫 박사 학
위자를 배출한 1982년부터 서울대 수학과를 정년퇴임하는 2001년까
지 15명의 석사와 12명의 박사를 배출하면서 오히려 이전보다도 더
많은 연구논문을 썼다.

박세희는 대외 활동이 활발했던 1975년부터 1995년까지 20년
간 120여 편, 국내의 대외 활동을 줄이고 연구에 집중한 1996년부터
2001년 퇴임 때까지 5년간 무려 110여 편의 논문을 발표했다. 정년

이후에도 매해 10편 이상의 논문을 꾸준히 발표하고 국내외 학술지에 게재했다. 1961년부터 2023년까지 60여 년간 그는 국내 180여 편, 국외 280여 편, 총 460여 편의 연구논문을 출판했으며, 300여 편의 미국 수학회 수학 리뷰, 100여 편의 수학사와 수학철학 해설논문, 29권의 저서와 번역서 등 900편 가까운 방대한 업적을 남겼다. 그 밖에 120여 회의 국내 학술 발표 및 초청 강연과 180여 회의 국제학술회의 및 외국 연구 기관에서의 초청 강연을 소화했다. 이렇게 많은 논문을 발표한 이유를 그는 다음과 같이 밝힌 적이 있다.

원로와의 대화_박세희 서울대 명예교수

임팩트가 크지 않은 작은 논문도 많이 썼는데, 이것은 한국 학자들의 논문 수가 적었던 시대에 우리나라를 알려야 하겠다는 생각에서였고, 다른 한편으로는 국내외의 여러 학술지들을 활성화시키기 위한 목적도 있었습니다. _《사이언스타임즈》 2013. 4. 19.

그는 주로 비선형 해석학에서 위상수학적 방법을 체계적으로 다루었는데, 연구 주제는 다양한 방면에 걸쳐 있다. KKM(Knaster-Kuratowski-Mazurkiewicz)이론, 부동점이론, 일치점이론, 변분부등식이론, 극대극소이론, 최량근사이론, 경제평형이론과 관련하여 많은 논문을 발표했으며, 구글 스칼러Google Scholar와 리서치 게이트Research Gate의 통계에 따르면 이 논문들은 4000회 이상 읽혔다. 그는 자신의 연구를 더 알리고 스스로도 더 공부하기 위해 1980년대부터 70여 개 나라를 돌아다녔고, 연구와 발표를 위해 한 달 이상 체류한 외국 도시만 해도 20여 곳에 이른다.

그의 방대한 수학적 업적은 크게 세 가지로 요약할 수 있다. 하나는 '비선형 해석학에서의 해석적 부동점 정리들을 통일한 것'으로서, 해석학에 나오는 여러 가지 부동점 정리를 한 이론으로 만든 것이다. 이 업적으로 박세희는 1994년에 대한민국학술원상을 받았다. 두 번째는 'KKM 공간(추상볼록공간)의 이론'을 창안한 것인데, 이는 앞의 업적의 연장선상에 있다고도 볼 수 있다. 박세희는 세 명의 폴란드 수학자들이 만든 추상볼록공간의 정리에서 파생되는 100여 개의 정리와 그것과 관련된 일반적인 연구를 하나로 요약하여, 새로운 논리체계인 'Grand KKM Theory'를 확립했다. 이 이론은 그의 대표적인 업적으로서 전 세계적으로 한때 390여 회 인용될 정도로 국제적인 인정을 받았다. 2017년에는 추상블록공간에 관한 KKM이론을 체계적으로 소개하는 『추상블록공간의 이론』이라는 책을 대한민국학술원에서 출판했는데, 이 책은 2006년 이후에 출판된 KKM이론에 관한 100여 편의 논문을 15개의 장으로 재편집하여 엮은 것이다. 세 번째 연구는, 최근에 시작한 순서적 부동점이론으로서 과거의 이론을 새로운 관점에서 개량하는 연구이다.

한편 박세희는 수학사에도 관심이 많아, 서울대 교양강좌로 수학의 세계라는 과목을 개설하고 1985년 교과서를 출판하며 수학사를 가르쳤다. "수학의 기본적인 모습, 즉 어떠한 사고 체계에 의해서 그러한 개념들이 형성되었으며 또 어떠한 논의를 통해 오류가 지적되고 발전해 나가는가에 대한 하나의 상을 전달해 주고 싶어서"였다고 한다. 1996년에는 "수학의 역사에서 현재의 상황을 더 명확히 인식하기 바라는 생각에서 수학과 4학년 전공으로 〈수학사〉를 개설"(「박세희-은퇴교수 탐방」, 2001)했다. 수학사에 대한 애정이 컸던 만큼 1982~1990년에는 한국과학사학회 이사를 맡아 인문학에 대한 갈증을 다소나마 해소하기도 했다.

그는 수학 대중화에도 앞장섰다. 대한수학회 회장이 되면서 시작한 〈수학교육 심포지엄〉을 통해 중고등학교 교사와 대학교수 및 수학자들을 연결하여 학생들의 수학에 대한 흥미를 높이고자 노력했으며, 수학과 수학사, 수학철학 등을 알기 쉽게 소개하는 대중용 글을 쓰거나 대중서를 번역하기도 했다. 「일화로 엮은 수학자들의 생애」, 「가우스의 고난과 영광-수학자의 군주」, 「힐버트-현대의 사상가」, 「부르바끼 이야기(원제 까르땅)」, 「괴델 탄생 백주년 즈음하여」 등 수십 편의 글을 신문과 잡지에 발표했으며, 야부우치 기요시藪內淸의 『중국의 수학』(1973), 펠릭스 클라인Felix Klein의 『수학의 확실성』(1984) 등의 책을 번역했다. 특히, 2002년에는 무려 1000쪽에 달하는 『수학의 철학』(포올 베나세랖, 힐러리 퍼트남 엮음)을 대우학술총서의 하나로 번역 출간했다. 이 번역서들은 수학사와 수학철학에서 모두 명저로 손꼽히는 책으로, 해당 분야의 연구자들에게는 필독서이기도 하다.

박세희는 오랜 기간 연구와 교육에 헌신한 공로를 인정받아 1981년 자연과학부문의 서울시 문화상, 1986년 대한수학회 학술상, 1987년 국민훈장 동백장, 1994년 대한민국학술원상, 1998년 대한수학회 논문상, 2007년 한국과학기술한림원상, 2016년 대한수학회 특별공로상을 받았다. 2017년에는 대한수학회의 야심찬 프로젝트였던 『대한수학회 70년사』의 편찬위원장으로 이를 완성한 공로를 인정받아 대한수학회 특별감사패를 받기도 했다. 1995년 한국과학기술한림원 창립회원, 2001년 대한민국학술원 회원으로 선정되었으며, 2019년에는 대한민국 과학기술유공자로 선정되었다.

2024년 현재 89세인 박세희는 여전히 논문을 쓰고 있는 '현역 수학자'이다. 한국의 많은 학자들은 20~30대에 왕성한 연구 활동을 하고, 50대나 60대가 되면 사회 활동과 나이 탓을 하며 학문을 멀리하는 경우가 적지 않다. 그런데 박세희는 이런 보통의 학자들과는 매우 다른 행보를 걸어왔다. 박사 학위를 취득하고 돌아온 40대 이후에 누구보다 바쁘게 사회 활동을 하면서도 수백 편의 논문과 글을 썼고, 65세 퇴임 후에도 그 열정을 유지하여 KKM이론을 종합하는 남다른 성과를 거두며 세계적인 학자의 반열에 올랐다. 그는 누구보다 연구를 즐겼지만 일도 교육도, 어느 하나 소홀히 하지 않았다. 이 모두가 수학에 대한 뜨거운 열정 때문일 것이다.

참고문헌

일차자료

논문

Park, Sehie, 1961, "The union of two solid horned spheres," Master's Thesis: Seoul National University.

Park, Sehie, 1975, "Fixed point theory of multi-valued symmetric product functions," Ph. D. Dissertation: Indiana University.

1961년부터 2020년까지 발표한 영문논문 목록.
http://www.math.snu.ac.kr/~shpark/html/Pyear.pdf

Reviews for MR by Sehie Park List.
http://www.math.snu.ac.kr/~shpark/html/Reviews.pdf

저역서

박세희·최순근·윤석원·정덕화, 1965, 『중학교 새수학 1·2·3』, 탐구당.

박세희, 1967, 『인문계 고교 공통수학』, 탐구당.

박세희, 1967, 『인문계 고교 수학 I』, 탐구당.

박세희, 1967, 『인문계 고교 수학 II』, 탐구당.

박세희, 1969, 『미분적분학, 국판』, 형설출판사.

박세희, 1970, 『대수학과 기하학』, 형설출판사.

박세희 역(야부우찌 기요시 저), 1976, 『중국의 수학』, 전파과학사.

박세희, 1978, 『인문계 고교 수학 II』, 계몽사.

박세희, 1978, 『우리나라 대학의 기초과학교육 및 연구 육성방안』, 문교부 위촉연구.

박세희 역(클라인 저), 1984, 『수학의 확실성』, 민음사.

박세희, 1985, 『수학의 세계』, 서울대학교출판부.

박세희 외 2인, 1985, 『선형대수학』, 한국방송통신대학.

박세희 외 6인, 1991, 『현대과학의 제문제』, 민음사.

박세희·Jaworowski·Kirk, 1995, *Antipodal Points and Fixed Points*, 서울대 대역해석학 연구센터.

박세희·정광식·강병개, 1996,『고등학교 공통수학』, 동아서적.

박세희·정광식·강병개, 1996,『고등학교 수학』, 동아서적.

박세희·정광식·강병개, 1997,『고등학교 수학 II』, 동아서적.

박세희 역(포올 베나세랖·힐러리 퍼트남 엮음), 2002,『수학의 철학』,
    아카넷.

박세희 외, 2014,『학문연구의 동향과 쟁점 제3집 수학』, 대한민국학술원.

박세희 외, 2016,『대한수학회 70년사』, 대한수학회.

박세희, 2017,『추상볼록공간의 이론』, 대한민국학술원.

박세희 엮음, 2018,『동림 최윤식 선생과 우리 수학계』, 대한수학회 70년사
    편찬위원회.

박세희, 2019,『화촌문집: 수학 속의 삶』, 꽃피는마을.

박세희, 2019,『화촌문집: 삶 속에서』, 꽃피는마을.

[기고/기사]

박세희, 1957,「현대수학 사상 논고」,《(서울대학교) 문리대학보》5-1,
    60-69쪽.

박세희, 1958,「수학 기초론 연구를 위한 서설(상)」,《(서울대학교)
    문리대학보》6-2, 109-116쪽.

박세희, 1958,「수학 기초론 연구를 위한 서설(하)」,《(서울대학교)
    문리대학보》7-1, 58-67쪽.

박세희, 1959,「현대수학사상의 특성과 수학 교육」,《경희》9, 17-23쪽.

박세희, 1971,「현대 수학 사상과 수학교육」,《과학과 과학교육》17, 6-7쪽.

박세희, 1976,「일화로 엮은 수학자들의 생애」,《월간대학입시》1,
    128-130쪽.

박세희, 1977,「새로운 시대의 위상수학」,《과학세대》1, 285-293쪽.

박세희,「나의 대학 시절」,《대학신문》1980. 12. 8.

박세희, 1981,「대한수학회의 35년」,《대한수학회보》18-1, 31-46쪽.

박세희, 1981,「잊지 못할 스승, 그 강의–최윤식 선생님」,
    《서울대동창회보》37.

박세희, 1982,「1982년도 학회 지상보고–대한수학회」,《주간과학》55.

박세희, 「기초과학 육성의 시대」, 《강원일보》 1983. 2. 28.

박세희, 1985, 「수학과 논리학」, 『논리 연구: 현안 김준섭 박사 고희 기념 논문집』, 문학과 지성사, 197-207쪽.

박세희, 「수학의 확실성의 문제」, 《고대신문》 1986. 3. 24.

박세희, 1986, 「학자의 생활」, 《대우중공업》 71, 14-15쪽.

박세희, 「서평: "힐버트"(콘스탄스 리드 지음, 이일해 옮김)」, 《동아일보》 1989. 7. 11.

박세희, 1995, 「세계화와 대학」, 《서울대동창회보》 207.

박세희, 1996, 「기우항 박사의 인간과 학문」, 『기우항 교수 송수기념문집』, 35-37쪽.

박세희, 1997, 「나라 좀 사랑합시다」, 《서울대동창회보》 230.

박세희, 1999, 「한국에서 학문하기」, 《서울대동창회보》 258.

박세희, 2000, 「나라가 바라는 서울대학교」, 《서울대동창회보》 266.

박세희, 2001, 「외래어 표기의 몇 가지 의문」, 《서울대동창회보》 278.

「박세희–은퇴교수 탐방」, 《서울대학교 자연과학대학 소식지: 자연과학》 11, 2001, 7-12쪽.

「박세희–국내 최고 논문왕 자랑하는 수학자」, 《과학동아》 2003년 7월호, 168-173쪽.

박세희, 2003, 「학문하는 대학, 철학 있는 학문」, 《서울대동창회보》 298.

박세희, 2004, 「이루지 못한 사랑의 아쉬움」, 『다섯수레의 책』, 서울대학교출판부, 280-293쪽.

박세희, 2006, 「괴델 탄생 백주년에 즈음하여」, 《대한민국학술원통신》 161, 7-9쪽.

임상덕, 2008, 「은사 탐방–짧은 인연–약관의 청년: 박세희 선생님」, 《서울고등동창회보》 여름, 46-47쪽.

박세희, 2013, 「수학에서는 무엇을 연구하는가?」, 《대한민국학술원통신》 240, 2-10쪽.

박세희, 2014, 「부동점 방법과 KKM 방법」, 『학문연구의 동향과 쟁점– 수학』, 대한민국학술원, 311-332쪽.

김병희, 「원로와의 대화-박세희 서울대 명예교수 1」, 《사이언스타임즈》
2013. 4. 18.

김병희, 「원로와의 대화-박세희 서울대 명예교수 2」, 《사이언스타임즈》
2013. 4. 19.

홍성금, 2016, 「대한수학회 70년사 박세희 편찬위원장 인터뷰」,
《대한수학회소식》 165, 1-6쪽.

박세희, 2016, 「대한수물학회는 어디로 갔는가?-대한수학회의 연원을
찾아서」, 《대한수학회소식》 166, 2-8쪽.

박세희, 2016, 「조선수물학회의 시작과 끝」, 《대한민국학술원통신》 275,
21-28쪽.

박세희, 2016, 「대한수학회 70주년 기념사」, 《대한수학회소식》 170,
15-17쪽.

이차자료

과학기술정보통신부·한국과학기술한림원, 2020, 「박세희-대한민국 수학
대중화에 이바지한 '논문왕'」, 『대한민국과학기술유공자 공훈록』 3,
26-43쪽.

한국과학기술한림원, 2020, 〈'19년도 지정 과학기술유공자 인터뷰 영상-
박세희 유공자〉. https://youtu.be/q7vV5EEig4E

OBS, 〈명불허전 II-18회 대한민국 수학의 역사, 박세희〉 2019. 3. 24.

네이버·중앙일보 인터넷 방송, 〈인생 스토리: 박세희 서울대 수학과
명예교수〉 2018. 8. 3. https://tv.naver.com/v/3744462

EBS, 〈시대와의 대화 3부: 수학자 박세희〉 2015. 11. 21.

서울대학교50년사편찬위원회, 1996, 『서울대학교 50년사 하』, 83-85쪽.

한국과학기술단체총연합회 편, 1981, 『한국과학기술30년사 수학부문』,
247-248쪽.

서울대학교30년사편찬위원회, 1976, 『서울대학교 30년사』, 614-617쪽.

선유정

심상철

沈相哲 Sang Chul Shim

생몰년: 1936년 11월 20일~2002년 4월 11일

출생지: 전라남도 곡성군 죽곡면 봉정리 539

학력: 서울대학교 화학과, 캘리포니아공과대학 이학박사

경력: 미국 브루클린공과대학 교수, 한국과학기술원 교수 및 원장, 대한화학회 회장

업적: 유기광화학의 연구 개척, 330여 편 논문으로 세계적 인정

분야: 화학-유기화학, 유기광화학

한국과학원 실험실에서 연구 중인 심상철
한국과학기술한림원 과학기술유공자지원센터

심상철은 유기광화학 분야의 세계적인 연구자로, 미국 기관으로부터 연구비를 지원받는가 하면 저명한 국제 학술지에 330여 편의 논문을 게재했다. 그는 이처럼 우수한 연구를 통해 한국 화학계의 국제적 위상을 높이는 데 기여했으며, 유기광화학 분야를 개척하고 후진을 양성함으로써 국내에 유기광화학 연구의 토대를 마련했다. 또한 한국과학기술원 교수로 재직하며 화학계의 연구 인력을 길러 냈고, 원장을 역임하며 대학 발전에도 기여했다.*

최고의 수재로 명성을 떨친 과학계의 기대주

심상철은 1936년 전라남도 곡성에서 심규택沈圭澤과 조시금趙時金의 2남 3녀 중 장남으로 태어났다. 생가는 흙으로 지어진 시골의 오래된 토담집이었는데, 지금은 헐려 남아 있지 않다. 그의 집안은 대대로 농업에 종사해 온 중상층이었으며, 아버지 심규택은 한학에 밝은 마을 유지였다. 심상철이 자란 봉정마을은 곡성 읍내에서 10킬로미터 이상 떨어진 전형적인 시골 마을이지만 교육열이 높았다. 현재 이 마을은 박사가 많이 배출되었다고 해서 이른바 '박사골'로도 불린다.

1950년에 고향에 있는 죽곡국민학교를 졸업한 그는 전북 전주로 유학을 갔다. 아버지 친구 중에 죽곡면장을 역임하고 자신의 처가가

---

* 이하 내용은 한국과학기술한림원 홈페이지에 게재되어 있는 봉필훈·채규호의 「이학부−故 심상철 교수 회상록」(2010)을 많이 참고했음을 밝힌다.

있는 전주로 이사를 간 인물이 있었는데, 심상철이 공부를 잘한다는 것을 알고 전주 유학을 권했다고 한다. 당시 봉정마을은 전남 광주와 가깝긴 하나 버스를 여러 번 갈아타야 할 정도로 교통이 좋지 않았다. 그에 비하면 전주는 역까지 좀 걷긴 해도 곡성역이나 압록역에서 전라선 기차로 한번에 갈 수 있었다. 심상철은 중학교 입시를 치르고, 경쟁률이 치열했던 전주북중학교에 입학했다. 전주에서 공부하는 동안에는 누나의 도움을 받으며 자취 생활을 했다.

중학교를 마친 1953년에는 전주고등학교에 들어갔다. 그는 정구 대표선수로 활약했으면서도 3년 후 고등학교를 수석으로 졸업하고 서울대학교 문리과대학 화학과에 입학했다. 당시 화학과의 사정은 매우 열악했다. 교수진은 제국대학 출신의 김순경, 최규원, 최상업, 장세헌, 김태봉, 이종진 등으로 구성되어 있었으나 이들의 다수는 미국으

1956년 심상철의 서울대학교
문리과대학 수험표
제자 봉필훈 전주대 교수 제공

로 유학을 떠나고 없었다. 교과목으로는 일반화학 및 실험, 분석화학 및 실험, 분석화학특론, 화학사, 화학강독, 유기화학 및 실험, 유기화학특론, 물리화학 및 실험, 물리화학특론, 콜로이드화학, 공업화학개론, 화학공업개론, 무기화학 및 실험, 생물화학 및 실험, 양자화학 등이 있었다. 하지만 실험 시설이 제대로 갖추어져 있지 않아 실험 수업은 근처의 중앙공업연구소를 이용하곤 했으며, 가열기가 없어 화로에 숯불을 피워 실험을 하기도 했다고 한다.

3학년 때 심상철은 카투사KATUSA로 입대했다. 미군부대에 근무하며 통역 업무를 주로 했는데, 이때 기른 영어 실력이 나중에 미국 유학을 갈 때 유용하게 쓰였을 것이다. 군 복무를 마치고 복학한 그는 1962년에 서울대를 수석 졸업하며 대통령상을 수상했다. 매년 단대별로 순서를 정해 돌아가면서 수석 졸업자에게 대통령상을 주었는데, 마침 문리대 차례가 되어 그가 수상한 것이다. 《경향신문》(1962. 2. 9.)의 보도에 따르면, 그는 재학 내내 학교 장학금을 받았고, 4학년 때는 대한양회공업에서 주는 제1회 3.1장학금을 받았다. 재학 중 이수한 전 교과 점수가 평균 92점으로 화학과 1등을 차지했고, 대학 졸업 예정자들을 대상으로 치른 학사자격고시에서도 화학 분야 전국 최고점을 받았다. 그는 대학에 다니는 동안 서울대 생물학과 교수이자 1961년에 문교부 차관을 역임한 이민재의 집에서 가정교사를 하며 지냈다. 이민재는 "키는 작지만 착실하고 똑똑한 사람으로 장래가 촉망되는 젊은이"라며 "그를 미국 대학에 유학시키려고 주선을 하고 있다"(《경향신문》 1962. 2. 9.)고 심상철을 칭찬했다.

학부를 마친 그는 한국과 미국 정부의 출연으로 운영되는 한미교육위원단의 풀브라이트Fulbright 장학금을 받고 미국 유학을 떠났다. 1946년부터 미국 정부가 추진한 이 풀브라이트 프로그램은 세계적으로 유명한 장학금 지원 제도이다. 심상철은 미국에서 소수 정예 교육의 명문 캘리포니아공과대학California Institute of Technology(칼텍CALTECH)에 진학했다. 이 학교는 1920년에 칼텍으로 이름을 바꾼 후 유명 학자들을 교수로 대거 초빙하여 대학의 수준을 획기적으로 끌어올렸다. 이 대학에는 과학과 공학 중심으로 6개 학부가 운영되고 있었으며, 그는 화학 및 화학공학부Division of Chemistry and Chemical Engineering에 소속되었다.

심상철은 칼텍에서 애초에는 칼 니만Carl Niemann의 지도를 받았다. 그런데 그가 1964년 심장병으로 갑자기 사망하면서 조지 해먼드George S. Hammond로 지도교수가 바뀌었고, 그에 따라 유기광화학을 전공하게 되었다. 유기광화학은 유기화합물과 빛의 상호작용을 탐구하는 학문 분야로, 심상철이 유학할 당시 막 틀을 갖추며 과학계의 주목을 받고 있었다. 이후 1970년대에는 포토레지스트* 제조 기술의 이론적 토대를 제공하여 반도체 산업의 형성에 기여하게 된다. 현재 유기광화학은 생물독성시험, 신약 개발, 그리고 태양전지와 유기발광 다이오드(OLED) 같은 신소재 개발 등 다양한 영역에서 산업 발전에 도움을 주고 있다.

그의 지도교수인 해먼드는 하버드대학에서 박사 학위를 받았고, 유

---

* photoresist. 빛을 쪼이면 성질이 달라지는 고분자 재료로서 선택적으로 전기 절연막을 만드는 데 쓰인다.

기화학 반응에서 전이상태의 기하학적 구조에 대한 일반이론으로 '해먼드 가설Hammond's postulate'을 제시한 유기광화학의 권위자였다. 미국화학회(ACS)가 수여하는 최고 영예인 프리스틀리메달(1976)과 미국대통령이 수여하는 국가과학메달(1994) 등을 수상하기도 했다. 그런해먼드의 지도를 받아, 심상철은 1967년 6월에 이학박사 학위를 받았다. 학위 논문에는 지도교수가 해먼드와 니만 두 사람으로 기재되어 있으며, 고인이 된 니만 교수에게 특별히 전하는 감사의 말이 담겨 있다. 그의 학위 논문은 두 부분으로 구성되어 있는데, 제1부는 「베타-스티릴나프탈렌의 광화학 시스⇌트랜스 이성질체화Photochemical cis⇌trans isomerization of beta-styrylnaphthalene」, 제2부는 「N-메틸-4-피리돈과 N-메틸루티돈의 광화학Photochemistry of N-methyl-4-pyridone and N-methyllutidone」이다. 제1부는 베타-스티릴나프탈렌β-styrylnaphthalene의 시스-트랜스 광학이성질화 반응을, 제2부는 DNA 피리미딘 염기의 모델 화합물로서 피리돈pyridone의 광화학 반응을 밝힌 것이다.

한편 그는 1966년 미국 캘리포니아주 파사디나의 감리교회에서 두 살 연하의 신금진辛琴珍과 결혼했다. 신금진은 이화여고를 거쳐 이화여대 영문학과를 졸업했는데, 심상철의 학위 과정을 뒷바라지했을 뿐만 아니라 박사 학위 논문을 영문 타자기로 직접 쳐서 작성해 주기도 했다.

심상철은 박사 학위 취득 후 아이오와주립대학의 유기광화학자 채프먼Orville L. Chapman 교수 연구실에서 박사후연구원을 하고, 1969년 9월에 뉴욕의 브루클린공과대학Polytechnic Institute of Brooklyn(현재의 뉴욕대학 텐던공과대학) 화학과 조교수로 임용되었다.

한국과학원 화학과의 유기화학 삼총사

이 무렵 한국에서는 해외 우수 과학자를 유치하는 움직임이 활발히 일어났다. 1966년 한국과학기술연구소(KIST)에 이어 1971년 2월에는 이공계 특수대학원으로 한국과학원(KAIS)이 설립되었다. 한국과학원은 화학 및 화학공학과를 비롯하여 이공계 7개의 학과로 구성되었다. 심상철은 미국의 교수 생활을 뒤로하고 귀국하여 1971년 9월 화학 및 화학공학과 부교수로 합류했다. 학과에는 한국의 유기화학을 선도할 박달조, 심상철, 최삼권이 교수로 모여들었다. 심상철은 그중에서도 미개척 분야였던 유기광화학 분야의 연구를 주도했다. 비록 국내에서는 한국과학원이 가장 뛰어난 연구 시설을 갖추고 있었지만 미국의 유수 대학들과는 차이가 컸다. 당시 많은 과학자들이 그러했듯, 심상철도 국내 여건에서 할 수 있는 연구 주제를 발굴하여 그 국제적 우수성을 인정받기 위해 노력했다.

그는 아침 9시부터 밤 10시까지 연구실에서 보내며 실험 연구에 많은 시간을 투여했다. 학생들에게는 "모든 것들을 그만두고 오로지 과학 연구에 힘을 쏟고 매진"할 것을 요구했다. 강의할 때면 수업 시간 내내 칠판 앞을 오가며 활기차게 진행했다. 학생들에게는 도서관에서 논문 찾는 방법을 가르쳐 주며 매주 두세 편의 논문을 읽고 정리해서 제출하라는 과제를 내는 등 연구를 독려했다. 점심시간에는 일찍 식사를 마치고 학교 중앙공원에서 학생들과 이야기를 나누곤 했다. 때로는

학생들과 적극적으로 어울리며 한국과학원에서 가까운 청량리 생맥
줏집에도 가고, 가끔은 좀 떨어져 있는 장충동 족발집에도 갔다. 늘 쾌
활했으며, 면접 때 본 학생의 이름을 수업 시간에 곧바로 알아차릴 정
도로 기억력도 비상했다. 이처럼 실험과 연구에 전념하면서도 주말에
는 테니스를 즐기고 학교 테니스대회에서 우승을 독차지할 정도로 의
욕과 활기가 넘쳤다.

　논문도 부지런히 써서 발표했다. 새로운 연구 결과가 아직 나오지
않았던 1974~1975년에는 대한화학회에서 발간하는 《화학과 공업의
진보》에 총설review을 주로 써서 실었는데, 유기광화학 분야에서 이루

1977년 한국과학원 화학 및 화학공학과 1회 야유회에서 심상철(왼쪽 앞)과 대학원생들
(왼쪽부터 안광덕, 이석현, 박준택, 이중권, 채규호, 도영규, 채정석)
제자 봉필훈 전주대 교수 제공

어지고 있는 「크라운 에테르의 구조, 합성 및 응용」, 「새로운 합성 감미료」, 「NMR 시프트 시약」 등을 소개해 국내 연구자들에게 세계의 최신 동향을 알렸다. 1975~1976년에는 실험실 여건에서 수행 가능한 연구 주제를 잡아 《대한화학회지》에 10편의 논문을 발표했다. 「고분자 물질의 광화학적 분해」, 「페닐글리신의 광화학적 합성」 등이 이 시기의 논문이다.

1975년 박사과정 개설과 함께 한국과학원의 연구 분위기도 크게 달라졌다. 수준 높은 연구 인력이 충원되고 한편으로 해외 저널에 연구논문을 발표해야 하는 의무 조항도 생겼다. 국제 수준의 연구 성과를 내야 박사 학위를 받을 수 있게 된 것이다. 우수한 박사 학위자 양성을 위해 논문의 질을 관리하는 제도였다. 국내 대학 중에서는 한국과학원이 가장 앞서서 이러한 제도를 시행했다. 시간이 지남에 따라 연구 환경과 실험 설비도 점차 좋아졌다. 그 덕분에 1978년부터는 《포토케미스트리 앤드 포토바이올로지Photochemistry and Photobiology》 등과 같은 해외 학술지에 연구논문을 본격적으로 발표하기에 이르렀다.

심상철은 한국과학기술원(1981년 한국과학원으로부터 변경)에서 31년간 교편을 잡으면서 한국 화학을 국제적 수준으로 크게 향상시켰다. 특히 국내에서 유기광화학 분야의 연구를 주도하여 세계적으로 인정받는 연구 성과를 발표했는데, 이는 대부분 국내에서 독자적으로 수행한 연구였으므로 그 의미가 더욱 크다. 한국과학기술원에 부임한 이래 정년을 맞은 1997년까지 그가 배출한 석사는 69명, 박사는 36명에 이른다. 100여 명의 제자들은 세계 수준의 연구에 참여한 경험을 바탕으로 국내외의 대학, 연구소, 산업체 등에서 활발히 연구 활동을 하여 한국 화학의 위상과 수준을 높였다.

노벨상 후봇감으로 언론과 대중의 주목

1976년 심상철이 한국에서 수행한 소랄렌psoralen계 화합물 연구는 그가 세계의 주목을 받는 계기가 되었다. 소랄렌은 식물에서 추출된 물질인데, 빛에 민감하게 반응하며 오늘날에는 건선, 습진, 백반증 등의 피부질환 치료에 이용된다. 그는 소랄렌이 자외선과 반응하여 광독성光毒性을 나타내는 현상을 연구하면서, 미국 국립보건원(NIH) 산하 국립암연구소(NCI)로부터 7년간 연구비를 지원받는 데 성공했다. 이것은 한국인 과학자가 자국에서 연구하며 미국 기관의 연구비를 지원받은 선구적인 사례이기도 하다.

심상철은 초기에는 구조가 간단하고 반응이 좋은 5,7-디메톡시쿠마린(DMC)을 모델화합물로 삼아 광화학 반응을 연구했고, 점차 DMC와 광독성 물질인 소랄렌의 광화학적 성질, 유도체들의 합성, 그리고 이들과 염기와의 반응 등으로 연구를 진전시켰다. 해외 과학자들의 관심도 높아졌다. 급기야는 미국의 허스트Hearst 그룹이 소랄렌과 DNA를 직접 반응시켜 DNA와 광고리화 반응이 일어남을 증명했다. 심상철은 연구를 먼저 시작했음에도 우선권을 빼앗기고 말았다. 미국과 비교하기 어려운 연구 여건에도 불구하고 그는 1996년까지 소랄렌 연구를 계속했고, 이와 관련하여 약 54편의 논문을 발표했다. 빛의 증감에 따른 소랄렌 화합물의 활성도는 핵산의 염기들이 나타내는 광

반응성과 깊은 관계가 있으며, 세포의 돌연변이와 암 발생 및 피부질환 등의 요인이 되는 것으로 알려져 있다.

심상철이 국내에서 개척한 또 하나의 연구 주제는 비스피라지닐에틸렌(BPE) 계열 화합물의 광이성질화 반응이다. 그 자신의 학위 논문 주제를 확장시킨 것으로 스틸벤계 화합물에서 벤젠고리를 질소로 치환시킨 화합물의 광화학 반응을 연구한 것이다. 그는 반응 메커니즘을 예측할 수 있는 모델 화합물을 선정하여 그것의 광이성질화 반응, 광고리화 반응, 광부가 반응을 밝힘으로써 기존 스틸벤의 광화학 반응 메커니즘을 역으로 규명해 내는 창의적 연구를 수행했다. 스틸벤의 벤젠고리에 도입된 질소 원자의 효과를 극대화시켜 광화학 메커니즘을 예측할 수 있도록 한 창의적 연구방법은 미국 등 과학선진국에 비해 시설과 여건이 뒤져 있는 한국에서 수행할 수 있는 좋은 연구의 본보기가 되었다.

사실 이 연구의 출발은 누룽지 향이었다. 당시 한국과학기술연구소에서는 누룽지 향의 원인이 되는 물질을 연구하고 있었는데, 심상철은 누룽지에 포함된 화합물의 구조가 피라진pyrazine 그룹을 가지고 있음을 밝혔고, 이를 발전시켜 피라진 그룹을 포함하고 있는 BPE의 다양한 특성을 연구하게 된 것이다. 그는 BPE의 합성과 이를 둘러싼 광화학 반응을 연구하여 44편이 넘는 논문으로 발전시켰다. 이 때문에 실험실에서는 늘 구수한 숭늉 냄새가 풍겼다고 한다.

1980년대에는 삼중 결합이 여럿 있는 유기화합물인 폴리아인polyyne 연구를 새롭게 시도했다. 식물에서 발견되는 폴리아인은 향료와 안료, 방충제, 독소 등 다양한 생물학적 활성을 가지며 생의학 연구 및 의약품에 응용될 수 있다. 심상철은 다양한 선형 폴리아인을 합성하고 빛에 대한 반응을 연구했는데, 선형 폴리아인이 빛을 받으면 광독성을 보이는 현상을 분자 수준에서 설명하기 위해서였다. 또한 이 시기에는 인삼의 성분을 분석하는 과정에서 항암작용 가능성이 있는 새로운 폴리아세틸렌polyacetylene 화합물을 발견하고, 이들 화합물의 광화학 반응을 연구하여 국내 인삼 산업의 과학화에도 기여했다. 이러한 연구 결과는 1982~1983년 사이에 25편의 논문으로 국내외 학술지에 발표되었다. 그는 인삼의 성분에 대한 과학적 연구를 진전시킨 공을 인정받아 고려인삼학회 이사, 위원장, 부회장을 역임하기도 했다.

고분자의 광화학 반응 연구는 광화학 반응을 이용한 새로운 화합물의 합성으로도 이어졌다. 그는 초창기 고분자의 광분해 반응과 폴리아세틸렌의 광화학 반응을 발전시켜 전도성이 있는 고분자를 연구했다. 광화학 반응으로 흑연과 같은 전도성 고분자를 이용한 새로운 고분자를 합성하고, 그 성질을 연구한 것이다. 광화학 반응을 이용해 전도성 고분자를 합성하는 것은 새로운 시도였다. 2000년에는 전기가 흐르는 플라스틱을 발명한 미국의 앨런 히거Alan J. Heeger와 앨런 맥더미드Alan MacDiarmid, 일본의 시라카와 히데키白川英樹가 이 분야를 개척한 공로로 노벨화학상을 수상했다. 이러한 연구는 이후 광화학 반응을 이용해 유기화합물을 합성하는 연구로도 확대되었다. 현재 인공 감미료로 상용되는 아스파탐 또는 프로필렌과 같은 유기화합물도 광화학적으로 합성된 것이다.

심상철은 박사 학위 취득 후 31년 동안 꾸준한 연구를 통해 《미국
화학회지 Journal of American Chemical Society》, 《미국유기화학회지 Journal of
Organic Chemistry》, 《테트라헤드론 레터 Tetrahedron Letters》, 《포토케미스트
리 앤드 포토바이올로지》, 《매크로몰레큘스 Macromolecules》를 포함한 유
수의 국제 학술지에 330여 편의 논문을 게재했다. 그는 아마도 20세
기 한국에서 활동한 과학자 중 국제 수준의 연구논문을 가장 많이 발
표한 인물일 것이다. 이와 같은 성과 덕분에 심상철은 1971년 이후 줄
곧 한국에서 활동했음에도 불구하고 국제적인 명성을 얻었다. 1996년
에는 한국 과학자로서는 처음으로, 영국 왕립화학회에서 발행하는 세
계적 권위의 학술지 《케미컬 커뮤니케이션 Chemical Communication》의 요
청에 따라 「복합 폴리아인의 광화학 Photochemistry of Conjugated Poliynes」이
라는 기획논문 invited featured article을 게재하기도 했다. 이렇게 왕성한 연
구 활동을 통해 그는 한국 화학계의 학문적 수준을 높였음은 물론이
고, 한국에서도 세계적 수준에 손색없는 연구 성과를 낼 수 있다는 사
실을 국제 학계에 입증했다.

심상철은 언론에서 노벨상에 가까이 가고 있는 과학자로도 거론되
었다. 《동아일보》(1989. 4. 1.)는 「노벨상 우리는 얼마나 접근했나」라
는 기사에서 노벨상 수상을 당장 기대하는 것은 힘들지만, 어려운 여
건 속에서도 국내외 과학자들 중에는 분야에 따라서 세계의 선두그룹
을 달리면서 연구에 매진하고 있다면서 몇몇 과학자를 소개했다. 이
기사에서 한국인 노벨상 후보로 첫손가락에 꼽은 인물은 tRNA 구조
를 발견한 미국 캘리포니아대학 버클리의 김성호였고, 국내에서 활동

하는 과학자 중에는 화학 분야의 대표주자로 "물 연구의 세계적인 권위자로 꼽히는 전무식 박사(한국과학기술원)와 광화학 반응관계를 연구하는 심상철 박사(한국과학기술원) 및 반응 메커니즘의 이론 및 실험에 몰두 중인 인하대의 이익춘 교수"를 들고 있다. 또한 《경향신문》(1989. 10. 17.)은 「첨단혁명으로 노벨열차를 타라」라는 기사에서 "1962년 서울대 화학과를 수석 졸업한 심[상철] 교수는 「N-메틸루피돌의 광화학 반응 연구」 등 160편의 논문을 냈다. 미국·유럽·일본 광화학회원이기도 한 심 교수는 지난 8월 말 아시아 오세아니아 화학연맹(FACS)이 선정하는 [19]89화학자로 뽑히기도 했다"며 그의 성과를 소개했다.

심상철은 비슷한 시기 다른 연구자에 비하면 정부로부터 상대적으로 많은 연구비를 지원받았다. 〈신약의 개발에 관한 연구〉, 〈DUV용 화학증폭형 레지스트 합성 및 응용 연구〉 등과 같은 대형 연구프로젝

심상철 회갑 기념논문집 I·II(1997) 경북대학교 도서관(김근배 촬영)

트를 추진했을 뿐만 아니라, 1991년에는 국가의 선도기술개발사업(일명 G7프로젝트)의 G7 전문가기획단(단장 강인구)으로도 참여했다. 심상철을 포함한 이들 일곱 명의 전문가기획단의 임무는 선진국과 경쟁할 차세대 전략기술 개발과제를 도출해 내는 것이었는데, 심상철은 강인구(금성중앙연구소), 맹일영(삼성그룹)과 함께 가장 중요한 총괄·종합 업무를 맡았다. 이들의 주도로 과학기술처가 도출한 214개가 60개로 압축되고, 다시 추려져 14개의 후보 과제가 선정되었다. 최종적으로 초고집적 반도체, 광대역 종합통신망, 고선명 TV(HDTV), 신의약·신농약, 첨단생산시스템, 정보전자 소재, 차세대 자동차, 신기능 생물소재, 환경공학, 신에너지, 차세대 원자로 등 11개를 확정했다. 모두가 장차 한국 첨단기술의 핵심으로 성장해 나갈 분야들이었다.

심상철은 개인적인 연구뿐 아니라 한국 화학계 전체의 발전을 위한 활동도 활발히 펼쳤다. 그는 1976년부터 〈월례 유기화학 세미나〉를 조직하고 운영했는데, 이것은 대한화학회 분과회 활동의 효시가 되었다. 또한 〈한일 유기화학 심포지엄〉을 조직하여 화학계의 국제 교류 활성화에도 기여했다. 대한화학회에서도 학회지 편집간사부터 국제협력위원장, 총무간사, 유기화학분과회장, 화학올림피아드위원회 위원장 등 여러 역할을 맡아 봉사했고, 1996년에는 대한화학회 회장으로 선출되었다. 대한화학회 유기화학분과회는 그의 공로를 기려 심상철 학술상을 제정해 그의 사후인 2004년부터 학술적 업적이 뛰어난 회원에게 시상하고 있다.

한국과학기술원 발전을 위한 노력과 고향 사랑

심상철은 화학과뿐 아니라 한국과학기술원 전체를 위해서도 일했
다. 1990년 한국과학기술원(카이스트) 대학원장, 1992년 연구기획관
리단장을 지낸 데 이어 1994년에는 최초의 선출직 원장으로 임명되
었다. 원장이 된 그는 카이스트 21세기 장기발전계획을 세우고, 대규
모 발전기금 조성사업을 의욕적으로 추진했다. 〈1조원 발전기금 조

2000년 대한화학회 제1회 유기화학분과회 하계 워크숍(앞줄 왼쪽에서 네 번째 카이스트
교수 김용해, 다섯 번째 심상철, 여섯 번째 서울대 교수 이은) 이필호 강원대 교수 제공

성 사업〉을 통해 10년간 1조 원을 모금하여 카이스트를 21세기에 '세계 TOP 10'으로 끌어올리겠다는 것이 목표였다. 그는 '세계를 향한 대학, 미래를 여는 연구'를 캐치프레이즈로 내걸고 노력한 결과 실제로 1년 동안 1000억 원을 모금하는 성과를 거두었다. 그는 카이스트에 기술혁신센터와 기술창업보육센터를 설치했으며. 삼성그룹과 협약을 맺어 '테크노 경영석사Techno-MBA 인재양성' 사업도 추진했다. 그러나 1995년 5월 그는 중도에 갑자기 사표를 제출하고 원장직에서 물러나고 말았다. 그 사유는 기업 및 기관으로부터 기금을 받으면서 부적절한 비자금을 조성했다는 것이었다. 이에 대해 카이스트 총학생회, 원생회, 노조는 공동대책위원회를 구성해 단순한 행정의 실수라며 원장 사퇴의 부당함을 한목소리로 지적했다. 학교 구성원들의 신뢰를 바탕으로, 그는 3년 후 교수들의 투표로 카이스트 원장 후보로 재추대되기도 했다.

1997년에는 카이스트 석좌교수가 되었다. 그러나 정년퇴임을 앞둔 2002년에 병으로 세상을 떠났고, 곡성군 봉정리 선산에 안장되었다. 심상철은 화학 분야에서 황무지나 다름없던 우리나라에 유기광화학의 토대를 마련하고 역량 있는 후학을 양성했다. 이러한 업적을 인정받아 국민훈장 모란장(1981), 3.1문화상(1988), 아세아·오세아니아화학연맹(FACS)의 올해의 화학자(1989), 한국과학상(1990), 세종문화상(1991), 대한민국학술원상(1999) 등을 잇달아 수상했으며, 한국과학기술한림원의 종신회원으로 활동했다. 사망 후 16년이 지난 2018년에 과학기술정보통신부는 심상철의 업적을 기려 그를 대한민국 과학기술유공자로 선정했다.

그는 자신의 고향을 위해서도 남다른 기여를 했던 것으로 알려져 있다. 예를 들면 죽곡초등학교와 봉정초등학교에 각종 과학기자재를 기증하고, 학생들을 한국과학기술원으로 초청해 더 넓은 세상을 볼 수 있게 했다. 봉정마을을 박사골로 만드는 데 앞장선 사람이 심상철이라고도 일컬어진다. 또한 그는 지역의 현안이었던 죽곡보건지소, 봉정보건지소, 봉정노인당 등의 건립을 위해서 부지를 매입해 희사했다. 비록 교육을 받기 위해 일찍이 타지로 떠났지만 고향에 대한 애정은 남달랐던 것이다. 이를 기리고자 곡성군에서는 2014년 그에게 특별히 군민의 상을 수여했다.

심상철은 세미나에서 "광화학 반응이 일어나려면 먼저 빛이 있어야 한다"는 말로 말문을 열곤 했다. 그는 한국에서 유기광화학 분야를 가장 앞서 개척한 빛이었다. 또한 과학으로 국가 발전에 기여해야 한다는 시대 정신에 따라 한국의 화학을 발전시키고 국제적 위상을 높이려 애쓴 과학자였다. 후학들은 이러한 그를 '작은 거인'이라고 불렀다. 키는 작았지만 멘토로서 그의 생각과 행동은 거인과 같았기 때문이다.

일차자료

논문

심상철·임홍, 1975, 「고분자 물질의 광화학적 분해」, 《대한화학회지》 19-6, 454-462쪽.

Shim, Sang Chul, Kwan Yong Choi, and Pill-Soon Song, 1978, "Studies on the Phototoxicity of Coumarin Derivatives—I. Photocyclodimerization of 5,7-Dimethoxycoumarin," *Photochemistry and Photobiology* 27-1, pp. 25-31.

Shim, Sang Chul and Dae Yoon Chi, 1978, "Photocycloaddition of 5,7-Dimethoxycoumarin to Tetramethylethylene," *Chemistry Letters* 7-11, pp. 1229-1230.

심상철·장석규, 1979, 「고분자물의 광분해」, 《폴리머》 3-6, 342-353쪽.

심상철·김대황, 1979, 「태양에너지의 화학적 저장」, 《태양에너지》 2-2, 77-99쪽.

Shim, Sang Chul and Kyu Ho Chae, 1979, "Photocycloaddition of 5,7-Dimethoxycoumarin to Thymine," *Photochemistry and Photobiology* 30-3, pp. 349-353.

Shim, Sang Chul, Hun Yeong Koh, and Dae Yoon Chi, 1981, "Photocycloaddition Reaction of 5,7-Dimethoxycoumarin to Thymidine," *Photochemistry and Photobiology* 34-2, pp. 177-182.

Shim, Sang Chul and Yong Zu Kim, 1983, "Photoreaction of 8-Methoxypsoralen with Thymidine," *Photochemistry and Photobiology* 38-3, pp. 265-271.

Shim, Sang Chul and Hun Yeoung Koh, and Byung Hoon Han, 1983, "Polyacetylene compounds from Panax ginseng CA Meyer," *Bulletin of the Korean Chemical Society* 4-4, pp. 183-188.

장석구·고훈영·심상철, 1986, 「고려인삼으로부터 폴리아세틸렌화합물의 간편한 분리방법」, 《고려인삼학회지》 10-1, 21-26쪽.

Bong, Pill Hoon, Hyeong Jin Kim, Kyu Ho Chae, Sang Chul Shim, Nobuaki Nakashima, and Keitaro Yoshihara, 1986, "Photochemical Trans⇌Cis Isomerization of 1,2-Bis pyrazinyl ethylene," *Journal of American Chemical Society* 108-5, pp. 1006-1014.

Shim, SC, AN Pae, and YJ Lee, 1988, "Mechanistic studies on the photochemical degradation of nifedipine," *Bulletin of the Korean Chemical Society* 9-5, pp. 271-274.

Shim, Sang Chul and Tae Suk Lee, 1988, "Photocycloaddition reaction of some conjugated hexatriynes with 2,3-dimethyl-2-butene," *Journal of Organic Chemistry* 53-11, pp. 2410-2413.

심상철, 1990, 「스틸벤 계열 올레핀의 광화학 반응에 관한 연구」, 『한국과학상 수상 연구논문: 제1회 제2회』, 한국과학재단, 271-280쪽.

Lee, Tae Suk, Sang Jin Lee, and Sang Chul Shim, 1990, "[2+2] Photocycloaddition reaction of aryl-1,3-butadiynes with some olefins," *Journal of Organic Chemistry* 55-15, pp. 4544-4549.

Paik, Young Hee and Sang Chul Shim, 1991, "Photophysical properties of psoralens in micellar solutions," *Journal of Photochemistry and Photobiology A: Chemistry* 56-2·3, pp. 349-358.

Shim, Sang Chul, Maeng Sup Kim, Ki Taek Lee, Bong Mo Jeong, and Bok Hee Lee, 1992, "Photochemistry of aza-1,2-diarylethylenes," *Journal of Photochemistry and Photobiology A: Chemistry* 65-1·2, pp. 121-131.

Kwon, Jang Hyuk, Seong Taek Lee, Sang Chul Shim, and Mikio Hoshino, 1994, "Photochemistry of 1-Aryl-4-(pentamethyldisilanyl)-1,3-butadiynes," *Journal of Organic Chemistry* 59-5, pp. 1108-1114.

Shim, Sang Chul, 1996, "Photochemistry of Conjugated Poliynes," *Chemical Communication* 23, pp. 2609-2614.

제자 일동, 1997, 『정암 심상철교수 회갑기념논문집』 Vol. I & II, 제자 일동.

Jung, Yongju, Min Chul Suh, Hwashim Lee, Myungsoo Kim, Sang-Ick Lee, Sang Chul Shim and Juhyoun Kwak, 1997, "Electrochemical Insertion of Lithium into Polyacrylonitrile-Based Disordered Carbons," *Journal of the Electrochemical Society* 144-12, pp. 4279-4284.

Kim, Dong Seok and Sang Chul Shim, 1999, "Synthesis and Properties of Poly(silylene phenylene vinylene)s," *Journal of Polymer Science Part A: Polymer Chemistry* 37, pp. 2263-2273.

Suh, Sang Chul and Sang Chul Shim, 2000, "Synthesis and properties of a novel polyazomethine, the polymer with high photoconductivity and second-order optical nonlinearity," *Synthetic Metals* 114-1, pp. 91-95.

Kim, Sung Ki and Sang Chul Shim, 2000, "Intercalation of New Bispsoralen Derivatives into DNA," *Photochemistry and Photobiology* 72, pp. 472-476.

Yeom, Yong Hwa and Sang Chul Shim, 2002, "The transition state shape-selective aromatic alkylation over MnAPO-11 molecular sieve catalysts," *Journal of Molecular Catalysis* A 180, pp. 133-140.

보고서

심상철 외, 1988, 『소랄렌 유도체의 광화학 반응에 관한 연구』, 한국과학기술원.

장문호 외, 1992, 『신물질 창출 연구─신약의 개발에 관한 연구』, 한국과학기술연구원.

차세대 반도체 기반기술 개발사업단, 1994, 『차세대 반도체 기반기술 개발연구: DUV용 화학증폭형 레지스트 합성 및 응용연구』, 한국과학기술원.

기고/기사

심상철 외, 「월례 좌담회─인공감미료의 개발현황과 과제」, 《매일경제》 1986. 12. 25.

이용수, 「노벨상 우리는 얼마나 접근했나」, 《동아일보》 1989. 4. 1.

고유석, 「첨단혁명으로 "노벨열차"를 타라」, 《경향신문》 1989. 10. 17.

심상철, 1990, 「한국의 기초과학, 기회는 많다」, 『한국과학상 수상 연구논문: 제1회 제2회』, 한국과학재단, 318-319쪽.

윤희일, 「신바람나는 연구풍토 만들터─한국과기원 심상철 신임원장」, 《경향신문》 1994. 3. 31.

「인터뷰: 심상철 신임 과기원장」,《매일경제》1994. 4. 13.

모태준, 「KAIST 21C 세계 10위권 대학 도약」,《조선일보》1994. 10. 5.

김두희, 「특별기획 노벨상 도전」,《과학동아》1994년 11월호.

김대성, 「출연연구소 새해 설계 ① KAIST 심상철 원장」,《매일경제》
　　1995. 1. 4.

심상철, 1996, 「세계 명문대학 순례-칼텍」,《과학과 기술》29-2, 32-34쪽.

이지영, 「인터뷰: 대한화학회 심상철회장」,《중앙일보》1996. 10. 2.

정종대, 「한우리예술단 고 심상철 박준식 심명섭 이영승 군민의 상 수상」,
　　《담양곡성타임스》2014. 5. 1.

인터뷰

김근배의 조국래(봉정리 거주) 대면 인터뷰, 2023. 6. 17.

김근배의 심동석(심상철 아들) 이메일 인터뷰, 2023. 7. 4.

이차자료

카이스트, 2022, 〈고 심상철 과학기술유공자 20주기 추모 헌정 강연〉
　　(유튜브 영상), 연미디어스튜디오.

고훈영, 2020, 「심상철 KAIST 교수(1937-2002)」, 대한화학회
　　유기화학분과회, 『대한민국의 빛낸 유기화학자』, 자유아카데미, 29-31쪽.

과학기술정보통신부·한국과학기술한림원, 2020, 「고 심상철-빛으로
　　화학을 밝힌 유기광학자」, 『대한민국과학기술유공자 공훈록』2,
　　50-61쪽.

김동원, 2020, 「과학기술자의 국가연구개발사업 기획 주도-선도기술
　　개발사업 G7전문가기획단 사례-」, 전북대학교 석사 학위 논문.

과학의 거인 편집팀, 2019, 「한국 화학의 국제적 위상을 높인 '심상철'」,
　　한국과학기술한림원.

봉필훈·채규호, 2010, 「이학부-故 심상철 교수 회상록」, 한국과학기술
　　한림원 회원 회상록. https://kast.or.kr/kr/member/memoir.php

김근배·김태호

1876	조선 개항
1881	청국에 영선사행 군계학조단 파견
1883	미국에 보빙사 파견
1884	농무목축시험장 설치
——	김학우, 최초 한글모스부호 제정
1893	윤치호, 에머리대학 이학과정 수료
1895	태양력 채택
——	관비 유학생 일본 파견
1897	대한제국 수립
1899	관립상공학교 관제 반포
1903	미국 하와이로 노동 이민 시행
1904	관립농상공학교 설립(농과·상과·공과)
1905	유일한, 《수리학잡지》 발간
1907	관립공업전습소 설립
1908	공업연구회 설립(회장 박찬익) 및 《공업계》 발간
1910	일제의 조선 병합
1911	제1차 조선교육령: 보통학교 4년, 고등보통학교 4년, 여자고등보통학교 4년
1912	조선총독부 중앙시험소 설치
1915	관립공업전습소 특별과 설치(1916 경성공업전문학교로 개편)
——	연희전문학교 수리과 창설(후에 수물과로 개칭)
1916	숭실전문학교 이학과 설립 추진
1917	리용규, 첫 화학 석사 학위 취득(네브래스카대학)
1918	조선총독부 지질조사소 설치
1921	이춘호, 첫 수학 석사 학위 취득(오하이오주립대학)
1922	안창남, 모국방문비행 추진(동아일보 후원)
——	조선총독부 연료선광연구소 설치
——	제2차 조선교육령: 보통학교 6년, 고등보통학교 5년으로 변경 (여자고등보통학교 4년)

1923	도쿄제국대학 최윤식, 아인슈타인 상대성 이론 순회강연
1924	김용관, 발명학회 조직 및 이화학연구기관 설치 제의
——	신태악 번역 과학소설《월세계여행》발간
1926	이원철, 첫 이학박사 학위 취득(미시간대학)
——	경성제국대학 설립(법문학부·의학부)
1927	조선총독부 은사기념과학관 개관
——	연희전문학교 수리연구회 창립(1931 이학연구회로 변경)
1929	연희수리연구회,《과학》발간
——	도쿄제국대학 출신 김량하, 일본 이화학연구소 취직
——	박달조, 제너럴 모터스 프레온가스(CFC) 연구 참여
1931	이태규, 일본에서 첫 이학박사 학위 취득(교토제국대학, 최초 화학 박사)
1932	물리학자 최규남의 연구논문 Physical Review 게재
1933	《과학조선》창간(발명학회, 1934부터 과학지식보급회 발행)
——	조선인 주도의 조선박물연구회 창립
——	최규남, 첫 물리학 박사 학위 취득(미시간대학)
——	제1회 과학데이 행사 개최(발명학회, 1934부터 과학지식보급회 주최)
1934	과학지식보급회, 이화학연구기관 설치 추진
——	조선박물연구회와 조선일보, 〈조선박물전람회〉 개최
——	조복성 외, 『원색 조선 접류(原色朝鮮의 蝶類)』발간
1935	박동길, 천연금강석(다이아몬드) 발견
——	김량하, 비타민E 연구논문 발표(Kimm's Method, 비타민E 결정체 포함)
——	이태규, 과학 분야 첫 제국대학 조교수로 임용(교토제국대학 화학연구소)
1937	경성제국대학 생약연구소 설치(1941 제주도시험장 개설)
——	언론에서 노벨상 후보로 김량하 거론(《동아일보》)
——	정태현 외, 『조선식물향명집』발간
——	박달조, 화학 박사 학위 취득(오하이오주립대학)
1938	제3차 조선교육령: 보통학교를 소학교, 고등보통학교를 중학교, 고등여자보통학교를 고등여학교로 변경

1938	이종만, 대동공업전문학교 설립
——	장세운, 최초 수학 박사 학위 취득(노스웨스턴대학)
1939	경성광산전문학교 설립
——	석주명, 과학 분야 최초 영문 저서 『A Synonymic List of Butterflies of Korea』 발간
1941	경성제국대학 이공학부 창설
——	이태규, 미국에서 양자화학 도입
1943	김삼순, 홋카이도제국대학 식물학과 졸업
——	제4차 조선교육령: 수업 연한을 중등학교 1년, 전문학교 및 대학 6개월 단축 시행
——	박달조, 프레온가스 미국특허 획득
1944	홍임식(여성), 히로시마문리과대학 수학과 졸업
——	이승기와 이태규, 제국대학 첫 교수 승진(교토제국대학)
——	홍이섭, 『조선과학사朝鮮科學史』 발간
1945	일제 지배로부터 한국 독립
——	조선학술원 창립(위원장 백남운, 서기장 김량하)
——	지질광산연구소 설립(소장 박동길)
——	미군정청 관상대 설립(대장 이원철, 부대장 국채표)
——	조선생물학회 창립(회장 도봉섭)
1946	국채표 주도로 고층권 기상연구 수행
——	국립서울대학교 설립 및 국대안 파동
——	이태규 주도로 과학기술부 설립 건의(행정+연구 기구)
——	최규남, 과학기술원 설립 제의(행정+연구 기구)
——	안동혁, 『과학기술의 건설』 발간
1946	제1회 우리과학전람회 개최(국립과학박물관 주최)
——	조선수물학회 창립(회장 최윤식)
——	조선화학회 창립(회장 이태규, 1949 대한화학회로 개칭)
1947	수학자 이춘호, 서울대학교 2대 총장 임명

1947	조선생물학회, 『생물학용어집 1』 발간
——	조선지질학회 창립(회장 박동길, 후에 대한지질학회로 개칭)
——	조선기상학회 창립(회장 이원철)
1948	대한민국 정부 수립
——	문교부 과학교육국 신설(국장 최규남, 부국장 박철재, 1950 기술교육국으로 개편)
——	조복성, 『곤충기』 발간
1949	제1회 전국과학전람회 개최(문교부 주최)
——	리림학, 국내 연구로 국제 학술지에 과학논문 게재(해방 이후 최초)
1950	한국전쟁 발발
——	국방부과학연구소 설립(소장 정낙은)
1951	부산에 전시연합대학 설치
1952	대한기술총협회 창립(회장 김윤기) 및 《기술》 발간
——	서울대학교, 국내 최초로 이공계 박사 학위 수여
——	대한수학회 창립(회장 최윤식, 부회장 장기원)
——	한국물리학회 창립(회장 최규남, 부회장 박철재)
——	대한민국학술원 설립(1954 개원)
1953	제1회 전국기술자대회 개최(대한기술총협회 주최)
——	박동길, 『한국의 광물자원』 출간
1954	인하공과대학 설립(학장 이원철)
——	이원철의 제시로 한국 표준시간 변경: 서울 기준으로 30분 늦춤 (1961 원래대로 환원)
——	자유당의 사사오입 헌법 개정(이원철, 최윤식 연루)
——	제15회 과학데이 행사 개최(해방 이후 첫 시행)
——	김옥준, 첫 지질학 박사 학위 취득(콜로라도대학)
1955	미국 원조로 서울대학교 재건 계획 추진(일명 미네소타프로젝트)
——	이태규, 리·아이링 이론(Ree-Eyring Theory) 발표
1956	한미 원자력협정 조인 및 원자력 유학생 파견

1956	권영대 주도로 한라산 정상에서 우주선(Cosmic Rays) 관측
——	정태현, 『한국식물도감 하』 발간(1957 『한국식물도감 상』 발간)
1957	제1회 발명의 날 행사(상공부 주관)
1958	문교부의 원자력발전 8개년 계획 수립
——	김옥준 주도로 아파치호 첫 항공 지질조사 수행
——	박정기 주도로 최초 영문 수학저널 *Kyungpook Mathematical Journal* 창간
——	조순탁, 조·울런벡(Choh-Uhlenbeck) 방정식 제시
——	국채표, 석사 학위 취득(시카고대학) 및 허리케인 장기예보 최초 개발(Cook's Method)
——	이태규, 미국화학회 논문상 수상
1959	원자력원과 원자력연구소 설립(소장 박철재)
——	한국과학기술진흥협회 창립(회장 윤일선)
——	제1차 원자력학술회의 개최(원자력원 주최)
——	홍임식, 첫 여성 수학 박사 학위 취득(도쿄대학)
——	조복성, 『한국동물도감 제1권 나비류』 발간
1960	4.19 혁명 발발, 최기철 등의 전국교수단 시국선언 참여
——	리림학, 리 군(Ree Group) 발견
1961	조순탁 외, 국내 최초 1.5MeV 사이클로트론 입자가속기 건조
——	김옥준 책임하에 〈태백산지구 지하자원 조사사업〉 추진
1962	제1차 (과학)기술진흥 5개년 계획 수립
——	국립과학관 개관
——	유네스코 한국위원회, 한국과학기술정보센터(KORSTIC) 설립
——	연구용 원자로 TRIGA Mark-II 가동
1963	한국기상학회 창립(회장 국채표)
——	리림학, 캐나다 왕립학회(Royal Society of Canada) 회원 선출
1964	대통령 직속 경제과학심의회의 신설
——	『과학기술연감』 발간(경제기획원, 후에 과학기술처)

1964	생물학자 강영선의 연구논문 *Nature* 게재
	국채표, 첫 기상학 박사 학위 취득(교토대학)
1965	생물학자 김삼순의 연구논문 *Nature* 게재
	국제생물학연구프로그램(IBP) 한국위원회 발족(위원장 강영선)
1966	한국과학기술연구소(KIST) 설치(소장 최형섭)
	한국과학기술단체총연합회 설립(회장 김윤기) 및
	제1회 전국과학기술자대회 개최
	전상운, 『한국과학기술사』 발간
	김삼순, 첫 여성 농학 박사 학위 취득(규슈대학)
1967	과학기술처 개청(장관 김기형)
	과학기술진흥법 제정
	과학기술후원회 설립(1972 한국과학기술진흥재단,
	1996 한국과학문화재단으로 개편)
1968	제1회 과학의 날 행사(과학기술처 주관)
	한국광산지질학회 창립(회장 최유구, 부회장 김옥준·문원주)
	김삼순, 느타리버섯 인공재배 연구
	한국물리학회 영문 저널 *Journal of the Korean Physical Society* 창간
1969	조복성, 『한국동식물도감 제10권: 곤충류 2』 발간
1970	국방과학연구소 설립(소장 신응균)
1971	한국과학원(KAIS) 설립
	(원장 이상수, 후에 한국과학기술원(KAIST)으로 개편)
1972	한국과학기술단체총연합회 주도로 새마을기술봉사단 조직
	한국균학회 창립(회장 김삼순)
	박달조·안영옥 등, 프레온가스 '코프론-12'(Korfron-12) 개발
1973	전파과학사 현대과학신서 시리즈 발간
	이휘소, 페르미 국립가속기연구소 초대 이론물리학부장 임명
	이휘소, '게이지이론(Gauge Theory)의 재규격화' 발표
1974	미국 국제개발처 지원으로 서울대학교 대학원 기초과학 육성사업
	추진(이휘소 참여)

1975	이휘소, '참(Charm) 입자 탐색' 발표
——	박달조, 미국화학회 플루오린상 수상
1977	한국과학재단 설립
——	최삼권, 제전성 폴리에스테르 개발 및 특허 출원
1978	〈자연보호헌장〉 반포(이민재 외 초안 작성)
1979	한국학술진흥재단 설립
1980	최형섭, 『개발도상국의 과학기술개발전략 1-3』 발간
1981	이상수 주도로 고출력 탄산가스 레이저 개발
——	대한화학회 *Bulletin of the Korean Chemical Society* 최초 SCI 등재
1982	특정연구개발사업 추진
1983	유전공학육성법 제정(후에 생명공학육성법)
——	최기철 『경남의 자연: 담수어편』을 시작으로 연구시리즈 8권 발간
1986	포항공과대학 설립(학장 김호길)
1987	한국과학상 제정
1988	서울올림픽 개최
——	남극세종과학기지 설립
1989	기초과학연구진흥법 제정
1990	과학기술처 우수연구센터사업(SRC, ERC) 추진
——	김삼순·김양섭, 『한국산 버섯도감』 발간
1990	대전 국립중앙과학관 개관
1992	한국 최초 과학위성 우리별 1호 발사
——	이태규, 과학자 최초로 국립서울현충원 안장
1994	포항방사광가속기 준공
1996	심상철의 기획논문, *Chemical Communication* 게재(영국 왕립화학회)

편저자

김근배

전북대학교 과학학과 교수이며 전북대 한국과학기술인물 아카이브를 책임지고
있다. 서울대학교 미생물학과를 거쳐 서울대 대학원 과학사 및 과학철학
협동과정에서 박사 학위를 받았고, 미국 존스홉킨스대학에서 박사후연구원을
지냈다. 한국과학사학회 회장과 과학기술인 명예의 전당 후보자 심사위원,
대한민국역사박물관 운영자문위원, 유엔 세계기초과학의해 한국추진위원을
역임했다. 근현대 한국의 과학과 과학자, 남북한 과학 비교사를 연구해 오고
있으며, 한국과학사학회 논문상, 국립중앙과학관장상, 과학기술훈장 진보장 등을
수상했다. 저서로『근현대 한국사회의 과학』(공편),『한국 근대 과학기술인력의
출현』,『한국 과학기술 인물 12인』(공저),『황우석 신화와 대한민국 과학』,
『우장춘-종의 합성을 밝힌 과학 휴머니스트』,『한국 과학기술혁명의 구조』등이
있다. (이메일: rootkgb@jbnu.ac.kr)

이은경

전북대학교 과학학과 교수이다. 서울대학교 물리학과를 마치고 서울대 대학원
과학사 및 과학철학 협동과정에서 과학기술학으로 박사 학위를 받았다.
과학기술정책연구원 부연구위원을 지냈으며 과학기술정책, 과학기술과 젠더,
과학기술문화의 여러 주제를 연구하고 있다. 서울신문에 2016년부터 2021년까지
〈이은경의 유레카〉를 연재했고, 2022년부터〈이은경의 과학산책〉을 연재 중이다.
저서에『한국의 과학기술과 시민사회』, 공저에『과학기술과 사회』,『근대
엔지니어의 탄생』,『근대 엔지니어의 성장』,『사회·기술시스템 전환』등이 있다.

선유정

전북대학교 과학문화연구센터 학술연구교수이다. 전북대학교 과학학과를
졸업하고 전북대 대학원에서 근현대 한국 과학기술사 연구로 박사 학위를 받았다.
일한문화교류기금의 지원을 받아 교토대학 농사(農史)교실에서 외국인연구원으로
활동했으며, 2008년 대한민국과학기술연차대회 논문우수상과 2021년
한국과학사학회 논문상을 수상했다. 근현대 한국 과학기술자, 한국과 일본의
여성과학자 비교, 일제강점기 제국대학 등을 연구하고 있으며, 이에 관한
여러 편의 논문을 썼다. 공저로『과학, 인문으로 탐구하다』가 있다.

문만용

전북대학교 한국과학문명학연구소 교수.
저서에『한국의 현대적 연구체제의
형성: KIST의 설립과 변천』,『한국
과학기술 연구체제의 진화』등이 있다.
정태현, 이원철, 석주명, 최기철, 이민재
편 등의 집필에 참여했다.

김태호

전북대학교 한국과학문명학연구소 교수.
저서에『한글과 타자기』,『오답이라는
해답』,『근현대 한국 쌀의 사회사』등이
있다. 이태규, 권경환, 심상철 편의
집필에 참여했다.

유상운

한밭대학교 인문교양학부 교수.
"Innovation in Practice: The "Technology
Drive Policy" and the 4Mb DRAM R&D
Consortium in South Korea" 등의 논문을
썼다. 박정기, 이상수 편의 집필에
참여했다.

이관수

동국대학교 다르마칼리지 강사이자
과학저술가. 공저로『근대 엔지니어의
탄생』,『근대 엔지니어의 성장』이 있다.
권영대 편의 집필에 참여했다.

이정

이화여자대학교 이화인문과학원 교수.
저서에『장인과 닥나무가 함께 만든
역사, 조선의 과학기술사』등이 있고,
식민지 시기 과학자들을 다룬 여러 편의
논문이 있다. 박동길, 장기원, 김옥준
편의 집필에 참여했다.

신향숙

국립중앙과학관 학예연구사. 저서에
『'과학대통령 박정희'를 넘어－과학과
권력, 그리고 국가』(공저),『대전의
과학기술사』(공저) 등이 있다. 최윤식,
강영선 편의 집필에 참여했다.

김재영

KAIST 부설 한국과학영재학교
인문예술학부 전임교원. 저서에
『상대성이론의 결정적 순간들』,
『정보혁명』(공저), 번역서에
『사이버네틱스』등이 있다. 리림학 편의
집필에 참여했다.

김성원

최종현학술원 과학혁신1팀 프로그램
매니저(PM). "Korean Prometheus?
Mythifying Benjamin Whiso Lee" 등의
논문을 썼다. 조복성 편의 집필에
참여했다.

✍ 북펀드 후원자 분들 ✍